iCourse·教材

概率论与数理统计

第二版

浙江大学 黄炜 张帼奋 张奕 张彩伢 主编

中国教育出版传媒集团
高等教育出版社·北京

内容提要

概率论与数理统计是描述"随机现象"并研究其数量规律的一门学科。本书的第 1—5 章是概率论部分，内容包括概率的定义与性质，一维及多维离散型与连续型随机变量的分布，随机变量的数字特征，大数定律与中心极限定理等；第 6—9 章是数理统计部分，内容包括统计量与抽样分布，参数点估计与区间估计，参数假设检验与分布拟合优度检验，方差分析与回归分析等。本次修订保留了第一版的基本结构和风格，对全书的文字表达进行了仔细推敲，对相关内容进行了完善，对习题配置予以进一步充实、丰富，使本书能更好地满足教学需求。

本书适用于非统计学专业的本科生，也可以作为有微积分基础的科研工作者学习与使用概率论与数理统计的基本概念与方法的参考材料。

图书在版编目（CIP）数据

概率论与数理统计 / 黄炜等主编 . -- 2 版 . -- 北京：高等教育出版社，2023. 8

ISBN 978-7-04-060272-2

Ⅰ. ①概… Ⅱ. ①黄… Ⅲ. ①概率论－高等学校－教材②数理统计－高等学校－教材 Ⅳ. ①O21

中国国家版本馆 CIP 数据核字（2023）第 054866 号

Gailülun yu Shuli Tongji

策划编辑 胡 颖　　责任编辑 胡 颖　　封面设计 姜 磊　　版式设计 姜 磊
责任绘图 李沛蓉　　责任校对 胡美萍　　责任印制 高 峰

出版发行 高等教育出版社
社 址 北京市西城区德外大街4号
邮政编码 100120
印 刷 廊坊十环印刷有限公司
开 本 787 mm × 1092 mm 1/16
印 张 27
字 数 420 千字
购书热线 010-58581118
咨询电话 400-810-0598
网 址 http://www.hep.edu.cn
http://www.hep.com.cn
网上订购 http://www.hepmall.com.cn
http://www.hepmall.com
http://www.hepmall.cn
版 次 2017 年 10 月第 1 版
2023 年 8 月第 2 版
印 次 2023 年 10 月第 2 次印刷
定 价 56.00 元

物 料 号 60272-00

概率论与数理统计

第二版

浙江大学

黄 炜 张帼奋

张 奕 张彩伢

1 计算机访问https://abook.hep.com.cn/12512514，或手机扫描二维码、下载并安装Abook应用。
2 注册并登录，进入"我的课程"。
3 输入封底数字课程账号（20位密码，刮开涂层可见），或通过Abook应用扫描封底数字课程账号二维码，完成课程绑定。
4 单击"进入课程"按钮，开始本数字课程的学习。

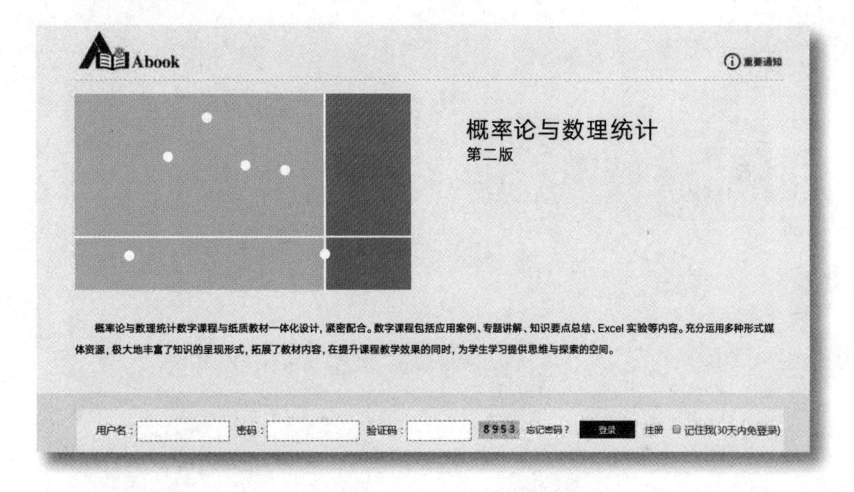

课程绑定后一年为数字课程使用有效期。受硬件限制，部分内容无法在手机端显示，请按提示通过计算机访问学习。

如有使用问题，请发邮件至abook@hep.com.cn。

https://abook.hep.com.cn/12512514

《概率论与数理统计》(第二版) 编委会

主　编: 黄　炜　张帼奋　张　奕　张彩伢

参　编: 黄柏琴　吴国桢　赵敏智

第二版前言

本书第一版自 2017 年出版以来, 受到了有关专家和教师的广泛关注。为了更适合当前教学需求, 在团队成员的共同努力下, 我们总结了这几年的教学经验, 广泛吸取了专家、使用教师和学生的宝贵意见, 对第一版进行了认真的修订。

本次修订, 除了对第一版中存在的不当之处加以完善, 还对书中的知识点、例题以及练习题做了调整, 主要修订内容:

(1) 概率论部分新增了条件期望, 数理统计部分新增了列联表的独立性检验。

(2) 结合实际应用需求, 对书中的 Excel 软件操作部分进行增补, 使讲解更为清晰明确, 让读者更易上手。

(3) 设置了三种类型的练习题: 思考题、习题 A 和习题 B。思考题侧重各类知识点及思想、方法、理念的考察; 习题 A 是基于各章节的内容给出的基本练习和训练, 旨在让学生打好扎实的基础; 习题 B 具有一定的挑战性, 也就是所谓的 “难题”, 需要学生 “动动脑筋”, 将知识和方法活学活用, 融会贯通。此外, 在本书最后新增 A, B 两类综合测试题, 供读者更好地全面自我评估学习效果。

此次修订工作由团队成员共同完成。期间, 得到了浙江大学数学科学学院的大力支持, 统计学专业研究生和本科生 (胡蔚涛、林国强、秦桢杰、韩谡炜等) 的积极配合, 以及高等教育出版社胡颖老师提供的宝贵建议和诸多帮助, 在此一并由衷感谢。

由于编者水平有限, 书中难免存在疏漏和不妥之处, 恳请读者批评指正。

编 者

2022 年 12 月

第一版前言

概率论和数理统计是一门研究随机现象数量规律的学科。概率论是数学的一个分支;数理统计则是一门与数学平行的,以数据为研究对象的学科,它通过搜集、整理和分析,建立统计模型,对观察对象的某些规律进行统计推断,其中用到了大量的数学等相关学科的专业知识。概率论和数理统计的应用范围几乎覆盖了社会科学和自然科学的各个领域。

浙江大学数学系建立于 1928 年。从建系以来,特别是 1941 年浙江大学数学研究所成立以来,陈建功、苏步青等老一辈数学家培养了大批国内外知名的专家、学者,形成著名的"陈苏学派"。浙江大学概率论和数理统计专业起步相对较晚,1982 年浙江大学获得了概率论与数理统计学科硕士学位授予权,1984 年开始招收统计学专业本科生。经过 40 多年的努力,浙江大学为中国概率论与数理统计学科的发展培养了大量杰出人才。特别是概率极限理论和大样本统计研究,在国际上具有较大的学术影响,其代表性的成就是 1997 年林正炎、陆传荣和邵启满获得了国家自然科学奖三等奖。浙江大学概率论与数理统计专业团队历来非常重视课程与教材建设,编写了一系列有影响力的教材,如林正炎等编写的《概率极限理论基础》和《概率论》,盛骤等编写的《概率论与数理统计》。

浙江大学是一所综合型、研究型的大学,其学科涵盖哲学、经济学、法学、教育学、文学、历史学、艺术学、理学、工学、农学、医学、管理学十二个门类,而几乎所有学科都设置了概率论与数理统计课程。目前概率论与数理统计专业团队拥有一支以著名教授为学术带头人,中青年教师为骨干,知识和年龄结构合理的教师队伍。团队成员除了承担专业的教学任务,同时还承担了全校概率论与数理统计方面的公共课教学和课程建设任务,在多年教学过程中,积累了丰富的教学经验,逐渐形成了自己的教学风格。本书不仅继承了盛骤等编写的《概率论与数理统计》的优点,同时也融合了团队成员新的教学理念。随着网络课程风起云涌, 尤其是以 MOOC 为代表的在线开放课程的兴起, 对"概率论与数理统计"课程的内容和形式都提出了新的要求。为了适应时代的需求, 我校概率论与数理统计教学团队编写了本书。以此书为蓝本, 我们相继在中国大学 MOOC 平台开设了一系列的在线课程。具体如下:

概率论与数理统计课程: 2015 年首次在中国大学 MOOC 平台上线, 到目前已经先后开设了 5 期。该课程是针对本科生 (非统计学专业) 的入门课程。考虑到全国各类高等院校对该课程难度要求并不一致, 为了使课程能有较广泛的适应性, 我们将这门课程的起点设计得较低, 各知识点的讲解尽可能深入浅出。

概率论与数理统计——习题与案例分析课程: 2016 年推出, 该课程需要有概率论与数理统计的基本知识, 是"概率论与数理统计"的辅助与提升课程, 在对相关知识点进行总结的基础上, 通过例题帮助学生深入理解知识点、提高解题能力, 并配置了部分实际案例分析, 用于拓展学生知识面, 提高应用能力。

概率论与数理统计精讲课程: 2017 年推出的新课程, 是为了适应进一步深造或报考研究生的学生的需求而开设的。该课程按照考研大纲要求, 系统梳理相关的知识要点, 并通过丰富的题目讲解, 提炼解题方法与应对技巧, 帮助学生提高复习效率。

概率论与数理统计——先修课课程: 该课程是为了配合高中教育体制改革的需要而推出的, 主要针对高中生。通过该课程的学习, 高中生可以对概率论与数理统计有一个基本的了解, 为大学期间的学习打下基础。

本书以纸质教材配套数字课程形式出版, 书中结合了 MOOC 视频材料, 具有如下特色:

1. 在每章结束后列出了与该章内容相关的思考题, 帮助读者深入理解每章内容和概念等。读者也可以在每章学习之前, 先将思考题看一下, 带着问题去学习, 提高学习效率。

2. 本书采用 Excel 完成概率和统计计算。为了使读者能简单快捷地掌握 Excel 操作, 特别是 Excel 数据分析模块的应用, 编者制作了 27 个 Excel 模拟实验和视频, 分为两类: 第一类共 21 个, 是如何实现各种分布的概率计算、参数估计和假设检验等统计方法的教学视频, 读者可根据视频中的步骤来实现 Excel 操作; 第二类 Excel 模拟实验共 6 个, 包括二维正态分布密度函数、大数定律、中心极限定理等, 读者可以通过变化参数来动态演示变化规律, 以加深对相关知识点的理解。

3. 书中包含一些贴近生活且兼顾趣味性的新颖的例题与习题, 部分特色案例作为视频材料, 以二维码形式放置在相关位置, 读者可以自主学习。通过它们, 读者可以真实地感受概率论与数理统计的实用性, 激发学习热情。

4. 在数理统计的假设检验部分, 我们强调了 P–值的概念。由于统计软件的广泛使用, P–值作为统计推断的判别指标越来越被重视。有许多学科的专业论文或报告中, 统计显著性的判定均采用 P–值。为了配合这种应用的需求, 本书对 P–值的概念做了系统的介绍, 并在相关章节中详细说明如何采用 P–值来进行统计推断。

5. 本书较为详细地介绍了各类统计推断方法的适用条件, 特别在回归分析部分, 增加了模型诊断的章节, 引导学生只有在对数据有了正确认识的基础上, 才能建立适合的回归模型。

本书内容包括概率论和数理统计两部分。其中概率论部分是第 1—5 章, 内容包括概率定义与性质、一维及多维随机变量、数字特征与极限定理等; 数理统计部分是第 6—9 章, 内容包括统计量与抽样分布、参数估计、假设检验、方差分析与回归分析等。

本书所包含的内容较为全面, 部分打 $*$ 号的内容可根据具体课时数和难度要求进行选择, 也可以根据对课程内容侧重的不同来进行取舍。下面是我们建议的两种设置。

侧重概率论的课程设置: 总学时为 $42\sim56$ 学时。具体教学内容: 第 1 章 ($6\sim8$ 学时), 第 2 章 ($6\sim8$ 学时), 第 3 章 ($9\sim12$ 学时), 第 4 章 ($6\sim8$ 学时), 第 5 章 ($3\sim4$ 学时), 第 6 章 ($3\sim4$ 学时), 第 7 章 ($3\sim4$ 学时) §7.2 (三, 四) 和 §7.5 不讲, 第 8 章 ($3\sim4$ 学时) §8.4 和 §8.5 不讲, 第 9 章 ($3\sim4$ 学时)。

侧重数理统计的课程设置: 总学时为 $42\sim56$ 学时。具体教学内容: 第 1 章 ($6\sim8$ 学时), 第 2 章 ($6\sim8$ 学时), 第 3 章 ($3\sim4$ 学时) 只讲二维离散型随机变量和分布律、二维连续型随机变量和密度函数的概念以及二维正态分布, 第 4 章 ($6\sim8$ 学时) §4.3、§4.4 和 §4.5 只讲协方差、相关系数和矩的基本概念, 第 5 章不讲, 与之相对应, 后面数理统计的内容中不讲相合估计部分, 第 6 章 ($3\sim4$ 学时), 第 7 章 ($6\sim8$ 学时) §7.2 (四) 不讲, 第 8 章 ($6\sim8$ 学时), 第 9 章 ($6\sim8$ 学时) §9.2 和 §9.5 不讲。

本书由张帼奋、张奕、黄柏琴、黄炜、吴国桢、赵敏智等老师共同编写, 张帼奋统稿。第 1 至第 3 章由黄柏琴编写, 第 4 章和第 5 章由黄炜编写, 第 6 章和第 9 章由张奕编写, 第 7 章和第 8 章由张彩伢编写。后期修改工作由团队成员共同完成, 张帼奋参与了第 6 章至第 9 章的修改, 特别是对习题作了较大幅度的改进。中国大学 MOOC 平台上的视频课程由张帼奋负责主讲, 黄炜也参与了部分章节的讲授。Excel 实验和模拟视频由吴国桢和张帼奋共同设计, 吴国桢老师主讲。张帼奋、张奕、黄炜、吴国桢、赵敏智均参加 MOOC

课程的设计和辅助教学的工作, 包括习题和案例的设计、课件制作等。

在编写过程中我们努力做到内容由浅入深, 例题典型新颖, 解题过程条理清晰。由于编者水平有限, 书中难免存在不妥之处, 恳请同行专家与广大读者提出宝贵意见。

本书入选了 "浙江大学理学丛书", 该丛书旨在展示浙江大学理学学科教学实践与教学改革的优秀成果, 提升理学学科的教学水平, 成为一套具有国内一流水平和较大影响力的系列丛书。衷心感谢浙江大学理学部和浙江大学数学科学学院对教材编写和 MOOC 课程建设的支持和指导。感谢浙江大学统计研究所的全体教师参与了本课程的教学实践, 他们的辛勤付出为我们的教材和 MOOC 课程积累了丰富的资源和经验, 成为本次教材编写和课程建设的重要基础。感谢高等教育出版社数学分社的胡颖编辑和其他编辑的精心策划和辛苦工作, 是他们先进的出版理念给了我们启发, 并直接促成本书的编写和 MOOC 课程的制作完成。感谢审稿专家对本书提出的很多有益的意见和修改建议。还要感谢 "爱课程" 及其团队, 是他们搭建的中国大学 MOOC 平台让我们的教材与课程有了展示的舞台。我们编写团队的全体人员将会继续努力提高自己, 不断改进教材, 为广大学生和读者服务。

编　者

2017 年 7 月

目录

第1章 概率论的基本概念

概率论是一门研究随机现象数量规律性的学科，它起源于对赌博问题的研究，20 世纪苏联数学家柯尔莫哥洛夫建立了在测度论基础上的概率论公理系统后，它才成为一门严格的演绎学科．数理统计学是一门以概率论为基础，集数据收集、加工、分析与解释于一体的学科．

随着人们研究的不断深入，也得益于社会发展的推动，如今概率论与数理统计的理论与方法已经渗透到自然科学、社会科学、工程技术、军事科学等各个领域，并产生了不少新的学科分支，例如：统计物理学、统计热力学、气象统计学、环境统计学、医学统计学、卫生统计学、生物统计学、心理统计学、教育统计学、计量经济学、保险统计学、金融统计学、人口统计学、管理统计学、体育统计学、统计语言学等，不胜枚举．

现实生活中有诸多鲜活的实例都需要用到概率论与数理统计的方法，如设计各种彩票方案；分析设计合理的城市车辆通行方案；研制和使用复杂军事装备；进行航天航空领域系统可靠性分析；在生物遗传学中分析子女身高与父母身高的关系；在天文学中预测天体的未知位置；诊断研究气象情况；在公司新产品上市前，对消费者抽样调查，了解市场前景，进行产品市场分析等．

◀绪论

1.1 样本空间, 随机事件

自然界和社会生活中存在这样两类现象: 一类是在一定条件下必然发生的现象, 称为必然现象. 如在一个标准大气压下, 水加热到 100 ℃ 一定会沸腾; 向上抛一重物, 该重物一定会落下. 另外一类是在一定条件下有可能发生也有可能不发生的现象, 即不是必然发生的, 其中的一种是随机现象. 随机现象是指具有不止一种可能结果, 且在个别试验中无法预知哪个结果会发生, 但在大量重复试验中其结果的发生又呈现一定规律性的现象, 这种规律性称为统计规律性. 例如当一辆汽车按正常操作通过某一地段时, 事先无法确切知道会不会发生交通事故, 即带有偶然性; 但经过大量的观察, 发现某一地段发生交通事故比较多, 因此就在这一地段的路边立了一块 “事故多发地段” 的牌子提醒人们注意. 概率论与数理统计的研究对象为随机现象, 是考察和分析随机现象的统计规律性的数学学科.

(一) 样本空间、随机事件

对随机现象进行观察、记录或试验, 称为随机试验 (random experiment). 随机试验具有以下特点:

(1) 可以在相同的条件下重复进行;

(2) 每次试验可能出现的结果是不确定的, 但能事先知道试验的所有可能结果;

(3) 每次试验完成前不能预知哪一个结果会发生.

在本书中, 若无特别说明, 以后提到的试验都是指具有上述特点的随机试验.

称随机试验的所有可能结果构成的集合为样本空间 (sample space), 常用字母 S (或 Ω) 来表示. 样本空间 S 中的每一个元素, 即试验的每一个结果称为样本点 (sample point). 样本空间的任一子集称为随机事件 (random event), 简称事件 (event), 常用字母 A, B, C 等表示, 或用文字描述加大括号 $\{\ \}$ 来明确其含义. 特别地, 只含有一个样本点的事件称为基本事件 (elementary event).

显然, 样本空间和随机事件的本质为集合, 因此在概率论与数理统计的研究中常结合集合论的知识来进行分析和讨论.

例 1.1.1　投掷一枚硬币, 观察正反面出现的情况. 该试验的可能结果为"正面"或"反面", 即样本空间由两个样本点构成, 则对应的样本空间可记为

$$S=\{\text{正面},\text{反面}\}.$$

例 1.1.2　一位射手向一目标射击 5 次, 观察他的击中次数. 该试验的可能结果为"击中 0 次""击中 1 次"……"击中 5 次", 即有 6 种可能结果, 则对应的样本空间可记为

$$S=\{0,1,2,3,4,5\}.$$

记 $A=\{\text{至多有 3 次击中}\}=\{0,1,2,3\}\subset S$, $B=\{\text{击中次数大于 4 次}\}=\{5\}\subset S$, 则 A,B 均为随机事件.

例 1.1.3　记录某人的血压值, x 为收缩压, y 为舒张压 (单位: mmHg①). 对应的样本空间可取为

$$S=\{(x,y):0\leqslant y\leqslant x\leqslant 300\}.$$

记 $A=\{\text{正常血压}\}=\{(x,y):90\leqslant x<130,60\leqslant y<85\}\subset S$, 则 A 是一随机事件.

例 1.1.4　从 15 个同类产品 (其中 12 个正品, 3 个次品) 中任取 4 个产品, 观察取得的次品数. 对应的样本空间可记为

$$S=\{0,1,2,3\}.$$

记 $A=\{\text{至少有两个正品}\}=\{0,1,2\}$, $B=\{\text{恰有两个正品}\}=\{2\}$, 则 A,B 均为随机事件.

在一次试验完成时, 当试验所出现的结果 (即样本点) 属于某一事件, 即这一事件所包含的一个样本点恰好为此次试验出现的结果时, 就称该事件发生, 否则就称该事件没有发生 (或该事件不发生). 例如, 在例 1.1.2 中, 对于事件 $A=\{0,1,2,3\}$, 若在一次试验中, 射手的射击结果为"击中 1 次", 由于 $1\in A$, 即 A 所包含的一个样本点"1"出现, 所以称事件 A 发生; 类似地, 若射手的射击结果为"击中 2 次", 亦称事件 A 发生. 但若射手的射击结果不属于 A, 如当射手的射击结果为"击中 4 次"时, 由于 $4\notin A$, 所以认为在此次试验中事件 A

① 1 mmHg = 0.133 kPa.

没有发生.

特别地, 若将样本空间 S 亦视为一事件, 由于试验的所有可能结果都在 S 中, 故在任何一次试验中, 事件 S 一定会发生, 因此也常称 S 为必然事件 (certain event). 与之相对应, 空集 $\varnothing$ 中没有任何元素, 即在任何试验中所出现的结果都不会属于该集合, 因此常称 $\varnothing$ 为不可能事件 (impossible event).

(二) 事件的相互关系及运算

前面已经了解到事件的本质是集合, 因此事件的相互关系及运算可以利用集合论中集合的关系和运算来进行. 下面我们将着重结合 "事件发生" 的含义来给出其在概率论中的具体含义.

假设所考虑的随机试验 E 的样本空间为 S, 且下述所提及的事件均为其子集.

1. 事件的包含与相等

(1) 包含/包含于: 若事件 B 发生一定导致事件 A 发生, 则称事件 B 包含于事件 A, 或称事件 A 包含事件 B, 亦称事件 B 为事件 A 的子事件 (sub-event), 记为 $B \subset A$ 或 $A \supset B$.

(2) 相等: 若 $B \subset A$ 且 $A \subset B$, 则称事件 A 与事件 B 相等, 记为 $A = B$.

2. 事件的运算

(1) 和事件: 称由事件 A 和事件 B 的所有样本点构成的集合为 A 与 B 的和事件 (union of events), 记为 $A \cup B$, 即

$$A \cup B = \{x : x \in A \text{ 或 } x \in B\}.$$

当且仅当事件 A 和事件 B 至少有一个发生时, 和事件 $A \cup B$ 发生. 类似地, 记 $\bigcup\limits_{i=1}^{n} A_i$ 为 n 个事件 $A_1, A_2, \cdots, A_n\ (n \geqslant 2)$ 的和事件, 记 $\bigcup\limits_{i=1}^{+\infty} A_i$ 为可列个事件 $A_1, A_2, \cdots$ 的和事件.

(2) 积事件: 称由事件 A 和事件 B 的共同样本点构成的集合为 A 与 B 的积事件 (intersection of events), 记为 $A \cap B$, 或 AB, 或 $A \cdot B$, 即

$$A \cap B = AB = A \cdot B = \{x : x \in A \text{ 且 } x \in B\}.$$

当且仅当事件 A 和事件 B 同时发生时, 积事件 $A \cap B$ 发生. 类似地, 记 $\bigcap\limits_{i=1}^{n} A_i$ 为

n 个事件 $A_1, A_2, \cdots, A_n$ $(n \geqslant 2)$ 的积事件, 记 $\bigcap_{i=1}^{+\infty} A_i$ 为可列个事件 $A_1, A_2, \cdots$ 的积事件.

特别地, 当积事件 $A \cap B$ 为不可能事件, 即事件 A 与事件 B 不会同时发生时, 有如下定义.

定义 1.1.1　设 A, B 为两随机事件, 当 $A \cap B = \varnothing$ 时, 称事件 A 与事件 B 互不相容 (或互斥) (mutually exclusive (disjoint)).

值得一提的是, 对于任何随机试验, 其对应的样本空间中的基本事件是两两互不相容的.

(3) 逆事件/对立事件: 若 $A \cup B = S$ 且 $A \cap B = \varnothing$, 则称事件 A 与事件 B 互为逆事件或对立事件 (complementary events). 常记 $\overline{A}$ 或 A^c 为事件 A 的逆事件, 即

$$\overline{A} = \{x : x \notin A\}.$$

根据逆事件的定义, 在一次试验中, A 与 $\overline{A}$ 至少有一个发生是必然的, 但一定不会同时发生, 只能发生其中之一, 即样本空间被划分为 A 与 $\overline{A}$ 两个互不相容的子集.

(4) 差事件: 称由事件 A 和事件 $\overline{B}$ 的共同样本点构成的集合为 A 对 B 的差事件 (difference of events), 记为 $A - B$ 或 $A \cap \overline{B}$, 即

$$A - B = A \cap \overline{B} = \{x : x \in A \text{ 且 } x \notin B\}.$$

当且仅当事件 A 发生且事件 B 不发生时, A 对 B 的差事件 $A - B$ 发生.

我们可以借助图 1.1.1 (称为维恩图) 来表示以上事件的关系和运算.

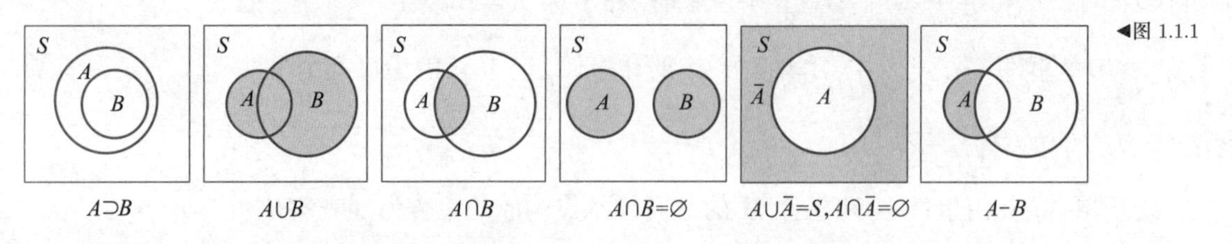

◀图 1.1.1

和事件、积事件与逆事件具有以下运算规则:

交换律: $A \cup B = B \cup A$, $A \cap B = B \cap A$;

结合律: $A \cup (B \cup C) = (A \cup B) \cup C$, $A \cap (B \cap C) = (A \cap B) \cap C$;

分配律: $A \cap (B \cup C) = (A \cap B) \cup (A \cap C)$, $(A \cap B) \cup C = (A \cup C) \cap (B \cup C)$;

德摩根定律 (De Morgan's law):

$$\overline{\bigcup_{j=1}^{n} A_j} = \bigcap_{j=1}^{n} \overline{A}_j, \quad \overline{\bigcap_{j=1}^{n} A_j} = \bigcup_{j=1}^{n} \overline{A}_j,$$

即 "n 个事件中至少有一个发生" 的逆事件为 "这 n 个事件都不发生", "n 个事件都发生" 的逆事件为 "这 n 个事件中至少有一个不发生".

例 1.1.5　掷一颗骰子一次, 观察其点数出现的情况, 则样本空间 $S = \{1,2,3,4,5,6\}$. 记 $A_i = \{$得到的点数为 $i\}$, $i = 1,2,\cdots,6$, 并设 $A = \{$得到的点数为偶数$\}$, $B = \{$得到的点数为奇数$\}$, $C = \{$得到 1 点或 3 点$\}$, 则

$$A = A_2 \cup A_4 \cup A_6, \quad B = A_1 \cup A_3 \cup A_5, \quad C = A_1 \cup A_3.$$

显然, $B \supset C$. 又 $A \cap C = \varnothing$, 故 A 与 C 互不相容. 又 $\overline{A} = \overline{A}_2 \cap \overline{A}_4 \cap \overline{A}_6 = B$, 故 A 与 B 互为逆事件.

概率论中常有以下定义: 由 n 个元件组成一个系统, 若有一个元件损坏, 系统就损坏, 则称该系统为串联系统; 若只要有一个元件不损坏, 系统就不损坏, 则称该系统为并联系统. 例如, 一把椅子由 4 条腿、凳板、靠背共 6 个部件组成, 如果其中一个部件损坏, 我们就认为这把椅子坏了, 那么这把椅子就是一个由 6 个部件组成的串联系统.

例 1.1.6　由 n 个元件组成一个系统, 设 $A = \{$系统不损坏$\}$, $A_j = \{$第 j 个元件不损坏$\}$, $j = 1,2,\cdots,n$, 则

串联系统　$A = A_1 \cap A_2 \cap \cdots \cap A_n$;

并联系统　$A = A_1 \cup A_2 \cup \cdots \cup A_n$.

1.2　频率与概率

前面已经提到, 概率论与数理统计的研究目的是分析随机现象的统计规律性, 研究方式是进行随机试验. 在随机试验中, 除必然事件和不可能事件外, 其他事件在某次试验中可能发生也可能不发生, 因此在很多情况下需要对随机事件发生的可能性进行定量分析, 事件的频率与概率正源于此.

(一) 频率

在相同条件下进行 $n(n \geqslant 1)$ 次重复试验, 若事件 A 在这 n 次重复试验中发生 n_A 次 (称 n_A 为 A 在这 n 次试验中发生的**频数**, $0 \leqslant n_A \leqslant n$), 则称比值 $\frac{n_A}{n}$ 为事件 A 在这 n 次试验中发生的**频率** (frequency), 记为 $f_n(A)$, 即

$$f_n(A) = \frac{n_A}{n} = \frac{A\text{ 发生的次数}}{\text{总的试验次数}}.$$

由事件频率的定义, 易知其具有以下性质:

(1) 对任一事件 A, $0 \leqslant f_n(A) \leqslant 1$;

(2) $f_n(S) = 1$;

(3) 若事件 A 与 B 互不相容, 即 $A \cap B = \varnothing$, 则

$$f_n(A \cup B) = f_n(A) + f_n(B).$$

性质 (3) 可以推广至多个两两互不相容的事件. 当 $A_1, A_2, \cdots, A_k$ $(k \geqslant 3)$ 两两不相容时,

$$f_n\left(\bigcup_{j=1}^{k} A_j\right) = \sum_{j=1}^{k} f_n(A_j).$$

事件的频率 $f_n(A)$ 体现了事件 A 发生的频繁程度, 在一定程度上可以用来表征该事件发生的可能性大小. 从其定义可知, 事件频率依赖于具体的试验, 它不仅与总的试验次数 n 有关, 而且在 n 固定时, 做多组的 n 次重复试验, 各组试验中 A 发生的次数通常也不会完全相同, 也就是各组的频率会有差异.

例 1.2.1 (抛硬币试验) 在相同的条件下将一枚硬币抛 n 次 (读者也不妨一试), 设 $A = \{\text{正面朝上}\}$, 记录 A 发生的次数. 对于 $n = 5$, $n = 10$, $n = 50$, $n = 500$, 各进行了 10 组试验, 具体数据记录于表 1.2.1.

◀表 1.2.1 抛硬币试验结果 1

试验序号	$n=5$		$n=10$		$n=50$		$n=500$	
	n_A	$f_n(A)$	n_A	$f_n(A)$	n_A	$f_n(A)$	n_A	$f_n(A)$
1	2	0.4	4	0.4	22	0.44	251	0.502
2	3	0.6	2	0.2	25	0.50	249	0.498
3	1	0.2	4	0.4	21	0.42	256	0.512
4	5	1.0	3	0.3	25	0.50	253	0.506
5	0	0.0	5	0.5	24	0.48	251	0.502
6	2	0.4	4	0.4	21	0.42	246	0.492
7	4	0.8	5	0.5	18	0.36	244	0.488
8	2	0.4	6	0.6	24	0.48	258	0.516
9	3	0.6	4	0.4	27	0.54	262	0.524
10	3	0.6	6	0.6	31	0.62	247	0.494

从表 1.2.1 中的数据可见当 n 较小时, 频率 $f_n(A)$ 的变化幅度较大, 但当总的试验次数 n 逐渐增加时, 频率呈现出某种稳定性, 其取值基本聚集在常数 $p=0.5$ 附近. 历史上也有不少数学家做过类似的试验, 其结果见表 1.2.2.

◀表 1.2.2 抛硬币试验结果 2

试验者	n	n_A	$f_n(A)$
德摩根	2 048	1 061	0.518 1
蒲丰	4 040	2 048	0.506 9
K. 皮尔逊	12 000	6 019	0.501 6
K. 皮尔逊	24 000	12 012	0.500 5

事件的频率这种随着总的试验次数增加而呈现出的 "稳定性" 其实就是随机现象统计规律性的体现, 这一稳定属性也给了人们一个定量描述事件发生可能性大小的契机, 即例子中的稳定常数 $p=0.5$ 就可用来反映事件 $A=\{$正面朝上$\}$ 发生的可能性.

(二) 概率

设某一随机试验所对应的样本空间为 S, 对 S 中的任一事件 A, 当总的试验次数 n 充分大时, A 的频率 $f_n(A)$ 的稳定值 p 定义为事件 A 的**概率**, 记为 $P(A)=p$. 上述说法常称为概率的统计性定义.

概率的统计性定义, 不仅说明了概率的存在性, 也提供了概率的一种近似值的求解方法, 即在实际应用中可进行大量试验, 利用事件发生的频率来估算事件的概率. 但这一定义是描述性的, 稳定到什么程度才是概率, 并没有一个确切的指标, 在实践中难以达到统一, 在数学上也不够严谨. 1933 年, 著名数学家柯尔莫哥洛夫不仅注意到概率的直观含义, 而且还针对概率是事件的函数这一本质, 结合非负性、规范性及可列可加性等特点, 提出了概率的公理性定义. 其严格的数学定义涉及测度论的范畴, 因此本书中仅介绍它的基本含义.

定义 1.2.1　设某一随机试验所对应的样本空间为 S. 对 S 中的任一事件 A, 定义一个实数 $P(A)$, 若它满足以下三条公理:

(1) 非负性: $P(A)\geqslant 0$;

(2) 规范性: $P(S)=1$;

(3) 可列可加性: 对 S 中的可列个两两互不相容的事件 $A_1,A_2,\cdots,A_n,\cdots$ (即 $A_iA_j=\varnothing, i\neq j, i,j=1,2,\cdots$), 有

$$P\left(\bigcup_{j=1}^{+\infty} A_j\right) = \sum_{j=1}^{+\infty} P(A_j),$$

则称 $P(A)$ 为事件 A 发生的**概率** (probability).

根据概率的公理化定义, 可以得到以下性质:

(1) 有限可加性: 对于有限个两两互不相容的事件的和事件, 有

$$P\left(\bigcup_{j=1}^{n} A_j\right) = \sum_{j=1}^{n} P(A_j).$$

(2) $P(A) = 1 - P(\overline{A})$.

特别地, $\varnothing \cup S = S$, 可得 $P(\varnothing) = 0$.

(3) 当 $A \supset B$ 时, $P(A - B) = P(A) - P(B)$, 由此可推出 $P(A) \geqslant P(B)$.

因为当 $A \supset B$ 时, $A = B \cup A\overline{B}$, 有

$$P(A) = P(B) + P(A\overline{B}) = P(B) + P(A - B).$$

所以 $P(A - B) = P(A) - P(B)$. 由于 $P(A - B) \geqslant 0$, 故 $P(A) \geqslant P(B)$. 又注意到任一事件 $A \subset S$, 进而可得 $P(A) \leqslant P(S) = 1$.

(4) 概率的加法公式:

$$P(A \cup B) = P(A) + P(B) - P(AB). \tag{1.2.1}$$

因为 $A = AB \cup A\overline{B}$, 所以 $P(A) = P(AB) + P(A\overline{B})$, 即

$$P(A\overline{B}) = P(A) - P(AB).$$

又 $A \cup B = B \cup A\overline{B}$, 所以

$$P(A \cup B) = P(B) + P(A\overline{B}) = P(A) + P(B) - P(AB).$$

性质 (4) 可以推广:

$$P(A \cup B \cup C) = P(A) + P(B) + P(C) - P(AB) - P(AC) - P(BC) + P(ABC);$$

$$P\left(\bigcup_{j=1}^{n} A_j\right) = \sum_{j=1}^{n} P(A_j) - \sum_{i<j} P(A_iA_j) + \sum_{i<j<k} P(A_iA_jA_k) - \cdots + (-1)^{n-1}P(A_1A_2\cdots A_n), \quad n \geqslant 1. \tag{1.2.2}$$

例 1.2.2　甲、乙两人分别从两地出发去火车站搭乘某高铁列车. 已知甲、乙能赶上这趟车的概率分别为 0.7, 0.8, 甲、乙都赶上的概率为 0.6, 求甲、乙都

没有赶上的概率.

解 设 $A=\{甲赶上\}$, $B=\{乙赶上\}$. 由题意可知

$$P(A)=0.7,\quad P(B)=0.8,\quad P(AB)=0.6,$$

所以

$$\begin{aligned}P(\{甲、乙都没有赶上\})&=P(\overline{A}\,\overline{B})=P(\overline{A\cup B})=1-P(A\cup B)\\&=1-[P(A)+P(B)-P(AB)]=0.1.\end{aligned}$$

例 1.2.3 设甲、乙、丙三人去参加某个活动的概率均为 0.4, 且甲、乙、丙中至少有两人去参加的概率为 0.3, 三人同时参加的概率为 0.05, 求甲、乙、丙三人至少有一人参加的概率.

解 设 $A=\{甲参加\}$, $B=\{乙参加\}$, $C=\{丙参加\}$. 由题意知

$$P(A)=P(B)=P(C)=0.4,\quad P(AB\cup AC\cup BC)=0.3,\quad P(ABC)=0.05.$$

由

$$\begin{aligned}0.3&=P(AB\cup AC\cup BC)\\&=P(AB)+P(AC)+P(BC)-2P(ABC),\end{aligned}$$

得

$$P(AB)+P(AC)+P(BC)=0.3+2P(ABC)=0.4,$$

故

$$\begin{aligned}&P(\{甲、乙、丙三人至少有一人参加\})\\&=P(A\cup B\cup C)\\&=P(A)+P(B)+P(C)-[P(AB)+P(AC)+P(BC)]+P(ABC)\\&=0.85.\end{aligned}$$

1.3 等可能概型

在某些随机试验中, 样本空间中样本点出现的可能性相等. 例如抛硬币试验, $S=\{正面, 反面\}$, 由于通常情形下正、反面出现频率非常接近, 所以我们

常假设出现正面与反面的概率相等.

定义 1.3.1　一个随机试验, 如果满足下面两个条件:

(1) 样本空间中样本点数有限 (有限性);

(2) 出现每一个样本点的概率相等 (等可能性),

就称这个试验为等可能概型, 又称古典概型.

若等可能概型的样本空间为 $S=\{e_1,e_2,\cdots,e_n\}\,(n\geqslant 1)$, 则由定义 1.3.1 知

$$P(\{e_j\})=\frac{1}{n},\ j=1,2,\cdots,n.$$

对随机事件 $A=\{e_{i_1},e_{i_2},\cdots,e_{i_l}\}$, 即 $A=\{e_{i_1}\}\cup\{e_{i_2}\}\cup\cdots\cup\{e_{i_l}\}$, 其中 $i_1,i_2,\cdots,i_l$ 是 $1,2,\cdots,n$ 中某 $l(l\geqslant 1)$ 个不同的值. 由基本事件两两互不相容的性质, 知

$$P(A)=P\left(\bigcup_{j=1}^{l}\{e_{i_j}\}\right)=\sum_{j=1}^{l}P(\{e_{i_j}\})=\frac{l}{n}.$$

这就是说, 在等可能概型中, 任一事件 A 的概率为

$$P(A)=\frac{A\text{ 所包含的样本点数}}{S\text{ 中样本点总数}}.\tag{1.3.1}$$

▶排列组合公式介绍及其在 Excel 中的实现

因此在等可能概型中, 求随机事件的概率就可以转化为计算样本点数的问题, 在实际操作中常会涉及排列组合.

例 1.3.1　一副扑克牌共 52 张 (去掉两个王), 采用下列两种方式抽取两张牌, 求抽到的恰好是一红一黑的概率.

(1) 无放回抽样: 第一次随机抽出 1 张, 无放回, 第二次从剩下的牌中再抽 1 张;

(2) 有放回抽样: 第一次随机抽出 1 张, 记录颜色后放回, 第二次仍从全部的牌中随机抽 1 张.

㊙解　设 $A=\{$两张牌是一红一黑$\}$.

(1) 无放回抽样方式: 第一次抽样有 52 种情况, 第二次抽样有 51 种情况, 所以样本空间中样本点总数为 52×51. 事件 A 发生包括 "先抽到红牌后抽到黑牌" 及 "先抽到黑牌后抽到红牌" 两种情况, 所以事件 A 所包含的样本点数为 $2\times 26\times 26$. 于是

$$P(A)=\frac{2\times 26\times 26}{52\times 51}=\frac{26}{51}.$$

注意到事件 A 与顺序无关, 在考虑样本空间时也可以不考虑顺序, 即当作一次性抽出 2 张牌, 此时样本空间中样本点总数为 $\mathrm{C}_{52}^2=\dfrac{52\times 51}{2}$, 事件 A 所包含的样本点数为 $\mathrm{C}_{26}^1\times\mathrm{C}_{26}^1=26\times 26$, 与上面的计算结果完全一致.

一般地, 如果有 a 张红牌, b 张黑牌, $a+b=N$, 采用无放回抽样抽取 $n(0<n<N)$ 张牌, 那么恰好取到 k $(\max\{0,n-b\}\leqslant k\leqslant\min\{a,n\})$ 张红牌的概率为 $\dfrac{\mathrm{C}_a^k\mathrm{C}_b^{n-k}}{\mathrm{C}_N^n}$, 其中 $\mathrm{C}_N^n=\dfrac{N!}{n!(N-n)!}\left(\mathrm{C}_N^n \text{ 也常记为 } \dbinom{N}{n}\right)$.

(2) 有放回抽样方式: 第一次和第二次抽样都有 52 种情况, 所以样本空间中样本点总数为 52×52. 事件 A 所包含的样本点数仍为 $2\times 26\times 26$. 于是

$$P(A)=\frac{2\times 26\times 26}{52\times 52}=\frac{1}{2}.$$

例 1.3.2　(抽签问题) 袋中有编号为 $1,2,\cdots,n(n>1)$ 的 n 个球, 其中有 a 个红球, b 个白球 $(a+b=n)$. 从中每次摸一球, 无放回, 共摸 n 次. 假设各个球的大小和材质相同, 求第 $k(1\leqslant k\leqslant n)$ 次摸到红球的概率.

㊣解　设 $A_k=\{\text{第 } k \text{ 次摸到红球}\}$, $k=1,2,\cdots,n$.

解法①　若视 n 次摸出的球的编号的先后排列为一个样本点, 则样本空间中共有 $n!$ 个样本点. 由题意知, 出现每一个样本点的概率相等, 而第 k 次为红球共有 $a(n-1)!$ 个样本点. 所以

$$P(A_k)=\frac{a(n-1)!}{n!}=\frac{a}{n}=\frac{a}{a+b},\quad k=1,2,\cdots,n.$$

解法②　若 n 个同学去摸球, 我们只关心哪几个同学摸到红球, 即视 “哪几次摸到红球” 为样本点, 则样本空间中样本点总数为 C_n^a. 由题意知, 出现每一个样本点的概率相等. 如果 A_k 发生, 即第 k 次一定为红球, 只要在余下的 $(n-1)$ 次中决定 $(a-1)$ 次就行. 故

$$P(A_k)=\frac{\mathrm{C}_{n-1}^{a-1}}{\mathrm{C}_n^a}=\frac{a}{n}=\frac{a}{a+b},\quad k=1,2,\cdots,n.$$

解法③　若视第 k 次摸到的球编号为样本点, 则样本空间中共有 n 个样本点, 其中有 a 个样本点使得 A_k 发生, 故

$$P(A_k)=\frac{a}{n}=\frac{a}{a+b},\quad k=1,2,\cdots,n.$$

从以上三种解法的计算结果得到: 在抽签问题中, 第 $k(1\leqslant k\leqslant n)$ 次摸到

红球的概率即为第 1 次摸到红球的概率, 与 k 无关.

同理可以得到, 某两次都摸到红球的概率与第 1 次, 第 2 次都摸到红球的概率相等. 请读者自行证明.

例 1.3.3　足球场内 23 个人 (双方队员各 11 人加 1 名主裁), 求至少有两人生日相同的概率 (假设每人的生日在一年的 365 天是等可能的, 且无双胞胎或多胞胎的情形).

解　样本空间中样本点总数为 365^{23}, 所有人生日都不一样的样本点数为 $365 \times 364 \times \cdots \times 343$, 所以至少有两人生日相同的概率为

$$1 - \frac{365 \times 364 \times \cdots \times 343}{365^{23}} = 0.507.$$

是不是有点不可思议, 概率超过 0.5! 同理可以计算 50 人的团体中至少有两人生日相同的概率为 0.97.

1.4　条件概率

(一) 条件概率

在实际应用中, 经常会遇到这样一类问题: 在事件 B 发生的条件下, 考察事件 A 发生的概率. 此时在讨论事件 A 发生的概率时附加了 "B 已经发生" 这一条件, 概率度量往往会有变化. 先来看一个简单的例子. 一个袋子里有编号为 $0,1,2,\cdots,9$ 的 10 个球, 设摸到每一个球的概率相等. 采用有放回抽样, 从袋中抽取两次, 每次摸一球. 将两次摸到的球的编号视为一个样本点, 则样本空间 S 中共有 100 个样本点, 出现每一个样本点的概率均为 $\frac{1}{100}$, 为古典概型. 设 $A = \{$两次号码之和大于 16$\}$, 则 A 包含 3 个样本点: $(8,9),(9,8),(9,9)$, 故 $P(A) = \frac{3}{100}$. 若已知第一次摸到的球的编号为 9, 则此时试验只有 $(9,0),(9,1),\cdots,(9,9)$ 共 10 个结果, 其中当 $(9,8),(9,9)$ 2 个结果出现时事件 A 才发生, 所以在第一次摸到的球的编号为 9 的条件下 A 发生的概率应为 $\frac{2}{10}$. 若记 $B = \{$第一次摸到的球的编号为 9$\}$, 则 $\frac{2}{10}$ 为在事件 B 发生的条件下事件 A 发生的条件概率, 记为 $P(A|B)$. $P(A|B)$ 与 $P(A)$ 的差异, 从

直观上而言, 也是容易理解的. 因为在讨论 $P(A|B)$ 时, 已知事件 B 已经发生, 所以此时试验的所有可能结果构成的集合就是 B, 即相应的样本空间 S 缩小为 B, 其样本点总数为 10. 此时, 若 A 发生, 则试验结果只能是 $(9,8)$ 或 $(9,9)$, 故 $P(A|B)=\dfrac{2}{10}\neq P(A)=\dfrac{3}{100}$.

定义 1.4.1　如果 $P(B)>0$, 那么在 B 发生的条件下 A 发生的**条件概率** (conditional probability) 为

$$P(A|B)=\frac{P(AB)}{P(B)}. \tag{1.4.1}$$

条件概率的图示分析如图 1.4.1 所示. 条件概率 $P(A|B)$ 可视为在缩小的样本空间 B 中对事件 A 的概率度量, 因此条件概率满足概率的定义和性质. 例如当 $P(C)\neq 0$ 时, 有

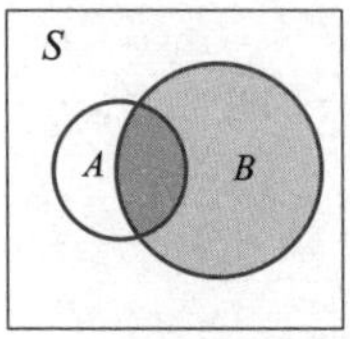

◀图 1.4.1

(1) $P(A|C)\geqslant 0$;

(2) $P(S|C)=1$;

(3) $P(B|C)=1-P(\overline{B}|C)$;

(4) 当 $A\supset B$ 时, $P(A|C)\geqslant P(B|C)$;

(5) $P(A\cup B|C)=P(A|C)+P(B|C)-P(AB|C)$;

特别地, 若 $AB=\varnothing$, 则 $P(A\cup B|C)=P(A|C)+P(B|C)$.

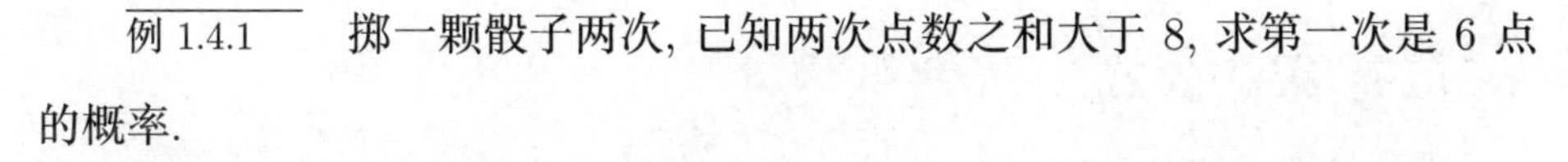

例 1.4.1　掷一颗骰子两次, 已知两次点数之和大于 8, 求第一次是 6 点的概率.

解　设 $A=\{$第一次是 6 点$\}$, $B=\{$两次点数之和大于 8$\}$. 由题意知, 这是等可能概型, 且样本空间中共有 36 个样本点. 易知, $P(B)=\dfrac{10}{36}$, $P(AB)=\dfrac{4}{36}$.

解法① 　由 (1.4.1) 式知

$$P(A|B)=\frac{P(AB)}{P(B)}=\frac{4/36}{10/36}=\frac{2}{5}.$$

解法② 　已知在 B 发生的条件下, 可将 B 视为缩减了的样本空间, 共有 10 个样本点, 其中有 4 个使 A 发生, 故

$$P(A|B)=\frac{4}{10}=\frac{2}{5}.$$

解法 1 是用条件概率的定义来求解, 解法 2 是从条件概率的直观含义出发, 用缩小的样本空间来求解, 两种解法都是可行的.

例 1.4.2　一袋中有 5 个红球, 4 个白球, 从中每次摸一球, 无放回抽样, 抽 4 次.

(1) 已知前两次中至少有一次摸到红球, 求前两次中恰有一次摸到红球的概率;

(2) 已知第 4 次摸到的是红球, 求第 1 次和第 2 次摸到的都是红球的概率.

解　设 $A_i=\{第\ i\ 次摸到红球\}$, $i=1,2,3,4$, $B=\{前两次中至少有一次摸到红球\}$, $C=\{前两次恰有一次摸到红球\}$.

(1) 根据条件概率的定义, 可得

$$P(C|B)=\frac{P(BC)}{P(B)}=\frac{P(C)}{1-P(\overline{B})}=\frac{\mathrm{C}_4^1\mathrm{C}_5^1/\mathrm{C}_9^2}{1-\mathrm{C}_4^2/\mathrm{C}_9^2}=\frac{2}{3}.$$

(2) 注意到 $P(A_1A_2|A_4)=\dfrac{P(A_1A_2A_4)}{P(A_4)}$, 由 1.3 节的例 1.3.2 可知 $P(A_4)=\dfrac{5}{9}$, 而

$$P(A_1A_2A_4)=\frac{\mathrm{C}_5^3}{\mathrm{C}_9^3}=\frac{5}{42},$$

所以

$$P(A_1A_2|A_4)=\frac{3}{14}.$$

(二) 乘法公式

由条件概率的定义知, 当 $P(A)\neq 0$, $P(B)\neq 0$ 时,

$$P(AB)=P(A)\cdot P(B|A)=P(B)\cdot P(A|B), \tag{1.4.2}$$

即两个事件积事件的概率等于一个事件的概率乘以在这个事件发生的条件下另一个事件的条件概率, 称此等式为概率的乘法公式 (multiplication formula).

乘法公式可推广到多个事件的情形. 当 $P(AB)\neq 0$ 时,

$$P(ABC)=P(A)P(B|A)P(C|AB). \tag{1.4.3}$$

一般地, 当 $P(A_1A_2\cdots A_{n-1})\neq 0$ $(n\geqslant 3)$ 时, 有

$$P(A_1A_2\cdots A_n)=P(A_1)P(A_2|A_1)P(A_3|A_1A_2)\cdots P(A_n|A_1A_2\cdots A_{n-1}). \tag{1.4.4}$$

此外, 结合概率的直观含义, 对应于 (1.4.2), 条件概率的乘法公式也成立,

即当 $P(AC) \neq 0$ 时, 有

$$P(AB|C) = P(A|C)P(B|AC). \tag{1.4.5}$$

例 1.4.3　设一社区 "三口之家" 占了 70%, 已知该社区有 40% 的家庭至少有一人职业为教师, 且在 "三口之家" 中有 30% 的家庭至少有一人职业为教师. 在该社区随机找一户.

(1) 求这一户既是 "三口之家" 又 "至少有一人职业为教师" 的概率;

(2) 求这一户既不是 "三口之家" 又 "没有人职业为教师" 的概率;

(3) 已知这一户 "没有人职业为教师", 求这一户是 "三口之家" 的概率.

解　设 $A = \{$这一户是 "三口之家" $\}$, $B = \{$这一户 "有人职业为教师"$\}$. 由题意知

$$P(A) = 70\%, \quad P(B) = 40\%, \quad P(B|A) = 30\%.$$

(1) 所求概率为

$$P(AB) = P(A)P(B|A) = 0.7 \times 0.3 = 0.21.$$

(2) 所求概率为

$$\begin{aligned} P(\overline{A}\,\overline{B}) &= P(\overline{A \cup B}) \\ &= 1 - [P(A) + P(B) - P(AB)] = 0.11. \end{aligned}$$

(3) 所求概率为

$$P(A|\overline{B}) = 1 - P(\overline{A}|\overline{B}) = 1 - \frac{P(\overline{A}\,\overline{B})}{P(\overline{B})} = 1 - \frac{0.11}{0.6} = \frac{49}{60}.$$

例 1.4.4　某人参加某种技能考试, 已知第 1 次考合格的概率为 60%; 若第 1 次没有合格, 第 2 次能考合格的概率为 70%; 若第 1 次和第 2 次均不合格, 第 3 次能考合格的概率为 80%, 求此人最多 3 次能考合格的概率.

解　设 $A_i = \{$第 i 次考合格$\}$, $i = 1, 2, 3$, $B = \{$最多 3 次能考合格$\}$.

解法①　注意到 $B = A_1 \cup \overline{A}_1 A_2 \cup \overline{A}_1 \overline{A}_2 A_3$, 所以

$$\begin{aligned} P(B) &= P(A_1) + P(\overline{A}_1 A_2) + P(\overline{A}_1 \overline{A}_2 A_3) \\ &= P(A_1) + P(\overline{A}_1)P(A_2|\overline{A}_1) + P(\overline{A}_1)P(\overline{A}_2|\overline{A}_1)P(A_3|\overline{A}_1\overline{A}_2) \\ &= 0.6 + 0.4 \times 0.7 + 0.4 \times 0.3 \times 0.8 = 0.976. \end{aligned}$$

㊁㊂② 由于 $\overline{B}=\overline{A}_1\overline{A}_2\overline{A}_3$, 故

$$\begin{aligned}P(B)&=1-P(\overline{A}_1\overline{A}_2\overline{A}_3)\\&=1-P(\overline{A}_1)P(\overline{A}_2|\overline{A}_1)P(\overline{A}_3|\overline{A}_1\overline{A}_2)\\&=1-0.4\times0.3\times0.2=0.976.\end{aligned}$$

(三) 全概率公式、贝叶斯公式

假设 A,B 为随机事件, 那么总有 $A=AB\cup A\overline{B}$. 又因为 AB 与 $A\overline{B}$ 互不相容, 利用概率的有限可加性可得

$$P(A)=P(AB)+P(A\overline{B})=P(B)\cdot P(A|B)+P(\overline{B})\cdot P(A|\overline{B}). \qquad (1.4.6)$$

(1.4.6) 式为我们计算 A 的概率带来了一定启示. 当直接计算 $P(A)$ 比较困难时, 可利用与事件 A 有密切关系的事件 B, 先将 A 分解成互不相容的两部分 AB 与 $A\overline{B}$. 结合事件 B 发生与否条件下的概率计算来求得 A 的概率. 注意到 $P(B)+P(\overline{B})=1$, 故 (1.4.6) 式也可视为条件概率的加权平均. (1.4.6) 式中重要的是如何寻找合适的 B.

为了将 (1.4.6) 式推广至更一般的情形, 下面先给出一个定义.

定义 1.4.2 设 S 为某一随机试验的样本空间, $B_1,B_2,\cdots,B_n$ 为该试验的一组事件, 且满足

(1) $B_iB_j=\varnothing,\ i,j=1,2,\cdots,n,i\neq j$;

(2) $B_1\cup B_2\cup\cdots\cup B_n=S$,

则称 $B_1,B_2,\cdots,B_n$ 为 S 的一个划分, 或称为 S 的一个完备事件组.

上述定义中的两条, 直观而言, 即 $B_1,B_2,\cdots,B_n$ 两两同时发生是不可能的, 而至少有一个发生又是必然的. 易见, 任意一个事件 B 与其逆事件 $\overline{B}$ 就是 S 的一个划分. 其实, 当样本空间 S 的样本点有限时, 所有基本事件就是 S 的一个划分.

若 A 是 S 中的一个事件, $B_1,B_2,\cdots,B_n$ 是 S 的一个划分, 则类似 (1.4.6) 式, 可以将 A 分解成两两互不相容的事件的和, 即

$$A=AS=A\cap(B_1\cup B_2\cup\cdots\cup B_n)=AB_1\cup AB_2\cup\cdots\cup AB_n=\bigcup_{j=1}^{n}AB_j,$$

两边求概率, 利用概率的有限可加性得

$$P(A)=P\left(\bigcup_{j=1}^{n} AB_j\right)=\sum_{j=1}^{n} P(AB_j).$$

结合概率的乘法公式, 得到以下定理.

定理 1.4.1　设 S 为某一试验的样本空间. 若 $B_1, B_2, \cdots, B_n$ 是 S 的一个划分, 且 $P(B_j)>0, j=1,2,\cdots,n$, 则对任一事件 A, 有

$$P(A)=\sum_{j=1}^{n} P(B_j)P(A|B_j). \tag{1.4.7}$$

称 (1.4.7) 式为概率的全概率公式 (law of total probability).

运用公式 (1.4.7) 的关键是找到一组合适的划分. 设 $P(B_j)=p_j$, $P(A|B_j)=q_j$, $j=1,2,\cdots,n$, 则 $P(A)=\sum\limits_{j=1}^{n} p_j q_j$. 全概率公式的图示分析如图 1.4.2 所示.

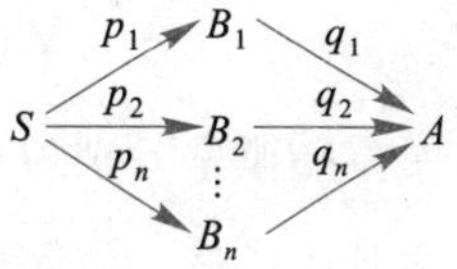

p_1 B_1 q_1 p_2 q_2 S B_2 A p_n q_n $\vdots$ B_n

◀图 1.4.2

定理 1.4.2　设 S 为某一试验的样本空间. 若 $B_1, B_2, \cdots, B_n$ 是 S 的一个划分, 且 $P(B_j)>0, j=1,2,\cdots,n$, 则对任一事件 A, $P(A)\neq 0$, 有

$$P(B_k|A)=\frac{P(B_kA)}{P(A)}=\frac{P(B_k)P(A|B_k)}{\sum\limits_{j=1}^{n} P(B_j)P(A|B_j)}, \quad k=1,2,\cdots,n. \tag{1.4.8}$$

称 (1.4.8) 式为概率的贝叶斯公式 (Bayes formula) 或逆概公式.

若把事件 A 视为某一试验结果, 把划分 $B_1, B_2\cdots, B_n$ 作为导致 A 发生的 n 种原因, 则贝叶斯公式为由 "结果" 推测 "原因" 的一个重要工具.

在利用贝叶斯公式时, 其中的 $P(B_j)(j=1,2,\cdots,n)$ 的概率往往是已知或事先假设 (或者根据以往的资料或经验的累积) 的, 常称 $P(B_j)$ 为先验概率 (prior probability); 而当事件 A 发生后, 对 B_j 发生的概率重新进行推断 (或修正), 常称 $P(B_j|A)$ 为后验概率 (posterior probability).

▶ 案例
贝叶斯方法

例 1.4.5　一小学举办家长开放日, 欢迎家长参加. 某同学母亲参加的概率为 0.80, 如果母亲参加, 那么父亲参加的概率为 0.30; 如果母亲不参加, 那么父亲参加的概率为 0.90.

(1) 求该同学父母都参加的概率;

(2) 求该同学父亲参加的概率;

(3) 在已知父亲参加的条件下, 求母亲也参加的概率.

解 设 $A=\{$母亲参加$\}$, $B=\{$父亲参加$\}$. 由题意知

$$P(A)=0.80,\quad P(B|A)=0.30,\quad P(B|\overline{A})=0.90.$$

(1) $P(AB)=P(A)P(B|A)=0.80\times 0.30=0.24$.

(2) $P(B)=P(AB\cup\overline{A}B)=P(AB)+P(\overline{A}B)$

$$=P(A)P(B|A)+P(\overline{A})P(B|\overline{A})$$

$$=0.80\times 0.30+0.20\times 0.90=0.42.$$

(3) $P(A|B)=\dfrac{P(AB)}{P(B)}=\dfrac{0.24}{0.42}\approx 0.57$.

例 1.4.6 某保险公司的某险种有高、中、低三种类型风险客户, 他们的年度索赔概率分别为 0.02, 0.01, 0.002. 设三类客户所占份额分别是 0.05, 0.15, 0.80, 在其中任选一位客户,

(1) 求该客户的年度索赔概率;

(2) 若该客户在这一年中发生了索赔, 求他是高风险客户的概率.

解 设 $A=\{$客户在这一年中发生了索赔$\}$, $B_1=\{$客户属于高风险类型$\}$, $B_2=\{$客户属于中风险类型$\}$, $B_3=\{$客户属于低风险类型$\}$, 那么 B_1,B_2,B_3 构成了样本空间的一个划分, 且由题意知

$$P(B_1)=0.05,\quad P(B_2)=0.15,\quad P(B_3)=0.80,$$
$$P(A|B_1)=0.02,\quad P(A|B_2)=0.01,\quad P(A|B_3)=0.002.$$

(1) $P(A)=P(B_1)P(A|B_1)+P(B_2)P(A|B_2)+P(B_3)P(A|B_3)$

$$=0.05\times 0.02+0.15\times 0.01+0.80\times 0.002$$

$$=0.004\,1.$$

(2) $P(B_1|A)=\dfrac{P(B_1A)}{P(A)}=\dfrac{P(B_1)P(A|B_1)}{P(A)}$

$$=\frac{0.05\times 0.02}{0.004\,1}=\frac{10}{41}.$$

例 1.4.7 小王参加一个棋类比赛, 参与的棋手有三类, 其中 45% 为 1 类棋手, 45% 为 2 类棋手, 10% 为 3 类棋手. 若已知他与这三类棋手进行比赛, 获胜的概率分别为 0.3, 0.5 和 0.6. 从这些棋手中任选一人与他比赛, 如果他获胜, 问对手最有可能是哪类棋手?

解 令 $A=\{$小王获胜$\}$, $B_i=\{$对手为 i 类棋手$\}$, $i=1,2,3$, 那么

B_1, B_2, B_3 构成样本空间的一个划分, 且由题意知

$$P(B_1)=0.45, \quad P(B_2)=0.45, \quad P(B_3)=0.10,$$
$$P(A|B_1)=0.3, \quad P(A|B_2)=0.5, \quad P(A|B_3)=0.6.$$

根据贝叶斯公式,

$$P(B_i|A)=\frac{P(B_i)P(A|B_i)}{P(B_1)P(A|B_1)+P(B_2)P(A|B_2)+P(B_3)P(A|B_3)}, \quad i=1,2,3.$$

故

$$P(B_1|A)=\frac{0.45\times 0.3}{0.45\times 0.3+0.45\times 0.5+0.10\times 0.6}=0.321\,4,$$
$$P(B_2|A)=\frac{0.45\times 0.5}{0.45\times 0.3+0.45\times 0.5+0.10\times 0.6}=0.535\,7,$$
$$P(B_3|A)=\frac{0.10\times 0.6}{0.45\times 0.3+0.45\times 0.5+0.10\times 0.6}=0.142\,9.$$

因为 $P(B_2|A)=\max\{P(B_1|A),P(B_2|A),P(B_3|A)\}$, 所以对手最有可能是 2 类棋手.

例 1.4.8 设有 3 个箱子, 第 1 个箱子装有 3 个白球和 5 个红球, 第 2 个箱子装有 2 个白球和 2 个红球, 第 3 个箱子装有 5 个白球和 2 个红球. 现从 3 个箱子中任挑一个, 然后从该箱子中随机取两次, 每次取一球, 无放回抽样.

(1) 求第一次取到的是白球的概率;

(2) 已知第一次取到的是白球, 问取到的是第 1, 第 2, 第 3 个箱子的概率分别是多少?

(3) 在已知第一次取到白球的条件下, 求第二次也取到白球的概率.

解 设 $A_i=\{$取到第 i 个箱子$\}$, $i=1,2,3$, $B_j=\{$第 j 次取到白球$\}$, $j=1,2$, 那么 A_1,A_2,A_3 构成了样本空间的一个划分, 且易知

$$P(B_1|A_1)=\frac{3}{8}, \quad P(B_1|A_2)=\frac{2}{4}=\frac{1}{2}, \quad P(B_1|A_3)=\frac{5}{7}.$$

(1) $$P(B_1)=P\left(\bigcup_{i=1}^{3}A_iB_1\right)=\sum_{i=1}^{3}P(A_i)P(B_1|A_i)$$
$$=\frac{1}{3}\left(\frac{3}{8}+\frac{1}{2}+\frac{5}{7}\right)=\frac{89}{168}.$$

(2) $$P(A_1|B_1)=\frac{P(A_1B_1)}{P(B_1)}=\frac{P(A_1)P(B_1|A_1)}{P(B_1)}=\frac{\frac{1}{3}\times\frac{3}{8}}{\frac{89}{168}}=\frac{21}{89},$$

$$P(A_2|B_1)=\frac{P(A_2B_1)}{P(B_1)}=\frac{P(A_2)P(B_1|A_2)}{P(B_1)}=\frac{\frac{1}{3}\times\frac{1}{2}}{\frac{89}{168}}=\frac{28}{89},$$

$$P(A_3|B_1)=\frac{P(A_3B_1)}{P(B_1)}=\frac{P(A_3)P(B_1|A_3)}{P(B_1)}=\frac{\frac{1}{3}\times\frac{5}{7}}{\frac{89}{168}}=\frac{40}{89}.$$

(3) $P(B_2|B_1)=\dfrac{P(B_1B_2)}{P(B_1)}$, 而

$$\begin{aligned}P(B_1B_2)&=\sum_{i=1}^{3}P(A_i)P(B_1B_2|A_i)\\&=\frac{1}{3}\left(\frac{\mathrm{C}_3^2}{\mathrm{C}_8^2}+\frac{\mathrm{C}_2^2}{\mathrm{C}_4^2}+\frac{\mathrm{C}_5^2}{\mathrm{C}_7^2}\right)=\frac{1}{4},\end{aligned}$$

所以

▶案例
三门问题

$$P(B_2|B_1)=\frac{P(B_1B_2)}{P(B_1)}=\frac{\frac{1}{4}}{\frac{89}{168}}=\frac{42}{89}.$$

1.5 事件的独立性与独立试验

从 1.4 节中的一些例题可知, 若 A,B 均为随机事件, 一般情形下, $P(A|B)$ 不等于 $P(A)$. 也就是说事件 B 发生的条件会改变事件 A 发生的概率. 但也有不改变的, 例如, 某种彩票每次公布的最后两个数都是从 0 到 9 这 10 个数字中随机取 1 个数, 若记 $A_i=\{$倒数第 i 位数小于 $5\}$, $i=1,2$, 则从彩票设计的公平性考虑, 应该有 $P(A_2)=P(A_2|A_1)$, 也就是说 A_1 发生并不影响 A_2 发生的可能性. 由概率的乘法公式知, 此时 $P(A_1A_2)=P(A_1)\cdot P(A_2|A_1)=P(A_1)\cdot P(A_2)$, 易见此式中 A_1,A_2 是对称的. 这时称 A_1,A_2 是相互独立的.

定义 1.5.1　设 A,B 为两随机事件, 当

$$P(AB)=P(A)\cdot P(B) \tag{1.5.1}$$

时, 称事件 A,B 相互独立 (independent).

定理 1.5.1　当 $P(A)\cdot P(B)\neq 0$ 时, “事件 A 与事件 B 相互独立” 等价

于“条件概率等于无条件概率”, 即

$$P(B|A)=P(B)(\text{或 } P(A|B)=P(A)).$$

定理 1.5.2　当事件 A 与事件 B 相互独立时, A 与 $\overline{B}$, $\overline{A}$ 与 B, $\overline{A}$ 与 $\overline{B}$ 均相互独立.

证明　因为 $A=AB\cup A\overline{B}$, 两边求概率并移项得

$$P(A\overline{B})=P(A)-P(AB).$$

当事件 A 与事件 B 相互独立时,

$$\begin{aligned}P(A\overline{B})&=P(A)-P(A)\cdot P(B)\\&=P(A)\cdot[1-P(B)]=P(A)\cdot P(\overline{B}).\end{aligned}$$

故 A 与 $\overline{B}$ 相互独立. 由此可进一步得 $\overline{A}$ 与 B, $\overline{A}$ 与 $\overline{B}$ 均相互独立.

至此, 描述两个随机事件 A, B 的关系除包含关系和不相容关系外, 还有独立关系.

例 1.5.1　甲、乙两人同时向一目标进行射击, 若甲的击中率为 0.8, 乙的击中率为 0.7, 求目标被击中的概率.

解　设 $A=\{\text{甲击中目标}\}$, $B=\{\text{乙击中目标}\}$, $C=\{\text{目标被击中}\}$, 由题意知

$$P(A)=0.8,\quad P(B)=0.7,\quad C=A\cup B.$$

注意到甲、乙两人的射击是同时进行的, 因此可以认为其结果是相互独立的, 即认为事件 A, B 相互独立. 利用加法公式可得

$$\begin{aligned}P(C)=P(A\cup B)&=P(A)+P(B)-P(AB)\\&=P(A)+P(B)-P(A)P(B)\\&=0.8+0.7-0.8\times 0.7=0.94.\end{aligned}$$

例 1.5.2　设 A, B 为随机事件, 且 $P(A)=0.5$, $P(B)=0.4$, 求在下列四种情况下, A 与 B 至少有一个发生的概率:

(1) A 与 B 互不相容;

(2) B 发生必有 A 发生;

(3) A 与 B 相互独立;

(4) $P(AB)=0.3$.

㊮ 利用加法公式, $P(A\cup B)=P(A)+P(B)-P(AB)$.

(1) 如果 A 与 B 互不相容, 那么 $P(AB)=0$, 故 $P(A\cup B)=0.9$.

(2) 如果 B 发生必有 A 发生, 即 $A\supset B$, 那么 $AB=B, A\cup B=A$, 故 $P(A\cup B)=0.5$.

(3) 如果 A 与 B 相互独立, 那么 $P(AB)=P(A)P(B)=0.2$, 故 $P(A\cup B)=0.7$.

(4) $P(A\cup B)=0.5+0.4-0.3=0.6$.

本例告诉我们, 只知道 A 与 B 的概率, 无法得到 A 与 B 至少有一个发生的概率, 还需要了解两个事件之间的关系, 不能凭自己的想象随意加条件, 否则就可能得到错误的结果.

定义 1.5.2　设 A,B,C 为三个随机事件, 当

$$P(AB)=P(A)P(B),$$
$$P(AC)=P(A)P(C),$$
$$P(BC)=P(B)P(C)$$

都成立时, 称事件 A,B,C 两两独立. 若同时还满足

$$P(ABC)=P(A)P(B)P(C),$$

则称事件 A,B,C 相互独立.

应注意, 相互独立的事件一定是两两独立的, 而两两独立的事件不一定相互独立.

例如, 一袋中有 4 个球, 分别涂白色、红色、黑色和红白黑三色. 设取到每一个球的可能性相等, 从中任取一球, 令 $A_1=\{$取到涂白色的球$\}$, $A_2=\{$取到涂红色的球$\}$, $A_3=\{$取到涂黑色的球$\}$, 则 $P(A_1)=P(A_2)=P(A_3)=\frac{2}{4}=\frac{1}{2}$, $P(A_1A_2)=P(A_1A_3)=P(A_2A_3)=P\{$取到涂两种颜色的球$\}=\frac{1}{4}$. 那么, $P(A_1A_2)=P(A_1)P(A_2)$. 同理, 有 $P(A_1A_3)=P(A_1)P(A_3)$, $P(A_2A_3)=P(A_2)P(A_3)$, 即 A_1,A_2,A_3 两两独立. 但 $A_1A_2A_3=\{$取到涂三种颜色的球$\}$, 即 $P(A_1A_2A_3)=\frac{1}{4}$, 故 $P(A_1A_2A_3)\neq P(A_1)P(A_2)P(A_3)=\frac{1}{8}$, 即 A_1,A_2,A_3 不相互独立.

定义 1.5.3　设 n 个事件 $A_1,A_2,\cdots,A_n(n\geqslant 2)$, 若对其中任意 k 个事件

$A_{i_1}, A_{i_2}, \cdots, A_{i_k}(2 \leqslant k \leqslant n)$, 都有

$$P(A_{i_1} A_{i_2} \cdots A_{i_k}) = \prod_{j=1}^{k} P(A_{i_j})$$

成立, 则称事件 $A_1, A_2, \cdots, A_n$ 相互独立.

对于可列个事件, 若其中任意有限个事件相互独立, 则称这可列个事件相互独立.

值得一提的是, 在实际问题中, 我们常常不是用独立的定义去验证事件的独立性, 而是根据实际情况来判断, 并将事件独立的定义作为性质来使用.

在实际应用中还常常涉及试验的独立性, 假设所考虑的试验由一系列子试验组成. 例如, 某种彩票一期一期地不断开奖, 就可以把每一次开奖看作一个子试验, 而且这一期开奖的结果不影响其他期的开奖结果. 像这样的试验结果互不影响的一系列试验称为独立试验. 如果各个子试验是在相同条件下进行的, 就称这些试验为重复试验.

例 1.5.3　由 5 个独立元件组成的系统 (如图 1.5.1 所示), 设每个元件正常工作的概率为 $p, 0 < p < 1$, 求系统正常工作的概率.

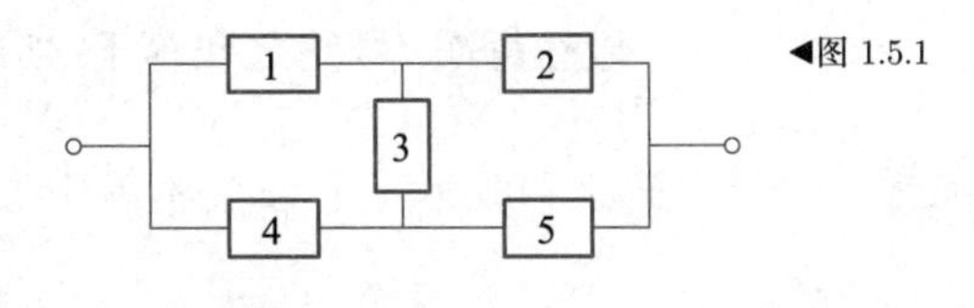

◀图 1.5.1

解　设 $A_i = \{$第 i 个元件正常工作$\}, i = 1, 2, 3, 4, 5$, 由题意知 $A_1, A_2, \cdots, A_5$ 相互独立. 又设 $A = \{$系统正常工作$\}$, 则 $A = AA_3 \cup A\overline{A}_3$, 那么

$$P(A) = P(A_3) \cdot P(A|A_3) + P(\overline{A}_3) \cdot P(A|\overline{A}_3).$$

用缩小的样本空间求解 $P(A|A_3)$ 的值为 p_1, p_1 即为图 1.5.2 所示系统正常工作的概率. 由于 $A_1, A_2, \cdots, A_5$ 相互独立, 故 $A_1 \cup A_4$ 与 $A_2 \cup A_5$ 也相互独立. 再结合加法公式, 可得

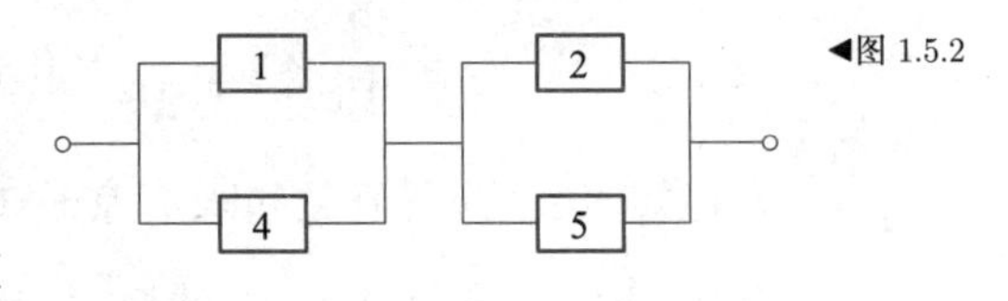

◀图 1.5.2

$$\begin{aligned} p_1 &= P((A_1 \cup A_4) \cdot (A_2 \cup A_5)) \\ &= P(A_1 \cup A_4) \cdot P(A_2 \cup A_5) \\ &= (2p - p^2)^2. \end{aligned}$$

又若记 $P(A|\overline{A}_3)$ 的值为 p_2, p_2 即为图 1.5.3 所示系统正常工作的概率. 利用加法公式, 再结合 $A_1, A_2, \cdots, A_5$ 的相互独立性, 可得

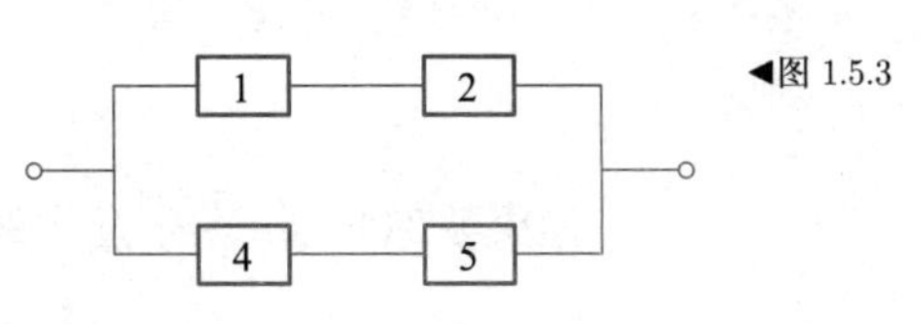

◀图 1.5.3

$$
\begin{aligned}
p_2 &= P(A_1A_2 \cup A_4A_5) \\
&= P(A_1A_2) + P(A_4A_5) - P(A_1A_2A_4A_5) \\
&= 2p^2 - p^4.
\end{aligned}
$$

所以

$$
\begin{aligned}
P(A) &= p(2p-p^2)^2 + (1-p)(2p^2-p^4) \\
&= 2p^2 + 2p^3 - 5p^4 + 2p^5.
\end{aligned}
$$

例 1.5.4　一袋中有编号为 1, 2, 3, 4 共四个球, 从袋中有放回地取两次 (每次取一个, 且假设取到每一个号码的概率相等), 并记录号码之和. 这样独立重复地试验, 求 "和等于 3" 出现在 "和等于 5" 之前的概率.

㊎ 设 $A=\{$"和等于 3" 出现在 "和等于 5" 之前$\}$, $B=\{$第一次号码之和等于 3$\}$, $C=\{$第一次号码之和等于 5$\}$, $D=\{$第一次号码之和既不等于 3, 也不等于 5$\}$.

显然每次 "号码之和等于 3" 的概率为 $\dfrac{2}{16}$, "号码之和等于 5" 的概率为 $\dfrac{4}{16}$, "号码之和既不等于 3 又不等于 5" 的概率为 $\dfrac{10}{16}$, 故

$$
P(B)=\frac{2}{16},\quad P(C)=\frac{4}{16},\quad P(D)=\frac{10}{16}.
$$

由全概率公式得

$$
\begin{aligned}
P(A) &= P(B)\cdot P(A|B) + P(C)\cdot P(A|C) + P(D)\cdot P(A|D) \\
&= \frac{2}{16}\times 1 + \frac{4}{16}\times 0 + \frac{10}{16}\times P(A|D).
\end{aligned}
$$

在已知 "第一次号码之和既不等于 3, 也不等于 5" 的条件下, 求 A 的条件概率问题, 相当于重新考虑 A 的概率. 因为试验是相互独立的, 即第一次结果不影响 A 发生的概率, 所以 $P(A|D)=P(A)$. 故

$$
P(A)=\frac{2}{16}+\frac{10}{16}\times P(A),
$$

从而

$$
P(A)=\frac{1}{3}.
$$

如果要你判断一下, 发生概率为 $p=0.000\,1$ 的事件 A, 在一次试验中是否

会发生呢? 回答: 一般不会发生. 从长期实践中得到“概率很小的事件在一次试验中几乎不发生”(称之为实际推断原理), 但是若独立进行成千上万次试验, 结果又如何呢? 且看下面的例题.

例 1.5.5　某技术工人长期进行某项技术操作, 经验丰富, 因嫌按规定操作太过烦琐, 他就按照自己的方法进行, 但这样做有可能发生事故. 设他每次操作发生事故的概率为 p ($p>0$ 且很小), 他独立地进行了 n 次操作, 求:

(1) n 次都不发生事故的概率;

(2) 至少有一次发生事故的概率.

解　设 $A=\{n$ 次都不发生事故$\}$, $B=\{n$ 次中至少有一次发生事故$\}$, $C_i=\{$第 i 次不发生事故$\}$, $i=1,2,\cdots,n$, 由题意知 $C_1,C_2,\cdots,C_n$ 相互独立, 且 $P(C_i)=1-p$. 故

(1) $P(A)=P(C_1C_2\cdots C_n)=(1-p)^n$.

(2) $P(B)=1-P(A)=1-(1-p)^n$.

注意到 $\lim\limits_{n\to+\infty}P(B)=1$, 也就是说, 虽然每次发生事故的概率 p 很小, 但只要次数多 (n 充分大), 至少有一次发生事故的概率就会大, 甚至接近于 1. 总之, 随着独立重复试验次数的增多, “小概率事件至少有一次发生”的概率渐渐增大.

思考题一

1. 若 $A\supset B$, 则 $A\cap B=B$, $A\cup B=A$, $\overline{A}\subset\overline{B}$ 中哪些一定成立?
2. 随机事件 A 发生的频率 $f_n(A)$ 是个变化的数, 而发生的概率 $P(A)$ 是一个定数, 这一说法对吗? 当 n 充分大时, $P(A)=f_n(A)$, 这一结论对吗? 掷一枚硬币 100 次, 记前 n 次正面出现的频率为 $f_n(H)$, 则 $|f_{10}(H)-0.5|>|f_{100}(H)-0.5|$ 一定成立吗?
3. 举例说明 $P(A\cap B)$ 与 $P(B|A)$ 的不同含义.
4. 因为随机事件 A 发生时 $A\cup B$ 一定发生, 所以 $P(A|A\cup B)=1$, 这一说法对吗?
5. 当 $P(A)>0,P(B)>0$ 时, 随机事件 A,B 相互独立与互不相容能同时成立吗?

习题一

(A)

A1. 为了解吸烟对人体健康产生的影响, 对一社区居民进行抽样调查, 分别用 0,1,2 表示不吸烟、少量吸烟及吸烟较多, 再用

a, b, c 表示身体健康、一般及患病. 例如, $(0, a)$ 就表示抽到的居民是不吸烟的健康者.

(1) 问试验的样本空间共有多少个样本点?

(2) 设 $A=${抽到的居民身体健康}, 写出 A 所包含的样本点;

(3) 设 $B=${抽到的居民不吸烟}, 写出 B 所包含的样本点.

A2. 写出下列随机试验中的随机事件 A 和 B 所包含的样本点:

(1) 掷一颗骰子,

事件 $A=${点数不大于 2}, 事件 $B=${点数大于 3};

(2) 将一颗骰子掷两次,

事件 $A=${两次点数之差的绝对值为 2},
事件 $B=${第一次点数是第二次点数的 3 倍};

(3) 在以 $(0,0)$, $(1,0)$, $(0,1)$ 为顶点的三角形内随机取一点, 记其坐标 (x, y),

事件 $A=${横坐标 x 不大于纵坐标 y},
事件 $B=${横坐标 x 小于 0.5 且纵坐标 y 大于 0.5}.

A3. 写出下列随机试验的样本空间:

(1) 一盒中有编号为 1,2,3 的三个球, 依次随机地抽取 2 次, 每次取 1 个, 无放回, 观察两个球的编号;

(2) 一盒中有编号为 1,2,3 的三个球, 依次随机地抽取 2 次, 每次取 1 个, 有放回, 观察两个球的编号;

(3) 某超市每天的营业时间为 7:00—22:00, 观察某天进入该超市的人数;

(4) 在以 $(0,0)$, $(1,0)$, $(0,1)$ 为顶点的三角形内 (含边界) 随机取一点, 记录其坐标.

A4. 设 A, B, C 为 3 个随机事件, 请用事件的运算关系式表示:

(1) A, B, C 至少有 2 个发生;

(2) A, B, C 最多有 1 个发生;

(3) A, B, C 恰有 1 个不发生;

(4) A, B, C 至少有 1 个不发生.

A5. 设 A, B 为两个随机事件, 且 A, B 中至少有一个发生的概率为 0.9.

(1) 若 B 发生的同时 A 不发生的概率为 0.4, 求 $P(A)$;

(2) 若 $P(B)=0.6$, 求 A 发生的同时 B 不发生的概率.

A6. 设 A, B 为两个随机事件, 已知 $P(A)=0.5$, $P(B)=0.4$, 在下列两种情况下分别求 $P(A \cup B)$ 和 $P(A\overline{B})$:

(1) A 与 B 互不相容;

(2) 当 B 发生时必有 A 发生.

A7. 设事件 A 与 B 互不相容, $P(A)=0.3$, $P(B)=0.5$, 求:

(1) A 与 B 至少有一个发生的概率;

(2) A 与 B 都不发生的概率;

(3) A 不发生的同时 B 发生的概率.

A8. 设 A, B 为两个随机事件, 已知 $P(A) = 0.5$, $P(B) = 0.4$, $P(A \cup B) = 0.6$, 求:

(1) $P(A\overline{B})$;

(2) $P(\overline{A}\,\overline{B})$;

(3) $P(\overline{A} \cup \overline{B})$.

A9. 已知一宿舍有 6 位学生, 其中有 2 位为统计学专业. 从该宿舍随机选 2 位学生, 求:

(1) 至少有 1 位是统计学专业的概率;

(2) 最多有 1 位是统计学专业的概率.

A10. 同时掷两颗均匀的骰子,

(1) 求两颗骰子点数不同的概率;

(2) 求某一颗骰子点数是另一颗骰子点数 3 倍的概率;

(3) 已知 2 颗骰子的点数不同, 求某一颗骰子点数是另一颗骰子点数 3 倍的概率.

A11. 假设一个人出生的月份在一年的 12 个月是等概率的, 求一宿舍 6 位学生中至少有 2 人生日在同一个月的概率.

A12. 一袋中有 10 个球, 其中 8 个是红球. 每次摸一球, 共摸 2 次, 在有放回抽样与无放回抽样两种抽样方式下分别求:

(1) “两次均为红球” 的概率;

(2) “恰有 1 个红球” 的概率;

(3) “第 2 次是红球” 的概率.

A13. 在一个 30 人的班级中有两个 “王姓” 学生, 现将全班学生随机排成一排, 求:

(1) 两个 “王姓” 学生正好中间隔一个位置的概率;

(2) 两个 “王姓” 学生正好排在最中间的概率.

A14. 一个盒子中有 7 个球, 其中 2 个红球, 3 个黑球, 2 个白球. 每次摸一球 (无放回), 共摸 3 次, 求:

(1) 摸到的球恰是 1 红、1 黑、1 白的概率;

(2) 摸到的球全是黑球的概率;

(3) 第 1 次摸到红球、第 2 次摸到黑球且第 3 次摸到白球的概率.

A15. 编号为 $1, 2, \cdots, 9$ 的 9 辆车, 随机地停入编号为 $1, 2, \cdots, 9$ 的 9 个车位中. 当车号与车位编号一样时称该车配对, 求:

(1) 1 号车配对的概率;

(2) 1 号车配对而 9 号车不配对的概率.

A16. 依次将 5 个不同的球随机放入 3 个不同的盒子中, 盒子容量不限, 求 3 号盒子中恰好有两个球的概率.

A17. 设 A, B 为两个随机事件, 已知 $P(A) = 0.5$, $P(B) = 0.4$, $P(A \cup B) = 0.6$, 求:

(1) $P(A|B)$;

(2) $P(B|A)$;

(3) $P(\overline{A}|\overline{B})$;

(4) $P(\overline{B}|\overline{A})$.

A18. 设 A,B 为两个随机事件, 已知 $P(A)=0.6$, $P(B|A)=0.4$, $P(A|B)=0.5$, 求:

(1) $P(AB)$;

(2) $P(B)$;

(3) $P(A\cup B)$.

A19. 设 A,B 为两个随机事件, 已知 $P(A)=0.7$, $P(\overline{B})=0.6$, $P(A\overline{B})=0.5$, 求:

(1) $P(A|A\cup B)$;

(2) $P(A|\overline{A}\cup B)$;

(3) $P(AB|A\cup B)$.

A20. 有甲、乙两个盒子, 甲盒中有 3 个红球、2 个白球, 乙盒中有 2 个红球、4 个白球.

(1) 现任选一个盒子, 从中无放回地取 2 球, 求取到的是 1 个红球和 1 个白球的概率;

(2) 从甲盒中取 1 球放入乙盒, 从乙盒中取 1 球, 求从乙盒中取到的球是红球的概率;

(3) 从甲盒中取 1 球放入乙盒, 从乙盒中无放回地取 2 球, 求取到的球是 1 个红球和 1 个白球的概率.

A21. (垃圾邮件过滤) 某人的邮箱收到正常邮件的概率为 0.4, 收到垃圾邮件的概率为 0.6, 正常邮件里包含词语 “免费” 的概率为 0.005, 垃圾邮件里包含词语 “免费” 的概率为 0.1. 现在此人设置把含有词语 “免费” 的邮件自动过滤到垃圾箱中, 求过滤到垃圾箱中的邮件确实是垃圾邮件的概率.

A22. 某公司从甲、乙、丙三家工厂购进同一型号产品, 数量之比为 6∶5∶4. 已知三家工厂产品的优质品率分别为 85%, 90%, 80%. 若从全部产品中随机取一件, 发现是优质品, 求该产品来自工厂甲、乙、丙的概率分别是多少, 判断最有可能由哪家工厂生产.

A23. 一架子上有 4 把枪, 其中 3 把是调试好的, 1 把未调试. 设某人用调试好的枪射击时命中率为 60%, 用未调试的枪射击时命中率为 5%. 此人从 4 把枪中随机取一把进行射击.

(1) 求命中的概率;

(2) 已知此人命中了, 求取到的是未调试的枪的概率.

A24. 在某一时间点对某证券营业点进行统计. 得知入市时间在 1 年以内的股民赢、平、亏的概率分别为 10%, 20%, 70%; 入市时间在 1 年及以上且不大于 4 年的股民赢、平、亏的概率分别为 20%, 30%, 50%; 入市时间大于 4 年的股民赢、平、亏的概率分别为 50%, 30%, 20%. 入市时间少于 1 年、1 年及以上且不大于 4 年、大于 4 年的股民数分别占 40%, 40%, 20%. 现从该营业点随机找一股民,

(1) 求其有赢利的概率;

(2) 若已知其亏损了, 求他为新股民 (入市时间在 1 年以内) 的概率.

A25. 吸烟有害健康是众所周知的事实. 研究结果还发现丈夫每天的吸烟量与胎儿产前的死亡率和先天畸形儿的出生率成正比. 设在父亲不吸烟、每天吸烟 $1 \sim 10$ 支、每天吸烟 10 支以上条件下, 子女先天畸形的概率分别为 0.8%, 1.4%, 2.1%. 设男性吸烟率为 0.6, 在吸烟的男性中每天吸烟 $1 \sim 10$ 支和每天吸烟 10 支以上的概率分别为 0.3 和 0.7, 并假设父亲的吸烟率与男性的吸烟率相同.

(1) 求先天畸形儿出现的概率;

(2) 若某新生儿出现先天畸形, 求他的父亲每天吸烟 10 支以上的概率.

A26. 某电视台为吸引观众, 对打进电话参与的观众设特等奖一名. 设每个参与观众得奖概率相等. 已知参与观众年龄分布如下表:

年龄 X	$X < 20$	$20 \leqslant X < 40$	$X \geqslant 40$
概率	20%	70%	10%

且各年龄段中女性比例依次为 60%, 50%, 30%. 现知一名女性观众得奖, 求其小于 20 岁的概率.

A27. 证明: 当 $0 < P(B) < 1$ 时, 两事件 A, B 相互独立的充要条件为

$$P(A|B) = P(A|\overline{B}).$$

A28. 设 A, B, C 为三个相互独立的随机事件, 已知 $P(A) = 0.5$, $P(B) = P(C) = 0.4$, 求:

(1) $P(ABC)$;

(2) $P(A \cup B \cup C)$;

(3) $P(AB|AC)$.

A29. 一系统由 3 个独立工作的元件 A, B, C 按图 1 方式连接而成. 已知元件 A, B, C 正常工作的概率均为 p, 求系统正常工作的概率.

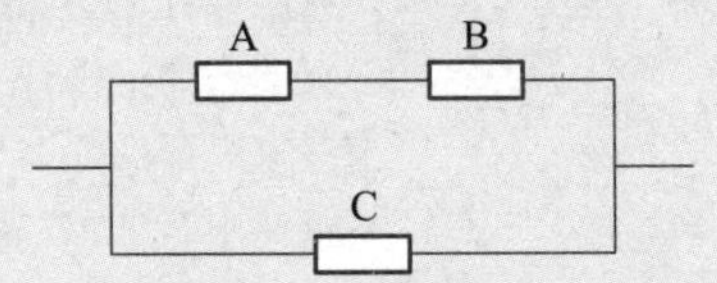

◀图 1

A30. 某人向一目标独立重复射击 3 次, 每次命中率为 0.8, 求:

(1) 前 2 次都命中的概率;

(2) 至少命中 1 次的概率.

A31. 设 A, B, C 为随机事件, $P(A) > 0$, $P(B) > 0$, $P(C) > 0$. 请说明以下说法对还是错:

(1) 若 A, B 相互独立, 则 A, B 相容;

(2) 若 $P(A) = 0.6$, $P(B) = 0.7$, 则 A, B 相互独立;

(3) 若 $P(ABC) = P(A) \cdot P(B) \cdot P(C)$, 则 A, B, C 相互独立;

(4) 若 A, B 互不相容, 则 A, B 不独立.

A32. 连续抛掷一枚硬币, p 表示每次出现正面的概率, 记

$$A_i=\{\text{首次出现正面在第 } i \text{ 次抛掷}\},\quad i=1,2,\cdots,$$
$$B_j=\{\text{首次出现连续两次正面在第 } j-1 \text{ 次抛掷和第 } j \text{ 次抛掷}\},\quad j=2,3,\cdots.$$

(1) 求 $P(A_i)$ 及 $P(B_4), i=1,2,\cdots$;
(2) 求 $P(B_4|A_1)$;
(3) 求 $P(A_1|B_4)$.

A33. 已知一批照明灯管使用寿命大于 1 000 h 的概率为 95%, 大于 2 000 h 的概率为 30%, 大于 4 000 h 的概率为 5%.
(1) 已知一个灯管用了 1 000 h 没有坏, 求其使用寿命大于 4 000 h 的概率;
(2) 取 10 个灯管独立地装在一大厅内, 过了 2 000 h, 求至少有 3 个损坏的概率.

A34. 某玩家独立地向一目标物扔飞镖, 设他命中目标物的概率为 0.05, 问他需要扔多少次才能使至少一次命中目标物的概率超过 0.5?

(B)

B1. 设 A,B,C 为三个随机事件, $P(A)=P(B)=0.3$, $P(C)=0.4$, 且当 A 发生时 C 必然发生, B 与 C 互不相容, 求:
(1) C 发生的同时 A 不发生的概率;
(2) A 与 B 至少有一个发生的概率;
(3) A,B,C 都不发生的概率.

B2. 在某卫视的一档节目中, 有这样一个项目: 舞台现场摆放了 50 张脸谱, 嘉宾从中随机挑选两张脸谱, 电脑将两张脸谱进行合成产生一张新的脸谱, 挑战者要根据合成的脸谱, 将原先的两张脸谱找出来. 如果靠猜, 求他能够猜中的概率.

B3. 设一社区订 A, B, C 报的家庭分别占 50%, 30%, 40%; 且已知一家庭在订了 A 报的条件下再订 B 报的概率为 20%, 在订了 C 报的条件下再订 A 报或 B 报的概率为 60%. 随机找一家庭, 求该家庭至少订 A, B, C 报中的一种的概率.

B4. 某企业中有 45% 为女职工, 10% 的职工在管理 (技术、质量、行政) 岗位, 5% 的职工为管理岗位的女职工. 在该企业中随机找一位职工.
(1) 已知该职工为女职工, 求该职工在管理岗位的概率;
(2) 已知该职工在管理岗位, 求该职工为男职工的概率.

B5. 某产品 12 个一箱, 成箱出售, 某人购买时随机从中取 2 个检查, 如果没有发现次品就买下. 假设一箱中有 0 个、1 个、2 个次品的概率分别为 0.8, 0.15, 0.05, 求他买下的一箱中的确没有次品的概率.

B6. 有两组同类产品, 第一组有 30 件, 其中有 10 件为优质品; 第二组有 20 件, 其中有 15 件为优质品. 今从两组中任选一组,

然后从该组中任取 2 次 (每次取 1 件, 无放回抽样).

(1) 求第一次取到的是优质品的概率;

(2) 在已知第 1 次取到的是优质品的条件下, 求第 2 次取到的不是优质品的概率.

B7. 4 个独立元件组成一个系统, 第 i 个元件正常工作的概率为 p_i, $i=1,2,3,4$, 且已知至少有 3 个元件正常工作时系统工作正常.

(1) 求系统正常工作的概率 α;

(2) 在系统正常工作的条件下求 4 个元件均正常工作的概率 β;

(3) 对系统独立观察 3 次, 求系统恰有 2 次正常工作的概率 γ.

B8. 设某地出现雾霾的概率为 0.4, 在雾霾天, 该地居民独立地以 0.2 的概率戴口罩; 在非雾霾天, 该地居民独立地以 0.01 的概率戴口罩.

(1) 在该地随机选一位居民, 求其戴口罩的概率;

(2) 若在该地同时选 3 位居民, 求至少有一位居民戴口罩的概率.

B9. 某班有 n 个士兵, 每个人各有一支枪. 这些枪在外形上是完全一样的. 在一次夜间紧急集合中每个士兵随机取走一支枪, 求至少有一个士兵拿到自己的枪的概率.

B10. 飞机坠落在 A, B, C 三个区域中一个, 营救部门判断其概率分别为 0.7, 0.2, 0.1. 用直升机搜索这些区域, 若有残骸, 残骸被发现的概率分别为 0.3, 0.4, 0.5. 若已用直升机搜索过 A, B 两个区域, 均未发现残骸, 求在这样的搜救现状下飞机坠落在 C 区域的概率.

B11. 甲、乙、丙三人按照下列规则比赛: 第一局甲、乙参加丙轮空, 优胜者与丙进行第二轮比赛, 失败者轮空, 一直进行到有人连胜两局为止. 连胜两局者称为整场比赛优胜者. 若甲、乙、丙在每局比赛中获胜的概率为 0.5, 求甲、乙、丙成为比赛优胜者的概率分别是多少?

第2章

随机变量及其概率分布

为了更有效地用数学方法描述随机试验的结果，人们将随机试验的结果数量化，引入随机变量的概念，并研究随机变量的概率分布.

2.1 随机变量

随机试验的结果常有两类: 示数型和示性型. 示数型, 即结果可用数来表示. 例如某地高速公路一天的车流量, 某地某时的温度, 某一计算机系统一天内受病毒攻击的次数, 一天内某一手机收到的短信数, 等等. 示性型, 即结果以某几类性质来描述. 例如抛一枚硬币, 观察其结果是正面还是反面; 明天的天气可能是晴、阴或下雨; 检验一件产品, 它可能是一等品、二等品、等外品; 等等. 示数型的结果往往更便于人们利用数学这一工具加以研究. 为了能够用更多的数学方法来描述与研究随机现象, 人们常常会将示性型的结果数量化, 也就是根据实验目的, 将实验结果与实数相对应. 这种将随机试验的结果对应到数的实值函数, 就称为随机变量. 通俗来讲, 它是根据随机试验结果而定的量, 具体定义如下:

定义 2.1.1　设随机试验的样本空间为 S, 若 $X=X(e)$ 为定义在样本空间 S 上的实值单值函数, $e \in S$, 则称 $X=X(e)$ 为随机变量 (random variable), 如图 2.1.1 所示.

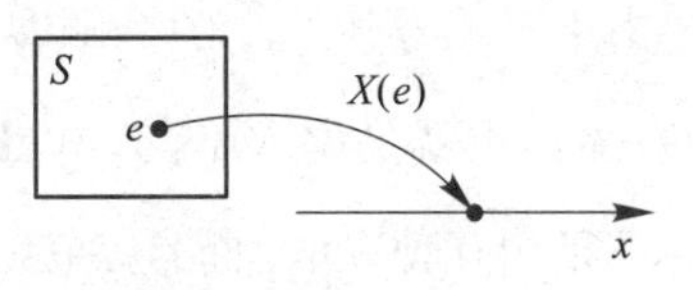

◀图 2.1.1

本书中常用大写英文字母 $X, Y, Z, X_1, X_2, \cdots$ 来表示随机变量, 小写字母 $x, y, z, x_1, x_2, \cdots$ 则表示实数.

例 2.1.1　有一种彩票, 随机买一注号码中一等奖的概率为 p, $0<p<1$. 某人随机买了 4 注号码, 设 4 注中有 X 注中一等奖, 试写出 X 的可能取值与相应概率.

㊟解　首先, 易得 X 的所有可能取值为 $0,1,2,3,4$. 设 $A_i=\{$第 i 注中一等奖$\}$, $i=1,2,3,4$. 由题意知, $P(A_i)=p$, $i=1,2,3,4$, 且 A_1, A_2, A_3, A_4 相互独立, 得

$$
\begin{aligned}
P\{X=0\} &= P(\overline{A}_1\overline{A}_2\overline{A}_3\overline{A}_4) = \mathrm{C}_4^0 p^0(1-p)^4 = (1-p)^4, \\
P\{X=1\} &= P(A_1\overline{A}_2\overline{A}_3\overline{A}_4 \cup \overline{A}_1A_2\overline{A}_3\overline{A}_4 \cup \overline{A}_1\overline{A}_2A_3\overline{A}_4 \cup \overline{A}_1\overline{A}_2\overline{A}_3A_4) \\
&= \mathrm{C}_4^1 p^1(1-p)^3 = 4p(1-p)^3, \\
P\{X=2\} &= P(A_1A_2\overline{A}_3\overline{A}_4 \cup A_1\overline{A}_2A_3\overline{A}_4 \cup A_1\overline{A}_2\overline{A}_3A_4 \cup \\
&\qquad \overline{A}_1A_2A_3\overline{A}_4 \cup \overline{A}_1A_2\overline{A}_3A_4 \cup \overline{A}_1\overline{A}_2A_3A_4)
\end{aligned}
$$

$$= \mathrm{C}_4^2 p^2(1-p)^2 = 6p^2(1-p)^2,$$

$$P\{X=3\} = P(A_1A_2A_3\overline{A}_4 \cup A_1A_2\overline{A}_3A_4 \cup A_1\overline{A}_2A_3A_4 \cup \overline{A}_1A_2A_3A_4)$$

$$= \mathrm{C}_4^1 p^3(1-p)^1 = 4p^3(1-p),$$

$$P\{X=4\} = P(A_1A_2A_3A_4) = p^4.$$

例 2.1.2　某销售员独立地向编号为 1, 2 的两顾客推销售价分别为 17.3 万元与 18.7 万元的 A, B 两款小轿车, 与这两位顾客成交的概率分别为 0.4 与 0.7. 设每位顾客选择 A, B 两款小轿车的概率相等, 试给出该销售员的成交额 X 的可能取值与取每一值的概率 (假定每位顾客最多买一辆小轿车).

㊫ 由题意知, X 的可能取值为 $0, 17.3, 18.7, 34.6, 36, 37.4$. 设

$$A_i = \{\text{编号为 } i \text{ 的顾客买 A 款小轿车}\},\ i=1,2,$$

$$B_j = \{\text{编号为 } j \text{ 的顾客买 B 款小轿车}\},\ j=1,2,$$

$$C_k = \{\text{编号为 } k \text{ 的顾客买小轿车}\},\ k=1,2.$$

由于对编号为 1, 2 的两顾客是独立推销的, 所以两位顾客的购买行为是相互独立的. 也就是说, C_1 与 A_2, B_2, C_2 都是相互独立的; 同理, C_2 与 A_1, B_1, C_1 也都是相互独立的; 而且 $P(A_k|C_k) = P(B_k|C_k) = \dfrac{1}{2}, k=1,2$. 因此

$$P\{X=0\} = P(\overline{C}_1\overline{C}_2) = P(\overline{C}_1)\cdot P(\overline{C}_2)$$

$$= 0.6 \times 0.3 = 0.18,$$

$$P\{X=17.3\} = P(C_1\overline{C}_2A_1 \cup \overline{C}_1C_2A_2)$$

$$= P(C_1A_1)\cdot P(\overline{C}_2) + P(\overline{C}_1)\cdot P(C_2A_2)$$

$$= P(A_1|C_1)\cdot P(C_1)\cdot P(\overline{C}_2) + P(\overline{C}_1)\cdot P(A_2|C_2)\cdot P(C_2)$$

$$= \frac{1}{2}\times 0.4\times 0.3 + 0.6\times\frac{1}{2}\times 0.7 = 0.27.$$

同理,

$$P\{X=18.7\} = P(C_1\overline{C}_2B_1 \cup \overline{C}_1C_2B_2)$$

$$= \frac{1}{2}\times 0.4\times 0.3 + 0.6\times\frac{1}{2}\times 0.7 = 0.27.$$

而

$$P\{X=34.6\} = P(A_1A_2) = P(A_1)\cdot P(A_2) = P(C_1A_1)\cdot P(C_2A_2)$$

$$= \frac{1}{2}\times 0.4\times\frac{1}{2}\times 0.7 = 0.07.$$

同理,

$$P\{X=37.4\}=P(B_1B_2)=0.07.$$

最后可得

$$P\{X=36\}=P(A_1B_2\cup A_2B_1)=P(C_1A_1C_2B_2\cup C_1A_2C_2B_1)=0.14.$$

2.2 离散型随机变量

若随机变量的所有可能取值为有限个或可列个, 则称此随机变量为离散型随机变量 (discrete random variable).

例如, 2.1 节的例 2.1.1 与例 2.1.2 中的随机变量取值为有限个, 故它们均为离散型随机变量. 又如, 抛一枚硬币, 直到正面首次出现所需的抛掷次数; 一个广场上的人数等, 取值个数均可列, 所以这些量也是离散型随机变量. 但若以 X 记 10 月份某次钱塘江潮最大时的浪高, 以 Y 记某产品的寿命, 显然 X 与 Y 的可能取值充满某一区间, 不能一一列出, 所以 X 与 Y 不是离散型随机变量.

离散型随机变量的统计规律通常用概率分布律来描述.

设 X 为离散型随机变量, 若其可能取值为 $x_1,x_2,\cdots,x_k,\cdots$, 则称

$$P\{X=x_k\}=p_k,\quad k=1,2,\cdots \tag{2.2.1}$$

为 X 的概率分布律或概率分布列, 简称为 X 的分布律 (distribution law) 或分布列 (distribution sequence).

概率分布律也可用下面的列表方式来表示:

X	x_1	x_2	$\cdots$	x_k	$\cdots$
p	p_1	p_2	$\cdots$	p_k	$\cdots$

概率分布律需满足以下两条性质:

(1) $p_k\geqslant 0,k=1,2,\cdots$;　　(2) $\sum\limits_{k=1}^{+\infty}p_k=1$.

性质 (1) 是显然的.

性质 (2) 是因为 $\bigcup\limits_{k=1}^{+\infty}\{X=x_k\}=S$, 且对 $i,j=1,2,\cdots,i\neq j$, $\{X=x_i\}$ 与 $\{X=x_j\}$ 互不相容, 故 $\sum\limits_{k=1}^{+\infty}p_k=\sum\limits_{k=1}^{+\infty}P\{X=x_k\}=P\left(\bigcup\limits_{k=1}^{+\infty}\{X=x_k\}\right)=P(S)=1$.

例 2.2.1　设随机变量 X 的概率分布律为

$$P\{X=k\}=\frac{c\cdot\lambda^k}{k!},\quad \lambda>0,\quad k=0,1,2,\cdots,$$

求常数 c 的值.

㊫ 这里先回忆一下高等数学中的一个函数展开式 $\mathrm{e}^x=\sum\limits_{k=0}^{+\infty}\frac{x^k}{k!}$, $-\infty<x<+\infty$. 由概率分布律的性质知

$$1=\sum_{k=0}^{+\infty}P\{X=k\}=c\cdot\sum_{k=0}^{+\infty}\frac{\lambda^k}{k!}=c\cdot\mathrm{e}^{\lambda},$$

故 $c=\mathrm{e}^{-\lambda}$.

在实际应用中, 常需要模拟指定分布的一些数据, Excel 的 "数据分析" 模块就提供了多种分布的随机数. 例如, 用 Excel 产生 100 个服从下列分布的数据:

X	1	2	3
p	0.1	0.5	0.4

操作步骤如下: 在 A1 ~ A3 单元格中分别输入 "1, 2, 3", 在 B1 ~ B3 单元格中分别输入 "0.1, 0.5, 0.4"; 在 "数据" 菜单中点击 "数据分析", 选择 "随机数发生器", 点击 "确定", 出现 "随机数发生器" 对话框, 参数按下面方式输入: "变量个数 (V)" 填 "1", "随机数个数 (B)" 填 "100", "分布 (D)" 选择 "离散", "数值与概率输入区域 (I)" 填 "$A$1:$B$3", "输出区域 (O)" 填 "$D$1", 点击 "确定" 后, 在单元格 D1 ~ D100 处产生 100 个 "1,2,3" 数据.

此外, 可用 Excel 的这个 "数据分析" 功能产生其他后续要介绍的常用分布的随机数, 读者可自行练习.

以下介绍几个重要的离散型随机变量的概率分布.

(一) 0−1(p) 分布

若随机变量 X 的概率分布律为

X	0	1
p	$1-p$	p

其中 $0<p<1$, 则称 X 服从参数为 p 的 $0-1$ 分布, 也称为两点分布 (two-point distribution), 并用记号 $X\sim 0-1(p)$ 表示 (也可表示为 $B(1,p)$). $0-1$ 分布的概率分布律也可写成如下形式:

$$P\{X=k\}=p^k(1-p)^{1-k},\quad k=0,1.$$

例如, 玩某款电子游戏, 得高分的概率为 $p, 0<p<1$, 且设 $\{X=1\}=\{$得高分$\}$, $\{X=0\}=\{$不得高分$\}$, 则 X 服从参数为 p 的 $0-1$ 分布, 记为 $X\sim 0-1(p)$.

一般地, 设 A 是一随机事件, $P(A)=p$, $0<p<1$. 进行一次试验, 记 X 表示 A 发生的次数, 则 $X=\begin{cases}1, & A\text{ 发生},\\ 0, & A\text{ 不发生},\end{cases}$ 即 $X\sim 0-1(p)$.

(二) 二项分布

若随机变量 X 的概率分布律为

$$P\{X=k\}=\mathrm{C}_n^k p^k(1-p)^{n-k},\quad k=0,1,2,\cdots,n, \tag{2.2.2}$$

其中 $0<p<1, n\geqslant 1$, 则称 X 服从参数为 (n,p) 的二项分布 (binomial distribution), 记为 $X\sim B(n,p)$.

显然, (2.2.2) 式中 $P\{X=k\}\geqslant 0, k=0,1,2,\cdots,n$, 且

$$\sum_{k=0}^{n}\mathrm{C}_n^k p^k(1-p)^{n-k}=[p+(1-p)]^n=1.$$

在讨论二项分布时经常提到下面的重要试验.

定义 2.2.1　设在 n 次独立重复试验中, 每次试验都只有两个结果: $A,\overline{A}$, 且每次试验中 A 发生的概率不变, 记 $P(A)=p, 0<p<1$, 称这一系列试验为 n 重伯努利 (Bernoulli) 试验.

例如, 若考虑一个试验的结果只有成功与失败, 且每次成功的概率都为 $p, 0<p<1$, 这样独立重复进行的 n 次试验即为 n 重伯努利试验. 又如, 独立重复地抛 n 次硬币, 设每次结果只有正面或反面; 在一放有红球与其他颜色的

球的袋中有放回地摸球 n 次, 每次只记录摸到红球与其他球 (非红球) 两种结果, 且设每次摸到红球的概率是 $p\,(0<p<1)$, 等等, 都可以看成 n 重伯努利试验.

在 n 重伯努利试验中, 若记事件 A 发生的概率为 $P(A)=p,\ 0<p<1$. 设 X 为在 n 次试验中 A 发生的次数, 则 $X\sim B(n,p)$, 即

$$P\{X=k\}=\mathrm{C}_n^k p^k(1-p)^{n-k},\quad k=0,1,2,\cdots,n.$$

这是因为事件 $\{X=k\}$ 发生等价于"在 n 次试验中恰有 k 次 A 发生且有 $n-k$ 次 A 不发生", 这 k 次可以是 n 次中的任意 k 次, 故有 C_n^k 种方式, 而每一"特定的 k 次中 A 发生且其余的 $(n-k)$ 次中 A 不发生" 的概率为 $p^k(1-p)^{n-k}$, 这样就得到了 (2.2.2) 式. 读者可以再详细地看一下 2.1 节例 2.1.1 中随机变量 X 的概率分布律的求解过程, 该例中随机变量 X 就服从二项分布 $B(4,p)$. 特别地, 当 $n=1$ 时, $B(1,p)$ 即为 $0-1(p)$ 分布. 图 2.2.1 是 $n=4$, p 取不同值时二项分布的概率分布律柱形图.

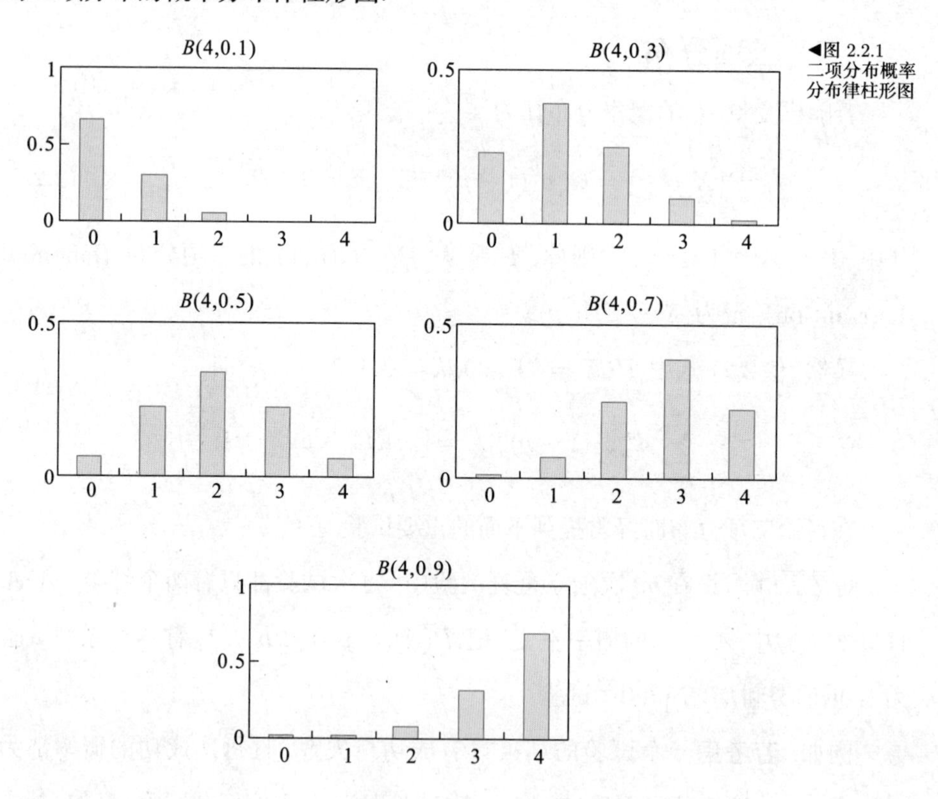

◀图 2.2.1 二项分布概率分布律柱形图

例 2.2.2　掷一枚均匀的骰子.

(1) 独立掷 4 次, 设有 X 次点数大于 4, 试写出 X 的概率分布律;

(2) 若掷出的骰子中有两次点数大于 4 就结束, 且最多掷 4 次, 试写出掷的次数 Y 的概率分布律.

㊫ (1) 设 $A=\{$点数大于 $4\}$, 则 $P(A)=\dfrac{2}{6}=\dfrac{1}{3}$. 显然, $X\sim B\left(4,\dfrac{1}{3}\right)$. 从而

$$P\{X=k\}=\mathrm{C}_4^k\left(\frac{1}{3}\right)^k\left(\frac{2}{3}\right)^{4-k},\quad k=0,1,2,3,4.$$

(2) 由题意知, Y 的可能取值为 $2,3,4$. 设 $A_i=\{$第 i 次的点数大于 $4\}$, $i=1,2,3,4$, 则

$$P\{Y=2\}=P(A_1A_2)=\left(\frac{1}{3}\right)^2=\frac{1}{9},$$

$$\begin{aligned}P\{Y=3\}&=P(\{\text{前 2 次恰有 1 次点数大于 4}\}\cap A_3)\\&=\mathrm{C}_2^1\frac{1}{3}\times\frac{2}{3}\times\frac{1}{3}=\frac{4}{27},\end{aligned}$$

$$\begin{aligned}P\{Y=4\}&=P(\{\text{前 3 次恰有 1 次点数大于 4}\})+P(\overline{A}_1\overline{A}_2\overline{A}_3)\\&=\mathrm{C}_3^1\frac{1}{3}\times\left(\frac{2}{3}\right)^2+\left(\frac{2}{3}\right)^3=\frac{20}{27}.\end{aligned}$$

例 2.2.3　设有一大批优质品率为 p 的产品, $0<p<1$, 用以下方式进行验收: 第一次先从中随机取 5 件, 如果至少有 4 件是优质品, 就接收该批产品; 如果优质品不到 3 件, 就拒收, 再从中取 2 件, 如果 2 件均为优质品就接收, 否则拒收.

(1) 求第一次抽样就接收该批产品的概率 α;

(2) 求该批产品被接收的概率 β.

㊫ 由题意知, 各次抽样结果相互独立 (由于是一大批, 总的数目很多). 设 X 为第一次抽到的优质品数, Y 为第二次抽到的优质品数, 显然, $X\sim B(5,p)$, $Y\sim B(2,p)$.

$$\begin{aligned}(1)\ \alpha&=P\{X\geqslant 4\}=P\{X=4\}+P\{X=5\}\\&=\mathrm{C}_5^4p^4(1-p)+p^5=p^4(5-4p).\end{aligned}$$

$$\begin{aligned}(2)\ \beta&=P\{(X\geqslant 4)\cup[(X=3)\cap(Y=2)]\}\\&=P\{X\geqslant 4\}+P\{X=3\}\cdot P\{Y=2\}\\&=p^4(5-4p)+\mathrm{C}_5^3p^3(1-p)^2p^2\\&=p^4(5+6p-20p^2+10p^3).\end{aligned}$$

二项分布的概率值计算可以通过 Excel 来得到, 下例将给出具体操作过程.

例 2.2.4　设 $X \sim B(100, 0.05)$, 计算 $P\{X \leqslant 10\}$ 和 $P\{X = 10\}$.

解　先计算 $P\{X \leqslant 10\}$. 由二项分布可知

$$P\{X \leqslant 10\} = \sum_{k=0}^{10} P\{X = k\} = \sum_{k=0}^{10} \mathrm{C}_{100}^{k} 0.05^{k} 0.95^{100-k}.$$

显然这个计算不是很简单, 但可以通过 Excel 得到. 具体如下: 点击任一单元格, 按菜单或快捷键方式插入函数, 在对话框中选择 "BINOM.DIST" 函数后, 会出现函数参数的对话框, 参数按以下值输入: number_s=10, trials=100, probability_s=0.05, cumulative =TRUE", 点确定后, 出现概率值 "0.988 528". 也可以直接在任一单元格中输入 "=BINOM.DIST(10, 100, 0.05, TRUE)" 来直接得到. 在实际操作中, 上面的两处 "TRUE" 均可用 "1" 代替.

再计算 $P\{X = 10\}$. 只需要在单元格中输入 "=BINOM.DIST(10, 100, 0.05, FALSE)" 或 "=BINOM.DIST(10, 100, 0.05, 0)", 就可得到概率值 "0.016 716".

除以上函数外, Excel 中还有下列有关二项分布的函数:

BINOM.DIST.RANGE (trails, probability_s, number_s, number_s2);

BINOM.INV (trails, probabitity_s, alpha).

其中参数的意思是

trials: 试验次数,

probability_s: 每次试验成功的概率,

number_s: 试验成功次数,

number_s, number_s2: 试验成功的次数范围, 后者可略,

alpha: 概率临界值.

例如, 设 $X \sim B(100, 0.05)$, 计算 $P\{5 \leqslant X \leqslant 10\}$. 为使 $P\{X \leqslant k\} \geqslant 0.995$, k 至少多大?

在单元格中输入 "=BINOM.DIST.RANGE(100, 0.05, 5, 10)", 得到概率值 "0.552 546". 在单元格中输入 "BINOM.INV(100, 0.05, 0.995)", 得到 k 的值 "11".

此外, 在单元格中输入 "=BINOM.INV(10, 0.5, RAND( ))", 就可产生服从 $B(10, 0.5)$ 的动态随机数 (每次文件加载时数据会有变化).

(三) 泊松分布

若随机变量 X 的概率分布律为

$$P\{X=k\}=\frac{\mathrm{e}^{-\lambda}\lambda^k}{k!},\quad k=0,1,2,\cdots, \tag{2.2.3}$$

其中 $\lambda>0$, 则称 X 服从参数为 λ 的泊松分布 (Poisson distribution), 记为 $X\sim P(\lambda)$.

观察 (2.2.3), 显然, 对任意的 $k=0,1,2,\cdots, P\{X=k\}>0$, 且由 2.2 节的例 2.2.1 知, $\sum\limits_{k=0}^{+\infty}P\{X=k\}=\sum\limits_{k=0}^{+\infty}\frac{\mathrm{e}^{-\lambda}\lambda^k}{k!}=1$. 当参数 λ 取 1,2,5 时, 泊松分布的概率分布律折线图如图 2.2.2 所示.

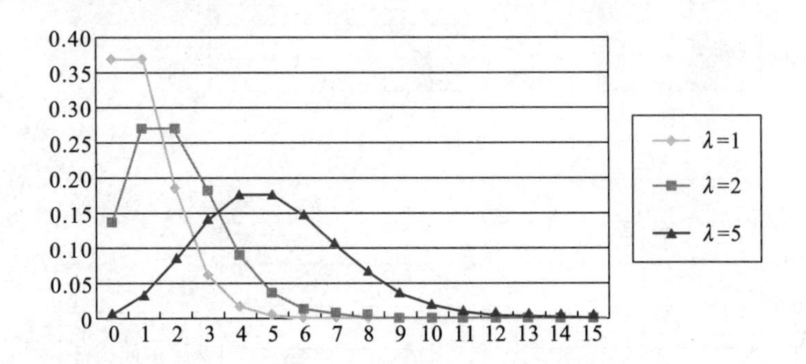

◀图 2.2.2 泊松分布概率分布律折线图

泊松分布有着非常广泛的应用. 而且当 n 足够大, p 充分小 (一般要求 $p<0.1$), 且 np 保持适当大小时, 参数为 (n,p) 的二项分布也可用泊松分布近似描述.

设 $X\sim B(n,p)$, 并记 $\lambda=np$, 则

$$\begin{aligned}P\{X=k\}&=\mathrm{C}_n^k p^k(1-p)^{n-k}=\frac{n!}{k!(n-k)!}p^k(1-p)^{n-k}\\&=\frac{n!}{k!(n-k)!}\left(\frac{\lambda}{n}\right)^k\left(1-\frac{\lambda}{n}\right)^{n-k}\\&=\frac{n(n-1)\cdots(n-k+1)}{n^k}\cdot\frac{\lambda^k}{k!}\cdot\frac{(1-\lambda/n)^n}{(1-\lambda/n)^k}.\end{aligned}$$

当 n 充分大时,

$$\left(1-\frac{\lambda}{n}\right)^n\approx\mathrm{e}^{-\lambda},\quad\frac{n(n-1)\cdots(n-k+1)}{n^k}\approx1,\quad\left(1-\frac{\lambda}{n}\right)^k\approx1.$$

故有

$$P\{X=k\}\approx\frac{\mathrm{e}^{-\lambda}\lambda^k}{k!}.$$

也就是说, 当 n 充分大, p 足够小时,

$$\mathrm{C}_n^k p^k (1-p)^{n-k} \approx \frac{\mathrm{e}^{-\lambda}\lambda^k}{k!}. \tag{2.2.4}$$

图 2.2.3 分别比较了 n 较小、n 较大但 p 不小以及 n 很大但 p 很小三种情况下, 二项分布的概率分布律与泊松分布的概率分布律的差异, 以便读者可以从直观上理解这种近似.

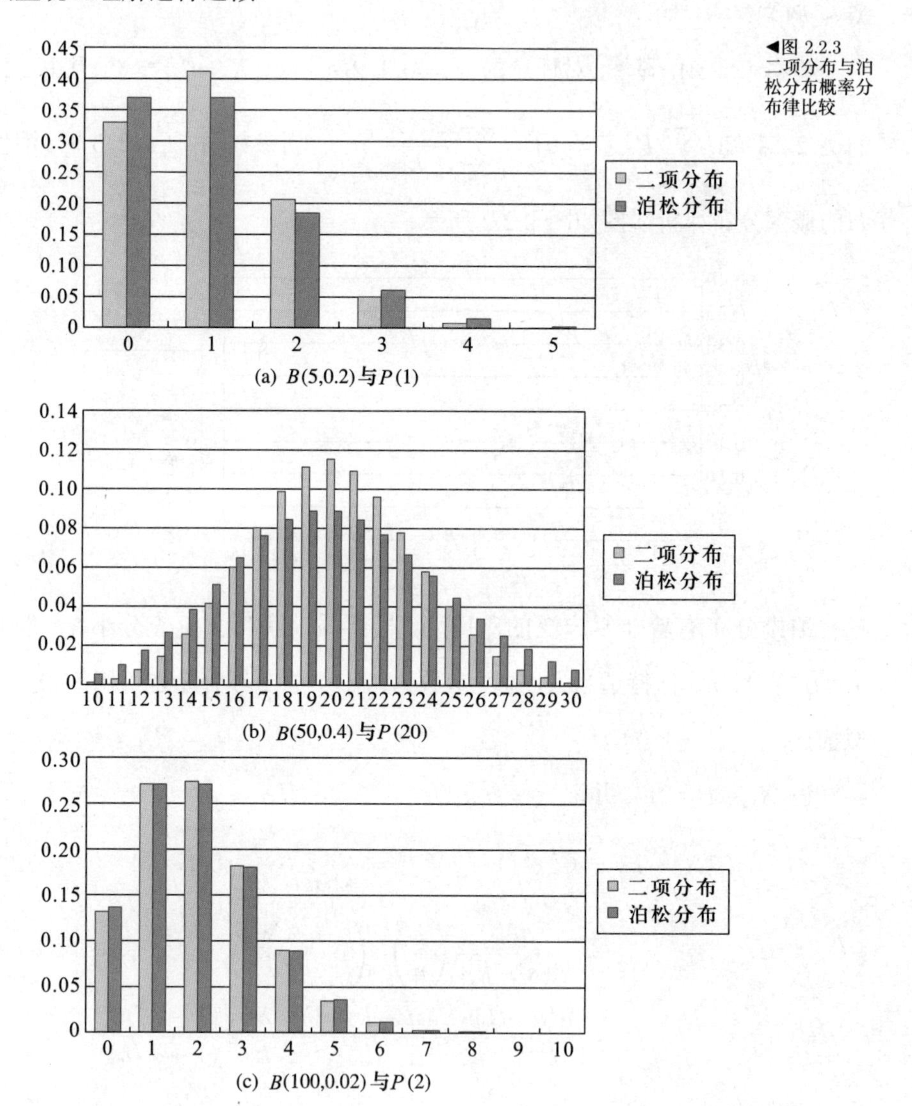

(a) $B(5,0.2)$ 与 $P(1)$

(b) $B(50,0.4)$ 与 $P(20)$

(c) $B(100,0.02)$ 与 $P(2)$

◀图 2.2.3 二项分布与泊松分布概率分布律比较

根据统计工作者的经验, 类似以下情形的随机变量常可用泊松分布来描述:

(1) 一大批产品中不合格的产品数;

(2) 一本书一页上的印刷错误数;

(3) 一手机某一时间段内收到的信息次数;

(4) 某放射物在一定时间内放射出的 α 粒子数;

(5) 一定的时间区间内进入某图书馆的人数.

例 2.2.5　设某公共汽车站单位时间内候车人数 X 服从参数为 4.8 的泊松分布, 求:

(1) 随机观察 1 个单位时间, 至少有 3 人候车的概率;

(2) 随机地独立观察 5 个单位时间, 恰有 4 个单位时间至少有 3 人候车的概率.

㊫ (1) 由题意知, $X \sim P(\lambda)$, 其中 $\lambda = 4.8$, 则

$$
\begin{aligned}
P\{X \geqslant 3\} &= 1 - P\{X=0\} - P\{X=1\} - P\{X=2\} \\
&= 1 - \mathrm{e}^{-4.8} - 4.8\mathrm{e}^{-4.8} - \frac{4.8^2}{2!}\mathrm{e}^{-4.8} = 0.857\,5.
\end{aligned}
$$

(2) 设被观察的 5 个单位时间内有 Y 个单位时间是 "至少有 3 人候车", 则 $Y \sim B(5, p)$, 其中 $p = P\{X \geqslant 3\} = 0.857\,5$. 那么

$$
P\{Y=4\} = \mathrm{C}_5^4 p^4(1-p) = 0.385\,2.
$$

例 2.2.6　某地区一个月内成年人患某种疾病的患病率为 0.005, 设各人是否患病相互独立. 若该地区一社区有 1 000 个成年人, 求某月内该社区至少有 3 人患病的概率.

㊫ 记 $p = 1/200$, 且设该社区 1 000 人中有 X 人患病. 由题意知, $X \sim B(1\,000, p)$, 记 $\lambda = 1\,000p = 5$. 利用 (2.2.4) 式, 所要求的概率为

▶ 实验
二项分布及泊松分布概率计算

$$
\begin{aligned}
P\{X \geqslant 3\} &= 1 - \sum_{i=0}^{2} P\{X=i\} \\
&= 1 - \sum_{i=0}^{2} \mathrm{C}_{1\,000}^{i} p^i (1-p)^{1\,000-i}. \\
&\approx 1 - \sum_{i=0}^{2} \frac{\mathrm{e}^{-\lambda}\lambda^i}{i!} \\
&= 1 - \frac{\mathrm{e}^{-5}}{0!} - \frac{5\mathrm{e}^{-5}}{1!} - \frac{25\mathrm{e}^{-5}}{2!} = 0.875\,3.
\end{aligned}
$$

上述关于 $P\{X \leqslant x\}$ 的计算也可以通过 Excel 中的函数

$$
\text{POISSON.DIST}(\text{x}, \text{mean}, \text{cumulative})
$$

来得到, 其中 x 为事件出现的次数, mean 为泊松分布参数, cumulative 为逻辑值:

True 或 Flase, 也可用 1 或 0 表示. 如要求例 2.2.6 中 $P\{X \geqslant 3\} = 1 - P\{X \leqslant 2\}$ 的值, 可在 Excel 的任一单元格中输入 "=1−POISSON.DIST(2, 5, 1)", 得到 "0.875 348". 若要求 $P\{X=3\}$, 可在单元格中输入 "=POISSON.DIST(3, 5, 0)", 得其值为 "0.140 374".

(四) 其他离散型随机变量

例 2.2.7　一袋中共有 N 个球, 其中有 a 个白球与 b 个红球 $(a+b=N)$. 从中无放回地取 $n(n \leqslant N)$ 个球, 设每次取到各球的概率相等. 若其中有 X 个白球, 试写出 X 的概率分布律.

㊟解　这是一个等可能概型,

$$P\{X = k\} = \frac{\mathrm{C}_a^k \mathrm{C}_b^{n-k}}{\mathrm{C}_N^n}, \quad k = l_1, l_1+1, \cdots, l_2, \tag{2.2.5}$$

其中 $l_1 = \max\{0, n-b\}, l_2 = \min\{a, n\}$.

如果随机变量 X 具有形如 (2.2.5) 的概率分布律, 就称 X 服从超几何分布 (hypergeometric distribution), 记为 $H(n, a, N)$. 图 2.2.4 是超几何分布的概率分布律柱形图.

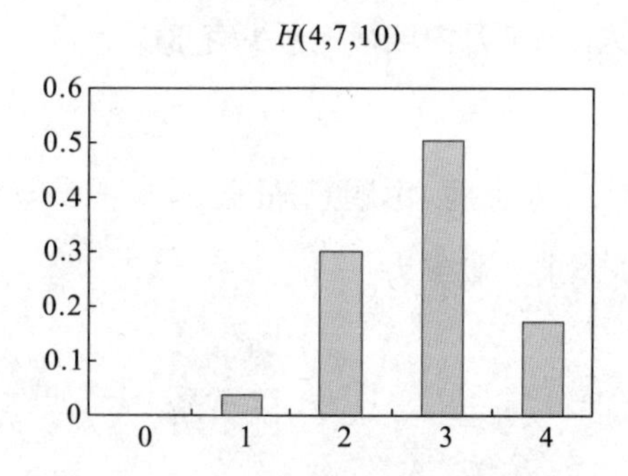

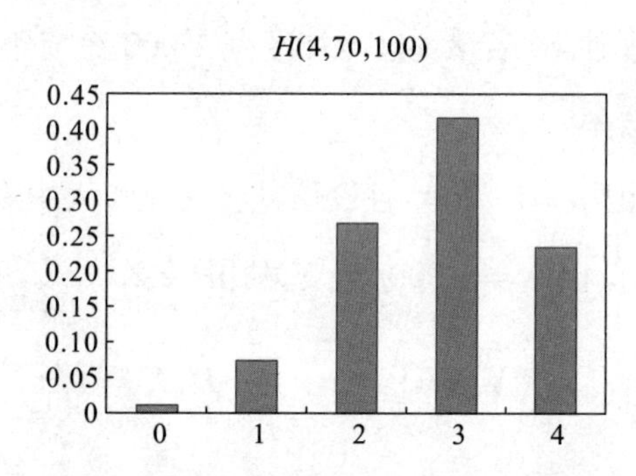

◀图 2.2.4 超几何分布概率分布律柱形图

若 $X \sim H(n, a, N)$, 则 $P\{X = k\}$ 的值可通过在 Excel 的任一单元格中输入 "=HYPGEOM.DIST(k, a, n, N, 0)" 得到.

例 2.2.8　设独立重复试验中每次试验有两个结果: $A, \overline{A}$, 且每次试验中 A 出现的概率不变, 记 $P(A) = p\ (0 < p < 1)$. 又设直至 A 首次发生时所需的试验次数为 X, 求 X 的概率分布律.

㊟解　设 $A_i = \{$第 i 次试验 A 发生$\}, i=1,2,\cdots$, 由题意知, $A_1, A_2, \cdots, A_n, \cdots$ 相互独立, 且 $P(A_i) = p, i = 1, 2, \cdots, P\{X = k\} = P(\overline{A}_1\overline{A}_2\cdots\overline{A}_{k-1}A_k)$. 所以

$$P\{X = k\} = p(1-p)^{k-1}, \quad k = 1, 2, \cdots. \tag{2.2.6}$$

如果随机变量 X 具有形如 (2.2.6) 的概率分布律, 就称 X 服从参数为 p 的几何分布 (geometric distribution). 图 2.2.5 是几何分布的概率分布律折线图.

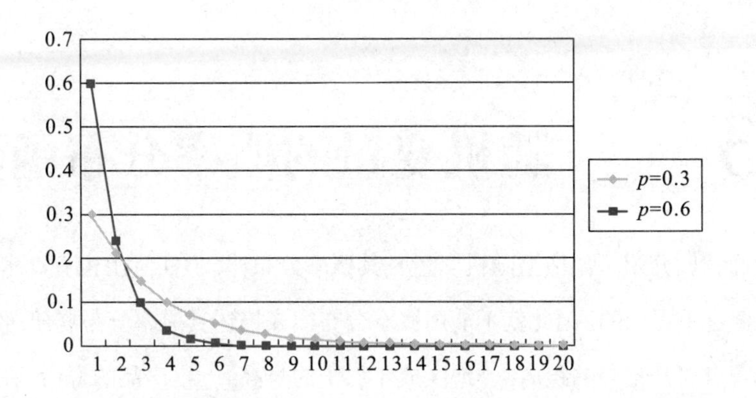

◀图 2.2.5 几何分布概率分布律折线图

为了得到服从参数为 p 的几何分布的随机变量 $X=k$ 的概率 $P\{X=k\}$, 可在 Excel 的任一单元格中输入 "=NEGBINOM.DIST($k-1,1,p,0$)".

例 2.2.9　设独立重复试验中每次试验有两个结果: $A,\overline{A}$, 且每次试验中 A 出现的概率不变, 记 $P(A)=p(0<p<1)$. 设直至 A 发生 $r(r\geqslant 1)$ 次时所需的试验次数为 X, 求 X 的概率分布律.

解　设 $A_i=\{$第 i 次试验 A 发生$\}, i=1,2,\cdots$. 由题意知, $A_1,A_2,\cdots$ 相互独立, 且 $P(A_i)=p(i=1,2,\cdots)$. 因此

$$\begin{aligned}P\{X=k\}&=P\{\text{前 } k-1 \text{ 次中恰有 } r-1 \text{ 次 } A \text{ 发生, 且第 } k \text{ 次 } A \text{ 发生}\}\\&=\mathrm{C}_{k-1}^{r-1}p^r(1-p)^{k-r},\quad k=r,r+1,r+2,\cdots.\end{aligned}\tag{2.2.7}$$

如果随机变量 X 具有形如 (2.2.7) 的概率分布律, 就称 X 服从参数为 (r,p) 的帕斯卡分布 (Pascal distribution), 也称为负二项分布 (negative binomial distribution), 记为 $NB(r,p)$. 几何分布即为 $r=1$ 的帕斯卡分布. 图 2.2.6 是帕斯卡分布的概率分布律折线图.

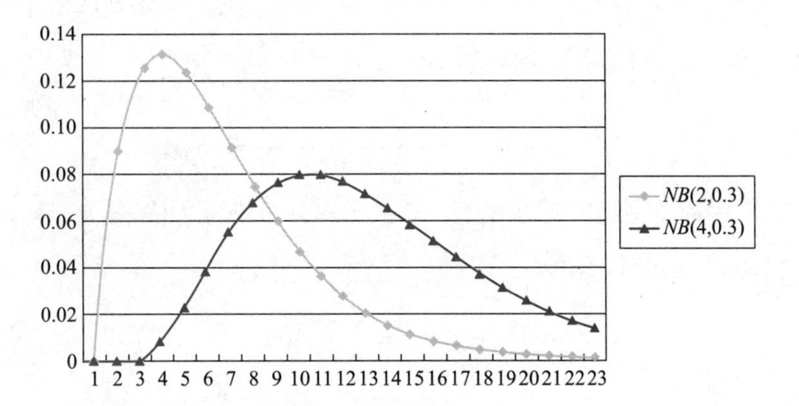

◀图 2.2.6 帕斯卡分布概率分布律折线图

若 $X \sim NB(r,p)$, 则 $P\{X=k\}$ 的值可通过在 Excel 的任一单元格中输入 “=NEGBINOM.DIST(k-r,r,p,0)” 得到.

2.3 随机变量的概率分布函数

前面我们介绍了离散型随机变量及其概率分布律. 但实际上也有许多随机变量的取值是不可列的, 因此就不能用概率分布律来描述其概率分布规律. 例如, 打靶时弹着点离开靶心的距离, 一地区成年男子的身高, 一批产品的寿命, 在职职工个人月收入, 等等, 这些量均不可列. 事实上, 我们也不关心这类量取某一定值的概率, 而是关心其落在某些区域的可能性大小. 例如, 我们可能会关心事件 “打了 8 环以上” “身高大于 170 cm” “寿命大于 1 000 h 且小于 2 000 h” “职工个人月收入低于 3 000 元” 的概率. 下面我们引入概率分布函数的概念.

定义 2.3.1　设 X 为一随机变量, x 为任意实数, 函数

$$F(x)=P\{X \leqslant x\} \tag{2.3.1}$$

称为随机变量 X 的**概率分布函数**, 简称**分布函数** (distribution function).

对任意的实数 $x_1, x_2 (x_1<x_2)$, 有

$$P\{x_1<X \leqslant x_2\}=P\{X \leqslant x_2\}-P\{X \leqslant x_1\}=F(x_2)-F(x_1). \tag{2.3.2}$$

这说明 X 落在区间 $(x_1, x_2]$ 的概率为两端点处分布函数值之差. 也就是说, 如果 X 的分布函数 $F(x)$ 已知, 就可以求出事件 $\{X \in (x_1, x_2]\}$ 的概率. 从这个意义上说, $F(x)$ 能完整地描述 X 的概率分布.

从几何上看分布函数, 将 X 设想成一随机点, 那么 X 落在区间 $(-\infty, x]$ 上的概率即为 $F(x)$ (如图 2.3.1 所示).

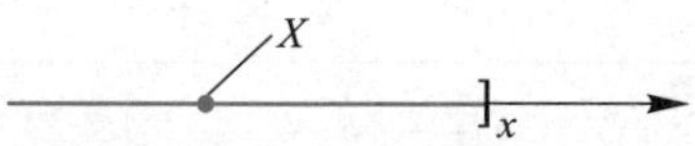

◀图 2.3.1

当 X 为离散型随机变量时, 设 X 的概率分布律为 $P\{X=x_i\}=p_i, i=1,2,\cdots$, 则 X 的分布函数为

$$F(x)=P\{X \leqslant x\}=\sum_{x_i \leqslant x} P\{X=x_i\}, \tag{2.3.3}$$

即 $F(x)$ 为满足 $x_i \leqslant x$ 的一切 x_i 的相应的概率之和.

分布函数具有以下性质:

(1) $F(x)$ 单调不减.

这一点由 (2.3.2) 即可知, 当 $x_2 > x_1$ 时, $F(x_2) - F(x_1) = P\{x_1 < X \leqslant x_2\} \geqslant 0$, 因此 $F(x_2) \geqslant F(x_1)$.

(2) $0 \leqslant F(x) \leqslant 1$, 且有 $\lim\limits_{a \to -\infty} F(a) = 0$, $\lim\limits_{b \to +\infty} F(b) = 1$, 简记为 $F(-\infty) = 0$, $F(+\infty) = 1$.

因为 $F(x)$ 为事件 $\{X \leqslant x\}$ 的概率, 所以 $0 \leqslant F(x) \leqslant 1$.

又可设想有实数数列 $a_1 > a_2 > \cdots > a_n > \cdots, a_n \to -\infty$, 则随着 a_n 减小, 事件 $\{X \leqslant a_n\}$ 越来越接近不可能事件, 故 $F(-\infty) = 0$. 用同样的方式可以理解 $F(+\infty) = 1$.

(3) $F(x+0) = F(x)$, 即 $F(x)$ 是右连续函数 (证略).

可以证明, 只要函数 $F(x)$ 满足以上三条性质, 其就可以作为某随机变量的分布函数.

例 2.3.1　设随机变量 X 的概率分布律如下:

X	0	1	3
p	0.4	0.3	0.3

求 X 的分布函数及其图形.

㊎ X 的分布函数为

$$F(x) = P\{X \leqslant x\} = \begin{cases} 0, & x < 0, \\ 0.4, & 0 \leqslant x < 1, \\ 0.7, & 1 \leqslant x < 3, \\ 1, & x \geqslant 3, \end{cases}$$

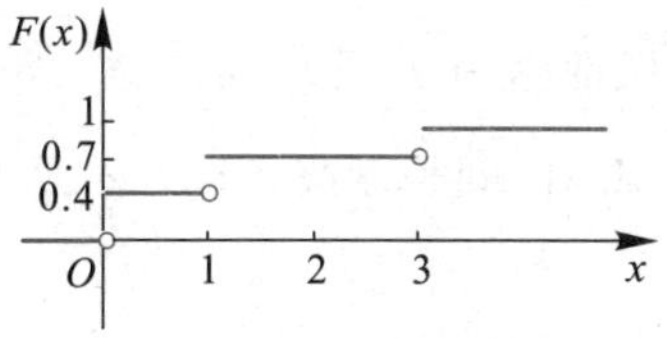

◀图 2.3.2

图形如图 2.3.2 所示.

例 2.3.2　设随机变量 X 的分布函数为

(如图 2.3.3 所示)

$$F(x) = \begin{cases} 0, & x < -1, \\ 0.3, & -1 \leqslant x < 1, \\ 0.7, & 1 \leqslant x < 2, \\ 1, & x \geqslant 2. \end{cases}$$

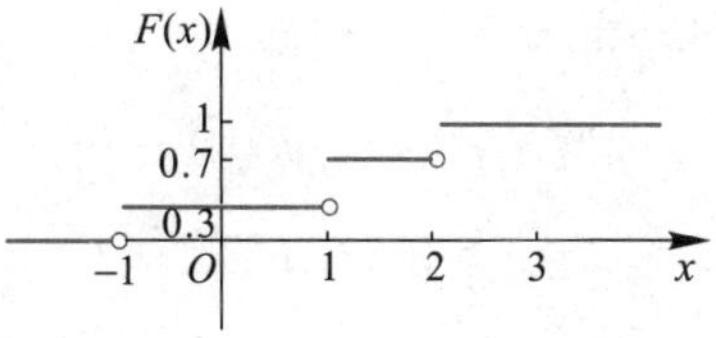

◀图 2.3.3

(1) 求 $P\{X=-0.5\}$, $P\{-0.5 \leqslant X \leqslant 1.8\}$, $P\{X \geqslant 1.5\}$;

(2) 求 X 的概率分布律.

解 (1)
$$\begin{aligned} P\{X=-0.5\} &= P\{X \leqslant -0.5\} - P\{X < -0.5\} \\ &\leqslant P\{X \leqslant -0.5\} - P\{X \leqslant -0.6\} \\ &= F(-0.5) - F(-0.6) = 0.3 - 0.3 = 0, \end{aligned}$$

所以

$$\begin{aligned} &P\{X=-0.5\} = 0, \\ &P\{-0.5 \leqslant X \leqslant 1.8\} = P\{-0.5 < X \leqslant 1.8\} + P\{X=-0.5\} \\ &\qquad = F(1.8) - F(-0.5) + 0 = 0.7 - 0.3 = 0.4, \\ &P\{X \geqslant 1.5\} = 1 - P\{X < 1.5\} \\ &\qquad = 1 - F(1.5) + P\{X = 1.5\} \\ &\qquad = 1 - 0.7 + 0 = 0.3. \end{aligned}$$

(2) 由图 2.3.3 可知, 分布函数为阶梯形函数, 且在点 $-1,1,2$ 上有跳跃, 跳跃值分别为 $0.3,0.4,0.3$. 由分布函数的定义可知, X 为离散型随机变量, 取值为 $-1,1,2$, 易知 X 的分布律为

X	-1	1	2
p	0.3	0.4	0.3

本例中的 $F(x)$ (如图 2.3.3 所示) 在点 $x=-1,1,2$ 处右连续, 在其他点处均连续.

例 2.3.3　设某人在 A,B 两点间移动, A,B 两点间的距离为 3 个单位. 设他离 A 点的距离为 X (如图 2.3.4 所示), 且处于 A,B 两点间任一区间的概率与区间长度成正比, 求 X 的分布函数.

A　某人位置　B
0　X　3　x

◀图 2.3.4

解 由题意知, $P\{0 \leqslant X \leqslant 3\} = 1$. 设比例常数为 k, 则 $P\{0 \leqslant X \leqslant 3\} = 3k$, 得 $k = \dfrac{1}{3}$. 显然,

当 $x < 0$ 时, $F(x) = 0$;

当 $x \geqslant 3$ 时, $F(x) = 1$;

当 $0 \leqslant x < 3$ 时, $F(x) = P\{X \leqslant x\} = P\{0 \leqslant X \leqslant x\} = x.k = \dfrac{x}{3}$.

即

$$F(x)=\begin{cases}0, & x<0,\\ \dfrac{x}{3}, & 0\leqslant x<3,\\ 1, & x\geqslant 3.\end{cases}$$

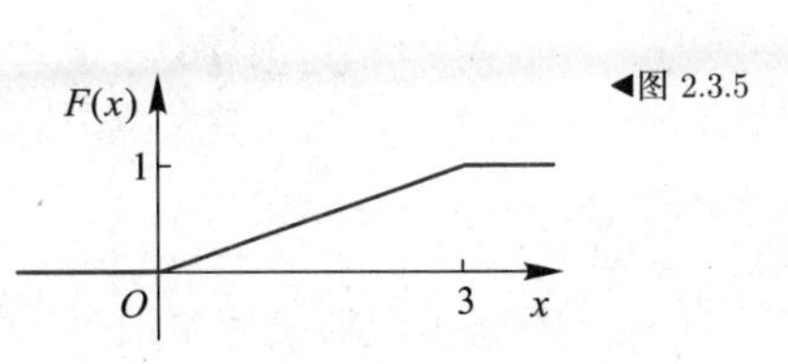

◀图 2.3.5

从图 2.3.5 可以看出, 随机变量 X 的分布函数 $F(x)$ 是连续函数, 这说明 X 不是离散型随机变量.

2.4 连续型随机变量

接下来我们关注一类重要的非离散型随机变量——连续型随机变量.

定义 2.4.1　对于随机变量 X, 其分布函数为 $F(x)$, 若存在一个非负的实值函数 $f(x)$, $-\infty<x<+\infty$, 使得对任意实数 x, 有

$$F(x)=\int_{-\infty}^{x} f(t)\mathrm{d}t, \tag{2.4.1}$$

则称 X 为连续型随机变量, 称 $f(x)$ 为 X 的概率密度函数 (probability density function), 简称密度函数.

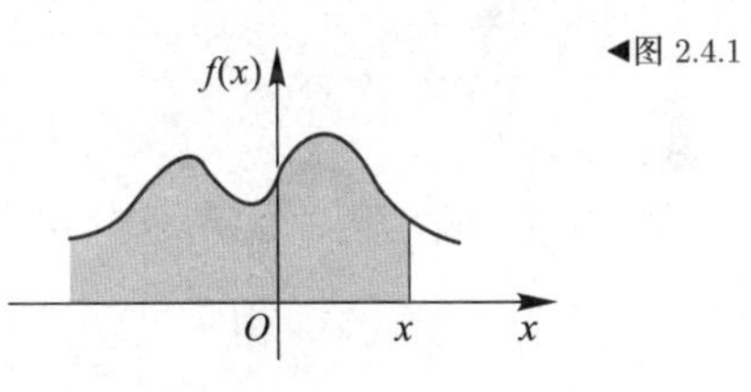

◀图 2.4.1

由数学分析知识可知, 满足 (2.4.1) 的分布函数 $F(x)$ 为连续函数, 即连续型随机变量的分布函数是连续的, $F(x)$ 的几何含义见图 2.4.1.

由定义 2.4.1 可知, 密度函数 $f(x)$ 具有以下性质:

(1) $f(x)\geqslant 0$.

(2) $\displaystyle\int_{-\infty}^{+\infty} f(x)\mathrm{d}x=1$.

(3) 对任意实数 x_1, x_2 $(x_1<x_2)$,

$$P\{x_1<X\leqslant x_2\}=F(x_2)-F(x_1)=\int_{x_1}^{x_2} f(t)\mathrm{d}t.$$

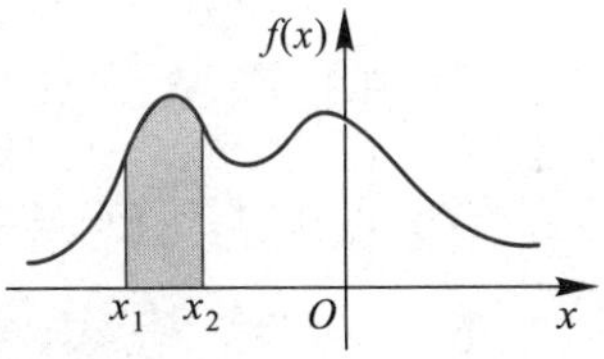

◀图 2.4.2

其几何含义见图 2.4.2.

根据性质 (3), 若任取 $\Delta x>0$, 由于事件 $\{X=a\}\subset\{a-\Delta x<X\leqslant a\}$, 所以

$$
\begin{aligned}
P\{X=a\} &\leqslant P\{a-\Delta x<X\leqslant a\} \\
&=F(a)-F(a-\Delta x).
\end{aligned}
$$

令 $\Delta x \to 0$, 由 $F(x)$ 的连续性知

$$P\{X=a\}=0.$$

即连续型随机变量取任一定值的概率为零. 因此, 连续型随机变量落在开区间与相应闭区间上的概率相等.

性质 (3) 还可进一步推广, 对实数轴上任意一个集合 I, 即 $I\subset \mathbf{R}$, 有

$$P\{X\in I\}=\int_I f(x)\mathrm{d}x. \tag{2.4.2}$$

由此可见, 连续型随机变量的概率分布规律可由其密度函数完全刻画.

(4) 在 $f(x)$ 的连续点 x 处, $F'(x)=f(x)$.

由性质 (4) 可知, 在 $f(x)$ 的连续点 x 处, 当 Δx 充分小时, 有

$$P\{x<X\leqslant x+\Delta x\}\approx f(x)\Delta x.$$

例 2.4.1　随机变量 X 的密度函数为

$$f(x)=\begin{cases} k(1-x), & 0<x<1, \\ \dfrac{x}{4}, & 1\leqslant x\leqslant 2, \\ 0, & \text{其他}. \end{cases}$$

(1) 求常数 k; (2) 求分布函数 $F(x)$; (3) 求 $P\{X<1.5\}$.

解　(1) 由密度函数的性质 (2) 可知

$$1=\int_{-\infty}^{+\infty} f(x)\mathrm{d}x=\int_0^1 k(1-x)\mathrm{d}x+\int_1^2 \frac{x}{4}\mathrm{d}x=\frac{k}{2}+\frac{3}{8},$$

得

$$k=\frac{5}{4}.$$

(2) 由于 $F(x)=\displaystyle\int_{-\infty}^{x} f(t)\mathrm{d}t$, 显然,

当 $x\leqslant 0$ 时, $F(x)=0$;

当 $x>2$ 时, $F(x)=1$;

当 $0<x<1$ 时, $F(x)=\displaystyle\int_0^x \frac{5}{4}(1-t)\mathrm{d}t=\frac{5}{4}\left(x-\frac{x^2}{2}\right)$;

当 $1 \leqslant x \leqslant 2$ 时, $F(x)=\int_0^1 \frac{5}{4}(1-t)\mathrm{d}t+\int_1^x \frac{t}{4}\mathrm{d}t=\frac{5}{8}+\frac{1}{8}(x^2-1)=\frac{x^2}{8}+\frac{1}{2}$.

即

$$F(x)=\begin{cases} 0, & x \leqslant 0, \\ \frac{5}{4}\left(x-\frac{x^2}{2}\right), & 0<x<1, \\ \frac{x^2}{8}+\frac{1}{2}, & 1 \leqslant x \leqslant 2, \\ 1, & x>2. \end{cases}$$

(3) $P\{X<1.5\}=F(1.5)=\frac{25}{32}$.

例 2.4.2　一电子产品的无故障工作时间 X (单位: h) 为连续型随机变量, 其密度函数为

$$f(x)=\begin{cases} \lambda \mathrm{e}^{-(x-50)/1\,000}, & x>50, \\ 0, & x \leqslant 50. \end{cases}$$

(1) 求常数 λ 的值;

(2) 从大批该种产品中抽取 3 只, 求恰有一只无故障工作时间小于 1 050 h 的概率.

解　(1) 由于 $1=\int_{-\infty}^{+\infty} f(x)\mathrm{d}x=\int_{50}^{+\infty} \lambda \mathrm{e}^{-(x-50)/1\,000}\mathrm{d}x=1\,000\lambda$, 可得 $\lambda=\frac{1}{1\,000}$.

(2) 注意到

$$\begin{aligned} P\{X<1\,050\} &= \int_{50}^{1\,050} \frac{1}{1\,000}\mathrm{e}^{-(x-50)/1\,000}\mathrm{d}x \\ &= 1-\mathrm{e}^{-1} \approx 0.632\,1. \end{aligned}$$

设 3 只产品中有 Y 只寿命小于 1 050 h, 由题意知 $Y \sim B(3, 0.632\,1)$, 那么所要求的概率为

$$P\{Y=1\}=\mathrm{C}_3^1 \times 0.632\,1 \times 0.367\,9^2 \approx 0.256\,7.$$

例 2.4.3　一银行服务需等待, 设等待时间 X (以 min 计) 的密度函数为

$$f(x)=\begin{cases} \frac{1}{10}\mathrm{e}^{-x/10}, & x>0, \\ 0, & x \leqslant 0. \end{cases}$$

某人进了银行, 且计划稍后还要去办另一件事, 故打算先等待, 如果 15 min 后还是没有等到服务就离开银行, 设此人在银行实际等待时间为 Y.

(1) 求 Y 的分布函数;

(2) 问 Y 是离散型随机变量吗? Y 是连续型随机变量吗?

㊮ (1) 由分布函数的定义知, Y 的分布函数为

$$F(y)=P\{Y\leqslant y\}.$$

显然, 当 $y\leqslant 0$ 时, $F(y)=0$; 当 $y\geqslant 15$ 时, $F(y)=1$; 当 $0<y<15$ 时,

$$\begin{aligned}F(y)&=P\{Y\leqslant y\}=P\{X\leqslant y\}\\&=\int_{-\infty}^{y}f(x)\mathrm{d}x=1-\mathrm{e}^{-y/10}.\end{aligned}$$

即

$$F(y)=\begin{cases}0, & y\leqslant 0,\\ 1-\mathrm{e}^{-y/10}, & 0<y<15,\\ 1, & y\geqslant 15.\end{cases}$$

(2) 因为 Y 的取值范围为 $[0,15]$, Y 的取值不可数, 所以 Y 不是离散型随机变量. 又

$$\begin{aligned}P\{Y=15\}&=F(15)-P\{Y<15\}\\&=1-(1-\mathrm{e}^{-15/10})=\mathrm{e}^{-1.5}\neq 0,\end{aligned}$$

即 Y 取定值 15 的概率不为零, 所以 Y 亦不是连续型随机变量. 因此, Y 是既非离散型又非连续型的随机变量.

本书主要研究离散型随机变量与连续型随机变量. 下面我们研究几种重要的连续型随机变量的分布.

(一) 均匀分布

定义 2.4.2　设随机变量 X 具有密度函数 (如图 2.4.3(a) 所示)

$$f(x)=\begin{cases}\dfrac{1}{b-a}, & x\in(a,b),\\ 0, & \text{其他},\end{cases}\tag{2.4.3}$$

则称 X 服从区间 (a,b) 上均匀分布 (uniform distribution), 记为 $X\sim U(a,b)$.

显然上面的密度函数满足 $f(x) \geqslant 0, \int_{-\infty}^{+\infty} f(x)\mathrm{d}x = 1.$

根据密度函数的定义, 可知 X 的分布函数 (如图 2.4.3(b) 所示) 为

$$F(x) = \begin{cases} 0, & x < a, \\ \dfrac{x-a}{b-a}, & a \leqslant x < b, \\ 1, & x \geqslant b. \end{cases}$$

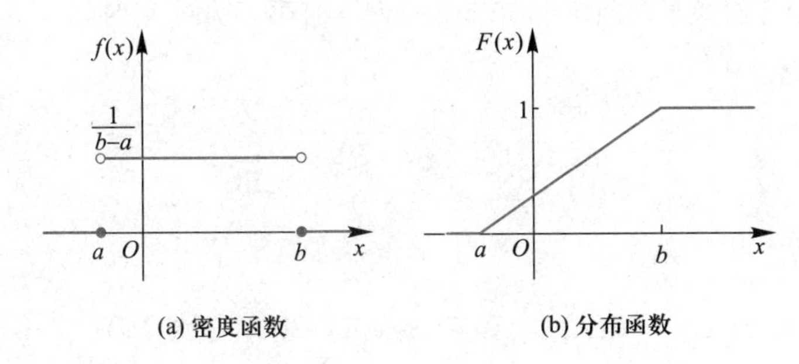

(a) 密度函数　(b) 分布函数

◀图 2.4.3 均匀分布的密度函数与分布函数

设有实数 c, l, 满足 $a \leqslant c < c+l \leqslant b$, 则

$$P\{c < X < c+l\} = \int_c^{c+l} \frac{1}{b-a}\mathrm{d}x = \frac{l}{b-a}.$$

上式的值与 c 无关, 即 X 落在区间 (a,b) 内任一长度为 l 的子区间的概率为子区间的长度与 $(b-a)$ 的比 (即几何测度之比), 其概率与 l 成正比, 而且仅依赖于子区间的长度, 与子区间的位置没有关系.

在 Excel 的任一单元格中输入 "=a+RAND()*(b−a)", 就可产生均匀分布 $U(a,b)$ 的动态随机数.

例 2.4.4　杭州某长途汽车站每天从早上 6∶00 (第一班车) 开始, 每隔 30 min 有一班车发往上海. 设王先生在早上 6∶20 以后 X min 到站, 又设 X 服从 $(0,50)$ 上均匀分布.

(1) 求王先生候车时间不到 15 min 的概率;

(2) 如果王先生一个月中有两次按此方式独立地去候车, 求他有一次候车时间不到 15 min、另一次候车时间大于 10 min 的概率.

解　(1) $X \sim U(0,50)$, 由题意知, 只有当王先生在图 2.4.4 中画阴影的时间区间内到达时, 候车时间会小于 15 min. 阴影区间的长度为 25, 所以

$$P\{\text{候车时间小于 15 min}\} = \frac{25}{50} = \frac{1}{2}.$$

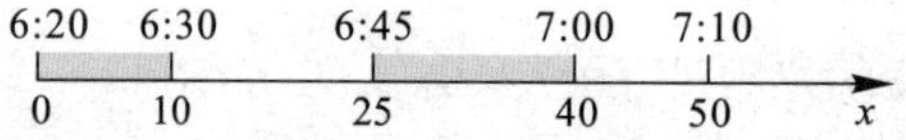

6:20 6:30 6:45 7:00 7:10

0 10 25 40 50 x

◀图 2.4.4

(2) 同样可知, 如果王先生在 6∶30 至 6∶50 或 7∶00 至 7∶10 到达车站, 那么他的候车时间大于 10 min, 所以

$$P\{\text{候车时间大于 10 min}\}=\frac{30}{50}=\frac{3}{5}.$$

设 $A_i=\{\text{第 } i \text{ 次候车时间小于 15 min}\}$, $B_i=\{\text{第 } i \text{ 次候车时间大于 10 min}\}$, $i=1,2$, 那么

$$P(A_1B_1)=P(A_2B_2)=\frac{1}{10}.$$

所要求的概率为

$$\begin{aligned}P\{A_1B_2\cup B_1A_2\}&=P(A_1B_2)+P(B_1A_2)-P(A_1B_1A_2B_2)\\&=P(A_1)\cdot P(B_2)+P(B_1)\cdot P(A_2)-P(A_1B_1)P(A_2B_2)\\&=2\times\frac{1}{2}\times\frac{3}{5}-\frac{1}{100}=\frac{59}{100}.\end{aligned}$$

(二) 正态分布

正态随机变量是概率论与数理统计中最重要的随机变量.

定义 2.4.3 设随机变量 X 具有密度函数

$$f(x)=\frac{1}{\sqrt{2\pi}\sigma}\mathrm{e}^{-\frac{(x-\mu)^2}{2\sigma^2}},\quad -\infty<x<+\infty, \tag{2.4.4}$$

其中 $-\infty<\mu<+\infty$, $\sigma>0$, 则称 X 服从参数为 (μ,σ) 的正态分布 (normal distribution), 简称 X 为正态变量, 记为 $X\sim N(\mu,\sigma^2)$.

其相应的分布函数为

$$F(x)=\int_{-\infty}^{x}\frac{1}{\sqrt{2\pi}\sigma}\mathrm{e}^{-(t-\mu)^2/(2\sigma^2)}\mathrm{d}t.$$

显然, $f(x)\geqslant 0$. 下面来证明 $\int_{-\infty}^{+\infty}f(x)\mathrm{d}x=1$.

记 $I=\int_{-\infty}^{+\infty}\frac{1}{\sqrt{2\pi}\sigma}\mathrm{e}^{-(x-\mu)^2/(2\sigma^2)}\mathrm{d}x$, 作积分变量变换, 令 $\frac{x-\mu}{\sigma}=t$, 则

$$I=\int_{-\infty}^{+\infty}\frac{1}{\sqrt{2\pi}}\mathrm{e}^{-t^2/2}\mathrm{d}t.$$

于是

$$I^2 = \int_{-\infty}^{+\infty} \frac{1}{\sqrt{2\pi}} e^{-x^2/2} dx \cdot \int_{-\infty}^{+\infty} \frac{1}{\sqrt{2\pi}} e^{-y^2/2} dy$$
$$= \int_{-\infty}^{+\infty} \int_{-\infty}^{+\infty} \frac{1}{2\pi} e^{-(x^2+y^2)/2} dx dy.$$

将积分变量变换成极坐标形式, 得

$$I^2 = \int_0^{2\pi} d\theta \int_0^{+\infty} r \cdot \frac{1}{2\pi} e^{-r^2/2} dr = 1.$$

这样就得到

$$I = 1.$$

正态变量 X 的密度函数 $f(x)$ 具有以下性质:

(1) $f(x)$ 关于 $x = \mu$ 对称.

(2) $\max\limits_{-\infty<x<+\infty} f(x) = f(\mu) = \dfrac{1}{\sqrt{2\pi}\sigma}$.

(3) $\lim\limits_{|x-\mu|\to+\infty} f(x) = 0$.

由图 2.4.5 所示的密度函数曲线可知, $f(x)$ 的值是中间 (μ 附近) 大、两头 (离 μ 远的地方) 小, 而且是对称的 (关于 $x = \mu$).

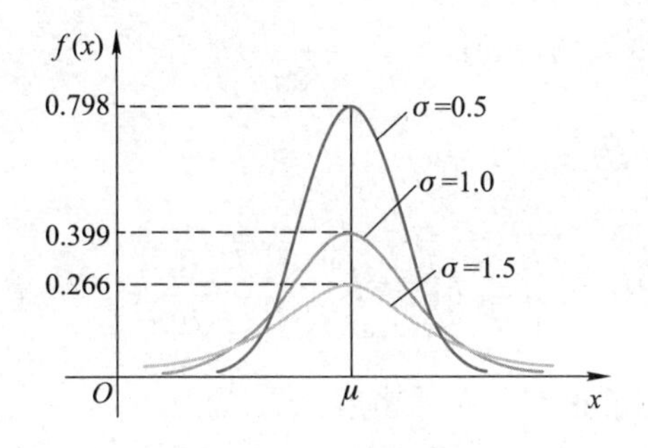

◀图 2.4.5 正态分布密度函数

人们常称正态变量的参数 μ 为位置参数, 因为 μ 给出了密度函数对称轴的位置及 X 的取值集中的位置; 称 σ 为尺度参数, 因为密度函数曲线的尺度 (图形的形状) 完全由 σ 决定 (而与 μ 无关). σ 是反映 X 取值分散程度的一个指标量, σ 越大, 曲线峰越低, 越扁平, X 在 μ 附近取值的概率 (即相应的曲边梯形的面积) 越小, 即 X 取值越分散.

特别地, 当 $\mu = 0, \sigma = 1$ 时, 若记这时的正态变量为 Z, 即 $Z \sim N(0,1)$, 称 Z 服从标准正态分布 (standard normal distribution), 其密度函数 (如图 2.4.6(a) 所示) 为

$$\varphi(x) = \frac{1}{\sqrt{2\pi}} e^{-x^2/2}, \quad -\infty < x < +\infty, \tag{2.4.5}$$

其相应的分布函数 (如图 2.4.6(b) 所示) 为

$$\Phi(x)=\int_{-\infty}^{x}\frac{1}{\sqrt{2\pi}}\mathrm{e}^{-t^2/2}\mathrm{d}t.$$

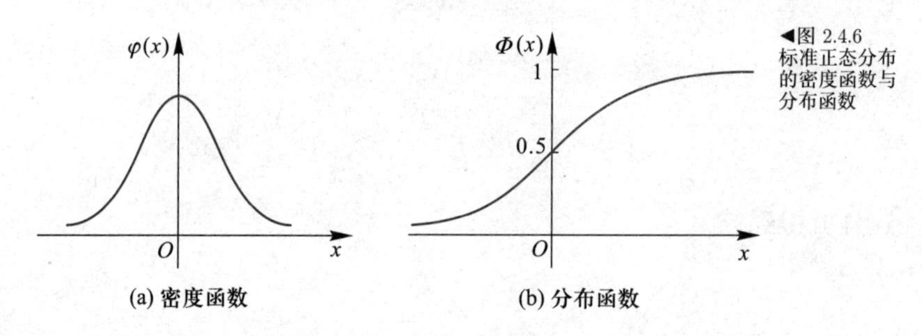

(a) 密度函数　(b) 分布函数

◀图 2.4.6 标准正态分布的密度函数与分布函数

显然, 标准正态分布的密度函数关于 y 轴对称, 由此可得对于任一实数 x,

$$\Phi(-x)=P\{Z\leqslant -x\}=P\{Z\geqslant x\}=1-\Phi(x),$$

即

$$\Phi(x)+\Phi(-x)=1. \tag{2.4.6}$$

同时, 当 $X\sim N(\mu,\sigma^2)$ 时, 对于任意实数 $a,b(a<b)$, 有

$$P\{a<X<b\}=\int_a^b\frac{1}{\sqrt{2\pi}\sigma}\mathrm{e}^{-(x-\mu)^2/(2\sigma^2)}\mathrm{d}x.$$

作积分变量变换, 令 $t=\dfrac{x-\mu}{\sigma}$, 得

$$P\{a<X<b\}=\int_{(a-\mu)/\sigma}^{(b-\mu)/\sigma}\frac{1}{\sqrt{2\pi}}\mathrm{e}^{-t^2/2}\mathrm{d}t.$$

此时的被积函数为标准正态分布的密度函数, 故

$$P\{a<X<b\}=\Phi\left(\frac{b-\mu}{\sigma}\right)-\Phi\left(\frac{a-\mu}{\sigma}\right). \tag{2.4.7}$$

这样将正态变量的概率计算归结为标准正态分布函数值的计算问题. 而这些数值可查本书附表 2.

若 $X\sim N(\mu,\sigma^2)$, 由 (2.4.5), (2.4.6) 可得

$$P\{|X-\mu|<k\sigma\}=\Phi(k)-\Phi(-k)=2\Phi(k)-1.$$

当 $k=1,2,3$ 时, 查附表 2 可得

$$\left.\begin{aligned}&P\{|X-\mu|<\sigma\}=2\Phi(1)-1=0.682\,6,\\&P\{|X-\mu|<2\sigma\}=2\Phi(2)-1=0.954\,4,\\&P\{|X-\mu|<3\sigma\}=2\Phi(3)-1=0.997\,4.\end{aligned}\right\} \tag{2.4.8}$$

可以发现, 以上概率值均与 μ,σ 的取值无关 (如图 2.4.7 所示).

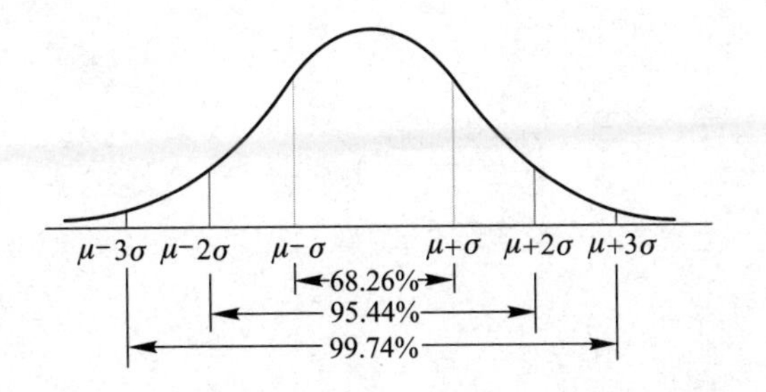

◀图 2.4.7

例 2.4.5 用天平称一实际重量为 a 的物体, 天平的读数为随机变量 $X, X\sim N(a,\sigma^2)$. 当 $\sigma=0.01$ 时,

(1) 求读数与 a 的误差小于 0.005 的概率;

(2) 求读数至少比 a 多 0.008 5 的概率;

(3) 若重复称 3 次, 求 3 次中恰有 1 次 "读数与 a 的误差小于 0.005" 的概率.

㊙解 (1) 由 (2.4.6) 式, 并查附表 2, 得

$$P\{|X-a|<0.005\}=\Phi\left(\frac{0.005}{0.01}\right)-\Phi\left(-\frac{0.005}{0.01}\right)$$
$$=2\Phi(0.5)-1=2\times 0.691\,5-1$$
$$=0.383\,0.$$

(2) $$P\{X-a\geqslant 0.008\,5\}=1-P\{X-a<0.008\,5\}$$
$$=1-\Phi(0.85)=1-0.802\,3$$
$$=0.197\,7.$$

(3) 设 3 次中有 Y 次 "读数与 a 的误差小于 0.005", 则 $Y\sim B(3,0.383\,0)$, 因此

$$P\{Y=1\}=\mathrm{C}_3^1\times 0.383\,0\times 0.617\,0^2\approx 0.437\,4.$$

例 2.4.6 设随机变量 $X\sim N(\mu,\sigma^2)$, 且已知

$$P\{x>400\}=0.25,\quad P\{x<350\}=0.33,$$

求 μ,σ.

解 由题意, 并结合附表 2, 可得

$$P\{X>400\}=1-\Phi\left(\frac{400-\mu}{\sigma}\right)=\Phi\left(\frac{\mu-400}{\sigma}\right)=0.25=\Phi(-0.675),$$

$$P\{X<350\}=\Phi\left(\frac{350-\mu}{\sigma}\right)=0.33=\Phi(-0.440),$$

于是

$$\begin{cases}\dfrac{\mu-400}{\sigma}=-0.675,\\ \dfrac{350-\mu}{\sigma}=-0.440,\end{cases}$$

►实验
正态分布分布函数值与标准正态分布上分位数

解得

$$\mu\approx 369.73,\quad \sigma\approx 44.84.$$

例 2.4.7　(1) 设 $X\sim N(1,2^2)$, 求 $F(3)=P\{X\leqslant 3\}$;

(2) 设 $Z\sim N(0,1)$, 求 $\Phi(2)$; 若 z_α 满足 $\Phi(z_\alpha)=1-\alpha$, 称 z_α 为标准正态分布的上 α 分位数, 求 $z_{0.05}$.

㊎ (1) 在 Excel 的任一单元格中输入 "=NORM.DIST(3, 1, 2, 1)", 确定后该单元格中出现 "0.841 345", 即为 $F(3)$ 的值.

(2) 在 Excel 的任一单元格中输入 "=NORM.S.DIST(2,1)", 确定后该单元格中出现 "0.977 25", 即为 $\Phi(2)$ 的值.

在任一单元格中输入 "=NORM.S.INV(1–0.05)", 确定后该单元格中出现 "1.644 854", 即为 $z_{0.05}$ 的值.

在 Excel 的任一单元格中输入 "=NORM.INV(RAND(　), μ, σ)", 就可产生正态分布 $N(\mu,\sigma^2)$ 的动态随机数.

在自然界与社会现象中许多量可用 (或近似用) 正态变量来描述, 那些我们经常可以看到的 (自然形成的) 沙堆、谷堆、煤堆以及远处的某些山的轮廓线, 常常会让人联想到正态分布的密度函数曲线. 我们身边的许多量, 如同一年龄段的人的身高、体重 (但视力测量值不是正态变量), 一个地区某一时段的降雨量, 某公司普通职工的收入, 医院里许多化验的指标等, 一般均可视为正态变量, 在第 5 章中我们还可以看到正态变量的更多应用.

(三) 指数分布

定义 2.4.4　设随机变量 X 具有密度函数

$$f(x)=\begin{cases}\lambda\mathrm{e}^{-\lambda x}, & x>0,\\ 0, & x\leqslant 0,\end{cases}\tag{2.4.9}$$

其中 $\lambda>0$, 则称 X 服从参数为 λ 的指数分布 (exponential distribution), 记为 $X\sim E(\lambda)$.

显然, $f(x)\geqslant 0$, 且

$$\int_{-\infty}^{+\infty} f(x)\mathrm{d}x=\int_{0}^{+\infty} \lambda \mathrm{e}^{-\lambda x}\mathrm{d}x=-\mathrm{e}^{-\lambda x}\Big|_{0}^{+\infty}=1.$$

图 2.4.8 给出了 $\lambda=3,\lambda=1,\lambda=\dfrac{1}{2}$ 时的 $f(x)$ 的图形.

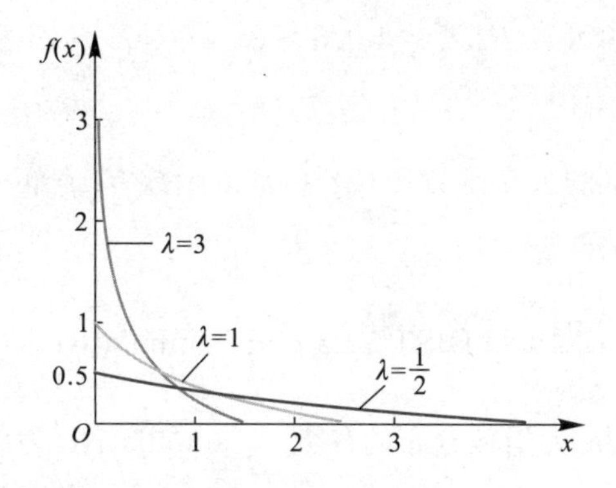

◀图 2.4.8 指数分布密度函数

其相应的分布函数为

$$F(x)=\int_{-\infty}^{x} f(t)\mathrm{d}t=\begin{cases}1-\mathrm{e}^{-\lambda x}, & x>0,\\ 0, & x\leqslant 0.\end{cases} \tag{2.4.10}$$

当 $X\sim E(\lambda)$ 时, 对任意的 $t>0,t_0>0$, 有

$$\begin{aligned}P\{X>t_0+t|X>t_0\}&=\frac{P\{X>t_0+t\}}{P\{X>t_0\}}=\frac{1-F(t_0+t)}{1-F(t_0)}\\&=\mathrm{e}^{-\lambda t}=P\{X>t\},\end{aligned} \tag{2.4.11}$$

或写成

$$P\{X>t_0+t\}=P\{X>t_0\}\cdot P\{X>t\}.$$

若将 X 看成某电子产品的寿命 (单位: h), 则 (2.4.10) 可解释为: “在已知产品用了 t_0 h 没有坏的条件下, 再用 t h 不坏” 的条件概率等于此产品 “最初使用 t h 不坏” 的概率. 形象地说此产品 “忘却” 了 “已使用 t_0 h”. 所以常将 (2.4.10) 形象地称作指数分布的 “无记忆性”.

例 2.4.8　设一地段相邻两次交通事故间隔时间 (以 h 计) X 服从参数 $\lambda=\dfrac{1}{6.5}$ 的指数分布.

(1) 求 8 h 内没有发生交通事故的概率;

(2) 已知已过去的 8 h 中没有发生交通事故, 求在未来 2 h 内不发生交通

事故的概率.

㊖ (1) $X \sim E(\lambda)$, $\lambda = \dfrac{1}{6.5}$, 则

$$P\{X > 8\} = 1 - F(8) = \mathrm{e}^{-8/6.5} \approx 0.292.$$

(2) 由 (2.4.10) 式知

$$P\{X > 10 | X > 8\} = P\{X > 2\} = \mathrm{e}^{-2/6.5} \approx 0.735.$$

例 2.4.8(2) 中的等式 $P\{X > 10 | X > 8\} = P\{X > 2\}$ 就说明了指数分布的无记忆性.

指数分布 $E(\lambda)$ 的分布函数 $F(x)$ 和密度函数 $f(x)$ 的值也可通过 Excel 中的函数

$$\text{EXPON.DIST(x, lambda, cumulative)}$$

来得到, 其中 lambda 为指数分布的参数 λ; cumulative 为 True 或 1 时返回 $F(x)$ 的值, 为 False 或 0 时返回 $f(x)$ 的值. 如例 2.4.8 中 $P\{X \leqslant 8\} = F(8)$ 的值, 可通过在 Excel 的任一单元格中输入 "=EXPON.DIST(8, 1/6.5, 1)" 来得到, 其值为 "0.707 932"; 而 $f(8)$ 的值, 可通过在 Excel 的任一单元格中输入 "=EXPON.DIST(8, 1/6.5, 0)" 来得到, 其值为 "0.044 934".

另外, 指数分布 $E(\lambda)$ 的概率 $P\{X \leqslant x\}$ 也可用函数

$$\text{GAMMA.DIST(x, alpha, beta, cumulative)}$$

来计算, 这里 alpha 取 1, beta 取 $1/\lambda$, cumulative 取 1. 所以在例 2.4.8 中 $P\{X \leqslant 8\}$ 的值, 可通过在 Excel 的任一单元格中输入 "=GAMMA.DIST(8, 1, 6.5, 1)" 来得到, 其值为 "0.707 932".

在 Excel 的任一单元格中输入 "=GAMMA.INV(RAND( ), 1, 1/λ)", 就可产生指数分布 $E(\lambda)$ 的动态随机数.

(四) 其他连续型随机变量

定义 2.4.5 设随机变量 X 具有密度函数

$$f(x) = \begin{cases} \dfrac{\lambda \mathrm{e}^{-\lambda x} (\lambda x)^{\alpha - 1}}{\Gamma(\alpha)}, & x > 0, \\ 0, & x \leqslant 0, \end{cases} \tag{2.4.12}$$

其中参数 $\alpha>0,\lambda>0$, 则称 X 服从参数为 (α,λ) 的 Γ 分布 (Gamma distribution), 记为 $X\sim\Gamma(\alpha,\lambda)$.

(2.4.11) 式中的 $\Gamma(\alpha)=\int_0^{+\infty}\mathrm{e}^{-x}x^{\alpha-1}\mathrm{d}x$, 且有 $\Gamma(\alpha)=(\alpha-1)\Gamma(\alpha-1)$. 特别地, 当 n 为正整数时, 有 $\Gamma(n)=(n-1)!$.

定义 2.4.6　设随机变量 X 具有密度函数

$$f(x)=\begin{cases}\dfrac{\gamma}{\alpha}\left(\dfrac{x}{\alpha}\right)^{\gamma-1}\mathrm{e}^{-(x/\alpha)^{\gamma}}, & x>0,\\ 0, & x\leqslant 0,\end{cases}\tag{2.4.13}$$

其中参数 $\alpha>0,\gamma>0$, 则称 X 服从参数为 (α,γ) 的二参数威布尔分布 (Weibull distribution).

定义 2.4.7　记随机变量 X 具有密度函数

$$f(x)=\begin{cases}\dfrac{\Gamma(a+b)}{\Gamma(a)\Gamma(b)}x^{a-1}(1-x)^{b-1}, & 0<x<1,\\ 0, & \text{其他},\end{cases}\tag{2.4.14}$$

其中参数 $a>0,b>0$, 则称 X 服从参数为 (a,b) 的 β 分布 (Beta distribution), 记为 $X\sim\beta(a,b)$.

2.5　随机变量函数的分布

在实际问题中, 我们常会碰到已知一随机变量的分布, 要求这一变量的函数的分布问题. 例如, 已知到达车站的时间服从某一区间上的均匀分布, 要求候车时间的分布; 已知半径测量值服从正态分布, 要求对应的圆面积的分布; 等等. 本节要研究单个随机变量函数的分布问题. 即已知 X 的分布, $Y=g(X)$, 其中 $g(\cdot)$ 已知, 要求 Y 的分布. 下面先来看几个例题.

例 2.5.1　设随机变量 X 的概率分布律为

X	-1	0	1	2
p	$\frac{1}{3}$	$\frac{1}{6}$	$\frac{1}{6}$	$\frac{1}{3}$

且已知 $Y=2X+1,Z=X^2$, 求 Y 与 Z 各自的概率分布律.

㊙ 注意到 X 的可能取值为 $-1,0,1,2$, 且 $Y=2X+1$, 故 Y 的可能取值为 $-1,1,3,5$, 且

$$P\{Y=-1\}=P\{X=-1\}=\frac{1}{3},$$
$$P\{Y=1\}=P\{X=0\}=\frac{1}{6},$$
$$P\{Y=3\}=P\{X=1\}=\frac{1}{6},$$
$$P\{Y=5\}=P\{X=2\}=\frac{1}{3},$$

即 Y 的概率分布律为

Y	-1	1	3	5
p	$\frac{1}{3}$	$\frac{1}{6}$	$\frac{1}{6}$	$\frac{1}{3}$

同理, 结合 X 的取值 $-1,0,1,2$ 及 $Z=X^2$, 可知 Z 的可能取值为 $0,1,4$, 且

$$P\{Z=0\}=P\{X=0\}=\frac{1}{6},$$
$$P\{Z=1\}=P\{X=-1\}+P\{X=1\}=\frac{1}{3}+\frac{1}{6}=\frac{1}{2},$$
$$P\{Z=4\}=P\{X=2\}=\frac{1}{3},$$

即 Z 的概率分布律为

Z	0	1	4
p	$\frac{1}{6}$	$\frac{1}{2}$	$\frac{1}{3}$

例 2.5.2　设一商店某一批电子产品的使用寿命 (以 h 计) $X\sim E(\lambda)$, $\lambda=1/250$. 商店对该批产品实行先使用后付款的办法销售: 若使用寿命小于等于 100 h, 顾客不用付费; 若使用寿命大于 100 h 且小于等于 250 h, 顾客需要支付 10 元; 若使用寿命大于 250 h, 则顾客需要支付 30 元. 求顾客付费的概率分布律.

㊙ 设顾客需要支付 Y 元, Y 的可能取值为 $0,10,30$. 由题意知 $X\sim E(\lambda)$, $\lambda=1/250$. 由于电子产品使用寿命小于等于 100 h, 顾客不用付费, 所以

$$P\{Y=0\}=P\{X\leqslant 100\}=\int_0^{100}\lambda \mathrm{e}^{-\lambda x}\mathrm{d}x$$

$$= 1 - \mathrm{e}^{-100\lambda} = 1 - \mathrm{e}^{-0.4} = 0.329\,7,$$

同理可得

$$P\{Y = 10\} = P\{100 < X \leqslant 250\}$$
$$= \mathrm{e}^{-100\lambda} - \mathrm{e}^{-250\lambda} = \mathrm{e}^{-0.4} - \mathrm{e}^{-1} = 0.302\,4,$$
$$P\{Y = 30\} = P\{X > 250\} = \mathrm{e}^{-1} = 0.367\,9.$$

即

Y	0	10	30
p	0.329 7	0.302 4	0.367 9

由例 2.5.1 和例 2.5.2 可知, 若 X 的分布已知, $Y = g(X)$, 当 Y 为离散型随机变量时, 可先列出 Y 的可能取值 $y_1, y_2, \cdots, y_k, \cdots$, 然后找出事件 $\{Y = y_k\}$ 的等价事件 $\{X \in D_k\}$, 从而求出 Y 的概率分布律 $P\{Y=y_k\}=P\{X\in D_k\}$. 另外, 当 $Y=g(X)$ 为连续型随机变量时, 我们总是先找出 $\{Y \leqslant y\}$, 即 $\{g(X)\leqslant y\}$ 的等价事件 $\{X\in D_y\}$, 从而求出 Y 的分布函数 $F_Y(y)=P\{Y\leqslant y\}=P\{X \in D_y\}$. 总之, 求随机变量函数的分布问题实质上就是找等价事件问题.

例 2.5.3　设随机变量 $X \sim U(-1,2)$, 令 $Y = X^2$, 求 Y 的分布函数 $F_Y(y)$ 及密度函数 $f_Y(y)$.

㊣解　由题意知, X 的密度函数为

$$f_X(x) = \begin{cases} \dfrac{1}{3}, & -1 < x < 2, \\ 0, & \text{其他}. \end{cases}$$

注意到 $Y = X^2$, 故有 $P\{0 \leqslant Y < 4\} = 1$. 于是

当 $y \leqslant 0$ 时, $F_Y(y) = 0$.

当 $y \geqslant 4$ 时, $F_Y(y) = 1$.

当 $0 < y < 4$ 时, $\{Y \leqslant y\}$ 的等价事件为 $\{-\sqrt{y} \leqslant X \leqslant \sqrt{y}\}$, 所以

$$F_Y(y) = P\{-\sqrt{y} \leqslant X \leqslant \sqrt{y}\} = \int_{-\sqrt{y}}^{\sqrt{y}} f_X(x)\mathrm{d}x.$$

从而

当 $0 < y < 1$ 时, $F_Y(y) = \displaystyle\int_{-\sqrt{y}}^{\sqrt{y}} \frac{1}{3}\mathrm{d}x = \frac{2\sqrt{y}}{3}$.

当 $1 \leqslant y < 4$ 时, $F_Y(y) = \int_{-1}^{\sqrt{y}} \frac{1}{3}\mathrm{d}x = \frac{\sqrt{y}+1}{3}$.

因此

$$F_Y(y) = \begin{cases} 0, & y \leqslant 0, \\ \frac{2\sqrt{y}}{3}, & 0 < y < 1, \\ \frac{\sqrt{y}+1}{3}, & 1 \leqslant y < 4, \\ 1, & y \geqslant 4. \end{cases}$$

于是

$$f_Y(y) = \begin{cases} \frac{1}{3\sqrt{y}}, & 0 < y < 1, \\ \frac{1}{6\sqrt{y}}, & 1 \leqslant y < 4, \\ 0, & \text{其他}. \end{cases}$$

例 2.5.4　设 X 的密度函数为 $f_X(x)$, $Y = |X|$, $Z = X^2$, 分别求 Y 与 Z 的密度函数 $f_Y(y)$, $f_Z(t)$.

解　设 Y 与 Z 的分布函数分别为 $F_Y(y)$, $F_Z(t)$. 当 $y \leqslant 0$ 时, 显然有 $F_Y(y) = 0$; 当 $y > 0$ 时, 有

$$F_Y(y) = P\{Y \leqslant y\} = P\{|X| \leqslant y\} = F_X(y) - F_X(-y).$$

那么

$$f_Y(y) = \begin{cases} f_X(y) + f_X(-y), & y > 0, \\ 0, & y \leqslant 0. \end{cases}$$

当 $t \leqslant 0$ 时, 显然有 $F_Z(t) = 0$; 当 $t > 0$ 时, 有

$$F_Z(t) = P\{Z \leqslant t\} = P\{X^2 \leqslant t\} = F_X(\sqrt{t}) - F_X(-\sqrt{t}).$$

那么

$$f_Z(t) = \begin{cases} \frac{1}{2\sqrt{t}}[f_X(\sqrt{t}) + f_X(-\sqrt{t})], & t > 0, \\ 0, & t \leqslant 0. \end{cases}$$

特别地, 当函数 $y = g(x)$ 具有严格单调性时, 有以下结果.

定理 2.5.1　设 X 为一连续型随机变量, 其密度函数为 $f_X(x)$, 随机变量 $Y = g(X)$. 若函数 $y = g(x)$ 为一处处可导的严格单调增函数 (或严格单调减

函数), 记 $y=g(x)$ 的反函数为 $x=h(y)$, 则 Y 的密度函数为

$$f_Y(y)=\begin{cases} f_X(h(y))\cdot|h'(y)|, & y\in D, \\ 0, & y\notin D, \end{cases} \tag{2.5.1}$$

其中 D 为函数 $y=g(x)$ 的值域.

证明 先设 $y=g(x)$ 为一严格单调增函数, 即 $g'(x)>0$, 注意此时的 $h'(y)>0$, 那么当 $y\in D$ 时, Y 的分布函数为

$$\begin{aligned} F_Y(y)&=P\{Y\leqslant y\}=P\{g(X)\leqslant y\} \\ &=P\{X\leqslant h(y)\}=\int_{-\infty}^{h(y)} f_X(x)\mathrm{d}x. \end{aligned}$$

从而

$$f_Y(y)=F_Y'(y)=f_X(h(y))\cdot h'(y)=f_X(h(y))\cdot|h'(y)|.$$

若 $y=g(x)$ 为一严格单调减函数, 即 $g'(x)<0$, 此时有 $h'(y)<0$, 那么当 $y\in D$ 时, Y 的分布函数为

$$\begin{aligned} F_Y(y)&=P\{Y\leqslant y\}=P\{g(X)\leqslant y\} \\ &=P\{X\geqslant h(y)\}=\int_{h(y)}^{+\infty} f_X(x)\mathrm{d}x. \end{aligned}$$

从而

$$f_Y(y)=F_Y'(y)=-f_X(h(y))\cdot h'(y)=f_X(h(y))\cdot|h'(y)|.$$

而当 $y\notin D$ 时, $f_Y(y)=0$. 于是就证明了 (2.5.1) 式.

例 2.5.5 设随机变量 $X\sim N(\mu,\sigma^2)$, $Y=aX+b, a\neq 0$, 求 Y 的密度函数.

解 记 $y=g(x)=ax+b$, 则其反函数为 $x=h(y)=\dfrac{y-b}{a}$. $h'(y)=\dfrac{1}{a}$, 当 $a>0$ 时, $h'(y)>0$; 当 $a<0$ 时, $h'(y)<0$, 满足定理 2.5.1 的条件, 故

$$f_Y(y)=\frac{1}{|a|}f_X\left(\frac{y-b}{a}\right)=\frac{1}{\sqrt{2\pi}\sigma|a|}\mathrm{e}^{-[y-(a\mu+b)]^2/[2(a\sigma)^2]},$$

即 $Y\sim N(a\mu+b,(a\sigma)^2)$. 特别地, 当 $a=\dfrac{1}{\sigma}, b=-\dfrac{\mu}{\sigma}$ 时, $Y=\dfrac{X-\mu}{\sigma}\sim N(0,1)$.

也就是说一个正态变量的线性函数仍为正态变量. 特别地, 当 $X\sim N(\mu,\sigma^2)$ 时, $\dfrac{X-\mu}{\sigma}$ 是标准正态变量.

例 2.5.6 设连续型随机变量 X 的分布函数为 $F(x)$, 记 $Y=F(X)$, 证明: $Y\sim U(0,1)$.

证明　由分布函数的性质知 $0 \leqslant F(x) \leqslant 1$, 故 $P\{0 \leqslant Y \leqslant 1\} = 1$. 因此当 $y<0$ 时, $P\{Y \leqslant y\} = 0$; 当 $y \geqslant 1$ 时, $P\{Y \leqslant y\} = 1$. 下面考虑 $F(x)$ 的反函数. 由于 $y=F(x)$ 不一定严格单调递增, 即对某一个 y, 可能有不止一个 x 与它对应, 故先定义以下函数: 对任意 $0 \leqslant y \leqslant 1$, 令

$$F^{-1}(y) = \sup\{x : F(x) < y\}$$

为 $F(x)$ 的反函数, 称之为 $F(x)$ 的**广义反函数**. 由上确界的定义和分布函数的性质, 易得如上定义的广义反函数满足以下性质:

(1) $F^{-1}(y)$ 是 y 的单调不减函数;

(2) $F(F^{-1}(y)) \leqslant y$, 且若 $F(x)$ 在 $x=F^{-1}(y)$ 处连续, 则 $F(F^{-1}(y)) = y$;

(3) $F^{-1}(y) \leqslant x$ 的充要条件为 $y \leqslant F(x)$.

故当 $0 \leqslant y < 1$ 时,

$$\begin{aligned} P\{Y \leqslant y\} &= P\{F(X) \leqslant y\} = P\{X \leqslant F^{-1}(y)\} \\ &= F(F^{-1}(y)) = y. \end{aligned}$$

因此 $Y \sim U(0,1)$.

例 2.5.6 的结论为产生某一连续型随机变量分布的随机数带来了启发.

例如, 设随机变量 $X \sim E(3)$, 它的密度函数及分布函数为

$$f(x) = \begin{cases} 3\mathrm{e}^{-3x}, & x>0, \\ 0, & x \leqslant 0, \end{cases} \qquad F(x) = \begin{cases} 1-\mathrm{e}^{-3x}, & x>0, \\ 0, & x \leqslant 0. \end{cases}$$

设 $Y = F(X) = \begin{cases} 1-\mathrm{e}^{-3X}, & x>0, \\ 0, & x \leqslant 0, \end{cases}$ 则 $Y \sim U(0,1)$, 且

$$X = -\frac{1}{3}\ln(1-Y), \quad 0<Y<1.$$

而均匀分布 $U(0,1)$ 的随机数可由 RAND(　) 产生, 所以参数为 3 的指数分布的随机数可由 $-\dfrac{1}{3}\ln(1-\text{RAND}(\quad))$ 产生.

思考题二

1. 取值充满一区间的随机变量一定是连续型随机变量吗?
2. 若随机变量 X 的概率分布律为

X	0	1
p	0.2	0.8

则 X 的分布函数是

$$F(x)=\begin{cases}0, & x<0,\\ 0.2, & 0\leqslant x<1,\\ 0.8, & x\geqslant 1,\end{cases}$$

这一结论对吗?

3. 设随机变量 X,Y 的密度函数分别为 $f_1(x),f_2(y)$, 以下可作为密度函数的是 ( ).

A. $\dfrac{3}{2}f_1(x)-\dfrac{1}{2}f_2(x)$

B. $\dfrac{3}{2}f_1(x)+\dfrac{1}{2}f_2(x)$

C. $\dfrac{1}{2}f_1(x)-\dfrac{1}{2}f_2(x)$

D. $\dfrac{1}{2}f_1(x)+\dfrac{1}{2}f_2(x)$

4. 以下函数中能作为分布函数的是 ( ).

A. $F(x)=\begin{cases}0, & x\leqslant 0,\\ 1-x, & 0<x<1,\\ 1-\dfrac{1}{x}, & x\geqslant 1\end{cases}$

B. $F(x)=\begin{cases}0, & x\leqslant 0,\\ \dfrac{x^2}{2}, & 0<x<1,\\ \dfrac{x^2}{2}-x+1, & 1\leqslant x<2,\\ 1, & x\geqslant 2\end{cases}$

C. $F(x)=\begin{cases}0, & x\leqslant 0,\\ 1-\mathrm{e}^{-\lambda x}, & 0<x\leqslant 2,\\ 1, & x>2\end{cases}$

D. $F(x)=\begin{cases}0, & x\leqslant 0,\\ 1-\mathrm{e}^{-x}, & 0<x<2,\\ 1+\dfrac{1}{x^2}, & x\geqslant 2\end{cases}$

5. 设 $X\sim N(\mu,\sigma^2)$, 对任意 $\delta>0$, $P\{|X-\mu|<\delta\}$ 的值仅与 μ 有关吗? 仅与 σ 有关吗? 还是与 μ,σ 都有关?

6. 若一元件寿命服从指数分布, 由指数分布的无记忆性, 是否可以认为该元件永远不会损坏?

习题二 (A)

A1. 写出下列离散型随机变量 X 的概率分布律:

(1) 从编号为 1, 2, 3, 4 的四个球中, 无放回地取球 2 次, 每次取 1 个球, 令 X 表示取到的两个球中最小的编号;

(2) 将一枚骰子掷 3 次, 令 X 表示出现点数大于 4 的次数;

(3) 一盒子有 2 个红球 3 个白球, 无放回地取球 2 次, 每次取 1 个球, 令 X 表示取到的红球个数;

(4) 一盒子有 2 个红球 3 个白球, 有放回地取球, 每次取 1 个球, 取到红球或取球 3 次就停止取球, 令 X 表示取球次数.

A2. 设随机变量 X 的取值为 $1,2,3,4$, 且 $P\{X=i\}=c(5-i)$, $i=1,2,3,4$, 求常数 c 的值及 $P\{1.5<X\leqslant 3\}$.

A3. 设某人一次投篮的命中率是 0.4, 现他独立投篮 3 次, 求:

(1) 他至少投中 2 次的概率;

(2) 他最多投中 2 次的概率.

A4. 设某人独立重复投篮 4 次, 已知他至少投中 1 次的概率为 0.937 5, 求他每次投篮的命中率.

A5. 设某人一次投篮的命中率是 0.3, 问他至少要独立投篮多少次, 才能使他至少投中 1 次的概率不小于 0.9?

A6. 设 X 服从参数为 2 的泊松分布, 求 $P\{X\leqslant 2\}$, $P\{X\geqslant 2\}$ 及 $P\{X\leqslant 1|X\leqslant 2\}$.

A7. 设某商店某种商品一天的销售量 X (单位: 件) 服从参数为 3 的泊松分布, 求:

(1) 一天至少售出 4 件的概率;

(2) 一天售出不少于 2 件且不超过 4 件的概率.

A8. 设随机变量 X 的概率分布律为 $P\{X=0\}=0.4$, $P\{X=2\}=0.5$, $P\{X=3\}=0.1$, 求 X 的分布函数及 $P\{1\leqslant X<3\}$.

A9. 设随机变量 X 的分布函数

$$F(x)=\begin{cases}0, & x<-1,\\ 0.3, & -1\leqslant x<1,\\ 0.7, & 1\leqslant x<3,\\ 1, & x\geqslant 3,\end{cases}$$

求 X 的概率分布律.

A10. 设随机变量 X 的密度函数为 $f(x)=\begin{cases}c(2-x), & 0<x<2,\\ 0, & \text{其他}.\end{cases}$

(1) 求常数 c;

(2) 求 X 的分布函数 $F(x)$;

(3) 求 $P\{0.5<X\leqslant 1\}$.

A11. 设连续型随机变量 X 的分布函数为 $F(x)=\begin{cases}1-\dfrac{c}{x}, & x\geqslant 2,\\ 0, & x<2.\end{cases}$

(1) 求常数 c;

(2) 求 X 的密度函数 $f(x)$;

(3) 求 $P\{X\leqslant 4\}$.

A12. 设随机变量 $X\sim U(0,4)$, 求 $\{X^2-2X-3<0\}$ 的概率.

A13. 从区间 $(-1,3)$ 中随机取一个数 X, 写出 X 的密度函数. 若在该区间随机取 $n(n\geqslant 1)$ 个数, 设其中有 Y 个数大于 0, 求 $P\{Y=k\}$, $k=0,1,\cdots,n$.

A14. 设某种产品的寿命 X (单位: 年) 服从参数为 0.2 的指数分布.

(1) 求 X 的分布函数;

(2) 求 $P\{X>5\}$;

(3) 求 $P\{X\leqslant 10|X>5\}$.

A15. 设随机变量 $X\sim N(1,4)$.

(1) 求 $P\{X\leqslant 0\}$ 和 $P\{|X-1|\leqslant 2\}$;

(2) 若 $P\{X>a\}=P\{X<a\}$, 求 a;

(3) 求 $P\{|X|\leqslant 2\}$.

A16. 设随机变量 $X\sim N(2,\sigma^2)$. 若要求 $P\{0\leqslant X\leqslant 4\}\geqslant 0.95$, 问 σ 最大取何值?

A17. 设随机变量 X 的概率分布律为 $P\{X=-1\}=0.3$, $P\{X=0\}=0.1$, $P\{X=1\}=0.2$, $P\{X=2\}=0.4$. 令 $Y=2X-1$, $Z=X^2$.

(1) 分别求 Y, Z 的概率分布律;

(2) 求 Z 的分布函数.

A18. 设随机变量 X 的密度函数为

$$f(x)=\begin{cases}\dfrac{x}{4}, & 1<x<3,\\ 0, & \text{其他},\end{cases}$$

在下面三种情况下分别求随机变量 Y 的密度函数:

(1) $Y=2X$;

(2) $Y=2-X$;

(3) $Y=X^2$.

A19. 设随机变量 $X\sim N(1,4)$, 问 $Y=\dfrac{X-1}{2}$ 和 $Z=2-X$ 的概率分布分别是什么?

(B)

B1. 从 1, 2, 3, 4, 5, 6, 7 这 7 个数中随机抽取 3 个数 (无放回抽样), 并将其从小到大排列, 设排在中间的数为 X, 求 X 的概率分布律.

B2. 某电脑小游戏要依次通过 3 关, 游戏规定过第 1 关和第 2 关各得 1 分, 过第 3 关可得 2 分; 并且规定若其中一关没有通过, 后续关卡仍可进行, 但无论通关与否均不得分. 各个关卡分数累计为游戏总得分. 假设各个关卡的进行是相互独立的 (即各个关卡是否通过是相互独立的), 且一玩家通过各关的概率均为 20%.

(1) 写出该玩家的游戏总得分 X 的概率分布律;

(2) 求该玩家的游戏总得分大于 2 的概率;

(3) 已知该玩家的游戏总得分不低于 2, 求他得 4 分的概率.

B3. 一袋中有 6 个球, 其中 3 个是红球, 2 个是白球, 1 个是黑球. 从中摸 2 次, 每次摸 1 个球 (无放回抽样). 设摸到每一球的概率相等, 记 X 为摸到的红球个数, 写出 X 的概率分布律.

B4. 有人买一种数字型体育彩票, 每一注号码中大奖的概率为 10^{-7}.

(1) 若每期买 1 注, 共买了 n 期, 求他没有中大奖的概率;

(2) 若每期买 10 注 (号码不同), 共买了 n 期, 求他没有中大奖的概率.

B5. 某医院男婴的出生率为 0.51, 如果在该医院随机找 3 名新生儿, 求:

(1) 至少有 1 名男婴的概率;

(2) 恰有 1 名男婴的概率;

(3) 第 1, 第 2 名是男婴, 第 3 名是女婴的概率;

(4) 第 1, 第 2 名是男婴的概率.

B6. 一系统由 5 个独立的同类元件组成, 每个元件正常工作的概率为 0.8, 求:

(1) 恰有 3 个元件正常工作的概率;

(2) 至少有 4 个元件正常工作的概率;

(3) 至多有 2 个元件正常工作的概率.

B7. 一车辆从 A 地到 B 地要经过 3 个特殊地段, 经过这 3 个地段时车辆发生故障的概率分别为 p_1, p_2, p_3. 设在其他地段车辆不发生事故, 且记 X 为车辆从 A 地到 B 地发生故障的地段数, Y 为首次发生故障时已通过的特殊地段数 (若没有发生故障, 则记 $Y=3$), 分别写出 X 和 Y 的概率分布律.

B8. 从一批不合格率为 $p(0<p<1)$ 的产品中随机抽查产品, 如果查到不合格品就停止检查, 且最多检查 5 件产品. 设停止时已检查了 X 件产品, 求:

(1) X 的概率分布律;

(2) $P\{X \leqslant 2.5\}$.

B9. 设银行自动取款机在单位时间内服务的顾客数 X 服从参数为 1 的泊松分布.

(1) 求单位时间内至少有 2 位顾客接受服务的概率;

(2) 若已知单位时间内至少有 2 位顾客接受服务, 求至多有 3 位顾客接受服务的概率.

B10. 设某地每年生吃鱼胆的人数 X 服从参数为 10 的泊松分布, 吃鱼胆而中毒致死的人数 Y 服从参数为 0.5 的泊松分布, 求明年该地:

(1) 至少有 2 人生吃鱼胆的概率;

(2) 没有人因生吃鱼胆致死的概率.

B11. 某公交车站单位时间内候车人数服从参数为 λ 的泊松分布.

(1) 若已知单位时间内至少有 1 人候车的概率为 $(1-\mathrm{e}^{-4.5})$, 求单位时间内至少有 2 人候车的概率;

(2) 若 $\lambda=3.2$, 且已知至少有 1 人在此候车, 求该车站只有他 1 人候车的概率.

B12. 设某手机在早上 9:00 至晚上 9:00 的任意长度为 t (单位: min) 的时间区间内收到的短信数 X 服从参数为 λt 的泊松分布, $\lambda=\dfrac{1}{20}$, 且与时间起点无关.

(1) 求 10:00 到 12:00 期间恰好收到 6 条短信的概率;

(2) 已知在 10:00 到 12:00 期间至少收到 5 条短信, 求在该时段恰好收到 6 条短信的概率.

B13. 某大学每年 5 月份组织教职工体检, 根据以往的情况, 通过体检发现千分之一的被检者患有重大疾病. 已知有 3 000 人参加今年的体检, 求至少有 2 人被检出重大疾病的概率的近似值 (用泊松分布来近似计算).

B14. 一袋中有 10 个球, 编号为 $0,1,\cdots,9$.

(1) 采用无放回抽样取 3 次, 每次取 1 球, X 表示所取球的号码大于 6 的个数, 求 X 的概率分布律;

(2) 采用有放回抽样取 3 次, 每次取 1 球, Y 表示所取球的号码为偶数的个数, 求 Y 的概率分布律;

(3) 采用有放回抽样取球, 直到取到号码 9 为止, Z 表示取球次数, 求 Z 的概率分布律;

(4) 采用有放回抽样取球, 求第 5 次恰好取到第 3 个奇数号码球的概率.

B15. 小王租到一所房子, 房东给了他 5 把钥匙, 其中只有一把能打开大门. 计算在以下两种方式下, 他打开大门所需的试钥匙次数的概率分布律:

(1) 每次都从全部 5 把钥匙中任选一把试开;

(2) 每次试开失败后, 将该把钥匙单独放置, 从剩余的钥匙中任选一把试开.

B16. 设随机变量 X 具有以下性质:

$$\text{当 } 0 \leqslant x \leqslant 1 \text{ 时, } P\{0 \leqslant X \leqslant x\} = \frac{x}{2};$$

$$\text{当 } 2 \leqslant x \leqslant 3 \text{ 时, } P\{2 \leqslant X \leqslant x\} = \frac{x-2}{2}.$$

(1) 写出 X 的分布函数;

(2) 求 $P\{X \leqslant 2.5\}$.

B17. 设随机变量 X 的密度函数为

$$f(x)=\begin{cases} c(4-x^2), & 0<x<2, \\ 0, & \text{其他}. \end{cases}$$

(1) 求常数 c;

(2) 求 X 的分布函数 $F(x)$;

(3) 求 $P\{-1<X<1\}$;

(4) 对 X 独立观察 5 次, 求事件 $\{-1<X<1\}$ 恰好发生 2 次的概率.

B18. 设连续型随机变量 X 的分布函数为

$$F(x)=\begin{cases} 0, & x<0, \\ ax^2, & 0 \leqslant x<1, \\ bx, & 1 \leqslant x<2, \\ 1, & x \geqslant 2. \end{cases}$$

(1) 求常数 a, b;

(2) 求 X 的密度函数 $f(x)$;

(3) 求 $P\{0.5 < X < 1.5\}$.

B19. 已知在早上 7∶00—8∶00 有两班车从 A 校区到 B 校区, 出发时间分别是 7∶30 和 7∶50, 一学生在 7∶20—7∶45 随机到达车站乘这两班车.

(1) 求该学生等车时间小于 10 min 的概率;

(2) 求该学生等车时间大于 5 min 且小于 15 min 的概率;

(3) 已知该学生等车时间大于 5 min 的条件下, 求他能赶上 7∶30 这班车的概率.

B20. 设随机变量 X 服从正态分布 $N(\mu, \sigma^2)$, 其中 $\mu = 5, \sigma = 1$. 求:

(1) $P\{X > 2.5\}$;

(2) $P\{X < 3.52\}$;

(3) $P\{4 < X < 6\}$;

(4) $P\{|X - 5| > 2\}$.

B21. 设某人的年收入扣除日常花费后的余额 (单位: 万元) X 服从正态分布 $N(6.5, 1)$, 且往年没有积蓄, 也不打算借贷, 今年他计划至少花 7 万元买家电, 求他能实现自己计划的概率.

B22. 设一地区的青年男子身高 (单位: cm) X 服从正态分布 $N(170, 5.0^2)$. 现在该地区随机找一青年男子测身高, 求:

(1) 身高大于 170 cm 的概率;

(2) 身高大于 165 cm 且小于 175 cm 的概率;

(3) 身高小于 172 cm 的概率.

B23. 设某群体的 BMI (体重指数) 值 (单位: $\mathrm{kg/m^2}$) $X \sim N(22.5, 2.5^2)$. 医学研究发现身体肥胖者患高血压的可能性增大: 当 $X \leqslant 25$ 时, 患高血压的概率为 10%; 当 $25 < X \leqslant 27.5$ 时, 患高血压的概率为 15%; 当 $X > 27.5$ 时, 患高血压的概率为 30%.

(1) 从该群体中随机选出 1 人, 求他患高血压的概率;

(2) 若他患有高血压, 求他的 BMI 值超过 25 的概率;

(3) 随机独立地选出 3 人, 求至少有 1 人患高血压的概率.

B24. 设系统电压 (单位: V) 在小于 200, 在区间 $[200, 240]$ 上和超过 240 这三种情况下, 系统中某种电子元件不能正常工作的概率分别为 $0.1, 0.001, 0.2$. 设系统电压 X 服从 $N(220, 25^2)$.

(1) 求该电子元件不能正常工作的概率 α;

(2) 若该电子元件不能正常工作, 求此时系统电压超过 240 V 的概率 β;

(3) 设某系统有 3 个这种元件, 且若至少有 2 个正常时系统才运行正常, 求该系统运行正常的概率 θ.

B25. 设一高速公路某处双休日一天车流量 $X \sim N(\mu, \sigma^2)$, 有 30% 的天数车流量小于 12 800 辆, 有 95% 的天数车流量大于 10 000 辆, 求 μ, σ.

B26. 设随机变量 X 服从 $N(15, 4)$, X 落在区间 $(-\infty, x_1]$, $(x_1, x_2]$, $(x_2, +\infty)$ 中的概率之比为 50∶34∶16, 求 x_1, x_2 的值.

B27. 设随机变量 X 的密度函数为

$$f(x)=a\cdot \mathrm{e}^{-x^2},\quad -\infty<x<+\infty.$$

(1) 求常数 a; (2) 求 $P\left\{X>\frac{1}{2}\right\}$.

B28. 设银行某一柜台一位顾客的服务时间 (单位: min) 服从参数为 $\lambda=\frac{1}{8}$ 的指数分布. 若在顾客 A 到达时恰好有 1 人正在接受服务, 且无其他人排队, 设 A 的等待时间为 X.

(1) 求 X 的密度函数;

(2) 求 A 等待时间超过 10 min 的概率;

(3) 求等待时间大于 8 min 且小于 16 min 的概率.

B29. 设甲、乙两厂生产的同类型产品寿命 (单位: 年) 分别服从参数为 $\frac{1}{3}$ 和 $\frac{1}{6}$ 的指数分布, 将两厂的产品混在一起, 其中甲厂的产品数占 40%. 现从这批混合产品中随机取一件.

(1) 求该产品寿命大于 6 年的概率;

(2) 若已知取到的是甲厂产品, 在已用了 4 个月没有坏的条件下, 求其用到 1 年还不坏的概率;

(3) 在该产品已用了 4 个月没有坏的条件下, 求其用到 1 年还不坏的概率.

B30. 以 X 表示某商店早晨开门后直到第一个顾客到达的等待时间 (单位: min), X 的分布函数为

$$F(x)=\begin{cases}1-\mathrm{e}^{-0.2x}, & x\geqslant 0,\\ 0, & x<0.\end{cases}$$

(1) 求 X 的密度函数 $f(x)$;

(2) 求 $P\{5<X<10\}$;

(3) 求某一周 (7 天) 至少有 6 天等待时间不超过 5 min 的概率.

B31. 设一批电子元件寿命 X (单位: h) 的密度函数为

$$f(x)=\begin{cases}0.01\mathrm{e}^{-0.01x}, & x>0,\\ 0, & x\leqslant 0.\end{cases}$$

某人买了 3 个元件试用, 若至少有 2 个寿命大于 150 h, 则下次再买此类元件.

(1) 求这 3 个元件中恰好有 2 个寿命大于 150 h 的概率;

(2) 求这个人会再买的概率.

B32. 某次游戏向每个玩家发 5 个球, 向目标投掷, 投中 2 次就结束投球. 若每次投中的概率均为 $p=0.7$, 且每次投掷是相互独立的. 设 X 为结束时的投球次数, 规定当 $X=2$ 时得 10 分, 当 $X=3$ 时得 8 分, 当 $X\geqslant 4$ 时得 2 分, 记 Y 为所得分数, 写出 Y 的概率分布律.

B33. 已知随机变量 X 的密度函数为

$$f(x)=\begin{cases}c(4-x^2), & -1<x<2,\\ 0, & \text{其他}.\end{cases}$$

(1) 求常数 c;

(2) 设 $Y=3X$, 求 Y 的密度函数;

(3) 设 $Z=|X|$, 求 Z 的分布函数及密度函数.

B34. 设在时间区间 $(0,t]$ 内进入某商店的顾客数 $N(t)$ 服从参数为 λt 的泊松分布, 且设第 1 个顾客到达时间为 T.

(1) 求 T 的分布函数;

(2) 求 $P\{T>t_0+t|T>t_0\}$, 其中 $t>0, t_0>0$.

B35. 从区间 $(0,1)$ 上随机取一数 X, 记 $Y=X^n$ ($n>1$, n 为整数), 求 Y 的密度函数.

B36. 设随机变量 X 服从 $\left(0,\dfrac{3\pi}{2}\right)$ 上的均匀分布, $Y=\cos X$, 求 Y 的分布函数.

B37. 设随机变量 $X\sim N(\mu,\sigma^2)$, 求 $Y=X^2$ 的密度函数.

B38. 设随机变量 X 的密度函数为

$$f(x)=\begin{cases}ax+b, & 0<x<2,\\ 0, & \text{其他},\end{cases}$$

且已知 $P\{X<1\}=\dfrac{1}{3}$.

(1) 求常数 a,b;

(2) 设 $Y=\sqrt{X}$, 求 Y 的密度函数 $f_Y(y)$.

B39. 设随机变量 $X\sim N(0,1)$, 记 $Y=\mathrm{e}^X$, $Z=\ln|X|$.

(1) 求 Y 的密度函数;

(2) 求 Z 的密度函数.

第3章

多维随机变量及其分布

在第 2 章中, 我们研究了单个随机变量的概率分布问题. 但在实际问题中, 对有些随机现象的研究, 需引入两个甚至多个随机变量来描述随机试验的结果. 例如, 要分析某射手平面靶射击情况, 弹着点的位置需用离开靶心的水平距离和垂直距离两个变量来刻画; 再如, 要分析某地区居民的生活状况, 常需同时考虑居民的收入、支出、住房面积等多个变量及这些变量之间的关系. 在本章中, 我们将着重研究二维随机变量及其概率分布, 对于 $n(n>2)$ 维随机变量的定义及性质, 可由二维情形类似推广而得.

设随机试验的样本空间为 $S, X=X(e)$, $Y=Y(e)$ 为定义在样本空间 S 上的两个实值单值函数, 则称有序二元整体 $(X(e), Y(e))$ 为二维随机变量 (bivariate random variable) 或二维随机向量 (bivariate random vector), 常简记为 (X, Y), 并称 X 和 Y 为二维随机变量 (X, Y) 的两个分量.

3.1 二维离散型随机变量

定义 3.1.1　若二维随机变量 (X,Y) 的取值有限或可列, 则称 (X,Y) 为二维离散型随机变量 (bivariate discrete random variable).

(一) 二维离散型随机变量的联合分布

设二维离散型随机变量 (X,Y) 的可能取值为 $(x_i,y_j),i,j=1,2,\cdots$, 与一维离散型随机变量相似, 称

$$P\{X=x_i,Y=y_j\}=p_{ij},\quad i,j=1,2,\cdots \tag{3.1.1}$$

为 (X,Y) 的联合概率分布律, 简称联合分布律 (joint distribution law). 上式亦可用列表的方式表示:

X	Y				
	y_1	y_2	$\cdots$	y_j	$\cdots$
x_1	p_{11}	p_{12}	$\cdots$	p_{1j}	$\cdots$
x_2	p_{21}	p_{22}	$\cdots$	p_{2j}	$\cdots$
$\vdots$	$\vdots$	$\vdots$		$\vdots$	
x_i	p_{i1}	p_{i2}	$\cdots$	p_{ij}	$\cdots$
$\vdots$	$\vdots$	$\vdots$		$\vdots$	

类似一维离散型随机变量的概率分布律的性质, 易知二维离散型随机变量的联合分布律满足: (1) $p_{ij}\geqslant 0,i,j=1,2,\cdots$; (2) $\sum\limits_i\sum\limits_j p_{ij}=1$.

例 3.1.1　一袋中有 7 个球, 其中 4 个白球, 1 个红球和 2 个黑球. 每次摸 1 球, 无放回抽样 3 次. 设 3 次中有 X 次摸到白球, Y 次摸到红球, 求 (X,Y) 的联合分布律.

解　由题意知, X 的可能取值为 $0,1,2,3$, Y 的可能取值为 $0,1$. 记 $p(i,j)=P\{X=i,Y=j\}$, 则

$$p(0,0)=0,\qquad p(0,1)=\frac{\mathrm{C}_1^1\mathrm{C}_2^2}{\mathrm{C}_7^3}=\frac{1}{35},$$

$$p(1,0)=\frac{\mathrm{C}_4^1\mathrm{C}_2^2}{\mathrm{C}_7^3}=\frac{4}{35},\quad p(1,1)=\frac{\mathrm{C}_4^1\mathrm{C}_1^1\mathrm{C}_2^1}{\mathrm{C}_7^3}=\frac{8}{35},$$

$$p(2,0)=\frac{C_4^2C_2^1}{C_7^3}=\frac{12}{35},\quad p(2,1)=\frac{C_4^2}{C_7^3}=\frac{6}{35},$$

$$p(3,0)=\frac{C_4^3}{C_7^3}=\frac{4}{35},\qquad p(3,1)=0.$$

(二) 二维离散型随机变量的边际分布

设二维离散型随机变量 (X,Y) 的联合分布律为

$$P\{X=x_i,Y=y_j\}=p_{ij},\quad i,j=1,2,\cdots,$$

注意到 $\{X=x_i\}=\bigcup\limits_{j=1}^{+\infty}\{X=x_i,Y=y_j\}$, 且 $\{X=x_i,Y=y_j\}$, $i,j=1,2,\cdots$ 两两互不相容, 所以

$$P\{X=x_i\}=P\left(\bigcup_{j=1}^{+\infty}\{X=x_i,Y=y_j\}\right)=\sum_{j=1}^{+\infty}p_{ij}\overset{\text{def}}{=\!=}p_{i\cdot},\quad i=1,2,\cdots.\tag{3.1.2}$$

(**注** 符号 "$\overset{\text{def}}{=\!=}$" 表示 "记为".) 同理可得

$$P\{Y=y_j\}=\sum_{i=1}^{+\infty}p_{ij}\overset{\text{def}}{=\!=}p_{\cdot j},\quad j=1,2,\cdots.\tag{3.1.3}$$

显然有 $p_{i\cdot}\geqslant 0$, $p_{\cdot j}\geqslant 0$, $\sum\limits_i p_{i\cdot}=1$, $\sum\limits_j p_{\cdot j}=1$, 即 $p_{i\cdot},i=1,2,\cdots$ 与 $p_{\cdot j},j=1,2,\cdots$ 满足概率分布律的性质, 它们分别是随机变量 X 与 Y 的概率分布律, 称为 X 和 Y 的**边际分布律** (marginal distribution law) 或**边缘分布律**. 下面用列表的方法来表示联合分布律及边际分布律, 并由此更清晰地理解它们之间的关系:

X	Y					$P\{X=x_i\}$
	y_1	y_2	$\cdots$	y_j	$\cdots$	
x_1	p_{11}	p_{12}	$\cdots$	p_{1j}	$\cdots$	$p_{1\cdot}$
x_2	p_{21}	p_{22}	$\cdots$	p_{2j}	$\cdots$	$p_{2\cdot}$
$\vdots$	$\vdots$	$\vdots$	$\cdots$	$\vdots$	$\cdots$	$\vdots$
x_i	p_{i1}	p_{i2}	$\cdots$	p_{ij}	$\cdots$	$p_{i\cdot}$
$\vdots$	$\vdots$	$\vdots$	$\cdots$	$\vdots$	$\cdots$	$\vdots$
$P\{Y=y_j\}$	$p_{\cdot 1}$	$p_{\cdot 2}$	$\cdots$	$p_{\cdot j}$	$\cdots$	1

上表内第 i 行 (或第 j 列) 累计后记作 $p_{i\cdot}$ (或 $p_{\cdot j}$), 上表中最右侧的一列 (或最下面一行) 是 X (或 Y) 的概率分布律, 故称其为边际分布律.

例 3.1.2 设一群体中 80% 的人不吸烟, 15% 的人少量吸烟, 5% 的人吸烟较多, 且已知近期他们患呼吸道疾病 (以下简称患病) 的概率分别为 5%, 25%, 70%. 记

$$X=\begin{cases}0, & \text{不吸烟},\\ 1, & \text{少量吸烟},\\ 2, & \text{吸烟较多}.\end{cases}\quad Y=\begin{cases}1, & \text{患病},\\ 0, & \text{不患病}.\end{cases}$$

(1) 求 (X,Y) 的联合分布律与边际分布律;

(2) 求患者中吸烟的概率.

解 (1) 由题意知, X 的边际分布律为

X	0	1	2
p	0.80	0.15	0.05

且已知

$$\begin{aligned}P\{Y=1|X=0\}&=0.05,\\ P\{Y=1|X=1\}&=0.25,\\ P\{Y=1|X=2\}&=0.70,\end{aligned}$$

记 $p(i,j)=P\{X=i,Y=j\}$, $i=0,1,2,j=0,1$. 由乘法公式可得

$$\begin{aligned}p(0,1)&=P\{X=0,Y=1\}\\ &=P\{X=0\}\cdot P\{Y=1|X=0\}\\ &=0.80\times 0.05=0.04.\end{aligned}$$

同理可知

$$\begin{aligned}p(1,1)&=0.15\times 0.25=0.037\,5,\\ p(2,1)&=0.05\times 0.70=0.035.\end{aligned}$$

因此

$$\begin{aligned}p(0,0)&=P\{X=0\}-p(0,1)=0.80-0.04=0.76,\\ p(1,0)&=P\{X=1\}-p(1,1)=0.15-0.037\,5=0.112\,5,\\ p(2,0)&=P\{X=2\}-p(2,1)=0.05-0.035=0.015.\end{aligned}$$

于是可得以下的联合分布律及边际分布律:

X	Y		$P\{X=i\}$
	0	1	
0	0.76	0.04	0.80
1	0.112 5	0.037 5	0.15
2	0.015	0.035	0.05
$P\{Y=j\}$	0.887 5	0.112 5	1

(2) 所求概率为

$$P\{\{X=1\}\cup\{X=2\}|Y=1\}=\frac{p(1,1)+p(2,1)}{P\{Y=1\}}=\frac{0.072\,5}{0.112\,5}\approx 0.644\,4,$$

即患者中有约 64% 的人吸烟.

(三) 二维离散型随机变量的条件分布

从上面的例 3.1.2(2) 可以看到, 研究二维离散型随机变量的条件概率是有趣和必要的. 下面就来分析二维离散型随机变量的条件分布问题.

设二维离散型随机变量 (X,Y) 的联合分布律为 $P\{X=x_i,Y=y_j\}=p_{ij}$, $i,j=1,2,\cdots$, 则当 $P\{Y=y_j\}\neq 0$ 时,

$$P\{X=x_i|Y=y_j\}=\frac{P\{X=x_i,Y=y_j\}}{P\{Y=y_j\}}=\frac{p_{ij}}{p_{\cdot j}},\quad i=1,2,\cdots. \tag{3.1.4}$$

同理可得当 $P\{X=x_i\}\neq 0$ 时,

$$P\{Y=y_j|X=x_i\}=\frac{P\{X=x_i,Y=y_j\}}{P\{X=x_i\}}=\frac{p_{ij}}{p_{i\cdot}},\quad j=1,2,\cdots. \tag{3.1.5}$$

称 (3.1.4)(或 (3.1.5)) 为给定 $\{Y=y_j\}$ (或 $\{X=x_i\}$) 的条件下 X (或 Y) 的**条件分布律** (conditional distribution law).

(3.1.4) 中显然有 $\dfrac{p_{ij}}{p_{\cdot j}}\geqslant 0$ 且 $\displaystyle\sum_{i=1}^{+\infty}\frac{p_{ij}}{p_{\cdot j}}=1$, 同样 (3.1.5) 中有 $\dfrac{p_{ij}}{p_{i\cdot}}\geqslant 0$ 且 $\displaystyle\sum_{j=1}^{+\infty}\frac{p_{ij}}{p_{i\cdot}}=1$, 亦即 (3.1.4) 及 (3.1.5) 满足概率分布律的性质.

例 3.1.3　设二维离散型随机变量 (X,Y) 的联合分布律为

X	Y		
	-1	0	1
1	a	0	0.2
2	0.1	0.1	b

且已知 $P\{Y \leqslant 0|X<2\}=0.5$.

(1) 求 a,b;

(2) 求给定 $\{X=2\}$ 的条件下 Y 的条件分布律;

(3) 求给定 $\{X+Y=2\}$ 的条件下 X 的条件分布律.

解 (1) 由 $0.5=P\{Y \leqslant 0|X<2\}=\dfrac{P\{X<2,Y \leqslant 0\}}{P\{X<2\}}=\dfrac{a}{a+0.2}$, 得 $a=0.2$. 由联合分布律的性质知 $a+b+0.4=1$, 得 $b=0.4$.

(2) 由于 $P\{X=2\}=0.1+0.1+b=0.6$, 所以给定 $\{X=2\}$ 的条件下 Y 的条件分布律为

$$P\{Y=j|X=2\}=\begin{cases}\dfrac{1}{6}, & j=-1,\\ \dfrac{1}{6}, & j=0,\\ \dfrac{2}{3}, & j=1.\end{cases}$$

也可以写为

Y	-1	0	1
$P\{Y=j\|X=2\}$	$\dfrac{1}{6}$	$\dfrac{1}{6}$	$\dfrac{2}{3}$

(3) 由于 $P\{X+Y=2\}=P\{X=2,Y=0\}+P\{X=1,Y=1\}=0.3$, 所以

$$P\{X=i|X+Y=2\}=\frac{P\{X=i,Y=2-i\}}{P\{X+Y=2\}}=\begin{cases}\dfrac{2}{3}, & i=1,\\ \dfrac{1}{3}, & i=2.\end{cases}$$

也可以写为

X	1	2
$P\{X=i\|X+Y=2\}$	$\dfrac{2}{3}$	$\dfrac{1}{3}$

例 3.1.4　设某客车乘车人数 X 服从参数为 λ 的泊松分布, 每位乘车人的下车行为相互独立, 且每位乘车人在中途下车 (没有坐到终点站) 的概率为 $p(0<p<1)$. 设中途只下不上, 并记中途下车的人数为 Y.

(1) 求 (X,Y) 的联合分布律;

(2) 求 Y 的边际分布律;

(3) 求给定 $\{Y=5\}$ 的条件下 X 的条件分布律.

㊫ 已知 $P\{X=m\}=\dfrac{\mathrm{e}^{-\lambda}\lambda^m}{m!}$, $m=0,1,\cdots$, 且由题意知当 $m=0,1,\cdots$ 时,

$$P\{Y=n|X=m\}=\mathrm{C}_m^n p^n(1-p)^{m-n},\quad n=0,1,\cdots,m.$$

(1) $P\{X=m,Y=n\}=P\{X=m\}\cdot P\{Y=n|X=m\}$

$$=\frac{\mathrm{e}^{-\lambda}\lambda^m}{m!}\mathrm{C}_m^n p^n(1-p)^{m-n},\quad m=0,1,\cdots,n=0,1,\cdots,m.$$

(2)
$$\begin{aligned}P\{Y=n\}&=\sum_{m=0}^{+\infty}P\{X=m,Y=n\}\\&=\sum_{m=0}^{n-1}0+\sum_{m=n}^{+\infty}\frac{\mathrm{e}^{-\lambda}\lambda^m}{m!}\cdot\frac{m!}{n!(m-n)!}p^n(1-p)^{m-n}\\&=\frac{(\lambda p)^n\mathrm{e}^{-\lambda}}{n!}\sum_{j=0}^{+\infty}\frac{[\lambda(1-p)]^j}{j!}\\&=\frac{(\lambda p)^n\mathrm{e}^{-\lambda}}{n!}\cdot\mathrm{e}^{\lambda(1-p)}\\&=\frac{\mathrm{e}^{-\lambda p}(\lambda p)^n}{n!},\quad n=0,1,\cdots,\end{aligned}$$

即 $Y\sim P(\lambda p)$.

(3)
$$\begin{aligned}P\{X=m|Y=5\}&=\frac{P\{X=m,Y=5\}}{P\{Y=5\}}\\&=\frac{\dfrac{\mathrm{e}^{-\lambda}\lambda^m}{m!}\mathrm{C}_m^5p^5(1-p)^{m-5}}{\dfrac{\mathrm{e}^{-\lambda p}(\lambda p)^5}{5!}}\\&=\frac{\mathrm{e}^{-\lambda(1-p)}[\lambda(1-p)]^{m-5}}{(m-5)!},\quad m=5,6,\cdots.\end{aligned}$$

例 3.1.5 一种叫 “排列 3” 的彩票: 每次从 $0\sim9$ 这 10 个数中随机取一个数, 共取 3 次, 得 3 个数的一个排列作为一期彩票的大奖号码. 王先生每一期去买 10 个不同排列的号码. 设 X 为他首次中大奖时已买的彩票期数, Y 表示第 2 次中大奖已买彩票的期数.

(1) 求 (X,Y) 的联合分布律;

(2) 已知他买 100 期时第 2 次中大奖, 求 X 的条件分布律.

㊫ (1) 由题意知, 每一个号码中大奖的概率为 $\dfrac{1}{10^3}$, 因此买 10 个不同号码, 中大奖的概率为 $\dfrac{1}{100}$, 记 $p=\dfrac{1}{100}$.

设 $A_i=\{$王先生买了第 i 期彩票中大奖$\}$, $i=1,2,\cdots$, 则

$$\begin{aligned}P\{X=m,Y=n\}&=P(\overline{A}_1\overline{A}_2\cdots\overline{A}_{m-1}A_m\overline{A}_{m+1}\overline{A}_{m+2}\cdots\overline{A}_{n-1}A_n)\\&=p^2(1-p)^{n-2}\\&=\left(\frac{1}{100}\right)^2\left(\frac{99}{100}\right)^{n-2},\quad m=1,2,\cdots,n-1,n=2,3,\cdots.\end{aligned}$$

(2) $$\begin{aligned}P\{Y=n\}&=\sum_{m=1}^{n-1}P\{X=m,Y=n\}\\&=(n-1)p^2(1-p)^{n-2},\quad n=2,3,\cdots,\end{aligned}$$

$$\begin{aligned}P\{X=m|Y=100\}&=\frac{P\{X=m,Y=100\}}{P\{Y=100\}}\\&=\frac{p^2(1-p)^{98}}{99p^2(1-p)^{98}}=\frac{1}{99},\quad m=1,2,\cdots,99,\end{aligned}$$

即若已知王先生在买了 100 期彩票时第 2 次中大奖, 则第 1 次中大奖在前 99 期中是等可能的.

3.2 二维随机变量的分布函数

在 3.1 节中我们研究了二维离散型随机变量的联合分布律、边际分布律与条件分布律. 对二维随机变量的分布函数, 我们将对应地研究联合分布函数、边际分布函数以及条件分布函数这三方面的内容.

(一) 二维随机变量的联合分布函数

定义 3.2.1　设二维随机变量 (X,Y), 对于任意的实数 x,y, 称函数

$$F(x,y)=P\{X\leqslant x,Y\leqslant y\}\tag{3.2.1}$$

为 (X,Y) 的联合概率分布函数, 简称联合分布函数 (joint distribution function).

若将 (X,Y) 看作随机点的坐标, 则分布函数 $F(x,y)$ 即为 (X,Y) 落在图 3.2.1 阴影部分区域的概率.

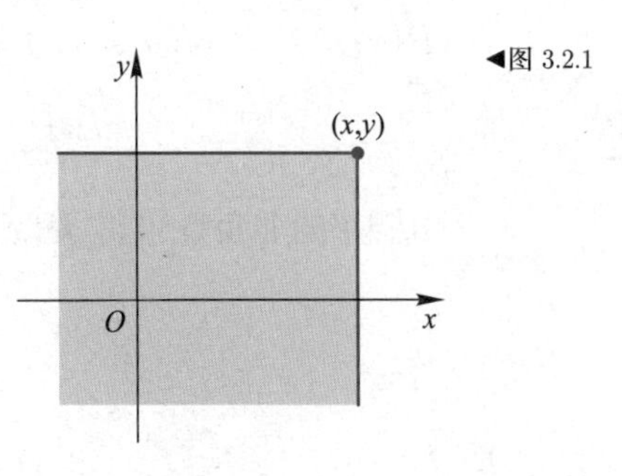

◀图 3.2.1

与一维随机变量的分布函数相类似, $F(x,y)$ 具有以下性质:

(1) 当给定 $x=x_0$ 时, $F(x_0,y)$ 关于 y 单调不减; 当给定 $y=y_0$ 时, $F(x,y_0)$ 关于 x 单调不减, 如图 3.2.2 所示.

(2) $0 \leqslant F(x,y) \leqslant 1$, 且 $F(x,-\infty)=F(-\infty,y)=F(-\infty,-\infty)=0, F(+\infty,+\infty)=1$.

(3) $F(x,y)=F(x+0,y)$, $F(x,y)=F(x,y+0)$, 即 $F(x,y)$ 关于 x 右连续, 关于 y 右连续 (证略).

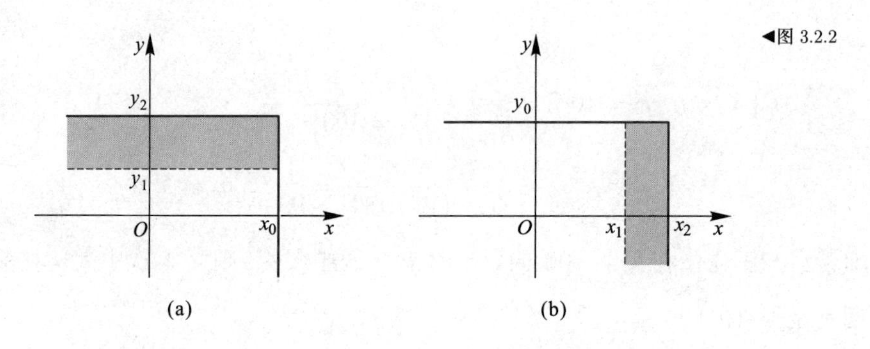

◀图 3.2.2

(4) 当实数 $x_2>x_1, y_2>y_1$ 时,

$$\begin{aligned}&F(x_2,y_2)-F(x_1,y_2)-F(x_2,y_1)+F(x_1,y_1)\\=&P\{x_1<X\leqslant x_2, y_1<Y\leqslant y_2\}\geqslant 0,\end{aligned}\tag{3.2.2}$$

如图 3.2.3 所示.

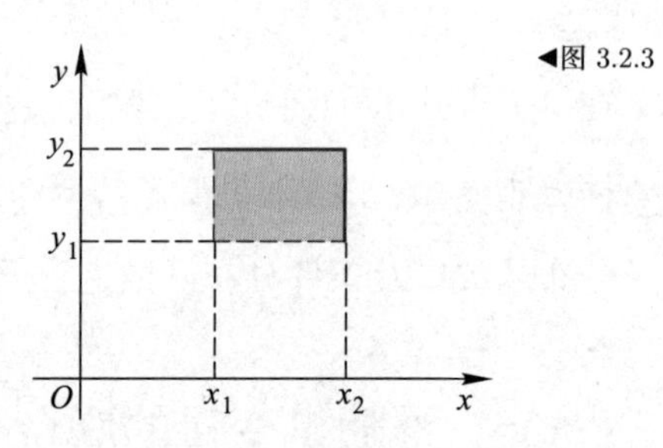

◀图 3.2.3

性质 (1), (2) 可参照一维随机变量的分布函数相应性质的证明方法进行证明.

为了证明性质 (4), 设 $A=\{X\leqslant x_2, Y\leqslant y_2\}$, $B=\{X\leqslant x_2, Y\leqslant y_1\}\cup\{X\leqslant x_1, Y\leqslant y_2\}$. 易知 $A\supset B, P(A)=F(x_2,y_2)$, $P(B)=F(x_2,y_1)+F(x_1,y_2)-F(x_1,y_1)$. 从而

$$\begin{aligned}P\{x_1<X\leqslant x_2, y_1<Y\leqslant y_2\}&=P(A-B)=P(A)-P(B)\\&=F(x_2,y_2)-F(x_1,y_2)-F(x_2,y_1)+F(x_1,y_1).\end{aligned}$$

由概率的非负性可得 $P\{x_1<X\leqslant x_2, y_1<Y\leqslant y_2\}\geqslant 0$.

(二) 二维随机变量的边际分布函数

在 3.1 节中我们称二维随机变量中的每一个分量的概率分布律为边际分布律, 在此同样称每一个分量的分布函数为边际概率分布函数或边缘概率分布函数, 简称边际分布函数 (marginal distribution function) 或边缘分布函数.

记二维随机变量 (X,Y) 的联合分布函数为 $F(x,y), X,Y$ 的边际分布函数为 $F_X(x), F_Y(y)$, 则

$$F_X(x)=P\{X\leqslant x\}=P\{X\leqslant x,Y<+\infty\}=F(x,+\infty). \tag{3.2.3}$$

同理, $F_Y(y)=F(+\infty,y)$. 即, 二维随机变量的边际分布函数是联合分布函数当另一个变量趋于 $+\infty$ 时的极限函数.

以后我们不再一一说明, 常用 $F_X(x), F_Y(y)$ 表示 X,Y 的边际分布函数, 用 $F(x,y)$ 表示 (X,Y) 的联合分布函数.

(三) 条件分布函数

设 (X,Y) 为二维离散型随机变量, 当 $P\{X=x_i\}\neq 0$ 时, 称函数

$$F_{Y|X}(y|x_i)=P\{Y\leqslant y|X=x_i\} \tag{3.2.4}$$

为给定 $\{X=x_i\}$ 的条件下 Y 的条件概率分布函数, 简称条件分布函数.

设 (X,Y) 为二维连续型随机变量 (下一节介绍), 对任意给定的实数 x, 若 $P\{x<X\leqslant x+\delta\}>0$, 其中 $\delta>0$, 对任意实数 y, 称函数

$$F_{Y|X}(y|x)=\lim_{\delta\to 0^+}P\{Y\leqslant y|x<X\leqslant x+\delta\} \tag{3.2.5}$$

为给定 $\{X=x\}$ 的条件下 Y 的条件分布函数.

一般地, 设 (X,Y) 为二维随机变量, 对给定的实数 x, 若极限

$$\lim_{\delta\to 0^+}P\{Y\leqslant y|x-\delta<X\leqslant x+\delta\}=\lim_{\delta\to 0^+}P\{Y\leqslant y,x-\delta<X\leqslant x+\delta\}$$

对任何实数 y 均存在, 则称函数

$$F_{Y|X}(y|x)=\lim_{\delta\to 0^+}P\{Y\leqslant y|x-\delta<X\leqslant x+\delta\} \tag{3.2.6}$$

为给定 $\{X=x\}$ 的条件下 Y 的条件分布函数.

在不致混淆的情况下, (3.2.5) 与 (3.2.6) 常记为 $P\{Y=y|X=x\}$.

易知上述条件分布函数满足一维随机变量的分布函数的所有性质.

例 3.2.1　一袋中有 n 个球, 其中 a 个白球, b 个红球 ($a, b \geqslant 1$ 且 $a+b=n$). 每次从袋中任取一球, 作无放回抽样, 设

$$X_i = \begin{cases} 1, & \text{第 } i \text{ 次取到白球}, \\ 0, & \text{第 } i \text{ 次取到红球}, \end{cases} \quad i = 1, 2, \cdots, n.$$

(1) 写出 X_i 与 $X_j (i \neq j)$ 的联合分布律, 并求 $F(0,0)$;

(2) 求 X_i 的边际分布函数 $F_i(x), i = 1, 2, \cdots, n$;

(3) 写出给定 $\{X_i = 1\}$ 的条件下 X_j 的条件分布函数 $(j \neq i)$.

解　记 $p_i(k) = P\{X_i = k\}$, $k = 0, 1$; $i = 1, 2, \cdots, n$, 且记 $p(k_1, k_2) = P\{X_i = k_1, X_j = k_2\}$, $k_1, k_2 = 0, 1, i, j = 1, 2, \cdots, n$. 由第 1 章的例 1.3.2 可知, $p_i(0) = \dfrac{b}{n}, p_i(1) = \dfrac{a}{n}, i = 1, 2, \cdots, n$.

当 $i \neq j$ 时, $P\{X_j = 1 | X_i = 1\} = \dfrac{a-1}{n-1}$. 因此

$$\begin{aligned} p(1,1) &= P\{X_i = 1\} \cdot P\{X_j = 1 | X_i = 1\} \\ &= \frac{a}{n} \cdot \frac{a-1}{n-1} = \frac{a(a-1)}{n(n-1)}, \\ p(1,0) &= p_i(1) - p(1,1) \\ &= \frac{a}{n} - \frac{a(a-1)}{n(n-1)} = \frac{ab}{n(n-1)}, \\ p(0,0) &= p_j(0) - p(1,0) \\ &= \frac{b}{n} - \frac{ab}{n(n-1)} = \frac{b(b-1)}{n(n-1)}, \\ p(0,1) &= p_j(1) - p(1,1) \\ &= \frac{a}{n} - \frac{a(a-1)}{n(n-1)} = \frac{ab}{n(n-1)}. \end{aligned}$$

(1) 可得 $(X_i, X_j)(i \neq j)$ 的联合分布律如下:

X_i	X_j		
	0	1	
0	$\dfrac{b(b-1)}{n(n-1)}$	$\dfrac{ab}{n(n-1)}$	$\dfrac{b}{n}$
1	$\dfrac{ab}{n(n-1)}$	$\dfrac{a(a-1)}{n(n-1)}$	$\dfrac{a}{n}$
	$\dfrac{b}{n}$	$\dfrac{a}{n}$	1

$$F(0,0)=P\{X_i \leqslant 0, X_j \leqslant 0\}=\frac{b(b-1)}{n(n-1)}.$$

(2) 由第 (1) 小题知 X_i 的概率分布律为

X_i	0	1
p	$\frac{b}{n}$	$\frac{a}{n}$

所以 X_i 的边际分布函数

$$F_i(x)=\begin{cases}0, & x<0,\\ \frac{b}{n}, & 0 \leqslant x<1,\\ 1, & x \geqslant 1,\end{cases} \quad i=1,2,\cdots,n.$$

(3) 由 (X_i, X_j) 的联合分布律可知, 给定 $\{X_i=1\}$ 的条件下 $X_j(j \neq i)$ 的条件分布律为

X_j	0	1
$P\{X_j=k \mid X_i=1\}$	$\frac{b}{n-1}$	$\frac{a-1}{n-1}$

从而所要求的条件分布函数为

$$F_{X_j \mid X_i}(y \mid 1)=\begin{cases}0, & y<0,\\ \frac{b}{n-1}, & 0 \leqslant y<1,\\ 1, & y \geqslant 1,\end{cases} \quad i=1,2,\cdots,n, i \neq j.$$

3.3 二维连续型随机变量

(一) 二维连续型随机变量的联合分布

定义 3.3.1 设二维随机变量 (X, Y) 的联合分布函数为 $F(x, y)$, 若存在二元非负函数 $f(x, y)$, 使对任意的实数 x, y 有

$$F(x, y)=\int_{-\infty}^{x} \int_{-\infty}^{y} f(u, v) \mathrm{d} u \mathrm{d} v, \tag{3.3.1}$$

则称 (X, Y) 为二维连续型随机变量 (bivariate continuous random variable),

称 $f(x,y)$ 为 (X,Y) 的联合概率密度函数 (joint probability density function), 简称联合密度函数.

$f(x,y)$ 具有以下性质 (其中 $F(x,y)$ 为 (X,Y) 的联合分布函数):

(1) $f(x,y) \geqslant 0$;

(2) $\int_{-\infty}^{+\infty}\int_{-\infty}^{+\infty} f(x,y)\mathrm{d}x\mathrm{d}y = F(+\infty,+\infty) = 1$;

(3) 在 $f(x,y)$ 的连续点处有

$$\frac{\partial^2 F(x,y)}{\partial x \partial y} = f(x,y);$$

(4) (X,Y) 落入 xOy 平面任一区域 D 的概率为

$$P\{(X,Y) \in D\} = \iint\limits_D f(x,y)\mathrm{d}x\mathrm{d}y.$$

由性质 (4) 可知, 二维连续型随机变量 (X,Y) 落在一面积测度为零的区域上的概率为零. 特别地, 落在一条曲线上的概率为零.

由 $f(x,y)$ 的性质 (3) 知, 在 $f(x,y)$ 的连续点处有

$$\begin{aligned} f(x,y) &= \frac{\partial^2 F(x,y)}{\partial x \partial y} \\ &= \lim_{\substack{\Delta x \to 0^+ \\ \Delta y \to 0^+}} \frac{F(x+\Delta x, y+\Delta y) - F(x, y+\Delta y) - F(x+\Delta x, y) + F(x,y)}{\Delta x \Delta y} \\ &= \lim_{\substack{\Delta x \to 0^+ \\ \Delta y \to 0^+}} \frac{P\{x < X \leqslant x+\Delta x, y < Y \leqslant y+\Delta y\}}{\Delta x \Delta y}. \end{aligned}$$

这表明 (X,Y) 的联合密度函数为 (X,Y) 落入矩形区域 $D = \{(a,b): x < a \leqslant x+\Delta x, y < b \leqslant y+\Delta y\}$ (其中 $\Delta x > 0, \Delta y > 0$) 的概率与该区域面积之比当 $\Delta x \to 0^+, \Delta y \to 0^+$ 时的极限值, 这与物理量质量面密度是相通的; 且当 $\Delta x, \Delta y$ 充分小时, 可得

$$P\{x < X \leqslant x+\Delta x, y < Y \leqslant y+\Delta y\} \approx f(x,y)\Delta x \Delta y,$$

即 (X,Y) 落在矩形区域 D 上的概率近似等于 $f(x,y)\Delta x \Delta y$, 这也表明 $f(x,y)$ 是描述二维随机变量 (X,Y) 落在点 (x,y) 附近的概率大小的一个量.

例 3.3.1　设二维随机变量 (X,Y) 的联合密度函数为 (如图 3.3.1(a) 所示)

$$f(x,y) = \begin{cases} cy, & x^2 < y < 1, \\ 0, & \text{其他}. \end{cases}$$

(1) 求常数 c;

(2) 求 $P\{X \leqslant Y\}$.

㊙解 (1) 由联合密度函数的性质 (2) 可知

$$
\begin{aligned}
1 &= \int_{-\infty}^{+\infty} \mathrm{d}y \int_{-\infty}^{+\infty} f(x,y)\mathrm{d}x \\
&= \int_{0}^{1} cy\mathrm{d}y \int_{-\sqrt{y}}^{\sqrt{y}} \mathrm{d}x = \frac{4c}{5},
\end{aligned}
$$

得 $c = \dfrac{5}{4}$.

(2) 如图 3.3.1(b) 所示, 得

$$
\begin{aligned}
P\{X \leqslant Y\} &= \int_{0}^{1} \frac{5}{4} y\mathrm{d}y \int_{-\sqrt{y}}^{y} \mathrm{d}x \\
&= \frac{5}{4} \int_{0}^{1} (y^2 + y^{\frac{3}{2}})\mathrm{d}y = \frac{11}{12}.
\end{aligned}
$$

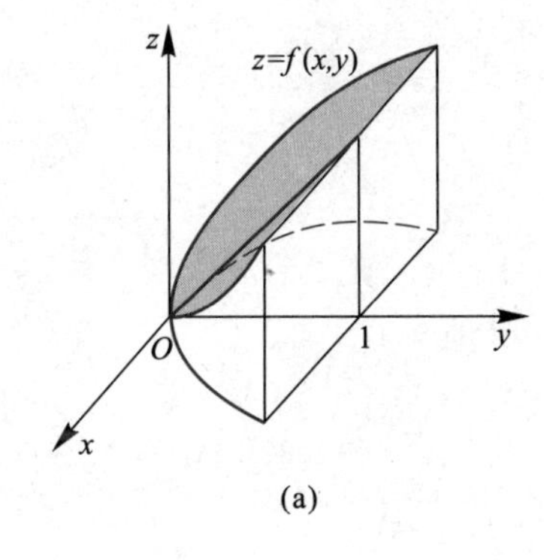

(a)

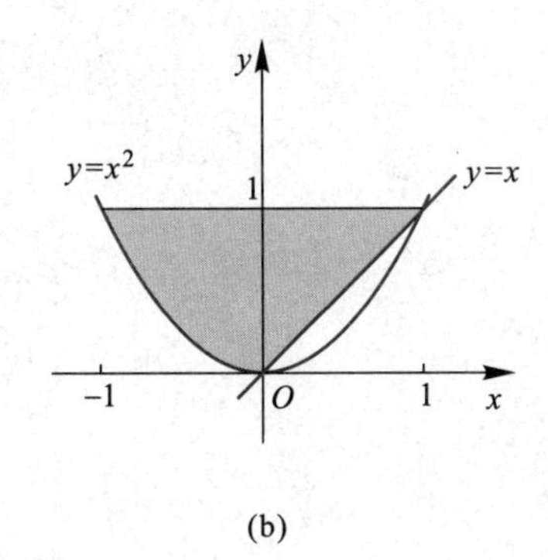

(b)

◀图 3.3.1

(二) 二维连续型随机变量的边际分布

设 (X,Y) 为二维连续型随机变量, $F(x,y), f(x,y)$ 分别为 (X,Y) 的联合分布函数及联合密度函数, 称单个随机变量 X (或 Y) 的密度函数为 X (或 Y) 的**边际概率密度函数** (marginal probability density function), 简称**边际密度函数**, 且常分别用 $f_X(x), f_Y(y)$ 表示. 由于

$$
\begin{aligned}
F_X(x) &= P\{X \leqslant x\} = P\{X \leqslant x, Y \in (-\infty, +\infty)\} \\
&= \int_{-\infty}^{x} \left[\int_{-\infty}^{+\infty} f(x,y)\mathrm{d}y\right] \mathrm{d}x,
\end{aligned}
$$

由连续型随机变量的定义知 X 为连续型随机变量, 且 X 的边际密度函数为

$$
f_X(x) = \int_{-\infty}^{+\infty} f(x,y)\mathrm{d}y. \tag{3.3.2}
$$

同理可得

$$f_Y(y)=\int_{-\infty}^{+\infty} f(x,y)\mathrm{d}x. \tag{3.3.3}$$

即边际密度函数为联合密度函数关于另一个变量在 $(-\infty,+\infty)$ 上的积分.

例 3.3.2　设二维随机变量 (X,Y) 的联合密度函数为

$$f(x,y)=\begin{cases} x, & 0<x<1,\quad 0<y<3x,\\ 0, & \text{其他}. \end{cases}$$

(1) 求 X,Y 的边际密度函数;

(2) 求 $P\{Y\leqslant 2\}$ 的值.

㊍ (1) 当 $0<x<1$ 时, 由 (3.3.2) 可知

$$f_X(x)=\int_{-\infty}^{+\infty} f(x,y)\mathrm{d}y=\int_0^{3x} x\mathrm{d}y=3x^2.$$

而当 x 取其他值时,

$$f_X(x)=\int_{-\infty}^{+\infty} 0\mathrm{d}y=0.$$

故

$$f_X(x)=\begin{cases} 3x^2, & 0<x<1,\\ 0, & \text{其他}. \end{cases}$$

同理可得

$$f_Y(y)=\begin{cases} \displaystyle\int_{\frac{y}{3}}^{1} x\mathrm{d}x=\frac{9-y^2}{18}, & 0<y<3,\\ 0, & \text{其他}. \end{cases}$$

(2) 有两种方法可用于求 $P\{Y\leqslant 2\}$ 的值.

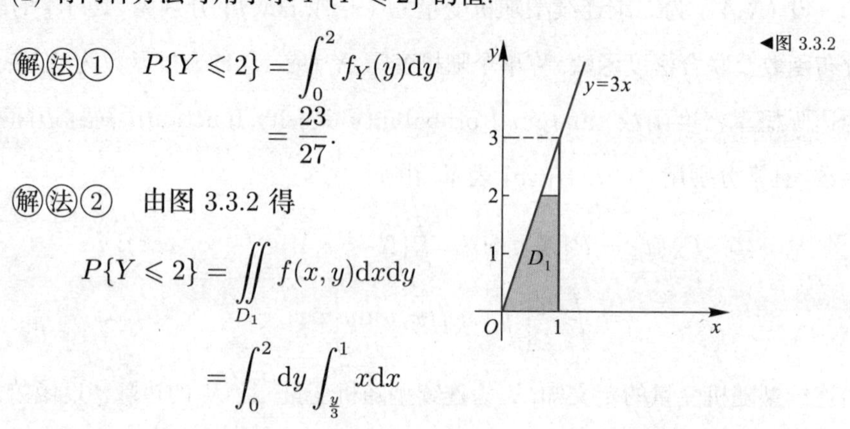

◀图 3.3.2

解法①
$$P\{Y\leqslant 2\}=\int_0^2 f_Y(y)\mathrm{d}y=\frac{23}{27}.$$

解法② 由图 3.3.2 得

$$P\{Y\leqslant 2\}=\iint_{D_1} f(x,y)\mathrm{d}x\mathrm{d}y=\int_0^2 \mathrm{d}y\int_{\frac{y}{3}}^{1} x\mathrm{d}x=\frac{23}{27}.$$

(三) 二维连续型随机变量的条件分布

在下文中, 一般用 $f(x,y)$ 表示二维连续型随机变量 (X,Y) 的联合密度函数, 用 $f_X(x), f_Y(y)$ 分别表示 X,Y 的边际密度函数.

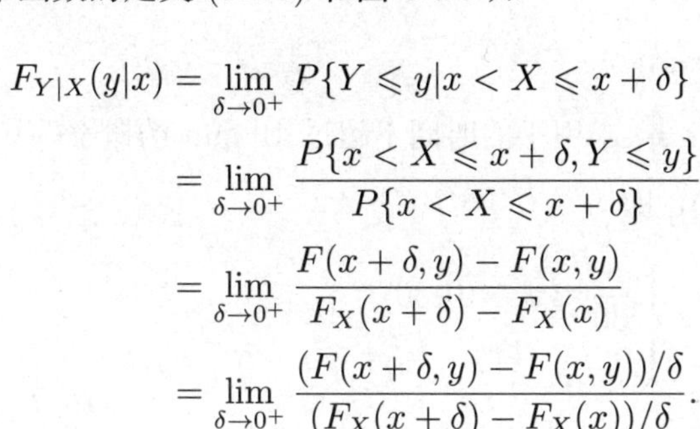

◀图 3.3.3

设 (X,Y) 为二维连续型随机变量, 由条件分布函数的定义 (3.2.5) 和图 3.3.3 知

$$
\begin{aligned}
F_{Y|X}(y|x) &= \lim_{\delta\to0^+} P\{Y \leqslant y | x < X \leqslant x+\delta\} \\
&= \lim_{\delta\to0^+} \frac{P\{x < X \leqslant x+\delta, Y \leqslant y\}}{P\{x < X \leqslant x+\delta\}} \\
&= \lim_{\delta\to0^+} \frac{F(x+\delta,y)-F(x,y)}{F_X(x+\delta)-F_X(x)} \\
&= \lim_{\delta\to0^+} \frac{(F(x+\delta,y)-F(x,y))/\delta}{(F_X(x+\delta)-F_X(x))/\delta}.
\end{aligned}
$$

由于

$$
\lim_{\delta\to0^+} \frac{F_X(x+\delta)-F_X(x)}{\delta} = f_X(x),
$$

且

$$
\begin{aligned}
\lim_{\delta\to0^+} \frac{F(x+\delta,y)-F(x,y)}{\delta} &= \frac{\partial}{\partial x}F(x,y) = \frac{\partial}{\partial x}\int_{-\infty}^{x}\left[\int_{-\infty}^{y} f(u,v)\mathrm{d}v\right]\mathrm{d}u \\
&= \int_{-\infty}^{y} f(x,v)\mathrm{d}v,
\end{aligned}
$$

即此时有

$$
F_{Y|X}(y|x) = \int_{-\infty}^{y} \frac{f(x,v)}{f_X(x)}\mathrm{d}v.
$$

所以有下面的定义.

定义 3.3.2　设 (X,Y) 为二维连续型随机变量, $f(x,y)$ 为 (X,Y) 的联合密度函数, $f_X(x), f_Y(y)$ 为 X,Y 的边际密度函数. 给定 $\{X=x\}(f_X(x)\neq 0)$ 的条件下 Y 的条件概率密度函数 (conditional probability density function), 简称条件密度函数, 为

$$
f_{Y|X}(y|x) = \frac{f(x,y)}{f_X(x)}, \quad -\infty < y < +\infty. \tag{3.3.4}
$$

同样, 给定 $\{Y=y\}(f_Y(y)\neq 0)$ 的条件下 X 的条件密度函数为

$$f_{X|Y}(x|y)=\frac{f(x,y)}{f_Y(y)},\quad -\infty<x<+\infty. \tag{3.3.5}$$

例 3.3.3　有一件事需甲、乙两人先后接力完成, 完成时间要求不能超过 30 min. 先由甲干, 再由乙接着干, 设甲干了 X min, 甲、乙两人共干了 Y min. 又设 X 服从 $(0,30)$ 上均匀分布, 且给定 $\{X=x\}$ 的条件下, Y 服从 $(x,30)$ 上均匀分布.

(1) 求 (X,Y) 的联合密度函数;

(2) 求条件密度函数 $f_{X|Y}(x|y)$;

(3) 已知花了 25 min 完成此事, 求甲干的时间不超过 10 min 的概率.

㊣解　由题意知 $X\sim U(0,30)$, 即

$$f_X(x)=\begin{cases}\dfrac{1}{30}, & x\in(0,30),\\ 0, & \text{其他}.\end{cases}$$

当甲干了 x min 结束时, Y 服从 $(x,30)$ 上均匀分布, 故当 $0<x<30$ 时,

$$f_{Y|X}(y|x)=\begin{cases}\dfrac{1}{30-x}, & x<y<30,\\ 0, & \text{其他}.\end{cases}$$

(1) 由 (3.3.4) 知

$$\begin{aligned}f(x,y)&=f_X(x)\cdot f_{Y|X}(y|x)\\&=\begin{cases}\dfrac{1}{30(30-x)}, & 0<x<30, x<y<30,\\ 0, & \text{其他}.\end{cases}\end{aligned}$$

(2) 由于 $f_Y(y)=\displaystyle\int_{-\infty}^{+\infty}f(x,y)\mathrm{d}x$, 所以当 $0<y<30$ 时 (如图 3.3.4 所示),

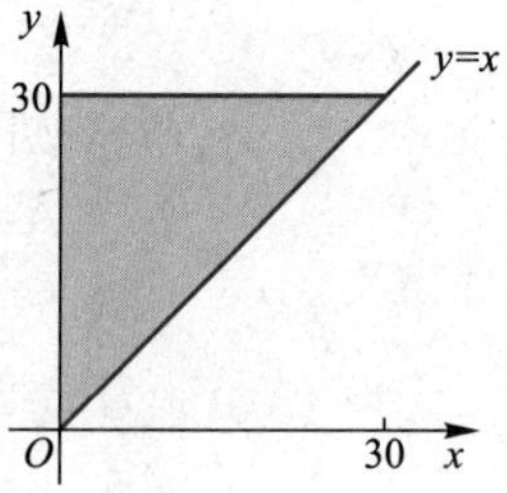

◀图 3.3.4

$$f_Y(y)=\int_0^y\frac{1}{30(30-x)}\mathrm{d}x=\frac{1}{30}\ln\frac{30}{30-y}.$$

当 y 取其他值时, $f_Y(y)=\displaystyle\int_{-\infty}^{+\infty}0\mathrm{d}x=0$.

因此, 当 $0<y<30$ 时,

$$f_{X|Y}(x|y)=\frac{f(x,y)}{f_Y(y)}=\begin{cases}\dfrac{1}{(30-x)\ln\dfrac{30}{30-y}}, & 0<x<y,\\ 0, & \text{其他}.\end{cases}$$

(3) 由题意知, 所要求的是 $P\{X \leqslant 10|Y=25\}$. 当 $y=25$ 时,

$$f_{X|Y}(x|25)=\frac{f(x,25)}{f_Y(25)}=\begin{cases}\dfrac{1}{\ln 6}\cdot\dfrac{1}{30-x}, & 0<x<25,\\ 0, & \text{其他}.\end{cases}$$

因此

$$\begin{aligned}P\{X \leqslant 10|Y=25\}&=\int_{-\infty}^{10} f_{X|Y}(x|25)\mathrm{d}x\\&=\int_{0}^{10}\frac{1}{\ln 6}\cdot\frac{1}{30-x}\mathrm{d}x\\&=\frac{\ln 30-\ln 20}{\ln 6}\approx 0.226\,3.\end{aligned}$$

(四) 二元均匀分布和二元正态分布

下面介绍两个重要的连续型随机变量的分布.

定义 3.3.3 设二维随机变量 (X,Y) 在二维有界区域 D 上取值, 且具有联合密度函数

$$f(x,y)=\begin{cases}\dfrac{1}{D\text{ 的面积}}, & (x,y)\in D,\\ 0, & \text{其他},\end{cases}\tag{3.3.6}$$

则称 (X,Y) 服从 D 上均匀分布.

图 3.3.5 给出了上半单位圆上均匀分布的联合密度函数示意图.

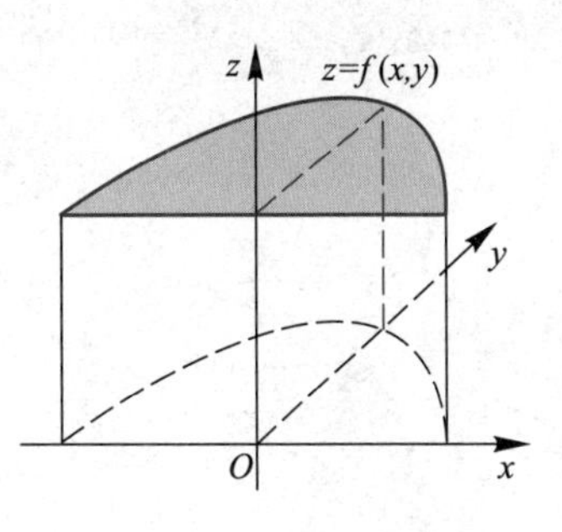

◀图 3.3.5 均匀分布的联合密度函数

若 D_1 是 D 的一个子集, 则可得到 $P\{(X,Y)\in D_1\}=\iint\limits_{D_1} f(x,y)\mathrm{d}x\mathrm{d}y$, 即

$$P\{(X,Y)\in D_1\}=\frac{D_1\text{ 的面积}}{D\text{ 的面积}}.$$

定义 3.3.4 设二维随机变量 (X,Y) 具有联合密度函数

$$f(x,y)=\frac{1}{2\pi\sigma_1\sigma_2\sqrt{1-\rho^2}}\exp\left\{-\frac{1}{2(1-\rho^2)}\left[\frac{(x-\mu_1)^2}{\sigma_1^2}-2\rho\frac{(x-\mu_1)(y-\mu_2)}{\sigma_1\sigma_2}+\frac{(y-\mu_2)^2}{\sigma_2^2}\right]\right\},\tag{3.3.7}$$

其中 $-\infty<\mu_1<+\infty$, $-\infty<\mu_2<+\infty$, $\sigma_1>0$, $\sigma_2>0$, $|\rho|<1$, 则称 (X,Y) 服从参数为 $(\mu_1,\mu_2;\sigma_1,\sigma_2;\rho)$ 的二元正态分布 (bivariate normal distribution), 记为 $(X,Y)\sim N(\mu_1,\mu_2;\sigma_1^2,\sigma_2^2;\rho)$.

图 3.3.6 给出了 $N(0,0;1,1;\rho)$ 当 $\rho=0,0.5,-0.5$ 时的联合密度函数图及鸟瞰图.

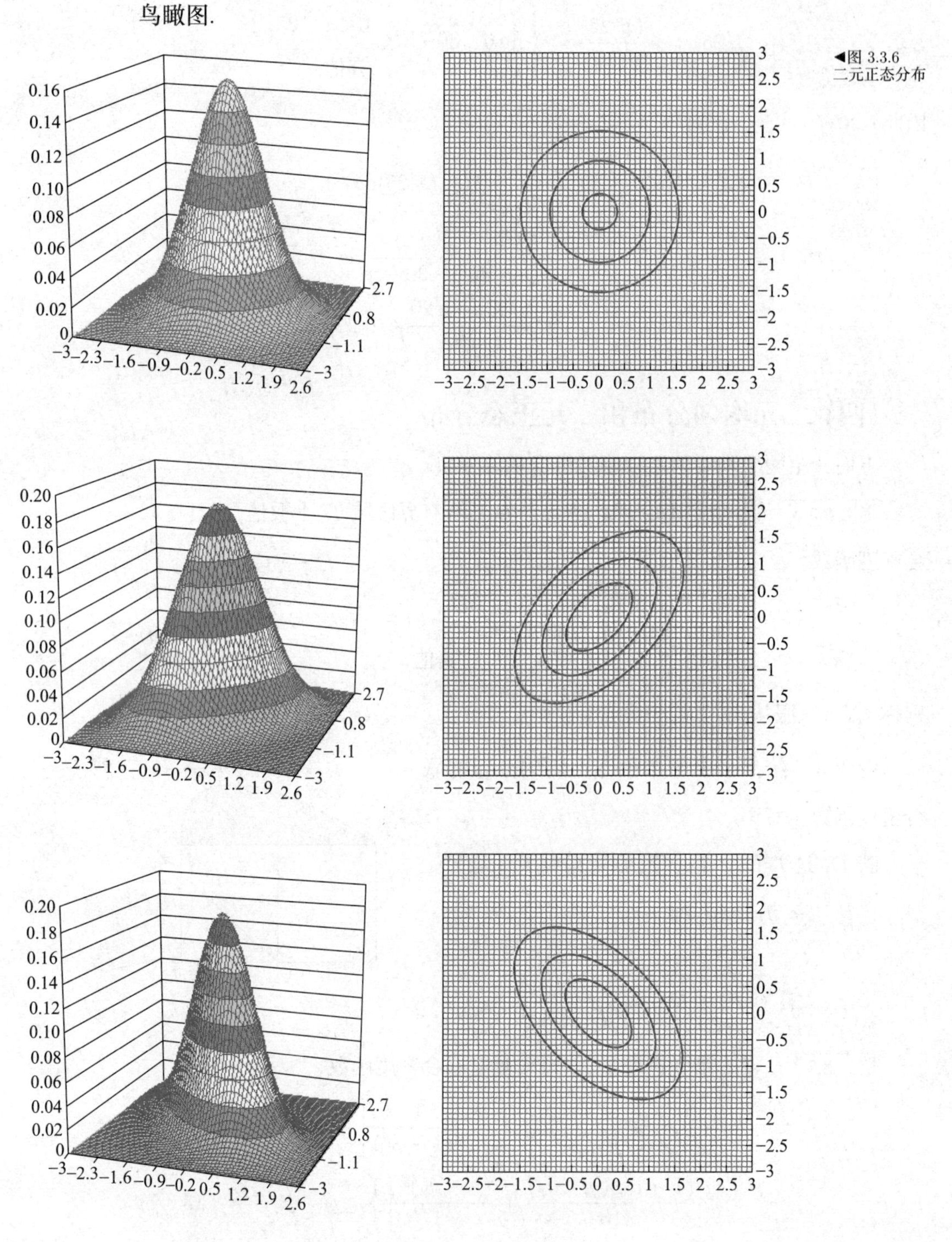

◀图 3.3.6 二元正态分布

例 3.3.4　设二维随机变量 (X,Y) 服从 $D=\{(x,y):x^2+y^2<1,y>0\}$ 上均匀分布.

(1) 求关于 X,Y 的边际密度函数 $f_X(x),f_Y(y)$;

(2) 求给定 $\{X=x\}(|x|<1)$ 的条件下 Y 的条件密度函数;

(3) 求 $P\{X+Y\leqslant 1\}$ 的值.

㊣解 (1) 因 (X,Y) 服从上半单位圆 D 上均匀分布, 故 (X,Y) 具有联合密度函数

$$f(x,y)=\begin{cases}\dfrac{2}{\pi}, & (x,y)\in D,\\ 0, & \text{其他}.\end{cases}$$

又 $f_X(x)=\displaystyle\int_{-\infty}^{+\infty}f(x,y)\mathrm{d}y$, 显然, 当 $|x|\geqslant 1$ 时, $f_X(x)=0$; 而当 $|x|<1$ 时,

$$f_X(x)=\int_0^{\sqrt{1-x^2}}\frac{2}{\pi}\mathrm{d}y=\frac{2\sqrt{1-x^2}}{\pi}.$$

即

$$f_X(x)=\begin{cases}\dfrac{2\sqrt{1-x^2}}{\pi}, & |x|<1,\\ 0, & \text{其他}.\end{cases}$$

同理, 当 $0<y<1$ 时,

$$f_Y(y)=\int_{-\sqrt{1-y^2}}^{\sqrt{1-y^2}}\frac{2}{\pi}\mathrm{d}x=\frac{4\sqrt{1-y^2}}{\pi}.$$

故

$$f_Y(y)=\begin{cases}\dfrac{4\sqrt{1-y^2}}{\pi}, & 0<y<1,\\ 0, & \text{其他}.\end{cases}$$

(2) 当 $|x|<1$ 时,

$$f_{Y|X}(y|x)=\begin{cases}\dfrac{f(x,y)}{f_X(x)}=\dfrac{1}{\sqrt{1-x^2}}, & 0<y<\sqrt{1-x^2},\\ 0, & \text{其他}.\end{cases}$$

(3) 由图 3.3.7 知

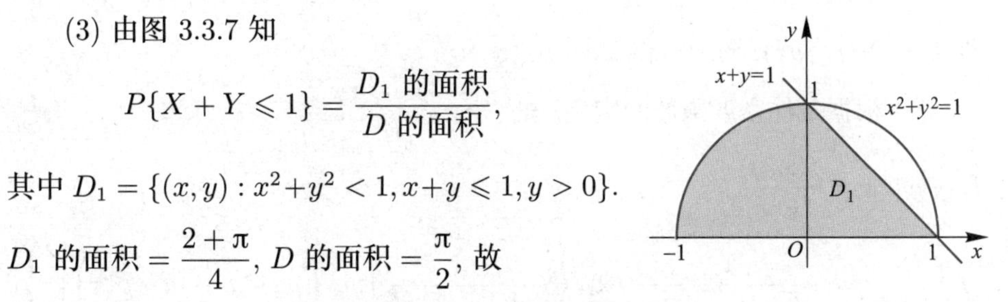

◀图 3.3.7

$$P\{X+Y\leqslant 1\}=\frac{D_1\ \text{的面积}}{D\ \text{的面积}},$$

其中 $D_1=\{(x,y):x^2+y^2<1,x+y\leqslant 1,y>0\}$. D_1 的面积 $=\dfrac{2+\pi}{4}$, D 的面积 $=\dfrac{\pi}{2}$, 故

$$P\{X+Y\leqslant 1\}=\frac{2+\pi}{2\pi}.$$

例 3.3.5　设二维随机变量 (X,Y) 服从分布 $N(\mu_1,\mu_2;\sigma_1^2,\sigma_2^2;\rho)$.

(1) 求关于 X,Y 的边际密度函数 $f_X(x),f_Y(y)$;

(2) 求条件密度函数 $f_{Y|X}(y|x)$ 及 $f_{X|Y}(x|y)$.

解　(1) 记 $C=\dfrac{1}{2\pi\sigma_1\sigma_2\sqrt{1-\rho^2}}$, 则

$$
\begin{aligned}
f_X(x)=&\int_{-\infty}^{+\infty}f(x,y)\mathrm{d}y\\
=&C\cdot\int_{-\infty}^{+\infty}\exp\left\{-\frac{1}{2(1-\rho^2)}\left[\frac{(x-\mu_1)^2}{\sigma_1^2}-2\rho\frac{(x-\mu_1)(y-\mu_2)}{\sigma_1\sigma_2}+\frac{(y-\mu_2)^2}{\sigma_2^2}\right]\right\}\mathrm{d}y\\
=&C\cdot\exp\left[-\frac{1}{2(1-\rho^2)}\cdot\frac{(x-\mu_1)^2}{\sigma_1^2}\right]\cdot\\
&\int_{-\infty}^{+\infty}\exp\left\{-\frac{1}{2(1-\rho^2)}\left[\frac{(y-\mu_2)^2}{\sigma_2^2}-2\rho\frac{(x-\mu_1)(y-\mu_2)}{\sigma_1\sigma_2}\right]\right\}\mathrm{d}y\\
=&C\cdot\exp\left[-\frac{1}{2(1-\rho^2)}\cdot\frac{(x-\mu_1)^2}{\sigma_1^2}\right]\cdot\\
&\int_{-\infty}^{+\infty}\exp\left[-\frac{1}{2(1-\rho^2)}\left(\frac{y-\mu_2}{\sigma_2}-\rho\frac{x-\mu_1}{\sigma_1}\right)^2+\frac{\rho^2(x-\mu_1)^2}{\sigma_1^2\cdot 2(1-\rho^2)}\right]\mathrm{d}y\\
=&C\cdot\exp\left[-\frac{(x-\mu_1)^2}{2\sigma_1^2}\right]\int_{-\infty}^{+\infty}\exp\left[-\frac{1}{2(1-\rho^2)}\left(\frac{y-\mu_2}{\sigma_2}-\rho\frac{x-\mu_1}{\sigma_1}\right)^2\right]\mathrm{d}y.
\end{aligned}
$$

作积分变量变换, 令 $t=\dfrac{y-\mu_2}{\sigma_2}-\rho\dfrac{x-\mu_1}{\sigma_1}$, 则

$$
\begin{aligned}
f_X(x)=&C\cdot\exp\left[-\frac{(x-\mu_1)^2}{2\sigma_1^2}\right]\cdot\sigma_2\int_{-\infty}^{+\infty}\exp\left[-\frac{t^2}{2(1-\rho^2)}\right]\mathrm{d}t\\
=&C\cdot\exp\left[-\frac{(x-\mu_1)^2}{2\sigma_1^2}\right]\cdot\sigma_2\sqrt{2\pi(1-\rho^2)}\int_{-\infty}^{+\infty}\frac{1}{\sqrt{2\pi(1-\rho^2)}}\exp\left[-\frac{t^2}{2(1-\rho^2)}\right]\mathrm{d}t\\
=&\frac{1}{\sqrt{2\pi}\sigma_1}\exp\left[-\frac{(x-\mu_1)^2}{2\sigma_1^2}\right],
\end{aligned}
$$

即 $X\sim N(\mu_1,\sigma_1^2)$. 同理可得 $Y\sim N(\mu_2,\sigma_2^2)$.

(2) 根据条件密度函数的定义, 知

$$
\begin{aligned}
f_{Y|X}(y|x)=&\frac{f(x,y)}{f_X(x)}\\
=&\frac{1}{\sqrt{2\pi}\sqrt{1-\rho^2}\sigma_2}\exp\left\{-\frac{1}{2(1-\rho^2)\sigma_2^2}\left[y-\left(\mu_2+\rho\frac{\sigma_2}{\sigma_1}(x-\mu_1)\right)\right]^2\right\}.
\end{aligned}
$$

同理可得

$$f_{X|Y}(x|y)=\frac{1}{\sqrt{2\pi}\sqrt{1-\rho^2}\sigma_1}\exp\left\{-\frac{1}{2(1-\rho^2)\sigma_1^2}\left[x-\left(\mu_1+\rho\frac{\sigma_1}{\sigma_2}(y-\mu_2)\right)\right]^2\right\}.$$

即当 $(X,Y)\sim N(\mu_1,\mu_2;\sigma_1^2,\sigma_2^2;\rho)$ 时, X,Y 的边际分布也是正态分布, $X\sim N(\mu_1,\sigma_1^2),Y\sim N(\mu_2,\sigma_2^2)$. 给定 $\{X=x\}$ 的条件下 Y 的条件分布为正态分布, 此时 $Y\sim N\left(\mu_2+\rho\frac{\sigma_2}{\sigma_1}(x-\mu_1),(\sqrt{1-\rho^2}\sigma_2)^2\right)$; 给定 $\{Y=y\}$ 的条件下, X 的条件分布亦为正态分布, 此时 $X\sim N\left(\mu_1+\rho\frac{\sigma_1}{\sigma_2}(y-\mu_2),(\sqrt{1-\rho^2}\sigma_1)^2\right)$.

3.4 随机变量的独立性

先回忆一下第 1 章中两随机事件 A,B 相互独立的定义: 当 $P(AB)=P(A)\cdot P(B)$ 时, 称 A,B 相互独立. 对于两个随机变量 X,Y, 有下面的定义.

定义 3.4.1 对任意两个实数集合 D_1,D_2, 若

$$P\{X\in D_1,Y\in D_2\}=P\{X\in D_1\}\cdot P\{Y\in D_2\},\tag{3.4.1}$$

则称随机变量 X,Y 相互独立, 简称 X,Y 独立.

定义 3.4.1 也可写为: 当且仅当对任意实数 x,y, 有

$$P\{X\leqslant x,Y\leqslant y\}=P\{X\leqslant x\}\cdot P\{Y\leqslant y\}\tag{3.4.2}$$

成立, 即 $F(x,y)=F_X(x)\cdot F_Y(y)$, X,Y 相互独立.

也就是说, “对于任意的实数 (x,y), (X,Y) 的联合分布函数 $F(x,y)$ 都等于 X 与 Y 的边际分布函数 $F_X(x),F_Y(y)$ 的乘积” 可以作为变量 X 与 Y 相互独立的等价定义.

特别地, 当 (X,Y) 为二维离散型随机变量时, 设 X,Y 的可能取值为 $x_i,y_j,i,j=1,2,\cdots,X$ 与 Y 相互独立的定义等价于: 对于任意的实数 x_i,y_j, 都有

$$P\{X=x_i,Y=y_j\}=P\{X=x_i\}P\{Y=y_j\},\quad i,j=1,2,\cdots,$$

即

$$p_{ij}=p_{i\cdot}\cdot p_{\cdot j},\quad i,j=1,2,\cdots.\tag{3.4.3}$$

当 (X,Y) 为二维连续型随机变量时, 由 (3.4.2) 得, 对于任意的实数 x,y, 有

$$\begin{aligned}\int_{-\infty}^{x}\left[\int_{-\infty}^{y} f(u,v)\mathrm{d}v\right]\mathrm{d}u &= \int_{-\infty}^{x} f_X(u)\mathrm{d}u\int_{-\infty}^{y} f_Y(v)\mathrm{d}v \\ &= \int_{-\infty}^{x}\left[\int_{-\infty}^{y} f_X(u)\cdot f_Y(v)\mathrm{d}v\right]\mathrm{d}u.\end{aligned}$$

由微积分知识知, 两边积分处处相等, 被积函数不一定要处处相等, 即可以在面积为零的区域不相等. 也就是说, 被积函数除面积为零的区域外处处相等, 这种相等称为几乎处处相等, 即

$$f(x,y)=f_X(x)\cdot f_Y(y) \tag{3.4.4}$$

几乎处处成立为连续型随机变量 X,Y 相互独立的等价定义.

当 (X,Y) 为二维离散型随机变量时, 由 (3.4.3) 知, 若存在 i_0,j_0 使得 $P\{X=x_{i_0},Y=y_{j_0}\}\neq P\{X=x_{i_0}\}\cdot P\{Y=y_{j_0}\}$, 则 X 与 Y 不独立; 当 (X,Y) 为二维连续型随机变量时, 若存在一个面积不为零的区域 D_0, 使得 $f(x,y)\neq f_X(x)\cdot f_Y(y),(x,y)\in D_0$, 则 X 与 Y 亦不独立.

由 (3.4.1) 可知, 对任意集合 D_1,D_2, 当 $P\{X\in D_1\}P\{Y\in D_2\}\neq 0$ 时, X,Y 相互独立的定义亦可写成

$$P\{X\in D_1|Y\in D_2\}=P\{X\in D_1\} \quad 或 \quad P\{Y\in D_2|X\in D_1\}=P\{Y\in D_2\}. \tag{3.4.5}$$

由相互独立的定义知, 3.1 节的例 3.1.2 中 X 与 Y 不独立. 因为

$$P\{X=2,Y=1\}\neq P\{X=2\}\cdot P\{Y=1\}.$$

也就是吸烟的多少与是否患呼吸道疾病是不独立的.

再如 3.3 节的例 3.3.4 中的 X,Y 亦不独立, 因为当 $|x|<1$ 时, $f_{Y|X}(y|x)\neq f_Y(y)$.

特别地, 若 (X,Y) 为二维正态变量, 由本章 3.3 节例 3.3.5 知, X 与 Y 相互独立的充要条件为 $\rho=0$, 因为当且仅当 $\rho=0$ 时, (3.4.4) 成立.

在实际问题中, 当一个变量的取值不影响另一个变量取值的概率时, 常认为这两个变量相互独立.

例 3.4.1　设在 A 地与 B 地间的距离 (以 km 计) 为 $l(l>1)$ 的公路上有一辆急修车, 急修车所在的位置是随机的, 行驶中的车辆抛锚的地点也是随

机的. 求急修车与抛锚车的距离小于 0.5 km 的概率.

(解) 如图 3.4.1 所示, 设急修车离 A 地的距离为 X, 抛锚车离 A 地的距离为 Y. 由题意知, X 与 Y 相互独立, 且均服从 $(0,l)$ 上的均匀分布. 所要求的概率为

$$P\{|X-Y|<0.5\}=\frac{l^2-(l-0.5)^2}{l^2}=\frac{l-0.25}{l^2}.$$

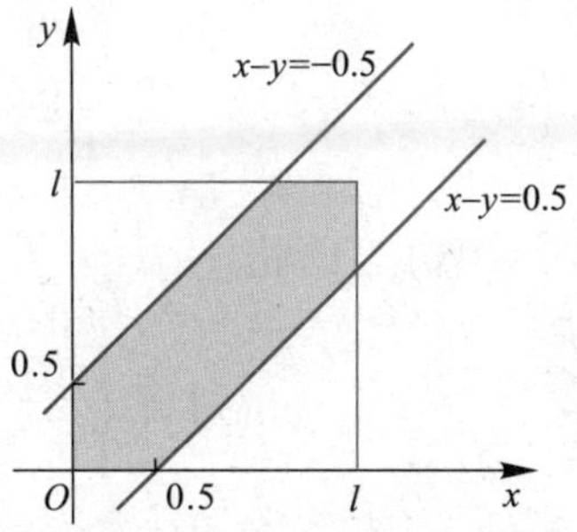

◀图 3.4.1

定理 3.4.1 二维连续型随机变量 X,Y 相互独立的充要条件是 X,Y 的联合密度函数 $f(x,y)$ 几乎处处可写成 x 的函数 $m(x)$ 与 y 的函数 $n(y)$ 的乘积, 即

$$f(x,y)=m(x)\cdot n(y),\quad -\infty<x<+\infty,\quad -\infty<y<+\infty.$$

证明 先证必要性. 当 X,Y 相互独立时, 由 (3.4.4) 知下式几乎处处成立:

$$f(x,y)=f_X(x)\cdot f_Y(y).$$

记 $m(x)=f_X(x)$, $n(y)=f_Y(y)$, 则 $f(x,y)=m(x)\cdot n(y)$.

再证充分性. 当 $f(x,y)=m(x)\cdot n(y)$ 时, 由联合密度函数的性质知

$$1=\int_{-\infty}^{+\infty}\int_{-\infty}^{+\infty}f(x,y)\mathrm{d}x\mathrm{d}y=\int_{-\infty}^{+\infty}m(x)\mathrm{d}x\int_{-\infty}^{+\infty}n(y)\mathrm{d}y.$$

记 $\int_{-\infty}^{+\infty}m(x)\mathrm{d}x=a$, $\int_{-\infty}^{+\infty}n(y)\mathrm{d}y=b$, 那么 $ab=1$. 再结合边际密度函数与联合密度函数的关系, 可得

$$f_X(x)=\int_{-\infty}^{+\infty}f(x,y)\mathrm{d}y=m(x)\int_{-\infty}^{+\infty}n(y)\mathrm{d}y=bm(x).$$

同理得 $f_Y(y)=an(y)$. 所以

$$f(x,y)=m(x)\cdot n(y)=bm(x)\cdot an(y)=f_X(x)\cdot f_Y(y).$$

那么由 (3.4.4) 知 X,Y 相互独立.

例 3.4.2 问在下面两种情况下, X 与 Y 是否相互独立:

(1) 设 (X,Y) 的联合密度函数为

$$f(x,y)=\begin{cases}\dfrac{\mathrm{e}^{-x}}{2}, & x>0,0<y<2,\\ 0, & \text{其他};\end{cases}$$

(2) 设 (X,Y) 的联合密度函数为

$$f(x,y)=\begin{cases}\dfrac{1}{x}, & 0<y<x<1,\\ 0, & \text{其他}.\end{cases}$$

㊙解 (1) 记

$$m(x)=\begin{cases}\mathrm{e}^{-x}, & x>0,\\ 0, & \text{其他},\end{cases}\qquad n(y)=\begin{cases}\dfrac{1}{2}, & 0<y<2,\\ 0, & \text{其他},\end{cases}$$

则

$$f(x,y)=m(x)\cdot n(y),\quad -\infty<x<+\infty,\quad -\infty<y<+\infty.$$

故 X,Y 相互独立.

(2) 由于 $f(x,y)$ 不能分解成 x 的函数与 y 的函数的乘积, 故 X,Y 不独立.

从另一角度来看, 可以求得 X,Y 的边际密度函数分别为

$$f_X(x)=\begin{cases}1, & 0<x<1,\\ 0, & \text{其他},\end{cases}\qquad f_Y(y)=\begin{cases}-\ln y, & 0<y<1,\\ 0, & \text{其他}.\end{cases}$$

故当 $0<y<x<1$ 时, $f(x,y)\neq f_X(y)\cdot f_Y(y)$. 那么由 (3.4.4) 式也可知 X,Y 不独立.

以上关于二维随机变量的一些概念, 容易推广到 n 维随机变量的情形.

例如: 联合分布函数的概念, n 维随机变量 $(X_1,X_2,\cdots,X_n)$ 的联合分布函数为

$$F(x_1,x_2,\cdots,x_n)=P\{X_1\leqslant x_1,X_2\leqslant x_2,\cdots,X_n\leqslant x_n\},$$

其中 $x_1,x_2,\cdots,x_n$ 为任意实数.

关于边际分布函数, 以下举例说明, 其他情形可举一反三. 例如

$$F_{X_1}(x_1)=P\{X_1\leqslant x_1\}=F(x_1,+\infty,+\infty,\cdots,+\infty).$$

当 $n>2$ 时, 有 (X_1,X_2) 的联合边际分布函数

$$F_{X_1,X_2}(x_1,x_2)=P\{X_1\leqslant x_1,X_2\leqslant x_2\}=F(x_1,x_2,+\infty,\cdots,+\infty).$$

类似地, 也可以定义 n 维离散型随机变量与 n 维连续型随机变量. 当 $X_1,X_2,\cdots,X_n$ 的取值至多可列时, 称 $(X_1,X_2,\cdots,X_n)$ 为 n 维离散型随机变量; 若对 $(X_1,X_2,\cdots,X_n)$ 的分布函数 $F(x_1,x_2,\cdots,x_n)$, 存在非负函数

$f(x_1, x_2, \cdots, x_n)$, 使

$$F(x_1, x_2, \cdots, x_n) = \int_{-\infty}^{x_1} \int_{-\infty}^{x_2} \cdots \int_{-\infty}^{x_n} f(t_1, t_2, \cdots, t_n) \mathrm{d}t_1 \mathrm{d}t_2 \cdots \mathrm{d}t_n$$

成立, 则称 $(X_1, X_2, \cdots, X_n)$ 为 n 维连续型随机变量 (n-dimensional continuous random variable), 其中的 $f(x_1, x_2, \cdots, x_n)$ 称为 $(X_1, X_2, \cdots, X_n)$ 的联合密度函数.

关于边际密度函数, 类似地有

$$f_{X_1}(x_1) = \int_{-\infty}^{+\infty} \int_{-\infty}^{+\infty} \cdots \int_{-\infty}^{+\infty} f(x_1, x_2, \cdots, x_n) \mathrm{d}x_2 \mathrm{d}x_3 \cdots \mathrm{d}x_n,$$

$$f_{X_1, X_2}(x_1, x_2) = \int_{-\infty}^{+\infty} \int_{-\infty}^{+\infty} \cdots \int_{-\infty}^{+\infty} f(x_1, x_2, \cdots, x_n) \mathrm{d}x_3 \mathrm{d}x_4 \cdots \mathrm{d}x_n,$$

等等.

若对任意的实数 $x_1, x_2, \cdots, x_n$, 有

$$F(x_1, x_2, \cdots, x_n) = F_{X_1}(x_1) F_{X_2}(x_2) \cdots F_{X_n}(x_n),$$

则称 $X_1, X_2, \cdots, X_n$ 相互独立.

当 $X_1, X_2, \cdots, X_n$ 为 n 维离散型随机变量时, 亦有与 (3.4.3) 类似的相互独立的等价定义; 当 $X_1, X_2, \cdots, X_n$ 为 n 维连续型随机变量时, 亦有与 (3.4.4) 类似的相互独立的等价定义.

定义 3.4.2 设 $(X_1, X_2, \cdots, X_m)$ 与 $(Y_1, Y_2, \cdots, Y_n)$ 分别为 m 维和 n 维随机变量, 分别用 $F_X(x_1, x_2, \cdots, x_m)$ 与 $F_Y(y_1, y_2, \cdots y_n)$ 表示它们的联合分布函数, 再记 $F(x_1, x_2, \cdots, x_m; y_1, y_2, \cdots, y_n)$ 为 $(X_1, X_2, \cdots, X_m, Y_1, Y_2, \cdots, Y_n)$ 的联合分布函数.

对任意的实数 $x_i, y_j, i = 1, 2, \cdots, m, j = 1, 2, \cdots, n$, 若

$$F(x_1, x_2, \cdots, x_m; y_1, y_2, \cdots, y_n) = F_X(x_1, x_2, \cdots, x_m) \cdot F_Y(y_1, y_2, \cdots, y_n),$$

则称 $(X_1, X_2, \cdots, X_m)$ 与 $(Y_1, Y_2, \cdots, Y_n)$ 相互独立.

若 $(X_1, X_2, \cdots, X_m)$ 与 $(Y_1, Y_2, \cdots, Y_n)$ 相互独立, g_1 与 g_2 是两个连续函数, 则 $g_1(X_1, X_2, \cdots, X_m)$ 与 $g_2(Y_1, Y_2, \cdots, Y_n)$ 相互独立.

*3.5 多元随机变量函数的分布

在 2.5 节中我们研究了一元随机变量函数的分布问题, 并提到了求一元随机变量函数的分布问题实质是找等价事件. 其实求二元随机变量函数的分布问题实质上也是寻找等价事件. 当然求二元随机变量函数的分布问题较为复杂, 下面我们将对一些特殊的形式进行详细的讨论.

(一) $Z=X+Y$ 的分布

在这一部分中, 我们将研究已知二维随机变量 (X,Y) 的概率分布, 求 $Z=X+Y$ 的概率分布问题.

若 (X,Y) 为二维离散型随机变量, 设 $P\{X=x_i,Y=y_j\}=p_{ij},i,j=1,2,\cdots$, 又设 Z 的可能取值为 $z_1,z_2,\cdots,z_k,\cdots$, 则显然有

$$\begin{aligned}P\{Z=z_k\}&=P\{X+Y=z_k\}\\&=\sum_{i=1}^{+\infty}P\{X=x_i,Y=z_k-x_i\},\quad k=1,2,\cdots\end{aligned}\tag{3.5.1}$$

或

$$\begin{aligned}P\{Z=z_k\}&=P\{X+Y=z_k\}\\&=\sum_{j=1}^{+\infty}P\{X=z_k-y_j,Y=y_j\},\quad k=1,2,\cdots.\end{aligned}\tag{3.5.2}$$

特别地, 当 X 与 Y 相互独立时, (3.5.1) 与 (3.5.2) 就可写成

$$P\{Z=z_k\}=\sum_{i=1}^{+\infty}P\{X=x_i\}\cdot P\{Y=z_k-x_i\},\quad k=1,2,\cdots\tag{3.5.3}$$

或

$$P\{Z=z_k\}=\sum_{j=1}^{+\infty}P\{X=z_k-y_j\}\cdot P\{Y=y_j\},\quad k=1,2,\cdots.\tag{3.5.4}$$

若 (X,Y) 为二维连续型随机变量, 设 (X,Y) 的联合密度函数为 $f(x,y)$, 则 Z 的分布函数为

$$F_Z(z)=P\{Z\leqslant z\}=P\{X+Y\leqslant z\}$$

$$= \iint\limits_{x+y \leqslant z} f(x,y)\mathrm{d}x\mathrm{d}y = \int_{-\infty}^{+\infty} \mathrm{d}x \int_{-\infty}^{z-x} f(x,y)\mathrm{d}y.$$

如图 3.5.1 所示, 作积分变量变换 $\begin{cases} u = x, \\ v = x + y, \end{cases}$ 可知 $\mathrm{d}x\mathrm{d}y = \mathrm{d}u\mathrm{d}v$, 所以

$$F_Z(z) = \int_{-\infty}^{z} \mathrm{d}v \int_{-\infty}^{+\infty} f(u, v-u)\mathrm{d}u,$$

从而

$$f_Z(z) = F_Z'(z) = \int_{-\infty}^{+\infty} f(u, z-u)\mathrm{d}u = \int_{-\infty}^{+\infty} f(x, z-x)\mathrm{d}x. \tag{3.5.5}$$

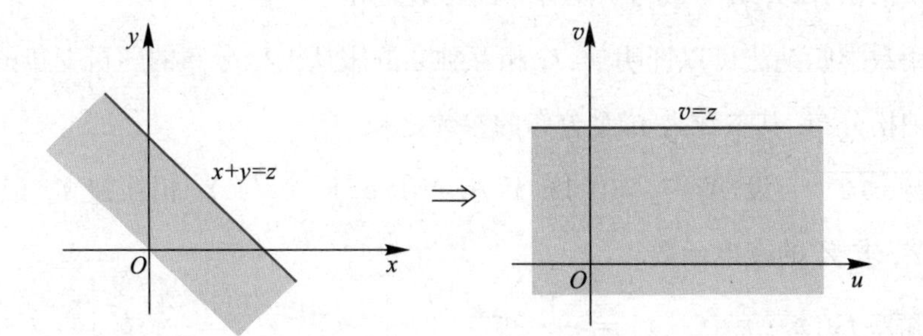

◀图 3.5.1

若作的积分变量变换为 $\begin{cases} u = x + y, \\ v = y, \end{cases}$ 通过同样的计算可得

$$f_Z(z) = \int_{-\infty}^{+\infty} f(z-y, y)\mathrm{d}y. \tag{3.5.6}$$

特别地, 当 X, Y 相互独立时, (3.5.5) 与 (3.5.6) 就可写成

$$f_Z(z) = \int_{-\infty}^{+\infty} f_X(x) \cdot f_Y(z-x)\mathrm{d}x, \tag{3.5.7}$$

$$f_Z(z) = \int_{-\infty}^{+\infty} f_X(z-y) \cdot f_Y(y)\mathrm{d}y. \tag{3.5.8}$$

例 3.5.1 设 $X \sim P(\lambda_1)$, $Y \sim P(\lambda_2)$, X, Y 相互独立. 记 $Z = X + Y$, 求 Z 的概率分布律.

㊖ 由题意知

$$P\{X = i\} = \frac{\mathrm{e}^{-\lambda_1}\lambda_1^i}{i!}, i = 0, 1, 2, \cdots,$$

$$P\{Y = j\} = \frac{\mathrm{e}^{-\lambda_2}\lambda_2^j}{j!}, j = 0, 1, 2, \cdots.$$

故

$$P\{Z = k\} = P\{X + Y = k\}$$

$$
\begin{aligned}
&= \sum_{i=0}^{+\infty} P\{X=i\} \cdot P\{Y=k-i\} \\
&= \sum_{i=0}^{k} \frac{\mathrm{e}^{-\lambda_1}\lambda_1^i}{i!} \cdot \frac{\mathrm{e}^{-\lambda_2}\lambda_2^{k-i}}{(k-i)!} \\
&= \frac{\mathrm{e}^{-(\lambda_1+\lambda_2)}}{k!} \sum_{i=0}^{k} \mathrm{C}_k^i \lambda_1^i \lambda_2^{k-i} \\
&= \frac{\mathrm{e}^{-(\lambda_1+\lambda_2)}(\lambda_1+\lambda_2)^k}{k!}, \quad k=0,1,2,\cdots.
\end{aligned}
$$

即 $Z \sim P(\lambda_1+\lambda_2)$. 也就是说, 两个相互独立的服从泊松分布的随机变量的和仍服从泊松分布, 其参数为两个分布的参数之和.

用数学归纳法可以证明: n 个相互独立的服从泊松分布的随机变量的和仍服从泊松分布, 其参数为 n 个分布的参数之和.

例 3.5.2 设 $X \sim N(0,1)$, $Y \sim N(0,\sigma^2)$, X 与 Y 相互独立. 记 $Z = X+Y$, 求 Z 的密度函数.

解 $f_X(x) \cdot f_Y(t-x) = \dfrac{1}{\sqrt{2\pi}}\mathrm{e}^{-\frac{x^2}{2}} \cdot \dfrac{1}{\sqrt{2\pi}\sigma}\mathrm{e}^{-\frac{(t-x)^2}{2\sigma^2}} = \dfrac{1}{2\pi\sigma}\mathrm{e}^{-\left[\frac{x^2}{2}+\frac{(t-x)^2}{2\sigma^2}\right]}$.

又因为

$$
\begin{aligned}
\frac{x^2}{2} + \frac{(t-x)^2}{2\sigma^2} &= \frac{t^2}{2\sigma^2} + \frac{(1+\sigma^2)[x^2 - 2xt/(1+\sigma^2)]}{2\sigma^2} \\
&= \frac{t^2}{2(1+\sigma^2)} + \frac{(1+\sigma^2)[x - t/(1+\sigma^2)]^2}{2\sigma^2},
\end{aligned}
$$

所以

$$
\begin{aligned}
f_Z(t) &= \int_{-\infty}^{+\infty} f_X(x) f_Y(t-x) \mathrm{d}x \\
&= \frac{1}{2\pi\sigma}\mathrm{e}^{-\frac{t^2}{2(1+\sigma^2)}} \cdot \int_{-\infty}^{+\infty} \mathrm{e}^{-\frac{(1+\sigma^2)[x-t/(1+\sigma^2)]^2}{2\sigma^2}} \mathrm{d}x.
\end{aligned}
$$

对上面的积分作积分变量变换, 令 $u = x - \dfrac{t}{1+\sigma^2}$, 可知 $\mathrm{d}u = \mathrm{d}x$, 从而可知此积分值为与 t 无关的常数, 暂且记作 a, 得

$$
f_Z(t) = \frac{a}{2\pi\sigma}\mathrm{e}^{-\frac{t^2}{2(1+\sigma^2)}}.
$$

由上式可知 $Z \sim N(0, 1+\sigma^2)$.

若当 $X \sim N(\mu_1, \sigma_1^2)$, $Y \sim N(\mu_2, \sigma_2^2)$, X, Y 相互独立时,

$$
X+Y = \sigma_1\left(\frac{X-\mu_1}{\sigma_1} + \frac{Y-\mu_2}{\sigma_1}\right) + (\mu_1+\mu_2).
$$

由例 2.5.5 知

$$\frac{X-\mu_1}{\sigma_1}\sim N(0,1),\quad \frac{Y-\mu_2}{\sigma_1}\sim N\left(0,\frac{\sigma_2^2}{\sigma_1^2}\right).$$

由例 3.5.2 知

$$\frac{X-\mu_1}{\sigma_1}+\frac{Y-\mu_2}{\sigma_1}\sim N\left(0,1+\frac{\sigma_2^2}{\sigma_1^2}\right).$$

再由例 2.5.5 可得

$$X+Y\sim N(\mu_1+\mu_2,\sigma_1^2+\sigma_2^2).$$

用数学归纳法可证, n 个相互独立的正态变量之和仍为正态变量. 即若 $X_1,X_2,\cdots,X_n$ 相互独立, 且 $X_i\sim N(\mu_i,\sigma_i^2)$, 则 $\sum\limits_{i=1}^{n}X_i\sim N\left(\sum\limits_{i=1}^{n}\mu_i,\sum\limits_{i=1}^{n}\sigma_i^2\right)$.

进一步可以证明: n 个相互独立的正态变量的线性组合仍为正态变量.

例 3.5.3 设某服务台顾客等待时间 (以 min 计) X 服从参数为 λ 的指数分布, 接受服务的时间 Y 服从区间 $(0,20)$ 上的均匀分布, 且设 X,Y 相互独立. 记 $Z=X+Y$.

(1) 求 Z 的密度函数 $f_Z(t)$;

(2) 设 $\lambda=\dfrac{1}{20}$, 求等待与接受服务的总时间不超过 45 min 的概率.

㊕ (1) 由题意知

$$f_X(x)=\begin{cases}\lambda e^{-\lambda x}, & x>0,\\ 0, & x\leqslant 0,\end{cases}\qquad f_Y(y)=\begin{cases}\dfrac{1}{20}, & 0<y<20,\\ 0, & \text{其他}.\end{cases}$$

因为 X,Y 相互独立, 所以 X,Y 的联合密度函数为

$$f(x,y)=f_X(x)\cdot f_Y(y)=\begin{cases}\dfrac{1}{20}\lambda e^{-\lambda x}, & x>0,0<y<20,\\ 0, & \text{其他}.\end{cases}$$

㊕㊟① 利用 (3.5.5) 式,

$$f(x,t-x)=\begin{cases}\dfrac{1}{20}\lambda e^{-\lambda x}, & x>0,0<t-x<20,\\ 0, & \text{其他}.\end{cases}$$

$$f_Z(t)=\int_{-\infty}^{+\infty}f(x,t-x)\mathrm{d}x=\int_{0}^{+\infty}f_X(x)\cdot f_Y(t-x)\mathrm{d}x.$$

由图 3.5.2 知

当 $t\leqslant 0$ 时, $f_Z(t)=0$;

当 $0 < t < 20$ 时, $f_Z(t) = \int_0^t \frac{1}{20}\lambda e^{-\lambda x} dx = \frac{1}{20}(1 - e^{-\lambda t})$;

当 $t \geqslant 20$ 时, $f_Z(t) = \int_{t-20}^t \frac{1}{20}\lambda e^{-\lambda x} dx = \frac{1}{20}e^{-\lambda t}(e^{20\lambda} - 1)$.

㊙㊖② 可先求 Z 的分布函数, 再求 $f_Z(t)$. 由于 $F_Z(t) = P\{X + Y \leqslant t\}$, 由图 3.5.3 知

当 $t \leqslant 0$ 时, $F_Z(t) = 0$;

当 $0<t<20$ 时, $F_Z(t) = \int_0^t dy \int_0^{t-y} \frac{1}{20}\lambda e^{-\lambda x} dx = \frac{t}{20} - \frac{1}{20\lambda}(1 - e^{-\lambda t})$;

当 $t \geqslant 20$ 时, $F_Z(t) = \int_0^{20} dy \int_0^{t-y} \frac{1}{20}\lambda e^{-\lambda x} dx = 1 - \frac{1}{20\lambda}e^{-\lambda t}(e^{20\lambda} - 1)$.

从而

$$f_Z(t) = F_Z'(t) = \begin{cases} 0, & t \leqslant 0, \\ \dfrac{1 - e^{-\lambda t}}{20}, & 0 < t < 20, \\ \dfrac{e^{-\lambda t}(e^{20\lambda} - 1)}{20}, & t \geqslant 20. \end{cases}$$

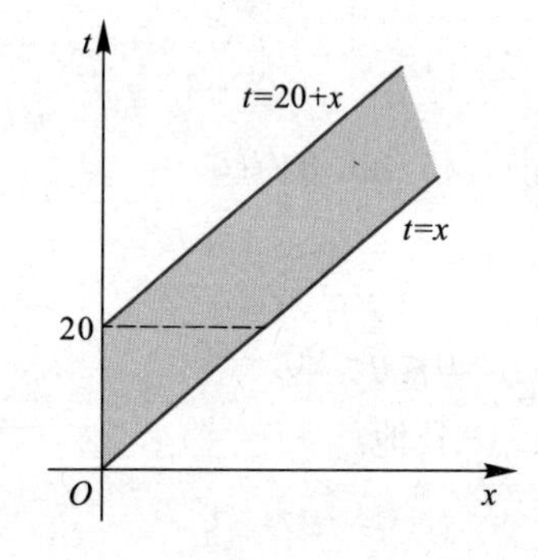

◀图 3.5.2

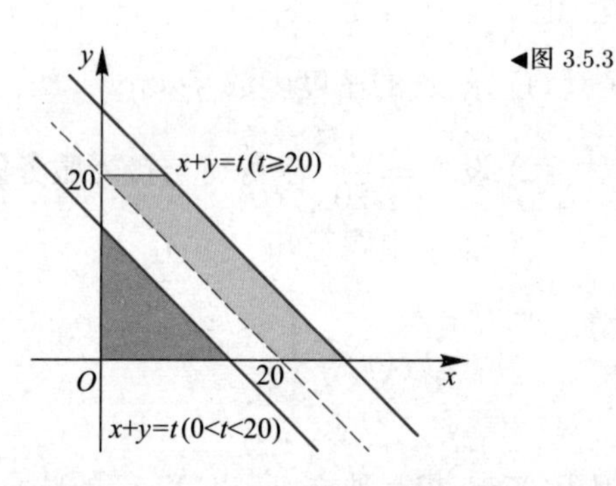

◀图 3.5.3

(2) 解法① 利用 (1) 中的解法 2 求出的 $F_Z(t)$, 可知当 $\lambda = \frac{1}{20}$ 时,

$$P\{Z \leqslant 45\} = F_Z(45) = 1 - e^{-\frac{45}{20}}(e - 1) = 0.818\ 9.$$

解法② 可由 Z 的密度函数来计算得到:

$$\begin{aligned} P\{Z \leqslant 45\} &= \int_{-\infty}^{45} f_Z(t) dt \\ &= \int_0^{20} \frac{1 - e^{-t/20}}{20} dt + \int_{20}^{45} \frac{e - 1}{20} e^{-t/20} dt \\ &= 0.818\ 9. \end{aligned}$$

解法③ 直接计算. 如图 3.5.4 所示, 得

$$P\{Z \leqslant 45\} = \int_0^{20} \mathrm{d}y \int_0^{45-y} \frac{\lambda}{20} \mathrm{e}^{-\lambda x} \mathrm{d}x = 0.818\,9.$$

例 3.5.4　设二维随机变量 (X, Y) 的联合密度函数为

$$f(x, y) = \begin{cases} 3x, & 0 < y < x < 1, \\ 0, & \text{其他}. \end{cases}$$

记 $Z = X + Y$, 求 Z 的密度函数 $f_Z(t)$.

解　由 (3.5.5) 可知 $f_Z(t) = \int_{-\infty}^{+\infty} f(x, t-x) \mathrm{d}x$. 而且由 (X, Y) 的联合密度函数及定理 3.4.1 知, X, Y 不独立, 且

$$f(x, t-x) = \begin{cases} 3x, & 0 < t - x < x < 1, \\ 0, & \text{其他}, \end{cases}$$

如图 3.5.5 所示. 显然,

当 $t \leqslant 0$ 或 $t \geqslant 2$ 时, $f_Z(t) = 0$;

当 $0 < t < 1$ 时, $f_Z(t) = \int_{t/2}^{t} 3x \mathrm{d}x = \frac{9}{8} t^2$;

当 $1 \leqslant t < 2$ 时, $f_Z(t) = \int_{t/2}^{1} 3x \mathrm{d}x = \frac{3}{2}\left(1 - \frac{t^2}{4}\right)$.

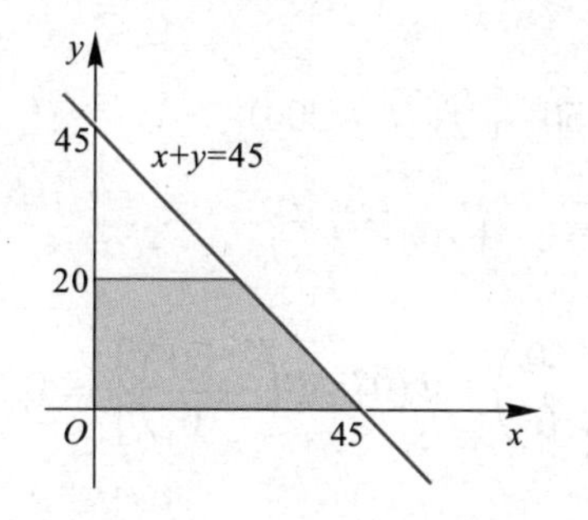

◀图 3.5.4

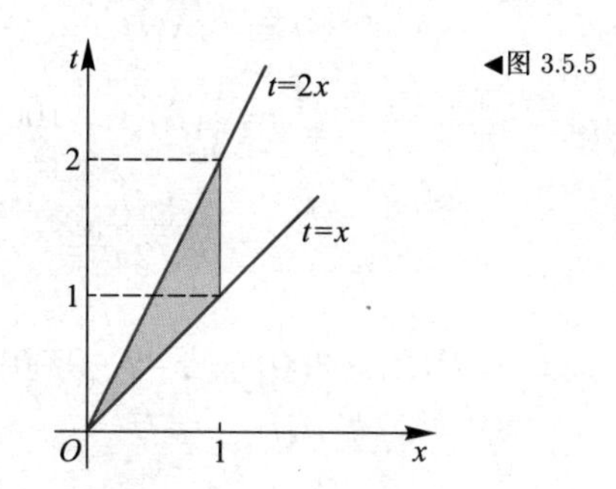

◀图 3.5.5

例 3.5.5　某人一天做两份工作, 一份工作得到的酬金 (单位: 元) X 具有概率分布律

X	100	150	200
p	$\frac{1}{3}$	$\frac{1}{3}$	$\frac{1}{3}$

另一份工作的酬金 (单位: 元) Y 服从 $N(150, 36)$. 设 X, Y 相互独立, 记一天酬金总数为 Z, $Z = X + Y$.

(1) 求 Z 的密度函数;

(2) 求一天酬金多于 300 元的概率.

㊫ (1) 先求 Z 的分布函数, 利用全概率公式, 得

$$\begin{aligned}F_Z(t) &= P\{Z \leqslant t\} = P\{X+Y \leqslant t\} \\ &= P\{X=100\}\cdot P\{X+Y\leqslant t|X=100\}+ \\ &\quad P\{X=150\}\cdot P\{X+Y\leqslant t|X=150\}+ \\ &\quad P\{X=200\}\cdot P\{X+Y\leqslant t|X=200\} \\ &= \frac{1}{3}(P\{Y\leqslant t-100|X=100\}+ \\ &\quad P\{Y\leqslant t-150|X=150\}+ \\ &\quad P\{Y\leqslant t-200|X=200\}).\end{aligned}$$

因为 X 与 Y 相互独立, 所以

$$\begin{aligned}F_Z(t) &= \frac{1}{3}(P\{Y\leqslant t-100\}+P\{Y\leqslant t-150\}+P\{Y\leqslant t-200\}) \\ &= \frac{1}{3}[F_Y(t-100)+F_Y(t-150)+F_Y(t-200)].\end{aligned}$$

那么

$$\begin{aligned}f_Z(t) &= F_Z'(t) \\ &= \frac{1}{3}[f_Y(t-100)+f_Y(t-150)+f_Y(t-200)] \\ &= \frac{1}{18\sqrt{2\pi}}[\mathrm{e}^{-\frac{(t-250)^2}{72}}+\mathrm{e}^{-\frac{(t-300)^2}{72}}+\mathrm{e}^{-\frac{(t-350)^2}{72}}].\end{aligned}$$

(2) $P\{Z>300\} = 1-F_Z(300) = 1-\frac{1}{3}\left[\Phi\left(\frac{50}{6}\right)+\Phi(0)+\Phi\left(-\frac{50}{6}\right)\right] = 0.5.$

(二) $M=\max\{X,Y\}, N=\min\{X,Y\}$ 的分布

记 X,Y 的联合分布函数为 $F(x,y)$, 且记 $F_X(t), F_Y(t)$ 分别为 X,Y 的边际分布函数.

先来讨论 M 的分布函数, 由 M 的定义可知

$$F_M(t) = P\{\max\{X,Y\}\leqslant t\} = P\{X\leqslant t, Y\leqslant t\} = F(t,t). \tag{3.5.9}$$

特别地, 当 X 与 Y 相互独立时,

$$F_M(t) = F_X(t)\cdot F_Y(t). \tag{3.5.10}$$

再讨论 N 的分布函数

$$
\begin{aligned}
F_N(t) &= P\{\min\{X,Y\} \leqslant t\} = P\{(X \leqslant t) \cup (Y \leqslant t)\} \\
&= F_X(t) + F_Y(t) - F(t,t),
\end{aligned} \tag{3.5.11}
$$

或者

$$
F_N(t) = 1 - P\{\min\{X,Y\} > t\} = 1 - P\{X > t, Y > t\}. \tag{3.5.12}
$$

特别地, 当 X 与 Y 相互独立时,

$$
F_N(t) = F_X(t) + F_Y(t) - F_X(t) \cdot F_Y(t) \tag{3.5.13}
$$

或

$$
F_N(t) = 1 - [1 - F_X(t)] \cdot [1 - F_Y(t)]. \tag{3.5.14}
$$

以上结果容易推广到 n 个变量的情形. 特别地, 设 $X_1, X_2, \cdots, X_n$ 为 n 个相互独立的随机变量, 相应的分布函数分别为 $F_1(x), F_2(x), \cdots, F_n(x)$, 记 $M = \max\{X_1, X_2, \cdots, X_n\}$, $N = \min\{X_1, X_2, \cdots, X_n\}$, 则

$$
F_M(t) = \prod_{i=1}^{n} F_i(t), \tag{3.5.15}
$$

$$
F_N(t) = 1 - \prod_{i=1}^{n} [1 - F_i(t)]. \tag{3.5.16}
$$

例 3.5.6　一批元件的寿命服从参数为 λ 的指数分布, 从中随机地取 4 个, 其寿命记为 X_1, X_2, X_3, X_4. 由于是随机抽取, 故这 4 个元件的寿命相互独立. 记 $N = \min\limits_{1 \leqslant i \leqslant 4} X_i$, $M = \max\limits_{1 \leqslant i \leqslant 4} X_i$.

(1) 求 N, M 的分布函数及密度函数;

(2) 如图 3.5.6 所示, 将 4 个元件连接成一系统, 求系统寿命大于 $t_0 (t_0 > 0)$ 的概率.

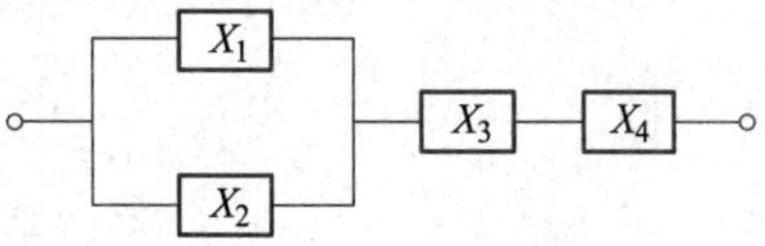

◀图 3.5.6

解　(1) 由于 X_1, X_2, X_3, X_4 相互独立且均服从参数为 λ 的指数分布, 故当 $t > 0$ 时,

$$
\begin{aligned}
F_N(t) &= P\{\min_{1 \leqslant i \leqslant 4} X_i \leqslant t\} = 1 - P\{\min_{1 \leqslant i \leqslant 4} X_i > t\} \\
&= 1 - \prod_{i=1}^{4} P\{X_i > t\} = 1 - \mathrm{e}^{-4\lambda t}.
\end{aligned}
$$

从而

$$f_N(t)=\begin{cases}4\lambda \mathrm{e}^{-4\lambda t}, & t>0,\\ 0, & t\leqslant 0.\end{cases}$$

当 $t>0$ 时,

$$F_M(t)=P\{\max_{1\leqslant i\leqslant 4}X_i\leqslant t\}=\prod_{i=1}^{4}P\{X_i\leqslant t\}=(1-\mathrm{e}^{-\lambda t})^4.$$

故

$$f_M(t)=\begin{cases}4\lambda \mathrm{e}^{-\lambda t}(1-\mathrm{e}^{-\lambda t})^3, & t>0,\\ 0, & t\leqslant 0.\end{cases}$$

(2) 设系统寿命为 T, 则 $T=\min\{\max\{X_1,X_2\},X_3,X_4\}$. 那么对 $t_0>0$ 而言, 有

$$\begin{aligned}P\{T>t_0\}&=P\{\min\{\max\{X_1,X_2\},X_3,X_4\}>t_0\}\\&=P\{\max\{X_1,X_2\}>t_0\}\cdot P\{X_3>t_0\}\cdot P\{X_4>t_0\}\\&=(1-P\{X_1\leqslant t_0,X_2\leqslant t_0\})\cdot \mathrm{e}^{-2\lambda t_0}\\&=[1-(1-\mathrm{e}^{-\lambda t_0})^2]\cdot \mathrm{e}^{-2\lambda t_0}\\&=\mathrm{e}^{-3\lambda t_0}(2-\mathrm{e}^{-\lambda t_0}).\end{aligned}$$

思考题三

1. 以下说法是否正确, 若不正确, 请给出正确的说法:
   若已知二维随机变量 (X,Y) 的联合分布, 就决定了 X 及 Y 的边际分布; 反之, 若已知 X 及 Y 的边际分布, 就可决定 (X,Y) 的联合分布.
2. 设随机变量 X 与 Y 同分布, 以下说法是否正确:
   (1) $P\{X=Y\}=1$;
   (2) $P\{X+Y=2X\}=1$;
   (3) X 与 Y 有相同的分布函数;
   (4) X 与 Y 可以有不同的分布函数.
3. 以下说法是否正确:
   设二维连续型随机变量 (X,Y) 的联合密度函数为

$$f(x,y)=\begin{cases}f_1(x,y), & (x,y)\in D,\\ f_2(x,y), & (x,y)\notin D,\end{cases}$$

   则 (X,Y) 的联合分布函数为

$$F(x,y)=\begin{cases}\displaystyle\int_{-\infty}^{x}\mathrm{d}u\int_{-\infty}^{y}f_1(u,v)\mathrm{d}v, & (x,y)\in D,\\ \displaystyle\int_{-\infty}^{x}\mathrm{d}u\int_{-\infty}^{y}f_2(u,v)\mathrm{d}v, & (x,y)\notin D.\end{cases}$$

4. 设 (X,Y) 为二维连续型随机变量, 以下等式是否正确:

(1) $\int_{-\infty}^{+\infty} f_{Y|X}(y|x)\mathrm{d}x = 1$;

(2) $\int_{-\infty}^{+\infty} f_{Y|X}(y|x)\mathrm{d}y = 1$;

(3) $F_{Y|X}(y|x) = \int_{-\infty}^{x} f_{Y|X}(y|u)\mathrm{d}u$;

(4) $F_{Y|X}(0|2) = \int_{-\infty}^{0} f_{Y|X}(0|2)\mathrm{d}y$.

5. 以下说法是否正确:

当 (X,Y) 为二维离散型随机变量时, 若存在点 (x_0,y_0) 使 $P\{X = x_0, Y = y_0\} \neq P\{X = x_0\} \cdot P\{Y = y_0\}$, 则 X 与 Y 不独立;

当 (X,Y) 为二维连续型随机变量时, 若存在一点 (x_0,y_0) 使 $f(x_0,y_0) \neq f_X(x_0) \cdot f_Y(y_0)$, 则 X 与 Y 不独立.

习题三 (A)

A1. 设二维离散型随机变量 (X,Y) 的联合分布律为

X	Y			
	0	1	2	3
0	0.1	0.1	$2c$	0.1
1	0	0.1	0.1	0
2	c	0	0	0.2

(1) 求常数 c;

(2) 求 $P\{X \leqslant 1, Y \geqslant 1\}$;

(3) 分别求 X 和 Y 的边际分布律.

A2. 设二维离散型随机变量 (X,Y) 的联合分布律为

X	Y		
	0	1	2
0	0.1	a	0.1
1	0	0.1	$2a$
2	b	0	0.2

分别在下列条件下求常数 a 和 b:

(1) $P\{X \leqslant 1\} = 0.6$;

(2) $P\{X = 0 \mid Y = 0\} = 0.5$;

(3) $P\{X \leqslant 1, Y \geqslant 1\} = 0.35$.

A3. 有两个袋子均放着 3 个红球 2 个白球, 今从两个袋子中同时各摸出 1 个球互换 (设每个袋子摸到每个球的概率相等). 记

X, Y 分别为两个袋子中互换球后的红球个数, 求 (X, Y) 的联合分布律及 X 的边际分布律.

A4. 盒子中有 3 个红球和 2 个白球, 取 2 次球, 每次取 1 个. 设

$$X=\begin{cases}1, & \text{若第 1 次取到红球,}\\ 0, & \text{若第 1 次取到白球,}\end{cases}$$

$$Y=\begin{cases}1, & \text{若第 2 次取到红球,}\\ 0, & \text{若第 2 次取到白球,}\end{cases}$$

分别求在无放回抽样和有放回抽样这两种情况下 (X, Y) 的联合分布律及 X 和 Y 的边际分布律.

A5. 设二维离散型随机变量 (X, Y) 的联合分布律为

X	Y	
	0	1
0	0.3	a
1	b	0.2

且已知事件 $\{X=0\}$ 与事件 $\{X+Y=1\}$ 相互独立, 求常数 a, b 的值.

A6. 设二维离散型随机变量 (X, Y) 的联合分布律为

X	Y		
	-1	0	1
1	a	0.1	b
2	0.1	0.1	c

且已知 $P\{Y \leqslant 0 \mid X<2\}=0.5$, $P\{Y=1\}=0.5$, 求 a, b, c 的值及 X, Y 的边际分布律.

A7. 设二维离散型随机变量 (X, Y) 的联合分布律为

X	Y		
	0	1	2
0	0.1	0.1	0
1	0	0.2	0.2
2	0.2	0	0.2

(1) 求给定 $\{X=1\}$ 的条件下 Y 的条件分布律;

(2) 求给定 $\{Y=1\}$ 的条件下 X 的条件分布律.

A8. 设随机变量 X, Y 的概率分布律分别为

X	0	1
p	0.4	0.6

Y	0	1	2
p	0.2	0.5	0.3

且已知 $P\{X=0, Y=0\}=P\{X=1, Y=2\}=0.2$.

(1) 写出 (X,Y) 的联合分布律;

(2) 写出给定 $\{X=0\}$ 的条件下 Y 的条件分布律.

A9. 将一枚均匀的骰子抛 2 次, 记 X 为第 1 次出现的点数, Y 为 2 次点数的最大值.

(1) 求 (X,Y) 的联合分布律及边际分布律;

(2) 写出给定 $\{Y=6\}$ 的条件下 X 的条件分布律.

A10. 设一大型设备单位时间内发生的故障数 X 具有概率分布律

X	0	1	2
p	0.6	0.3	0.1

每次故障以概率 p 带来损失 a 万元. 设 Y 为该设备在单位时间内的损失 (单位: 万元).

(1) 求 (X,Y) 的联合分布律;

(2) 在该设备仅发生 1 次故障的条件下, 求 Y 的条件分布律.

A11. 设二维离散型随机变量 (X,Y) 的联合分布律为

X	Y		
	0	1	2
0	0.1	0.1	0
1	0	0.2	0.2
2	0.2	0	0.2

记 $F(x,y)$, $F_X(x)$ 分别是 (X,Y) 的联合分布函数和 X 的边际分布函数.

(1) 求 $F(0,1)$, $F(1,1.5)$, $F(2.1,1.1)$;

(2) 求 $F_X(x)$.

A12. 设二维离散型随机变量 (X,Y) 的边际分布函数

$$F_X(x)=\begin{cases}0, & x<1,\\ 0.3, & 1\leqslant x<2,\\ 1, & x\geqslant 2,\end{cases}\qquad F_Y(y)=\begin{cases}0, & y<0,\\ 0.4, & 0\leqslant y<1,\\ 1, & y\geqslant 1,\end{cases}$$

且已知 $P\{X=1,Y=0\}=0.1$.

(1) 求 (X,Y) 的联合分布律;

(2) 求给定 $\{Y=0\}$ 的条件下 X 的条件分布函数.

A13. 设 A,B 为两随机事件, 已知 $P(A)=0.3$, $P(B|\overline{A})=0.5$, $P(B)=0.4$. 引入随机变量 X,Y, 分别为

$$X=\begin{cases}1, & A\text{ 发生},\\ 0, & A\text{ 不发生},\end{cases}\qquad Y=\begin{cases}1, & B\text{ 发生},\\ 0, & B\text{ 不发生}.\end{cases}$$

(1) 求 (X,Y) 的联合分布律;

(2) 求 X 的边际分布函数;

(3) 求给定 $\{X=1\}$ 的条件下 Y 的条件分布函数.

A14. 设二维连续型随机变量 (X,Y) 的联合密度函数为

$$f(x,y)=\begin{cases}c+xy, & 0<x<1,0<y<1,\\ 0, & \text{其他}.\end{cases}$$

(1) 求常数 c;

(2) 求 $P\{X\leqslant 0.5,Y\leqslant 0.5\}$;

(3) 求 $P\{X+Y\leqslant 1\}$;

(4) 求 $P\{X>0.5\}$.

A15. 设二维连续型随机变量 (X,Y) 的联合密度函数

$$f(x,y)=\begin{cases}x, & 0<x<1,0<y<2,\\ 0, & \text{其他}.\end{cases}$$

(1) 分别求 X 与 Y 的边际密度函数;

(2) 求 $P\{Y\leqslant 2X\}$.

A16. 二维随机变量 (X,Y) 的联合密度函数为

$$f(x,y)=\begin{cases}c(x-1), & 1<x<2,x<y<4-x,\\ 0, & \text{其他}.\end{cases}$$

(1) 求常数 c;

(2) 分别求 X 与 Y 的边际密度函数 $f_X(x)$ 与 $f_Y(y)$.

A17. 二维随机变量 (X,Y) 的联合密度函数为

$$f(x,y)=\begin{cases}\mathrm{e}^{-x}, & 0<y<x,\\ 0, & \text{其他}.\end{cases}$$

(1) 分别求 X 与 Y 的边际密度函数 $f_X(x)$ 与 $f_Y(y)$;

(2) 求条件密度函数 $f_{Y|X}(y|x)$;

(3) 给定 $\{X=x\}$ 的条件下, Y 的条件分布是均匀分布吗? 为什么?

A18. 设二维连续型随机变量 (X,Y) 的联合密度函数为

$$f(x,y)=\begin{cases}\dfrac{2x+y}{4}, & 0<x<1,0<y<2,\\ 0, & \text{其他}.\end{cases}$$

(1) 分别求 X 与 Y 的边际密度函数;

(2) 分别求条件密度函数 $f_{X|Y}(x|y)$ 和 $f_{Y|X}(y|x)$;

(3) 分别求 $P\{X\leqslant 0.5|Y=0.5\}$ 和 $P\{Y\leqslant 0.5|X=0.5\}$.

A19. 设 (X,Y) 为二维随机变量, X 的密度函数为

$$f_X(x)=\begin{cases}\lambda^2x\mathrm{e}^{-\lambda x}, & x>0,\\ 0, & x\leqslant 0,\end{cases}$$

其中 $\lambda>0$. 当 $x>0$ 时, 给定 $\{X=x\}$ 的条件下 Y 的条件密度函数为

$$f_{Y|X}(y|x)=\begin{cases}\dfrac{1}{x}\mathrm{e}^{-y/x}, & y>0,\\ 0, & y\leqslant 0.\end{cases}$$

(1) 求 (X,Y) 的联合密度函数;

(2) 求当 $x>0$ 时, 给定 $\{X=x\}$ 的条件下 Y 的条件分布函数;

(3) 求 $P\{Y>1|X=1\}$.

A20. 设二维连续型随机变量 (X,Y) 的联合密度函数为

$$f(x,y)=\begin{cases}\dfrac{5}{4}x, & y^2<x<1,\\ 0, & 其他.\end{cases}$$

(1) 求 Y 的边际密度函数 $f_Y(y)$;

(2) 求条件密度函数 $f_{X|Y}(x|y)$;

(3) 求 $P\left\{X>\dfrac{1}{2}\middle|Y=\dfrac{1}{2}\right\}$.

A21. 设随机变量 (X,Y) 服从以 $(0,0)$, $(2,0)$, $(2,2)$ 为顶点的三角形区域上均匀分布.

(1) 求 (X,Y) 的联合密度函数;

(2) 求 $P\{X+Y>2\}$;

(3) 求 $P\{X<1\}$.

A22. 在区间 $(0,1)$ 内随机取一数 X, 在 $\{X=x\}$ 的条件下再在区间 $(x,1)$ 内随机取一数 Y.

(1) 求 (X,Y) 的联合密度函数;

(2) 求给定 $\{Y=y\}(0<y<1)$ 的条件下 X 的条件密度函数.

A23. 设二维随机变量 (X,Y) 服从分布 $N(\mu_1,\mu_2;\sigma_1^2,\sigma_2^2;\rho)$, 其中 $\mu_1=0$, $\mu_2=1$, $\sigma_1^2=1$, $\sigma_2^2=2$, $\rho=-\dfrac{1}{2}$.

(1) 写出 X,Y 各自的边际密度函数;

(2) 写出给定 $\{X=0\}$ 的条件下 Y 的条件密度函数;

(3) 求 $P\{Y\leqslant 1|X=0\}$.

A24. 二维离散型随机变量 (X,Y) 的联合分布律为

X	Y		
	0	1	2
0	0.1	0.1	0.1
1	0.2	0.2	0.2
2	0.1	0	0

判断 X 与 Y 是否相互独立, 并说明理由.

A25. 二维离散型随机变量 (X,Y) 的联合分布律为

X	Y		
	0	1	2
0	0.1	0.2	0.1
1	0.05	0.1	0.05
2	a	b	c

已知 X 与 Y 相互独立, 求 a, b, c.

A26. 二维连续型随机变量 (X,Y) 的联合密度函数为下列各式时, 判断对应的 X 与 Y 是否相互独立, 并说明理由:

(1) $f(x,y)=\begin{cases}\dfrac{2x+y}{4}, & 0<x<1, 0<y<2,\\ 0, & \text{其他};\end{cases}$

(2) $f(x,y)=\begin{cases}xy, & 0<x<1, 0<y<2,\\ 0, & \text{其他};\end{cases}$

(3) $f(x,y)=\begin{cases}\dfrac{3x}{4}, & 0<x<y<2,\\ 0, & \text{其他}.\end{cases}$

A27. 在半圆 $D=\{(x,y): x^2+y^2\leqslant 1, x>0\}$ 内随机投点 A, 设 A 点的坐标为 (X,Y).

(1) 求 X 的边际密度函数 $f_X(x)$;

(2) 求 $P\left\{X<\dfrac{1}{2}\right\}$;

(3) X 与 Y 相互独立吗? 为什么?

A28. 设二维随机变量 (X,Y) 服从分布 $N(0,1;2,4;0)$, 分别求 X 与 Y 的边际密度函数, 并判断 X 与 Y 是否相互独立.

A29. 设二维随机变量 (X,Y) 的联合密度函数为

$$f(x,y)=\frac{1}{2}[f_1(x,y)+f_2(x,y)],$$

其中 $f_1(x,y)$ 与 $f_2(x,y)$ 分别为二维正态变量 (X_1,Y_1) 与 (X_2,Y_2) 的联合密度函数, 且已知 $(X_i,Y_i)(i=1,2)$ 的边际分布均为标准正态分布.

(1) 求 X,Y 的边际密度函数 $f_X(x), f_Y(y)$;

(2) 当 (X_i,Y_i) 的分布中的参数 $\rho_i=0(i=1,2)$ 时, X 与 Y 相互独立吗?

A30. 设随机变量 X 与 Y 相互独立, $X\sim B(1,0.4), Y\sim B(2,0.4)$. 令 $Z=X+Y$, 求 Z 的概率分布律.

A31. 某人连续参加 2 场比赛, 第 1,2 场比赛可得的奖金数分别为 X,Y, 且已知 X 的概率分布律为

X	0	1000	5000
p	0.5	0.3	0.2

Y 具有密度函数 $f(y)$, X 与 Y 相互独立, 求此人可得的奖金总数 $Z=X+Y$ 的密度函数.

A32. 设随机变量 X,Y 相互独立, 且分别具有概率分布律

X	0	1	2
p	0.2	0.3	0.5

Y	1	2	3
p	0.2	0.4	0.4

设 $Z=X+Y$, $M=\max\{X,Y\}$, $N=\min\{X,Y\}$, 分别求 Z,M,N 的概率分布律.

A33. 设二维离散型随机变量 (X,Y) 的联合分布律为

X	Y		
	0	1	2
1	0.2	0.1	0.3
2	0.2	0	0.2

设 $Z=XY$, $M=\max\{X,Y\}$, $N=\min\{X,Y\}$, 分别求 Z,M,N 的概率分布律.

A34. 设随机变量 X 与 Y 相互独立且都服从参数为 1 的指数分布. 设 $Z=X+Y$, $M=\max\{X,Y\}$, $N=\min\{X,Y\}$, 分别求 Z,M,N 的密度函数.

A35. 设随机变量 X 与 Y 相互独立且都服从标准正态分布.

(1) 令 $Z=X+Y$, 求 Z 的密度函数;

(2) 求 $P\{\min\{X,Y\}<1\}$;

(3) 求 $P\{\max\{X,Y\}<1\}$.

A36. 设二维随机变量 (X,Y) 的联合密度函数为

$$f(x,y)=\begin{cases}\dfrac{1}{4}, & 0<x<2, 0<y<2x,\\ 0, & \text{其他}.\end{cases}$$

记 $Z=2X-Y$, 求 Z 的密度函数.

A37. 设随机变量 X 与 Y 相互独立且都服从分布 $B(1,p)$ $(0<p<1)$, 定义

$$Z=\begin{cases}1, & X+Y=1,\\ 0, & X+Y\neq 1.\end{cases}$$

求 (X,Z) 的联合分布律.

A38. 设随机变量 $X\sim U(0,1)$, Y 的密度函数为

$$f_Y(y)=\begin{cases}2y, & 0<y<1,\\ 0, & \text{其他}.\end{cases}$$

且 X 与 Y 相互独立. 记 $M=\max\{X,Y\}$, $N=\min\{X,Y\}$, 分别求 M,N 的密度函数.

(B)

B1. 某公司为职工订报, 每位职工可以从 A, B, C 三种报中任订一种, 已知已经有 $\dfrac{2}{3}$ 的女职工决定订 A 报, 有 $\dfrac{3}{5}$ 的男职工决定订 B 报, 余下的人在三种报中随机选一种. 公司男、女职工各占一半, 从该公司中随机找一职工, 记

$$X=\begin{cases}1, & \text{此人为女职工,}\\ 0, & \text{此人为男职工,}\end{cases}\qquad Y=\begin{cases}1, & \text{此人订 A 报,}\\ 2, & \text{此人订 B 报,}\\ 3, & \text{此人订 C 报.}\end{cases}$$

(1) 写出 (X,Y) 的联合分布律;

(2) 求 Y 的边际分布律;

(3) 求给定 $\{Y=1\}$ 的条件下 X 的条件分布律.

B2. 设某路段单位时间内发生的交通事故数 X 服从参数为 λ 的泊松分布, 其中事故原因是超速的概率为 0.1. 记因超速引发的事故数为 Y.

(1) 求 (X,Y) 的联合分布律;

(2) 求 Y 的边际分布律.

B3. 设 (X,Y) 为二维随机变量, 已知 $P\{X=0,Y=0\}=P\{X=1,Y=1\}=0.1$. 现知 (X,Y) 落在 $D=\{(x,y):0<x<1,0<y<1\}$ 的任一小区域内的概率与该小区域面积成正比, 且 (X,Y) 只能落在点 $(0,0)$, $(1,1)$ 及 D 内, 求 (X,Y) 的联合分布函数.

B4. 设二维随机变量 (X,Y) 的联合密度函数为

$$f(x,y)=\begin{cases}c(y-x), & 0<x<y<1,\\ 0, & \text{其他.}\end{cases}$$

(1) 求常数 c;

(2) 求 $P\{X+Y\leqslant 1\}$;

(3) 求 $P\{X<0.5\}$.

B5. 有一件工作需要甲、乙两人接力完成, 完成时间不超过 4 h. 设甲先干了 X h, 再由乙完成, 加起来共用 Y h. 若 $X\sim U(1,2)$, 给定 $\{X=x\}$ 的条件下, Y 的条件密度函数

$$f_{Y|X}(y|x)=\begin{cases}\dfrac{2(4-y)}{(3-x)^2}, & x+1<y<4,\\ 0, & \text{其他.}\end{cases}$$

(1) 求 (X,Y) 的联合密度函数 $f(x,y)$ 及 $P\{Y<3\}$;

(2) 求 Y 的边际密度函数;

(3) 已知两人完成工作共花了 3 h, 求甲的工作时间不超过 1.5 h 的概率.

B6. 在 A 地至 B 地 (距离为 m km) 的公路上, 事故发生地在离 A 地 X km 处, 事故处理车在离 A 地 Y km 处. 设 X 与 Y 均

服从 $(0,m)$ 上的均匀分布, 且 X 与 Y 相互独立, 求事故车与处理车的距离 Z 的密度函数.

B7. 设一系统由三个相互独立的、正常工作时间分别为 X_1,X_2,X_3 的子系统组成 (如图 1 所示), 且 $X_i(i=1,2,3)$ 均服从参数为 λ 的指数分布, 求该系统正常工作时间 T 的分布函数 $F_T(t)$ 及密度函数 $f_T(t)$.

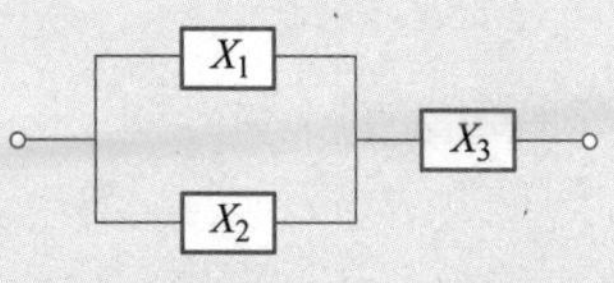

◀图 1

B8. (1) 设随机变量 $X_1,X_2,\cdots,X_n$ 相互独立且均服从参数为 $p(0<p<1)$ 的 0–1 分布, 记 $Z=\sum\limits_{i=1}^{n}X_i$, 求 Z 的概率分布律;

(2) 设 $X\sim B(m,p)$, $Y\sim B(n,p)$, 且 X 与 Y 相互独立, 记 $W=X+Y$, 求 W 的概率分布律.

B9. 设随机变量 X 服从区间 $(-a,a)$ 上的均匀分布, 其中 $a>0$, $Y\sim N(\mu,\sigma^2)$, 且 X 与 Y 相互独立, 记 $Z=X+Y$, 求 Z 的密度函数.

B10. 设二维随机变量 (X,Y) 的联合密度函数为

$$f(x,y)=\begin{cases}\dfrac{3-x-y}{3}, & 0<x<1,0<y<2,\\ 0, & \text{其他}.\end{cases}$$

记 $Z=X+Y$, 求 Z 的密度函数.

B11. 已知市场上某种蔬菜的价格 (单位: 元/kg) $X\sim U(6,8)$ (均匀分布), 设某餐馆近期购买该种蔬菜的数量 Y 为 8 kg 和 10 kg 的概率均为 0.5.

(1) 求购买金额 Z 不大于 60 元的概率 p;

(2) 求购买金额 Z 的分布函数 $F_Z(z)$.

B12. 设一本书每页的错误个数 X 服从参数为 λ 的泊松分布, 且各页错误个数相互独立. 现随机选 10 页, 其错误个数分别记为 $X_1,X_2,\cdots,X_{10}$.

(1) 求 $P\left\{\sum\limits_{i=1}^{10}X_i\geqslant 2\right\}$;

(2) 求 $P\left\{\max\limits_{1\leqslant i\leqslant 10}X_i\geqslant 2\right\}$;

(3) 求 $P\left\{\max\limits_{1\leqslant i\leqslant 10}X_i\geqslant 2\,\middle|\,\min\limits_{1\leqslant i\leqslant 10}X_i=0\right\}$.

B13. 设一系统由两个独立的子系统组成, 分别以 X,Y 记两个子系统的正常工作时间, 且设 X,Y 分别服从参数为 λ_1 与 λ_2 的指数分布. 当这两个子系统 (1) 串联, (2) 并联, (3) 有备份 (当一个损坏时另一个接着工作) 时, 分别求系统正常工作时间 T 的密度函数.

第4章 随机变量的数字特征

在本章的开头, 我们先来看一些数据. 国家统计局发布的信息显示: 2022 年我国城镇非私营单位就业人员年平均工资为 114 029 元 (2021 年为 106 837 元), 私营单位就业人员年平均工资为 65 237 元 (2021 年为 62 884 元); 由上海市统计局发布的信息知, 2022 年上海城镇居民人均住房建筑面积为 37.46 m^2; 由杭州市卫生健康委员会发布的信息知, 2021 年杭州市户籍人口期望寿命为 83.63 岁, 其中男性期望寿命为 81.57 岁, 女性为 85.77 岁; 还有国家统计局每月公布的 CPI (consumer price index, 居民消费价格指数) 和 PPI (producer price index, 生产价格指数) 等. 在当今社会, 我们能够不断地获得各种各样的数据资料, 其中不少数据是人们根据实际需要设计和收集的, 这些数据反映了事物和实际现象某些方面的特征, 影响着人们的行为. 例如, 金融和商业数据资料会影响投资人的投资策略.

从概率统计理论的角度看, 职工工资、居民人均住房建筑面积、人的寿命、居民的消费量、工业品生产价格等都是随机变量, 虽然它们的概率分布可以完全刻画其取值情况, 但人们常常会忽略其概率分布而重视一些能反映其特性的数据 (指标). 例如, 要比较两个城市的职工收入, 用收入统计表不直观, 而用平均收入就一目了然. 那些能反映随机变量某一方面特性的量称为随机变量的**数字特征**或**特征数**. 在实际问题中常用样本数据来分析研究特征数 (这将在后面的数理统计部分进行讨论). 本章我们将介绍一元随机变量的数学期望、方差、变异系数、分位数, 以及多元随机变量的协方差、相关系数等常用数字特征.

4.1 数学期望

(一) 数学期望的定义

随机变量的数学期望又称为均值, 在介绍其定义之前, 我们先来看一个例子.

设抛掷一颗骰子所得的点数为 X, 独立重复地抛 50 次, 若观察到 $1, 2, \cdots, 6$ 点的次数分别为 $8, 9, 6, 8, 9, 10$, 则平均点数为

$$\begin{aligned}\overline{x} &= \frac{1\times 8+2\times 9+3\times 6+4\times 8+5\times 9+6\times 10}{50}\\ &= 1\times\frac{8}{50}+2\times\frac{9}{50}+3\times\frac{6}{50}+4\times\frac{8}{50}+5\times\frac{9}{50}+6\times\frac{10}{50}=3.62.\end{aligned}$$

若用 a_i 表示 $\{X=i\}(i=1,2,3,4,5,6)$ 出现的次数, $n=\sum\limits_{k=1}^{6} a_k$ 为抛掷次数, 则抛掷骰子所得的平均点数为 $\sum\limits_{i=1}^{6} i\cdot\dfrac{a_i}{n}$. 也就是说, 平均值 $\overline{x}$ 是 X 的可能取值 i 与相应事件 $\{X=i\}$ 发生的频率 $\dfrac{a_i}{n}$ 的乘积之和. 由 1.2 节中概率的定义知, 当试验的次数足够多时, 频率的稳定值即为概率. 因此, 随机变量 X 的均值可以表示为 X 的可能取值与相应事件概率的乘积之和. 一般地, 对于离散型随机变量, 有如下定义.

定义 4.1.1　设离散型随机变量 X 的概率分布律为

$$P\{X=x_i\}=p_i,\quad i=1,2,\cdots,$$

若级数 $\sum\limits_{i=1}^{+\infty} x_i p_i$ 绝对收敛 $\left(\text{即} \sum\limits_{i=1}^{+\infty} |x_i| p_i < +\infty\right)$, 则称级数 $\sum\limits_{i=1}^{+\infty} x_i p_i$ 为随机变量 X (或相应的分布) 的数学期望 (mathematical expectation) 或均值 (mean), 简称期望, 记为 $E(X)$, 即

$$E(X)=\sum_{i=1}^{+\infty} x_i p_i. \tag{4.1.1}$$

若 $\sum\limits_{i=1}^{+\infty} |x_i| p_i = +\infty$, 则称随机变量 X (或相应的分布) 的数学期望不存在.

数学期望的存在需要级数 $\sum\limits_{i=1}^{+\infty} x_i p_i$ 绝对收敛, 这是因为若该级数不绝对收敛, 而仅仅条件收敛, 此时级数的和会随着级数各项的排列次序不同而发生改变, 从而无法得到唯一值. 而从直观意义上来看, 离散型随机变量的数学期望应当与其概率分布律中的各项排列次序无关.

类似地, 根据连续型随机变量的定义及积分与级数的关系, 对于连续型随机变量的数学期望, 可以给出如下定义.

定义 4.1.2　设连续型随机变量 X 的密度函数为 $f(x)$. 若

$$\int_{-\infty}^{+\infty} |x| f(x) \mathrm{d}x < +\infty,$$

则称积分 $\int_{-\infty}^{+\infty} x f(x) \mathrm{d}x$ 为 X 的数学期望或均值, 简称期望, 记为 $E(X)$, 即

$$E(X) = \int_{-\infty}^{+\infty} x f(x) \mathrm{d}x. \tag{4.1.2}$$

▶案例
保险问题

若 $\int_{-\infty}^{+\infty} |x| f(x) \mathrm{d}x = +\infty$, 则称随机变量 X (或相应的分布) 的数学期望不存在.

例 4.1.1　设随机变量 X 的概率分布律如下:

$$P\left\{X = (-1)^{k+1} \frac{3^k}{k}\right\} = \frac{2}{3^k}, \quad k = 1, 2, \cdots .$$

因为

$$\sum_{k=1}^{+\infty} |x_k| p_k = \sum_{k=1}^{+\infty} \frac{3^k}{k} \cdot \frac{2}{3^k} = \sum_{k=1}^{+\infty} \frac{2}{k}$$

是发散的, 所以该随机变量的数学期望不存在.

例 4.1.2　设随机变量 X 服从柯西分布, 其密度函数为

$$f(x) = \frac{1}{\pi(1+x^2)}, \quad -\infty < x < +\infty.$$

由于

$$\begin{aligned}\int_{-\infty}^{+\infty} |x| f(x) \mathrm{d}x &= \int_{-\infty}^{+\infty} |x| \frac{1}{\pi(1+x^2)} \mathrm{d}x = \int_{0}^{+\infty} \frac{2x}{\pi(1+x^2)} \mathrm{d}x \\ &= \frac{1}{\pi} \ln(1+x^2) \Big|_{0}^{+\infty} = +\infty,\end{aligned}$$

故该随机变量的数学期望不存在.

例 4.1.3 一种常见的桌游: 庄家抛掷一颗均匀的骰子, 参与者猜其精确点数, 具体按以下规则进行: 若猜中, 可获得下注本金 5 倍的奖金; 若未猜中, 本金归庄家所有. 问此规则对庄家还是参与者更有利?

解 不妨假设参与者下注本金为 10 元, 记所得的奖金为 X 元. 根据规则, 他得 50 元奖金的概率为 $\frac{1}{6}$, 血本无归的概率为 $\frac{5}{6}$, 因此他参加一次游戏所得的平均奖金, 即他期望能得到的奖金为

$$E(X)=50\times\frac{1}{6}+0\times\frac{5}{6}\approx 8.33(\text{元}).$$

因为 $8.33<10$, 所以这一规则显然对庄家更为有利.

"期望" 常指对未来的等待和希望, 从例 4.1.3 我们也可体会到 "期望" 的含义, $E(X)$ 反映了赌者下注后的一种 "期望".

例 4.1.4 (泊松分布的数学期望) 设随机变量 X 服从泊松分布 $P(\lambda)(\lambda>0)$, 则

$$\begin{aligned}E(X)&=\sum_{k=0}^{+\infty}k\cdot P\{X=k\}=\sum_{k=0}^{+\infty}k\cdot\frac{\lambda^k}{k!}\mathrm{e}^{-\lambda}\\&=\lambda\sum_{k=1}^{+\infty}\frac{\lambda^{k-1}}{(k-1)!}\mathrm{e}^{-\lambda}=\lambda.\end{aligned}$$

这表明泊松分布中的参数 λ 恰好就是此分布的数学期望. 因此, 若已知泊松分布的数学期望, 则该泊松分布就完全确定了.

例 4.1.5 (指数分布的数学期望) 设随机变量 X 服从指数分布 $E(\lambda)(\lambda>0)$, 则

$$\begin{aligned}E(X)&=\int_{-\infty}^{+\infty}xf(x)\mathrm{d}x=\int_0^{+\infty}x\lambda\mathrm{e}^{-\lambda x}\mathrm{d}x=-\int_0^{+\infty}x\mathrm{d}\mathrm{e}^{-\lambda x}\\&=-(x\mathrm{e}^{-\lambda x})\Big|_0^{+\infty}+\int_0^{+\infty}\mathrm{e}^{-\lambda x}\mathrm{d}x=\frac{1}{\lambda}.\end{aligned}$$

即指数分布的数学期望为其参数 λ 的倒数, 这也说明指数分布可由其数学期望完全确定.

例 4.1.6 (标准正态分布的数学期望) 设随机变量 X 服从标准正态分布 $N(0,1)$, 注意到标准正态分布的密度函数

$$\varphi(x)=\frac{1}{\sqrt{2\pi}}\mathrm{e}^{-x^2/2},\quad x\in\mathbf{R}$$

是一偶函数, 那么 $x\varphi(x)$ 是一奇函数, 故

$$E(X)=\int_{-\infty}^{+\infty}x\varphi(x)\mathrm{d}x=0.$$

一些重要的随机变量的特征数参见书中附表 1.

例 4.1.7　某厂生产的电子产品的寿命 X (单位: 年) 服从指数分布, 密度函数为

$$f(x)=\begin{cases}\dfrac{1}{3}\mathrm{e}^{-x/3}, & x>0,\\ 0, & \text{其他}.\end{cases}$$

已知每件产品的生产成本为 350 元, 出售价格为 500 元. 厂方向顾客承诺, 若产品售出 1 年之内发生故障, 则免费调换一件, 之后厂方不再承担后续责任; 若在 1 年以上 3 年以内发生故障, 则厂方予以一次免费维修, 维修成本为 50 元; 若超过 3 年发生故障, 则厂方不承担责任. 在这样的体系下, 请问该厂每售出一件产品, 其平均净收入为多少?

㊟ 解　记售出一件该产品的净收入为 Y 元, 显然 Y 与 X 有关, Y 可表示为 X 的函数:

$$Y=\begin{cases}500-350\times 2=-200, & 0<X\leqslant 1,\\ 500-350-50=100, & 1<X\leqslant 3,\\ 500-350=150, & X>3.\end{cases}$$

由于 X 服从指数分布, 故

$$P\{Y=-200\}=P\{0<X\leqslant 1\}=\int_0^1\frac{1}{3}\mathrm{e}^{-x/3}\mathrm{d}x=1-\mathrm{e}^{-1/3},$$

$$P\{Y=100\}=P\{1<X\leqslant 3\}=\int_1^3\frac{1}{3}\mathrm{e}^{-x/3}\mathrm{d}x=\mathrm{e}^{-1/3}-\mathrm{e}^{-1},$$

$$P\{Y=150\}=P\{X>3\}=\int_3^{+\infty}\frac{1}{3}\mathrm{e}^{-x/3}\mathrm{d}x=\mathrm{e}^{-1}.$$

因此售出一件产品的平均净收入为

$$\begin{aligned}E(Y)&=-200\cdot(1-\mathrm{e}^{-1/3})+100\cdot(\mathrm{e}^{-1/3}-\mathrm{e}^{-1})+150\cdot\mathrm{e}^{-1}\\&=-200+300\mathrm{e}^{-1/3}+50\mathrm{e}^{-1}\approx 33.35(\text{元}).\end{aligned}$$

例 4.1.8　从区间 $[0,1]$ 中随机地抽取 n 个数, 记为 $X_1,X_2,\cdots,X_n$. 记 $M=\max\limits_{1\leqslant i\leqslant n}X_i$, $N=\min\limits_{1\leqslant i\leqslant n}X_i$, 求 $E(M)$ 与 $E(N)$.

㊎ 由题意知, $X_1, X_2, \cdots, X_n$ 是相互独立的随机变量, 且均服从均匀分布 $U(0,1)$, 其分布函数为

$$F(x)=\begin{cases}0, & x<0,\\ x, & 0\leqslant x<1,\\ 1, & x\geqslant 1,\end{cases}$$

从而由 (3.5.15) 可得 M 的分布函数为

$$F_M(y)=[F(y)]^n=\begin{cases}0, & y<0,\\ y^n, & 0\leqslant y<1,\\ 1, & y\geqslant 1.\end{cases}$$

那么 M 的密度函数为

$$f_M(y)=\begin{cases}ny^{n-1}, & 0\leqslant y<1,\\ 0, & \text{其他}.\end{cases}$$

于是

$$E(M)=\int_{-\infty}^{+\infty} yf_M(y)\mathrm{d}y=\int_0^1 y\cdot ny^{n-1}\mathrm{d}y=\frac{n}{n+1}.$$

而由 (3.5.16) 可得 N 的分布函数为

$$F_N(z)=1-[1-F(z)]^n=\begin{cases}0, & z<0,\\ 1-(1-z)^n, & 0\leqslant z<1,\\ 1, & z\geqslant 1,\end{cases}$$

所以 N 的密度函数为

$$f_N(z)=\begin{cases}n(1-z)^{n-1}, & 0\leqslant z<1,\\ 0, & \text{其他}.\end{cases}$$

于是

$$\begin{aligned}E(N)&=\int_{-\infty}^{+\infty} zf_N(z)\mathrm{d}z=\int_0^1 z\cdot n(1-z)^{n-1}\mathrm{d}z\\ &\xlongequal{\text{令 } t=1-z}\int_0^1 n(1-t)t^{n-1}\mathrm{d}t=\frac{1}{n+1}.\end{aligned}$$

(二) 随机变量函数的数学期望

在实际应用中, 有时会碰到这样的情形: 已知随机变量 $Y=g(X)$, 其中随机变量 X 的分布已知, 需要得到 Y 的数学期望. 一种自然的思路是先利用两者之间的关系式 $g(\cdot)$ 及 X 的分布来求出 Y 的分布, 然后再根据数学期望的

定义来得到 Y 的数学期望. 这样当然是可行的, 但是数学期望仅仅是随机变量的一个数字特征, 也就是一局部信息. 为了得到部分信息, 而要先得到其全部信息, 似乎有点"小题大做". 事实上, 当两者之间的函数关系满足一定条件时, 确实不用这么麻烦, 可以根据两个变量的关系式及已知随机变量的分布, 直接来求另一个随机变量的数学期望. 下面就给出这一简便公式.

定理 4.1.1　当 X 为离散型随机变量时, 若 $\sum\limits_{i=1}^{+\infty}|g(x_i)|p_i < +\infty$, 则 $g(X)$ 的数学期望 $E(g(X))$ 存在, 且

$$E(g(X))=\sum_{i=1}^{+\infty}g(x_i)p_i, \tag{4.1.3}$$

其中 $P\{X=x_i\}=p_i, i=1,2,\cdots$ 为 X 的概率分布律.

当 X 为连续型随机变量时, 若 $\int_{-\infty}^{+\infty}|g(x)|f(x)\mathrm{d}x < +\infty$, 则 $g(X)$ 的数学期望 $E(g(X))$ 存在, 且

$$E(g(X))=\int_{-\infty}^{+\infty}g(x)f(x)\mathrm{d}x, \tag{4.1.4}$$

其中 $f(x)$ 为 X 的密度函数.

上述定理还可以推广到两个或两个以上随机变量函数的情形.

定理 4.1.2　当 (X,Y) 为二维离散型随机变量时, 若实函数 $h(x,y)$ 满足

$$\sum_{i=1}^{+\infty}\sum_{j=1}^{+\infty}|h(x_i,y_j)|P\{X=x_i,Y=y_j\}<+\infty,$$

则 $h(X,Y)$ 的数学期望 $E(h(X,Y))$ 存在, 且

$$E(h(X,Y))=\sum_{i=1}^{+\infty}\sum_{j=1}^{+\infty}h(x_i,y_j)p_{ij}, \tag{4.1.5}$$

其中 $P\{X=x_i,Y=y_j\}=p_{ij},\ i=1,2,\cdots,j=1,2,\cdots$ 为 (X,Y) 的联合分布律.

当 (X,Y) 为二维连续型随机变量时, 若实函数 $h(x,y)$ 满足

$$\int_{-\infty}^{+\infty}\int_{-\infty}^{+\infty}|h(x,y)|f(x,y)\mathrm{d}x\mathrm{d}y<+\infty,$$

则 $h(X,Y)$ 的数学期望 $E(h(X,Y))$ 存在, 且

$$E(h(X,Y))=\int_{-\infty}^{+\infty}\int_{-\infty}^{+\infty}h(x,y)f(x,y)\mathrm{d}x\mathrm{d}y, \tag{4.1.6}$$

其中 $f(x,y)$ 为 (X,Y) 的联合密度函数.

这两个定理的证明涉及一些较复杂的数学工具, 在此省略.

例 4.1.9 某学校门口设有电动校园游览车, 每天早上 7:00 开始发车, 每隔 15 min 一班. 假设某人在早上 9:00—10:00 随机来到校门口乘坐游览车, 求此人等候游览车的平均时间.

解 由题意, 设该游客在 9:00 之后的第 X min 到达校门口乘坐游览车, 则 X 服从 $(0,60)$ 上均匀分布. 用 Y 表示该游客的等候时间, 根据游览车的发车安排, 有

$$Y=\begin{cases}0, & X=0,\\ 15-X, & 0<X\leqslant 15,\\ 30-X, & 15<X\leqslant 30,\\ 45-X, & 30<X\leqslant 45,\\ 60-X, & 45<X\leqslant 60,\end{cases}$$

所以

$$\begin{aligned}E(Y)=&\int_0^{15}(15-x)\cdot\frac{1}{60}\mathrm{d}x+\int_{15}^{30}(30-x)\cdot\frac{1}{60}\mathrm{d}x+\\&\int_{30}^{45}(45-x)\cdot\frac{1}{60}\mathrm{d}x+\int_{45}^{60}(60-x)\cdot\frac{1}{60}\mathrm{d}x\\=&7.5(\min).\end{aligned}$$

例 4.1.10 一银行服务需要等待, 设等待时间 X (单位: min) 服从数学期望为 10 的指数分布. 某人进了银行, 且计划之后要去办另一件事, 故先等待, 如果 15 min 后没有等到服务就离开银行. 设此人在银行实际等待时间为 Y, 求此人实际等待的平均时间 $E(Y)$.

解 由题意知 $Y=\min\{X,15\}$, 故取 $g(x)=\min\{x,15\}$, 则 $Y=g(X)$. 而 X 的密度函数为

$$f_X(x)=\begin{cases}\dfrac{1}{10}\mathrm{e}^{-\frac{x}{10}}, & x>0,\\ 0, & x\leqslant 0.\end{cases}$$

利用 (4.1.4) 可得

$$\begin{aligned}E(Y)=E(g(X))&=\int_{-\infty}^{+\infty}\min\{x,15\}\cdot f_X(x)\mathrm{d}x\\&=\int_0^{+\infty}\min\{x,15\}\cdot\frac{1}{10}\mathrm{e}^{-\frac{x}{10}}\mathrm{d}x\end{aligned}$$

$$= \int_0^{15} x \cdot \frac{1}{10} \mathrm{e}^{-\frac{x}{10}} \mathrm{d}x + \int_{15}^{+\infty} 15 \cdot \frac{1}{10} \mathrm{e}^{-\frac{x}{10}} \mathrm{d}x$$

$$= 10 - 10\mathrm{e}^{-\frac{3}{2}} \approx 7.8(\mathrm{min}).$$

例 4.1.11　随机变量 X, Y 相互独立, 均服从参数为 $\frac{1}{2}$ 的 $0-1$ 分布, 求 $E\left(\frac{X}{X+Y+1}\right)$, $E(\min\{X,Y\})$ 和 $E(\max\{X,Y\}-\min\{X,Y\})$.

㊫ 由题意知, X 与 Y 的联合分布律为

$$P\{X=i, Y=j\} = \frac{1}{4}, \quad i,j=0,1.$$

利用 (4.1.5) 可得

$$\begin{aligned}
E\left(\frac{X}{X+Y+1}\right) &= \frac{0}{0+0+1} \cdot P\{X=0,Y=0\} + \frac{0}{0+1+1} \cdot P\{X=0,Y=1\} + \\
&\quad \frac{1}{1+0+1} \cdot P\{X=1,Y=0\} + \frac{1}{1+1+1} \cdot P\{X=1,Y=1\} \\
&= \left(\frac{1}{2}+\frac{1}{3}\right) \cdot \frac{1}{4} = \frac{5}{24}.
\end{aligned}$$

同理可得

$$\begin{aligned}
E(\min\{X,Y\}) &= \min\{0,0\} \cdot P\{X=0,Y=0\} + \min\{0,1\} \cdot P\{X=0,Y=1\} + \\
&\quad \min\{1,0\} \cdot P\{X=1,Y=0\} + \min\{1,1\} \cdot P\{X=1,Y=1\} \\
&= \frac{1}{4},
\end{aligned}$$

$$\begin{aligned}
E(\max\{X,Y\}-\min\{X,Y\}) &= (0-0) \cdot P\{X=0,Y=0\} + (1-0) \cdot P\{X=0,Y=1\} + \\
&\quad (1-0) \cdot P\{X=1,Y=0\} + (1-1) \cdot P\{X=1,Y=1\} \\
&= 0.5.
\end{aligned}$$

例 4.1.12　设二维随机变量 (X,Y) 的联合密度函数为

$$f(x,y) = \begin{cases} x\mathrm{e}^{-x(1+y)}, & x>0, y>0, \\ 0, & \text{其他}, \end{cases}$$

求 $E(XY)$.

㊫ 由定理 4.1.2 可知

$$\begin{aligned}
E(XY) &= \int_{-\infty}^{+\infty} \int_{-\infty}^{+\infty} xy \cdot f(x,y) \mathrm{d}x\mathrm{d}y \\
&= \int_0^{+\infty} \int_0^{+\infty} xy \cdot x\mathrm{e}^{-x(1+y)} \mathrm{d}x\mathrm{d}y
\end{aligned}$$

$$
\begin{aligned}
&= \int_0^{+\infty} x\mathrm{e}^{-x} \cdot \left[-\int_0^{+\infty} y\mathrm{d}(\mathrm{e}^{-xy})\right] \mathrm{d}x \\
&= \int_0^{+\infty} \mathrm{e}^{-x}\mathrm{d}x = 1.
\end{aligned}
$$

在数学期望的实际应用中，还常常涉及极值的求解.

例 4.1.13　设按季节出售的某种应时产品的销售量 X (单位: t) 是一个服从 $[5,10]$ 上均匀分布的随机变量. 若销售 1 t 产品可盈利 2 万元; 但若在销售季节未能售完，造成积压，则每吨产品将会净亏损 0.5 万元. 若该厂家需要提前生产该种产品，为使厂家能获得最大的期望利润，问在该季生产多少产品最为合适?

㊎ 设该季生产 a t 产品 $(5 \leqslant a \leqslant 10)$，利润为 Y 万元，则 Y 依赖于销售量 X 及产量 a,

$$
Y = g(X,a) = \begin{cases} 2a, & X \geqslant a, \\ 2.5X - 0.5a, & X < a. \end{cases}
$$

由于 X 服从 $[5,10]$ 上均匀分布，所以其密度函数为

$$
f_X(x) = \begin{cases} \dfrac{1}{5}, & 5 \leqslant x \leqslant 10, \\ 0, & \text{其他}. \end{cases}
$$

从而该季平均利润为

$$
\begin{aligned}
E(Y) = E(g(X,a)) &= \int_{-\infty}^{+\infty} g(x,a) f_X(x)\mathrm{d}x \\
&= \int_5^a \frac{2.5x - 0.5a}{5}\mathrm{d}x + \int_a^{10} \frac{2a}{5}\mathrm{d}x \\
&= -\frac{a^2}{4} + \frac{9a}{2} - \frac{25}{4}.
\end{aligned}
$$

为求使得该季平均利润达到最大的 a，令 $\dfrac{\mathrm{d}}{\mathrm{d}a}E(Y) = -\dfrac{a}{2} + \dfrac{9}{2} = 0$，得 $a = 9$. 又由于 $\dfrac{\mathrm{d}^2E(Y)}{\mathrm{d}a^2} = -\dfrac{1}{2} < 0$，所以当 $a = 9$ 时，$E(Y)$ 达到最大值. 即为使厂家能获得最大的期望利润，厂家在该季生产 9 t 产品最为合适.

(三) 数学期望的性质

定理 4.1.3　若 n 个随机变量 $X_1, X_2, \cdots, X_n (n \geqslant 1)$ 的数学期望都存在，则对任意 $n+1$ 个实数 $c_0, c_1, c_2, \cdots, c_n$, $c_0 + \sum\limits_{i=1}^{n} c_i X_i$ 的数学期望也存在，且

$$E\left(c_0+\sum_{i=1}^{n}c_iX_i\right)=c_0+\sum_{i=1}^{n}c_iE(X_i). \tag{4.1.7}$$

当 $n=1$ 和 $n=2$ 时可用定理 4.1.1 和 4.1.2 来证明, 然后利用归纳法易得上述结论. 这里就不详细证明了.

特别地, 当 $c_i=0, i=1,2,\cdots,n$ 时, 得 $E(c_0)=c_0$, 即对于任意常数 c, 有

$$E(c)=c.$$

例 4.1.14 (正态分布的数学期望) 设随机变量 X 服从正态分布 $N(\mu,\sigma^2)$, $-\infty<\mu<+\infty$, $\sigma>0$. 由于 $Z=\dfrac{X-\mu}{\sigma}\sim N(0,1)$, 所以任意服从正态分布的随机变量都可以写成服从标准正态分布的随机变量的线性组合, 即 $X=\sigma Z+\mu$. 由例 4.1.6 知 $E(Z)=0$, 那么

$$E(X)=E(\sigma Z+\mu)=\sigma E(Z)+\mu=\mu.$$

这表明正态分布中的参数 μ 恰是此分布的数学期望.

例 4.1.15 (二项分布的数学期望) 设随机变量 X 服从二项分布 $B(n,p)$ $(0<p<1)$, 证明: $E(X)=np$.

证明 由于 X 可看成 n 重伯努利试验中随机事件 A 发生的次数, 其中 $P(A)=p$, 引入随机变量

$$Y_i=\begin{cases}1, & \text{第 } i \text{ 次试验 } A \text{ 发生},\\ 0, & \text{第 } i \text{ 次试验 } A \text{ 不发生},\end{cases} \qquad i=1,2,\cdots,n,$$

则 $Y_i, i=1,2,\cdots,n$ 相互独立, 都服从参数为 p 的 $0-1$ 分布, 且

$$E(Y_i)=0\times(1-p)+1\times p=p.$$

注意到 $X=\sum\limits_{i=1}^{n}Y_i$, 于是

$$E(X)=E\left(\sum_{i=1}^{n}Y_i\right)=\sum_{i=1}^{n}E(Y_i)=\sum_{i=1}^{n}p=np.$$

此题也可以利用二项分布的概率分布律, 采用数学期望的定义进行证明.

例 4.1.16 计算机程序随机地产生 $0\sim9$ 中的数字, 记 X_i 为第 i 次产生的数字, $i=1,2,\cdots,n$. 将这 $n(n\geqslant1)$ 个数依次排列 (第一个产生的数字

放在个位, 第二个产生的数字放在十位 …… 依此类推), 得到一数, 记为 Y, 求 $E(Y)$.

㊮ 由题意知 X_i 独立同分布, $i=1,2,\cdots,n$, 其概率分布律均为

$$P\{X_i=k\}=\frac{1}{10}, k=0,1,\cdots,9.$$

故对任意的 $i=1,2,\cdots,n$,

$$E(X_i)=\sum_{k=0}^{9}k\cdot\frac{1}{10}=4.5.$$

又 $Y=\sum\limits_{i=1}^{n}10^{i-1}X_i$, 从而

$$\begin{aligned}E(Y)&=E\left(\sum_{i=1}^{n}10^{i-1}X_i\right)=\sum_{i=1}^{n}10^{i-1}E(X_i)\\&=4.5\cdot\sum_{i=1}^{n}10^{i-1}=\frac{10^n-1}{2}.\end{aligned}$$

例 4.1.17 一专用电梯载着 12 位乘客从第 1 层上升, 最高 11 层. 假设中途没有乘客进入, 每位乘客独立等概率地到达各层. 如果没有乘客到达某楼层, 电梯在该楼层就不停. 记电梯停留次数为 X, 求 $E(X)$ (设电梯到达 11 层后乘客全部下完).

㊮ 令

$$X_i=\begin{cases}1, & \text{第 } i \text{ 层有人到达},\\0, & \text{第 } i \text{ 层无人到达},\end{cases}\quad i=2,3,\cdots,11,$$

则显然 $X=\sum\limits_{i=2}^{11}X_i$, 且 X_i 的概率分布律为

$$P\{X_i=0\}=0.9^{12},\quad P\{X_i=1\}=1-0.9^{12},\quad i=2,3,\cdots,11.$$

故

$$\begin{aligned}E(X)&=E\left(\sum_{i=2}^{11}X_i\right)=\sum_{i=2}^{11}E(X_i)\\&=10\cdot[1\cdot(1-0.9^{12})+0\times0.9^{12}]\approx7.176(\text{次}).\end{aligned}$$

此题中将一个复杂的随机变量分解为若干个分布简单的易求数学期望的随机变量之和, 再利用数学期望的线性组合性质使得问题迎刃而解. 这种处理

方法在实际应用中具有一定的代表性.

值得注意的是, 例 4.1.17 中的 X_i 虽然服从参数相同的 $0-1$ 分布, 但是它们之间不是相互独立的, 因此 $\sum\limits_{i=1}^{n} X_i$ 不服从二项分布. 这一点请读者细细体会, 在以后的实际应用中要特别留意, 加以区别. 但是由定理 4.1.3 可知, 随机变量之和的数学期望不依赖于和项中随机变量之间的关系.

定理 4.1.4　n 个相互独立的随机变量乘积的数学期望等于它们的数学期望的乘积. 即若随机变量 $X_1, X_2, \cdots, X_n\ (n \geqslant 1)$ 相互独立, 且它们的数学期望都存在, 则 $\prod\limits_{i=1}^{n} X_i$ 的数学期望也存在, 且

$$E\left(\prod_{i=1}^{n} X_i\right) = \prod_{i=1}^{n} E(X_i). \tag{4.1.8}$$

证明　下面仅就 $n=2$ 且 (X_1, X_2) 是连续型随机变量的情形给出证明, 其他情形可以类似得到. 设 (X_1, X_2) 的联合密度函数为 $f(x_1, x_2)$, 其边际密度函数为 $f_{X_1}(x_1)$, $f_{X_2}(x_2)$. 由独立性知, $f(x_1, x_2) = f_{X_1}(x_1) \cdot f_{X_2}(x_2)$. 此时利用定理 4.1.2, 有

$$\begin{aligned}
&\int_{-\infty}^{+\infty}\int_{-\infty}^{+\infty} |x_1 x_2| f(x_1, x_2) \mathrm{d}x_1 \mathrm{d}x_2 \\
=& \int_{-\infty}^{+\infty} |x_1| f_{X_1}(x_1) \mathrm{d}x_1 \int_{-\infty}^{+\infty} |x_2| f_{X_2}(x_2) \mathrm{d}x_2 < +\infty,
\end{aligned}$$

故 $X_1 X_2$ 的数学期望存在. 再次利用定理 4.1.2, 可得

$$\begin{aligned}
E(X_1 X_2) &= \int_{-\infty}^{+\infty}\int_{-\infty}^{+\infty} x_1 x_2 f(x_1, x_2) \mathrm{d}x_1 \mathrm{d}x_2 \\
&= \int_{-\infty}^{+\infty} x_1 f_{X_1}(x_1) \mathrm{d}x_1 \int_{-\infty}^{+\infty} x_2 f_{X_2}(x_2) \mathrm{d}x_2 \\
&= E(X_1) \cdot E(X_2).
\end{aligned}$$

►案例
游戏通关费用
问题

例 4.1.18　一长方形土地, 其边长的测量值 (单位: m) X, Y 分别服从 $N(150, 3^2)$ 和 $N(165, 2^2)$, 且 X 与 Y 相互独立, 求由此算得的土地面积 W 的数学期望.

㊙ 由题意知 $W = XY$, 且 X 与 Y 相互独立, 故

$$\begin{aligned}
E(W) &= E(XY) = E(X) \cdot E(Y) \\
&= 150 \times 165 = 24\ 750(\mathrm{m}^2).
\end{aligned}$$

*(四) 条件数学期望

第 3 章中曾涉及条件分布, 而且已知条件分布函数具有一般分布函数的性质, 它也是一种概率分布, 因此也可以关于它求对应的数学期望, 此时称为条件数学期望 (conditional mathematical expectation), 简称为条件期望. 对连续型和离散型随机变量, 其具体定义如下:

定义 4.1.3　若 (X,Y) 为二维连续型随机变量, 在给定 $\{X=x\}$ $(f_X(x)>0)$ 的条件下, Y 的条件密度函数为 $f_{Y|X}(y|x)$, 则在给定 $\{X=x\}$ 的条件下, Y 的条件期望为

$$E(Y|X=x)=\int_{-\infty}^{+\infty} y f_{Y|X}(y|x)\mathrm{d}y; \tag{4.1.9}$$

若 (X,Y) 为二维离散型随机变量, 在给定 $\{X=x\}$ $(P\{X=x\}>0)$ 的条件下, Y 的条件分布律为 $P\{Y=y_j|X=x\}=p_j(x)$, $j=1,2,\cdots$, 则在给定 $\{X=x\}$ 的条件下, Y 的条件期望为

$$E(Y|X=x)=\sum_{j=1}^{+\infty} y_j p_j(x). \tag{4.1.10}$$

$E(Y|X=x)$ 有时也简记为 $E(Y|x)$.

数学期望所具有的性质, 条件期望也同样满足. 不过值得注意的是, 条件期望与数学期望还是有一些区别的. 数学期望 $E(Y)$ 是一个数值, 而条件期望 $E(Y|X=x)$ 是 x 的函数. 事实上, 在得到 X 的值之前, $E(Y|X=x)$ 一般是无法确定的, 因此它是个随机变量, 记为 $E(Y|X)$. 当观测到 $X=x$ 时, 其值为 $E(Y|X=x)$. 对于随机变量 $E(Y|X)$, 还有以下一个有趣的性质.

定理 4.1.5　设 (X,Y) 为二维随机变量, 若 $E(Y)$ 存在, 则

$$E(Y)=E[E(Y|X)]. \tag{4.1.11}$$

上式称为全 (数学) 期望公式 (total expectation formula).

当 (X,Y) 为二维连续型随机变量时, (4.1.11) 即为

$$E(Y)=\int_{-\infty}^{+\infty} E(Y|X=x) f_X(x)\mathrm{d}x. \tag{4.1.12}$$

当 (X,Y) 为二维离散型随机变量时, (4.1.11) 即为

$$E(Y)=\sum_{i=1}^{+\infty} E(Y|X=i)P\{X=i\}. \tag{4.1.13}$$

证明　我们就连续型与离散型的情况分别进行证明. 先设 (X,Y) 为二维连续型随机变量, 联合密度函数为 $f(x,y)$, X 与 Y 的边缘密度函数分别为 $f_X(x)$ 与 $f_Y(y)$. 由条件期望的定义知

$$E(Y|X=x)=\int_{-\infty}^{+\infty} y f_{Y|X}(y|x)\mathrm{d}y,$$

其中 $f_{Y|X}(y|x)=\dfrac{f(x,y)}{f_X(x)}$ 是在给定 $\{X=x\}$ 的条件下 Y 的条件密度函数, 由此可知 $E(Y|X)$ 是 X 的函数. 利用随机变量函数的数学期望计算公式 (4.1.4), 得

$$\begin{aligned}
E[E(Y|X)] &= \int_{-\infty}^{+\infty} E(Y|X=x) f_X(x)\mathrm{d}x \\
&= \int_{-\infty}^{+\infty}\left(\int_{-\infty}^{+\infty} y f_{Y|X}(y|x)\mathrm{d}y\right) f_X(x)\mathrm{d}x \\
&= \int_{-\infty}^{+\infty}\int_{-\infty}^{+\infty} y f(x,y)\mathrm{d}y\mathrm{d}x \\
&= \int_{-\infty}^{+\infty} y\left(\int_{-\infty}^{+\infty} f(x,y)\mathrm{d}x\right)\mathrm{d}y \\
&= \int_{-\infty}^{+\infty} y f_Y(y)\mathrm{d}y = E(Y).
\end{aligned}$$

再设 (X,Y) 为二维离散型随机变量, 其联合分布律为 $P\{X=x_i, Y=y_j\}=p_{ij}, i,j=1,2,\cdots$. 类似地, 结合条件期望以及条件概率的定义, 可得

$$\begin{aligned}
E[E(Y|X)] &= \sum_{i=1}^{+\infty} E(Y|X=x_i)P\{X=x_i\} \\
&= \sum_{i=1}^{+\infty}\left(\sum_{j=1}^{+\infty} y_j P\{Y=y_j|X=x_i\}\right)P\{X=x_i\} \\
&= \sum_{j=1}^{+\infty} y_j\left(\sum_{i=1}^{+\infty} P\{Y=y_j, X=x_i\}\right) \\
&= \sum_{j=1}^{+\infty} y_j P\{Y=y_j\} = E(Y).
\end{aligned}$$

例 4.1.19　设进入某超市的顾客购买一件该超市自创商品的概率为 $p(0<p<1)$. 已知一天内该超市的顾客流量 X 服从参数为 $\lambda(\lambda>0)$ 的泊松分布, 求一天中该超市卖出其自创商品的平均件数.

解　设一天中该超市卖出自创商品 N 件. 由题意知, 当顾客流量 X 在给定 $\{X=i\}$ 的条件下, N 的条件分布为 $B(i,p)$, $i=0,1,\cdots$ (说明: $Y\sim B(0,p)$

表示 $P\{Y=0\}=1$). 因此对任意的 $i=0,1,\cdots$, 有

$$E(N|X=i)=ip.$$

利用全期望公式, 可得

$$\begin{aligned}E(N)=E[E(N|X)]&=\sum_{i=0}^{+\infty}E(N|X=i)P\{X=i\}\\&=\sum_{i=0}^{+\infty}ip\cdot\frac{\lambda^i}{i!}\mathrm{e}^{-\lambda}=\sum_{i=1}^{+\infty}ip\cdot\frac{\lambda^i}{i!}\mathrm{e}^{-\lambda}\\&=p\lambda\sum_{i=1}^{+\infty}\cdot\frac{\lambda^{i-1}}{(i-1)!}\mathrm{e}^{-\lambda}=p\lambda.\end{aligned}$$

事实上, 此题也可以用全概率公式来求出 N 的概率分布律, 并由此得 N 服从参数为 $p\lambda$ 的泊松分布, 有兴趣的读者可自行验证.

例 4.1.20 在游戏迷宫中的某处 (称为选择处) 有东、南、西、北四个门, 其中一个是自由之门. 若游戏中选择自由之门, 则 5 min 后就可以走出迷宫; 若选择了其余三个门, 则分别会在 10 min, 20 min, 30 min 后重回选择处. 设游戏参与者每次都是随机地从四个门中选择, 求他走出迷宫所需的平均时间.

㊫ 设从选择处到走出迷宫所需的时间为 T min, 并设他选择门的情况为 X, 用 $1,2,3,4$ 分别表示自由之门及走了 10 min, 20 min, 30 min 后重回选择处的门号, 那么

$$P\{X=i\}=\frac{1}{4},\quad i=1,2,3,4,$$

且

$$T=\begin{cases}5, & X=1,\\10+T_1, & X=2,\\20+T_1, & X=3,\\30+T_1, & X=4,\end{cases}$$

其中 T_1 为选择非自由之门返回选择处后到走出迷宫的时间. 由题意知, T_1 的概率分布应该和 T 的概率分布一样, 因此

$$E(T_1|X=i)=E(T),\quad i=2,3,4.$$

利用全期望公式, 可得

$$E(T)=E(E(T|X))=\sum_{i=1}^{4}E(T|X=i)P\{X=i\}$$

$$= \frac{1}{4}(5+10+20+30+3E(T)).$$

由此可得

$$E(T) = 65(\text{min}).$$

4.2 方差、变异系数

(一) 方差的定义

数学期望是随机变量的常用数字特征，它刻画了随机变量取值的平均水平，但有时仅有这个数字特征是不够的. 例如，有两台车床生产同一种零件，一台是老旧车床，一台是精密车床. 设零件的设计尺寸是 a mm，由于生产过程中存在随机误差，故每台车床生产出来的零件尺寸不完全相同，可视为随机变量. 但根据实际情况，老旧车床生产的零件尺寸偏差比较大：有些尺寸偏大，有些尺寸偏小，虽然平均值还是 a mm，但波动比较大；而精密车床生产的零件尺寸大都集中在 a 附近，平均值虽和老旧车床生产的零件尺寸相同，但波动较小. 下面将引进另一个用来刻画随机变量取值分散程度的数字特征.

定义 4.2.1 设随机变量 X 的数学期望 $E(X)$ 存在，若 $E[(X-E(X))^2]$ 存在，则称

$$E[(X-E(X))^2]$$

为 X (等价地，相应的分布) 的**方差** (variance)，记为 $\text{Var}(X)$ 或 $D(X)$ (有时也可写为 $V(X)$).

从方差的定义可知，它反映了随机变量 X 的取值与其中心位置——数学期望的平均偏离程度. 这一特征当然也可以用变量对其均值的绝对偏差的均值 $E(|X-E(X)|)$ 来衡量，但由于在数学上绝对值的运算不甚方便，所以改用具有同样效果而又便于运算的平方来代替.

方差的平方根 $\sqrt{\text{Var}(X)}$ 称为随机变量 X 的**标准差** (standard deviation) 或**均方差**，记为 $\sigma(X)$ 或 $SD(X)$. 它与方差一样反映了随机变量与其中心位置的偏离程度. 其优点是：它与随机变量和数学期望具有相同的量纲.

按方差的定义, 方差的计算可以看成随机变量 X 的函数 $g(X)=(X-E(X))^2$ 的数学期望. 值得注意的是, 函数表达式中的 $E(X)$ 是一实数. 由定理 4.1.1 可知

(1) 若离散型随机变量 X 的概率分布律为 $P\{X=x_i\}=p_i, i=1,2,\cdots$, 则 X 的方差为

$$\operatorname{Var}(X)=\sum_{i=1}^{+\infty}(x_i-E(X))^2 p_i. \tag{4.2.1}$$

(2) 若连续型随机变量 X 的密度函数为 $f(x)$, 则 X 的方差为

$$\operatorname{Var}(X)=\int_{-\infty}^{+\infty}(x-E(X))^2 f(x)\mathrm{d}x. \tag{4.2.2}$$

直接按定义计算方差往往比较麻烦, 在实际操作中, 人们常常用下面的公式来计算方差.

定理 4.2.1 若随机变量 X 的方差存在, 则

$$\operatorname{Var}(X)=E(X^2)-(E(X))^2. \tag{4.2.3}$$

证明 利用方差的定义及定理 4.1.3, 得

$$\begin{aligned}\operatorname{Var}(X)&=E[(X-E(X))^2]\\&=E[X^2-2XE(X)+(E(X))^2]\\&=E(X^2)-2E(X)\cdot E(X)+(E(X))^2\\&=E(X^2)-(E(X))^2.\end{aligned}$$

由上面的定理, 显然可得

$$E(X^2)=\operatorname{Var}(X)+(E(X))^2.$$

由于上式中的各项都是非负项, 所以若 $E(X^2)<+\infty$, 可得 $\operatorname{Var}(X)<+\infty$. 其实反之也成立, 即若 $\operatorname{Var}(X)<+\infty$, 也可得出 $E(X^2)<+\infty$. 另外, 由于 $|X|\leqslant X^2+1$, 所以某一随机变量平方的数学期望若存在, 则一定保证了这个随机变量数学期望的存在性.

例 4.2.1 (泊松分布的方差) 设随机变量 X 服从泊松分布 $P(\lambda)(\lambda>0)$, 则

$$E(X^2)=\sum_{k=0}^{+\infty}k^2\cdot P\{X=k\}$$

$$
\begin{aligned}
&= \sum_{k=0}^{+\infty} k^2 \cdot \frac{\lambda^k}{k!}\mathrm{e}^{-\lambda} = \lambda \sum_{k=1}^{+\infty} k \cdot \frac{\lambda^{k-1}}{(k-1)!}\mathrm{e}^{-\lambda} \\
&= \lambda \sum_{k=1}^{+\infty} [(k-1)+1] \cdot \frac{\lambda^{k-1}}{(k-1)!}\mathrm{e}^{-\lambda} \\
&= \lambda \left[\lambda \sum_{k=2}^{+\infty} \frac{\lambda^{k-2}}{(k-2)!}\mathrm{e}^{-\lambda} + \sum_{k=1}^{+\infty} \frac{\lambda^{k-1}}{(k-1)!}\mathrm{e}^{-\lambda} \right] \\
&= \lambda^2 + \lambda.
\end{aligned}
$$

又 $E(X) = \lambda$, 故

$$
\mathrm{Var}(X) = \lambda^2 + \lambda - \lambda^2 = \lambda.
$$

这表明泊松分布的数学期望与方差都等于参数 λ.

例 4.2.2 (*指数分布的方差*) 设随机变量 X 服从指数分布 $E(\lambda)(\lambda > 0)$, 则

$$
\begin{aligned}
E(X^2) &= \int_{-\infty}^{+\infty} x^2 f(x) \mathrm{d}x \\
&= \int_0^{+\infty} x^2 \lambda \mathrm{e}^{-\lambda x} \mathrm{d}x = -\int_0^{+\infty} x^2 \mathrm{d}\mathrm{e}^{-\lambda x} \\
&= -(x^2 \mathrm{e}^{-\lambda x})\Big|_0^{+\infty} + 2\int_0^{+\infty} x\mathrm{e}^{-\lambda x} \mathrm{d}x = \frac{2}{\lambda} E(X).
\end{aligned}
$$

而 $E(X) = \dfrac{1}{\lambda}$, 故

$$
\mathrm{Var}(X) = \frac{2}{\lambda^2} - \frac{1}{\lambda^2} = \frac{1}{\lambda^2}.
$$

即, 指数分布的方差为其数学期望的平方.

例 4.2.3 (*标准正态分布的方差*) 设随机变量 X 服从标准正态分布 $N(0,1)$, 而

$$
\begin{aligned}
E(X^2) &= \frac{1}{\sqrt{2\pi}} \int_{-\infty}^{+\infty} x^2 \cdot \mathrm{e}^{-x^2/2} \mathrm{d}x \\
&= -\frac{1}{\sqrt{2\pi}} \int_{-\infty}^{+\infty} x \mathrm{d}(\mathrm{e}^{-x^2/2}) \\
&= -\frac{1}{\sqrt{2\pi}} \left[(x\mathrm{e}^{-x^2/2})\Big|_{-\infty}^{+\infty} - \int_{-\infty}^{+\infty} \mathrm{e}^{-x^2/2} \mathrm{d}x \right] \\
&= \frac{1}{\sqrt{2\pi}} \int_{-\infty}^{+\infty} \mathrm{e}^{-x^2/2} \mathrm{d}x = 1,
\end{aligned}
$$

故

$$\mathrm{Var}(X) = 1 - 0^2 = 1.$$

例 4.2.4　对于例 4.1.8 中的 M 与 N, 分别求其方差.

解　由 M 与 N 的密度函数可得

$$E(M^2) = \int_{-\infty}^{+\infty} y^2 f_M(y)\mathrm{d}y = \int_0^1 y^2 \cdot ny^{n-1}\mathrm{d}y = \frac{n}{n+2},$$

$$E(N^2) = \int_{-\infty}^{+\infty} z^2 f_N(z)\mathrm{d}z = \int_0^1 z^2 \cdot n(1-z)^{n-1}\mathrm{d}z$$

$$\xlongequal{\text{令 } t=1-z} \int_0^1 (1-t)^2 nt^{n-1}\mathrm{d}t = \frac{2}{(n+1)(n+2)}.$$

因此

$$\mathrm{Var}(M) = E(M^2) - (E(M))^2 = \frac{n}{(n+1)^2(n+2)},$$

$$\mathrm{Var}(N) = E(N^2) - (E(N))^2 = \frac{n}{(n+1)^2(n+2)}.$$

即 $\mathrm{Var}(M) = \mathrm{Var}(N)$.

例 4.2.5　某人有一笔资金, 可投入两个项目 A 与 B. 据以往经验, 两项目的收益率 X 与 Y 的概率分布律分别为

X	50%	−40%
p	0.6	0.4

Y	30%	10%	−20%
p	0.3	0.6	0.1

试从平均收益率和投资风险两个角度分析一下两个项目.

解　先来比较两个项目的平均收益率:

$$E(X) = 50\% \times 0.6 + (-40\%) \times 0.4 = 14\%,$$

$$E(Y) = 30\% \times 0.3 + 10\% \times 0.6 + (-20\%) \times 0.1 = 13\%.$$

再来计算各自收益率的方差:

$$\mathrm{Var}(X) = (50\%)^2 \times 0.6 + (-40\%)^2 \times 0.4 - (14\%)^2 = 0.194\,4,$$

$$\mathrm{Var}(Y) = (30\%)^2 \times 0.3 + (10\%)^2 \times 0.6 + (-20\%)^2 \times 0.1 - (13\%)^2 = 0.020\,1.$$

从而得到它们各自的标准差:

$$\sigma(X) = \sqrt{0.194\,4} \approx 0.441,$$

$$\sigma(Y) = \sqrt{0.020\,1} \approx 0.142.$$

由上述结果可知, 从平均收益率来看, 项目 A 比项目 B 高了 1%; 但项目 A 的标准差约为项目 B 的 3 倍, 即项目 A 的投资风险比项目 B 高了许多. 权衡收益与风险, 该投资者宜选择项目 B.

(二) 方差的性质

定理 4.2.2　设随机变量 X 的方差存在, c 为某一常数, 则

(1) $\mathrm{Var}(cX)=c^2\mathrm{Var}(X)$;

(2) $\mathrm{Var}(X+c)=\mathrm{Var}(X)$;

(3) $\mathrm{Var}(X)\leqslant E[(X-c)^2]$, 其中当且仅当 $E(X)=c$ 时等号成立.

证明　按方差定义及上一节中提及的数学期望的线性性质, 知

$$\begin{aligned}\mathrm{Var}(cX)&=E[(cX-E(cX))^2]=E[(cX-cE(X))^2]\\&=c^2E[(X-E(X))^2]=c^2\mathrm{Var}(X),\end{aligned}$$

(1) 得证. 同样利用方差定义,

$$\begin{aligned}\mathrm{Var}(X+c)&=E\{[(X+c)-E(X+c)]^2\}\\&=E[(X-E(X))^2]=\mathrm{Var}(X),\end{aligned}$$

即为结论 (2). 而

$$\begin{aligned}E[(X-c)^2]-\mathrm{Var}(X)&=E[(X-c)^2]-E(X^2)+(E(X))^2\\&=(E(X))^2-2cE(X)+c^2\\&=(E(X)-c)^2\geqslant 0,\end{aligned}$$

且上式当且仅当 $E(X)=c$ 时等号成立, 故得结论 (3).

常数 c 可以看成一个特殊的随机变量, 其数学期望 $E(c)$ 也是 c, 因此这一特殊随机变量与其中心位置的偏差为 0, 即其方差为 0; 反之, 某随机变量 X 的方差为 0, 可见其取值非常集中, 均集中在某一点, 此点即为其中心——数学期望. 于是有下面的性质.

定理 4.2.3　设随机变量 X 的方差存在, 则 $\mathrm{Var}(X)=0$ 当且仅当 $P\{X=c\}=1$, 其中 $c=E(X)$.

证明　若 $P\{X=c\}=1$, 其中 $c=E(X)$, 则根据方差的定义可得 $\mathrm{Var}(X)=0$, 即定理的充分性得证. 而定理的必要性证明需要用到切比雪夫不等式, 此不等式我们将在第 5 章介绍, 这一部分的证明可以参见例 5.1.2.

定理 4.2.4 对任意的正整数 $n(n\geqslant 2)$, 设 $X_1, X_2, \cdots, X_n$ 为两两独立的随机变量, 方差都存在, 则 $X_1+X_2+\cdots+X_n$ 的方差也存在, 且

$$\operatorname{Var}\left(\sum_{i=1}^{n} X_i\right)=\sum_{i=1}^{n} \operatorname{Var}(X_i). \tag{4.2.4}$$

证明 注意到

$$\begin{aligned}
\operatorname{Var}\left(\sum_{i=1}^{n} X_i\right) &= E\left[\left(\sum_{i=1}^{n} X_i-E\left(\sum_{i=1}^{n} X_i\right)\right)^2\right]=E\left\{\left[\sum_{i=1}^{n}(X_i-E(X_i))\right]^2\right\} \\
&= E\left[\sum_{i=1}^{n}(X_i-E(X_i))^2+2\sum_{1\leqslant i<j\leqslant n}(X_i-E(X_i))(X_j-E(X_j))\right] \\
&= \sum_{i=1}^{n} E[(X_i-E(X_i))^2]+2\sum_{1\leqslant i<j\leqslant n} E[(X_i-E(X_i))(X_j-E(X_j))],
\end{aligned}$$

由于对任意的 $1\leqslant i<j\leqslant n$, X_i 与 X_j 两两独立, 故由定理 4.1.4 知

$$E(X_iX_j)=E(X_i)E(X_j),$$

从而对任意 $i\neq j$, 有

$$\begin{aligned}
&E[(X_i-E(X_i))(X_j-E(X_j))] \\
=&E(X_iX_j)-E(X_i)E(X_j)-E(X_i)E(X_j)+E(X_i)E(X_j)=0,
\end{aligned}$$

因此

$$\operatorname{Var}\left(\sum_{i=1}^{n} X_i\right)=\sum_{i=1}^{n} E[(X_i-E(X_i))^2]=\sum_{i=1}^{n} \operatorname{Var}(X_i).$$

另外, 将定理 4.2.4 结合定理 4.2.2 中的 (1) 和 (2) 可得

推论 4.2.1 对任意的正整数 $n\geqslant 2$, 设 $X_1, X_2, \cdots, X_n$ 为两两独立的随机变量, 方差都存在, 则对任意的有限实数 $c_0, c_1, c_2, \cdots, c_n, c_0+\sum\limits_{i=1}^{n} c_iX_i$ 的方差也存在, 且

$$\operatorname{Var}\left(c_0+\sum_{i=1}^{n} c_iX_i\right)=\sum_{i=1}^{n} c_i^2\operatorname{Var}(X_i). \tag{4.2.5}$$

例 4.2.6 (二项分布的方差) 设随机变量 X 服从二项分布 $B(n,p)(0<p<1)$. 由于服从二项分布 $B(n,p)$ 的随机变量都可以看成 n 个相互独立且都服从参数为 p 的 $0-1$ 分布的随机变量的和, 即若 Y_i 表示服从参数同为 p 的 $0-1$ 分布的相互独立的随机变量, $i=1,2,\cdots,n$, 则 $\sum\limits_{i=1}^{n} Y_i\sim B(n,p)$. 易知,

$E(Y_i)=p$, $E(Y_i^2)=p$, $\operatorname{Var}(Y_i)=p(1-p)$. 于是

$$\begin{aligned}\operatorname{Var}(X)&=\operatorname{Var}\left(\sum_{i=1}^{n}Y_i\right)=\sum_{i=1}^{n}\operatorname{Var}(Y_i)\\&=\sum_{i=1}^{n}p(1-p)=np(1-p).\end{aligned}$$

例 4.2.7 (正态分布的方差) 设随机变量 X 服从正态分布 $N(\mu,\sigma^2)$, $-\infty<\mu<+\infty$, $\sigma>0$. 由于 $Z=\dfrac{X-\mu}{\sigma}\sim N(0,1)$, 即 $X=\sigma Z+\mu$, 由例 4.2.3 知 $\operatorname{Var}(Z)=1$, 那么利用定理 4.2.2, 有

$$\operatorname{Var}(X)=\operatorname{Var}(\sigma Z+\mu)=\sigma^2\operatorname{Var}(Z)=\sigma^2.$$

这表明正态分布中的参数 σ^2 表示的是此分布的方差, 结合例 4.1.14 的结果, 可知正态分布由其数学期望与方差完全确定, 故常称为 "数学期望为 μ, 方差为 σ^2 (或标准差为 σ) 的正态分布". 而方差越小, 正态分布的取值就越集中在数学期望 μ 的附近.

*(三) 标准化随机变量与变异系数

定义 4.2.2 若随机变量 X 的方差存在, 则称

$$X^*=\frac{X-E(X)}{\sqrt{\operatorname{Var}(X)}} \tag{4.2.6}$$

为 X 的标准化随机变量, 简称标准化变量.

显然, $E(X^*)=0$, $\operatorname{Var}(X^*)=1$, 而且此类变量是无量纲的.

事实上, 引入标准化变量主要是为了消除由于计量单位的不同而给随机变量带来的一些影响. 例如: 进行精密测量时, 对于某物长度的考察当然可以用 cm 作为单位, 得到随机变量 X, 也可以用 mm 作为单位, 得到随机变量 Y, 那么 $Y=10X$, 从而 X 与 Y 的分布有所不同. 这显然不太合理. 但通过标准化变换, 就可以消除这种不合理性. 之前常用的标准正态变量也是一般正态变量经标准化变换得到的.

类似地, 度量分布离散性的数字特征——方差, 也会由于这种量纲上的不同而不同, 如上例中, 若 X 的方差为 σ^2, 则 Y 的方差为 $100\sigma^2$, 若以此认为 Y 较之 X 更为分散, 显然是不合理的. 为了消除量纲及取值大小 (包含单位不同) 的影响, 常用无量纲的

$$Cv = \frac{\sqrt{\operatorname{Var}(X)}}{E(X)} \tag{4.2.7}$$

来作为衡量指标, 称之为变异系数 (coefficient of variation). 它反映了随机变量 X 在以它的中心位置为标准时, 其值的离散程度. 那么, 前一段落中提到的 X 与 Y 的变异系数显然是相同的, 这也与实际情况相符.

例 4.2.8 已知甲、乙两地居民的月收入 (单位: 元) 分别服从 $N(1\,500, 150^2)$ 与 $N(2\,800, 220^2)$, 试比较这两个地区贫富差距的程度.

㊫ 由题意知甲、乙两地居民月收入的方差分别为 150^2, 220^2, 即从方差的角度看甲地的贫富差距比乙地小. 但也有人注意到甲地居民的平均收入为 1 500, 乙地居民的平均收入为 2 800, 相差较大, 应该用变异系数来反映两地区的贫富差距较合适. 两地的变异系数分别为

$$Cv_1 = \frac{150}{1\,500} = 0.1,$$
$$Cv_2 = \frac{220}{2\,800} \approx 0.078\,6.$$

因此从变异系数角度来看, 甲地居民月收入的离散程度高于乙地, 即甲地的贫富差距比乙地大.

较之方差 (或标准差), 变异系数在比较两组量纲不同或均值不同的变量时更能体现其优点. 因此变异系数在概率论的许多分支中都有应用, 如更新理论、排队理论、可靠性理论, 等等. 但是它也有缺陷, 从定义可知, 如果一个随机变量的均值为 0, 那么此变量的变异系数就没有意义. 事实上, 当变量的均值接近于 0 时, 均值的一点小小的变动也会对变异系数产生巨大影响, 因此容易造成精确度上的不足.

4.3 协方差与相关系数

对于多维随机变量, 人们除考虑每一个分量的中心位置和离散程度, 并由此来了解各个分量各自的部分特性外, 还常常对它们之间的关系产生兴趣. 在本节我们将介绍反映两个变量间线性关系的两个数字特征 —— 协方差与相关系数.

(一) 协方差

回想数学期望的性质之一——定理 4.1.4, 对于相互独立的随机变量 X 和 Y, 当其数学期望都存在时, 有 $E(XY)=E(X)E(Y)$, 而此式等价于

$$E[(X-E(X))(Y-E(Y))]=0,$$

那么当 $E[(X-E(X))(Y-E(Y))]\neq 0$ 时, X 和 Y 一定不独立, 也就是它们之间存在某种相依关系. 因此我们认为 $E[(X-E(X))(Y-E(Y))]$ 可以在一定程度上反映出 X 和 Y 的某种关系, 由此给出下面的定义.

定义 4.3.1　对于数学期望都存在的随机变量 X 和 Y, 当 $(X-E(X))(Y-E(Y))$ 的数学期望存在时, 称

$$\operatorname{Cov}(X,Y)=E[(X-E(X))(Y-E(Y))] \tag{4.3.1}$$

为 X 与 Y 的**协方差** (covariance).

由协方差的定义可知, 协方差的计算可以看成二元随机变量函数

$$h(X,Y)=(X-E(X))(Y-E(Y))$$

的数学期望, 那么由定理 4.1.2 可知

(1) 若二维离散型随机变量 (X,Y) 的联合分布律为

$$P\{X=x_i,Y=y_j\}=p_{ij},\quad i=1,2,\cdots,\quad j=1,2,\cdots,$$

则 X 与 Y 的协方差为

$$\operatorname{Cov}(X,Y)=\sum_{i=1}^{+\infty}\sum_{j=1}^{+\infty}(x_i-E(X))(y_j-E(Y))p_{ij};$$

(2) 若二维连续型随机变量 (X,Y) 的联合密度函数为 $f(x,y)$, 则 X 与 Y 的协方差为

$$\operatorname{Cov}(X,Y)=\int_{-\infty}^{+\infty}\int_{-\infty}^{+\infty}(x-E(X))(y-E(Y))f(x,y)\mathrm{d}x\mathrm{d}y.$$

直接按上述定义计算协方差往往比较麻烦, 在实际应用中常常用下面给出的计算公式来得到协方差:

$$\operatorname{Cov}(X,Y)=E(XY)-E(X)E(Y). \tag{4.3.2}$$

这一公式利用数学期望的性质很容易就可以得到, 因此我们在这里就不进

行详细推导了.

在引入协方差的定义之后, 根据上一节中方差的性质——定理 4.2.4 及证明可以得到进一步结论.

定理 4.3.1　对任意的正整数 $n(n \geqslant 2)$, 设 $X_1, X_2, \cdots, X_n$ 为方差存在的随机变量, 则 $X_1+X_2+\cdots+X_n$ 的方差也存在, 且

$$\operatorname{Var}\left(\sum_{i=1}^{n} X_i\right)=\sum_{i=1}^{n} \operatorname{Var}(X_i)+2 \sum_{1 \leqslant i<j \leqslant n} \operatorname{Cov}(X_i, X_j). \tag{4.3.3}$$

例 4.3.1　计算随机变量 X 与 Y 的协方差:

(1) (X, Y) 的联合分布律如例 3.1.1 所示;

(2) (X, Y) 的联合密度函数如例 3.3.2 所示.

㊫ (1) 例 3.1.1 中 (X, Y) 的联合分布律为

X	Y	
	0	1
0	0	$\frac{1}{35}$
1	$\frac{4}{35}$	$\frac{8}{35}$
2	$\frac{12}{35}$	$\frac{6}{35}$
3	$\frac{4}{35}$	0

计算得

$$E(X)=0 \times \frac{1}{35}+1 \times \frac{12}{35}+2 \times \frac{18}{35}+3 \times \frac{4}{35}=\frac{12}{7},$$

$$E(Y)=0 \times \frac{20}{35}+1 \times \frac{15}{35}=\frac{3}{7},$$

$$E(XY)=0 \times\left(\frac{1}{35}+\frac{4}{35}+\frac{12}{35}+\frac{4}{35}\right)+1 \times \frac{8}{35}+2 \times \frac{6}{35}+3 \times 0=\frac{4}{7}.$$

由 (4.3.2) 得

$$\operatorname{Cov}(X, Y)=E(XY)-E(X) E(Y)=\frac{4}{7}-\frac{12}{7} \times \frac{3}{7}=-\frac{8}{49}.$$

(2) 例 3.3.2 中 (X, Y) 的联合密度函数为

$$f(x, y)= \begin{cases}x, & 0<x<1,0<y<3x, \\ 0, & \text{其他}.\end{cases}$$

计算得

$$E(X)=\int_0^1 \mathrm{d}x\int_0^{3x} x\cdot x\mathrm{d}y=\frac{3}{4},$$

$$E(Y)=\int_0^1 \mathrm{d}x\int_0^{3x} y\cdot x\mathrm{d}y=\frac{9}{8},$$

$$E(XY)=\int_0^1 \mathrm{d}x\int_0^{3x} xy\cdot x\mathrm{d}y=\frac{9}{10}.$$

由 (4.3.2) 得

$$\mathrm{Cov}(X,Y)=E(XY)-E(X)E(Y)=\frac{9}{160}.$$

例 4.3.2 (配对问题) $n(n\geqslant 2)$ 个人把各自的卡片混放在一起, 然后每人从中随机抽取一张, 以 X 表示取到自己卡片的人数, 求 $E(X)$ 及 $\mathrm{Var}(X)$.

解 设

$$X_i=\begin{cases}1, & \text{第 } i \text{ 人取到自己的卡片},\\ 0, & \text{第 } i \text{ 人取到别人的卡片},\end{cases}\qquad i=1,2,\cdots,n,$$

则 $X=X_1+X_2+\cdots+X_n$, 且对任意的 $i=1,2,\cdots,n$, 有

$$P\{X_i=1\}=\frac{1}{n},\quad P\{X_i=0\}=1-\frac{1}{n}.$$

那么

$$E(X_i)=\frac{1}{n},\quad \mathrm{Var}(X_i)=\frac{1}{n}\left(1-\frac{1}{n}\right).$$

于是

$$\begin{aligned}E(X)&=E(X_1+X_2+\cdots+X_n)\\&=E(X_1)+E(X_2)+\cdots+E(X_n)\\&=n\cdot\frac{1}{n}=1.\end{aligned}$$

另外, 注意到

$$P\{X_iX_j=1\}=P\{X_i=1,X_j=1\}=\frac{(n-2)!}{n!}=\frac{1}{n(n-1)},\quad i\neq j,$$

$$P\{X_iX_j=0\}=1-P\{X_iX_j=1\}=1-\frac{1}{n(n-1)},\quad i\neq j,$$

那么

$$E(X_iX_j)=\frac{1}{n(n-1)},\quad i\neq j.$$

从而可得

$$\begin{aligned}\mathrm{Cov}(X_i, X_j) &= E(X_iX_j) - E(X_i)E(X_j)\\ &= \frac{1}{n(n-1)} - \frac{1}{n^2} = \frac{1}{n^2(n-1)}, \quad i \neq j.\end{aligned}$$

所以

$$\begin{aligned}\mathrm{Var}(X) &= \mathrm{Var}(X_1 + X_2 + \cdots + X_n)\\ &= \mathrm{Var}(X_1) + \mathrm{Var}(X_2) + \cdots + \mathrm{Var}(X_n) + 2\sum_{1 \leqslant i < j \leqslant n} \mathrm{Cov}(X_i, X_j)\\ &= n \cdot \frac{1}{n}\left(1 - \frac{1}{n}\right) + 2 \cdot \frac{n(n-1)}{2} \cdot \frac{1}{n^2(n-1)} = 1.\end{aligned}$$

定理 4.3.2　若随机变量 X 和 Y 的协方差存在, 则

(1) $\mathrm{Cov}(X, Y) = \mathrm{Cov}(Y, X)$;

(2) $\mathrm{Cov}(X, X) = \mathrm{Var}(X)$;

(3) $\mathrm{Cov}(aX, bY) = ab\mathrm{Cov}(X, Y)$, 其中 a, b 为两个实数;

(4) 若 $\mathrm{Cov}(X_i, Y)(i = 1, 2)$ 存在, 则

$$\mathrm{Cov}(X_1 + X_2, Y) = \mathrm{Cov}(X_1, Y) + \mathrm{Cov}(X_2, Y);$$

(5) 若 X 和 Y 相互独立, 则 $\mathrm{Cov}(X, Y) = 0$, 但反之不然;

(6) 当 $\mathrm{Var}(X) \cdot \mathrm{Var}(Y) \neq 0$ 时, 有 $(\mathrm{Cov}(X, Y))^2 \leqslant \mathrm{Var}(X)\mathrm{Var}(Y)$, 其中等号成立当且仅当 X 与 Y 之间有严格的线性关系 (即存在常数 c_1, c_2 使得 $P\{Y = c_1 + c_2X\} = 1$ 成立).

证明　(1)—(4) 及 (5) 的前半部分根据协方差的定义及 4.1 节中提及的数学期望的性质可以很容易得到, 留给读者自行证明. (5) 的后半部分将在例 4.3.6 中说明. 下面我们来证明 (6).

对任意 $t \in \mathbf{R}$, 有

$$E\{[t(X - E(X)) + (Y - E(Y))]^2\} = t^2\mathrm{Var}(X) + 2t \cdot \mathrm{Cov}(X, Y) + \mathrm{Var}(Y). \tag{4.3.4}$$

将上式右端看成一个关于 t 的一元二次多项式 $at^2 + bt + c(a > 0)$, 由于 (4.3.4) 左端对任意的实数 t 恒为非负, 故必有 $ac \geqslant \dfrac{b^2}{4}$, 即

$$\mathrm{Var}(X) \cdot \mathrm{Var}(Y) \geqslant (\mathrm{Cov}(X, Y))^2. \tag{4.3.5}$$

若此不等式的等号成立, 则 (4.3.4) 的右端等于 $\left(t\sqrt{\mathrm{Var}(X)}\pm\sqrt{\mathrm{Var}(Y)}\right)^2$, 其中正、负号视 $\mathrm{Cov}(X,Y)>0$ 或 $\mathrm{Cov}(X,Y)<0$ 而定. 不妨设 $\mathrm{Cov}(X,Y)>0$, 则 (4.3.4) 的右端等于

$$\left(t\sqrt{\mathrm{Var}(X)}+\sqrt{\mathrm{Var}(Y)}\right)^2.$$

当取 $t=t_0=-\dfrac{\sqrt{\mathrm{Var}(Y)}}{\sqrt{\mathrm{Var}(X)}}$ 时, 上式等于 0. 结合 (4.3.4), 当 $t=t_0$ 时,

$$\begin{aligned}&E\{[t(X-E(X))+(Y-E(Y))]^2\}\\ =&E\left\{\left[-\frac{\sqrt{\mathrm{Var}(Y)}}{\sqrt{\mathrm{Var}(X)}}(X-E(X))+(Y-E(Y))\right]^2\right\}=0.\end{aligned}\tag{4.3.6}$$

注意到若随机变量 Z 满足 $E(Z^2)=0$, 则由 $E(Z^2)=\mathrm{Var}(Z)+(E(Z))^2$ 知 $E(Z)=0$, $\mathrm{Var}(Z)=0$, 根据定理 4.2.3 得 $P\{Z=0\}=1$. 由 (4.3.6) 可知

$$P\left\{\frac{\sqrt{\mathrm{Var}(Y)}}{\sqrt{\mathrm{Var}(X)}}(X-E(X))=Y-E(Y)\right\}=1,\tag{4.3.7}$$

即

$$P\left\{Y=\frac{\sqrt{\mathrm{Var}(Y)}}{\sqrt{\mathrm{Var}(X)}}X-\left(\frac{\sqrt{\mathrm{Var}(Y)}}{\sqrt{\mathrm{Var}(X)}}E(X)-E(Y)\right)\right\}=1.$$

因而 X 与 Y 有严格的线性关系.

反之, 若 X 与 Y 有严格的线性关系, 即存在常数 c_1,c_2, 使得

$$P\{Y=c_1+c_2X\}=1$$

成立, 则

$$\begin{aligned}E(Y)&=E(c_1+c_2X)=c_1+c_2E(X),\\ \mathrm{Var}(Y)&=\mathrm{Var}(c_1+c_2X)=\mathrm{Var}(c_2X)=c_2^2\mathrm{Var}(X),\end{aligned}$$

且

$$\begin{aligned}&P\{Y-E(Y)=c_1+c_2X-(c_1+c_2E(X))\}\\ =&P\{Y-E(Y)=c_2X-c_2E(X)\}=1.\end{aligned}$$

所以

$$\begin{aligned}\mathrm{Cov}(X,Y)&=E[(X-E(X))(Y-E(Y))]\\ &=E[(X-E(X))(c_2X-c_2E(X))]=c_2\mathrm{Var}(X).\end{aligned}$$

故

$$(\mathrm{Cov}(X,Y))^2 = c_2^2(\mathrm{Var}(X))^2 = \mathrm{Var}(X)\mathrm{Var}(Y),$$

即 (4.3.5) 式等号成立.

例 4.3.3　设 $X_i, i=1,2,\cdots,n$ 为独立同分布的随机变量, 且它们的方差存在, 记为 σ^2. 令 $\overline{X} = \dfrac{1}{n}\sum\limits_{i=1}^{n} X_i$, 证明: 对任意的 $k=1,2,\cdots,n, \mathrm{Cov}(\overline{X}, X_k) = \dfrac{\sigma^2}{n}$.

证明　根据定理 4.3.2, 对任意的 $k=1,2,\cdots,n$, 有

$$\mathrm{Cov}(\overline{X}, X_k) = \mathrm{Cov}\left(\frac{1}{n}\sum_{i=1}^{n} X_i, X_k\right) = \frac{1}{n}\sum_{i=1}^{n}\mathrm{Cov}(X_i, X_k).$$

注意到 $X_i (i=1,2,\cdots,n)$ 之间是相互独立的, 故 $\mathrm{Cov}(X_i, X_k) = 0, i \neq k$. 所以

$$\begin{aligned}\mathrm{Cov}(\overline{X}, X_k) &= \frac{1}{n}\left(\sum_{i\neq k}\mathrm{Cov}(X_i, X_k) + \mathrm{Cov}(X_k, X_k)\right) \\ &= \frac{1}{n}\mathrm{Cov}(X_k, X_k) = \frac{\sigma^2}{n}.\end{aligned}$$

显然, 协方差也是有量纲的, 而且其取值也依赖于它们的单位. 为了克服这一缺点, 我们可以用上一节中所提到的, 将随机变量标准化后, 再来求它们的协方差, 于是就有了下面 “相关系数” 的定义.

(二) 相关系数

定义 4.3.2　对于随机变量 X 和 Y, 当 $E(X^2)$ 与 $E(Y^2)$ 均存在且 $\mathrm{Var}(X)$, $\mathrm{Var}(Y)$ 均为非零实数时, 称

$$\rho_{XY} = \frac{\mathrm{Cov}(X,Y)}{\sqrt{\mathrm{Var}(X)}\sqrt{\mathrm{Var}(Y)}} \tag{4.3.8}$$

为 X 与 Y 的**相关系数** (correlation coefficient), 有时也简记为 ρ.

注意上述定义中, “$E(X^2)$ 与 $E(Y^2)$ 均存在” 的假设也意味着 X, Y 的数学期望与方差及 XY 的数学期望均存在. 事实上,

$$0 \leqslant |X| \leqslant X^2+1, \quad 0 \leqslant |Y| \leqslant Y^2+1, \quad 0 \leqslant |XY| \leqslant \frac{X^2+Y^2}{2},$$

从而保证了 $\mathrm{Cov}(X,Y)$ 的存在.

根据标准化变量的定义 (定义 4.2.2), 可知

$$\rho_{XY} = \mathrm{Cov}(X^*, Y^*), \tag{4.3.9}$$

其中 $X^* = \dfrac{X - E(X)}{\sqrt{\mathrm{Var}(X)}}$, $Y^* = \dfrac{Y - E(Y)}{\sqrt{\mathrm{Var}(Y)}}$. 由此可见, 相关系数也是刻画两变量间相依关系的一种数字特征, 其作用与协方差一样. 与之不同的是, 相关系数是无量纲的指标, 可以避免由度量单位等非本质因素所带来的影响, 可视之为 "标准尺度下的协方差".

根据定理 4.3.2(5) 和 (6), 可以得到相关系数的性质.

定理 4.3.3　对于随机变量 X 和 Y, 当相关系数 ρ_{XY} 存在时, 有

(1) 若 X 和 Y 相互独立, 则 $\rho_{XY}=0$, 但反之不然;

(2) $|\rho_{XY}| \leqslant 1$, 其中等号成立当且仅当 X 与 Y 之间有严格的线性关系 (即存在常数 c_1, c_2, 使得 $P\{Y = c_1 + c_2 X\} = 1$ 成立).

从定理 4.3.3 和定理 4.3.2 可知, 相关系数和协方差反映的不是 X 与 Y 之间 "一般" 关系的程度, 而只是反映两者 "线性" 关系的密切程度. 因此相关系数有时也称为 "线性相关系数".

上面讲的 "线性相关" 可从最小二乘法的角度再来加深理解. 对随机变量 X 和 Y, 考虑用 X 的线性函数 $c_1 + c_2 X$ 来逼近 Y. 该选择怎样的常数 c_1, c_2, 使得逼近的程度最好? 这种逼近程度, 常用 "最小二乘" 的观点来衡量. 即使得

$$\begin{aligned}\rho(c_1, c_2) &= E\{[Y - (c_1 + c_2 X)]^2\} \\ &= E\{[(Y - E(Y)) - c_2(X - E(X)) - (c_1 - E(Y) + c_2 E(X))]^2\} \\ &= \mathrm{Var}(Y) + c_2^2 \mathrm{Var}(X) - 2c_2 \mathrm{Cov}(X, Y) + (c_1 - E(Y) + c_2 E(X))^2\end{aligned}$$

达到最小. 通过求解, 可知

$$c_1 = E(Y) - c_2 E(X), \quad c_2 = \frac{\mathrm{Cov}(X, Y)}{\mathrm{Var}(X)}$$

时, $\rho(c_1, c_2)$ 达到最小, 且最小值为

$$\min_{c_1, c_2} E\{[Y - (c_1 + c_2 X)]^2\} = \mathrm{Var}(Y)(1 - \rho_{XY}^2). \tag{4.3.10}$$

若 $\rho_{XY} = \pm 1$, 则上式等于 0, 从而 $P\{Y = c_1 + c_2 X\} = 1$, 这一点在定理 4.3.3 中也已指出. 而且从 (4.3.10) 可知, $|\rho_{XY}|$ 越接近 1, 用 $c_1 + c_2 X$ 来逼近 Y 的偏差就越小, 那么 X 与 Y 之间线性关系的程度就越强; 反之, 就表明两者的线

性关系程度越弱.

当 $\rho_{XY}>0$, 即 $\mathrm{Cov}(X,Y)>0$ 时, 线性表示中 X 的系数 c_2 也大于 0, 那么 Y 的最佳线性逼近 c_1+c_2X 随 X 增加而增加, 故称 X 与 Y 正相关; 反之, 当 $\rho_{XY}<0$ 时, 称 X 与 Y 负相关.

例 4.3.4 设某保险公司业务员每月的工资由两部分所组成: 一为基本工资, 每月 c 元 $(c>0)$; 二为业绩津贴, 每签一笔业务, 可以得到 a 元 $(a>0)$. 试分析在这样的工资体系下业务员的月工资 Y 与业务量 X 之间的关系 (假设 $\mathrm{Var}(X)>0$).

㊖ 由题意知

$$Y=aX+c,$$

由这一关系式可知, Y 与 X 之间有严格的线性关系, 而且 Y 随着 X 增加而增加, 两者之间存在一种正相关关系. 下面我们通过计算它们的协方差和相关系数来验证. 注意到

$$\mathrm{Cov}(X,Y)=\mathrm{Cov}(X,aX+c)=a\mathrm{Cov}(X,X)+\mathrm{Cov}(X,c)=a\mathrm{Var}(X)>0,$$

且 $\mathrm{Var}(Y)=a^2\mathrm{Var}(X)$, 故

$$\rho_{XY}=\frac{\mathrm{Cov}(X,Y)}{\sqrt{\mathrm{Var}(X)\cdot\mathrm{Var}(Y)}}=\frac{a\mathrm{Var}(X)}{\sqrt{\mathrm{Var}(X)\cdot a^2\mathrm{Var}(X)}}=1.$$

(三) 不相关的定义

定义 4.3.3 当随机变量 X 和 Y 的相关系数

$$\rho_{XY}=0$$

时, 称 X 和 Y 不相关 (uncorrelated) 或零相关.

由相关系数及协方差定义, 可知 "不相关" 还可以用下面的任意一条来定义:

(1) $\mathrm{Cov}(X,Y)=0$;

(2) $E(XY)=E(X)E(Y)$;

(3) $\mathrm{Var}(X+Y)=\mathrm{Var}(X)+\mathrm{Var}(Y)$.

例 4.3.5 设 c_0 为区间 $(0,1)$ 上的一定点, 在区间 $(0,1)$ 上随机取一点, 记为 X. 用 Y 表示该点到点 c_0 的距离, 讨论 X 与 Y 的相关性.

㊫ 由题意知 $X \sim U(0,1)$, $E(X)=\dfrac{1}{2}$, 且密度函数为

$$f_X(x)=\begin{cases}1, & 0<x<1,\\ 0, & \text{其他}.\end{cases}$$

注意到 $Y=|X-c_0|$, 故

$$\begin{aligned}E(Y)=E(|X-c_0|)&=\int_0^1|x-c_0|\mathrm{d}x\\&=\int_0^{c_0}(c_0-x)\mathrm{d}x+\int_{c_0}^1(x-c_0)\mathrm{d}x\\&=c_0^2-c_0+\frac{1}{2}.\end{aligned}$$

而

$$\begin{aligned}E(XY)&=\int_0^1 x|x-c_0|\mathrm{d}x\\&=\int_0^{c_0}x(c_0-x)\mathrm{d}x+\int_{c_0}^1 x(x-c_0)\mathrm{d}x\\&=\frac{c_0^3}{3}-\frac{c_0}{2}+\frac{1}{3}.\end{aligned}$$

所以

$$\begin{aligned}\mathrm{Cov}(X,Y)=E(XY)-E(X)E(Y)&=\frac{c_0^3}{3}-\frac{c_0^2}{2}+\frac{1}{12}\\&=\frac{1}{12}(4c_0^3-6c_0^2+1)=\frac{1}{12}(2c_0-1)(2c_0^2-2c_0-1).\end{aligned}$$

注意到当 $c_0\in(0,1)$ 时, $2c_0^2-2c_0-1<0$, 因此可得

①当 $c_0=\dfrac{1}{2}$ 时, $\mathrm{Cov}(X,Y)=0$, 即 X 与 Y 不相关;

②当 $0<c_0<\dfrac{1}{2}$ 时, $\mathrm{Cov}(X,Y)>0$, 即 X 与 Y 正相关;

③当 $\dfrac{1}{2}<c_0<1$ 时, $\mathrm{Cov}(X,Y)<0$, 即 X 与 Y 负相关.

为了进一步理解 "不相关" 这一定义, 我们可以来看一个简单的例子: X 为离散型随机变量, 其概率分布律为 $P\{X=-1\}=P\{X=1\}=\dfrac{1}{4}$, $P\{X=0\}=\dfrac{1}{2}$, 而 $Y=X^2$. 那么 X 与 Y 具有严格的函数关系, 显然是不独立的 (当然, 读者也可以写出它们的联合分布律, 从独立的定义来严格判断). 但 $E(X)=0$ 且 $E(XY)=E(X^3)=0$, 所以 $\mathrm{Cov}(X,Y)=0$, 即 X 和 Y 不相关. 所以这里的 "不相关", 实质上指的是 "不线性相关", 表示两个随机变量之间不存在线性

关系, 但可以存在非线性的函数关系. 显然, 如果两变量相互独立, 也就是两变量相互之间没有任何关联, 那么它们一定没有线性关系, 也就是说一定不相关. 这表明不相关与独立之间有一定的关系, 但也存在着明显的差别.

定理 4.3.4　对于两个相互独立的随机变量, 若其方差存在, 则一定不相关; 但是如果它们不相关, 却未必相互独立. 反之, 若两随机变量相关, 则它们一定不独立.

例 4.3.6　假设二维随机变量 (X,Y) 在圆形区域 $D=\{(x,y): x^2+y^2 \leqslant r^2\}(r>0)$ 上服从均匀分布, 试求 X 与 Y 的协方差, 并判断它们的相关性与独立性.

㊊ (X,Y) 的联合密度函数为

$$f(x,y)=\begin{cases}\dfrac{1}{\pi r^2}, & (x,y)\in D,\\ 0, & \text{其他}.\end{cases}$$

故

$$E(X)=\int_{-\infty}^{+\infty}\int_{-\infty}^{+\infty} x f(x,y)\mathrm{d}x\mathrm{d}y=\iint_D \frac{x}{\pi r^2}\mathrm{d}x\mathrm{d}y=0,$$

且

$$E(XY)=\int_{-\infty}^{+\infty}\int_{-\infty}^{+\infty} xy f(x,y)\mathrm{d}x\mathrm{d}y=\iint_D \frac{xy}{\pi r^2}\mathrm{d}x\mathrm{d}y=0.$$

所以

$$\mathrm{Cov}(X,Y)=E(XY)-E(X)E(Y)=0,$$

即 X 与 Y 不相关. 然而 X 的边际密度函数为

$$\begin{aligned}f_X(x)&=\int_{-\infty}^{+\infty} f(x,y)\mathrm{d}y=\int_{-\sqrt{r^2-x^2}}^{\sqrt{r^2-x^2}}\frac{1}{\pi r^2}\mathrm{d}y\\&=\frac{2\sqrt{r^2-x^2}}{\pi r^2},\quad |x|\leqslant r.\end{aligned}$$

同理可得 Y 的边际密度函数为

$$f_Y(y)=\frac{2\sqrt{r^2-y^2}}{\pi r^2},\quad |y|\leqslant r.$$

那么

$$f(x,y)\neq f_X(x)\cdot f_Y(y),\quad (x,y)\in D.$$

因此 X 与 Y 不独立. 再一次说明由不相关是不能推出 X 与 Y 相互独立的.

回顾前面的定理 4.2.4 中要求 "$X_1, X_2, \cdots, X_n$ 为两两独立的随机变量", 其实这样的条件太强了, (4.2.4) 成立事实上只需 "$X_1, X_2, \cdots, X_n$ 两两不相关" 即可.

但对于一些特定的分布, 如正态分布, 不相关与相互独立是等价的.

例 4.3.7　设二维随机向量 (X,Y) 服从二元正态分布 $N(\mu_1,\mu_2;\sigma_1^2,\sigma_2^2;\rho)$, 求 X 与 Y 的相关系数.

解　(X,Y) 的联合密度函数为

$$f(x,y)=\frac{1}{2\pi\sigma_1\sigma_2\sqrt{1-\rho^2}}\cdot \exp\left\{-\frac{1}{2(1-\rho^2)}\left[\frac{(x-\mu_1)^2}{\sigma_1^2}-\frac{2\rho(x-\mu_1)(y-\mu_2)}{\sigma_1\sigma_2}+\frac{(y-\mu_2)^2}{\sigma_2^2}\right]\right\},$$

且 $E(X)=\mu_1, E(Y)=\mu_2, \mathrm{Var}(X)=\sigma_1^2, \mathrm{Var}(Y)=\sigma_2^2$. 由协方差定义知

$$\begin{aligned}\mathrm{Cov}(X,Y)&=\int_{-\infty}^{+\infty}\int_{-\infty}^{+\infty}(x-\mu_1)(y-\mu_2)f(x,y)\mathrm{d}x\mathrm{d}y\\&=\int_{-\infty}^{+\infty}\int_{-\infty}^{+\infty}\exp\left[-\frac{(x-\mu_1)^2}{2\sigma_1^2}\right]\cdot\frac{(x-\mu_1)(y-\mu_2)}{2\pi\sigma_1\sigma_2\sqrt{1-\rho^2}}\cdot\\&\quad\exp\left\{-\frac{1}{2(1-\rho^2)}\left[\frac{y-\mu_2}{\sigma_2}-\frac{\rho(x-\mu_1)}{\sigma_1}\right]^2\right\}\mathrm{d}x\mathrm{d}y.\end{aligned}$$

作变量代换

$$\begin{cases}u=\dfrac{1}{\sqrt{1-\rho^2}}\left[\dfrac{y-\mu_2}{\sigma_2}-\dfrac{\rho(x-\mu_1)}{\sigma_1}\right],\\ v=\dfrac{x-\mu_1}{\sigma_1},\end{cases}$$

则

$$\mathrm{Cov}(X,Y)=\frac{1}{2\pi}\int_{-\infty}^{+\infty}\int_{-\infty}^{+\infty}(\sigma_1\sigma_2uv\sqrt{1-\rho^2}+\rho\sigma_1\sigma_2v^2)\cdot\exp\left(-\frac{u^2+v^2}{2}\right)\mathrm{d}u\mathrm{d}v.$$

又

$$\int_{-\infty}^{+\infty}\int_{-\infty}^{+\infty}uv\cdot\exp\left(-\frac{u^2+v^2}{2}\right)\mathrm{d}u\mathrm{d}v=\int_{-\infty}^{+\infty}u\mathrm{e}^{-\frac{u^2}{2}}\mathrm{d}u\int_{-\infty}^{+\infty}v\mathrm{e}^{-\frac{v^2}{2}}\mathrm{d}v=0,$$

$$\int_{-\infty}^{+\infty}\int_{-\infty}^{+\infty}v^2\cdot\exp\left(-\frac{u^2+v^2}{2}\right)\mathrm{d}u\mathrm{d}v=\int_{-\infty}^{+\infty}\mathrm{e}^{-\frac{u^2}{2}}\mathrm{d}u\int_{-\infty}^{+\infty}v^2\mathrm{e}^{-\frac{v^2}{2}}\mathrm{d}v=2\pi,$$

故 $\mathrm{Cov}(X,Y)=\rho\sigma_1\sigma_2$. 因此

$$\rho_{XY} = \frac{\text{Cov}(X,Y)}{\sqrt{\text{Var}(X)\text{Var}(Y)}} = \frac{\rho\sigma_1\sigma_2}{\sigma_1\sigma_2} = \rho.$$

至此二元正态分布中 5 个参数的含义均已明确: 参数 μ_1 和 μ_2 分别是两个分量的数学期望, 参数 σ_1 和 σ_2 则分别是两个分量的标准差, 参数 ρ 则是两分量的相关系数. 当 $\rho = 0$, 即 X 与 Y 不相关时,

$$\begin{aligned} f(x,y) &= \frac{1}{2\pi\sigma_1\sigma_2}\exp\left\{-\frac{1}{2}\left[\frac{(x-\mu_1)^2}{\sigma_1^2}+\frac{(y-\mu_2)^2}{\sigma_2^2}\right]\right\} \\ &= \frac{1}{\sqrt{2\pi}\sigma_1}\exp\left[-\frac{(x-\mu_1)^2}{2\sigma_1^2}\right]\cdot\frac{1}{\sqrt{2\pi}\sigma_2}\exp\left[-\frac{(y-\mu_2)^2}{2\sigma_2^2}\right] \\ &= f_X(x)f_Y(y), \end{aligned}$$

也就意味着 X 和 Y 相互独立. 因此对于二维正态变量, 两变量不相关等价于两变量相互独立.

*4.4 其他数字特征

一个随机变量的数学期望、方差、标准差和两个随机变量的协方差、相关系数是最常见的一些数字特征. 下面我们将介绍另外几种数字特征, 它们在概率统计中的有些场合也有不少应用, 具有一定的价值.

(一) 矩 (moment)

定义 4.4.1 设 X, Y 为随机变量, k, l 为正整数, 如果以下的数学期望都存在, 就称

$$\mu_k = E(X^k) \tag{4.4.1}$$

为 X 的 k 阶 (原点) 矩, 称

$$\nu_k = E[(X-E(X))^k] \tag{4.4.2}$$

为 X 的 k 阶中心矩, 称

$$E(X^kY^l) \tag{4.4.3}$$

为 X 和 Y 的 $k+l$ 阶混合 (原点) 矩, 称

$$E[(X-E(X))^k(Y-E(Y))^l] \tag{4.4.4}$$

为 X 和 Y 的 $k+l$ 阶混合中心矩.

显然, 随机变量的数学期望即为其一阶原点矩, 而随机变量的一阶中心矩恒为 0, 方差即为二阶中心矩. 而协方差 $\mathrm{Cov}(X,Y)$ 就是 X 与 Y 的二阶混合中心矩. 在数理统计的参数估计中, 我们将给出矩的一些应用.

(二) 分位数 (quantile)

定义 4.4.2 设连续型随机变量 X 的分布函数和密度函数分别为 $F(x)$ 与 $f(x)$, 对任意的 $0<\alpha<1$, 称满足条件

$$P\{X>x_\alpha\}=1-F(x_\alpha)=\int_{x_\alpha}^{+\infty}f(x)\mathrm{d}x=\alpha \tag{4.4.5}$$

的实数 x_α 为随机变量 X (或相应的分布) 的上 (侧) α 分位数 (或上 (侧) α 分位点).

从几何角度来看, x_α 是把密度函数以下、x 轴以上的区域分为两块, 其右侧部分的面积恰好是 α, 如图 4.4.1 所示.

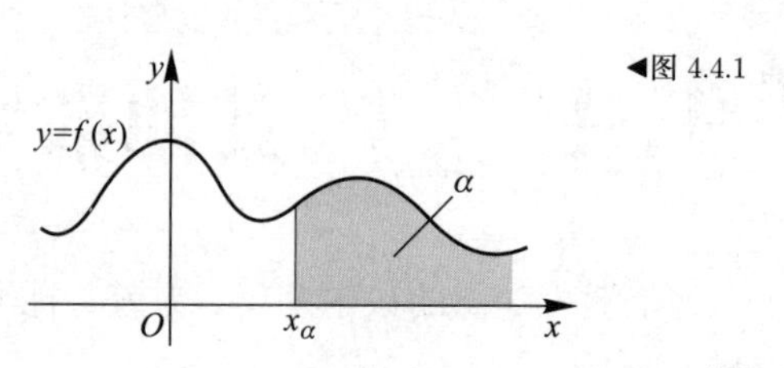

◀图 4.4.1

特别地, 当 $\alpha=\dfrac{1}{2}$ 时, $x_{1/2}$ 称为 X 的中位数 (median); 当 $\alpha=\dfrac{1}{4}$ 时, $x_{1/4}$ 称为 X 的上 $\dfrac{1}{4}$ 分位数; 当 $\alpha=\dfrac{3}{4}$ 时, $x_{3/4}$ 称为 X 的上 $\dfrac{3}{4}$ 分位数.

易见随机变量的上 α 分位数可以表示概率分布的特征. 如: 中位数的作用与前面介绍过的数学期望类似, 刻画了分布的中心位置; 而若想刻画分布的离散情况, 也可以用两个不同分位数之差来表示, 如 $x_{1/4}-x_{3/4}$, 值越小, 表明分布越集中; 反之, 则表明分布越发散.

例 4.4.1 由例 4.1.2 知柯西分布的数学期望不存在, 但是由于其密度函数

$$f(x)=\frac{1}{\pi(1+x^2)},\quad x\in\mathbf{R}$$

是关于轴 $x=0$ 对称的, 可知柯西分布的中位数存在且为 0.

例 4.4.2 标准正态分布的上 (侧) α 分位数通常记为 z_α, 即 z_α 是满足条件

$$\int_{z_\alpha}^{+\infty}\varphi(x)\mathrm{d}x=\alpha$$

的实数, 其中 $\varphi(x)$ 是标准正态变量的密度函数. 根据附表 2, 可以得到以下一些常用的 z_α 值:

α	0.001	0.005	0.01	0.025	0.05	0.10
z_α	3.090	2.576	2.327	1.96	1.645	1.280

另外, 由于 $\varphi(x)$ 关于轴 $x=0$ 对称, 可知

$$z_{1-\alpha}=-z_\alpha,$$

且 $z_{1/2}=0$.

例 4.4.3　假设 $X\sim N(0,1)$, 在 Excel 中求标准正态分布的上分位数 $z_{0.025}$ (可见例 2.4.7), 具体如下: 在 Excel 任一单元格中输入 "=NORM.S.INV(1–0.025)", 确定后在单元格中出现 "1.959 964". 按上分位数的定义, Excel 给出的是 $P\{X>1.959\,964\}=0.025$, 即 $z_{0.025}=1.959\,964$.

在实际应用中, 中位数是很常用的一个数字特征, 特别是在社会统计中, 常用来刻画某种量的代表性数值. 与数学期望相比较, 中位数的一大优点是, 它总是存在的, 而且受个别特别大或者特别小的值的影响很小, 而数学期望则依赖于所有可能取值. 例如: 在一个 5 人的团体中, 有一个是超过 2.1 m 的高个子, 而其他人都是中等身材, 那么该团体的身高的平均值就可能比较高, 因此这个均值就不具太大的代表性, 中位数则几乎不受这些 "异常点" 的影响, 稳健性好. 但是中位数也存在其不足: 数学上的处理不够方便, 一般都只能从定义出发去寻找, 而不像数学期望有很好的性质可以利用, 而且中位数不一定具有唯一性, 有时这也会在应用上带来一些困扰.

一般而言, 数学期望与中位数不一定相等, 但在一些特殊情形下, 两者也有可能完全一样 (如正态分布).

*4.5　多维随机变量的数字特征

(一) 多维随机变量的数学期望与协方差矩阵

定义 4.5.1　记 n 维随机变量 $\boldsymbol{X}=(X_1,X_2,\cdots,X_n)^{\mathrm{T}}$, 若其每一分量的数学期望都存在, 则称

$$E(\boldsymbol{X})=(E(X_1),E(X_2),\cdots,E(X_n))^{\mathrm{T}} \tag{4.5.1}$$

为 n 维随机变量 $\boldsymbol{X}$ 的数学期望 (向量).

显然, n 维随机变量的数学期望就是各分量的数学期望组成的向量.

定义 4.5.2　记 n 维随机变量 $\boldsymbol{X}=(X_1,X_2,\cdots,X_n)^{\mathrm{T}}$, 若其每一分量的方差都存在, 则称

$$\begin{aligned}\mathrm{Cov}(\boldsymbol{X})&=E[(\boldsymbol{X}-E(\boldsymbol{X}))(\boldsymbol{X}-E(\boldsymbol{X}))^{\mathrm{T}}]\\&=\begin{pmatrix}\mathrm{Var}(X_1) & \mathrm{Cov}(X_1,X_2) & \cdots & \mathrm{Cov}(X_1,X_n)\\ \mathrm{Cov}(X_2,X_1) & \mathrm{Var}(X_2) & \cdots & \mathrm{Cov}(X_2,X_n)\\ \vdots & \vdots & & \vdots\\ \mathrm{Cov}(X_n,X_1) & \mathrm{Cov}(X_n,X_2) & \cdots & \mathrm{Var}(X_n)\end{pmatrix}\end{aligned} \tag{4.5.2}$$

为 n 维随机变量 $\boldsymbol{X}$ 的协方差矩阵 (covariance matrix), 简称协方差阵.

从定义可见, n 维随机变量的协方差矩阵就是由各分量的方差与协方差组成的矩阵, 其对角线上的元素就是每个分量的方差, 非对角线元素就是协方差, n 维随机变量 $\boldsymbol{X}$ 的协方差矩阵 $\mathrm{Cov}(\boldsymbol{X})$ 也可写为

$$\mathrm{Cov}(\boldsymbol{X})=(\mathrm{Cov}(X_i,X_j))_{n\times n}.$$

下面给出 n 维随机变量 $\boldsymbol{X}$ 的协方差矩阵的一个重要性质.

定理 4.5.1　n 维随机变量 $\boldsymbol{X}$ 的协方差矩阵 $\mathrm{Cov}(\boldsymbol{X})$ 是一个对称的非负定矩阵.

这一定理可从协方差矩阵的定义出发, 通过简单的矩阵运算加以证明, 这里就不给出详细证明了.

(二) 多维正态变量

多维随机变量中以多维正态变量最为常用, 在多元统计分析中多元正态分布可谓是其立论之本. 下面就结合 n 维随机变量 $\boldsymbol{X}$ 的数学期望和协方差矩阵来给出其定义.

定义 4.5.3　n 维随机变量 $\boldsymbol{X}=(X_1,X_2,\cdots,X_n)^{\mathrm{T}}$, 它的每一分量的方差都存在. 记 $\boldsymbol{X}$ 的协方差矩阵为 $\boldsymbol{B}=\mathrm{Cov}(\boldsymbol{X})$, 数学期望为 $\boldsymbol{a}=E(\boldsymbol{X})=(E(X_1),E(X_2),\cdots,E(X_n))^{\mathrm{T}}$, 则由密度函数

$$f(\boldsymbol{x})=f(x_1,x_2,\cdots,x_n)=\frac{1}{(2\pi)^{n/2}|\boldsymbol{B}|^{1/2}}\exp\left[-\frac{1}{2}(\boldsymbol{x}-\boldsymbol{a})^{\mathrm{T}}\boldsymbol{B}^{-1}(\boldsymbol{x}-\boldsymbol{a})\right] \tag{4.5.3}$$

定义的分布为 n 元正态分布, 常记为 $\boldsymbol{X} \sim N(\boldsymbol{a}, \boldsymbol{B})$, 其中 $\boldsymbol{x} = (x_1, x_2, \cdots, x_n)^{\mathrm{T}}$, $|\boldsymbol{B}|$ 表示矩阵 $\boldsymbol{B}$ 的行列式, $\boldsymbol{B}^{-1}$ 表示矩阵 $\boldsymbol{B}$ 的逆矩阵, $(\boldsymbol{x}-\boldsymbol{a})^{\mathrm{T}}$ 表示向量 $\boldsymbol{x}-\boldsymbol{a}$ 的转置.

特别地, 当 $n=2$ 时, 二元正态分布的协方差矩阵为

$$\boldsymbol{B} = \begin{pmatrix} \sigma_1^2 & \sigma_1\sigma_2\rho \\ \sigma_1\sigma_2\rho & \sigma_2^2 \end{pmatrix},$$

其中 $\sigma_i^2 (i=1,2)$ 为两个分量的方差, ρ 为两分量的相关系数.

n 元正态分布有一些非常好的性质, 我们这里不加证明地列出一些:

性质 1　n 维正态变量 $(X_1, X_2, \cdots, X_n)^{\mathrm{T}}$ 中的任意 k 维子向量 $(X_{i_1}, X_{i_2}, \cdots, X_{i_k})^{\mathrm{T}} (1 \leqslant k \leqslant n)$ 也服从 k 元正态分布. 特别地, n 维正态变量中的每个分量都是服从一元正态分布的. 反之, 若 $X_i (i=1,2,\cdots,n)$ 都是正态变量, 且相互独立, 则 $(X_1, X_2, \cdots, X_n)^{\mathrm{T}}$ 服从 n 元正态分布.

性质 2　$\boldsymbol{X} = (X_1, X_2, \cdots, X_n)^{\mathrm{T}}$ 服从 n 元正态分布的充要条件是它的各个分量的任意线性组合均服从一元正态分布, 即对任意 n 维实向量 $\boldsymbol{l} = (l_1, l_2, \cdots, l_n)^{\mathrm{T}}$, 有

$$\boldsymbol{X} \sim N(\boldsymbol{a}, \boldsymbol{B}) \Leftrightarrow \boldsymbol{l}^{\mathrm{T}}\boldsymbol{X} = \sum_{i=1}^{n} l_i X_i \sim N(\boldsymbol{l}^{\mathrm{T}}\boldsymbol{a}, \boldsymbol{l}^{\mathrm{T}}\boldsymbol{B}\boldsymbol{l}),$$

其中 $l_1, l_2, \cdots, l_n$ 不全为 0.

性质 3　若 $\boldsymbol{X} = (X_1, X_2, \cdots, X_n)^{\mathrm{T}}$ 服从 n 元正态分布, 设 $Y_1, Y_2, \cdots, Y_k$ 都是 $X_1, X_2, \cdots, X_n$ 的线性函数, 则 $\boldsymbol{Y} = (Y_1, Y_2, \cdots, Y_k)^{\mathrm{T}}$ 也服从 k 元正态分布. 这一性质也可用矩阵的形式来给出: 若 $\boldsymbol{X} \sim N(\boldsymbol{a}, \boldsymbol{B})$, $\boldsymbol{C} = (c_{ij})_{k\times n}$ 为 $k \times n$ 实数矩阵, 则

$$\boldsymbol{Y} = \boldsymbol{C}\boldsymbol{X} \sim N(\boldsymbol{C}\boldsymbol{a}, \boldsymbol{C}\boldsymbol{B}\boldsymbol{C}^{\mathrm{T}}).$$

一般称此性质为“正态变量的线性变换不变性”.

性质 4　服从 n 元正态分布的随机变量 $\boldsymbol{X}$ 中的分量 $X_1, X_2, \cdots, X_n$ 相互独立的充要条件是它们两两不相关, 也等价于“$\mathrm{Cov}(\boldsymbol{X})$ 为对角矩阵”.

例 4.5.1　设二维随机变量 (X, Y) 服从二元正态分布, $X \sim N(1,1), Y \sim N(2,4), X$ 与 Y 的相关系数为 ρ.

(1) 若 $\rho = 0$, 求 $Z = 3X - 2Y$ 的分布和 $E(XY)$;

(2) 若 $\rho = \dfrac{1}{3}$, 求 $\mathrm{Var}(2X - Y)$ 及 $P\{3Y - 2X > 4\}$.

㊫ (1) 由于 (X,Y) 服从二元正态分布, $Z=3X-2Y$ 为 X 与 Y 的线性组合, 由性质 3 知 $Z\sim N(\mu_Z,\sigma_Z^2)$. 而

$$\mu_Z=E(3X-2Y)=3\times 1-2\times 2=-1.$$

注意到 $\rho=0$, 即 $\mathrm{Cov}(X,Y)=0$, 故

$$\begin{aligned}\sigma_Z^2&=\mathrm{Var}(3X-2Y)\\&=3^2\mathrm{Var}(X)+(-2)^2\mathrm{Var}(Y)+2\mathrm{Cov}(3X,-2Y)\\&=9\times 1+4\times 4=25,\end{aligned}$$

即 $Z\sim N(-1,25)$.

由于 $\rho=0$, 由性质 4 知 X 与 Y 相互独立, 所以

$$E(XY)=E(X)E(Y)=1\times 2=2.$$

(2) 注意到 $\rho=\dfrac{\mathrm{Cov}(X,Y)}{\sqrt{\mathrm{Var}(X)\mathrm{Var}(Y)}}$, 可知

$$\mathrm{Cov}(X,Y)=\rho\sqrt{\mathrm{Var}(X)\mathrm{Var}(Y)}=\frac{1}{3}\sqrt{1\times 4}=\frac{2}{3},$$

故

$$\begin{aligned}\mathrm{Var}(2X-Y)&=2^2\mathrm{Var}(X)+(-1)^2\mathrm{Var}(Y)+2\mathrm{Cov}(2X,-Y)\\&=4\times 1+1\times 4-4\mathrm{Cov}(X,Y)=\frac{16}{3}.\end{aligned}$$

由于 $3Y-2X$ 为 X 与 Y 的线性组合, 故 $3Y-2X$ 服从一元正态分布, 因此

$$P\{3Y-2X>4\}=1-\varPhi\left(\frac{4-E(3Y-2X)}{\sqrt{\mathrm{Var}(3Y-2X)}}\right).$$

又因为 $E(3Y-2X)=3\times 2-2\times 1=4$, 故

$$P\{3Y-2X>4\}=1-\varPhi\left(\frac{0}{\sqrt{\mathrm{Var}(3Y-2X)}}\right)=1-\varPhi(0)=0.5.$$

例 4.5.2 设三维正态变量 $\boldsymbol{X}=(X_1,X_2,X_3)^{\mathrm{T}}\sim N(\boldsymbol{a},\boldsymbol{B})$, 其中

$$\boldsymbol{a}=(0,1,0)^{\mathrm{T}},\quad \boldsymbol{B}=\begin{pmatrix}1&0&-0.5\\0&2&1\\-0.5&1&4\end{pmatrix}.$$

(1) 求 $\xi=3X_1-2X_2+X_3$ 的分布;

(2) 求常数 c_1,c_2, 使得 X_3 与 $X_3-c_1X_1$ 相互独立, 且 X_3 与 $X_3-c_2X_2$

也相互独立; 并判断此时 $X_3 - c_1X_1$ 与 $X_3 - c_2X_2$ 是否相互独立?

解 (1) 由于 ξ 为 X_1, X_2, X_3 的线性组合, 由性质 3 知

$$\begin{aligned}\mu_0 &= E(\xi) = E(3X_1 - 2X_2 + X_3)\\&= 3\times 0 - 2\times 1 + 1\times 0 = -2,\\\sigma_0^2 &= \text{Var}(\xi) = \text{Var}(3X_1 - 2X_2 + X_3)\\&= 3^2\text{Var}(X_1) + (-2)^2\text{Var}(X_2) + 1^2\text{Var}(X_3) +\\&\quad 2\text{Cov}(3X_1, -2X_2) + 2\text{Cov}(3X_1, X_3) + 2\text{Cov}(-2X_2, X_3).\end{aligned}$$

由协方差矩阵 $\boldsymbol{B}$ 知 $\text{Cov}(X_1, X_2) = 0$, $\text{Cov}(X_1, X_3) = -0.5$, $\text{Cov}(X_2, X_3) = 1$, 且 $\text{Var}(X_1) = 1$, $\text{Var}(X_2) = 2$, $\text{Var}(X_3) = 4$, 所以

$$\text{Var}(\xi) = 9\times 1 + 4\times 2 + 1\times 4 - 12\times 0 + 6\times(-0.5) - 4\times 1 = 14.$$

即 $\xi \sim N(-2, 14)$.

(2) 注意到 $\boldsymbol{X}$ 服从三元正态分布, 且 $X_3, X_3 - c_1X_1, X_3 - c_2X_2$ 均为 X_1, X_2, X_3 的线性组合, 所以 X_3 与 $X_3 - c_1X_1$ 相互独立、X_3 与 $X_3 - c_2X_2$ 相互独立分别等价于

$$\text{Cov}(X_3, X_3 - c_1X_1) = 0, \quad \text{Cov}(X_3, X_3 - c_2X_2) = 0.$$

又 $\text{Cov}(X_3, X_3) = \text{Var}(X_3) = 4$, $\text{Cov}(X_3, X_1) = -0.5$, $\text{Cov}(X_3, X_2) = 1$, 故

$$\begin{aligned}\text{Cov}(X_3, X_3 - c_1X_1) &= 4 - c_1\cdot(-0.5) = 0,\\\text{Cov}(X_3, X_3 - c_2X_2) &= 4 - c_2\cdot 1 = 0.\end{aligned}$$

解得 $c_1 = -8, c_2 = 4$. 因此, 当 $c_1 = -8, c_2 = 4$ 时, X_3 与 $X_3 - c_1X_1$ 相互独立且 X_3 与 $X_3 - c_2X_2$ 也相互独立. 注意到

$$\begin{aligned}&\text{Cov}(X_3 - c_1X_1, X_3 - c_2X_2)\\&= \text{Cov}(X_3 + 8X_1, X_3 - 4X_2)\\&= \text{Var}(X_3) + 8\text{Cov}(X_1, X_3) - 4\text{Cov}(X_3, X_2) - 32\text{Cov}(X_1, X_2)\\&= -4 < 0,\end{aligned}$$

所以 $X_3 - c_1X_1$ 与 $X_3 - c_2X_2$ 不独立.

思考题四

1. 下面的说法是否正确:
设随机变量 X 的密度函数为

$$f(x)=\begin{cases}1+x, & -1\leqslant x<0,\\ 1-x, & 0\leqslant x<1.\\ 0, & \text{其他},\end{cases}$$

则 X 的数学期望为

$$E(X)=\begin{cases}\int_{-1}^{0}(1+x)x\mathrm{d}x, & -1\leqslant x<0,\\ \int_{0}^{1}(1-x)x\mathrm{d}x, & 0\leqslant x<1,\\ 0, & \text{其他}.\end{cases}$$

2. 随机变量 X 与 Y 同分布, 那么它们的任意阶矩 (如果存在) 是否全部相等? 反之, 若有 $E(X)=E(Y)$ 且 $\mathrm{Var}(X)=\mathrm{Var}(Y)$, 能否推出随机变量 X 与 Y 的分布一定相同?
3. 某品牌矿泉水一瓶净含量记为随机变量 X (单位: mL). 已知 $X\sim N(500,2.5^2)$, 从中随机抽取两瓶, 则两瓶矿泉水的总重量的方差是 2×2.5^2 还是 $2^2\times 2.5^2$ 呢?
4. 试述独立性与不相关性的区别和联系.
5. 对于随机变量序列 $\{X_i,i\geqslant 1\}$, 判断下面两个结论是否成立:

(1) 对于 $n\geqslant 1$, 有 $E\left(\sum_{i=1}^{n}X_i\right)=\sum_{i=1}^{n}E(X_i)$, 且 $\mathrm{Var}\left(\sum_{i=1}^{n}X_i\right)=\sum_{i=1}^{n}\mathrm{Var}(X_i)$;

(2) 若 $\{X_i,i\geqslant 1\}$ 相互独立, 那么对于 $n\geqslant 1$, 有 $E\left(\prod_{i=1}^{n}X_i\right)=\prod_{i=1}^{n}E(X_i)$, 且 $\mathrm{Var}\left(\prod_{i=1}^{n}X_i\right)=\prod_{i=1}^{n}\mathrm{Var}(X_i)$.

6. 下列说法是否正确: 若 $\mathrm{Var}(X)=\mathrm{Var}(Y)=1$, 则 $\mathrm{Var}(X-2Y)=\mathrm{Var}(X)-2\mathrm{Var}(Y)=-1$.
7. 下列说法是否正确: 设 X 服从 $U(1,3)$, 则 $E\left(\frac{1}{X}\right)=\frac{1}{E(X)}=\frac{1}{2}$.

习题四

(A)

A1. 设一盒中有 3 个红球 2 个白球. 从中取 3 次, 每次取 1 个球. 令 X 表示取到红球的个数, 分别求 (1) 无放回抽样, (2) 有放回抽样这两种抽样方式下的 $E(X)$.

A2. 设随机变量 X 的密度函数为

$$f(x)=\begin{cases}\dfrac{x}{4}, & 1<x<3,\\ 0, & 其他,\end{cases}$$

求 $E(X)$ 和 $P\{X>E(X)\}$.

A3. 设随机变量 X 的密度函数为

$$f(x)=\begin{cases}ax+b, & 0<x<2,\\ 0, & 其他.\end{cases}$$

已知 $E(X)=\dfrac{11}{9}$, 求 a,b.

A4. 设二维离散型随机变量 (X,Y) 的联合分布律为

X	Y		
	0	1	2
1	0.2	0.1	0.3
2	0.2	0	0.2

求随机变量 Z 的数学期望 $E(Z)$:

(1) $Z=XY$; (2) $Z=\min\{X,Y\}$; (3) $Z=\max\{X,Y\}$.

A5. 设二维连续型随机变量 (X,Y) 的联合密度函数

$$f(x,y)=\begin{cases}\dfrac{2x+y}{4}, & 0<x<1, 0<y<2,\\ 0, & 其他,\end{cases}$$

分别求数学期望 $E(X),E(Y),E(XY)$.

A6. 设随机变量 X 的密度函数为

$$f(x)=\begin{cases}3x^2, & 0<x<1,\\ 0, & 其他.\end{cases}$$

求 $E\left(3X^2-\dfrac{1}{3X^2}\right)$.

A7. 设一盒中有 3 个红球 2 个白球. 从中取 3 次, 每次取 1 个球, 令 X 表示取到红球的个数, 分别求 (1) 无放回抽样, (2) 有放回抽样两种抽样方式下的 $\mathrm{Var}(X)$.

A8. 设随机变量 X 的密度函数为

$$f(x)=\begin{cases}\dfrac{3x^2}{2}, & -1<x<1,\\ 0, & 其他,\end{cases}$$

求 $\mathrm{Var}(X)$.

A9. 设随机变量 X 与 Y 相互独立, 密度函数分别为

$$f_X(x)=\begin{cases}\dfrac{3x^2}{2}, & -1<x<1,\\ 0, & \text{其他},\end{cases}$$

$$f_Y(y)=\begin{cases}|y|, & -1<y<1,\\ 0, & \text{其他},\end{cases}$$

求 $\mathrm{Var}(X-2Y)$.

A10. 设 X 的分布函数如下:

$$(1)\ F(x)=\begin{cases}0, & x<0,\\ 0.3, & 0\leqslant x<1,\\ 0.5, & 1\leqslant x<2,\\ 1, & x\geqslant 2;\end{cases}$$

$$(2)\ F(x)=\begin{cases}0, & x<0,\\ \dfrac{x^2}{2}, & 0\leqslant x<1,\\ \dfrac{x}{2}, & 1\leqslant x<2,\\ 1, & x\geqslant 2.\end{cases}$$

分别求 $E(X),\mathrm{Var}(X)$.

A11. 设 (X,Y) 在区域 $D=\{(x,y):0<x<y<1\}$ 上服从均匀分布, 求 $\mathrm{Var}(XY)$.

A12. 设随机变量 X 与 Y 相互独立, $X\sim P(2)$, $Y\sim B(2,0.4)$, 求 $E(2X-Y)$, $\mathrm{Var}(2X-Y)$, $E[(2X-Y)^2]$.

A13. 设随机变量 X 服从参数为 $\dfrac{1}{2}$ 的指数分布, 求 $E[X(X-1)]$.

A14. 设随机变量 $X\sim U(a,b)$, $Y\sim N(2,3)$, X 与 Y 有相同的数学期望与方差, 求 a,b 的值.

A15. 设二维离散型随机变量 (X,Y) 的联合分布律如第 A4 题所示, 求协方差 $\mathrm{Cov}(X,Y)$ 及相关系数 ρ_{XY}.

A16. 设随机变量 (X,Y) 的联合密度函数为

$$f(x,y)=\begin{cases}\dfrac{3x}{4}, & 0<x<y<2,\\ 0, & \text{其他},\end{cases}$$

求协方差 $\mathrm{Cov}(X,Y)$ 及相关系数 ρ_{XY}.

A17. 设 $(X,Y)\sim N(-1,1;4,4;0.6)$, 求 $E(XY)$.

A18. 设二维离散型随机变量 (X,Y) 的联合分布律为

X	Y		
	0	1	2
1	0.1	0.4	0.1
2	0.2	0	0.2

判断 X 与 Y 是否相关, 是否相互独立.

A19. 设 $(X,Y)\sim N(-1,1;4,4;0.6)$, 若 $X+Y$ 与 $X-aY$ 相互独立, 此时 a 取何值?

(B)

B1. 某批产品共有 M 件, 其中正品 N 件 $(0\leqslant N\leqslant M)$. 从整批产品中随机地进行有放回抽样: 每次抽取一件, 记录产品是正品还是次品后放回, 抽取了 n 次 $(n\geqslant 1)$, 求这 n 次中抽到正品的平均次数.

B2. 一位即将毕业的大学生有意向与某企业签订就业合同. 该企业给他两个年薪方案供选择: 方案一: 年薪 10 万元; 方案二: 底薪 6 万元, 如果业绩达到公司要求, 就可再获得业绩津贴 10 万元, 如果达不到, 就没有业绩津贴, 一般约有 80% 的可能性可以达到公司的业绩要求. 他应当选择哪种方案? 说明理由.

B3. 设一袋中有 8 个球, 分别编号为 $1\sim 8$. 现随机从袋中取出 2 球, 记其中最大号码的球的编号为 X, 求 $E(X)$.

B4. 直线上一质点在时刻 0 从原点出发, 每经过一个单位时间向左或者向右移动一个单位, 每次移动是相互独立的, 并且向右移动的概率为 $p(0<p<1)$. η_n 表示到时刻 n 为止质点向右移动的次数, S_n 表示在时刻 n 时质点的位置 $(n\geqslant 1)$, 求 η_n 与 S_n 的数学期望.

B5. 抛一枚均匀的硬币, 直到正、反两面都出现后停止试验, 求试验的平均次数.

B6. 设二维随机变量 (X,Y) 的联合密度函数为

$$f(x,y)=\begin{cases}\dfrac{2}{x}\mathrm{e}^{-2x}, & 0<x<+\infty, 0<y<x,\\ 0, & \text{其他}.\end{cases}$$

(1) 求 $E(X)$;　　(2) 求 $E(3X-1)$;　　(3) 求 $E(XY)$.

B7. 已知一根长度为 1 的棍子上有个标志点 Q, 现随机地将此棍子折成两段.

(1) 已知点 Q 距离棍子某一端点的距离为 q, 求包含点 Q 的那一段棍子的平均长度 (若截点刚好是点 Q, 则认为点 Q 包含在较短的一段中);

(2) 当点 Q 位于棍子何处时, 包含点 Q 的棍子平均长度达到最大?

B8. 甲、乙两人约定上午 8:00~9:00 在某地见面, 两人均在该时段随机到达, 且到达时间相互独立, 求两人中先到的人需要等待的平均时间.

B9. 为诊断 500 人是否有人患有某种疾病, 抽血化验, 可用两种方法: (1) 每个人化验一次; (2) 分成 k 人一组$\left(\text{共 } \dfrac{500}{k} \text{ 组, 假设 } \dfrac{500}{k} \text{ 为正整数}, k>1\right)$, 将每组 k 人的血液集中起来一起检

验, 若化验结果为阴性, 则说明组内的每人都是阴性, 就无须分别化验; 若检验结果为阳性, 则说明这 k 人中至少有一人患病, 那么就对该组内的 k 人再单独化验. 如果此病的得病率为 20%, 问哪种方法的平均检验次数相对少一些?

B10. 已知某设备无故障运行的时间 T (以 h 计) 服从数学期望为 $\dfrac{1}{\lambda}(\lambda > 0)$ 的指数分布. 若设备在一天 8 h 的工作时间内发生故障就自动停止运行待次日检修, 否则就运行 8 h 后停止, 求该设备每天运行的平均时间.

B11. 某电子监视器的圆形屏幕半径为 $r(r > 0)$, 若目标出现的位置点 A 服从均匀分布. 以圆形屏幕的圆心为原点, 设点 A 的平面直角坐标为 (X, Y).

(1) 求 $E(X)$ 与 $E(Y)$;

(2) 求点 A 与屏幕中心位置 $(0,0)$ 的平均距离.

B12. 一个袋子中有 15 个均匀的球, 其中 a 个是白球, 其他的是黑球. 无放回地随机抽取 n 次 (每次取一球), 记取到的白球数为 ξ_n. 已知 $E(\xi_2) = \dfrac{4}{3}$.

(1) 求 a; (2) 求 $E(\xi_9)$.

B13. 从 $1 \sim 100$ 这 100 个数中无放回地取 10 个数, 计算这 10 个数的和的数学期望.

B14. 有 n 张各不相同的卡片, 采用有放回抽样, 每次取一张, 共取 n 次, 则有些卡片会被取到, 甚至被取到很多次, 但有些卡片可能不曾被取到. 设这 n 张卡片中被取到的共有 X 张, 计算 $E(X)$, 并计算当 $n \to +\infty$ 时, $E\left(\dfrac{X}{n}\right)$ 的极限.

B15. 在区间 $(0,1)$ 中随机地取 $n(n \geqslant 2)$ 个点, 求相距最远的两个点的距离的数学期望.

B16. 设进入大型购物中心的顾客有可能去其中的一家冷饮店购买冷饮, 购买的概率为 $p(0 < p < 1)$. 若在一天的营业时间内进入该购物中心的顾客数 X 服从参数为 $\lambda(\lambda > 0)$ 的泊松分布, 求这一天去该冷饮店购买冷饮的顾客数 Y 的分布及数学期望.

B17. 设二维随机 (X, Y) 的联合密度函数为

$$f(x,y) = \begin{cases} \dfrac{3}{4}x, & 0 < x < y < 2, \\ 0, & \text{其他}. \end{cases}$$

(1) 求 $E(Y|X = x)$;

(2) 用两种方法计算 $E(Y)$.

B18. (接第 B12 题) 当 $n = 2$ 时, 求 $\mathrm{Var}(\xi_2)$.

B19. 已知随机变量 X 服从 Γ 分布, 密度函数为

$$f(x) = \frac{\lambda^\alpha}{\Gamma(\alpha)} x^{\alpha-1} \mathrm{e}^{-\lambda x}, \quad x > 0, \alpha > 0, \lambda > 0,$$

其中 α 称为"形状参数", λ 称为"尺度参数", 求 $E(X^k)(k \geqslant 1)$ 和 $\mathrm{Var}(X)$.

B20. 设随机变量 X 服从拉普拉斯分布, 密度函数为

$$f(x) = \frac{1}{2}\mathrm{e}^{-|x|}, \quad -\infty < x < +\infty,$$

计算 X 与 $|X|$ 的方差.

B21. 机器处于不同状态时制造产品的质量有所差异. 如果机器运作正常, 那么产品的正品率为 98%; 如果机器老化, 那么产品的正品率为 90%; 如果机器处于需要维修的状态, 那么产品的正品率为 74%. 机器正常运作的概率为 0.7, 老化的概率为 0.2, 需要维修的概率为 0.1. 现随机抽取了 100 件产品 (假设生产这些产品的机器的状态相互独立).

(1) 求产品中非正品数的数学期望与方差;

(2) 在已知这些产品都是正常机器制造出来的条件下, 求正品数的数学期望和方差.

B22. 设随机变量 X 与 Y 独立同分布, 且都服从参数为 $\frac{1}{2}$ 的 0-1 分布.

(1) 求 $P\{X+Y \geqslant 1\}$;

(2) 计算 $E(X\cdot(-1)^Y)$ 及 $\mathrm{Var}(X\cdot(-1)^Y)$.

B23. 设系统 L 由两个相互独立的子系统 L_1 和 L_2 组成, L_1 和 L_2 的寿命 X 与 Y 分别服从数学期望为 $\frac{1}{2}, \frac{1}{4}$ 的指数分布, 就下列三种连接方式写出系统 L 的寿命 Z 的数学期望和变异系数:

(1) L_1 和 L_2 串联;

(2) L_1 和 L_2 并联;

(3) L_2 为 L_1 的备用.

B24. (接第 B20 题) (1) 求 X 与 $|X|$ 的相关系数, 并判断两者是否相关;

(2) 判断 X 与 $|X|$ 是否相互独立.

B25. 设随机变量 (X,Y) 的联合密度函数为

$$f(x,y) = \begin{cases} \frac{1}{4}(1+xy), & |x|<1, |y|<1, \\ 0, & \text{其他}. \end{cases}$$

(1) 计算 X 与 Y 的相关系数, 并判断它们的独立性和相关性;

(2) 计算 X^2 与 Y^2 的相关系数, 并判断它们的独立性和相关性.

B26. 独立地抛一枚均匀的骰子 n 次 $(n \geqslant 2)$. 记 X, Y 分别为试验中"1 点朝上"以及"6 点朝上"出现的次数, 求 X 与 Y 的相关系数, 并判断两者的相关关系.

B27. 有一随机 $\triangle ABC$, $\angle A$ 与 $\angle B$ 独立同分布, 设 A 的概率分布律如下:

A	$\frac{\pi}{3}$	$\frac{\pi}{4}$	$\frac{\pi}{6}$
p	λ	θ	$1-\lambda-\theta$

其中 $\lambda > 0$, $\theta > 0$, 且满足 $\lambda+\theta < 1$. 已知 $E(\sin A) = E(\cos A) = \dfrac{\sqrt{3}+2\sqrt{2}+1}{8}$.

(1) 写出 (A, B) 的联合分布律;

(2) 求 $E(\sin C)$;

(3) 求 $\angle A$ 与 $\angle C$ 的相关系数, 并由此判断它们的相关性 (若相关, 说明是正相关还是负相关).

B28. 设随机变量 $X_1, X_2, \cdots, X_n$ 均服从标准正态分布并且相互独立. 记 $S_k = \sum\limits_{i=1}^{k} X_i$, $T_k = \sum\limits_{j=n_0+1}^{n_0+k} X_j$, 其中 $1 \leqslant n_0 < k < n_0 + k \leqslant n$, 求 S_k 与 T_k 的相关系数.

B29. 设 $X \sim N(0,1)$, Y 的可能取值为 ± 1, 且 $P\{Y=1\} = p(0 < p < 1)$. 设 X 与 Y 相互独立, 记 $\xi = X \cdot Y$.

(1) 证明: $\xi \sim N(0,1)$;

(2) 计算 $\rho_{X\xi}$, 并判断 X 与 ξ 的相关性和独立性.

B30. 有 n 包巧克力, 每包重量服从分布 $N(\mu, \sigma^2)$, 且各包重量相互独立, 求前 $k(1 \leqslant k \leqslant n)$ 包重量与这 n 包总重量的相关系数.

B31. 设甲、乙两个盒子中都装有 2 个白球 3 个黑球. 先从甲盒中任取 1 个球放入乙盒, 再从乙盒中随机地取出一球, 用 X 与 Y 分别表示从甲、乙盒中取得的白球数.

(1) 求 (X, Y) 的联合分布律, 并判断 X 与 Y 是否相互独立;

(2) 求出 $\mathrm{Cov}(X, Y)$, 并由此判断 X 与 Y 的相关性.

B32. 设二维随机变量 (X, Y) 服从正态分布 $N(0,1;1,4;\rho)$. 令 $\xi = aX - bY$, $\eta = aY - bX$, 其中 a, b 为实数, $a \neq b$ 且 $ab \neq 0$.

(1) 当 $\rho = 0$ 时, 分别写出 ξ 与 η 的分布 (要求写出参数) 及它们各自的标准化变量, 并计算 ξ 与 η 的相关系数;

(2) 当 $\rho = \dfrac{1}{2}$ 时, 计算 ξ 的变异系数;

(3) 当 $\rho = \dfrac{1}{2}$ 时, 计算 η 的中位数;

(4) 当 $\rho = -1$ 时, 判断 ξ 与 η 的独立性和相关性.

B33. 已知三维正态变量 $\boldsymbol{X} = (X_1, X_2, X_3)^{\mathrm{T}} \sim N(\boldsymbol{a}, \boldsymbol{B})$, 其中

$$\boldsymbol{a} = (0,0,1)^{\mathrm{T}}, \quad \boldsymbol{B} = \begin{pmatrix} 1 & 2 & -1 \\ 2 & 16 & 0 \\ -1 & 0 & 4 \end{pmatrix}.$$

(1) 写出 $\boldsymbol{X}$ 的每个分量的分布;

(2) 判别 X_1, X_2, X_3 的相关性与独立性;

(3) 若 $Y_1 = X_1 - X_2$, $Y_2 = X_3 - X_1$, 求 $\boldsymbol{Y} = (Y_1, Y_2)^{\mathrm{T}}$ 的分布.

B34. 设有一煤矿一天的产煤量 X (以 10^4 t 计) 服从正态分布 $N(1.5, 0.1^2)$. 设每天产量相互独立, 一个月按 30 天计, 求一个月总产量超 46×10^4 t 的概率.

B35. 某地区成年男子身高 X (单位: cm) 服从正态分布 $N(170, 144)$, 从该地区独立抽选 4 人, 求这 4 人平均身高超过 176 cm 的概率.

第5章

大数定律及中心极限定理

从前面四章的介绍中, 我们知道随机现象的规律性要在大量试验中重复考察才能体现出来, “大量” 这一特点就意味着对极限定理研究的必要性. 极限定理是概率论的重要内容, 也是数理统计学的基石之一. 长期以来, 对极限定理的研究所形成的概率论分析方法影响着概率论的发展. 同时, 新的极限理论问题也在实际研究和应用中不断产生和解决. 极限定理主要包括随机变量及其分布的极限性质和收敛性的一些结果, 其中大数定律及中心极限定理这两类是极限定理中的基本理论. 大数定律主要探讨随机变量序列的平均在一定条件下的稳定性规律; 大量的随机变量之和的分布在一定条件下可以用正态分布去逼近, 这就是中心极限定理的主要研究内容. 我们将在本章介绍这两类极限定理.

5.1 大数定律

在给出大数定律之前, 我们先介绍一下用数学语言表述大数定律时所用到的概率意义下的极限定义以及在证明大数定律时所涉及的两个概率不等式.

(一) 依概率收敛

定义 5.1.1 设 $\{Y_n, n \geqslant 1\}$ 为一随机变量序列, c 为一常数. 若对任意的 $\varepsilon > 0$, 都有

$$\lim_{n\to+\infty} P\{|Y_n - c| \geqslant \varepsilon\} = 0 \tag{5.1.1}$$

成立, 则称 $\{Y_n, n \geqslant 1\}$ 依概率收敛 (convergence in probability) 于 c, 记为 $Y_n \xrightarrow{P} c$, $n \to +\infty$.

显然, (5.1.1) 可以等价表示为

$$\lim_{n\to+\infty} P\{|Y_n - c| < \varepsilon\} = 1. \tag{5.1.2}$$

一般地, 称概率接近 1 的事件为大概率事件, 称概率接近 0 的事件为小概率事件. 由此可见, $\{Y_n, n\geqslant 1\}$ 依概率收敛于 c 意味着: 当 n 很大时, Y_n 十分接近 c, 两者的偏差小于任意给定的正数 ε 这一事件发生的概率趋于 1, 为一大概率事件. 请注意, 这种收敛性是在概率意义下的一种收敛, 而不是数学意义下的一般收敛.

下面不加证明地给出依概率收敛的一个重要性质:

设 $X_n \xrightarrow{P} a, Y_n \xrightarrow{P} b$, $n \to +\infty$, 其中 a, b 为两个常数, 若二元函数 $g(x, y)$ 在点 (a, b) 处连续, 则有

$$g(X_n, Y_n) \xrightarrow{P} g(a, b), \quad n \to +\infty. \tag{5.1.3}$$

(二) 马尔可夫不等式和切比雪夫不等式

定理 5.1.1 (马尔可夫 (Markov) 不等式) 若随机变量 Y 的 k 阶 (原点) 矩存在 $(k \geqslant 1)$, 则对任意的 $\varepsilon > 0$, 有

$$P\{|Y| \geqslant \varepsilon\} \leqslant \frac{E(|Y|^k)}{\varepsilon^k} \left(\text{或写为 } P\{|Y| < \varepsilon\} \geqslant 1 - \frac{E(|Y|^k)}{\varepsilon^k}\right). \tag{5.1.4}$$

特别地, 当 Y 为取非负值的随机变量且它的 k 阶矩存在时, 则有

$$P\{Y \geqslant \varepsilon\} \leqslant \frac{E(Y^k)}{\varepsilon^k}. \tag{5.1.5}$$

证明　令

$$Z = \begin{cases} \varepsilon, & |Y| \geqslant \varepsilon, \\ 0, & |Y| < \varepsilon, \end{cases}$$

则 $Z^k \leqslant |Y|^k$, 故 $E(Z^k) \leqslant E(|Y|^k)$. 对任意的 $k \geqslant 1$, 注意到 $E(Z^k) = \varepsilon^k \cdot P\{|Y| \geqslant \varepsilon\}$, 所以

$$P\{|Y| \geqslant \varepsilon\} = \frac{E(Z^k)}{\varepsilon^k} \leqslant \frac{E(|Y|^k)}{\varepsilon^k}.$$

例 5.1.1　某城市一周内发生交通事故的次数记为随机变量 X, 显然 $P\{X \geqslant 0\} = 1$. 已知 $E(X) = 75$, 求一周内发生事故的次数不少于 100 的概率上界.

解　由于 $P\{X \geqslant 0\} = 1$, 且 X 的数学期望存在, 取 $k = 1$, 利用马尔可夫不等式, 有

$$P\{X \geqslant 100\} \leqslant \frac{E(X)}{100} = 75\%.$$

即一周内发生事故的次数不少于 100 的概率上界为 75%.

作为马尔可夫不等式的推论, 可得

定理 5.1.2　(切比雪夫 (Chebyshev) 不等式) 设随机变量 X 的数学期望和方差存在, 分别记为 μ, σ^2, 则对任意的 $\varepsilon > 0$, 有

$$P\{|X-\mu| \geqslant \varepsilon\} \leqslant \frac{\sigma^2}{\varepsilon^2} \left(\text{或写为 } P\{|X-\mu| < \varepsilon\} \geqslant 1 - \frac{\sigma^2}{\varepsilon^2} \right). \tag{5.1.6}$$

证明　在定理 5.1.1 中, 取 $Y = X - \mu, k = 2$ 即可.

切比雪夫不等式的重要性在于: 不管随机变量的分布类型是什么, 只要已知它的数学期望和方差, 就可以对随机变量落入数学期望附近的区域 $(\mu - \varepsilon, \mu + \varepsilon)$ 内或外的概率给出一个界的估计.

从 (5.1.6) 可以看出, X 的方差越小, 对于同一个 $\varepsilon > 0$, $P\{|X-\mu| \geqslant \varepsilon\}$ 的上界就越小, 即 X 落入区域 $(-\infty, \mu - \varepsilon] \cup [\mu + \varepsilon, +\infty)$ 的可能性就越小, 落入 $(\mu - \varepsilon, \mu + \varepsilon)$ 这个 μ 附近区域的可能性就越大. 这也进一步说明了方差这个数字特征的确刻画了 X 的概率分布偏离其中心位置 (数学期望) 的离散程度.

例 5.1.2　证明: 设随机变量 X 的方差存在, 若 $\mathrm{Var}(X)=0$, 则 $P\{X=c\}=1$, 其中 $c=E(X)$.

证明　由于 X 的方差存在, 故其数学期望也存在. 如果 $|X-E(X)|>0$, 那么必存在某正整数 n, 使得 $|X-E(X)|\geqslant\frac{1}{n}$, 反之亦然. 故

$$\{|X-E(X)|>0\}=\bigcup_{n=1}^{+\infty}\left\{|X-E(X)|\geqslant\frac{1}{n}\right\},$$

于是有

$$\begin{aligned}0\leqslant P\{|X-E(X)|>0\}&=P\left\{\bigcup_{n=1}^{+\infty}\left(|X-E(X)|\geqslant\frac{1}{n}\right)\right\}\\&\leqslant\sum_{n=1}^{+\infty}P\left\{|X-E(X)|\geqslant\frac{1}{n}\right\}\\&\leqslant\sum_{n=1}^{+\infty}\frac{\mathrm{Var}(X)}{(1/n)^2}=0,\end{aligned}$$

其中最后一个不等式用了切比雪夫不等式. 这样就得到了 $P\{|X-E(X)|>0\}=0$, 即 $P\{X=E(X)\}=1$.

这一结论具体可理解为: 当随机变量 X 的方差为 0, 即没有波动时, 也就意味着 X 集中地取一值, 这一数值就是它的平均值. 这是一个十分直观而又明显的结论.

例 5.1.3　某天文机构为了得到宇宙中两颗行星的距离, 进行了 n 次独立的观测, 第 i 次的观测值为 X_i 光年, $i=1,2,\cdots,n$. $E(X_i)=\mu,\mathrm{Var}(X_i)=5$, 其中 μ 是两颗行星的真实距离 (未知). 现取 n 次观测值的平均值作为真实距离的估计.

(1) 如果测量次数 $n=100$, 问估计值与真实值之间的误差在 ±0.5 光年之内的概率至少有多大?

(2) 如果要以不低于 95% 的把握控制估计值与真实值之间的误差在 ±0.5 光年之内, 问观测次数至少为多少?

解　由于对任意的 $i=1,2,\cdots,n,E(X_i)=\mu,\mathrm{Var}(X_i)=5$, 且每次观测独立, 故

$$E\left(\frac{1}{n}\sum_{i=1}^{n}X_i\right)=\mu,\quad\mathrm{Var}\left(\frac{1}{n}\sum_{i=1}^{n}X_i\right)=\frac{5}{n}.$$

(1) 当 $n=100$ 时, 由切比雪夫不等式知

$$P\left\{\left|\frac{1}{100}\sum_{i=1}^{100}X_i-\mu\right|<0.5\right\}\geqslant 1-\frac{5/100}{0.5^2}=0.8,$$

故当测量 100 次时, 估计值与真实值之间的误差在 ± 0.5 光年之内的概率至少有 80%.

(2) 同样利用切比雪夫不等式, 可得

$$P\left\{\left|\frac{1}{n}\sum_{i=1}^{n}X_i-\mu\right|<0.5\right\}\geqslant 1-\frac{5/n}{0.5^2}\geqslant 95\%,$$

从而得到 $n\geqslant 400$, 即至少要观测 400 次才能保证以不低于 95% 的把握控制估计值与真实值之间的误差在 ± 0.5 光年之内.

(三) 两个大数定律

定义 5.1.2　设 $\{X_i, i\geqslant 1\}$ 为一随机变量序列, 若存在常数序列 $\{c_n, n\geqslant 1\}$, 使得对任意的 $\varepsilon>0$, 有

$$\lim_{n\to+\infty}P\left\{\left|\frac{1}{n}\sum_{i=1}^{n}X_i-c_n\right|\geqslant\varepsilon\right\}=0\left(\text{或}\lim_{n\to+\infty}P\left\{\left|\frac{1}{n}\sum_{i=1}^{n}X_i-c_n\right|<\varepsilon\right\}=1\right)\tag{5.1.7}$$

成立, 即当 $n\to+\infty$ 时, 有 $\frac{1}{n}\sum_{i=1}^{n}X_i-c_n\xrightarrow{P}0$, 则称随机变量序列 $\{X_i, i\geqslant 1\}$ 服从弱大数定律 (weak law of large numbers), 简称服从大数定律.

特别地, 当 $c_n=c(n=1,2,\cdots)$ 时, 可写为

$$\frac{1}{n}\sum_{i=1}^{n}X_i\xrightarrow{P}c,\quad n\to+\infty.$$

在实践中, 人们发现大量测量值的算术平均具有一定的稳定性, 这一稳定性其实就是大数定律的客观背景. 最早的大数定律是著名的伯努利大数定律.

定理 5.1.3　(伯努利 (Bernoulli) 大数定律) 设 n_A 为 n 重伯努利试验中事件 A 发生的次数, $p(0<p<1)$ 为事件 A 在每次试验中发生的概率, 即 $P(A)=p$, 则对任意的 $\varepsilon>0$, 有

$$\lim_{n\to+\infty}P\left\{\left|\frac{n_A}{n}-p\right|\geqslant\varepsilon\right\}=0.$$

证明　引入随机变量

$$X_i = \begin{cases} 1, & \text{第 } i \text{ 次试验中事件 } A \text{ 发生}, \\ 0, & \text{第 } i \text{ 次试验中事件 } A \text{ 不发生}, \end{cases} \quad i = 1, 2, \cdots, n.$$

易见 $n_A = \sum_{i=1}^{n} X_i$, $X_1, X_2, \cdots, X_n$ 相互独立, 且都服从参数为 p 的 $0-1$ 分布. 从而

$$E(X_i) = p, \quad \mathrm{Var}(X_i) = p(1-p), \quad i = 1, 2, \cdots, n.$$

故 $E\left(\frac{n_A}{n}\right) = p$, $\mathrm{Var}\left(\frac{n_A}{n}\right) = \frac{p(1-p)}{n}$. 利用切比雪夫不等式, 可得

$$\begin{aligned} P\left\{\left|\frac{n_A}{n} - p\right| \geqslant \varepsilon\right\} &= P\left\{\left|\frac{n_A}{n} - E\left(\frac{n_A}{n}\right)\right| \geqslant \varepsilon\right\} \\ &\leqslant \frac{\mathrm{Var}\left(\frac{n_A}{n}\right)}{\varepsilon^2} = \frac{p(1-p)}{n\varepsilon^2} \to 0, \quad n \to +\infty. \end{aligned}$$

再结合 $P\left\{\left|\frac{n_A}{n} - p\right| \geqslant \varepsilon\right\} \geqslant 0$, 定理得证.

伯努利大数定律提供了用频率的极限值来定义概率的理论依据. 事实上, 在本书的第 1 章就曾提及在重复试验中某一事件发生的频率具有一定的稳定性, 即当试验次数增加时, 事件发生的频率稳定于某一确定的常数附近. 这一发现启发人们用一个确定的数去表征某事件发生的可能性大小, 进而有了 "概率" 一词的说法. 概率论的研究至今约有 300 多年的历史, 作为这门学科的基础, "概率" 定义的合理性和严密性这一根本问题在此学科的起始阶段一直困扰着研究者, 一直到 1713 年, 伯努利在其名著《猜度术》中提出了上述大数定律, 才从数学上严格证明了频率的稳定值即为概率的结论. 因此, 伯努利的这篇文章有时也被称为概率论中的第一篇论文, 该结果也为概率论的公理化体系奠定了扎实的理论基础.

例 5.1.4 (用蒙特卡罗方法 (也称随机投点法) 计算定积分) 设 $f(x)$ 为定义在 $[0,1]$ 上的连续函数, 且 $0 \leqslant f(x) \leqslant 1$, 求定积分 $I = \int_0^1 f(x)\mathrm{d}x$ 的近似值.

解 设 (X, Y) 服从正方形 $\{(x, y) : 0 \leqslant x \leqslant 1, 0 \leqslant y \leqslant 1\}$ 上的均匀分布, 则 X 与 Y 相互独立, 且都服从 $[0,1]$ 上的均匀分布. 令事件 $A = \{Y \leqslant f(X)\}$, 则 A 发生的概率为

$$p = P(A) = P\{Y \leqslant f(X)\} = \iint\limits_{y \leqslant f(x)} f(x, y)\mathrm{d}y\mathrm{d}x$$

$$= \int_0^1 \int_0^{f(x)} 1\mathrm{d}y\mathrm{d}x = \int_0^1 f(x)\mathrm{d}x = I,$$

▶案例 随机模拟的方法

即定积分 I 的值就是事件 A 发生的概率 p. 那么根据伯努利大数定律, 我们可以通过做大量重复独立试验, 以试验中事件 A 发生的频率来作为定积分 I 的近似值. 下面用蒙特卡罗方法来得到事件 A 发生的频率:

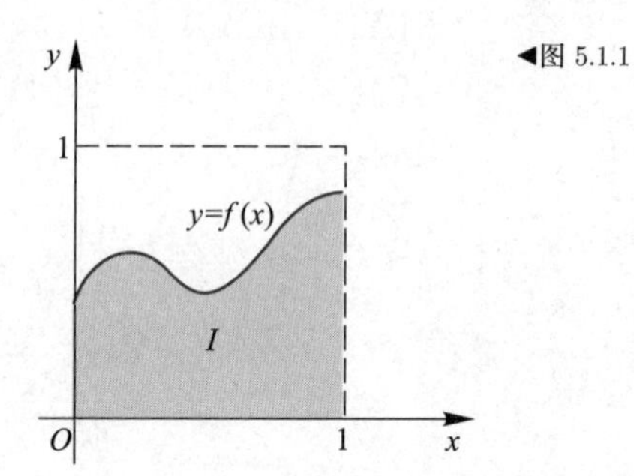

◀图 5.1.1

(1) 用计算机随机产生 $[0,1]$ 上均匀分布的 $2n$ 个随机数 $x_i, y_i, i = 1, 2, \cdots, n$, 一般这里的 n 是比较大的数, 如 10^4, 10^5 等;

(2) 考察这 n 对数据 $(x_i, y_i), i = 1, 2, \cdots, n$, 记录满足不等式 $y_i \leqslant f(x_i)$ 的次数 μ_n, 那么 $\dfrac{\mu_n}{n}$ 即为事件 A 发生的频率, 于是 $I \approx \dfrac{\mu_n}{n}$ (如图 5.1.1 所示).

这种做法其实就是将 (X, Y) 看成正方形 $\{(x, y) : 0 \leqslant x \leqslant 1, 0 \leqslant y \leqslant 1\}$ 的随机点, 用随机点落在区域 $\{(x, y) : y \leqslant f(x)\}$ 中的频率作为定积分 $I = \int_0^1 f(x)\mathrm{d}x$ 的近似值, 所以此法也称为**随机投点法**.

在现实生活中, 人们常常用多个观测值的平均来作为某个考察指标的一个估计. 譬如: 考察某大学学生的平均身高, 一般的做法是随机地抽取一些学生, 比方说 1 000 个学生, 以这 1 000 个学生的平均身高作为该大学学生平均身高的一个近似, 这样做的理论依据其实就是辛钦大数定律.

定理 5.1.4 (辛钦 (Khinchin) 大数定律) 设 $\{X_i, i \geqslant 1\}$ 为独立同分布的随机变量序列, 且数学期望存在, 记为 μ, 则对任意的 $\varepsilon > 0$, 有

$$\lim_{n\to+\infty} P\left\{\left|\frac{1}{n}\sum_{i=1}^{n} X_i - \mu\right| \geqslant \varepsilon\right\} = 0, \tag{5.1.8}$$

即 $\dfrac{1}{n}\sum_{i=1}^{n} X_i \xrightarrow{P} \mu\ (n \to +\infty)$, 并认为此时随机变量序列 $\{X_i, i \geqslant 1\}$ 服从大数定律.

该定理的证明需要用到随机变量的特征函数, 这里就不介绍了 (参阅参考文献 [2]).

辛钦大数定律不要求随机变量的方差存在, 在实际中应用相当广泛. 事实上, 它为寻求随机变量数学期望的近似提供了一个理论保证. 因为若对随机变

量 X 独立重复观察 n 次, 则这 n 次的结果 $X_1, X_2, \cdots, X_n$ 应该相互独立, 而且都与 X 同分布. 那么不管 X 的分布是什么, 只要 X 的数学期望存在, 利用辛钦大数定律, 就可以用平均观察结果 $\frac{1}{n}\sum_{i=1}^{n} X_i$ 来近似表示 $E(X)$, 而且辛钦大数定律也为数理统计中的矩法估计提供了一定的理论依据.

注意到当 $\{X_i, i \geqslant 1\}$ 为独立同分布的随机变量序列时, 若 $h(x)$ 为一连续函数, 则 $\{h(X_i), i \geqslant 1\}$ 也是独立同分布的. 因此由辛钦大数定律可以得到以下推论.

推论 5.1.1 设 $\{X_i, i \geqslant 1\}$ 为独立同分布的随机变量序列, 若 $h(x)$ 为一连续函数, 且 $E(|h(X_1)|) < +\infty$, 则对任意的 $\varepsilon > 0$, 有

$$\lim_{n\to+\infty} P\left\{\left|\frac{1}{n}\sum_{i=1}^{n} h(X_i) - a\right| \geqslant \varepsilon\right\} = 0, \tag{5.1.9}$$

其中 $a = E(h(X_1))$, 即 $\frac{1}{n}\sum_{i=1}^{n} h(X_i) \xrightarrow{P} a,\ n \to +\infty$.

例 5.1.5 设随机变量序列 $\{X_i, i \geqslant 1\}$ 独立同分布, 且对某 $k \geqslant 1$, 有 $E(|X_1|^k) < +\infty$, 证明:

$$\frac{1}{n}\sum_{i=1}^{n} X_i^k \xrightarrow{P} E(X_1^k), \quad n \to +\infty.$$

证明 由于对某 $k \geqslant 1$, 有 $E(|X_1|^k) < +\infty$, 故 $E(X_1^k)$ 存在. 而 $\{X_i, i \geqslant 1\}$ 同分布, 所以对于任意的 $i \geqslant 1$, $E(X_i^k) = E(X_1^k)$. 取 $h(x) = x^k$, 则此函数为一连续函数. 由推论 5.1.1, 可知

$$\frac{1}{n}\sum_{i=1}^{n} X_i^k \xrightarrow{P} E(h(X_1)) = E(X_1^k), \quad n \to +\infty.$$

例 5.1.6 设随机变量序列 $\{X_i, i \geqslant 1\}$ 独立同分布, 且 $\mathrm{Var}(X_1) = \sigma^2$ 存在. 令

$$\overline{X}_n = \frac{1}{n}\sum_{i=1}^{n} X_i, \quad S_n^2 = \frac{1}{n-1}\sum_{i=1}^{n}(X_i - \overline{X}_n)^2,$$

证明:

$$S_n^2 \xrightarrow{P} \sigma^2, \quad n \to +\infty.$$

证明 由于 $\mathrm{Var}(X_1) = \sigma^2$ 存在, 故 $E(X_1)$ 也存在, 记其为 μ. 注意到

$$S_n^2 = \frac{1}{n-1}\left(\sum_{i=1}^{n} X_i^2 - n\overline{X}_n^2\right),$$

在例 5.1.5 中取 $k=1$, 则 $\overline{X}_n \xrightarrow{P} \mu$, $n \to +\infty$.

由 (5.1.3) 式知, $\overline{X}_n^2 \xrightarrow{P} \mu^2$, $n \to +\infty$. 再一次利用例 5.1.5, 取 $k=2$, 则

$$\frac{1}{n}\sum_{i=1}^{n} X_i^2 \xrightarrow{P} E(X_1^2), \quad n \to +\infty.$$

而 $E(X_1^2)-\mu^2=\mathrm{Var}(X_1)=\sigma^2$, 所以

$$S_n^2=\frac{n}{n-1}\left(\frac{1}{n}\sum_{i=1}^{n} X_i^2-\overline{X}_n^2\right) \xrightarrow{P} \sigma^2, \quad n \to +\infty.$$

例 5.1.7　设 $\{X_i, i \geqslant 1\}$ 为一独立同分布的随机变量序列, $X_1 \sim U(0,1)$.

(1) 对任意的 $k=1,2,\cdots$, $\{X_i^k\}$ 满足大数定律吗? 若满足, 求出其极限值; 若不满足, 说明理由;

(2) 当 $n \to +\infty$ 时, $\sqrt[n]{X_1 X_2 \cdots X_n}$ 依概率收敛吗? 若收敛, 给出收敛的极限值, 否则请说明理由.

解　(1) 由于 $X_1, X_2, \cdots$ 独立同分布, 故对任意的 $k=1,2,\cdots$, $X_1^k, X_2^k, \cdots$ 也相互独立, 而且分布相同. 又 $X_1 \sim U(0,1)$, 故 $E(X_1^k)$ 存在, 且

$$E(X_1^k)=\int_0^1 x^k \cdot 1 \mathrm{d}x=\frac{1}{k+1}.$$

根据辛钦大数定律, 对任意的 $\varepsilon>0$,

$$\lim_{n \to +\infty} P\left\{\left|\frac{1}{n}\sum_{i=1}^{n} X_i^k-\frac{1}{k+1}\right| \geqslant \varepsilon\right\}=0,$$

即 $\{X_i^k\}$ 满足大数定律, 且

$$\frac{1}{n}\sum_{i=1}^{n} X_i^k \xrightarrow{P} \frac{1}{k+1}, \quad n \to +\infty.$$

事实上, 若取 $h(x)=x^k$, 直接利用推论 5.1.1 也可得到结论.

(2) 记 $Y_n=\sqrt[n]{X_1 X_2 \cdots X_n}$, $Z_n=\ln Y_n=\dfrac{1}{n}(\ln X_1+\ln X_2+\cdots+\ln X_n)$. 由于 $X_1, X_2, \cdots, X_n$ 独立同分布, 故 $\ln X_1, \ln X_2, \cdots, \ln X_n$ 也独立同分布, 且

$$E(\ln X_1)=\int_0^1 \ln x \mathrm{d}x=-1.$$

根据辛钦大数定律, 得

$$Z_n \xrightarrow{P} -1, \quad n \to +\infty.$$

取 $g(x)=\mathrm{e}^x$, 利用 (5.1.3) 式, 有

$$Y_n=\mathrm{e}^{Z_n}\xrightarrow{P}\mathrm{e}^{-1},\quad n\to+\infty.$$

5.2 中心极限定理

自从高斯在研究测量误差时导出了正态分布, 人们在以后的生活和实践中越来越意识到正态分布的常见性和重要性. 这不仅因为很多随机变量的分布是正态分布, 还由于现实世界中许多研究对象是受大量的相互独立的随机因素影响着, 而其中每一个个别因素在总的影响中所起的作用都微乎其微, 这样的对象往往就近似地服从正态分布, 这就是中心极限定理的客观背景. 粗略而言, 中心极限定理主要描述了大量的随机变量之和的分布可用正态分布来逼近.

最早的中心极限定理是关于 n 重伯努利试验的. 早在 18 世纪初期, 棣莫弗就事件发生的概率 $p=\dfrac{1}{2}$ 时证明了二项分布的极限分布为正态分布. 此后, 拉普拉斯和李雅普诺夫等人改进了他的证明, 并把二项分布推广到更为一般的分布. 到了 20 世纪二三十年代, 林德伯格条件和费勒条件的提出及特征函数理论的系统化, 更是促进了中心极限定理的蓬勃发展.

中心极限定理 (central limit theorem, 常简写为 CLT) 这一名称是 1920 年由波利亚给出的. 至今, 学者们已得到了多种情形下的中心极限定理, 在本节中我们仅仅列出其中几个最基本的结果.

(一) 独立同分布情形

定理 5.2.1 (林德伯格 (Lindeberg) – 莱维 (Lévy) 中心极限定理) 设 $\{X_i, i\geqslant 1\}$ 为独立同分布的随机变量序列, 且数学期望 $E(X_i)=\mu$ 和方差 $\mathrm{Var}(X_i)=\sigma^2$ 均存在 $(\sigma>0)$, 则对任意的 $x\in\mathbf{R}$, 有

$$\lim_{n\to+\infty}P\left\{\frac{\sum\limits_{i=1}^{n}X_i-E\left(\sum\limits_{i=1}^{n}X_i\right)}{\sqrt{\mathrm{Var}\left(\sum\limits_{i=1}^{n}X_i\right)}}\leqslant x\right\}=\lim_{n\to+\infty}P\left\{\frac{\sum\limits_{i=1}^{n}X_i-n\mu}{\sigma\sqrt{n}}\leqslant x\right\}$$

$$= \frac{1}{\sqrt{2\pi}} \int_{-\infty}^{x} \mathrm{e}^{-\frac{t^2}{2}} \mathrm{d}t = \Phi(x). \quad (5.2.1)$$

定理 5.2.1 也称为独立同分布的中心极限定理.

这也就是说, 数学期望为 μ, 方差为 σ^2 的独立同分布的随机变量的部分和 $\sum_{i=1}^{n} X_i$ 的标准化变量 $\frac{\sum_{i=1}^{n} X_i - n\mu}{\sigma\sqrt{n}}$, 当 n 充分大时, 近似地服从标准正态分布 $N(0,1)$, 即

$$\frac{\sum_{i=1}^{n} X_i - n\mu}{\sigma\sqrt{n}} \overset{\text{近似地}}{\sim} N(0,1), \quad 当\ n\ 充分大时. \quad (5.2.2)$$

显然, 上式也可以表示为

$$\frac{\frac{1}{n}\sum_{i=1}^{n} X_i - \mu}{\sigma/\sqrt{n}} \overset{\text{近似地}}{\sim} N(0,1), \quad 当\ n\ 充分大时. \quad (5.2.3)$$

例 5.2.1　某宴会提供一瓶 6 000 mL 的法国红酒, 假定与会者每次所倒的红酒量服从同一分布, 数学期望为 100 mL, 标准差为 32 mL. 若每次所倒的红酒量是相互独立的, 问倒了 55 次后该瓶红酒仍有剩余的概率为多少?

解　设 X_i 为第 i 次所倒的红酒量 (单位: mL), $i = 1, 2, \cdots, 55$, 则 $X_1, X_2, \cdots, X_{55}$ 相互独立. 对任意的 $i = 1, 2, \cdots, 55, X_i$ 的分布相同, 且 $E(X_i) = 100, \mathrm{Var}(X_i) = 32^2$. 由定理 5.2.1, 知

$$\frac{\sum_{i=1}^{55} X_i - 55 \times 100}{32\sqrt{55}} \overset{\text{近似地}}{\sim} N(0,1).$$

所以

$$\begin{aligned} P\{\text{倒了 55 次后该瓶红酒仍有剩余}\} &= P\left\{\sum_{i=1}^{55} X_i < 6\,000\right\} \\ &= P\left\{\frac{\sum_{i=1}^{55} X_i - 55 \times 100}{32\sqrt{55}} < \frac{6\,000 - 55 \times 100}{32\sqrt{55}}\right\} \\ &\approx \Phi\left(\frac{6\,000 - 55 \times 100}{32\sqrt{55}}\right) = \Phi(2.11) = 0.982\,6. \end{aligned}$$

例 5.2.2　某福利彩票每周开奖三次, 每次奖金金额 X (单位: 万元) 随机产生, 其概率分布律为

X/万元	5	10	20	50	100
p	0.35	0.3	0.2	0.1	0.05

彩票收入用于福利事业, 不作为奖金, 故为了开奖, 需储备一定的奖金. 问一年 (52 周) 需要储备多少奖金总额, 才能至少有 95% 的把握发放奖金.

㊎ 由题意知, 一年共发放奖金 156 次, 设 X_i 为第 i 次发放的奖金金额, 则 $\{X_i, 1 \leqslant i \leqslant 156\}$ 独立同分布, 且

$$E(X_1) = 18.75, \quad E(X_1^2) = 868.75, \quad \operatorname{Var}(X_1) = 517.187\,5.$$

设一年储备奖金总额为 m 万元, 则

$$P\left\{\sum_{i=1}^{156} X_i \leqslant m\right\} \geqslant 95\%.$$

由定理 5.2.1 知

$$P\left\{\sum_{i=1}^{156} X_i \leqslant m\right\} \approx \varPhi\left(\frac{m - 156 \times 18.75}{\sqrt{156 \times 517.187\,5}}\right) \geqslant 95\%.$$

而 $\varPhi(1.645) = 0.95$, 故只需

$$\frac{m - 156 \times 18.75}{\sqrt{156 \times 517.187\,5}} \geqslant 1.645,$$

解得 $m \geqslant 3\,392.26$. 因此, 一年约需储备 3 393 万元, 才能有 95% 的把握发放奖金.

将定理 5.2.1 应用到 n 重伯努利试验中, 可得如下推论.

推论 5.2.1　(棣莫弗 (De Moivre)–拉普拉斯 (Laplace) 中心极限定理) 设 n_A 为在 n 重伯努利试验中事件 A 发生的次数, p 为事件 A 在每次试验中发生的概率, 即 $P(A) = p(0 < p < 1)$, 则对任意的 $x \in \mathbf{R}$, 有

$$\lim_{n \to +\infty} P\left\{\frac{n_A - np}{\sqrt{np(1-p)}} \leqslant x\right\} = \frac{1}{\sqrt{2\pi}} \int_{-\infty}^{x} \mathrm{e}^{-\frac{t^2}{2}} \mathrm{d}t = \varPhi(x). \tag{5.2.4}$$

证明　引入随机变量

$$X_i = \begin{cases} 1, & \text{第 } i \text{ 次试验中事件 } A \text{ 发生}, \\ 0, & \text{第 } i \text{ 次试验中事件 } A \text{ 不发生}, \end{cases} \qquad i = 1, 2, \cdots, n,$$

易见 $n_A=\sum_{i=1}^{n}X_i$, 并且 $X_1,X_2,\cdots,X_n$ 相互独立, 都服从参数为 p 的 $0-1$ 分布. 从而

$$E(X_i)=p,\quad \mathrm{Var}(X_i)=p(1-p),\quad i=1,2,\cdots,n.$$

由定理 5.2.1 知结论成立.

棣莫弗–拉普拉斯中心极限定理表明, 当 n 充分大时, 二项分布 $B(n,p)$ 可用正态分布 $N(np,np(1-p))$ 来逼近.

例 5.2.3　将一颗骰子抛掷 11 520 次, 共出现了 2 160 次 "1 点", 由此可否断言此骰子不均匀?

解　记 n_A 为骰子抛掷 11 520 次时出现 "1 点" 的次数. 假设骰子是均匀的, 则 $n_A\sim B\left(11\,520,\dfrac{1}{6}\right)$. 由于抛掷次数 $n=11\,520$ 足够多, 由棣莫弗–拉普拉斯中心极限定理可知

$$\frac{n_A-11\,520\times\dfrac{1}{6}}{\sqrt{11\,520\times\dfrac{1}{6}\times\dfrac{5}{6}}}=\frac{n_A-1\,920}{40}\ \underset{\sim}{\text{近似地}}\ N(0,1).$$

于是

$$P\{n_A\geqslant 2\,160\}\approx 1-\varPhi\left(\frac{2\,160-1\,920}{40}\right)=1-\varPhi(6)\approx 0.$$

也就是说, 若骰子是均匀的, 则几乎不可能出现 "1 点" 高达 2 160 次. 根据实际推断原理可以判断骰子是不均匀的.

例 5.2.4　某校 1 500 名学生选修 "概率论与数理统计" 课程, 共有 10 名教师主讲此课, 假定每位学生可以随机选择一位教师 (即选择任意一位教师的可能性均为 $\dfrac{1}{10}$), 而且学生之间的选择是相互独立的. 问: 每位教师的上课教室应该设多少座位才能保证该教室因没有座位而使学生离开的概率小于 5%.

解　由于每位学生可以随机选择一位教师, 所以我们只需要考虑某个教师甲的上课教室的座位数即可. 引入随机变量

$$X_i=\begin{cases}1, & \text{第 } i \text{ 个学生选择教师甲},\\ 0, & \text{其他},\end{cases}\qquad i=1,2,\cdots,1\,500,$$

则 X_i 独立同分布, 均服从参数为 $\dfrac{1}{10}$ 的 $0-1$ 分布. 记 $Y=\sum_{i=1}^{1\,500}X_i$, 则 Y 为

选择教师甲的学生数, 且 $Y \sim B\left(1\,500, \dfrac{1}{10}\right)$. 利用棣莫弗–拉普拉斯中心极限定理, 知

$$\frac{Y - \dfrac{1\,500}{10}}{\sqrt{\dfrac{9}{100}} \times \sqrt{1\,500}} \underset{}{\overset{\text{近似地}}{\sim}} N(0,1).$$

如果教室需设 a 个座位, 为使学生不因没有座位而离开教室, 就需 $Y \leqslant a$. 由题意知需要满足

$$95\% \leqslant P\{Y \leqslant a\} \approx \varPhi\left(\frac{a - \dfrac{1\,500}{10}}{\sqrt{\dfrac{9}{100}} \times \sqrt{1\,500}}\right).$$

查附表 2 得 $\varPhi(1.645) = 0.95$, 故需 $\dfrac{a-150}{\sqrt{135}} > 1.645$, 即 $a > 169.11$. 故每位教师的上课教室应该至少设 170 个座位才能保证因没有座位而使学生离开的概率小于 5%.

例 5.2.5　某市为了了解市民对公共自行车服务的满意率 $p, 0 < p < 1$, 特意委托某调查公司进行调查. 该调查公司随机抽取调查对象, 并将调查对象中对该服务满意的频率作为 p 的估计 $\widehat{p}$. 现要保证至少有 95% 的把握使真实满意率 p 与调查所得的满意率估计 $\widehat{p}$ 之间的差异小于 10%, 问至少需要多少个调查对象?

㊙解　设随机调查了 n 个对象, 记

$$X_i = \begin{cases} 1, & \text{第 } i \text{ 个调查对象对该服务满意}, \\ 0, & \text{第 } i \text{ 个调查对象对该服务不满意}, \end{cases} \qquad i = 1, 2, \cdots, n,$$

则 X_i 独立同分布, 均服从参数为 p 的 $0-1$ 分布, $E(X_i) = p, \operatorname{Var}(X_i) = p(1-p), i = 1, 2, \cdots, n$. 记 Y_n 为 n 个调查对象中对该服务满意的人数, 则 $Y_n = \sum\limits_{i=1}^{n} X_i$, 且 $\widehat{p} = \dfrac{Y_n}{n} = \dfrac{\sum\limits_{i=1}^{n} X_i}{n}$. 而利用 (5.2.3) 或棣莫弗–拉普拉斯中心极限定理, 可以得到

$$\frac{\dfrac{1}{n}\sum\limits_{i=1}^{n} X_i - p}{\sqrt{p(1-p)/n}} \overset{\text{近似地}}{\sim} N(0,1).$$

由题意知需满足

$$95\% \leqslant P\left\{\left|\frac{1}{n}\sum_{i=1}^{n}X_i - p\right| < 10\%\right\} \approx 2\Phi\left(\frac{0.1\sqrt{n}}{\sqrt{p(1-p)}}\right) - 1,$$

即

$$\Phi\left(\frac{0.1\sqrt{n}}{\sqrt{p(1-p)}}\right) \geqslant 0.975.$$

查附表 2 得 $\Phi(1.96) = 0.975$, 从而需

$$n \geqslant p(1-p)\frac{1.96^2}{0.1^2} = 384.16p(1-p).$$

由于对任意的 $0 < p < 1$, 有 $0 < p(1-p) \leqslant \frac{1}{4}$, 所以 $n \geqslant 96.04$, 即至少需要 97 个调查对象.

此题如果用切比雪夫不等式来解答, 结果又会怎样呢?

由于 $E\left(\frac{1}{n}\sum_{i=1}^{n}X_i\right) = p, \mathrm{Var}\left(\frac{1}{n}\sum_{i=1}^{n}X_i\right) = \frac{p(1-p)}{n}$, 故由切比雪夫不等式可知

$$P\left\{\left|\frac{1}{n}\sum_{i=1}^{n}X_i - p\right| < 10\%\right\} \geqslant 1 - \frac{p(1-p)/n}{0.1^2}.$$

若

$$1 - \frac{p(1-p)/n}{0.1^2} \geqslant 95\% \tag{5.2.5}$$

成立, 则一定可以保证 $P\left\{\left|\frac{1}{n}\sum_{i=1}^{n}X_i - p\right| < 10\%\right\} \geqslant 95\%$. 而要使 (5.2.5) 成立, 需有

$$n \geqslant \frac{p(1-p)}{0.05 \cdot 0.1^2} = 2\,000p(1-p).$$

同样由于对任意的 $0 < p < 1$, 有 $0 < p(1-p) \leqslant \frac{1}{4}$, 所以 $n \geqslant 500$. 即利用切比雪夫不等式, 我们得到的解答是: 至少需要 500 个调查对象. 在实际应用中, 计算事件的概率值最好是精确结果, 其次是近似结果, 最后才考虑用上 (下) 界.

*(二) 独立不同分布情形

定理 5.2.2 (李雅普诺夫 (Lyapunov) 中心极限定理) 设 $\{X_i, i \geqslant 1\}$ 为相互独立的随机变量序列, 其数学期望 $E(X_i) = \mu_i$, 方差 $\mathrm{Var}(X_i) = \sigma_i^2\ (\sigma_i > 0)$,

$i=1,2,\cdots$. 如果存在 $\varepsilon>0$, 使

$$\lim_{n\to+\infty}\frac{1}{B_n^{2+\varepsilon}}\sum_{i=1}^{n}E|X_i-\mu_i|^{2+\varepsilon}=0, \tag{5.2.6}$$

其中 $B_n^2=\sum_{i=1}^{n}\sigma_i^2$, 那么对于任意的 $x\in\mathbf{R}$, 有

$$\lim_{n\to+\infty}P\left\{\frac{1}{B_n}\sum_{i=1}^{n}(X_i-\mu_i)\leqslant x\right\}=\frac{1}{\sqrt{2\pi}}\int_{-\infty}^{x}\mathrm{e}^{-\frac{t^2}{2}}\mathrm{d}t=\varPhi(x).$$

思考题五

1. 依概率收敛与高等数学中的收敛含义有何区别?
2. 马尔可夫不等式与切比雪夫不等式分别适用于哪些随机变量?
3. 说明大数定律与中心极限定理的联系与区别.
4. 对例 5.2.5 而言, 为什么利用中心极限定理与切比雪夫不等式得到的结论有所差异?

习题五

(A)

A1. 设 $X_1,X_2,\cdots,X_n,\cdots$ 相互独立, 均服从参数为 2 的指数分布. 问当 $n\to+\infty$ 时, $\frac{1}{n}\sum_{i=1}^{n}X_i^2$ 依概率收敛于何值?

A2. 设随机变量序列 $\{X_n,n\geqslant1\}$, 当 $n\to+\infty$ 时, X_n 依概率收敛于 3. 问当 $n\to+\infty$ 时, 下列随机变量序列依概率收敛于何值:

(1) X_n^2; (2) $2X_n-3$.

A3. 设 X_1 与 X_2 相互独立, 均值都为 2, 方差都为 4, 用切比雪夫不等式求 $P\{|X_1-X_2|\geqslant4\}$ 的上界.

A4. 设 $X_1,X_2,\cdots,X_{315}$ 独立同分布, X_1 的密度函数为

$$f(x)=\begin{cases}\frac{2}{3}x, & 1<x<2,\\ 0, & \text{其他}.\end{cases}$$

Y 表示 $\{X_i<1.5\}$ $(i=1,2,\cdots,315)$ 出现的个数, 求 $P\{Y<140\}$ 的近似值.

A5. 设 $X_1,X_2,\cdots,X_{240}$ 独立同分布, $P\{X_1=-2\}=0.3$, $P\{X_1=0\}=0.4$, $P\{X_1=2\}=0.3$. 令 $Y=X_1+X_2+\cdots+X_{240}$, 求 $P\{|Y|>24\}$ 的近似值.

(B)

B1. 某种类的昆虫每周产卵数为随机变量 X (以个计), 若已知其平均周产卵数为 36 个.

(1) 用马尔可夫不等式求一周内该昆虫产卵数不少于 50 个的

概率的上界;

(2) 若又已知该昆虫每周产卵数的标准差为 2 个, 用切比雪夫不等式求一周内产卵数在 $(32,40)$ 内的概率的下界.

B2. 一种遗传病的隔代发病率为 10%, 在得病家庭中选取 500 户进行研究, 试用切比雪夫不等式估计这 500 户中隔代发病的比例与发病率之差的绝对值小于 5% 的概率下界.

B3. 设随机变量 X_i 的密度函数

$$f_i(x)=\begin{cases}\dfrac{i|x|^{i-1}}{2}, & |x|\leqslant 1,\\ 0, & \text{其他},\end{cases}\qquad i=1,2,\cdots,n.$$

且 $X_1,X_2,\cdots,X_n$ 相互独立. 令 $Y_n=X_1X_2\cdots X_n$, 用切比雪夫不等式求使 $P\left\{|Y_n|\geqslant\dfrac{1}{2}\right\}\leqslant\dfrac{1}{9}$ 成立的最小的 n.

B4. 设随机变量序列 $\{X_n,n\geqslant 1\}$ 独立同分布, 都服从 $U(0,a)$, 其中 $a>0$. 令 $X_{(n)}=\max\limits_{1\leqslant i\leqslant n}X_i$, 证明: $X_{(n)}\xrightarrow{P}a$, $n\to+\infty$.

B5. 设随机变量序列 $\{X_i,i\geqslant 1\}$ 独立同分布, 数学期望与方差均存在, 证明:

$$\frac{2}{n(n+1)}\sum_{i=1}^{n}i\cdot X_i\xrightarrow{P}E(X_1),\quad n\to+\infty.$$

B6. 设 $\{X_i,i\geqslant 1\}$ 为独立同分布的正态随机变量序列, 若 $X_1\sim N(\mu,\sigma^2)$, 其中 $\sigma>0$. 问以下的随机变量序列当 $n\to+\infty$ 时依概率收敛吗? 若收敛, 请给出收敛的极限值, 否则请说明理由:

(1) $\dfrac{1}{n}\sum\limits_{i=1}^{n}X_i^2$; (2) $\dfrac{1}{n}\sum\limits_{i=1}^{n}(X_i-\mu)^2$;

(3) $\dfrac{X_1+X_2+\cdots+X_n}{X_1^2+X_2^2+\cdots+X_n^2}$; (4) $\dfrac{X_1+X_2+\cdots+X_n}{\sqrt{n\sum\limits_{i=1}^{n}(X_i-\mu)^2}}$.

B7. 设随机变量序列 $\{X_i,i\geqslant 1\}$ 独立同分布, 都服从期望为 $\dfrac{1}{\lambda}$ 的指数分布, 其中 $\lambda>0$.

(1) 若对任意的 $\varepsilon>0$, 均有

$$\lim_{n\to+\infty}P\left\{\left|\frac{X_1^2+X_2^2+\cdots+X_n^2}{n}-a\right|<\varepsilon\right\}=1$$

成立, 求 a;

(2) 给出 $\dfrac{1}{50}\sum\limits_{i=1}^{100}X_i$ 的近似分布;

(3) 求 $P\left\{\dfrac{1}{100}\sum\limits_{i=1}^{100}X_i^2\leqslant\dfrac{2}{\lambda^2}\right\}$ 的近似值.

B8. 抛掷一枚硬币 10 000 次, 出现了 5 325 次 "正面", 是否可以断言此硬币是不均匀的?

B9. 设随机变量 X 服从辛普森 (Simpson) 分布 (亦称三角分布), 密度函数为

$$f(x)=\begin{cases} x, & 0 \leqslant x<1, \\ 2-x, & 1 \leqslant x<2, \\ 0, & \text{其他}. \end{cases}$$

(1) 对 X 进行 100 次独立观察, 事件 $\{0.95<X<1.05\}$ 出现的次数记为 Y, 试用三种方法 (Y 的精确分布、用泊松分布来作为 Y 的近似分布、中心极限定理) 分别求 $P\{Y>2\}$;

(2) 要保证至少有 95% 的把握使事件 $\left\{\dfrac{1}{2}<X<\dfrac{3}{2}\right\}$ 出现的次数不少于 80, 问至少需要进行多少次观察?

B10. 某企业庆祝百年华诞, 邀请了一些社会名流及企业的相关人士来参加庆典, 被邀请人独自一人或携伴 (一位同伴) 出席, 也有可能因故缺席, 这三种情况出现的概率分别为 0.3, 0.5, 0.2. 若此次庆典事先发出了 800 份邀请函, 若每位被邀请人参加庆典的行为相互独立, 问有超过千人出席该庆典的可能性有多大?

B11. 某次 "知识竞赛" 规则如下: 参赛选手最多可抽取 3 个相互独立的问题一一回答: 如果答错就被淘汰, 进而失去回答下一题的资格; 每答对一题得 1 分, 若 3 题都对则再加 1 分 (即共得 4 分). 现有 100 名参赛选手, 每人独立答题.

(1) 若每人至少答对一题的概率为 0.7, 用中心极限定理计算 "最多有 35 人得 0 分" 的概率;

(2) 若题目的难易程度类似, 每人答对每题的概率均为 0.8, 求这 100 名参赛选手的总分超过 220 分的概率.

第6章

统计量与抽样分布

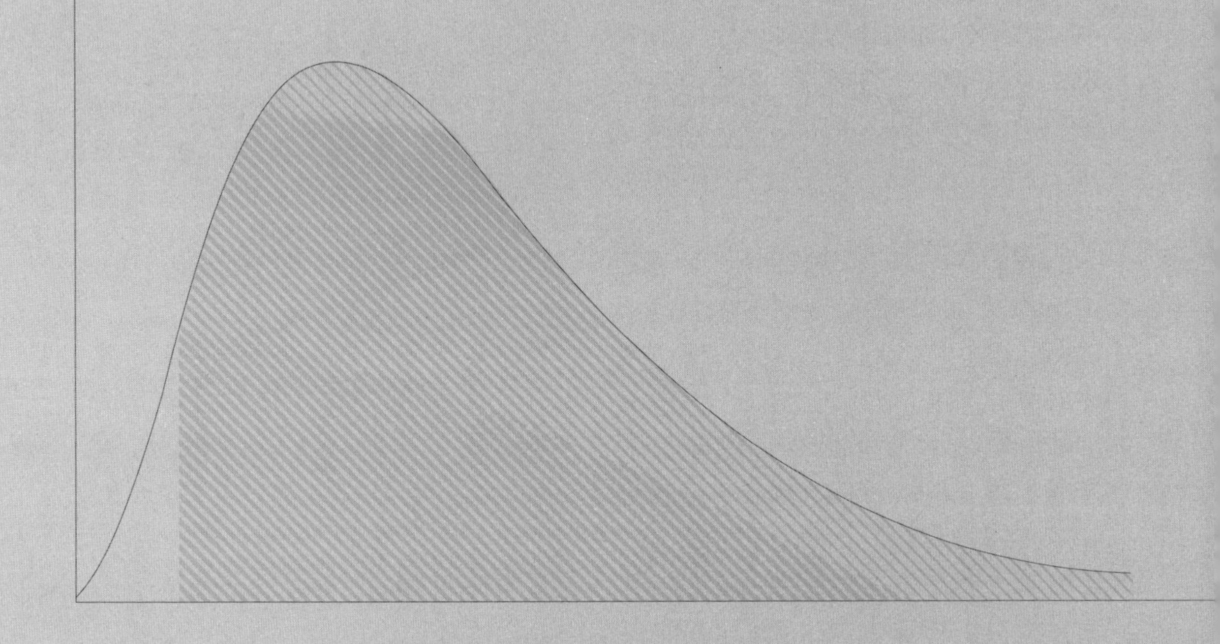

前面五章我们讨论了概率论中最基本的内容，从本章起，我们将进入数理统计部分的学习.

数理统计是一门以数据为基础的学科，它是收集数据、分析数据和由数据得出结论的一组概念、原则和方法. 数理统计并没有自己的实验或研究对象，但数理统计为其他学科提供了一整套研究问题的方法.

数理统计应用非常广泛，它几乎渗透到人类活动的一切领域，把数理统计应用到不同的领域就形成了适用于特定领域的统计方法，如生物领域的"生物统计"；教育领域的"教育统计"；经济和金融领域的"金融统计"；保险精算领域的"保险统计"等. 事实上，在日常生活中我们都在接受大量的统计信息，报纸、杂志经常刊登以统计为主题的文章，电视节目中也常播放许多以数据为主题的节目或广告，所以，只有对统计有所了解，我们才能正确评价某些统计结果，才能用客观的态度去审视某些统计分析.

本章介绍数理统计中的一些基本概念，如总体、随机样本、统计量等，并介绍数理统计中最常见的几个统计量及抽样分布. 这些统计量及抽样分布对我们进一步推断总体分布或其中的未知参数有重要帮助.

6.1 随机样本与统计量

(一) 总体与样本

数理统计中, 我们把"研究对象的全体"称为总体 (population), 而总体中的每个成员称为个体 (individual), 个体可能是人, 也可能是动物或物体, 总体中所包含的个体数量称为总体容量, 容量有限的总体称为有限总体 (finite population), 容量无限的总体称为无限总体 (infinite population). 例如, (1) 如果调查的对象是一个班的学生, 那么总体是该班全体学生, 这是一个有限总体; (2) 如果调查的对象是全国的大学生, 那么总体是全国大学生, 由于数量非常大, 这个有限总体往往看成无限总体; (3) 某城市任意位置的 PM2.5 浓度, 这是一个无限总体.

为了对总体进行研究, 首先要收集数据, 经典的数据收集方法一般有两种:

(1) 通过抽样调查收集数据. 例如为了调查"大学生的消费情况", 可以进行问卷调查获得数据.

(2) 通过试验收集数据. 例如在工农业生产中希望让产品具备高质、优产、低耗的特质, 需要通过合理设计试验, 利用有限的试验数据找到最优的工艺条件或配方.

关于抽样调查和试验设计收集数据及分析的方法, 有专门的课程讲授, 这里不做详细介绍. 一般而言, 研究对象本身有很多指标, 例如, 对大学生进行调查时, 可以考虑身高、体重、上网时间、考试成绩等指标. 但如果明确是进行"大学生消费情况"调查, 则"月消费额"就是关注的主要指标. 也就是说, 我们对于总体的研究, 往往会仅限于研究对象的一个或几个数量指标.

总体的某个指标 X, 对不同的个体来说有不同的取值, 这些取值构成一个分布, 因此 X 可以看成一个随机变量. 有时候就把 X 称为总体. 假设 X 的分布函数为 $F(\cdot)$, 也称 $F(\cdot)$ 为总体. 如果我们关心总体的两个或两个以上的指标, 就可用随机向量 $(X_1, X_2, \cdots, X_d)$ 来表示 (假设共有 d 个指标). 为了方便, 今后不再特别区分总体和相应指标, 均记为总体 X 或总体 $(X_1, X_2, \cdots, X_d)$.

在实际中, 总体的分布一般是未知的, 或只知道它具有某种形式, 但其中包含着未知参数. 数理统计的主要任务是从总体中抽取一部分个体, 根据这部分个体的数据对总体分布或其中的未知参数给出推断. 被抽取的部分个体被称为总体的一个样本 (sample), 被抽取的个体数量称为样本容量.

假设我们从总体 X 中随机地抽取 n 个个体, 随着抽取个体的不同, 指标 X 的取值也不同, 分别记为 $X_1, X_2, \cdots, X_n$, 称其为随机样本 (random sample). 按不同的抽取方法可得到不同的随机样本. 如果在抽取样本时, 确保总体中的每个个体均有相同的被抽中的概率, 即 X_i 可能是总体中的任意一个个体, 从理论上看, X_i 与总体 X 有相同的分布. 进一步, 假设每个个体独立抽取, 则随机样本 $X_1, X_2, \cdots, X_n$ 被称为简单随机样本 (simple random sample). 此时所采用的抽样方式称为简单随机抽样.

对所抽取的样本进行观测, 得出一组实数: $x_1, x_2, \cdots, x_n$, 我们称 $x_1, x_2, \cdots, x_n$ 为样本 $X_1, X_2, \cdots, X_n$ 的一个样本值 (或观测值). 综上所述, 我们给出以下的定义.

定义 6.1.1 设总体 X 是具有分布函数 $F(\cdot)$ 的随机变量, $X_1, X_2, \cdots, X_n$ 是来自总体 X 的随机样本. 若满足

(1) (独立性) $X_1, X_2, \cdots, X_n$ 是相互独立的随机变量;

(2) (代表性) 每一 X_i 与总体 X 有相同的分布函数,

则称 $X_1, X_2, \cdots, X_n$ 为取自总体 X 的简单随机样本 (simple random sample) 或 i.i.d. 样本 (independent identically distrbuted sample).

为方便起见, 若无特殊说明, 本书以后提到的 "样本" 均指简单随机样本, "随机抽取" 均指采用简单随机抽样.

如果总体的分布函数为 $F(x)$, 那么根据上述定义, 样本的联合分布函数为

$$F_n(x_1, x_2, \cdots, x_n) = \prod_{i=1}^{n} F(x_i). \tag{6.1.1}$$

如果总体具有连续型分布, 其密度函数为 $f(x)$, 那么样本的联合密度函数为

$$f_n(x_1, x_2, \cdots, x_n) = \prod_{i=1}^{n} f(x_i). \tag{6.1.2}$$

注 在实际操作中, 采用有放回抽样所得到的样本为简单随机样本. 而采

用无放回抽样所得到的样本, 既不满足独立性, 也不满足代表性, 故不是简单随机样本. 但对于无限总体或总体容量很大的有限总体, 也常常将无放回抽样所得的样本近似当作简单随机样本.

例 6.1.1 有四个同学参加 "概率论与数理统计" 课程考试, 成绩分别为 88, 75, 70, 63. 这里, 总体是四个同学, 关注的总体指标 X 是四位同学参加 "概率论与数理统计" 考试的成绩.

(1) 求总体 X 的概率分布律;

(2) 从总体中抽取样本容量为 2 的样本, 列出全部可能的样本值.

解 (1) X 的取值为 88, 75, 70, 63, 总体 X 的概率分布律为

X	88	75	70	63
p	$\frac{1}{4}$	$\frac{1}{4}$	$\frac{1}{4}$	$\frac{1}{4}$

(2) 样本 (X_1, X_2) 取值 (x_1, x_2), 共有 16 个:

(88, 88) (88, 75) (88, 70) (88, 63) (75, 88) (75, 75) (75, 70) (75, 63)
(70, 88) (70, 75) (70, 70) (70, 63) (63, 88) (63, 75) (63, 70) (63, 63)

(二) 统计量

样本是进行统计推断的依据. 在获得样本之后, 就要根据样本进行统计分析并对总体进行统计推断. 直接从样本出发进行统计推断往往不是特别方便, 常常对样本进行加工、整理, 从中提取有用信息, 并根据这些信息对总体作出推断. 例如, 假设流水线上生产的产品的某个质量指标服从正态分布 $N(\mu, \sigma^2)$ (参数 μ, σ^2 未知), 现从生产流水线上抽取样本, 指标为 $X_1, X_2, \cdots, X_n$, 一个自然的想法是计算它们的平均值 $\overline{X} = \frac{1}{n}\sum_{i=1}^{n} X_i$, 用 $\overline{X}$ 作为总体均值 μ 的估计. 这里 $\overline{X}$ 是样本 $X_1, X_2, \cdots, X_n$ 的函数, 称为**统计量** (statistic). 统计量的一般定义如下:

定义 6.1.2 设 $X_1, X_2, \cdots, X_n$ 是来自总体 X 的一个样本, $g(X_1, X_2, \cdots, X_n)$ 是样本 $X_1, X_2, \cdots, X_n$ 的函数, 若 g 不含未知参数, 则称 $g(X_1, X_2, \cdots, X_n)$ 是一**统计量**.

►实验
模拟从总体取得样本, 计算统计量

由于统计量是样本的函数, 不包含任何的未知参数, 所以一旦有了样本的观测值, 就可以算出统计量的值. 设 $x_1, x_2, \cdots, x_n$ 是样本的观测值, 则 $g(x_1, x_2, \cdots, x_n)$ 就是对应统计量的值. 在统计学中, 根据不同的目的可以构造出许多不同的统计量. 下面是几个常用的重要统计量.

1. 样本均值

$$\overline{X} = \frac{1}{n}\sum_{i=1}^{n} X_i; \tag{6.1.3}$$

2. 样本方差

$$S^2 = \frac{1}{n-1}\sum_{i=1}^{n}(X_i - \overline{X})^2 = \frac{1}{n-1}\left(\sum_{i=1}^{n} X_i^2 - n\overline{X}^2\right); \tag{6.1.4}$$

3. 样本标准差

$$S = \sqrt{S^2} = \sqrt{\frac{1}{n-1}\sum_{i=1}^{n}(X_i - \overline{X})^2}; \tag{6.1.5}$$

4. 样本 k 阶 (原点) 矩

$$A_k = \frac{1}{n}\sum_{i=1}^{n} X_i^k, \quad k = 1, 2, \cdots; \tag{6.1.6}$$

5. 样本 k 阶中心矩

$$B_k = \frac{1}{n}\sum_{i=1}^{n}(X_i - \overline{X})^k, \quad k = 2, 3, \cdots. \tag{6.1.7}$$

对于上面几个常用的统计量, 作如下说明:

(1) 一般地, 用样本均值 $\overline{X}$ 作为总体均值 μ 的估计; 用样本方差 S^2 作为总体方差 σ^2 的估计; 用样本原点矩 A_k (样本中心矩 B_k) 作为总体原点矩 μ_k (总体中心矩 ν_k) 的估计.

(2) 总体方差的估计可以用 S^2 也可以用 B_2, 主要的区别是 S^2 作为总体方差估计是无偏估计, 但 B_2 作为总体方差的估计是有偏的 (关于估计的无偏性我们将在下一章讨论).

(3) 总体的任一个未知参数可以有多个不同的估计, 因此参数估计不唯一.

(4) 假设 $X_1, X_2, \cdots, X_n$ 是一个从总体 X 中抽取的简单随机样本, $\mu_k = E(X^k)$ $(k = 1, 2, \cdots)$ 存在, 由辛钦大数定律可知

$$A_k = \frac{1}{n}\sum_{i=1}^{n} X_i^k \xrightarrow{P} \mu_k, \quad n \to +\infty.$$

进一步, 如果 $g(\mu_1, \mu_2, \cdots, \mu_k)$ 是一个连续函数, 由依概率收敛的性质,

$$g(A_1, A_2, \cdots, A_k) \xrightarrow{P} g(\mu_1, \mu_2, \cdots, \mu_k), \quad n \to +\infty.$$

将样本值 $x_1, x_2, \cdots, x_n$ 代入上面的常用统计量, 可得相应的统计量的值, 如

$$\overline{x} = \frac{1}{n}\sum_{i=1}^{n} x_i;$$

$$s^2 = \frac{1}{n-1}\sum_{i=1}^{n}(x_i - \overline{x})^2,\ s = \sqrt{s^2};$$

$$a_k = \frac{1}{n}\sum_{i=1}^{n} x_i^k\ (k = 1, 2, \cdots);$$

$$b_k = \frac{1}{n}\sum_{i=1}^{n}(x_i - \overline{x})^k\ (k = 2, 3, \cdots).$$

其中样本均值 $\overline{x}$、样本方差 s^2、样本标准差 s 及样本二阶中心矩 b_2 也可由 Excel 得到, 具体为

AVERAGE (数据范围), 得到样本均值 $\overline{x}$,

VAR.S (数据范围), 得到样本方差 s^2,

STDEV.S (数据范围), 得到样本标准差 s,

VAR.P (数据范围), 得到样本二阶中心矩 b_2.

例 6.1.2　(例 6.1.1 续) (1) 计算总体均值及总体方差;

(2) 分别计算全部 16 个样本观测值的样本均值、样本方差和样本二阶中心矩.

解　(1) $E(X) = 88 \times \frac{1}{4} + 75 \times \frac{1}{4} + 70 \times \frac{1}{4} + 63 \times \frac{1}{4} = 74,$

$$\begin{aligned}\mathrm{Var}(X) &= E[(X - E(X))^2] \\ &= (88-74)^2 \times \frac{1}{4} + (75-74)^2 \times \frac{1}{4} + (70-74)^2 \times \frac{1}{4} + (63-74)^2 \times \frac{1}{4} \\ &= 83.5.\end{aligned}$$

(2) 16 个样本观测值的样本均值、样本方差和样本二阶中心矩如下表所示:

编号	样本 (x_1,x_2)	样本均值 $\overline{x}=\frac{1}{n}\sum_{i=1}^{n}x_i$	样本方差 $s^2=\frac{1}{n-1}\sum_{i=1}^{n}(x_i-\overline{x})^2$	样本二阶中心矩 $b_2=\frac{1}{n}\sum_{i=1}^{n}(x_i-\overline{x})^2$
1	$(88,88)$	88	0	0
2	$(88,75)$	81.5	84.5	42.25
3	$(88,70)$	79	162	81
4	$(88,63)$	75.5	312.5	156.25
5	$(75,88)$	81.5	84.5	42.25
6	$(75,75)$	75	0	0
7	$(75,70)$	72.5	12.5	6.25
8	$(75,63)$	69	72	36
9	$(70,88)$	79	162	81
10	$(70,75)$	72.5	12.5	6.25
11	$(70,70)$	70	0	0
12	$(70,63)$	66.5	24.5	12.25
13	$(63,88)$	75.5	312.5	156.25
14	$(63,75)$	69	72	36
15	$(63,70)$	66.5	24.5	12.25
16	$(63,63)$	63	0	0
平均		74	83.5	41.75

从中看出, 用样本均值估计总体均值, 可能估计偏高, 也可能估计偏低, 这 16 个样本的样本均值没有一个等于总体均值 74, 但全部样本均值的平均恰为总体均值; 样本方差的平均也恰为总体方差, 而样本二阶中心矩的平均要小于总体方差, 这些结果都不是偶然的. 详细的讨论见 7.2 节的无偏性准则.

例 6.1.3　设一批灯泡的寿命 X (单位: h) 服从参数为 λ 的指数分布, λ 未知, 从该批灯泡中采用简单随机抽样抽取样本容量为 10 的样本 $X_1,X_2,\cdots,X_{10}$. 对样本进行观察, 得到样本值为

6 394　1 105　4 717　1 399　7 952　17 424　3 275　21 639　2 360　2 896

(1) 写出总体 X 的密度函数;

(2) 写出样本的密度函数;

(3) 求样本均值.

解　(1) 总体 X 的密度函数为

$$f(x;\lambda)=\begin{cases}\lambda \mathrm{e}^{-\lambda x}, & x>0,\\ 0, & \text{其他}.\end{cases}$$

(2) 样本 $X_1, X_2, \cdots, X_{10}$ 的联合密度函数为

$$f(x_1, x_2, \cdots, x_{10}; \lambda) = f(x_1; \lambda) f(x_2; \lambda) \cdots f(x_{10}; \lambda)$$
$$= \begin{cases} \lambda^{10} \mathrm{e}^{-\lambda \sum\limits_{i=1}^{10} x_i}, & x_1, x_2, \cdots, x_{10} > 0, \\ 0, & \text{其他}. \end{cases}$$

(3) 根据观察得到的样本值, 计算得样本均值

$$\overline{x} = \frac{1}{10} \sum_{i=1}^{10} x_i = 6\,916.1(\mathrm{h}).$$

注意到总体均值 $E(X) = \dfrac{1}{\lambda}$, 这说明 $\dfrac{1}{6\,916.1}$ 是总体参数 λ 的一个估计值. 一般而言, 真实的总体参数 λ 不会恰好等于 $\dfrac{1}{6\,916.1}$, 详细内容见第 7 章.

6.2 χ^2 分布, t 分布, F 分布

统计量的分布称为抽样分布 (sampling distribution). 在使用统计量进行统计推断时需要知道抽样分布. 一般情况下, 要给出统计量的精确分布是很困难的, 但在某些特殊情形下, 如总体服从正态分布的情形下, 我们可以给出某些统计量的精确分布, 这些精确的抽样分布为正态总体情形下的参数推断提供了理论依据.

在数理统计中, 最重要的三个抽样分布为 χ^2 分布, t 分布和 F 分布.

(一) χ^2 分布

定义 6.2.1 设 $X_1, X_2, \cdots, X_n$ 为独立同分布的随机变量, 且都服从标准正态分布 $N(0,1)$. 记

$$Y = X_1^2 + X_2^2 + \cdots + X_n^2, \tag{6.2.1}$$

则称 Y 服从自由度为 n 的 χ^2 分布, 记为 $Y \sim \chi^2(n)$.

χ^2 分布的密度函数为

$$f_{\chi^2}(x) = \begin{cases} \dfrac{1}{2^{n/2}\Gamma(n/2)} x^{\frac{n}{2}-1} \mathrm{e}^{-\frac{x}{2}}, & x > 0, \\ 0, & \text{其他}, \end{cases}$$

χ^2 分布的自由度 n 决定了其密度函数的形状. 图 6.2.1 给出了自由度为 $2,4,10,20$ 时 χ^2 分布的密度函数.

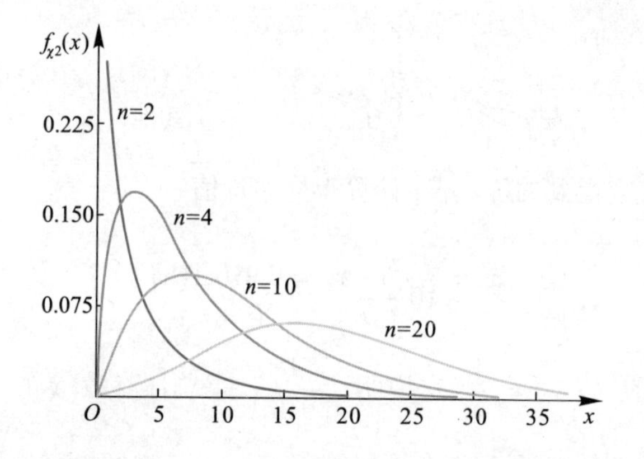

◀图 6.2.1 $\chi^2(n)$ 分布的密度函数

χ^2 分布有如下性质:

(1) χ^2 分布可加性: 设 $Y_1 \sim \chi^2(m), Y_2 \sim \chi^2(n)$, $m,n \geqslant 1$, 且两者相互独立, 则 $Y_1+Y_2 \sim \chi^2(m+n)$.

证明　根据 χ^2 分布的定义, 我们可以把 Y_1 和 Y_2 分别表示为

$$
\begin{aligned}
Y_1 &= X_1^2+X_2^2+\cdots+X_m^2, \\
Y_2 &= Z_1^2+Z_2^2+\cdots+Z_n^2,
\end{aligned}
$$

其中 $X_1,X_2,\cdots,X_m$ 和 $Z_1,Z_2,\cdots,Z_n$ 都服从标准正态分布 $N(0,1)$, $X_i(i=1,2,\cdots,m)$ 相互独立, $Z_j(j=1,2,\cdots,n)$ 相互独立, 且 $(X_1,X_2,\cdots,X_m)$ 与 $(Z_1,Z_2,\cdots,Z_n)$ 相互独立. 根据 χ^2 分布的定义,

$$
Y_1+Y_2 = X_1^2+X_2^2+\cdots+X_m^2+Z_1^2+Z_2^2+\cdots+Z_n^2 \sim \chi^2(m+n).
$$

(2) χ^2 分布的数学期望和方差: 设 $Y \sim \chi^2(n)$, 则

$$
E(Y)=n, \quad \operatorname{Var}(Y)=2n.
$$

即 χ^2 分布的数学期望等于自由度, 而方差等于自由度的 2 倍.

证明　设 $Y \sim \chi^2(n)$, 可以表示为 $Y=X_1^2+X_2^2+\cdots+X_n^2$, 其中 $X_i \sim N(0,1)$ 且相互独立, 因而 $E(X_i^2)=1, i=1,2,\cdots,n$, 从而

$$
E(Y)=E(X_1^2+X_2^2+\cdots+X_n^2)=n.
$$

由分部积分可以得出 $E(X_i^4)=3$, 于是

$$\mathrm{Var}(X_i^2) = E(X_i^4) - (E(X_i^2))^2 = 3 - 1 = 2.$$

由 $X_1, X_2, \cdots, X_n$ 的独立性, 有

$$\mathrm{Var}(Y) = \mathrm{Var}(X_1^2 + X_2^2 + \cdots + X_n^2) = \sum_{i=1}^{n} \mathrm{Var}(X_i^2) = 2n.$$

(3) χ^2 分布分位数: 对于给定的正数 $\alpha, 0 < \alpha < 1$, 称满足条件

$$P\{\chi^2 > \chi^2_\alpha(n)\} = \int_{\chi^2_\alpha(n)}^{+\infty} f_{\chi^2}(x)\mathrm{d}x = \alpha$$

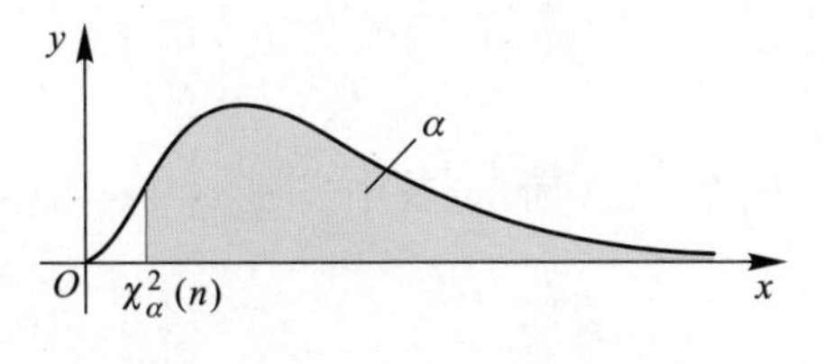

◀图 6.2.2 $\chi^2(n)$ 分布的上 α 分位数

的 $\chi^2_\alpha(n)$ 为 $\chi^2(n)$ 分布的上 (侧) α 分位数, 如图 6.2.2 所示. 对于不同的 α, n, 上 α 分位数的值可见附表 4.

例 6.2.1　对于 $\alpha = 0.1, n = 25$, 查附表 4 得 $\chi^2_{0.1}(25) = 34.382$. 也可以通过 Excel 得出 $\chi^2_{0.1}(25)$ 的值, 具体如下: 在 Excel 的任一单元格中输入 "=CHISQ.INV.RT(0.1, 25)", 确定后在单元格中出现 "34.381 59".

例 6.2.2　χ^2 分布的概率值也可以通过 Excel 得出. 假设 $X \sim \chi^2(25)$, 计算 $P\{X > 36\}$ 的值, 具体如下: 在 Excel 的任一单元格中输入 "=CHISQ.DIST.RT(36, 25)", 就得到 $P\{X > 36\} = 0.071\ 6$. 如果要计算 $P\{X \leqslant 36\}$ 的值, 可以在任一单元格中输入 "=CHISQ.DIST(36, 25, 1)", 就得到 $P\{X \leqslant 36\} = 0.928\ 4$. 即对服从 $\chi^2(n)$ 分布的随机变量 X, 分布函数 $F(x)$ 的值可用 "CHISQ.DIST(x, n, 1)" 来得到, 而密度函数 $f(x)$ 的值可通过 "CHISQ.DIST(x, n, 0)" 来得到. $\chi^2(n)$ 分布的动态随机数可通过 "CHISQ.INV(RAND(),n)" 来产生.

注　费希尔 (Fisher) 曾证明, 当 n 充分大时, χ^2 分布的上 α 分位数可以有如下的近似:

$$\chi^2_\alpha(n) \approx \frac{1}{2}(z_\alpha + \sqrt{2n-1})^2,$$

其中 z_α 是标准正态分布的上 α 分位数. 通常当 $n > 40$ 时, 利用这个关系式的近似效果较好, 可利用标准正态分布的上 α 分位数, 并结合上述近似式来得到 $\chi^2(n)$ 分布的上 α 分位数的近似值.

(二) t 分布

定义 6.2.2　设 $X \sim N(0,1), Y \sim \chi^2(n)$, 且 X, Y 相互独立, 则称随机变量

$$t=\frac{X}{\sqrt{Y/n}} \tag{6.2.2}$$

服从自由度为 n 的 t 分布, 记为 $t\sim t(n)$.

t 分布又称为学生氏 (student) 分布. $t(n)$ 分布的密度函数为

$$f_t(x)=\frac{\Gamma[(n+1)/2]}{\sqrt{\pi n}\Gamma\left(\frac{n}{2}\right)}\left(1+\frac{x^2}{n}\right)^{-\frac{n+1}{2}},\quad -\infty<x<+\infty,$$

如图 6.2.3 所示, 其中当 $n\to+\infty$ 时, $f_t(x)$ 趋于 $\varphi(x)$, 即为标准正态密度函数.

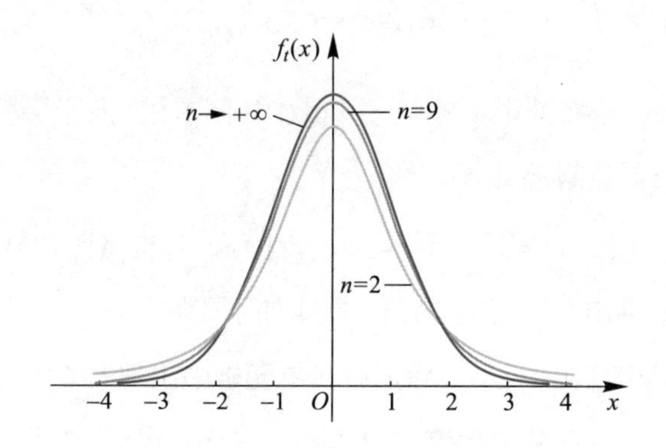

◀图 6.2.3 $t(n)$ 分布的密度函数

t 分布有如下性质:

(1)t 分布的密度函数 $f_t(x)$ 是偶函数, 关于 y 轴对称.

(2) 由 t 分布的密度函数可以得到

$$\lim_{n\to+\infty}f_t(x)=\frac{1}{\sqrt{2\pi}}\mathrm{e}^{-x^2/2}.$$

即当 n 足够大时, t 分布近似于标准正态分布 $N(0,1)$.

(3) t 分布分位数: 对于给定的正数 $\alpha, 0<\alpha<1$, 称满足条件 $P\{t>t_\alpha(n)\}=\int_{t_\alpha(n)}^{+\infty}f_t(x)\mathrm{d}x=\alpha$ 的 $t_\alpha(n)$ 为 $t(n)$ 分布的上 (侧) α 分位数, 如图 6.2.4 所示.

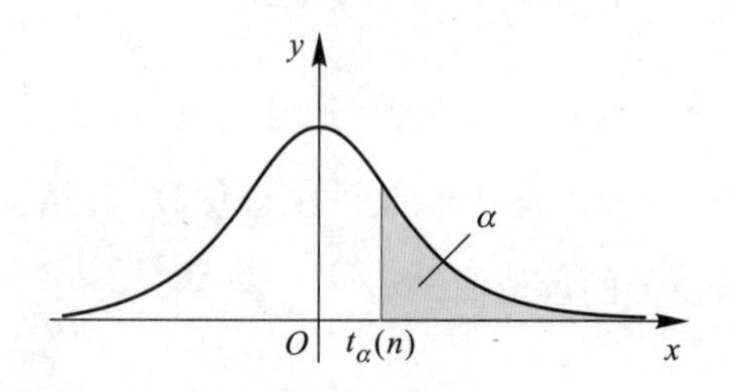

◀图 6.2.4 $t(n)$ 分布的上 α 分位数

由 t 分布密度函数的对称性可知 $t_{1-\alpha}(n)=-t_\alpha(n)$. 对于不同的 α, n, 上 α 分位数的值可见附表 3.

例 6.2.3　对于 $\alpha = 0.05$, $n = 25$, 查附表 3 得 $t_{0.05}(25) = 1.708$. 也可以通过 Excel 得出 $t_{0.05}(25)$ 的值, 具体如下: 在 Excel 的任一单元格中输入 "=T.INV(1−0.05, 25)" 或 "=T.INV.2T(0.05 * 2, 25)", 确定后在单元格中出现 "1.708 141".

注　一般数理统计书后附表中的 t 的分位数的 α 不是很多, 而且 n 也只到 45 为止. 一般情形下, 当 $n > 45$ 时, 可以用标准正态分布来近似. 但在 Excel 中可以得到你所想要的任意 α 和 n 取值的上 α 分位数.

例 6.2.4　t 分布的概率值可以通过 Excel 简单得出. 假设 $X \sim t(5)$, 要计算 $P\{X > 2\}$ 的值, 可在 Excel 的任一单元格中输入 "=T.DIST.RT(2, 5)", 就得到 $P\{X > 2\} = 0.050\,97$; 如果要计算 $P\{|X| > 2\}$ 的值, 可以在任一单元格中输入 "=T.DIST.2T(2, 5)", 就得到 $P\{|X| > 2\} = 0.101\,939$.

对于服从 $t(n)$ 分布的随机变量 X, 分布函数 $F(x)$ 的值可用 "T.DIST(x, n, 1)" 来得到, 而密度函数 $f(x)$ 的值可用 "T.DIST(x, n, 0)" 来得到. $t(n)$ 分布的动态随机数可通过 "T.INV(RAND(　), n)" 来产生.

(三) F 分布

定义 6.2.3　设 $U \sim \chi^2(n_1), V \sim \chi^2(n_2)$, 且 U 与 V 相互独立, 则称随机变量

$$F = \frac{U/n_1}{V/n_2} \tag{6.2.3}$$

服从第一自由度为 n_1, 第二自由度为 n_2 的 F 分布, 记为 $F \sim F(n_1, n_2)$.

$F(n_1, n_2)$ 分布的密度函数为

$$f_F(x) = \frac{\Gamma[(n_1+n_2)/2](n_1/n_2)^{n_1/2}x^{n_1/2-1}}{\Gamma(n_1/2)\Gamma(n_2/2)[1+(n_1x/n_2)]^{(n_1+n_2)/2}}, \quad x > 0,$$

如图 6.2.5 所示.

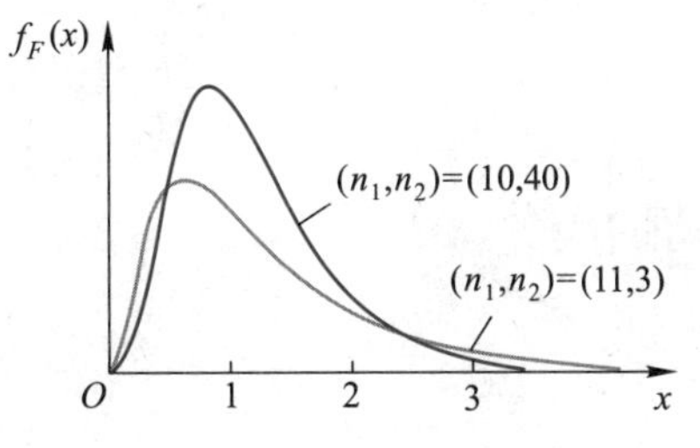

◀图 6.2.5 $F(n_1, n_2)$ 分布的密度函数

F 分布有如下性质:

(1) 若 $F \sim F(n_1, n_2)$, 则 $\dfrac{1}{F} \sim F(n_2, n_1)$.

证明　由 F 分布的定义即可得.

(2) 若 $X \sim t(n)$, 则 $X^2 \sim F(1, n)$.

证明　由 t 分布的定义可知, $X \sim t(n)$ 可表示为

$$X = \frac{Y}{\sqrt{Z/n}},$$

其中 $Y \sim N(0,1), Z \sim \chi^2(n)$, 并且 Y 与 Z 相互独立, 所以

$$X^2 = \frac{Y^2}{Z/n}.$$

再由 F 分布的定义即可知 $X^2 \sim F(1,n)$.

(3) F 分布分位数. 对于给定的正数 $\alpha, 0 < \alpha < 1$, 称满足条件

$$P\{F > F_\alpha(n_1,n_2)\} = \int_{F_\alpha(n_1,n_2)}^{+\infty} f_F(x)\mathrm{d}x = \alpha$$

的 $F_\alpha(n_1,n_2)$ 为 $F(n_1,n_2)$ 分布的上 (侧) α 分位数, 如图 6.2.6 所示.

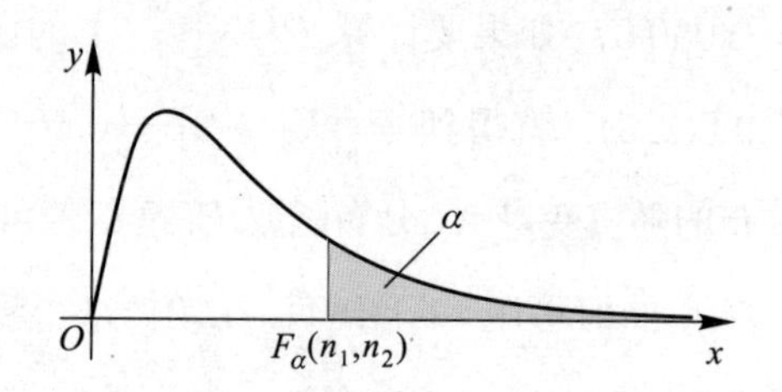

◀图 6.2.6 $F(n_1,n_2)$ 分布的上 α 分位数

对于不同的 α 与 n, 上 α 分位数的值可见附表 5. 由性质 (1), 我们可以得出 F 分布分位数的如下关系式:

$$F_{1-\alpha}(n_1,n_2) = \frac{1}{F_\alpha(n_2,n_1)}. \tag{6.2.4}$$

证明　设 $X \sim F(n_1,n_2)$, 则 $\dfrac{1}{X} \sim F(n_2,n_1)$,

$$\begin{aligned}1-\alpha &= P\{X > F_{1-\alpha}(n_1,n_2)\}\\ &= P\left\{\frac{1}{X} < \frac{1}{F_{1-\alpha}(n_1,n_2)}\right\}\\ &= 1 - P\left\{\frac{1}{X} > \frac{1}{F_{1-\alpha}(n_1,n_2)}\right\}.\end{aligned}$$

等价地, 有

$$\alpha = P\left\{\frac{1}{X} > \frac{1}{F_{1-\alpha}(n_1,n_2)}\right\},$$

即有

$$F_\alpha(n_2,n_1) = \frac{1}{F_{1-\alpha}(n_1,n_2)}.$$

例 6.2.5　对于 $\alpha = 0.1, n_1 = 9, n_2 = 10$, 查附表 5 可得 $F_{0.1}(9,10) = 2.35$. 也可以通过 Excel 得出 $F_{0.1}(9,10)$ 的值, 具体如下: 在 Excel 的任一单元

格中输入“=F.INV.RT (0.1, 9, 10)”或“=F.INV(1–0.1, 9, 10)”, 确定后在单元格中出现“2.347 306”.

注　一般数理统计书后附表中 F 的 α 分位数的 α 是比较小的值, 如 $\alpha=0.1, 0.05, 0.025, 0.01, 0.005$ 等; 对于较大的 α 值的分位数, 通常可以利用 $F_\alpha(n_1,n_2)=\dfrac{1}{F_{1-\alpha}(n_2,n_1)}$ 计算得出.

例 6.2.6　若求 $F_{0.95}(9,10)$, 可利用附表 5 查出 $F_{0.05}(10,9)$, 并结合 (6.2.4) 而得, 即

$$F_{0.95}(9,10)=\frac{1}{F_{0.05}(10,9)}=\frac{1}{3.14}\approx 0.318\ 5.$$

但在 Excel 中可以得到你所想要的任意 n_1, n_2 和 α 取值的 F 分布的上 α 分位数. 对于此题, 可在 Excel 的任一单元格中输入“=F.INV.RT(0.95, 9, 10)”, 就可得到 0.318 747.

例 6.2.7　F 分布的概率值也可以通过 Excel 简单得出. 假设 $X\sim F(9,10)$, 计算 $P\{X>3\}$ 的值, 可在 Excel 的任一单元格中输入“=F.DIST.RT(3, 9, 10)”, 就得到 $P\{X>3\}=0.051\ 002$.

对于服从 $F(n_1,n_2)$ 分布的随机变量 X, 分布函数 $F(x)$ 的值可通过“F.DIST($\mathrm{x}, \mathrm{n_1}, \mathrm{n_2}, 1$)”来得到, 而密度函数 $f(x)$ 的值可通过“F.DIST($\mathrm{x}, \mathrm{n_1}, \mathrm{n_2}, 0$)”来得到. $F(n_1,n_2)$ 分布的动态随机数可通过“F.INV(RAND(　), $\mathrm{n_1}, \mathrm{n_2}$)”来产生.

▶ 实验 χ^2 分布、t 分布和 F 分布的分位数及分布概率值计算

6.3　正态总体下的抽样分布

对正态总体, 样本均值、样本方差以及某些重要的统计量的抽样分布具有很完美的结果, 它们为经典数理统计的参数估计和假设检验奠定了坚实的基础.

定理 6.3.1　设 $X_1, X_2, \cdots, X_n$ 为来自正态总体 $N(\mu,\sigma^2)$ 的简单随机样本, $\overline{X}$ 是样本均值, 则有

$$\overline{X}\sim N\left(\mu,\frac{\sigma^2}{n}\right).$$

证明 由第 4 章正态分布的性质即可得.

定理 6.3.2 设 $X_1, X_2, \cdots, X_n$ 为来自正态总体 $N(\mu, \sigma^2)$ 的简单随机样本, $\overline{X}$ 是样本均值, S^2 是样本方差, 则

(1) $\dfrac{(n-1)S^2}{\sigma^2} \sim \chi^2(n-1)$;

(2) $\overline{X}$ 与 S^2 相互独立.

证明见 6.4 节附录.

定理 6.3.3 设 $X_1, X_2, \cdots, X_n$ 为来自正态总体 $N(\mu, \sigma^2)$ 的简单随机样本, $\overline{X}$ 是样本均值, S^2 是样本方差, 则有

$$\frac{\overline{X}-\mu}{S/\sqrt{n}} \sim t(n-1).$$

证明 由定理 6.3.1 和定理 6.3.2,

$$\frac{\overline{X}-\mu}{\sqrt{\sigma^2/n}} \sim N(0,1), \quad \frac{(n-1)S^2}{\sigma^2} \sim \chi^2(n-1),$$

且两者相互独立. 由 t 分布的定义知

$$\frac{\overline{X}-\mu}{S/\sqrt{n}} = \frac{\overline{X}-\mu}{\sqrt{\sigma^2/n}} \Bigg/ \sqrt{\frac{(n-1)S^2}{\sigma^2(n-1)}} \sim t(n-1).$$

定理 6.3.4 设 $X_1, X_2, \cdots, X_{n_1}$ 和 $Y_1, Y_2, \cdots, Y_{n_2}$ 分别为来自正态总体 $N(\mu_1, \sigma_1^2)$ 和 $N(\mu_2, \sigma_2^2)$ 的两个相互独立的简单随机样本. 记 $\overline{X}, \overline{Y}$ 分别是两个样本的样本均值, S_1^2, S_2^2 分别是两个样本的样本方差, 则有

(1) $\dfrac{S_1^2/\sigma_1^2}{S_2^2/\sigma_2^2} \sim F(n_1-1, n_2-1)$;

(2) 当 $\sigma_1^2 = \sigma_2^2 = \sigma^2$ 时,

$$\frac{(\overline{X}-\overline{Y})-(\mu_1-\mu_2)}{S_w\sqrt{\dfrac{1}{n_1}+\dfrac{1}{n_2}}} \sim t(n_1+n_2-2),$$

其中

$$S_w^2 = \frac{(n_1-1)S_1^2+(n_2-1)S_2^2}{n_1+n_2-2}, \quad S_w = \sqrt{S_w^2}.$$

证明 (1) 由定理 6.3.2,

$$\frac{(n_1-1)S_1^2}{\sigma_1^2} \sim \chi^2(n_1-1), \quad \frac{(n_2-1)S_2^2}{\sigma_2^2} \sim \chi^2(n_2-1).$$

由假设知 S_1^2, S_2^2 相互独立, 由 F 分布的定义知

$$\frac{\dfrac{(n_1-1)S_1^2}{\sigma_1^2}\Big/(n_1-1)}{\dfrac{(n_2-1)S_2^2}{\sigma_2^2}\Big/(n_2-1)} \sim F(n_1-1, n_2-1),$$

即

$$\frac{S_1^2/\sigma_1^2}{S_2^2/\sigma_2^2} \sim F(n_1-1, n_2-1).$$

(2) 由正态变量的性质知

$$\overline{X}-\overline{Y} \sim N\left(\mu_1-\mu_2, \frac{\sigma^2}{n_1}+\frac{\sigma^2}{n_2}\right),$$

即有

$$U = \frac{(\overline{X}-\overline{Y})-(\mu_1-\mu_2)}{\sqrt{\dfrac{\sigma^2}{n_1}+\dfrac{\sigma^2}{n_2}}} \sim N(0,1).$$

又由 χ^2 分布的可加性,

$$V = \frac{(n_1-1)S_1^2}{\sigma^2}+\frac{(n_2-1)S_2^2}{\sigma^2} \sim \chi^2(n_1+n_2-2).$$

由定理 6.3.2 可知, U 和 V 相互独立. 由 t 分布的定义知

$$\frac{(\overline{X}-\overline{Y})-(\mu_1-\mu_2)}{S_w\sqrt{\dfrac{1}{n_1}+\dfrac{1}{n_2}}} = \frac{U}{\sqrt{V/(n_1+n_2-2)}} \sim t(n_1+n_2-2).$$

注 定理 6.3.4 中引入了 “合样本方差” S_w^2, 该统计量在两总体方差相同的前提下综合了两样本的样本信息, 更利于统计推断.

例 6.3.1 设总体 X 的均值为 μ, 方差为 $\sigma^2, X_1, X_2, \cdots, X_n$ 是来自总体 X 的样本, $\overline{X}$ 与 S^2 分别为样本均值和样本方差.

(1) 求 $E(\overline{X}), \mathrm{Var}(\overline{X}), E(S^2)$;

(2) 求 X_1 与 $\overline{X}$ 的相关系数;

(3) 若总体 $X \sim N(\mu, \sigma^2)$, 求 $\mathrm{Var}(S^2)$.

解 (1) $E(\overline{X}) = E\left(\dfrac{1}{n}\sum_{i=1}^{n}X_i\right) = \dfrac{1}{n}\sum_{i=1}^{n}E(X_i) = \mu,$

$$\mathrm{Var}(\overline{X}) = \mathrm{Var}\left(\frac{1}{n}\sum_{i=1}^{n}X_i\right) = \frac{1}{n^2}\sum_{i=1}^{n}\mathrm{Var}(X_i) = \frac{\sigma^2}{n},$$

$$E(S^2) = E\left[\frac{1}{n-1}\sum_{i=1}^{n}(X_i-\overline{X})^2\right]$$

$$
\begin{aligned}
&= E\left[\frac{1}{n-1}\left(\sum_{i=1}^{n} X_i^2 - n\overline{X}^2\right)\right] \\
&= \frac{1}{n-1}\left(\sum_{i=1}^{n} E(X_i^2) - nE(\overline{X}^2)\right) \\
&= \frac{1}{n-1}\left[\sum_{i=1}^{n}(\sigma^2+\mu^2) - n\left(\frac{\sigma^2}{n}+\mu^2\right)\right] = \sigma^2.
\end{aligned}
$$

(2)
$$
\begin{aligned}
\operatorname{Cov}(X_1, \overline{X}) &= \operatorname{Cov}\left(X_1, \frac{1}{n}\sum_{i=1}^{n} X_i\right) \\
&= \operatorname{Cov}\left(X_1, \frac{1}{n}X_1\right) + \operatorname{Cov}\left(X_1, \frac{1}{n}\sum_{i=2}^{n} X_i\right) \\
&= \frac{\sigma^2}{n},
\end{aligned}
$$

$$
\rho_{X_1\overline{X}} = \frac{\operatorname{Cov}(X_1, \overline{X})}{\sqrt{\operatorname{Var}(X_1)\operatorname{Var}(\overline{X})}} = \frac{\sigma^2}{n}\bigg/\sqrt{\sigma^2 \cdot \frac{\sigma^2}{n}} = \frac{1}{\sqrt{n}}.
$$

(3) 若 $X \sim N(\mu, \sigma^2)$, 则 $\dfrac{(n-1)S^2}{\sigma^2} \sim \chi^2(n-1)$. 由 χ^2 分布的数字特征知, $\operatorname{Var}\left[\dfrac{(n-1)S^2}{\sigma^2}\right] = 2(n-1)$, 所以

$$
\operatorname{Var}(S^2) = \frac{2\sigma^4}{n-1}.
$$

例 6.3.2　设总体 $X \sim N(\mu, \sigma^2), X_1, X_2, \cdots, X_n (n \geqslant 6)$ 是 X 的简单随机样本.

(1) 求 $\displaystyle\sum_{i=1}^{n} \frac{(X_i-\mu)^2}{\sigma^2}$ 的分布;

(2) 求 $\dfrac{2(X_1-X_2)^2}{(X_3-X_4)^2+(X_5-X_6)^2}$ 的分布.

解　(1) 由于 $X_1, X_2, \cdots, X_n$ 是 X 的简单随机样本, 所以 $\dfrac{X_1-\mu}{\sigma}$, $\dfrac{X_2-\mu}{\sigma}, \cdots, \dfrac{X_n-\mu}{\sigma}$ 独立同分布, 都服从标准正态分布 $N(0,1)$. 由 χ^2 分布的定义, $\displaystyle\sum_{i=1}^{n} \frac{(X_i-\mu)^2}{\sigma^2} \sim \chi^2(n)$.

(2) 由于 $X_1 - X_2 \sim N(0, 2\sigma^2)$, 即 $\dfrac{X_1-X_2}{\sqrt{2}\sigma} \sim N(0,1)$, 所以 $\dfrac{(X_1-X_2)^2}{2\sigma^2} \sim \chi^2(1)$. 同理, $\dfrac{(X_3-X_4)^2}{2\sigma^2} \sim \chi^2(1)$, $\dfrac{(X_5-X_6)^2}{2\sigma^2} \sim \chi^2(1)$, 且三者相互独立, 所以

$\dfrac{(X_3-X_4)^2+(X_5-X_6)^2}{2\sigma^2}\sim\chi^2(2)$. 由 F 分布的定义知

$$\frac{2(X_1-X_2)^2}{(X_3-X_4)^2+(X_5-X_6)^2}=\frac{\dfrac{(X_1-X_2)^2}{2\sigma^2}}{\dfrac{(X_3-X_4)^2+(X_5-X_6)^2}{2\sigma^2}\Big/2}\sim F(1,2).$$

*6.4 附录

定理 6.3.2 的证明: 令 $Z_i=\dfrac{X_i-\mu}{\sigma}$, $i=1,2,\cdots,n$, 显然 $Z_1,Z_2,\cdots,Z_n$ 相互独立, 且都服从标准正态分布 $N(0,1)$. 记 $\overline{Z}=\dfrac{1}{n}\sum\limits_{i=1}^{n}Z_i$, 有

$$\begin{aligned}\frac{(n-1)S^2}{\sigma^2}&=\frac{\sum\limits_{i=1}^{n}(X_i-\overline{X})^2}{\sigma^2}=\sum_{i=1}^{n}\left[\frac{(X_i-\mu)-(\overline{X}-\mu)}{\sigma}\right]^2\\&=\sum_{i=1}^{n}(Z_i-\overline{Z})^2=\sum_{i=1}^{n}Z_i^2-n\overline{Z}^2.\end{aligned}$$

设 $\boldsymbol{A}$ 为 n 阶正交方阵, 且假定它的第一行所有元素均为 $\dfrac{1}{\sqrt{n}}$, 令

$$\boldsymbol{Y}=\begin{pmatrix}Y_1\\Y_2\\\vdots\\Y_n\end{pmatrix}=\boldsymbol{A}\begin{pmatrix}Z_1\\Z_2\\\vdots\\Z_n\end{pmatrix}=\boldsymbol{AZ}.$$

由于 $\boldsymbol{A}$ 是正交方阵, 故 $\boldsymbol{A}^{\mathrm{T}}\boldsymbol{A}=\boldsymbol{A}\boldsymbol{A}^{\mathrm{T}}=\boldsymbol{I}$ ($\boldsymbol{I}$ 为单位矩阵). 由此可知

$$\sum_{i=1}^{n}Y_i^2=\boldsymbol{Y}^{\mathrm{T}}\boldsymbol{Y}=\boldsymbol{Z}^{\mathrm{T}}\boldsymbol{A}^{\mathrm{T}}\boldsymbol{A}\boldsymbol{Z}=\sum_{i=1}^{n}Z_i^2.$$

再由 $\boldsymbol{A}$ 的构造, 即第一行的所有元素是 $\dfrac{1}{\sqrt{n}}$, 可知

$$Y_1=\frac{1}{\sqrt{n}}\sum_{i=1}^{n}Z_i,\quad Y_j=\sum_{i=1}^{n}a_{ji}Z_i,\quad j=2,3,\cdots,n.$$

故 $Y_1,Y_2,\cdots,Y_n$ 仍是正态变量. 由于 $Z_i\sim N(0,1),i=1,2,\cdots,n$, 并且 $\boldsymbol{A}$ 为正交方阵, 可得

$$E(Y_j)=E\left(\sum_{i=1}^n a_{ji}Z_i\right)=\sum_{i=1}^n a_{ji}E(Z_i)=0,$$

$$\begin{aligned}\operatorname{Cov}(Y_l,Y_k)&=\operatorname{Cov}\left(\sum_{i=1}^n a_{li}Z_i,\sum_{j=1}^n a_{kj}Z_j\right)\\&=\sum_{i=1}^n\sum_{j=1}^n a_{li}a_{kj}\operatorname{Cov}(Z_i,Z_j)=\sum_{i=1}^n a_{li}a_{ki}=\delta_{lk},\end{aligned}$$

其中 $\delta_{lk}=\begin{cases}0, & l\neq k,\\ 1, & l=k.\end{cases}$ 因此, $Y_1,Y_2,\cdots,Y_n$ 仍独立同分布, $Y_i\sim N(0,1),i=1,2,\cdots,n$, 并且

$$Y_1=\sum_{i=1}^n a_{1i}Z_i=\sum_{i=1}^n\frac{1}{\sqrt{n}}Z_i=\sqrt{n}\cdot\overline{Z},$$

$$\frac{(n-1)S^2}{\sigma^2}=\sum_{i=1}^n Z_i^2-n\overline{Z}^2=\sum_{i=1}^n Y_i^2-Y_1^2=\sum_{i=2}^n Y_i^2\sim\chi^2(n-1).$$

即 $\dfrac{(n-1)S^2}{\sigma^2}$ 仅和 $Y_2,Y_3,\cdots,Y_n$ 有关, 而 $\overline{X}$ 仅依赖于 Y_1, 从而推出 $\overline{X}$ 和 S^2 相互独立.

思考题六

1. 什么是统计量? 什么是统计量的值? 什么是抽样分布?
2. 简单随机样本有哪两个主要性质? 在实际中如何获得简单随机样本?
3. $N(0,1)$, t 分布, χ^2 分布和 F 分布的上、下分位数是如何定义的? 怎样利用附表查这些分位数的值? 如何利用 Excel 得出分位数的值?
4. 从总体 X 中抽取样本 X_1,X_2,X_3, 假设 $X\sim N(0,\sigma^2)$, 下列结果哪些不正确? 为什么?

   (1) $\dfrac{X_1+X_2+X_3}{\sigma}\sim N(0,3)$;　　(2) $\dfrac{X_1^2+X_2^2+X_3^2}{\sigma^2}\sim\chi^2(3)$;

   (3) $\dfrac{X_1}{\sqrt{X_2^2+X_3^2}}\sim t(2)$;　　(4) $\operatorname{Var}(X_1+\overline{X})=\dfrac{4}{3}\sigma^2$;

   (5) $\dfrac{2X_1^2}{X_2^2+X_3^2}\sim F(1,2)$;　　(6) $\operatorname{Cov}(X_1,\overline{X})=\sigma^2$.
5. 设 $X_1,X_2,\cdots,X_n$ 为来自总体 X 的一个简单随机样本, 记 $\overline{X}$, S^2 分别是样本均值和样本方差, 问 $\overline{X}$ 与 S^2 一定相互独立吗?
6. 设 $X\sim N(0,1),Y\sim\chi^2(n)$, 问 $t=\dfrac{\sqrt{n}X}{\sqrt{Y}}\sim t(n)$ 一定成立吗?

习题六　(A)

A1. 假设 $X_1, X_2, \cdots, X_n$ 是从总体 X 中抽取的样本 $(n \geqslant 1)$. 当总体 X 服从如下分布时, 写出样本的联合分布律或联合密度函数:

(1) 总体服从二项分布 $B(10, 0.2)$;

(2) 总体服从泊松分布 $P(1)$;

(3) 总体服从标准正态分布 $N(0,1)$;

(4) 总体服从指数分布 $E(1)$.

A2. 设总体 $X \sim N(\mu, 1), \mu$ 未知, $X_1, X_2, \cdots, X_5$ 是来自总体 X 的简单随机样本, 判断下列哪些是统计量, 哪些不是统计量:

(1) $\sum\limits_{i=1}^{5} X_i$;　　(2) $\sum\limits_{i=1}^{5} X_i^2 - 5\mu^2$;

(3) $\sum\limits_{i=1}^{5} (X_i - \mu)$;　　(4) $X_1 - X_2$.

A3. 从总体 X 中抽取样本容量为 5 的样本, 其观测值为 $2.6, 4.1, 3.2, 3.6, 2.9$, 计算样本均值、样本方差和样本二阶中心矩.

A4. 从总体 $X \sim N(0,1)$ 中抽取样本容量为 10 的样本, 其观测值为 $2.50, 0.49, 0.53, -0.37, 0.61, -0.63, 0.01, 0.81, 0.78, 0.27$, 计算样本均值和样本方差.

A5. 假设 $X_1, X_2, \cdots, X_7$ 是从总体 $X \sim B(1, 0.3)$ 中抽取的简单随机样本.

(1) 求样本均值 $\overline{X}$ 的数学期望和方差;

(2) 求样本方差 S^2 的数学期望;

(3) 求 $P\{\max\{X_1, X_2, \cdots, X_7\} < 1\}$.

A6. 给出下列上分位数的值:

(1) $\chi^2_{0.05}(5)$, $\chi^2_{0.06}(5)$, $\chi^2_{0.95}(5)$, $\chi^2_{0.94}(5)$;

(2) $t_{0.05}(8)$, $t_{0.06}(8)$, $t_{0.95}(8)$, $t_{0.94}(8)$;

(3) $F_{0.05}(3,5)$, $F_{0.05}(5,3)$, $F_{0.04}(3,5)$, $F_{0.04}(5,3)$.

A7. 假设 $X_1, X_2, \cdots, X_5$ 是从总体 $X \sim \chi^2(2)$ 中抽取的简单随机样本.

(1) 求 $P\{X_1 + X_2 + \cdots + X_5 > 18.307\}$;

(2) 求 $X_1 + X_2 + \cdots + X_5$ 的分布, 并由此给出它的上 0.1 分位数.

A8. 假设 $X \sim N(0,1)$, 利用 χ^2 分布的性质, 求 X 的四阶原点矩 A_4.

A9. 假设 $X_1, X_2, \cdots, X_{10}$ 为来自总体 $X \sim N(0,1)$ 的一个简单随机样本, 记 $Y^2 = X_1^2 + X_2^2 + \cdots + X_9^2$, $T = \dfrac{3X_{10}}{Y}$.

(1) 求 $P\{|T| > 1.8331\}$;

(2) 求 T 的上 0.10 分位数.

A10. 假设 $X \sim t(5)$, 求 $Y = \dfrac{1}{X^2}$ 的上 0.05 分位数和上 0.1 分位数.

A11. 设总体 X 服从标准正态分布, $X_1, X_2, \cdots, X_{16}$ 是来自总体 X 的简单随机样本, 写出下列统计量的分布:

(1) 样本均值 $\overline{X}$; (2) $\sum_{i=1}^{16} X_i^2$; (3) $\dfrac{3X_1}{\sqrt{\sum_{i=2}^{10} X_i^2}}$;

(4) $\dfrac{X_1+X_2}{\sqrt{X_3^2+X_4^2}}$; (5) $\overline{X}-X_1$.

A12. 假设总体 $X \sim N(0,4)$, $X_1, X_2, \cdots, X_{20}$ 是来自总体 X 的简单随机样本, 求 $P\left\{33.04 \leqslant \sum_{i=1}^{20} X_i^2 \leqslant 125.64\right\}$.

A13. 设总体 $X \sim N(\mu, \sigma^2)$, $X_1, X_2, \cdots, X_{25}$ 是来自总体 X 的简单随机样本, μ 和 σ^2 均未知, S^2 为样本方差, 求 $P\left\{\dfrac{S^2}{\sigma^2} \leqslant 0.577\right\}$.

(B)

B1. 设总体 $X \sim N(\mu, \sigma^2)$, $X_1, X_2, \cdots, X_{25}$ 是来自总体 X 的简单随机样本, $\overline{X}$ 是样本均值.

(1) 求 $P\{|\overline{X}-\mu| < 0.2\sigma\}$;

(2) 若 $P\{\overline{X} > \mu - c\sigma\} = 0.95$, 求 c.

B2. 设总体 $X \sim N(\mu, \sigma^2)$, $X_1, X_2, \cdots, X_9$ 是来自总体 X 的简单随机样本, $\overline{X}$ 是样本均值, S^2 是样本方差, 写出下列抽样分布:

(1) $\dfrac{3(\overline{X}-\mu)}{\sigma}$; (2) $\dfrac{3(\overline{X}-\mu)}{S}$;

(3) $\dfrac{\sum_{i=1}^{9}(X_i-\overline{X})^2}{\sigma^2}$; (4) $\dfrac{\sum_{i=1}^{9}(X_i-\mu)^2}{\sigma^2}$;

(5) $\dfrac{9(\overline{X}-\mu)^2}{\sigma^2}$; (6) $\dfrac{9(\overline{X}-\mu)^2}{S^2}$;

(7) $\dfrac{2(X_1-X_2)^2}{(X_3-X_4)^2+(X_5-X_6)^2}$;

(8) $\dfrac{(X_1-Y_1)^2+(X_2-Y_1)^2+(X_3-Y_1)^2}{(X_4-Y_2)^2+(X_5-Y_2)^2+(X_6-Y_2)^2}$, 其中

$Y_1 = \dfrac{X_1+X_2+X_3}{3}, Y_2 = \dfrac{X_4+X_5+X_6}{3}$.

B3. 假设二维总体 $(X,Y) \sim N(0,0;1,1;\rho)$, $(X_i, Y_i), i=1,2,\cdots,10$ 为从该总体中抽取的简单随机样本, 记统计量 $Z = a\sum_{i=1}^{10}(X_i + Y_i)^2$, 若 $Z \sim \chi^2(n)$, 求 a 和 n 的值.

B4. 对一重量为 a 的物体独立重复称 n 次, 现准备用这 n 次读数的平均值去估计 a. 假设这批读数来自均值为 a, 标准差为 2.5 的正态总体, 至少要称多少次才能使估计值与 a 之差的绝对值不大于 0.5 的概率 (1) 超过 90%; (2) 超过 95%.

B5. 设总体 X 的密度函数

$$f(x)=\frac{1}{2}\mathrm{e}^{-|x|}, \quad -\infty<x<+\infty,$$

从总体中抽取样本容量为 10 的样本, $\overline{X}$ 和 S^2 分别是样本均值和样本方差, 求:

(1) $\overline{X}$ 的数学期望和方差;

(2) S^2 的数学期望.

B6. 设总体 $X\sim U(0,\theta)$, $X_1,X_2,\cdots,X_5$ 是来自总体 X 的简单随机样本, $\overline{X}$ 是样本均值, S^2 是样本方差, 求 $E(\overline{X})$, $E(\overline{X}^2)$ 和 $E(S^2)$.

B7. 设总体 X 的密度函数

$$f(x)=\begin{cases}\lambda\mathrm{e}^{-\lambda x}, & x>0,\\ 0, & x\leqslant 0,\end{cases}$$

从总体中抽取样本容量为 10 的样本.

(1) 求样本均值的数学期望和方差;

(2) 记 $X_{(1)}=\min\{X_1,X_2,\cdots,X_{10}\}$, 求 $X_{(1)}$ 的数学期望和方差.

B8. 假设总体 X 服从指数分布, 密度函数为

$$f(x)=\begin{cases}\dfrac{1}{20}\mathrm{e}^{-\frac{1}{20}x}, & x>0,\\ 0, & x\leqslant 0,\end{cases}$$

从总体中抽取一个样本容量为 50 的简单随机样本 X_1, $X_2,\cdots,X_{50}$, 记 $Y_j=\min\limits_{1+10j\leqslant i\leqslant 10+10j}X_i, j=0,1,2,3,4$, 求 $Z=\sum\limits_{j=0}^{4}Y_j$ 的分布.

B9. 设 $X_1,X_2,\cdots,X_8$ 是来自标准正态总体的样本, $\overline{X}=\frac{1}{8}\sum\limits_{i=1}^{8}X_i$, $S^2=\frac{1}{7}\sum\limits_{i=1}^{8}(X_i-\overline{X})^2$, X_9 是新增的样本, 试确定 $Y=\dfrac{2\sqrt{2}}{3}\dfrac{X_9-\overline{X}}{S}$ 的分布.

B10. 设总体 $X\sim N(\mu,\sigma^2)$, $X_1,X_2,\cdots,X_5$ 和 $Y_1,Y_2,\cdots,Y_9$ 是来自总体 X 的两个独立样本, $\overline{X}$ 和 $\overline{Y}$ 分别是两个样本的样本均值, S_1^2 和 S_2^2 分别是两个样本的样本方差.

(1) 若 $\dfrac{a(\overline{X}-\overline{Y})}{\sigma}\sim N(0,1)$, 求 a;

(2) 若 $\dfrac{b(\overline{X}-\overline{Y})}{\sqrt{S_1^2+2S_2^2}}\sim t(12)$, 求 b.

B11. 在两个等方差的正态总体中, 独立地各抽取一个样本容量为 7

的样本, 它们的样本方差分别为 S_1^2, S_2^2, 若 $P\left\{\max\left\{\frac{S_1^2}{S_2^2}, \frac{S_2^2}{S_1^2}\right\} > c\right\} = 0.05$, 求 c.

B12. 设总体 $X \sim \chi^2(n), X_1, X_2, \cdots, X_{16}$ 是来自总体 X 的简单随机样本.

(1) 求 $P\left\{\frac{\sum\limits_{i=1}^{8} X_i}{\sum\limits_{i=9}^{16} X_i} \leqslant 1\right\}$;

(2) 求 $P\left\{\frac{\sum\limits_{i=1}^{8} X_i}{\sum\limits_{i=9}^{16} X_i} = 1\right\}$.

第7章 参数估计

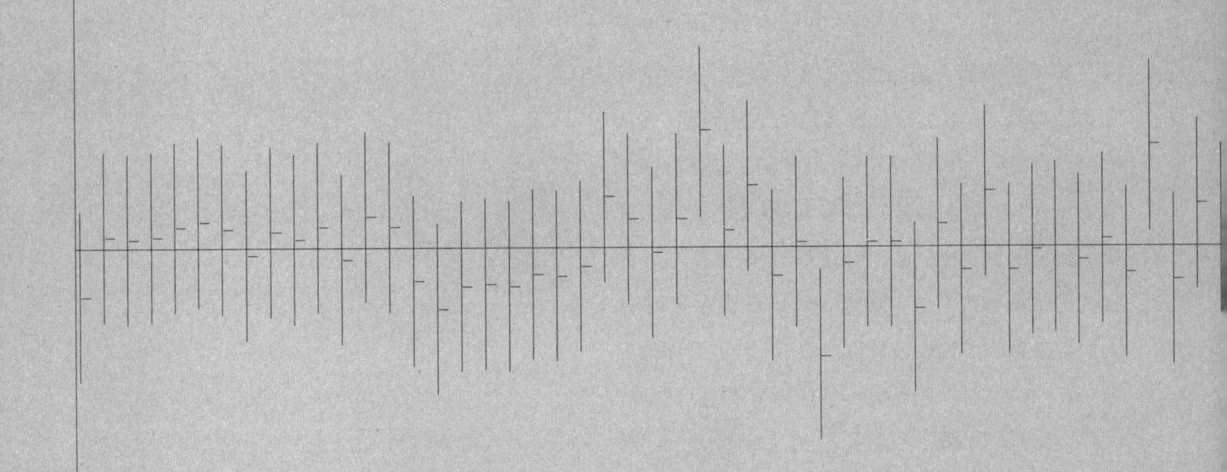

本章我们开始着手利用样本对总体作出统计推断. 统计推断为我们提供了从样本数据中推断出有关总体结论的方法, 通常分为两大类: 参数估计与假设检验. 本章讨论总体参数的估计问题. 在前面已多次使用 "参数" 这个词, 它指的是总体分布函数 $F(x;\theta)$ 中所含的未知参数 θ. 但是在统计研究中, 参数的含义更广泛一些, 用来刻画总体某方面特征的量统称为参数 (parameter). 在实际应用中, 人们感兴趣的参数称为待估参数, 有时也简称为参数, 对于参数估计, 通常有两种估计方式: 点估计和区间估计. 简单地说, 点估计 (point estimation) 就是用一个具体的数值去估计一个未知参数; 区间估计 (interval estimation) 就是给出未知参数估计的上、下界. 譬如, 估计某个城市居民某年的人均消费为 10 000 元, 这是一个点估计; 若估计人均消费在 8 000 元到 12 000 元之间, 这就是一个区间估计. 点估计与区间估计是互为补充的两种参数估计形式.

7.1 点估计

设总体 X 的分布函数为 $F(x;\theta)$, θ 是待估参数, $X_1,X_2,\cdots,X_n$ 是 X 的一个样本. 点估计问题就是要构造一个适当的统计量 $\widehat{\theta}(X_1,X_2,\cdots,X_n)$, 用来估计参数 θ, 此时称 $\widehat{\theta}(X_1,X_2,\cdots,X_n)$ 为 θ 的 (点) 估计量 ((point) estimator). 如果把其中的样本用样本值 $x_1,x_2,\cdots,x_n$ 代替, 就称 $\widehat{\theta}(x_1,x_2,\cdots,x_n)$ 为 θ 的一个估计值. 在不致混淆的情况下, 统称估计量和估计值为估计, 并都简记为 $\widehat{\theta}$.

由前一章的内容知, 我们可以将统计量 $\overline{X}$ (样本均值), 作为参数 μ (总体均值) 的估计量. 同一个参数可以构造不同的点估计量, 例如我们也可以用 $\sum\limits_{i=1}^{n}c_iX_i$ 替代 $\overline{X}$ 作为总体均值 μ 的估计, 其中权系数满足 $\sum\limits_{i=1}^{n}c_i=1$. 那么如何比较这些估计量之间的好坏呢? 7.2 节将给出常用的估计量评价标准, 我们可以依据这些标准进行比较.

根据不同的统计思想, 可得到不同的点估计方法. 下面将介绍两种常用的点估计方法: 矩法 (moment method) 和极大似然法 (maximum likelihood method).

(一) 矩法

矩法是由英国统计学家皮尔逊 (Pearson) 在 1894 年提出来的, 也是最古老的一种估计方法. 其主要理论依据为大数定律, 即当样本容量 $n\to+\infty$ 时, 样本矩依概率收敛于相应的总体矩, 即

$$A_k\xrightarrow{P}\mu_k,\quad B_k\xrightarrow{P}v_k,$$

其中 A_k,B_k 分别为样本的 k 阶原点矩和 k 阶中心矩, μ_k,v_k 分别为总体的 k 阶原点矩和 k 阶中心矩. 因此, 我们可以用样本矩作为相应总体矩的估计, 用样本矩的函数作为相应总体矩的同一函数的估计, 这就是矩法的统计思想.

设 $\theta_1,\theta_2,\cdots,\theta_m$ 是总体 X 的待估参数, 并假定 X 的前 $m(m\geqslant1)$ 阶矩存在. 下面我们给出利用矩法求参数估计量的基本步骤:

(1) 求总体 X 的前 m 阶矩 (不妨设为原点矩) $\mu_1,\mu_2,\cdots,\mu_m$, 一般地, 这些矩可以写成待估参数 $\theta_1,\theta_2,\cdots,\theta_m$ 的函数形式, 记为

$$\begin{cases}\mu_1=E(X)=g_1(\theta_1,\theta_2,\cdots,\theta_m),\\ \mu_2=E(X^2)=g_2(\theta_1,\theta_2,\cdots,\theta_m),\\ \qquad\cdots\cdots\cdots\cdots\\ \mu_m=E(X^m)=g_m(\theta_1,\theta_2,\cdots,\theta_m).\end{cases}\tag{7.1.1}$$

(2) 由方程组 (7.1.1), 可求出各参数关于前 m 阶矩 $\mu_1,\mu_2,\cdots,\mu_m$ 的函数表达式:

$$\theta_k=h_k(\mu_1,\mu_2,\cdots,\mu_m),\quad k=1,2,\cdots,m.$$

(3) 根据矩法思想, 以 A_i 代替 $\mu_i,i=1,2,\cdots,m$, 即可得各参数的估计量为

$$\widehat{\theta}_k=h_k(A_1,A_2,\cdots,A_m),\quad k=1,2,\cdots,m.$$

我们称上述求得的 $\widehat{\theta}_k$ 为参数 θ_k 的**矩估计量** (moment estimator), $k=1,2,\cdots,m$.

注 在上面的 (7.1.1) 式中, 也可以用部分总体中心矩 υ_i 代替原点矩 μ_i, 此时在步骤 (3) 中以相应的样本矩 B_i 代替 υ_i 即可.

例 7.1.1 设总体 X 服从指数分布 $E(\lambda)$, 其密度函数为

$$f(x;\lambda)=\begin{cases}\lambda\mathrm{e}^{-\lambda x}, & x\geqslant 0,\\ 0, & x<0,\end{cases}$$

其中 $\lambda>0$ 未知. 若 $X_1,X_2,\cdots,X_n$ 是来自总体 X 的样本, 试求参数 λ 的矩估计量.

解 由 $\mu_1=E(X)=\dfrac{1}{\lambda}$, 可得

$$\lambda=\frac{1}{\mu_1}.$$

以 A_1 代替 μ_1, 得 λ 的矩估计量为

$$\widehat{\lambda}=\frac{1}{A_1}=\frac{1}{\overline{X}}=\frac{n}{\sum\limits_{i=1}^{n}X_i}.$$

例 7.1.2 设总体 X 服从区间 $[a,b]$ 上均匀分布, 其中 $a<b$ 未知. 若 $X_1,X_2,\cdots,X_n$ 是来自总体 X 的样本.

(1) 试求参数 a,b 的矩估计量;

(2) 若已获得样本值

$$1.8\quad 0.5\quad 1.6\quad 0.9\quad 2.0\quad 1.2\quad 1.3\quad 2.5\quad 2.4\quad 0.6$$

求 a,b 的矩估计值.

㊫ (1) 由 $\mu_1=E(X)=\dfrac{a+b}{2}$, $\upsilon_2=\mathrm{Var}(X)=\dfrac{(b-a)^2}{12}$, 可得

$$a=\mu_1-\sqrt{3\upsilon_2},\quad b=\mu_1+\sqrt{3\upsilon_2}\,.$$

以 $A_1=\overline{X}$ 代替 $\mu_1, B_2=\dfrac{1}{n}\sum\limits_{i=1}^{n}(X_i-\overline{X})^2$ 代替 υ_2, 得参数 a,b 的矩估计量分别为

$$\widehat{a}=\overline{X}-\sqrt{3B_2},\quad \widehat{b}=\overline{X}+\sqrt{3B_2}\,.$$

(2) 根据样本值计算得 $\overline{x}=1.48$, $B_2=0.445\ 6$, 所以 a,b 的矩估计值分别为

$$\widehat{a}=0.323\ 8,\quad \widehat{b}=2.636\ 2.$$

例 7.1.3　设总体 $X\sim N(\mu,\sigma^2)$, $X_1,X_2,\cdots,X_n$ 是总体 X 的简单随机样本.

(1) 若 μ 未知, $\sigma^2=1$, 求 μ 的矩估计量;

(2) 若 σ^2 未知, $\mu=1$, 求 σ^2 的矩估计量;

(3) 若 μ,σ^2 均未知, 求 μ,σ^2 的矩估计量.

㊫ (1) μ 的矩估计量为 $\widehat{\mu}=\overline{X}$.

(2) $E(X)=1, E(X^2)=\sigma^2+1$, 所以, $\sigma^2=E(X^2)-1$,

$$\widehat{\sigma}^2=A_2-1=\frac{1}{n}\sum_{i=1}^{n}X_i^2-1.$$

(3) μ,σ^2 的矩估计量为

$$\widehat{\mu}=\overline{X},\ \widehat{\sigma}^2=A_2-\overline{X}^2=\frac{1}{n}\sum_{i=1}^{n}\left(X_i-\overline{X}\right)^2=B_2.$$

注　从本例可以看出, 矩估计没有涉及总体是正态分布的信息.

例 7.1.4　设某工厂生产的零件长度 X (单位: mm) 服从正态分布 $N(\mu,\sigma^2)$, 其中 μ,σ^2 是未知参数, 规定当长度落在区间 $[46,50]$ 时, 产品合格, 并以 θ 代表该厂生产的零件的合格率. 现从中随机抽取了 10 个零件, 测得长度分别为

$$46.2 \quad 50.3 \quad 48.8 \quad 47.7 \quad 49.8 \quad 46.5 \quad 48.3 \quad 49.7 \quad 48.4 \quad 47.2$$

试用矩法给出合格率 θ 的估计值.

(解) 根据正态分布的性质, 可得

$$\theta = P\{46 \leqslant X \leqslant 50\} = \varPhi\left(\frac{50-\mu}{\sigma}\right) - \varPhi\left(\frac{46-\mu}{\sigma}\right)$$
$$= \varPhi\left(\frac{50-\mu_1}{\sqrt{\upsilon_2}}\right) - \varPhi\left(\frac{46-\mu_1}{\sqrt{\upsilon_2}}\right).$$

由实际数据可计算得

$$a_1 = \overline{x} = 48.29, \quad b_2 = \frac{1}{10}\sum_{i=1}^{10}(x_i - \overline{x})^2 = 1.768\,9.$$

因此, 合格率 θ 的矩估计值为

$$\widehat{\theta} = \varPhi\left(\frac{50-48.29}{\sqrt{1.768\,9}}\right) - \varPhi\left(\frac{46-48.29}{\sqrt{1.768\,9}}\right)$$
$$= \varPhi(1.29) + \varPhi(1.72) - 1 = 0.858\,8.$$

由上述例子可以看出, 用矩法获得估计量是简便易行的. 当样本容量趋于无穷大时, 矩估计量依概率收敛于相应的参数, 通常称这种估计量为参数的相合估计. 当总体的分布未知, 但知道待估参数关于总体各阶矩的函数形式时, 便可求出该参数的矩估计. 矩法的缺点是: 在总体分布已知时, 没有充分利用总体分布所提供的信息. 矩估计量不具有唯一性. 譬如, 泊松分布的参数 λ 既是总体的数学期望, 又是总体的方差, 所以样本均值 $\overline{X}$ 和二阶中心矩 B_2 都是 λ 的矩估计量.

(二) 极大似然法

极大似然法是在参数分布族的场合下使用的一种应用非常广泛的参数估计方法. 它首先是由德国数学家高斯 (Gauss) 在 1821 年提出的, 然而, 这个方法常更加归功于英国统计学家费希尔. 因为后者在 1922 年重新发掘了这一方法的重要性, 并研究了该方法的一些优良性质. 为了更好地理解极大似然法的统计思想, 先举一个简单的例子.

例 7.1.5 假设在一个罐中放着许多白球和黑球, 并假定已经知道两种球的数量之比是 1∶3, 但不知道哪种颜色的球多. 如果用有放回抽样方法从罐中取 5 个球, 观察结果为: 黑、白、黑、黑、黑. 试根据上述结果, 估计从罐中任取一球, 取到黑球的概率.

㊟解 设抽到黑球的概率为 p, 则本例中 $p=\dfrac{1}{4}$ 或 $p=\dfrac{3}{4}$.

当 $p=\dfrac{1}{4}$ 时, 出现例中观察结果的概率为 $p_1=\left(\dfrac{1}{4}\right)^4\times\dfrac{3}{4}=\dfrac{3}{1\,024}$;

当 $p=\dfrac{3}{4}$ 时, 出现例中观察结果的概率为 $p_2=\left(\dfrac{3}{4}\right)^4\times\dfrac{1}{4}=\dfrac{81}{1\,024}$.

由于 $p_1<p_2$, 故认为 $p=\dfrac{3}{4}$ 比 $p=\dfrac{1}{4}$ 更有可能. 于是取到黑球的概率的估计值为 $\dfrac{3}{4}$ 更合理.

极大似然法的基本思想: 设某事件 A 发生的概率依赖于待估参数 θ, 如果观察到 A 已经发生, 那么就取使得事件 A 发生的概率达到最大的 θ 的值作为 θ 的估计.

设 X 为离散型总体, 其概率分布律为 $P\{X=x\}=p(x;\theta)$, $\theta\in\Theta$ 是未知的待估参数, Θ 为参数可取值的范围 (参数空间). $X_1,X_2,\cdots,X_n$ 是来自总体 X 的样本, 并设 $x_1,x_2,\cdots,x_n$ 是已经得到的样本值, 则样本 $X_1,X_2,\cdots,X_n$ 取到样本值 $x_1,x_2,\cdots,x_n$ 的概率为

$$P\{X_1=x_1,X_2=x_2,\cdots,X_n=x_n\}=\prod_{i=1}^{n}P\{X_i=x_i\}=\prod_{i=1}^{n}p(x_i;\theta),$$

它是参数 θ 的函数. 对于不同的 θ, 这一概率是不相同的. 记

$$L(\theta)=L(\theta;x_1,x_2,\cdots,x_n)=\prod_{i=1}^{n}p(x_i;\theta).$$

我们称 $L(\theta)$ 为似然函数 (likelihood function), 其形式和样本的联合分布律 $p(x_1,x_2,\cdots,x_n;\theta)$ 相同. 但似然函数 $L(\theta)$ 是在样本值给定时关于参数 θ 的函数, 而样本的联合分布律 $p(x_1,x_2,\cdots,x_n;\theta)$ 则是在参数给定时关于样本值的函数. 基于极大似然法的基本思想, 我们应选取 θ 的估计值 $\widehat{\theta}$, 使得 $L(\theta)$ 取到最大. 于是 $\widehat{\theta}$ 需满足

$$L(\widehat{\theta})=L(\widehat{\theta};x_1,x_2,\cdots,x_n)=\max_{\theta\in\Theta}L(\theta;x_1,x_2,\cdots,x_n),\tag{7.1.2}$$

由此获得的 $\widehat{\theta}=\widehat{\theta}(x_1,x_2,\cdots,x_n)$ 称为参数 θ 的极大似然估计值, 相应的统计量 $\widehat{\theta}(X_1,X_2,\cdots,X_n)$ 称为 θ 的极大似然估计量 (maximum likelihood estimation, 简记为 MLE).

当 X 为连续型总体时, 设其密度函数为 $f(x;\theta)$, $\theta\in\Theta$ 是未知的待估参

数, $X_1, X_2, \cdots, X_n$ 是来自总体 X 的样本, 并设 $x_1, x_2, \cdots, x_n$ 是已经得到的样本值. 此时, 似然函数可定义为

$$L(\theta)=L(\theta; x_1, x_2, \cdots, x_n)=\prod_{i=1}^{n} f(x_i; \theta),$$

形式与样本的联合密度函数 $f(x_1, x_2, \cdots, x_n; \theta)$ 相同. 而参数 θ 的极大似然估计值 $\widehat{\theta}(x_1, x_2, \cdots, x_n)$ 由 (7.1.2) 式确定, 极大似然估计量为相应的统计量 $\widehat{\theta}(X_1, X_2, \cdots, X_n)$.

寻求极大似然估计常常用微分法, 有

$$\left.\frac{\mathrm{d} L(\theta)}{\mathrm{d} \theta}\right|_{\theta=\widehat{\theta}}=0, \tag{7.1.3}$$

通常称 (7.1.3) 为似然方程 (likelihood equation). 为计算方便, 往往对似然函数求对数, 记为

$$l(\theta)=\ln L(\theta),$$

称 $l(\theta)$ 为对数似然函数 (log-likelihood function). 则方程 (7.1.3) 等价于

$$\left.\frac{\mathrm{d} l(\theta)}{\mathrm{d} \theta}\right|_{\theta=\widehat{\theta}}=0, \tag{7.1.4}$$

称 (7.1.4) 为对数似然方程 (log-likelihood equation).

注　若总体分布含有多个待估参数, 可将上文中的 θ 看成向量. (7.1.3) 和 (7.1.4) 需要对每个参数求偏导数, 建立含多个式子的似然方程 (或对数似然方程).

例 7.1.6　设总体 X 服从泊松分布 $P(\lambda)$, 其中 λ 是未知参数, 若 $X_1, X_2, \cdots, X_n$ 是来自总体 X 的样本, 求参数 λ 的极大似然估计量.

㊫ 设 $x_1, x_2, \cdots, x_n$ 是样本 $X_1, X_2, \cdots, X_n$ 的一组观测值, 则泊松分布的似然函数为

$$L(\lambda)=\prod_{i=1}^{n} p(x_i; \lambda)=\prod_{i=1}^{n} \frac{\lambda^{x_i}}{x_i!} \mathrm{e}^{-\lambda}=\frac{\lambda^{\sum\limits_{i=1}^{n} x_i}}{\prod\limits_{i=1}^{n} x_i!} \mathrm{e}^{-n \lambda},$$

相应的对数似然函数为

$$l(\lambda)=\left(\sum_{i=1}^{n} x_i\right) \ln \lambda-\sum_{i=1}^{n} \ln x_i!-n \lambda.$$

令

$$\left.\frac{\mathrm{d}l(\lambda)}{\mathrm{d}\lambda}\right|_{\lambda=\widehat{\lambda}}=0,$$

上述方程有唯一解

$$\widehat{\lambda}=\frac{1}{n}\sum_{i=1}^{n}x_i=\overline{x}.$$

因此, 参数 λ 的极大似然估计量为

$$\widehat{\lambda}=\frac{1}{n}\sum_{i=1}^{n}X_i=\overline{X}.$$

例 7.1.7　设总体 X 服从正态分布 $N(\mu,\sigma^2)$, $X_1,X_2,\cdots,X_n$ 是来自总体 X 的样本.

(1) 若 μ 未知, $\sigma^2=1$, 求参数 μ 的极大似然估计量;

(2) 若 σ^2 未知, $\mu=1$, 求参数 σ^2 的极大似然估计量;

(3) 若 μ,σ^2 均未知, 求参数 μ,σ^2 的极大似然估计量.

㊣解 设 $x_1,x_2,\cdots,x_n$ 是 $X_1,X_2,\cdots,X_n$ 的一组观测值.

(1) 当 $\sigma^2=1$ 时, 似然函数为

$$L(\mu)=(2\pi)^{-\frac{n}{2}}\exp\left[-\frac{1}{2}\sum_{i=1}^{n}(x_i-\mu)^2\right],$$

相应的对数似然函数为

$$l(\mu)=-\frac{n}{2}\ln(2\pi)-\frac{1}{2}\sum_{i=1}^{n}(x_i-\mu)^2.$$

令

$$\left.\frac{\mathrm{d}l(\mu)}{\mathrm{d}\mu}\right|_{\mu=\widehat{\mu}}=\sum_{i=1}^{n}(x_i-\widehat{\mu})=0,$$

解之得

$$\widehat{\mu}=\frac{1}{n}\sum_{i=1}^{n}x_i=\overline{x}.$$

因此, 参数 μ 的极大似然估计量为

$$\widehat{\mu}=\overline{X}.$$

(2) 当 $\mu=1$ 时, 似然函数为

$$L(\sigma^2)=(2\pi\sigma^2)^{-\frac{n}{2}}\exp\left[-\frac{1}{2\sigma^2}\sum_{i=1}^{n}(x_i-1)^2\right],$$

相应的对数似然函数为

$$l(\sigma^2)=-\frac{n}{2}\ln(2\pi\sigma^2)-\frac{1}{2\sigma^2}\sum_{i=1}^{n}(x_i-1)^2.$$

令

$$\left.\frac{\mathrm{d}l(\sigma^2)}{\mathrm{d}\sigma^2}\right|_{\sigma^2=\widehat{\sigma}^2}=-\frac{n}{2\widehat{\sigma}^2}+\frac{1}{2\widehat{\sigma}^4}\sum_{i=1}^{n}(x_i-1)^2=0,$$

解之得

$$\widehat{\sigma}^2=\frac{1}{n}\sum_{i=1}^{n}(x_i-1)^2.$$

因此, 参数 σ^2 的极大似然估计量为

$$\widehat{\sigma}^2=\frac{1}{n}\sum_{i=1}^{n}(X_i-1)^2.$$

(3) 当 μ,σ^2 均未知时, 似然函数为

$$L(\mu,\sigma^2)=(2\pi\sigma^2)^{-\frac{n}{2}}\exp\left[-\frac{1}{2\sigma^2}\sum_{i=1}^{n}(x_i-\mu)^2\right],$$

相应的对数似然函数为

$$l(\mu,\sigma^2)=-\frac{n}{2}\ln(2\pi\sigma^2)-\frac{1}{2\sigma^2}\sum_{i=1}^{n}(x_i-\mu)^2.$$

将 $l(\mu,\sigma^2)$ 分别关于 μ,σ^2 求偏导数, 得

$$\begin{cases}\dfrac{\partial l(\mu,\sigma^2)}{\partial\mu}=\dfrac{1}{\sigma^2}\displaystyle\sum_{i=1}^{n}(x_i-\mu),\\ \dfrac{\partial l(\mu,\sigma^2)}{\partial\sigma^2}=-\dfrac{n}{2\sigma^2}+\dfrac{1}{2\sigma^4}\displaystyle\sum_{i=1}^{n}(x_i-\mu)^2.\end{cases}$$

令

$$\begin{cases}\left.\dfrac{\partial l(\mu,\sigma^2)}{\partial\mu}\right|_{\mu=\widehat{\mu},\sigma^2=\widehat{\sigma}^2}=0,\\ \left.\dfrac{\partial l(\mu,\sigma^2)}{\partial\sigma^2}\right|_{\mu=\widehat{\mu},\sigma^2=\widehat{\sigma}^2}=0,\end{cases}$$

解之得

$$\widehat{\mu}=\frac{1}{n}\sum_{i=1}^{n}x_i=\overline{x},\quad \widehat{\sigma}^2=\frac{1}{n}\sum_{i=1}^{n}(x_i-\overline{x})^2.$$

因此, 参数 μ, σ^2 的极大似然估计量为

$$\widehat{\mu} = \overline{X}, \quad \widehat{\sigma}^2 = \frac{1}{n}\sum_{i=1}^{n}(X_i - \overline{X})^2.$$

注　根据极大值的充分条件, 还需验证似然函数 (或对数似然函数) 关于待估参数的二阶导数是否小于零. 利用微分知识, 可以验证上述例子中似然方程的解满足该条件.

当似然方程的解不存在时, 我们往往根据似然函数关于待估参数的单调性来求其极大似然估计.

例 7.1.8　设总体 X 服从区间 $[a,b]$ 上的均匀分布, 其中 $a<b$ 未知, 若 $X_1, X_2, \cdots, X_n$ 是来自总体 X 的样本, 试求参数 a, b 的极大似然估计量.

解　设 $x_1, x_2, \cdots, x_n$ 是 $X_1, X_2, \cdots, X_n$ 的一组观测值, 则样本的似然函数为

$$L(a,b) = \prod_{i=1}^{n} f(x_i; a, b) = \begin{cases} \dfrac{1}{(b-a)^n}, & a \leqslant x_i \leqslant b, i=1,2,\cdots,n, \\ 0, & \text{其他}. \end{cases}$$

根据极大似然估计的定义, 为使 $L(a,b)$ 达到最大, 则 $b-a$ 应该尽可能小, 而 b 不能小于 $\max\{x_1, x_2, \cdots, x_n\}$, a 不能大于 $\min\{x_1, x_2, \cdots x_n\}$, 否则 $L(a,b) = 0$. 因此, a 和 b 的极大似然估计量分别为

$$\widehat{a} = \min\{X_1, X_2, \cdots, X_n\}, \quad \widehat{b} = \max\{X_1, X_2, \cdots, X_n\}.$$

极大似然估计的不变性　设参数 θ 的极大似然估计为 $\widehat{\theta}, \theta^* = g(\theta)$ 是 θ 的连续函数, 则参数 θ^* 的极大似然估计为 $\widehat{\theta}^* = g(\widehat{\theta})$.

例 7.1.9　设 $X_1, X_2, \cdots, X_n$ 是来自正态总体 $X \sim N(\mu, \sigma^2)$ 的样本, 求 $P\{X>1\}$ 的极大似然估计量.

解　记 $p = P\{X>1\}$, 则

$$p = 1 - \Phi\left(\frac{1-\mu}{\sigma}\right).$$

根据极大似然估计的不变性和例 7.1.7 的结果可得概率 $P\{X>1\}$ 的极大似然估计量为

$$\widehat{p} = 1 - \Phi\left(\frac{1-\overline{X}}{\sqrt{B_2}}\right).$$

费希尔证明了, 在一定的正则条件下, 极大似然估计依概率收敛于相应的

参数, 且满足渐近正态分布, 这里不做详细叙述, 读者可参见相关的数理统计教材.

7.2 估计量的评价准则

从上一节的讨论可知, 对总体的同一参数, 采用不同的估计方法得到的估计量可能是不一样的. 在实际中如何选择 "较好" 的估计量呢? 如何评价估计量的优劣呢? 本节将介绍四个评价准则: 无偏性 (unbiasedness) 准则、有效性 (efficiency) 准则、均方误差 (mean square error) 准则和相合性 (consistency) 准则.

(一) 无偏性准则

估计量本身是统计量, 其取值随着样本值的改变而改变, 因此我们不能根据某次抽样的结果来衡量估计量的好坏. 一个自然评价标准是要求估计量无系统偏差, 即要求在大量重复抽样时, 所有估计值的平均应与待估参数的真值相同, 这就是无偏性准则. 具体定义如下.

定义 7.2.1　设 $\theta \in \Theta$ 是总体 X 的待估参数, $X_1, X_2, \cdots, X_n$ 是来自总体 X 的样本. 若估计量 $\widehat{\theta} = \widehat{\theta}(X_1, X_2, \cdots, X_n)$ 的数学期望存在, 且满足

$$E(\widehat{\theta}) = \theta, \quad \forall \theta \in \Theta,$$

则称 $\widehat{\theta}$ 是 θ 的无偏估计量或无偏估计 (unbiased estimator).

若 $E(\widehat{\theta}) \neq \theta$, 则称 $E(\widehat{\theta}) - \theta$ 为估计量 $\widehat{\theta}$ 的偏差 (bias).

若 $E(\widehat{\theta}) \neq \theta$, 但满足 $\lim\limits_{n \to +\infty} E(\widehat{\theta}) = \theta$, 则称 $\widehat{\theta}$ 是 θ 的渐近无偏估计 (asymptotic unbiased estimator).

例 7.2.1　设总体 X 的均值 μ 和方差 σ^2 存在, $X_1, X_2, \cdots, X_n$ 是来自总体 X 的样本, 证明:

(1) 样本均值 $\overline{X}$ 和方差 S^2 分别为 μ 和 σ^2 的无偏估计;

(2) B_2 是 σ^2 的渐近无偏估计;

(3) $\mu^* = \sum_{i=1}^{n} c_i X_i$, 其中权系数满足 $\sum_{i=1}^{n} c_i = 1, \mu^*$ 为 μ 的无偏估计.

证明　(1) 由 $X_1, X_2, \cdots, X_n$ 与 X 同分布且相互独立, 得

$$E(\overline{X}) = E\left(\frac{1}{n}\sum_{i=1}^{n} X_i\right) = \frac{1}{n}\sum_{i=1}^{n} E(X_i) = E(X) = \mu,$$

$$\mathrm{Var}(\overline{X}) = \mathrm{Var}\left(\frac{1}{n}\sum_{i=1}^{n} X_i\right) = \frac{1}{n^2}\sum_{i=1}^{n} \mathrm{Var}(X_i) = \frac{\sigma^2}{n}$$

和

$$\begin{aligned} E(S^2) &= E\left[\frac{1}{n-1}\sum_{i=1}^{n}(X_i - \overline{X})^2\right] \\ &= \frac{1}{n-1}E\left(\sum_{i=1}^{n} X_i^2 - n\overline{X}^2\right) \\ &= \frac{1}{n-1}\left[\sum_{i=1}^{n} E(X_i^2) - nE(\overline{X}^2)\right] \\ &= \frac{1}{n-1}\left[\sum_{i=1}^{n}(\mu^2 + \sigma^2) - n\left(\mu^2 + \frac{\sigma^2}{n}\right)\right] = \sigma^2. \end{aligned}$$

因此, 样本均值 $\overline{X}$ 和方差 S^2 分别为 μ 和 σ^2 的无偏估计.

(2) 若取 σ^2 的估计量为 $B_2 = \frac{1}{n}\sum_{i=1}^{n}(X_i - \overline{X})^2$, 则有 $E(B_2) = \frac{n-1}{n}\sigma^2 \neq \sigma^2$, 但满足

$$\lim_{n\to+\infty} E(B_2) = \sigma^2,$$

因此 B_2 是 σ^2 的渐近无偏估计.

(3) 若取 μ 的估计量为 $\mu^* = \sum_{i=1}^{n} c_i X_i$, 其中权系数满足 $\sum_{i=1}^{n} c_i = 1$, 则 $E(\mu^*) = \sum_{i=1}^{n} c_i E(X_i) = \mu$, 所以 μ^* 也是总体均值 μ 的无偏估计. 我们称 μ^* 为参数 μ 的**线性无偏估计**.

例 7.2.2　设总体 X 的均值为 1, 方差 σ^2 存在, $X_1, X_2, \cdots, X_n$ 是来自总体 X 的样本, 判断 σ^2 的三个估计量 $\widehat{\sigma}_1^2 = S^2, \widehat{\sigma}_2^2 = A_2 - 1, \widehat{\sigma}_3^2 = \frac{1}{n}\sum_{i=1}^{n}(X_i - 1)^2$ 是否为 σ^2 的无偏估计.

解　由例 7.2.1, $\widehat{\sigma}_1^2$ 是 σ^2 的无偏估计. 注意到

$$\sigma^2 = E[(X-1)^2] = E(X^2) - 1,$$

所以 $\widehat{\sigma_2^2}$ 与 $\widehat{\sigma_3^2}$ 均是 σ^2 的无偏估计.

(二) 有效性准则

在有些情况下, 同一总体参数的无偏估计量是不唯一的. 为比较两个无偏估计量的好坏, 我们需进一步考察估计量取值的波动性, 即估计量的方差. 无偏估计量的方差越小, 说明该估计量的取值越集中在参数真值的附近.

定义 7.2.2　设 $\widehat{\theta}_1=\widehat{\theta}_1(X_1,X_2,\cdots,X_n)$ 与 $\widehat{\theta}_2=\widehat{\theta}_2(X_1,X_2,\cdots,X_n)$ 都是参数 θ 的无偏估计, 若 $\forall\theta\in\Theta$, $\mathrm{Var}_\theta(\widehat{\theta}_1)\leqslant\mathrm{Var}_\theta(\widehat{\theta}_2)$, 且至少有一个 $\theta\in\Theta$ 使不等号成立, 则称 $\widehat{\theta}_1$ 比 $\widehat{\theta}_2$ 有效.

例 7.2.3　(例 7.2.1 续) 讨论总体均值 μ 的线性无偏估计 μ^* 的有效性.

解　由于

$$\mathrm{Var}(\mu^*)=\sigma^2\sum_{i=1}^{n}c_i^2,$$

且满足 $\sum\limits_{i=1}^{n}c_i=1$, 根据柯西–施瓦茨不等式, 在有关总体均值 μ 的所有线性无偏估计 $\sum\limits_{i=1}^{n}c_iX_i\left(\sum\limits_{i=1}^{n}c_i=1\right)$ 中, 当 $c_1=c_2=\cdots=c_n=\dfrac{1}{n}$ 时, $\mathrm{Var}(\mu^*)$ 达到最小. 即样本均值 $\overline{X}$ 是总体均值 μ 的所有线性无偏估计中方差最小的估计, 有时也称之为最有效线性无偏估计.

例 7.2.4　设总体 X 服从区间 $[0,\theta]$ 上的均匀分布, 其中 $\theta>0$ 未知. 若 $X_1,X_2,\cdots,X_n$ 是来自总体 X 的样本, 试求参数 θ 的矩估计量和极大似然估计量, 并讨论估计量的无偏性和有效性.

解　由 $E(X)=\dfrac{\theta}{2}$ 可得 θ 的矩估计量为 $\widehat{\theta}_1=2\overline{X}$, 且

$$E(\widehat{\theta}_1)=E(2\overline{X})=2E(X)=2\cdot\frac{\theta}{2}=\theta,$$

因此 $\widehat{\theta}_1$ 是 θ 的无偏估计.

根据例 7.1.8, 参数 θ 的极大似然估计量为

$$\widehat{\theta}=X_{(n)}=\max\{X_1,X_2,\cdots,X_n\}.$$

为考察 $\widehat{\theta}$ 的无偏性, 先求 $X_{(n)}$ 的分布. 由 3.5 节的知识, 可求得 $X_{(n)}$ 的分布函数为

$$F_n(x) = (F(x))^n = \begin{cases} 0, & x < 0, \\ \left(\dfrac{x}{\theta}\right)^n, & 0 \leqslant x \leqslant \theta, \\ 1, & x > \theta. \end{cases}$$

所以, $X_{(n)}$ 的密度函数为

$$f_n(x) = \begin{cases} \dfrac{nx^{n-1}}{\theta^n}, & 0 \leqslant x \leqslant \theta, \\ 0, & \text{其他}, \end{cases}$$

则有

$$E(\widehat{\theta}) = E(X_{(n)}) = \int_0^{\theta} \frac{nx^n}{\theta^n} \mathrm{d}x = \frac{n}{n+1}\theta \neq \theta,$$

因此 $\widehat{\theta}$ 不是 θ 的无偏估计. 但我们可以对 $\widehat{\theta}$ 进行修正, 令 $\widehat{\theta}_2 = \dfrac{n+1}{n}\widehat{\theta} = \dfrac{n+1}{n}X_{(n)}$, 则 $\widehat{\theta}_2$ 也是 θ 的无偏估计.

下面比较 $\widehat{\theta}_1$ 与 $\widehat{\theta}_2$ 的有效性.

$$\mathrm{Var}(\widehat{\theta}_1) = \mathrm{Var}(2\overline{X}) = 4\mathrm{Var}(\overline{X}) = \frac{4\mathrm{Var}(X)}{n} = \frac{\theta^2}{3n}.$$

由 $X_{(n)}$ 的密度函数可计算得

$$\mathrm{Var}(\widehat{\theta}_2) = \frac{\theta^2}{n(n+2)}.$$

显然, 当 $n \geqslant 2$ 时, $\mathrm{Var}(\widehat{\theta}_2) < \mathrm{Var}(\widehat{\theta}_1)$, 因此 $\widehat{\theta}_2$ 比 $\widehat{\theta}_1$ 有效.

*(三) 均方误差准则

定义 7.2.3　设 $\widehat{\theta} = \widehat{\theta}(X_1, X_2, \cdots, X_n)$ 是总体参数 θ 的估计量, 称 $E[(\widehat{\theta} - \theta)^2]$ 是估计量 $\widehat{\theta}$ 的均方误差, 记为 $\mathrm{Mse}(\widehat{\theta})$.

设 $\widehat{\theta}_1$ 与 $\widehat{\theta}_2$ 都是 θ 的估计量, 若对于任意 $\theta \in \Theta$, $\mathrm{Mse}(\widehat{\theta}_1) \leqslant \mathrm{Mse}(\widehat{\theta}_2)$, 且至少存在某个 θ, 使得不等号成立, 则称在均方误差准则下, $\widehat{\theta}_1$ 优于 $\widehat{\theta}_2$.

由定义可知, 若 $\widehat{\theta}$ 是参数 θ 的无偏估计量, 则 $\mathrm{Mse}(\widehat{\theta}) = \mathrm{Var}(\widehat{\theta})$. 均方误差准则常用于有偏估计之间, 或有偏估计与无偏估计之间的比较. 若仅限于无偏估计之间的比较, 则等价于有效性准则.

例 7.2.5　设 $X_1, X_2, \cdots, X_n$ $(n \geqslant 2)$ 是来自正态总体 $X \sim N(\mu, \sigma^2)$ 的样本, 由前面讨论知, 样本方差 S^2 是参数 σ^2 的无偏估计, 而样本二阶中心矩 B_2 是 σ^2 的有偏估计, 试根据均方误差准则对这两个估计量作出评价.

㊙ 根据 S^2 的无偏性和 $\frac{(n-1)S^2}{\sigma^2}\sim\chi^2(n-1)$, 求得 S^2 的均方误差

$$\mathrm{Mse}(S^2)=\mathrm{Var}(S^2)=\frac{2\sigma^4}{n-1}. \tag{7.2.1}$$

下面计算 B_2 的均方误差:

$$\begin{aligned}\mathrm{Mse}(B_2)&=E[(B_2-\sigma^2)^2]=E(B_2^2)-2\sigma^2E(B_2)+\sigma^4\\&=\frac{(n-1)^2}{n^2}[\mathrm{Var}(S^2)+(E(S^2))^2]-\frac{2(n-1)}{n}\sigma^2E(S^2)+\sigma^4\\&=\frac{2n-1}{n^2}\sigma^4.\end{aligned}$$

显然对任何 $n\geqslant 2$, 有 $\frac{2}{n-1}>\frac{2n-1}{n^2}$, 即 $\mathrm{Mse}(B_2)<\mathrm{Mse}(S^2)$. 因此根据均方误差准则, 以 B_2 作为 σ^2 的估计量要比 S^2 更优.

例 7.2.6 计算例 7.2.4 中 θ 的矩估计量与极大似然估计量的均方误差 ($n\geqslant 3$), 并在均方误差准则下比较哪个估计量更优.

㊙ 由例 7.2.4, θ 的矩估计量 $\widehat{\theta}_1=2\overline{X}$ 是 θ 的无偏估计, 因此

$$\mathrm{Mse}(\widehat{\theta}_1)=\mathrm{Var}(\widehat{\theta}_1)=\frac{\theta^2}{3n}.$$

极大似然估计量 $\widehat{\theta}=X_{(n)}=\max\{X_1,X_2,\cdots,X_n\}$ 不是 θ 的无偏估计,

$$E(\widehat{\theta})=\frac{n\theta}{n+1},\quad E(\widehat{\theta}^2)=\frac{n\theta^2}{n+2}.$$

所以

$$\mathrm{Mse}(\widehat{\theta})=E[(\widehat{\theta}-\theta)^2]=E(\widehat{\theta}^2)-2\theta E(\widehat{\theta})+\theta^2=\frac{2\theta^2}{(n+1)(n+2)}.$$

于是

$$\mathrm{Mse}(\widehat{\theta}_1)-\mathrm{Mse}(\widehat{\theta})=\frac{(n-1)(n-2)\theta^2}{3n(n+1)(n+2)}>0,$$

即在均方误差准则下, $\widehat{\theta}$ 优于 $\widehat{\theta}_1$.

在实际应用中, 均方误差准则比无偏性准则更重要, 即如果一个估计量虽然有偏, 但其均方误差较小, 有时比方差很大的无偏估计更有用.

*(四) 相合性准则

前面三个准则都是在样本容量 n 固定的情况下讨论的. 然而, 由于估计量 $\widehat{\theta}$ 依赖于样本容量 n, 自然会想到, 一个好的估计量, 当样本容量 n 越大时, 应

该越精确越可靠, 特别是当 $n \to +\infty$ 时, 估计量的取值与参数真值应几乎完全一致, 这就是估计量的相合性 (或一致性). 相合性的严格定义如下.

定义 7.2.4 设 $\widehat{\theta}_n = \widehat{\theta}(X_1, X_2, \cdots, X_n)$ 是总体参数 θ 的估计量, 若对任意 $\varepsilon > 0$, 有

$$\lim_{n \to +\infty} P\{|\widehat{\theta}_n - \theta| < \varepsilon\} = 1,$$

即 $\widehat{\theta}_n$ 依概率收敛于 θ, 则称 $\widehat{\theta}_n$ 是 θ 的相合估计量 (consistent estimator), 并记为 $\widehat{\theta}_n \xrightarrow{P} \theta,\ n \to +\infty$.

一般地, 由矩法求得的参数估计量都满足相合性. 对于极大似然估计, 在总体分布满足一定的条件下, 求得的估计量也是待估参数的相合估计量.

例 7.2.7 $X_1, X_2, \cdots, X_n$ 是来自均匀分布 $U(0,\theta)$ 的样本, 证明由例 7.2.4 给出的三个估计量 $\widehat{\theta}_1, \widehat{\theta}$ 和 $\widehat{\theta}_2$ 都是参数 θ 的相合估计量.

证明 由辛钦大数定律知, 当 $n \to +\infty$ 时, $\overline{X} \xrightarrow{P} E(X) = \dfrac{\theta}{2}$, 所以

$$\widehat{\theta}_1 = 2\overline{X} \xrightarrow{P} \theta.$$

即 $\widehat{\theta}_1$ 是 θ 的相合估计量.

根据例 7.2.4 的结果, 有

$$E(\widehat{\theta}_2) = \theta, \quad \mathrm{Var}(\widehat{\theta}_2) = \frac{\theta^2}{n(n+2)}.$$

根据切比雪夫不等式, 对任意 $\varepsilon > 0$, 有

$$1 \geqslant P\{|\widehat{\theta}_2 - \theta| < \varepsilon\} \geqslant 1 - \frac{\mathrm{Var}(\widehat{\theta}_2)}{\varepsilon^2} = 1 - \frac{\theta^2}{n(n+2)\varepsilon^2} \to 1, \quad n \to +\infty.$$

因此 $\widehat{\theta}_2$ 也是参数 θ 的相合估计量.

由马尔可夫不等式, 对任意 $\varepsilon > 0$, 有

$$P\{|\widehat{\theta} - \theta| < \varepsilon\} \geqslant 1 - \frac{E(|\theta - \widehat{\theta}|)}{\varepsilon}.$$

由于 $\widehat{\theta} < \theta$, 所以

$$E(|\widehat{\theta} - \theta|) = E(\theta - \widehat{\theta}) = \frac{\theta}{n+1}.$$

从而

$$1 \geqslant P\{|\widehat{\theta} - \theta| < \varepsilon\} \geqslant 1 - \frac{\theta}{(n+1)\varepsilon} \to 1, \quad n \to +\infty,$$

故 $\widehat{\theta} \xrightarrow{P} \theta$. 即 $\widehat{\theta}$ 也是 θ 的相合估计量.

7.3 区间估计

人们常常根据点估计对总体参数作出判断, 但这种判断的把握有多大? 可信度有多高? 点估计无法回答这些问题. 统计学家为了弥补此种不足, 提出了区间估计.

(一) 置信区间的定义

定义 7.3.1 设总体为 X, $\theta \in \Theta$ 为待估参数. $X_1, X_2, \cdots, X_n$ 是来自总体 X 的样本, 统计量 $\widehat{\theta}_L = \widehat{\theta}_L(X_1, X_2, \cdots, X_n)$ 和 $\widehat{\theta}_U = \widehat{\theta}_U(X_1, X_2, \cdots, X_n)$ 满足 $\widehat{\theta}_L < \widehat{\theta}_U$, 且对给定的 $\alpha \in (0,1)$ 和任意的 $\theta \in \Theta$, 有

$$P\{\widehat{\theta}_L < \theta < \widehat{\theta}_U\} \geqslant 1-\alpha, \tag{7.3.1}$$

则称随机区间 $(\widehat{\theta}_L, \widehat{\theta}_U)$ 是参数 θ 的置信水平 (confidence level) 为 $1-\alpha$ 的置信区间 (confidence interval), $\widehat{\theta}_L$ 和 $\widehat{\theta}_U$ 分别称为 θ 的置信水平是 $1-\alpha$ 的双侧置信下限 (lower confidence limit) 和置信上限 (upper confidence limit).

称区间的平均长度 $E(\widehat{\theta}_U - \widehat{\theta}_L)$ 为置信区间 $(\widehat{\theta}_L, \widehat{\theta}_U)$ 的精确度, 并称二分之一区间平均长度为置信区间的误差限 (error limit). 由定义可知, 当样本容量 n 给定时, 置信水平和精确度是相互制约的. 英国统计学家奈曼 (Neyman) 建议: 在保证置信水平达到一定的前提下, 尽可能提高精确度. 人们常称该建议为奈曼原则. 如果要同时提高置信水平和精确度, 只有增大样本容量才能得以实现.

根据奈曼原则, 当总体 X 是连续型随机变量时, 对于给定的置信水平 $1-\alpha$, 我们应选择使 (7.3.1) 刚好等号成立时, 即

$$P\{\widehat{\theta}_L < \theta < \widehat{\theta}_U\} = 1-\alpha \tag{7.3.2}$$

的随机区间 $(\widehat{\theta}_L, \widehat{\theta}_U)$ 作为参数 θ 的置信区间; 而当总体 X 是离散型随机变量时, 则应选择使 $P\{\widehat{\theta}_L < \theta < \widehat{\theta}_U\} \geqslant 1-\alpha$ 且尽可能接近 $1-\alpha$ 的随机区间 $(\widehat{\theta}_L, \widehat{\theta}_U)$ 作为参数 θ 的置信区间.

置信区间 $(\widehat{\theta}_L, \widehat{\theta}_U)$ 是一个随机区间. 对某次具体样本观测来说, 有时包含了参数 θ, 有时不包含 θ, 但此随机区间包含 θ 的可能性至少为 $1-\alpha$, 我们可以理解为: 给定样本容量 n, 若反复抽样多次, 每个样本确定一个区间 $(\widehat{\theta}_L, \widehat{\theta}_U)$,

每个区间要么包含 θ 的真值要么不包含 θ 的真值 (如图 7.3.1 所示). 根据伯努利大数定律, 在所有这样的区间中, 至少有 $100(1-\alpha)\%$ 的区间包含 θ 的真值. 在实际应用中, 通常取 $\alpha=0.1$ 或 0.05.

◀图 7.3.1

θ

在一些实际问题中, 人们感兴趣的仅仅是未知参数的置信下限或置信上限. 譬如, 日光灯的平均寿命要越大越好, 人们往往关心其平均寿命的置信下限; 而药品的毒性则越小越好, 往往较关心其毒性的置信上限. 对这些问题, 我们只需给出单侧的置信限形式.

定义 7.3.2　对给定的 $\alpha\in(0,1)$, 如果统计量 $\widehat{\theta}_L$ 和 $\widehat{\theta}_U$ 满足

$$P\{\widehat{\theta}_L<\theta\}\geqslant 1-\alpha,\quad \theta\in\Theta;$$
$$P\{\theta<\widehat{\theta}_U\}\geqslant 1-\alpha,\quad \theta\in\Theta,$$

那么分别称 $\widehat{\theta}_L$ 和 $\widehat{\theta}_U$ 是参数 θ 的置信水平为 $1-\alpha$ 的单侧置信下限 (one-sided lower confidence limit) 和单侧置信上限 (one-sided upper confidence limit).

当总体 X 是连续型随机变量时, 应选择 $\widehat{\theta}_L$ 和 $\widehat{\theta}_U$ 使

$$P\{\widehat{\theta}_L<\theta\}=1-\alpha \quad 和 \quad P\{\widehat{\theta}_U>\theta\}=1-\alpha,\quad \theta\in\Theta.$$

根据定义 7.3.1 和 7.3.2, 很容易得到单侧置信限和置信区间有下列关系.

引理 7.3.1　设统计量 $\widehat{\theta}_L$ 和 $\widehat{\theta}_U$ 分别是参数 θ 的置信水平为 $1-\alpha_1$ 和 $1-\alpha_2$ 的单侧置信下限、单侧置信上限, 且 $\widehat{\theta}_L<\widehat{\theta}_U$, 那么 $(\widehat{\theta}_L,\widehat{\theta}_U)$ 是 θ 的置信水平为 $1-\alpha_1-\alpha_2$ 的置信区间.

证明　由引理的假设条件有

$$P\{\widehat{\theta}_L<\theta\}\geqslant 1-\alpha_1,\quad P\{\theta<\widehat{\theta}_U\}\geqslant 1-\alpha_2.$$

根据事件的关系和概率性质, 可得

$$P\{\widehat{\theta}_L<\theta<\widehat{\theta}_U\}=1-P\{\theta\leqslant\widehat{\theta}_L\}-P\{\theta\geqslant\widehat{\theta}_U\}\geqslant 1-\alpha_1-\alpha_2.$$

下面我们介绍置信区间的一种求解方法——枢轴量法.

(二) 枢轴量法

首先, 我们给出枢轴量的定义.

定义 7.3.3 设总体 X 的密度函数 (或概率分布律) 为 $f(x;\theta)$, 其中 θ 为待估参数, 并设 $X_1, X_2, \cdots, X_n$ 是来自总体 X 的样本, 如果样本和参数 θ 的函数 $G(X_1, X_2, \cdots, X_n; \theta)$ 的分布完全已知, 且形式上不依赖于其他未知参数, 就称 $G(X_1, X_2, \cdots, X_n; \theta)$ 为**枢轴量** (pivot).

我们可以根据下列三个步骤来寻求 θ 的置信区间:

(1) 构造一个分布已知的枢轴量 $G(X_1, X_2, \cdots, X_n; \theta)$.

(2) 当总体 X 是连续型随机变量时, 对给定的置信水平 $1-\alpha$, 根据枢轴量 $G(X_1, X_2, \cdots, X_n; \theta)$ 的分布, 适当地选择两个常数 a 和 b, 使

$$P_\theta\{a < G(X_1, X_2, \cdots, X_n; \theta) < b\} = 1-\alpha. \tag{7.3.3}$$

(2)′ 当总体 X 是离散型随机变量时, 对给定的置信水平 $1-\alpha$, 选取常数 a 和 b 满足

$$P_\theta\{a < G(X_1, X_2, \cdots, X_n; \theta) < b\} \geqslant 1-\alpha \text{ 且尽可能接近 } 1-\alpha. \tag{7.3.4}$$

(3) 假如参数 θ 可以从 $G(X_1, X_2, \cdots, X_n; \theta)$ 中分离出来, 不等式 $a < G(X_1, X_2, \cdots, X_n; \theta) < b$ 可以等价地转化为 $\widehat{\theta}_L < \theta < \widehat{\theta}_U$, 则对于连续型总体, 由 (7.3.3) 得

$$P\{\widehat{\theta}_L < \theta < \widehat{\theta}_U\} = 1-\alpha;$$

对于离散型总体, 由 (7.3.4) 得

$$P\{\widehat{\theta}_L < \theta < \widehat{\theta}_U\} \geqslant 1-\alpha,$$

且尽可能接近 $1-\alpha$. 这表明 $(\widehat{\theta}_L, \widehat{\theta}_U)$ 是 θ 的置信水平为 $1-\alpha$ 的置信区间.

一般地, 满足 (7.3.3) 或 (7.3.4) 的常数 a 和 b 的解是不唯一的. 根据奈曼原则, 我们应该选择使置信区间 $(\widehat{\theta}_L, \widehat{\theta}_U)$ 的平均长度达到最短的 a 和 b, 但有时要做到这点并非易事. 习惯上, 我们取 a 和 b 满足

$$P_\theta\{G(X_1, X_2, \cdots, X_n; \theta) \leqslant a\} = P_\theta\{G(X_1, X_2, \cdots, X_n; \theta) \geqslant b\} = \frac{\alpha}{2}. \tag{7.3.5}$$

在实际操作中, 枢轴量 $G(X_1, X_2, \cdots, X_n; \theta)$ 的构造, 通常会从参数 θ 的点估计出发, 结合估计量的分布, 由估计量改造而得. 在下一节中, 我们将具体介绍如何利用枢轴量法来得到正态总体参数的置信区间.

7.4 正态总体参数的区间估计

(一) 单个正态总体情形

设总体 $X \sim N(\mu, \sigma^2), X_1, X_2, \cdots, X_n$ 是来自总体 X 的样本. $\overline{X}$ 和 S^2 分别是样本均值和样本方差, $1-\alpha$ 是给定的置信水平.

1. 均值 μ 的置信区间

(1) σ^2 已知

我们常取 μ 的点估计为样本均值 $\overline{X}$, 根据定理 6.3.1, $\overline{X} \sim N\left(\mu, \dfrac{\sigma^2}{n}\right)$, 即 $\dfrac{\overline{X}-\mu}{\sigma/\sqrt{n}} \sim N(0,1)$, 分布完全已知. 因此, 可取枢轴量为 $G(X_1, X_2, \cdots, X_n; \mu) = \dfrac{\overline{X}-\mu}{\sigma/\sqrt{n}}$.

设常数 $a<b$, 且满足

$$P\left\{a<\frac{\overline{X}-\mu}{\sigma/\sqrt{n}}<b\right\}=1-\alpha,$$

即等价于

$$P\left\{\overline{X}-b\frac{\sigma}{\sqrt{n}}<\mu<\overline{X}-a\frac{\sigma}{\sqrt{n}}\right\}=1-\alpha.$$

此时, 区间的平均长度为 $L=(b-a)\dfrac{\sigma}{\sqrt{n}}$. 根据正态分布的对称性知取 $a=-b=-z_{\alpha/2}$ 时, 区间的长度 L 最短. 从而所对应的 μ 的置信水平为 $1-\alpha$ 的置信区间为

$$\left(\overline{X}-\frac{\sigma}{\sqrt{n}}z_{\alpha/2},\quad \overline{X}+\frac{\sigma}{\sqrt{n}}z_{\alpha/2}\right). \tag{7.4.1}$$

上式常写成

$$\left(\overline{X}\pm\frac{\sigma}{\sqrt{n}}z_{\alpha/2}\right). \tag{7.4.2}$$

例 7.4.1　某袋装食品重量 (单位: g) $X \sim N(\mu, 3^2)$. 现从一大批该产品中随机抽取 10 件, 称得重量如下:

101.3　96.6　100.4　98.8　94.6　103.1　102.3　97.5　105.4　100.2

试在置信水平为 95% 下, 求总体均值 μ 的置信区间.

㊫ 计算样本均值得 $\overline{x}=100.02$, 由给定的置信水平 95%, 利用 Excel 或查附表 2 得 $z_{0.025}=1.96$, 所以 μ 的置信水平为 95% 的置信区间为

$$(\overline{x}-z_{0.025}\sigma/\sqrt{n},\overline{x}+z_{0.025}\sigma/\sqrt{n})\approx(98.16,101.88).$$

▶实验
正态总体参数的置信区间计算

注意, 区间 (98.16, 101.88) 不是随机区间, 但有时仍称它是置信水平为 0.95 的置信区间. 其含义是: 若反复抽样多次 (样本容量相同), 每个样本值按 (7.4.1) 确定一个区间. 在诸多区间中, 包含真值 μ 的约占 95%, 不包含真值 μ 的约占 5%. 现在抽样得到区间 (98.16, 101.88), 则该区间属于那些包含真值 μ 的区间的可信程度为 95%. 因此, 我们有 95% 的把握认为该区间包含真值 μ.

在第 2 章和第 6 章中, 已经介绍如何利用 Excel 计算各种分布的概率和分位数. 实际上, 我们还可以利用 Excel 中的各种统计函数对数据进行统计分析. 下面我们给出例 7.4.1 在 Excel 中计算的具体步骤:

①先将样本值输入 Excel 表格中, 设数据区域为 A1 到 A10.

②利用 AVERAGE 函数计算样本均值, 需给出数据区域.

在 Excel 中选择任一空白单元格 (例如选中单元格 B1) ⇒ 输入 "=AVERAGE(A1:A10)" ⇒ 确定后在单元格 B1 即可显示均值 "100.02".

③利用 CONFIDENCE.NORM 函数计算误差限, 需给出 α,σ 和 n 三选项的值.

在 Excel 中选择任一空白单元格 (例如选中单元格 C1) ⇒ 输入 "=CONFIDENCE.NORM(0.05, 3, 10)" ⇒ 确定后在单元格 C1 即可显示误差限 "1.859 385".

④区间估计.

在 Excel 中选择两个空白单元格 (例如选中单元格 D1, D2) ⇒ 输入 "=B1−C1" 和 "=B1+C1" ⇒ 确定后在单元格 D1 和 D2 中分别显示 98.160 61 和 101.879 4, 从而 μ 的置信水平为 95% 的置信区间为 (98.16, 101.88).

(2) σ^2 未知

此时, 我们不能取 $\dfrac{\overline{X}-\mu}{\sigma/\sqrt{n}}$ 为枢轴量, 因其中除含有待估参数 μ 外, 还含有未知参数 σ^2. 考虑将 σ^2 的无偏估计量 S^2 代入, 由定理 6.3.3 有

$$\frac{\overline{X}-\mu}{S/\sqrt{n}}\sim t(n-1),$$

分布完全已知. 因此, 可取枢轴量为

$$G(X_1, X_2, \cdots, X_n; \mu) = \frac{\overline{X} - \mu}{S/\sqrt{n}},$$

且

$$P\left\{\left|\frac{\overline{X} - \mu}{S/\sqrt{n}}\right| < t_{\alpha/2}(n-1)\right\} = 1 - \alpha,$$

即

$$P\left\{\overline{X} - \frac{S}{\sqrt{n}}t_{\alpha/2}(n-1) < \mu < \overline{X} + \frac{S}{\sqrt{n}}t_{\alpha/2}(n-1)\right\} = 1 - \alpha.$$

于是求得 μ 的置信水平为 $1-\alpha$ 的置信区间为

$$\left(\overline{X} \pm \frac{S}{\sqrt{n}}t_{\alpha/2}(n-1)\right). \tag{7.4.3}$$

根据 t 分布的对称性, 上述所求得的置信区间平均长度最短, 是最优的.

在实际问题中, 总体方差 σ^2 经常是未知的, 故区间 (7.4.3) 较区间 (7.4.2) 有更大的实用价值.

例 7.4.2　设新生儿体重 (单位: g) $X \sim N(\mu, \sigma^2), -\infty < \mu < +\infty, \sigma > 0$ 均未知, 现测得某妇产医院的 16 名新生儿体重分别为

3 200	3 050	2 600	3 530	3 840	4 450	2 900	4 180
2 150	2 650	2 750	3 450	2 830	3 730	3 620	2 270

求 μ 的置信水平为 95% 的置信区间.

解　查附表 3, $t_{0.025}(15) = 2.131\ 5$, 计算得样本均值 $\overline{x} = 3\ 200$, 样本标准差 $s = 665.48$. 代入 (7.4.3), 得 μ 的置信水平为 95% 的置信区间为

$$(2\ 845.39, 3\ 554.61).$$

注　Excel 提供了 CONFIDENCE.NORM 及 CONFIDENCE.T 函数, 它们可分别用于计算正态总体下总体方差已知及未知时的双侧置信区间的误差限.

例 7.4.3　某种材料的长度 (单位: cm) $X \sim N(\mu, \sigma^2)$, $-\infty < \mu < +\infty$, $\sigma > 0$ 均未知, 现随机抽取 10 件产品进行测量, 测得样本均值 $\overline{x} = 5.78$, 样本标准差 $s = 0.92$, 求 μ 的置信水平为 95% 的单侧置信下限.

解　取枢轴量为 $G(X_1, X_2, \cdots, X_n; \mu) = \dfrac{\overline{X} - \mu}{S/\sqrt{n}}$, 则有

$$P\left\{\frac{\overline{X}-\mu}{S/\sqrt{n}}<t_\alpha(n-1)\right\}=1-\alpha,$$

等价于

$$P\left\{\mu>\overline{X}-\frac{S}{\sqrt{n}}t_\alpha(n-1)\right\}=1-\alpha.$$

因此, μ 的置信水平为 95% 的单侧置信下限为

$$\overline{x}-\frac{s}{\sqrt{n}}t_{0.05}(n-1)=5.78-\frac{0.92}{\sqrt{10}}\times 1.833\,1\approx 5.25.$$

(3) 成对数据情形

成对数据问题在医学和生物研究领域中广泛存在. 例如, 为了考察某种降压药的效果, 测量了 n 个高血压患者在服药前后的血压, 结果分别为 (X_1,Y_1), $(X_2,Y_2),\cdots,(X_n,Y_n)$. 显然, 对同一个患者, X_i 和 Y_i 是不独立的. 另一方面, 由于不同患者体质的差异, $X_1,X_2,\cdots,X_n$ 不能看成来自同一个正态总体的样本, $Y_1,Y_2,\cdots,Y_n$ 也一样. 但差值 $D_i=X_i-Y_i$ 则消除了体质差异, 仅与降压药的作用有关. 因此我们可以把 $D_i=X_i-Y_i,i=1,2,\cdots,n$ 看成来自同一个正态总体 $N(\mu_D,\sigma_D^2)$ 的样本. 所以, 求有关成对数据的均值差 $\mu_1-\mu_2$ 的置信区间问题可以转化为求单个正态总体均值 μ_D 的置信区间问题. 根据前面的推导, 可得 μ_D 的置信水平为 $1-\alpha$ 的置信区间为

$$\left(\overline{D}\pm t_{\alpha/2}(n-1)\frac{S_D}{\sqrt{n}}\right), \tag{7.4.4}$$

其中 $\overline{D}=\overline{X}-\overline{Y}$, $S_D^2=\dfrac{1}{n-1}\sum_{i=1}^{n}(D_i-\overline{D})^2$.

例 7.4.4 为评价某种训练方法是否能有效提高大学生的立定跳远成绩, 在某大学随机选中 16 名学生, 测量他们的立定跳远距离 (三次中跳得最远的距离), 经过三个月训练后再测量. 实验数据如下 (单位: cm):

编号	1	2	3	4	5	6	7	8	9	10	11	12	13	14	15	16
训练前	189	193	230	210	198	215	234	234	209	220	195	211	228	216	212	231
训练后	220	195	234	231	225	228	238	240	221	218	214	236	248	248	230	245
数值差	−31	−2	−4	−21	−27	−13	−4	−6	−12	2	−19	−25	−20	−32	−18	−14

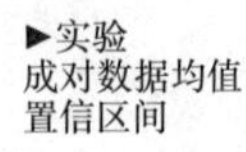

假设训练前后距离差 $D\sim N(\mu_D,\sigma_D^2)$, 求距离差均值 μ_D 的置信水平为 95% 的置信区间.

㊁ 计算得样本均值 $\overline{d}=-15.375$, 样本标准差 $s_D=10.544$. 查附表 3, $t_{0.025}(15)=2.131\ 5$. 代入 (7.4.4), 得置信水平为 95% 的置信区间为

$$(-20.994,-9.756).$$

2. 方差 σ^2 的区间估计

我们根据实际问题的需要, 只介绍 μ 未知的情形. 因为 σ^2 的无偏估计量为样本方差 S^2, 且由定理 6.3.2 知, $\dfrac{(n-1)S^2}{\sigma^2}\sim\chi^2(n-1)$, 分布不依赖于任何未知参数, 所以可取枢轴量为

$$G(X_1,X_2,\cdots,X_n;\sigma^2)=\frac{(n-1)S^2}{\sigma^2},$$

且有

$$P\left\{\chi^2_{1-\alpha/2}(n-1)<\frac{(n-1)S^2}{\sigma^2}<\chi^2_{\alpha/2}(n-1)\right\}=1-\alpha,$$

即

$$P\left\{\frac{(n-1)S^2}{\chi^2_{\alpha/2}(n-1)}<\sigma^2<\frac{(n-1)S^2}{\chi^2_{1-\alpha/2}(n-1)}\right\}=1-\alpha.$$

这样就求得方差 σ^2 的置信水平为 $1-\alpha$ 的置信区间为

$$\left(\frac{(n-1)S^2}{\chi^2_{\alpha/2}(n-1)},\frac{(n-1)S^2}{\chi^2_{1-\alpha/2}(n-1)}\right). \tag{7.4.5}$$

注意, 因 χ^2 分布的密度函数是不对称的, 故以上所求得的置信区间并不满足区间平均长度最短, 但这样的求解可以给实际应用带来很大的方便.

例 7.4.5 (1) 求例 7.4.2 中标准差 σ 的置信水平为 95% 的置信区间;

(2) 求例 7.4.3 中标准差 σ 的置信水平为 95% 的单侧置信上限.

㊁ 查附表 4, 得 $\chi^2_{0.025}(15)=27.488$, $\chi^2_{0.975}(15)=6.262$, $\chi^2_{0.95}(9)=3.325$.

(1) 样本标准差 $s=665.48$, 代入 (7.4.5) 得方差 σ^2 的置信水平为 95% 的置信区间为

▶ 实验
单个总体方差的置信区间

$$(241\ 667.435,1\ 060\ 835.908),$$

标准差 σ 的置信水平为 95% 的置信区间为

$$(491.597,1\ 029.969).$$

(2) 样本标准差 $s=0.92$, 方差 σ^2 的置信水平为 95% 的单侧置信上限为 $\dfrac{(n-1)s^2}{\chi^2_{0.95}(9)}=2.291$, 标准差 σ 的置信水平为 95% 的单侧置信上限为 $\sqrt{\dfrac{(n-1)s^2}{\chi^2_{0.95}(9)}}=1.51$.

(二) 两个正态总体情形

设有两个正态总体 $X\sim N(\mu_1,\sigma_1^2)$ 和 $Y\sim N(\mu_2,\sigma_2^2)$, $X_1,X_2,\cdots,X_{n_1}$ 为来自总体 X 的样本, $Y_1,Y_2,\cdots,Y_{n_2}$ 为来自总体 Y 的样本 $(n_1,n_2\geqslant 2)$, 两样本相互独立, $\overline{X},\overline{Y}$ 分别为两样本均值, S_1^2,S_2^2 分别为两样本方差.

1. 均值差 $\mu_1-\mu_2$ 的区间估计

分三种情况讨论.

(1) 两总体的方差 σ_1^2 和 σ_2^2 已知

我们取 $\mu_1-\mu_2$ 的无偏估计为 $\overline{X}-\overline{Y}$, 则由正态分布的性质有

$$\overline{X}-\overline{Y}\sim N\left(\mu_1-\mu_2,\frac{\sigma_1^2}{n_1}+\frac{\sigma_2^2}{n_2}\right),$$

类似于单个总体均值区间估计的推导, 可得 $\mu_1-\mu_2$ 的置信水平为 $1-\alpha$ 的置信区间为

$$\left(\overline{X}-\overline{Y}\pm z_{\alpha/2}\sqrt{\frac{\sigma_1^2}{n_1}+\frac{\sigma_2^2}{n_2}}\right). \tag{7.4.6}$$

(2) 两总体的方差相同, 即 $\sigma_1^2=\sigma_2^2=\sigma^2$, 但未知

此时我们可取 σ^2 的无偏估计量为

$$S_w^2=\frac{(n_1-1)S_1^2+(n_2-1)S_2^2}{n_1+n_2-2},$$

且由定理 6.3.4 知

$$\frac{(\overline{X}-\overline{Y})-(\mu_1-\mu_2)}{S_w\sqrt{\dfrac{1}{n_1}+\dfrac{1}{n_2}}}\sim t(n_1+n_2-2).$$

仿照上述推导, 可得 $\mu_1-\mu_2$ 的置信水平为 $1-\alpha$ 的置信区间为

$$\left(\overline{X}-\overline{Y}\pm t_{\alpha/2}(n_1+n_2-2)S_w\sqrt{\frac{1}{n_1}+\frac{1}{n_2}}\right). \tag{7.4.7}$$

(3) 两总体的方差 σ_1^2 和 σ_2^2 不相同且未知

当样本容量 n_1 和 n_2 充分大时 (一般要求大于 50), 可以证明

$$\frac{(\overline{X}-\overline{Y})-(\mu_1-\mu_2)}{\sqrt{\dfrac{S_1^2}{n_1}+\dfrac{S_2^2}{n_2}}}$$

渐近服从标准正态分布 $N(0,1)$, 可得 $\mu_1-\mu_2$ 的置信水平为 $1-\alpha$ 的近似置信区间为

$$\left(\overline{X}-\overline{Y}\pm z_{\alpha/2}\sqrt{\frac{S_1^2}{n_1}+\frac{S_2^2}{n_2}}\right). \tag{7.4.8}$$

对于有限小样本, 可以证明

$$\frac{(\overline{X}-\overline{Y})-(\mu_1-\mu_2)}{\sqrt{\dfrac{S_1^2}{n_1}+\dfrac{S_2^2}{n_2}}}$$

近似服从自由度为 k 的 t 分布, 其中

$$k=\left[\frac{\left(\dfrac{S_1^2}{n_1}+\dfrac{S_2^2}{n_2}\right)^2}{\dfrac{(S_1^2)^2}{n_1^2(n_1-1)}+\dfrac{(S_2^2)^2}{n_2^2(n_2-1)}}\right],$$

其中 $[\cdot]$ 表示取整. 在实际中, 也常用 $\min\{n_1-1,n_2-1\}$ 近似代替上述自由度 k. 此时 $\mu_1-\mu_2$ 的置信水平为 $1-\alpha$ 的近似置信区间为

$$\left(\overline{X}-\overline{Y}\pm t_{\alpha/2}(k)\sqrt{\frac{S_1^2}{n_1}+\frac{S_2^2}{n_2}}\right). \tag{7.4.9}$$

例 7.4.6　对某学校学生所配戴眼镜的价格进行抽样调查. 男生 19 人, 平均价格 342 元, 标准差 66.5 元; 女生 17 人, 平均价格 397 元, 标准差 89 元. 假设两组样本相互独立, 都来自正态总体且具有相同方差, 试给出男生和女生所配戴眼镜的平均价格差值的置信水平为 95% 的置信区间.

解　设 μ_1 和 μ_2 分别是男生和女生所配戴眼镜的平均价格. 根据已知资料有 $n_1=19$, $n_2=17$, $\overline{x}=342$, $\overline{y}=397$, $s_1=66.5$, $s_2=89$, 得

$$s_w^2=\frac{(n_1-1)s_1^2+(n_2-1)s_2^2}{n_1+n_2-2}=6\ 068.72.$$

利用 Excel 或查 t 分布表得 $t_{0.025}(34)=2.03$. 因两总体的方差相同, 将上述结果代入 (7.4.7), 得 $\mu_1-\mu_2$ 的置信水平为 95% 的置信区间为 $(-107.80,-2.20)$.

例 7.4.7　为了解某城镇居民的收入情况, 随机抽查了 115 人, 其中受过高等教育的 62 人, 调查得其月平均收入为 6 516 元, 样本标准差为 409 元; 未

受过高等教育的 53 人, 调查得其月平均收入为 3 550 元, 样本标准差为 287 元. 假设两组样本相互独立, 且都来自正态总体, 试给出两类居民平均收入差值的置信水平为 90% 的置信区间.

㊫ 设 μ_1 和 μ_2 分别是受过高等教育和未受过高等教育居民的平均收入. 因题中没有假设两总体的方差相等, 但两样本容量都大于 50, 故需根据 (7.4.8) 来求区间估计.

利用 Excel 或查正态分布表得 $z_{0.05}=1.645$, 并将已知资料 $n_1=62$, $n_2=53$, $\overline{x}=6\ 516$, $\overline{y}=3\ 550$, $s_1=409$, $s_2=287$ 代入 (7.4.8), 得 $\mu_1-\mu_2$ 的置信水平为 90% 的置信区间为 $(2\ 858.73, 3\ 073.27)$.

例 7.4.8　已知甲、乙两灯泡厂生产的灯泡寿命 (单位: h) 分别服从正态分布 $N(\mu_1,\sigma_1^2)$ 和 $N(\mu_2,\sigma_2^2)$. 为比较两灯泡厂生产的灯泡质量, 从甲、乙两厂生产的灯泡中分别抽取了 16 个和 21 个灯泡做试验, 测得它们的样本均值和样本标准差分别为 $\overline{x}_1=3\ 680$, $s_1=130$, $\overline{x}_2=3\ 230$, $s_2=58$. 请以 90% 的置信水平估计两厂生产的灯泡平均寿命的差值范围.

㊫ 这同样是有关两正态总体均值差的区间估计问题. 题中没有假设两总体的方差相等, 且两样本容量都小于 50, 因此需根据 (7.4.9) 来计算, 其中自由度 $k=\min\{n_1-1,n_2-1\}=\min\{16-1,21-1\}=15$. 利用 Excel 或查 t 分布表得 $t_{0.05}(15)=1.753$, 并将已知资料 $\overline{x}_1=3\ 680$, $\overline{x}_2=3\ 230$, $s_1=130$, $s_2=58$ 代入 (7.4.9), 得 $\mu_1-\mu_2$ 的置信水平为 90% 的置信区间为

$$(388.86, 511.14).$$

2. 方差比 $\dfrac{\sigma_1^2}{\sigma_2^2}$ 的区间估计

►实验
两个正态总体均值差的置信区间, 方差比的置信区间

取 $\dfrac{\sigma_1^2}{\sigma_2^2}$ 的点估计为 $\dfrac{S_1^2}{S_2^2}$, 由定理 6.3.4 知

$$\frac{S_1^2/S_2^2}{\sigma_1^2/\sigma_2^2}\sim F(n_1-1,n_2-1).$$

利用枢轴量法, 可求得 $\dfrac{\sigma_1^2}{\sigma_2^2}$ 的置信水平为 $1-\alpha$ 的置信区间为

$$\left(\frac{S_1^2/S_2^2}{F_{\alpha/2}(n_1-1,n_2-1)},\quad \frac{S_1^2/S_2^2}{F_{1-\alpha/2}(n_1-1,n_2-1)}\right). \tag{7.4.10}$$

和 χ^2 分布一样, F 分布的密度函数同样不具有对称性, 因此上述求得的置信区间的平均长度也不是最短的.

例 7.4.9　根据例 7.4.7 中的数据资料, 求受过高等教育和未受过高等教育的居民收入方差之比的置信区间 (取 $\alpha=0.05$).

解　利用 Excel 得 $F_{0.025}(61,52)=1.706$, $F_{0.975}(61,52)=0.593$, 并将样本资料 $n_1=62$, $n_2=53$, $s_1=409$, $s_2=287$ 代入 (7.4.10), 得所求的置信区间为 $(1.19, 3.42)$.

例 7.4.10　甲、乙两台机床生产同一型号滚珠, 从甲机床生产的滚珠中随机取 8 个, 从乙机床生产的滚珠中随机取 9 个, 测得这些滚珠的直径 (单位: mm) 如下:

甲机床: 15.0　14.8　15.2　15.4　14.9　15.1　15.2　14.8

乙机床: 15.2　15.0　14.8　15.1　14.6　14.8　15.1　14.5　15.0

设两机床生产的滚珠直径分别为 X, Y, 且 $X\sim N(\mu_1,\sigma_1^2), Y\sim N(\mu_2,\sigma_2^2)$, 取置信水平为 0.9.

(1) $\sigma_1=0.18, \sigma_2=0.24$, 求 $\mu_1-\mu_2$ 的置信区间;

(2) $\sigma_1=\sigma_2$ 未知, 求 $\mu_1-\mu_2$ 的置信区间;

(3) $\sigma_1\neq\sigma_2$ 未知, 求 $\mu_1-\mu_2$ 的置信区间;

(4) μ_1,μ_2 未知, 求 $\dfrac{\sigma_1^2}{\sigma_2^2}$ 的置信区间.

解　由题意, $n_1=8$, $n_2=9$, 计算得 $\overline{x}=15.05$, $\overline{y}=14.90$, $s_1^2=0.045\,7$, $s_2^2=0.057\,5$.

(1) $\sigma_1=0.18, \sigma_2=0.24$, 查表得 $z_{0.05}=1.645$. 根据公式 (7.4.6), 计算得置信水平为 0.9 的 $\mu_1-\mu_2$ 的置信区间为 $(-0.018, 0.318)$.

(2) $\sigma_1=\sigma_2$ 未知, 查表得 $t_{0.05}(15)=1.753$. 根据公式 (7.4.7), 计算得置信水平为 0.9 的 $\mu_1-\mu_2$ 的置信区间为 $(-0.044, 0.344)$.

(3) $\sigma_1\neq\sigma_2$ 未知, 根据公式 (7.4.9) 计算, 其中自由度 $k=\min\{n_1-1, n_2-1\}=7$, 查表得 $t_{0.05}(7)=1.895$, 得置信水平为 0.9 的 $\mu_1-\mu_2$ 的置信区间为 $(-0.058, 0.358)$.

(4) μ_1,μ_2 未知, 查表得 $F_{0.05}(7,8)=3.50, F_{0.95}(7,8)=\dfrac{1}{F_{0.05}(8,7)}=\dfrac{1}{3.73}$. 根据公式 (7.4.10), 计算得置信水平为 0.9 的 $\dfrac{\sigma_1^2}{\sigma_2^2}$ 的置信区间为 $(0.227, 2.965)$.

注　置信区间与下一章的假设检验有密切关系. 一般来说, 若 $\mu_1-\mu_2$ 的置信区间包含 0, 说明 μ_1 与 μ_2 没有显著差异; 若 $\dfrac{\sigma_1^2}{\sigma_2^2}$ 的置信区间包含 1, 说明 σ_1^2 与 σ_2^2 没有显著差异.

正态总体均值和方差的置信区间与单侧置信限见表 7.4.1.

◀表 7.4.1 正态总体均值、方差的置信区间与单侧置信限 (置信水平为 $1-\alpha$)

	待估参数	其他参数	枢轴量的分布	置信区间	单侧置信限
单个正态总体	μ	σ^2 已知	$Z=\dfrac{\overline{X}-\mu}{\sigma/\sqrt{n}}\sim N(0,1)$	$\left(\overline{X}\pm\dfrac{\sigma}{\sqrt{n}}z_{\alpha/2}\right)$	$\widehat{\mu}_U=\overline{X}+\dfrac{\sigma}{\sqrt{n}}z_\alpha\quad \widehat{\mu}_L=\overline{X}-\dfrac{\sigma}{\sqrt{n}}z_\alpha$
	μ	σ^2 未知	$t=\dfrac{\overline{X}-\mu}{S/\sqrt{n}}\sim t(n-1)$	$\left(\overline{X}\pm\dfrac{S}{\sqrt{n}}t_{\alpha/2}(n-1)\right)$	$\widehat{\mu}_U=\overline{X}+\dfrac{S}{\sqrt{n}}t_\alpha(n-1)$ $\widehat{\mu}_L=\overline{X}-\dfrac{S}{\sqrt{n}}t_\alpha(n-1)$
	σ^2	μ 未知	$\chi^2=\dfrac{(n-1)S^2}{\sigma^2}\sim\chi^2(n-1)$	$\left(\dfrac{(n-1)S^2}{\chi^2_{\alpha/2}(n-1)},\dfrac{(n-1)S^2}{\chi^2_{1-\frac{\alpha}{2}}(n-1)}\right)$	$\widehat{\sigma^2_U}=\dfrac{(n-1)S^2}{\chi^2_{1-\alpha}(n-1)}\quad \widehat{\sigma^2_L}=\dfrac{(n-1)S^2}{\chi^2_\alpha(n-1)}$
两个正态总体	$\mu_1-\mu_2$	σ_1^2 和 σ_2^2 已知	$Z=\dfrac{(\overline{X}-\overline{Y})-(\mu_1-\mu_2)}{\sqrt{\dfrac{\sigma_1^2}{n_1}+\dfrac{\sigma_2^2}{n_2}}}\sim N(0,1)$	$\left(\overline{X}-\overline{Y}\pm z_{\alpha/2}\sqrt{\dfrac{\sigma_1^2}{n_1}+\dfrac{\sigma_2^2}{n_2}}\right)$	$(\widehat{\mu_1-\mu_2})_U=\overline{X}-\overline{Y}+z_\alpha\sqrt{\dfrac{\sigma_1^2}{n_1}+\dfrac{\sigma_2^2}{n_2}}$ $(\widehat{\mu_1-\mu_2})_L=\overline{X}-\overline{Y}-z_\alpha\sqrt{\dfrac{\sigma_1^2}{n_1}+\dfrac{\sigma_2^2}{n_2}}$
	$\mu_1-\mu_2$	$\sigma_1^2=\sigma_2^2=\sigma^2$ 未知	$t=\dfrac{(\overline{X}-\overline{Y})-(\mu_1-\mu_2)}{S_w\sqrt{\dfrac{1}{n_1}+\dfrac{1}{n_2}}}\sim t(n_1+n_2-2)$ 其中 $S_w^2=\dfrac{(n_1-1)S_1^2+(n_2-1)S_2^2}{n_1+n_2-2}$	$\left(\overline{X}-\overline{Y}\pm t_{\alpha/2}(n_1+n_2-2)S_w\sqrt{\dfrac{1}{n_1}+\dfrac{1}{n_2}}\right)$	$(\widehat{\mu_1-\mu_2})_U=\overline{X}-\overline{Y}+t_\alpha(n_1+n_2-2)S_w\sqrt{\dfrac{1}{n_1}+\dfrac{1}{n_2}}$ $(\widehat{\mu_1-\mu_2})_L=\overline{X}-\overline{Y}-t_\alpha(n_1+n_2-2)S_w\sqrt{\dfrac{1}{n_1}+\dfrac{1}{n_2}}$
	$\mu_1-\mu_2$	$\sigma_1^2\neq\sigma_2^2$ 未知	$t=\dfrac{(\overline{X}-\overline{Y})-(\mu_1-\mu_2)}{\sqrt{\dfrac{S_1^2}{n_1}+\dfrac{S_2^2}{n_2}}}$ $\begin{cases}\sim N(0,1), & n_1,n_2>50,\\ \sim t(k), & k=\min(n_1-1,n_2-1)\end{cases}$	$\left(\overline{X}-\overline{Y}\pm q_{\alpha/2}\sqrt{\dfrac{S_1^2}{n_1}+\dfrac{S_2^2}{n_2}}\right)$ 其中 $q_p=\begin{cases}z_p, & 用\ t\sim N(0,1)\ 近似,\\ t_p(k), & 用\ t\sim t(k)\ 近似\end{cases}$	$(\widehat{\mu_1-\mu_2})_U=\overline{X}-\overline{Y}+q_\alpha\sqrt{\dfrac{S_1^2}{n_1}+\dfrac{S_2^2}{n_2}}$ $(\widehat{\mu_1-\mu_2})_L=\overline{X}-\overline{Y}-q_\alpha\sqrt{\dfrac{S_1^2}{n_1}+\dfrac{S_2^2}{n_2}}$
	$\dfrac{\sigma_1^2}{\sigma_2^2}$	μ_1,μ_2 未知	$F=\dfrac{S_1^2/S_2^2}{\sigma_1^2/\sigma_2^2}\sim F(n_1-1,n_2-1)$	$\left(\dfrac{S_1^2/S_2^2}{F_{\alpha/2}(n_1-1,n_2-1)},\dfrac{S_1^2/S_2^2}{F_{1-\alpha/2}(n_1-1,n_2-1)}\right)$	$\widehat{\left(\dfrac{\sigma_1^2}{\sigma_2^2}\right)}_U=\dfrac{S_1^2/S_2^2}{F_{1-\alpha}(n_1-1,n_2-1)}$ $\widehat{\left(\dfrac{\sigma_1^2}{\sigma_2^2}\right)}_L=\dfrac{S_1^2/S_2^2}{F_\alpha(n_1-1,n_2-1)}$

*7.5 非正态总体参数的区间估计

当数据不服从正态分布时, 求参数区间估计的一种有效方法就是所谓的大样本方法, 即要求样本容量比较大, 利用中心极限定理进行分析.

(一) $0-1$ 分布参数的区间估计

设总体 X 服从 $0-1$ 分布 $B(1,p), X_1, X_2, \cdots, X_n$ 是来自总体 X 的样本, 当 n 充分大时, 由中心极限定理知

$$\frac{\sum_{i=1}^{n} X_i - np}{\sqrt{np(1-p)}} = \frac{n\overline{X} - np}{\sqrt{np(1-p)}}$$

近似服从标准正态分布 $N(0,1)$. 于是有

$$P\left\{-z_{\alpha/2} < \frac{n\overline{X} - np}{\sqrt{np(1-p)}} < z_{\alpha/2}\right\} \approx 1-\alpha$$

等价于

$$P\{(n+z_{\alpha/2}^2)p^2 - (2n\overline{X} + z_{\alpha/2}^2)p + n\overline{X}^2 < 0\} \approx 1-\alpha.$$

求一元二次方程可得参数 p 的置信水平为 $1-\alpha$ 的近似置信区间为

$$\left(\frac{1}{2a}(-b-\sqrt{b^2-4ac}),\ \frac{1}{2a}(-b+\sqrt{b^2-4ac})\right) = (\widehat{p}_L, \widehat{p}_U), \tag{7.5.1}$$

其中 $a = n + z_{\alpha/2}^2$, $b = -(2n\overline{X} + z_{\alpha/2}^2)$, $c = n\overline{X}^2$. 或取 $p(1-p)$ 的估计量为 $\overline{X}(1-\overline{X})$, 得 p 的置信水平为 $1-\alpha$ 的近似置信区间为

$$\left(\overline{X} - z_{\alpha/2}\sqrt{\frac{\overline{X}(1-\overline{X})}{n}},\ \overline{X} + z_{\alpha/2}\sqrt{\frac{\overline{X}(1-\overline{X})}{n}}\right). \tag{7.5.2}$$

在实际应用中, 通常要满足 $n > 30$ 且 $np > 5$, $n(1-p) > 5$.

例 7.5.1 某市随机抽取 1 000 个家庭, 调查知道其中有 152 个家庭拥有私家汽车, 试根据此调查结果对该市家庭拥有私家汽车比例 p 作出区间估计 (取置信水平为 0.95).

解 由已知资料计算得

$$a = n + z_{0.025}^2 = 1\,000 + 1.96^2 = 1\,003.841\,6,$$

$$b=-(2n\overline{x}+z_{0.025}^2)=-\left(2\times 1\,000\times\frac{152}{1\,000}+1.96^2\right)=-307.841\,6,$$

$$c=n\overline{x}^2=1\,000\times\left(\frac{152}{1\,000}\right)^2=23.104.$$

将上述结果代入 (7.5.1), 得所求置信区间为 $(0.131,0.176)$.

若按公式 (7.5.2) 计算, 可得置信区间为 $(0.130,0.174)$.

(二) 其他分布均值 μ 的区间估计

设总体 X 的均值为 μ, 方差为 $\sigma^2, X_1, X_2, \cdots, X_n$ 是来自总体 X 的样本. 根据中心极限定理, 当样本容量 n 充分大时 (要求 $n>50$),

$$\frac{\sum_{i=1}^{n}X_i-n\mu}{\sqrt{n}\sigma}\overset{\text{近似地}}{\sim}N(0,1).$$

故 μ 的置信水平为 $1-\alpha$ 的近似置信区间为

$$\left(\overline{X}\pm\frac{\sigma}{\sqrt{n}}z_{\alpha/2}\right).\tag{7.5.3}$$

如果方差 σ^2 未知, 可以用估计量 S^2 代替 σ^2, 由此得到相应的近似置信区间为

$$\left(\overline{X}\pm\frac{S}{\sqrt{n}}z_{\alpha/2}\right).\tag{7.5.4}$$

注　当样本容量 $n\leqslant 50$ 时, 根据实际经验, t 分布具有良好的统计稳健性, 即当总体 X 不服从正态分布, 但样本数据基本对称时, 枢轴量 $\dfrac{\overline{X}-\mu}{S/\sqrt{n}}$ 仍可以看成近似服从分布 $t(n-1)$, 从而均值 μ 的置信水平为 $1-\alpha$ 的近似置信区间为

$$\left(\overline{X}\pm\frac{S}{\sqrt{n}}t_{\alpha/2}(n-1)\right).\tag{7.5.5}$$

例 7.5.2　根据实际经验可以认为, 任一路口单位时间内 (如一分钟或一小时或一天等) 的车流量服从泊松分布 $P(\lambda)$. 若以分钟为单位, 对某路口进行 2 小时的记录, 得平均每分钟车流量为 50 辆, 标准差为 10 辆, 试求该路口平均每分钟车流量参数 λ 的置信水平为 0.95 的置信区间.

解　利用 Excel 或查正态分布表得 $z_{0.025}=1.96$, 并将样本资料 $n=120, \overline{x}=50, s=10$ 代入 (7.5.4), 得所求置信区间为 $(48.211,51.789)$.

思考题七

1. 未知参数的估计量与估计值有什么区别?
2. 样本均值 $\overline{X}$ 和样本方差 S^2 分别是总体均值 μ 和总体方差 σ^2 的无偏估计, 问 $\overline{X}=\mu$ 吗? $P\{\overline{X}=\mu\}$ 是多少? $P\{S^2=\sigma^2\}$ 又是多少呢?
3. 设 $\widehat{\theta}$ 是参数 θ 的无偏估计, 且 $\mathrm{Var}(\widehat{\theta})>0$, 问 $\widehat{\theta}^2$ 是 θ^2 的无偏估计吗?
4. 说明利用矩法和极大似然法求参数点估计量的统计思想.
5. 给出求解参数的矩估计和极大似然估计的主要步骤, 并写出 $0-1$ 分布、二项分布 $B(n,p)$、泊松分布 $P(\lambda)$、均匀分布 $U(a,b)$、指数分布 $E(\lambda)$ 和正态分布 $N(\mu,\sigma^2)$ 中各参数的矩估计和极大似然估计.
6. 给出估计量的四个评价标准并说明其统计意义.
7. 如何理解置信水平的含义? 置信水平、精确度 (区间平均长度) 和样本容量的关系怎样?
8. 说明枢轴量和统计量的区别.
9. 利用枢轴量法求解参数置信区间的基本步骤, 对正态总体, 试从有关的统计量出发自行导出几类参数的置信区间.
10. 设总体 X 不服从正态分布或其分布未知, 均值为 μ, 方差为 σ^2, 均未知. $X_1,X_2,\cdots,X_n$ 为来自 X 的简单随机样本, $n\geqslant 2$, $\overline{X}$ 和 S^2 分别是样本均值和样本方差, 如何给出总体均值 μ 的置信水平为 $1-\alpha$ 的置信区间?

习题七

(A)

A1. 设 $X_1,X_2,\cdots,X_n$ 是来自下列总体 X 的简单随机样本, 求各总体分布中参数的矩估计量:

(1) $X\sim 0-1(p)$; (2) $X\sim P(\lambda)$; (3) $X\sim U(a,2)$.

A2. 设 $X_1,X_2,\cdots,X_n$ 是来自下列总体 X 的简单随机样本, 求各总体分布中参数的极大似然估计量:

(1) $X\sim 0-1(p)$; (2) $X\sim E(\lambda)$; (3) $X\sim U(1,b)$.

A3. 设 $X_1,X_2,\cdots,X_n$ 是来自下列总体 X 的简单随机样本, 求各总体中未知参数 θ 的矩估计量和极大似然估计量, 并对所获得的样本值, 求参数 θ 的矩估计值和极大似然估计值:

(1) $f(x;\theta)=\begin{cases}2^{-\theta}\theta x^{\theta-1}, & 0<x<2,\\ 0, & \text{其他},\end{cases}\quad \theta>0;$

样本值: 0.45　0.2　0.5　0.47　0.35　1.63　0.14　0.06　0.89　0.34

(2) $f(x;\theta)=\dfrac{1}{2\theta}\mathrm{e}^{-\frac{|x|}{\theta}},-\infty<x<+\infty,\theta>0;$

样本值: −0.05　−0.47　0.01　−0.03　−0.18　1.65　−0.64　−1.05　0.41　−0.19

(3) $f(x;\theta)=\begin{cases}\dfrac{1}{2-\theta}, & \theta \leqslant x<2, \\ 0, & \text{其他},\end{cases} \quad \theta<2;$

样本值: 0.95　0.63　1.69　1.97　0.84　1.81　0.53　0.35
1.34　0.82

A4. 设总体 X 服从参数为 p 的几何分布, 具有概率分布律

$$P\{X=k\}=(1-p)^{k-1} p, \quad k=1,2, \cdots,$$

$X_1, X_2, \cdots, X_n$ 是来自该总体的一个样本, 给定的样本观测值为 $x_1, x_2, \cdots, x_n$, 求参数 p 的极大似然估计值.

A5. 设总体 X 具有如下概率分布律:

X	0	1	2
p	θ^2	$2\theta(1-\theta)$	$(1-\theta)^2$

其中 $0<\theta<1$. 从上述总体中抽取样本容量为 9 的简单随机样本, 观测值: 2, 0, 2, 1, 0, 0, 1, 2, 1, 求参数 θ 的矩估计值和极大似然估计值.

A6. 设总体 X 具有如下概率分布律:

X	0	1	2
p	θ	λ	$1-\theta-\lambda$

其中 $0<\theta<1, 0<\lambda<1, 0<\theta+\lambda<1$. 从上述总体中抽取样本容量为 9 的简单随机样本, 观察值: 2, 0, 2, 1, 0, 0, 1, 2, 1, 求参数 θ 和 λ 的矩估计值和极大似然估计值.

A7. 设总体 X 的密度函数为

$$f(x;\theta)=\begin{cases}\dfrac{x}{\theta} \mathrm{e}^{-\frac{x^2}{2\theta}}, & x>0, \\ 0, & \text{其他},\end{cases}$$

$\theta>0$ 未知, 记 $\mu_2=E(X^2)$, $p=P\{X>1\}$. $X_1, X_2, \cdots, X_n$ 是来自该总体的简单随机样本, 求参数 θ, μ_2 和 p 的极大似然估计量.

A8. 设总体 X 的均值为 μ, 方差为 σ^2, $X_1, X_2, \cdots, X_{10}$ 为来自总体 X 的简单随机样本, 问 a 取何值时, $a \sum_{i=1}^{9}(X_{i+1}-X_i)^2$ 是 σ^2 的无偏估计量?

A9. 设总体 $X \sim N(\mu, \sigma^2)$, μ, σ^2 未知, X_1, X_2, X_3 是总体 X 的简单随机样本, 用

$$\widehat{\mu}_1=\frac{1}{2} X_1+\frac{1}{4} X_2+\frac{1}{4} X_3,$$

$$\widehat{\mu}_2=2 X_1-2 X_2+X_3,$$

$$\widehat{\mu}_3 = \frac{1}{3}X_1 + \frac{1}{3}X_2 + \frac{1}{3}X_3$$

估计参数 μ, 它们都是无偏估计量吗? 如果是, 哪个更有效?

A10. 设 $\widehat{\theta}_1$ 和 $\widehat{\theta}_2$ 都是 θ 的无偏估计量, 且 $\widehat{\theta}_1$ 和 $\widehat{\theta}_2$ 相互独立. 已知 $D(\widehat{\theta}_1) = \sigma_1^2, D(\widehat{\theta}_2) = \sigma_2^2$, 引入 θ 的一个新的无偏估计量 $\widehat{\theta}_3 = \alpha\widehat{\theta}_1 + (1-\alpha)\widehat{\theta}_2$, 试确定常数 α, 使 $D(\widehat{\theta}_3)$ 达到最小.

A11. 某机器生产的螺杆直径 X (单位: mm) 服从正态分布 $N(\mu, 0.3^2)$.

(1) 从总体中抽取样本容量为 5 的样本, 测得直径: 22.3, 21.5, 21.8, 21.4, 22.1, 试在 95% 的置信水平下求该机器所生产的螺杆平均直径 μ 的置信区间;

(2) 若要使螺杆的平均直径 μ 的置信水平为 95% 的置信区间长度不超过 0.2, 问样本容量 n 至少应取多大?

A12. 某厂生产的灯泡寿命 X (单位: h) 服从正态分布 $N(\mu, \sigma^2)$, μ, σ^2 未知, 从已生产的一大批灯泡中采用无放回抽样方式抽取 15 只, 测得其寿命如下:

4 040 2 990 2 964 3 245 3 026 3 633 3 387 4 136
3 595 3 194 3 714 2 831 3 845 3 410 3 004

(1) 求 μ 的置信水平为 95% 的置信区间;

(2) 求 μ 的置信水平为 95% 的单侧置信下限.

A13. 某医学研究所研发了一种新药, 对 9 个试验者进行为期半年的观察, 记录服用该药前后的甘油三酯水平的变化, 数据如下 (单位: mg/dL):

服药前	180	139	152	167	138	160	107	156	94
服药后	100	92	118	171	132	123	84	112	105

假设服药前后甘油三酯水平差服从正态分布, 在置信水平 95% 下给出服药前后甘油三酯平均水平差的区间估计.

A14. 为比较甲、乙两种肥料对产量的影响, 研究者选择了 10 块田地, 将每块田地分成大小相同的两块, 随机选择一块用甲肥料, 另一块用乙肥料, 其他条件保持相同, 得到的产量 (单位: kg) 数据如下:

甲肥料	109	98	97	100	104	102	94	99	103	108
乙肥料	107	105	110	118	109	113	111	95	112	101

假设甲、乙两种肥料的产量差服从正态分布, 试在 95% 的置信水平下推断甲、乙两种肥料的平均产量差值的范围.

A15. 下面 16 个数字来自计算机的正态随机数生成器:

8.801	3.817	8.223	6.374	9.252	7.352	13.781	7.599
13.134	4.465	6.533	7.021	9.015	7.325	7.041	9.560

(1) 给出总体均值 μ 和方差 σ^2 的极大似然估计值;

(2) 求均值 μ 的置信水平为 95% 的置信区间;

(3) 求方差 σ^2 的置信水平为 95% 的置信区间.

A16. 已知某种电子管使用寿命 (单位: h) 服从正态分布 $N(\mu,\sigma^2)$, μ,σ^2 未知, 从一批电子管中随机抽取 16 只, 检测结果得样本标准差为 300 h. 在置信水平 95% 下求:

(1) σ 的置信区间;

(2) σ 的单侧置信上限.

A17. 为了解某市两所高校学生的消费情况, 在两所高校各随机调查 100 人, 调查结果: 甲校学生月平均消费 803 元, 标准差 75 元; 乙校学生月平均消费 938 元, 标准差 102 元. 假设甲校学生月平均消费额 (单位: 元) $X\sim N(\mu_1,\sigma^2)$, 乙校学生月平均消费额 (单位: 元) $Y\sim N(\mu_2,\sigma^2)$, μ_1,μ_2,σ^2 未知, 两样本相互独立, 求两校学生月平均消费额差值 $\mu_1-\mu_2$ 的置信水平为 95% 的置信区间和单侧置信下限.

A18. 某厂的一台瓶装灌装机, 每瓶的净重 X 服从正态分布 $N(\mu_1,\sigma_1^2)$, 从中随机抽出 16 瓶, 称得其净重的平均值为 456.64 g, 标准差为 12.8 g; 现引进了一台新灌装机, 其每瓶的净重 Y 服从正态分布 $N(\mu_2,\sigma_2^2)$, 从中随机抽出 12 瓶, 称得其净重的平均值为 451.34 g, 标准差为 11.3 g.

(1) 假设 $\sigma_1=13,\sigma_2=12$, 求 $\mu_1-\mu_2$ 的置信水平为 95% 的置信区间;

(2) 假设 $\sigma_1=\sigma_2$ 未知, 求 $\mu_1-\mu_2$ 的置信水平为 95% 的置信区间;

(3) 求 $\dfrac{\sigma_1^2}{\sigma_2^2}$ 的置信水平为 95% 的置信区间.

A19. 某超市负责人需要比较郊区 A 和郊区 B 居民的平均收入以确定合适的分店地址. 假设两郊区居民的收入均服从正态分布, 对两郊区居民分别进行抽样调查, 各抽取 64 户家庭, 计算得郊区 A 居民的人均年收入为 3.276 万元, 标准差为 0.203 万元; 郊区 B 居民的人均年收入为 3.736 万元, 标准差为 0.421 万元. 假设两个正态总体的方差不相等, 求两郊区居民人均年收入平均差值的置信水平为 95% 的近似置信区间.

(B)

B1. 设总体 X 的密度函数为

$$f(x;\theta)=\begin{cases}\dfrac{6x(\theta-x)}{\theta^3}, & 0<x<\theta,\\ 0, & \text{其他},\end{cases}$$

其中 $\theta>0$ 未知, $X_1,X_2,\cdots,X_n$ 是来自总体 X 的简单随机样本, 求 θ 的矩估计量 $\widehat{\theta}$, 并计算 $E(\widehat{\theta})$ 和 $\mathrm{Var}(\widehat{\theta})$.

B2. 设湖中有 N 条鱼 (N 未知), 现钓出 r 条, 做上记号后放回湖中, 一段时间后, 再钓出 S 条 ($S\geqslant r$), 结果发现其中 t 条有记号, 试用极大似然法估计湖中鱼的数量 N.

B3. 设总体 X 具有如下概率分布律:

X	a_1	a_2	a_3
p	θ	$\dfrac{1-\theta}{2}$	$\dfrac{1-\theta}{2}$

从总体 X 中取得样本容量为 n 的样本 $X_1,X_2,\cdots,X_n$, 记其中取 a_1,a_2,a_3 的个数分别为 n_1,n_2,n_3, 其中 $n_1+n_2+n_3=n$, 求参数 θ 的矩估计量和极大似然估计量.

B4. 设总体 $X\sim N(\mu,\sigma^2)$, μ,σ^2 未知, 抽取三个独立样本 (X_1,X_2), (Y_1,Y_2,Y_3), (Z_1,Z_2,Z_3,Z_4), S_1^2,S_2^2,S_3^2 分别是对应的样本方差. 设 $T=aS_1^2+bS_2^2+cS_3^2$, 其中 a,b,c 是在区间 $[0,1]$ 上取值的实数.

(1) 写出 T 是 σ^2 的无偏估计量的充要条件;

(2) 问 a,b,c 取何值时, T 为最有效估计量?

B5. 设总体 X 的密度函数为

$$f(x;\theta)=\begin{cases}\dfrac{2x}{\theta^2}, & 0<x<\theta,\\ 0, & \text{其他},\end{cases}$$

$\theta>0$ 未知, $X_1,X_2,\cdots,X_n(n\geqslant 4)$ 是来自总体 X 的简单随机样本.

(1) 求 θ 的矩估计量 $\widehat{\theta}_1$ 和极大似然估计量 $\widehat{\theta}_2$;

(2) 在均方误差准则下, 判断哪个估计量更优;

(3) 判断两个估计量是否为 θ 的相合估计量.

B6. 设总体 X 的密度函数为

$$f(x;\theta)=\begin{cases}\dfrac{1}{\theta}\mathrm{e}^{-\frac{x}{\theta}}, & x>0,\\ 0, & \text{其他},\end{cases}$$

$\theta>0$ 未知, $X_1,X_2,\cdots,X_n$ 是来自总体 X 的简单随机样本.

(1) 证明: 样本均值是 θ 的矩估计量, 也是极大似然估计量;

(2) 在形如 $c\sum\limits_{i=1}^{n}X_i$ 的估计中求 c, 使其在均方误差准则下最优;

(3) 判断由 (2) 得到的估计量是否为 θ 的相合估计量.

B7. 设总体 X 的密度函数为

$$f(x;\theta,\lambda)=\begin{cases}\dfrac{\lambda x^{\lambda-1}}{\theta^{\lambda}}, & 0<x<\theta,\\ 0, & \text{其他},\end{cases}$$

其中 $\theta > 0, \lambda > 0, X_1, X_2, \cdots, X_n$ 是来自总体 X 的简单随机样本.

(1) $\lambda = 3, \theta$ 为未知参数, 求 θ 的矩估计量, 并判断其是否为 θ 的无偏估计, 说明理由;

(2) $\theta = 3, \lambda$ 为未知参数, 求 λ 的极大似然估计量, 并判断其是否为 λ 的相合估计, 说明理由.

B8. 设总体 X 的密度函数为

$$f(x;\theta) = \begin{cases} \mathrm{e}^{-(x-\theta)}, & x \geqslant \theta, \\ 0, & \text{其他}, \end{cases}$$

$\theta > 0$ 未知, $X_1, X_2, \cdots, X_n$ 是来自总体 X 的简单随机样本.

(1) 求 θ 的极大似然估计量 $\widehat{\theta}$;

(2) 求 $\widehat{\theta} - \theta$ 的密度函数;

(3) 判断 $\widehat{\theta} - \theta$ 是否可以取为关于 θ 的区间估计问题的枢轴量;

(4) 求 θ 的置信水平为 $1 - \alpha$ 的单侧置信下限.

B9. 假设某一批日光灯的寿命服从正态分布 $N(\mu, 1\ 358)$, 从该总体中随机抽出 36 个个体, 计算得到置信水平为 $1 - \alpha$ 的置信区间的长度为 5. 若保持置信水平不变, 要使得区间长度变为 2, 问样本容量应该为多少?

B10. 某餐厅为了解顾客对餐厅新开发的菜品的满意程度, 随机调查来餐厅就餐的顾客 80 人, 结果发现有 55 人满意, 求满意比例 p 的置信水平为 95% 的置信区间.

第8章

假设检验

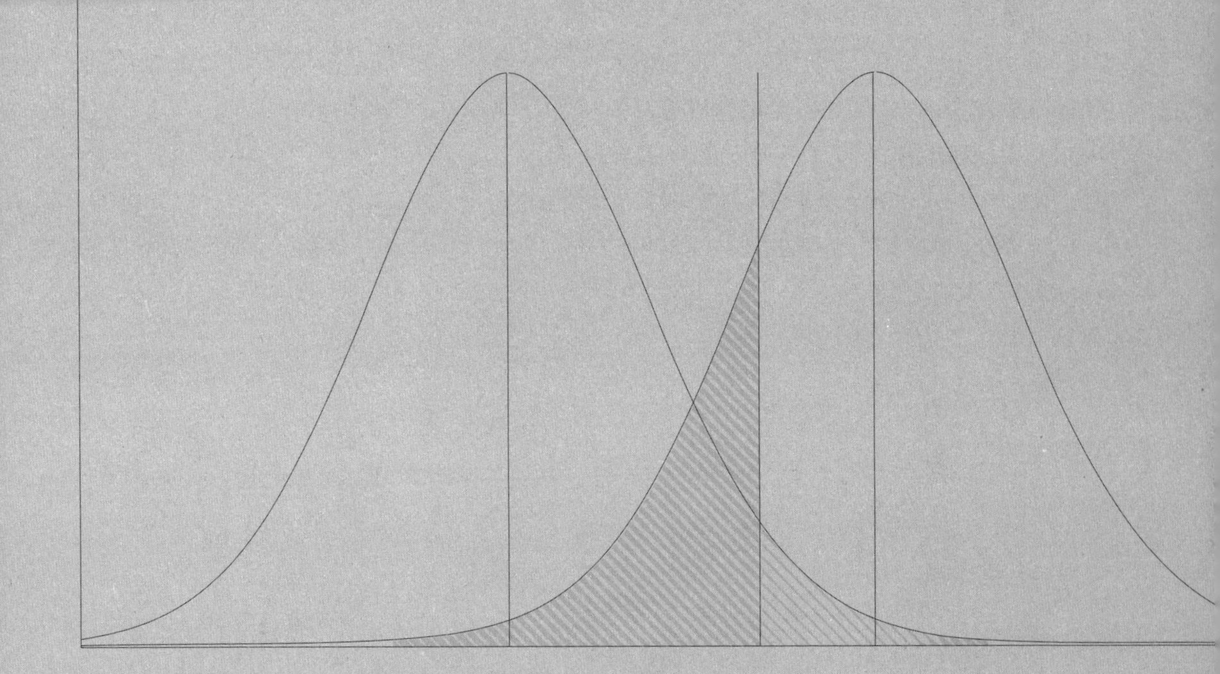

上一章讨论了关于总体参数的估计问题. 这一章将介绍统计推断的另一类重要问题: 假设检验. 所谓假设检验, 就是根据以往经验和已知信息对总体提出假设, 然后利用样本信息检验假设是否符合事实, 最后作出是否拒绝这个假设的判断. 根据检验内容是否涉及总体参数, 将假设检验分为参数假设检验和非参数假设检验.

8.1 假设检验的基本思想

(一) 问题的提出

在介绍假设检验的统计思想前, 先看几个例子.

例 8.1.1　BMI (体重指数) 是目前国际上常用的衡量人体胖瘦程度以及是否健康的一个标准. 专家指出, 健康成年人的 BMI 取值应在 $18.55 \sim 24.99$. 某种减肥药广告称, 连续使用该种减肥药一个星期便可达到减肥的效果. 为了检验其说法是否可靠, 随机抽取 9 位试验者 (要求 BMI 超过 25、年龄 20 岁至 25 岁的女生), 先让每位女生记录没有服用减肥药前的体重, 然后让每位女生服用该减肥药, 服药期间, 要求每位女生保持正常的饮食习惯, 连续服用该减肥药一个星期后, 再次记录各自的体重. 测得服用减肥药前、后的体重差值 X (服药前体重 − 服药后体重)(单位: kg):

$$1.5 \quad 0.6 \quad -0.3 \quad 1.1 \quad -0.8 \quad 0 \quad 2.2 \quad -1.0 \quad 1.4$$

假设 $X \sim N(\mu, 0.36), \mu$ 未知, 根据目前的样本资料, 能否认为该减肥药的广告内容是可靠的?

例 8.1.2　一种饼干的包装盒上标注净重 200 g, 假设包装盒的重量为定值, 且设饼干净重服从 $N(\mu, \sigma^2), \mu, \sigma^2$ 均未知. 现从货架上取来 3 盒, 称得毛重 (单位: g) 为 233, 215, 221. 根据这些数据, 是否可以认为这种包装饼干的标准差超过 6g?

例 8.1.3　通常认为男、女的脉搏是没有显著差异的. 现在随机地抽取 16 位男子和 13 位女子, 测得脉搏 (单位: 次/分) 如下:

男: 61　73　58　64　70　64　72　60　65　80　55　72　56　56　74　65

女: 83　58　70　56　76　64　80　68　78　108　76　70　97

设男、女脉搏都服从正态分布, 问能否根据这些数据得出男、女脉搏的均值相同?

例 8.1.4　孟德尔遗传理论断言, 当两个品种的豌豆杂交时, 圆的和黄的、起皱的和黄的、圆的和绿的、起皱的和绿的豌豆的频数将以比例 9∶3∶3∶1 发生. 在检验这个理论时, 孟德尔分别得到频数 315, 108, 101, 32, 这些数据能提供充分证据拒绝该理论吗?

例 8.1.1, 例 8.1.2 和例 8.1.3 都是在已知总体是正态分布的前提下, 要求对有关总体的均值或标准差的假设给出检验, 属于参数检验, 我们将在 8.2 节和 8.3 节中讨论; 例 8.1.4 可以看成对总体的分布提出假设, 这就是 8.5 节要讨论的分布拟合检验问题.

统计假设简称为假设, 通常用字母 H 表示. 一般我们同时提出两个完全相反的假设, 习惯上把其中的一个称为原假设 (null hypothesis) 或零假设, 用 H_0 表示; 把另一个假设称为备择假设 (alternative hypothesis) 或对立假设, 用 H_1 表示. 究竟哪个作为原假设, 哪个作为备择假设, 并不是随意选的, 一般地, 在有关参数的假设检验中, 备择假设是我们根据样本资料想得到支持的假设.

关于总体参数 θ 的假设, 有三种情况:

(1) $H_0:\theta\geqslant\theta_0, H_1:\theta<\theta_0$;

(2) $H_0:\theta\leqslant\theta_0, H_1:\theta>\theta_0$;

(3) $H_0:\theta=\theta_0, H_1:\theta\neq\theta_0$,

其中 θ_0 为已知常数, 以上三种情况中, 第 (1), 第 (2) 种假设的检验称为单侧检验 (one-sided test), 其中第 (1) 种称为左侧检验 (left-sided test), 第 (2) 种称为右侧检验 (right-sided test); 第 (3) 种假设的检验称为双侧检验 (two-sided test).

注　单侧检验还有下列两种形式:

$(1)'$ $H_0:\theta=\theta_0, H_1:\theta<\theta_0$;

$(2)'$ $H_0:\theta=\theta_0, H_1:\theta>\theta_0$.

(1) 与 $(1)'$ 及 (2) 与 $(2)'$ 的检验规则相同, 仅在计算犯第 I 类错误的概率时有区别, 参见下文中有关犯第 I 类错误的概率计算.

(二) 检验统计量和拒绝域

如何对提出的各种不同假设进行检验呢? 下面我们通过对例 8.1.1 来说明假设检验的基本思想.

在例 8.1.1 中, 服用减肥药前、后体重差值 $X\sim N(\mu,0.36)$, 现在要对参数 μ 提出假设

$$H_0:\mu=0,\quad H_1:\mu>0.$$

根据第 7 章参数估计的理论, 样本均值 $\overline{X}$ 是参数 μ 的无偏估计, $\overline{X}$ 的取值大小反映了 μ 的取值大小. 当原假设 H_0 成立时, $\overline{X}$ 取值应偏小; 反之, 当 $\overline{X}$ 取值偏大时, 我们认为原假设 H_0 成立的可能性很小. 因此, 我们可以根据 $\overline{X}$ 的取值大小来制定检验规则. 也就是说, 按照规则:

$$\text{当 } \overline{X} \geqslant C \text{ 时, 拒绝原假设 } H_0,$$
$$\text{当 } \overline{X} < C \text{ 时, 不拒绝原假设 } H_0,$$

对原假设 H_0 作出判断, 其中临界值 C 是一个待定的常数. 不同的 C 值表示不同的检验. 如何确定 C, 我们将在后面做介绍.

一般地, 在假设检验问题中, 若寻找到某个统计量, 其取值大小和原假设 H_0 是否成立有密切联系, 我们称之为该假设检验问题的**检验统计量** (test statistic), 对应于拒绝原假设 H_0 的样本值范围称为**拒绝域** (rejection region), 记为 W. 如果样本落入拒绝域 W 内, 就拒绝原假设 H_0; 如果样本未落入拒绝域 W 内, 就不拒绝原假设 H_0. 为叙述方便, 把不拒绝原假设 H_0 表述为接受原假设 H_0, 把拒绝域 W 的补集 $\overline{W}$ 称为**接受域** (acceptance region). 根据上面的分析, 例 8.1.1 中, 我们可取检验统计量为 $\overline{X}$, 而拒绝域为

$$W = \{(X_1, X_2, \cdots, X_9) : \overline{X} \geqslant C\}.$$

因此, 对于一个假设检验问题, 给出一个检验规则, 相当于在样本空间中划分出一个子集作为检验的拒绝域; 反之, 给出一个拒绝域也就给出了一个检验规则. 如何选取检验的拒绝域成为假设检验的一个关键问题. 这不仅需要对实际问题的背景有足够的了解和丰富的统计思想, 还需要有评价检验好坏的客观理论标准. 为此, 我们需要介绍假设检验问题中可能犯的两类错误.

(三) 两类错误

根据样本推断总体, 由于抽样的随机性, 所做的结论不能保证绝对不犯错误, 而只能以较大的概率保证其正确性. 在假设检验推断中可能出现下列四种情形:

(1) 拒绝了一个错误的原假设;

(2) 接受了一个真实的原假设;

(3) 拒绝了一个真实的原假设;

(4) 接受了一个错误的原假设.

(1) 和 (2) 两种情形是正确的决定, 而 (3) 和 (4) 两种情形都是错误的决定, 其中情形 (3) 所犯的错误称为第 I 类错误 (type I error), 也称为弃真错误, 情形 (4) 所犯的错误称为第 II 类错误 (type II error), 也称为存伪错误. 通常, 用 α 表示犯第 I 类错误的概率, 用 β 表示犯第 II 类错误的概率. 具体地, 有

$$\alpha = P(\text{第 I 类错误}) = P\{\text{拒绝 } H_0 | H_0 \text{ 是真实的}\};$$
$$\beta = P(\text{第 II 类错误}) = P\{\text{接受 } H_0 | H_0 \text{ 是错误的}\}.$$

现在, 我们来计算例 8.1.1 中的检验规则所犯两类错误的概率.

犯第 I 类错误的概率

$$\begin{aligned}\alpha(C) &= P\{\text{拒绝 } H_0 | H_0 \text{ 是真实的}\} = P\{\overline{X} \geqslant C | \mu = 0\} \\ &= P\left\{\frac{\overline{X}}{\sigma/\sqrt{n}} \geqslant \frac{C}{\sigma/\sqrt{n}}\middle| \mu = 0\right\}.\end{aligned}$$

由于当原假设 H_0 为真, 即 $\mu = 0$ 时, $\dfrac{\overline{X}}{\sigma/\sqrt{n}} \sim N(0,1)$, 则有

$$\alpha(C) = 1 - \Phi\left(\frac{C}{\sigma/\sqrt{n}}\right). \tag{8.1.1}$$

犯第 II 类错误的概率

$$\begin{aligned}\beta(C) &= P\{\text{接受 } H_0 | H_0 \text{ 是错误的}\} = P\{\overline{X} < C | \mu > 0\} \\ &= P\left\{\frac{\overline{X} - \mu}{\sigma/\sqrt{n}} < \frac{C - \mu}{\sigma/\sqrt{n}}\middle| \mu > 0\right\} \\ &= \Phi\left(\frac{C - \mu}{\sigma/\sqrt{n}}\right), \quad \mu > 0.\end{aligned} \tag{8.1.2}$$

由 (8.1.1) 知, 犯第 I 类错误的概率 $\alpha(C)$ 关于临界值 C 是单调减函数, 而由 (8.1.2) 知, 犯第 II 类错误的概率 $\beta(C)$ 关于临界值 C 是单调增函数. 所以在样本容量 n 固定时, 犯这两类错误的概率是相互制约的. 从图 8.1.1 也

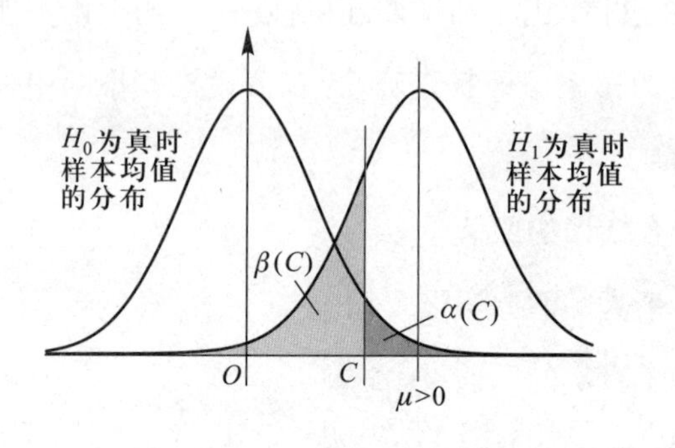

◀图 8.1.1

可以看出这一点: 当 C 增大时, $\alpha(C)$ 减小, $\beta(C)$ 增大; 当 C 减小时, $\alpha(C)$ 增大, $\beta(C)$ 减小. 若要同时使得犯两类错误的概率都很小, 就必须增大样本容量. 但随之而来的是我们在人力、物力和时间上付出的代价也就增加了.

鉴于上述情况, 奈曼和皮尔逊提出: 首先控制犯第 I 类错误的概率, 即选定一个常数 $\alpha \in (0,1)$, 要求犯第 I 类错误的概率不超过 α; 然后在满足这个约束条件的检验中, 再寻找检验, 使得犯第 II 类错误的概率尽可能小. 这就是假设检验理论中的奈曼–皮尔逊原则, 其中的常数 α 称为显著性水平 (significance level). α 的大小取决于我们对所讨论问题的实际背景的了解. 在通常的应用中, 常取 α 为 $0.01, 0.05, 0.10$ 等.

在例 8.1.1 中, 若取显著性水平 $\alpha = 0.05$, 即要求犯第 I 类错误的概率不超过 0.05, 则由 (8.1.1),

$$1 - \Phi\left(\frac{C}{\sigma/\sqrt{n}}\right) \leqslant 0.05,$$

计算得

$$C \geqslant \frac{z_{0.05}\sigma}{\sqrt{n}} = \frac{1.645 \times 0.6}{3} = 0.329.$$

根据奈曼–皮尔逊原则, 为使得犯第 II 类错误的概率尽可能小, 我们应选取 $C = 0.329$, 因此拒绝域为

$$W = \{(X_1, X_2, \cdots, X_9) : \overline{X} \geqslant 0.329\}.$$

根据样本的实际观察, 计算得 $\bar{x} = 0.522 > 0.329$, 即样本落入拒绝域, 因此我们有 95% 的把握拒绝原假设 H_0, 即认为厂家的宣传是可靠的.

(四) P–值与统计显著性

例 8.1.1 用到的检验方法是根据原假设与备择假设, 给出拒绝域的形式, 再根据显著性水平确定临界值, 进而确定拒绝域. 一旦检验统计量的值落在拒绝域内就拒绝原假设, 而并不关心检验统计量具体取值的大小. 但直观地想, 检验统计量的值 (在拒绝域内) 离临界值越远, 拒绝的把握越大, 或者说拒绝原假设的理由越充分, 检验越显著. 如何来衡量这一现象? 一般采用 P–值. 当原假设 H_0 为真时, 检验统计量取比观察到的结果更为极端的数值的概率, 称为 P–值.

在实际运用中, 通过计算 P–值来衡量拒绝 H_0 的理由是否充分. P–值较

小说明观察到的结果在一次试验中发生的可能性较小, P–值越小, 拒绝 H_0 的理由越充分; P–值较大说明观察到的结果在一次试验中发生的可能性较大, 所以没有足够的理由拒绝 H_0.

在例 8.1.1 中, 当 H_0 为真时, 检验统计量 $\overline{X} \sim N(0, 0.36/9)$, 如图 8.1.2 所示, 根据样本的实际观察得 $\overline{x} = 0.522$, 则可计算得

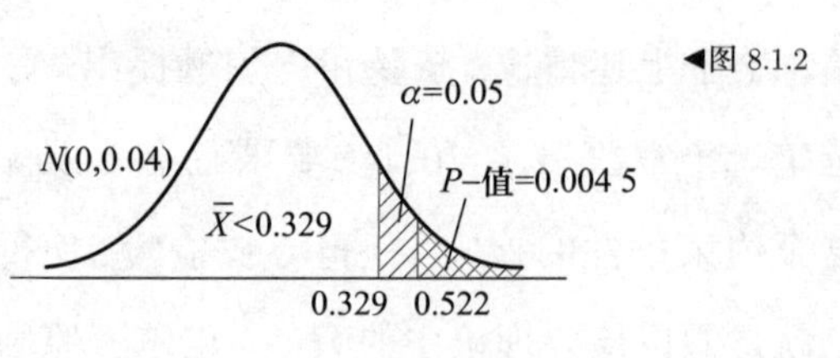

◀图 8.1.2

$$
\begin{aligned}
P\text{–值} &= P_{H_0}\{\overline{X} \geqslant 0.522\} \\
&= P_{H_0}\left\{\frac{\overline{X}}{0.2} \geqslant 2.61\right\} \\
&= 1 - \Phi(2.61) = 0.004\,5.
\end{aligned}
$$

P–值为 0.004 5, 表示 10 000 次重复试验中, 只有约 45 次会大于等于 0.522. 因此当 H_0 为真时, $\overline{X} \geqslant 0.522$ 可以看成小概率事件. 一般地, 我们认为小概率事件在某一次具体的观察中是几乎不发生的, 但目前的样本资料表明, 该事件确实已经发生, 这意味着 H_0 为真的假设是不合理的, 所以我们应该作出拒绝原假设 H_0 的判断.

当假设检验的显著性水平为 α 时, 若 P–值小于等于 α, 则拒绝原假设, 此时我们称检验结果在显著性水平 α 下是**统计显著** (statistically significant) 的.

可以说 P–值提供了比显著性水平 α 更多的信息, 根据 P–值, 我们可以判定在任何给定的显著性水平下检验结果是否显著. 如 P–值 $= 0.03$, 则说明在 $\alpha = 0.05$ 下是显著的, 但在 $\alpha = 0.01$ 下却不显著.

(五) 处理假设检验问题的基本步骤

通过对例 8.1.1 的介绍, 一般的假设检验问题我们可按下列步骤进行:

(1) 根据实际问题提出原假设和备择假设;

(2) 提出检验统计量和拒绝域的形式;

(3) 根据奈曼–皮尔逊原则和给定的显著性水平 α, 求出拒绝域 W 中的临界值;

(4) 根据实际样本值作出判断.

其中步骤 (3), (4) 也可如下进行:

(3)′ 计算检验统计量的观测值和 P – 值;

(4)′ 根据给定的显著性水平 α, 作出判断.

一般的统计分析软件处理假设检验问题都是通过计算 P – 值而不是给出拒绝域 W 来作出判断的. 在下面的章节中, 我们将结合两种思想来介绍假设检验问题.

8.2 单个正态总体参数的假设检验

设正态总体 $X \sim N(\mu, \sigma^2)$, $X_1, X_2, \cdots, X_n$ 是来自该总体的样本, 记

$$\overline{X} = \frac{1}{n}\sum_{i=1}^{n} X_i, \quad S^2 = \frac{1}{n-1}\sum_{i=1}^{n}(X_i - \overline{X})^2.$$

(一) 有关参数 μ 的假设检验

1. σ^2 已知

先考虑双侧假设问题

$$H_0: \mu = \mu_0, \quad H_1: \mu \neq \mu_0,$$

其中 μ_0 是已知的常量. 根据前一节的讨论, 此时我们可取检验统计量为

$$Z = \frac{\overline{X} - \mu_0}{\sigma/\sqrt{n}}.$$

当原假设 H_0 成立, 即 $\mu = \mu_0$ 时, $Z \sim N(0,1)$. 根据奈曼 – 皮尔逊原则, 在给定的显著性水平 α 下, 检验的拒绝域 (如图 8.2.1 所示) 为

$$W = \left\{ |Z| = \left| \frac{\overline{X} - \mu_0}{\sigma/\sqrt{n}} \right| \geqslant z_{\alpha/2} \right\}. \tag{8.2.1}$$

对给定样本值 $x_1, x_2, \cdots, x_n$, 检验统计量 Z 的取值 $z_0 = \dfrac{\overline{x} - \mu_0}{\sigma/\sqrt{n}}$, 当 $|z_0| \geqslant z_{\alpha/2}$ 时, 作出拒绝原假设的判断, 即认为根据当前样本资料, 我们有 $100(1-\alpha)\%$ 的把握认为 $\mu \neq \mu_0$, 否则不拒绝原假设.

我们也可通过计算 P – 值来作出判断, 其中

$$P\text{–值} = P_{H_0}\{|Z| \geqslant |z_0|\} = 2P_{H_0}\{Z \geqslant |z_0|\} = 2(1 - \Phi(|z_0|)). \tag{8.2.2}$$

当 P-值小于等于给定的显著性水平 α 时, 拒绝原假设, 否则不能拒绝原假设, 见图 8.2.2.

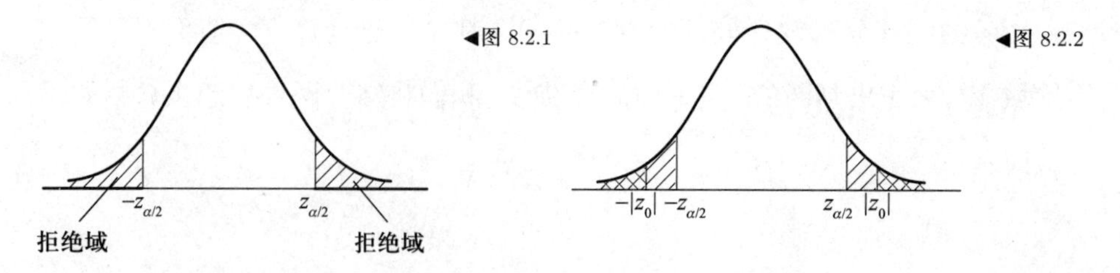

注　图 8.2.1 和图 8.2.2 中, 用斜线 "/" 表示的阴影部分的面积为 α, 用斜线 "\" 表示的阴影部分的面积为 P-值. 本节后面的图 8.2.3 和图 8.2.4 也同样表示, 不再说明.

对于左侧假设问题

$$H_0: \mu \geqslant \mu_0, \quad H_1: \mu < \mu_0,$$

检验统计量仍为 $Z = \dfrac{\overline{X} - \mu_0}{\sigma/\sqrt{n}}$. 当原假设 H_0 成立, 即 $\mu \geqslant \mu_0$ 时, Z 取值偏大, 因此拒绝域的形式为

$$W = \left\{ Z = \frac{\overline{X} - \mu_0}{\sigma/\sqrt{n}} \leqslant c \right\},$$

其中临界值 c 满足奈曼-皮尔逊原则. 首先我们来计算犯第 I 类错误的概率:

$$\alpha(\mu, c) = P\{\text{拒绝 } H_0 | H_0 \text{ 是真实的}\} = P\left\{ \frac{\overline{X} - \mu_0}{\sigma/\sqrt{n}} \leqslant c | \mu \geqslant \mu_0 \right\}.$$

注意到此时 Z 不服从标准正态分布, 而是

$$Z \sim N\left(\frac{\mu - \mu_0}{\sigma/\sqrt{n}}, 1 \right), \quad \mu \geqslant \mu_0.$$

因此

$$\alpha(\mu, c) = \Phi\left(c - \frac{\mu - \mu_0}{\sigma/\sqrt{n}} \right), \quad \mu \geqslant \mu_0.$$

注　如果假设为 $H_0: \mu = \mu_0$, $H_1: \mu < \mu_0$, 那么犯第 I 类错误的概率为 $\alpha(\mu_0, c)$. 从这一点来看, 两个假设检验是有区别的.

显然, $\alpha(\mu, c)$ 关于 μ 是严格减函数, 为使犯第 I 类错误的概率不超过给定的显著性水平 α, 需满足

$$\sup_{\mu \geqslant \mu_0} \alpha(\mu, c) = \alpha(\mu_0, c) = \Phi(c) \leqslant \alpha.$$

又根据奈曼–皮尔逊原则，当上式中等号成立时，犯第 Ⅱ 类错误的概率最小. 因此，应取 $c = z_{1-\alpha} = -z_\alpha$，从而左侧假设检验问题的拒绝域为

$$W = \left\{ Z = \frac{\overline{X} - \mu_0}{\sigma/\sqrt{n}} \leqslant -z_\alpha \right\}.$$

此时，P–值可由下式计算得到:

$$P\text{–值} = \sup_{\mu \geqslant \mu_0} P\{Z \leqslant z_0\} = P\{Z \leqslant z_0 | \mu = \mu_0\} = \Phi(z_0).$$

如果 P–值小于等于 α (如图 8.2.3(a) 所示)，那么拒绝原假设 H_0; 如果 P–值大于 α (如图 8.2.3(b) 所示)，那么不能拒绝原假设 H_0.

◀图 8.2.3

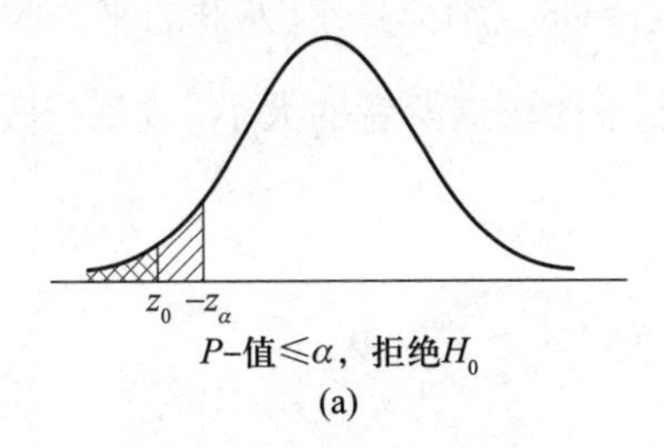

$-z_\alpha$ z_0

P–值>α，不能拒绝H_0

(b)

类似地，对于右侧假设问题

$$H_0 : \mu \leqslant \mu_0, \quad H_1 : \mu > \mu_0,$$

可推得检验的拒绝域为

$$W = \left\{ Z = \frac{\overline{X} - \mu_0}{\sigma/\sqrt{n}} \geqslant z_\alpha \right\},$$

P–值为

$$P\text{–值} = \sup_{\mu \leqslant \mu_0} P\{Z \geqslant z_0\} = P\{Z \geqslant z_0 | \mu = \mu_0\} = 1 - \Phi(z_0).$$

采用 P–值判别的方法与左侧检验类似，具体见图 8.2.4.

◀图 8.2.4

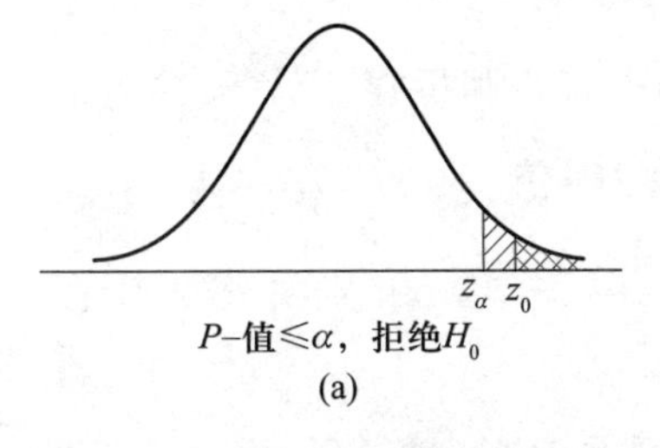

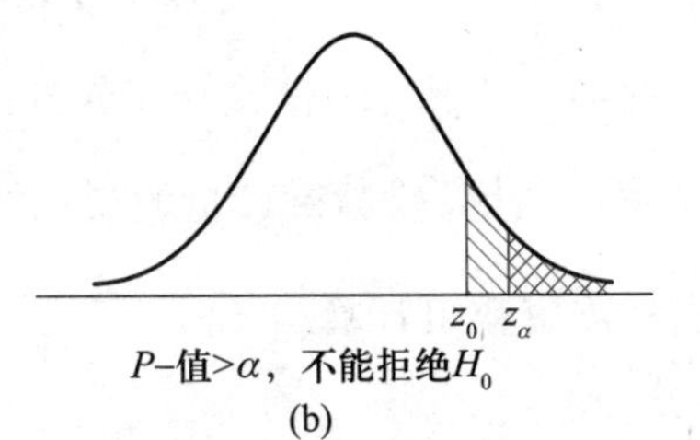

上述检验，我们通常称为 Z 检验.

例 8.2.1　根据健康统计中心报告，35 岁至 44 岁的男子平均心脏收缩压为 128 mmHg，标准差为 15 mmHg. 某公司的健康主管观察了该公司在 33 岁

至 44 岁年龄段的 72 位管理人员的体检记录, 发现他们的平均心脏收缩压 $\overline{x}$ 为 126.07 mmHg. 这是否意味着该公司管理人员的心脏收缩压与一般的人群有显著差异 (显著性水平 $\alpha = 0.05$)? 假设这些管理人员的心脏收缩压服从正态分布, 且与一般人群的心脏收缩压具有相同的标准差 $\sigma = 15$ mmHg.

㊫ 设随机变量 X 为男子的心脏收缩压, 由已知条件, $X \sim N(\mu, 15^2)$. 下面我们根据假设检验问题的处理步骤来讨论该公司管理人员的心脏收缩压是否与一般的人群有显著差异.

步骤 1: 提出假设.

设原假设为该公司管理人员的平均心脏收缩压与一般人群的平均收缩压无差异, 即 $\mu = 128$. 由于健康主管没有要求比较这两者的大小, 故备择假设是双侧的, 所以提出的假设为

$$H_0 : \mu = 128, \quad H_1 : \mu \neq 128.$$

步骤 2: 给出检验统计量.

由上面讨论可知, 检验统计量可取为 $Z = \dfrac{\overline{X} - \mu_0}{\sigma/\sqrt{n}}$, 其中 $\mu_0 = 128$.

步骤 3: 给出拒绝域.

在显著性水平 $\alpha = 0.05$ 下, 由 (8.2.1) 得检验的拒绝域为

$$W = \left\{ |Z| = \left| \frac{\overline{X} - \mu_0}{\sigma/\sqrt{n}} \right| \geqslant z_{0.025} = 1.96 \right\}.$$

步骤 4: 判断.

由样本资料可计算得检验统计量的观测值 $z_0 = \dfrac{126.07 - 128}{15/\sqrt{72}} = -1.09$, 显然 $|z_0| = 1.09 < 1.96$, 因此我们作出不拒绝原假设的判断, 即认为该公司管理人员的心脏收缩压与一般的人群没有显著差异.

若要通过计算 P–值来作出判断, 则步骤 3 和步骤 4 转为

步骤 3′: 计算检验统计量的观测值和 P–值.

由样本资料可计算得 $z_0 = \dfrac{126.07 - 128}{15/\sqrt{72}} = -1.09$, 则由 (8.2.2) 有

$$P\text{–值} = P\left\{ \frac{|\overline{X} - \mu_0|}{\sigma/\sqrt{n}} \geqslant |-1.09| \right\} = 2(1 - \Phi(1.09)) = 0.275\,8.$$

步骤 4′: 判断.

由于 P–值 $> \alpha = 0.05$, 所以我们不能拒绝原假设, 即认为该公司管理人

员的心脏收缩压与一般的人群没有显著差异.

例 8.2.2　为了了解 A 高校学生的消费水平, 随机抽取 225 位学生调查其月消费 (近 6 个月的消费平均值), 得到该 225 位学生的平均月消费为 1 530 元. 假设学生月消费服从正态分布, 标准差为 $\sigma=120$ 元. 已知 B 高校学生的月平均消费为 1 550 元, 是否可以认为 A 高校学生的消费水平要低于 B 高校 ($\alpha=0.05$)?

▶ 实验
总体方差已知,
总体均值的假
设检验

解　设 A 高校学生的月消费额 $X\sim N(\mu,120^2)$.

步骤 1: 提出假设:

$$H_0:\mu=1\,550,\quad H_1:\mu<1\,550.$$

步骤 2: 给出检验统计量:

$$Z=\frac{\overline{X}-1\,550}{\sigma/\sqrt{n}}.$$

步骤 3: 给出拒绝域:

$$W=\{Z\leqslant -z_{\alpha}=-z_{0.05}=-1.645\}.$$

步骤 4: 判断. 根据题意, $\overline{x}=1\,530, \sigma=120, n=225$, 计算得

$$z_0=\frac{\overline{x}-1\,550}{\sigma/\sqrt{n}}=\frac{1\,530-1\,550}{120/\sqrt{225}}=-2.5,$$

即 $z_0\leqslant -z_{\alpha}=-1.645$, 所以拒绝原假设, 认为 A 高校学生的消费水平要低于 B 高校.

利用 $P-$值进行假设检验.

步骤 3′: 计算得

$$P-\text{值}=P\left\{\frac{\overline{X}-1\,550}{\sigma/\sqrt{n}}\leqslant\frac{1\,530-1\,550}{120/\sqrt{225}}\middle|\mu=1\,550\right\}=P\{Z\leqslant -2.5\}=0.006.$$

步骤 4′: 判断.

由于 $P-$值 $=0.006<\alpha=0.05$, 故同样是拒绝原假设.

设总体 $X\sim N(\mu,\sigma^2)$, μ 未知, σ^2 已知. 从总体 X 中抽取样本 $X_1,X_2,\cdots,X_n$, 设 μ_0 是已知常量, 要对 μ 是否大于或小于 μ_0 作单侧检验, 检验的 $P-$值可通过 "L.TEST(数据范围, μ_0,σ)" 来获得.

2. σ^2 未知

在实际应用中, 参数 σ^2 常常是未知的, 此时我们不能采用 Z 检验, 需要用

样本方差 S^2 来代替 σ^2, 从而得到检验统计量

$$T = \frac{\overline{X} - \mu_0}{S/\sqrt{n}}.$$

类似于前面的讨论, 为给出拒绝域或计算 $P-$值, 我们只需知道当 $\mu = \mu_0$ 时 T 的分布, 根据定理 6.3.3 有

$$T = \frac{\overline{X} - \mu_0}{S/\sqrt{n}} \sim t(n-1).$$

在给定样本值 $x_1, x_2, \cdots, x_n$ 时, 检验统计量的取值为 $t_0 = \dfrac{\overline{x} - \mu_0}{s/\sqrt{n}}$. 根据 t 分布, 我们可计算出相应的拒绝域和 $P-$值.

双侧假设问题

$$H_0: \mu = \mu_0, \quad H_1: \mu \neq \mu_0,$$

拒绝域为

$$W = \left\{ |T| = \left| \frac{\overline{X} - \mu_0}{S/\sqrt{n}} \right| \geqslant t_{\alpha/2}(n-1) \right\},$$

$P-$值为

$$P-值 = 2P\{t(n-1) \geqslant |t_0|\}.$$

左侧假设问题

$$H_0: \mu \geqslant \mu_0, \quad H_1: \mu < \mu_0,$$

拒绝域为

$$W = \left\{ T = \frac{\overline{X} - \mu_0}{S/\sqrt{n}} \leqslant -t_\alpha(n-1) \right\},$$

$P-$值为

$$P-值 = \sup_{\mu \geqslant \mu_0} P\{T \leqslant t_0\} = P\{t(n-1) \leqslant t_0\}.$$

右侧假设问题

$$H_0: \mu \leqslant \mu_0, \quad H_1: \mu > \mu_0,$$

拒绝域为

$$W = \left\{ T = \frac{\overline{X} - \mu_0}{S/\sqrt{n}} \geqslant t_\alpha(n-1) \right\},$$

P–值为

$$P\text{–值} = \sup_{\mu \leqslant \mu_0} P\{T \geqslant t_0\} = P\{t(n-1) \geqslant t_0\}.$$

上述检验通常称为 t 检验. 在实际应用中, σ^2 通常是未知的, 因此 t 检验要比 Z 检验应用更广泛.

例 8.2.3 要求某种元件的平均使用寿命不得低于 10 000 h, 生产者从一批这种元件中随机抽取 25 件, 测得其平均寿命为 9 650 h, 标准差为 1 000 h. 已知这批元件的寿命服从正态分布, 试在显著性水平 0.05 下确定这批元件是否合格.

▶ 实验
总体方差未知, 总体均值的假设检验

(解) 由题意, 这批元件的寿命 $X \sim N(\mu, \sigma^2)$, μ, σ^2 均未知. 根据样本资料, $\overline{x} = 9650 < 10\,000$, 我们希望支持的假设为 $\mu < 10\,000$. 因此, 假设问题为

$$H_0 : \mu \geqslant \mu_0 = 10\,000, \quad H_1 : \mu < 10\,000.$$

因为 σ^2 未知, 取检验统计量为

$$T = \frac{\overline{X} - \mu_0}{S/\sqrt{n}},$$

检验拒绝域为

$$W = \left\{T = \frac{\overline{X} - \mu_0}{S/\sqrt{n}} < -t_\alpha(n-1)\right\}.$$

将样本资料 $n = 25, \overline{x} = 9\,650, s = 1\,000$ 及 $t_{0.05}(24) = 1.710\,9$ 代入得

$$t_0 = \frac{\overline{x} - \mu_0}{s/\sqrt{n}} = -1.75 < -1.710\,9 = -t_{0.05}(24).$$

t_0 落在拒绝域内, 故拒绝原假设, 认为这批元件的平均寿命小于 10 000 h, 是不合格的.

同样可采用 P–值进行检验. 在 Excel 中利用 T.DIST$(-1.75, 24, 1)$ 计算 P–值得

$$P\text{–值} = P_{\mu=\mu_0}\{T \leqslant t_0\} = P\{t(24) \leqslant -1.75\} = 0.046\,4 < 0.05,$$

得到同样的判断. 但从 P–值可以看出, $0.01 < P\text{–值} = 0.046\,4 < 0.05$, 即在显著性水平 $\alpha = 0.01$ 下, 不能拒绝 H_0. P–值能告诉我们更确切的信息. 因此在实际应用中, 一般采用 P–值来报告检验的显著性.

(二) 成对数据的 t 检验

成对数据问题在 7.4 节中已做过介绍. 现在我们用假设检验的思想来考察某种降压药的效果. 假设 $(X_1,Y_1),(X_2,Y_2),\cdots,(X_n,Y_n)$ 分别是 n 个高血压患者在服药前、后的血压测量值, 差值 $D_i=X_i-Y_i\ (i=1,2,\cdots,n)$ 可以看成来自正态总体 $N(\mu_D,\sigma_D^2)$ 的样本. 为检验降压药是否有效, 就归结为检验如下假设问题:

$$H_0:\mu_D\leqslant 0,\quad H_1:\mu_D>0.$$

于是问题就变成了有关单个正态总体均值的假设检验. 记

$$\overline{D}=\frac{1}{n}\sum_{i=1}^{n}D_i,\quad S_D^2=\frac{1}{n-1}\sum_{i=1}^{n}(D_i-\overline{D})^2,$$

则检验统计量为

$$T=\frac{\overline{D}}{S_D/\sqrt{n}},$$

检验的拒绝域为

$$W=\{T\geqslant t_\alpha(n-1)\},$$

P–值为

$$P–\text{值}=\sup_{\mu_D\leqslant 0}P_{H_0}\{T\geqslant t_0\}=P\{t(n-1)\geqslant t_0\}.$$

对于双侧假设和左侧假设问题, 我们也可以类似讨论.

例 8.2.4　对某品牌矿泉水进行水质分析, 随机抽取 500 mL 装的 8 瓶矿泉水, 将每瓶各一半的水分别送到两个不同实验室进行检测. 下面是两个实验室对 8 瓶水中钾元素含量的测定结果 (单位: μg/100 mL):

实验室 A: 39　37　36　41　34　38　43　45

实验室 B: 35　38　37　39　36　40　41　42

假设两实验室的检测结果之差服从正态分布, 试检验这两个实验室的检测结果是否有显著差异 ($\alpha=0.05$).

㊎ 设 μ_D 为两个实验室对水中钾元素含量的测定结果的平均差值, 考虑双侧假设:

$$H_0:\mu_D=0,\quad H_1:\mu_D\neq 0.$$

由已知资料得两实验室测定结果的差值观测值 d_i 为

$$4 \quad -1 \quad -1 \quad 2 \quad -2 \quad -2 \quad 2 \quad 3$$

且有 $\overline{d} = 0.625$, $s_d = 2.387$. 将上述结果代入检验统计量, 得观测值为 $t_0 = 0.741$. 在 Excel 中利用 2*T.DIST.RT(0.741, 7) 计算得 P-值为

$$P\text{-值} = P_{H_0}\{|T| > |t_0|\} = 2P\{t(7) > 0.741\} = 0.483 > \alpha = 0.05.$$

因此, 我们没有充分的理由认为两实验室测量结果有显著差异.

对于上述的计算, Excel 中有两种可实现的方法.

方法一: 利用 T.TEST 函数可以计算成对数据的检验, 具体步骤如下:

(1) 将实验室 A, B 的数据输入 Excel 中, 设数据区域分别为 A1∶A8 和 B1∶B8;

(2) 在 Excel 中任选一空白单元格 (例如单元格 C1), 插入函数 ⇒ 选择 "T.TEST" ⇒ 在弹出的对话框的 "Arrayl" 中输入 "A1∶A8", "Array2" 中输入 "B1∶B8", "Tails" 中输入 "2" ("1" 代表单尾概率, "2" 代表双尾概率), "Type" 中输入 "1" ("1" 成对检验, "2" 代表双样本等方差假设, "3" 代表双样本异方差假设) ⇒ 确定后在单元格 C1 即可显示 P-值为 "0.482 994".

方法二: 采用 "数据分析" 工具得出, 具体步骤如下:

(1) 在 "数据" 菜单中点击 "数据分析", 在 "数据分析" 中选择 "t-检验: 平均值的成对二样本分析", 点击 "确定";

(2) 将 A 组的数据输入 "变量 1 的区域", 将 B 组的数据输入 "变量 2 的区域", "α" 为 0.05, 并点击 "确定", 则在指定的区域输出表 8.2.1.

◀表 8.2.1

t-检验: 成对双样本均值分析		
	变量 1	变量 2
平均	39.125 0	38.5
方差	13.553 6	6
观测值	8.000 0	8
泊松相关系数	0.768 3	
假设平均差	0.000 0	
df	7.000 0	
t Stat	0.740 7	
P(T<=t) 单尾	0.241 5	
t 单尾临界	1.894 6	
P(T<=t) 双尾	0.483 0	
t 双尾临界	2.364 6	

从输出结果可以看到,"P(T<=t) 双尾" 为 0.483 0, 即 $P-$值 $=0.483\ 0$.

例 8.2.5　为比较两种不同稻谷种子产量的高低, 选取了十块土质不同的土地, 将每块土地分为面积相同的两部分, 分别种植这两种种子, 设在每块土地的两部分管理条件完全相同. 收割后测算出各块土地的亩产量 (单位: kg) 如下:

▶实验 成对数据 t 检验

种子 A(x_i)	540	480	470	560	590	550	570	540	480	510
种子 B(y_i)	570	520	530	540	580	500	560	470	540	500
产量差 (d_i)	-30	-40	-60	20	10	50	20	70	-60	10

问这两种种子种植的谷物产量是否有显著差异 (取显著性水平为 0.05)?

㊮ 提出假设:

$$H_0: \mu_D = 0, \quad H_1: \mu_D \neq 0.$$

检验统计量为 $T = \dfrac{\overline{D}}{S_D\sqrt{n}}$, 检验拒绝域为

$$W = \{|T| \geqslant t_{\alpha/2}(n-1)\}.$$

查附表 3 得 $t_{0.025}(9) = 2.262\ 2$, 根据数据计算得 $\overline{d} = -2$, $s_d = 44.422$, 从而有

$$\frac{|\overline{d}|}{s_d/\sqrt{n}} = 0.142\ 4 < 2.262\ 2,$$

不能拒绝原假设, 即认为两种谷物产量没有显著差异.

在 Excel 中利用 2*T.DIST.RT(0.1424, 9) 计算 $P-$值得

$$P-\text{值} = P_{H_0}\{|T| \geqslant |t_0|\} = 2P\{t(n-1) \geqslant 0.142\ 4\} = 0.889\ 9,$$

同样不能拒绝原假设.

(三) 有关参数 σ^2 的假设检验

我们不妨假设参数 μ 是未知的, 其假设问题包括

双侧假设: $H_0: \sigma^2 = \sigma_0^2$, $H_1: \sigma^2 \neq \sigma_0^2$;

左侧假设: $H_0: \sigma^2 \geqslant \sigma_0^2$, $H_1: \sigma^2 < \sigma_0^2$;

右侧假设: $H_0: \sigma^2 \leqslant \sigma_0^2$, $H_1: \sigma^2 > \sigma_0^2$,

其中 σ_0^2 是已知的常量. 此时 σ^2 的无偏估计量

$$S^2=\frac{1}{n-1}\sum_{i=1}^{n}(X_i-\overline{X})^2,$$

且 $\dfrac{(n-1)S^2}{\sigma^2}\sim\chi^2(n-1)$. 因此, 可取检验统计量为

$$\chi^2=\frac{(n-1)S^2}{\sigma_0^2}.$$

当 $\sigma^2=\sigma_0^2$ 时, 检验统计量 χ^2 的分布是已知的, $\chi^2\sim\chi^2(n-1)$. 在给定显著性水平 α 时, 有检验拒绝域:

双侧检验: $W=\{\chi^2\geqslant\chi^2_{\alpha/2}(n-1)$ 或 $\chi^2\leqslant\chi^2_{1-\alpha/2}(n-1)\}$;

左侧检验: $W=\{\chi^2\leqslant\chi^2_{1-\alpha}(n-1)\}$;

右侧检验: $W=\{\chi^2\geqslant\chi^2_{\alpha}(n-1)\}$.

为了计算 P–值, 将样本值代入后得到检验统计量的值记为 χ_0^2, 即 $\chi_0^2=\dfrac{(n-1)s^2}{\sigma_0^2}$, 记

$$p_0=P_{\sigma^2=\sigma_0^2}\left\{\frac{(n-1)S^2}{\sigma_0^2}\leqslant\frac{(n-1)s^2}{\sigma_0^2}\right\}=P\{\chi^2(n-1)\leqslant\chi_0^2\}.$$

双侧检验:

$$H_0:\sigma^2=\sigma_0^2,\quad H_1:\sigma^2\neq\sigma_0^2,$$

P–值为

$$P\text{–值}=2\min\{p_0,1-p_0\}.$$

左侧检验:

$$H_0:\sigma^2\geqslant\sigma_0^2,\quad H_1:\sigma^2<\sigma_0^2,$$

P–值为

$$P\text{–值}=p_0.$$

右侧检验:

$$H_0:\sigma^2\leqslant\sigma_0^2,\quad H_1:\sigma^2>\sigma_0^2,$$

P–值为

$$P\text{–值}=1-p_0.$$

我们通常称上述检验为 χ^2 检验.

下面我们来解答例 8.1.2, 这是关于正态总体方差 σ^2 的假设检验问题, 需

检验下列假设:

$$H_0:\sigma^2\leqslant 36,\quad H_1:\sigma^2>36.$$

根据已知资料, 计算得到 $s^2=84$, 检验统计量的取值为

$$\chi_0^2=\frac{(n-1)s^2}{\sigma_0^2}=\frac{(3-1)\times 84}{36}=4.667.$$

若取 $\alpha=0.05$, 查表可得 $\chi_{0.05}^2(2)=5.991>4.667$. 因此我们不拒绝原假设, 即不认为该包装饼干的标准差超过 6 g.

我们也可在 Excel 中利用 CHISQ.DIST.RT$(4.667,2)$ 计算得

$$P-\text{值}=P\{\chi^2(2)>4.667\}=0.097>0.05,$$

作出同样的判断.

例 8.2.6 一个园艺学家正在培养一个新品种苹果, 这种苹果除口感好和颜色鲜艳外, 另一个重要特征是单个重量差异不大 (设对照品种的方差为 7).

►实验
单总体方差假设检验

为了评估新苹果, 他随机挑选了 25 个测试重量, 其样本方差为 4.25. 问新品种的方差是否比对照品种方差小 (取显著性水平为 0.05)?

解 要检验假设

$$H_0:\sigma^2\geqslant 7,\quad H_1:\sigma^2<7,$$

其拒绝域为

$$W=\left\{\frac{(n-1)S^2}{\sigma_0^2}\leqslant\chi_{1-\alpha}^2(n-1)\right\}.$$

根据数据资料计算得, 检验统计量的值为

$$\chi_0^2=\frac{(n-1)s^2}{\sigma_0^2}=14.571,$$

查附表 4 得 $\chi_{0.95}^2(24)=13.848$, 说明样本不落在拒绝域内, 从而不拒绝原假设, 即没有 95% 的把握认为方差小于 7. 另一方面, 在 Excel 中利用 CHISQ. DIST$(14.571,24,1)$ 计算得

$$P-\text{值}=P\{\chi^2(24)\leqslant 14.571\}\approx 0.067,$$

得到同样的结论.

8.3 两个正态总体参数的假设检验

在实际中, 常常会遇到比较两个总体均值或比较两种处理效应的问题, 这就需要分别从两个总体中抽取样本, 我们称之为两样本问题. 本节在两个正态总体的假定下, 考虑两样本问题, 包括均值的比较和方差的比较.

(一) 比较两个正态总体均值的假设检验

设正态总体 $X \sim N(\mu_1, \sigma_1^2), Y \sim N(\mu_2, \sigma_2^2), X_1, X_2, \cdots, X_{n_1}$ 和 $Y_1, Y_2, \cdots, Y_{n_2}$ 分别是来自这两个总体的独立样本. 记

$$\overline{X} = \frac{1}{n_1}\sum_{i=1}^{n_1} X_i, \quad S_1^2 = \frac{1}{n_1 - 1}\sum_{i=1}^{n_1}(X_i - \overline{X})^2,$$

$$\overline{Y} = \frac{1}{n_2}\sum_{j=1}^{n_2} Y_j, \quad S_2^2 = \frac{1}{n_2 - 1}\sum_{j=1}^{n_2}(Y_j - \overline{Y})^2.$$

考虑双侧假设问题:

$$H_0 : \mu_1 = \mu_2, \quad H_1 : \mu_1 \neq \mu_2. \tag{8.3.1}$$

显然, 当原假设 H_0 成立时, 两样本均值取值应比较接近, 即 $|\overline{X} - \overline{Y}|$ 取值偏小, 因此我们可取检验统计量为 $\overline{X} - \overline{Y}$. 为了确定检验拒绝域或计算 P-值, 我们分几种情况进行讨论.

1. σ_1^2 和 σ_2^2 已知

▶ 实验
双总体均值的检验

由定理 6.3.1 和正态分布的性质知, 检验统计量 $\overline{X} - \overline{Y} \sim N\left(\mu_1 - \mu_2, \dfrac{\sigma_1^2}{n_1} + \dfrac{\sigma_2^2}{n_2}\right)$. 那么当 (8.3.1) 中的 H_0 成立时, $\dfrac{\overline{X} - \overline{Y}}{\sqrt{\dfrac{\sigma_1^2}{n_1} + \dfrac{\sigma_2^2}{n_2}}} \sim N(0,1)$. 此时采用 Z 检验, 可得拒绝域为

$$W = \left\{ \frac{|\overline{X} - \overline{Y}|}{\sqrt{\dfrac{\sigma_1^2}{n_1} + \dfrac{\sigma_2^2}{n_2}}} \geqslant z_{\alpha/2} \right\},$$

P-值为

$$P\text{-值} = P_{H_0}\{|Z| \geqslant |z_0|\} = 2(1 - \Phi(|z_0|)),$$

其中 $Z \sim N(0,1), z_0$ 为给定样本值时检验统计量 $\dfrac{|\overline{X}-\overline{Y}|}{\sqrt{\dfrac{\sigma_1^2}{n_1}+\dfrac{\sigma_2^2}{n_2}}}$ 的取值.

在实际应用中 σ_1^2 和 σ_2^2 往往是未知的, 我们先考虑比较特殊的情形, 即两总体的方差相等时.

2. $\sigma_1^2=\sigma_2^2=\sigma^2$ 但未知

首先, 取参数 σ^2 的无偏估计量为

$$S_w^2=\frac{(n_1-1)S_1^2+(n_2-1)S_2^2}{n_1+n_2-2},$$

可取检验统计量为

$$T=\frac{\overline{X}-\overline{Y}}{S_w\sqrt{\dfrac{1}{n_1}+\dfrac{1}{n_2}}}. \tag{8.3.2}$$

由定理 6.3.4 知, 当 (8.3.1) 中的 H_0 成立时, $T \sim t(n_1+n_2-2)$. 则检验的拒绝域为

$$W=\{|T| \geqslant t_{\alpha/2}(n_1+n_2-2)\},$$

$P-$值为

$$P-\text{值}=P_{H_0}\{|T| \geqslant |t_0|\}=2P\{t(n_1+n_2-2) \geqslant |t_0|\},$$

其中 t_0 为给定样本值时检验统计量 T 的取值.

我们称上述检验为两样本精确 t 检验.

例 8.3.1　在例 7.4.6 的假定下, 检验男生和女生所配戴眼镜的平均价格是否有显著差异 $(\alpha=0.05)$?

(解) 设 μ_1 和 μ_2 分别是男生和女生所配戴眼镜的平均价格. 在两总体方差相同的假定下, 考虑双侧假设问题 (8.3.1). 将已知资料 $n_1=19, n_2=17, \overline{x}=342, \overline{y}=397, s_w^2=6\ 068.72$ 代入 (8.3.2) 中, 得检验统计量的观测值 $t_0=-2.115$, 在 Excel 中利用 2*T.DIST.RT(2.115, 24) 计算得

$$P-\text{值}=2P\{t(34) \geqslant 2.115\}=0.045.$$

因此, 我们有充分的理由认为男生和女生所配戴眼镜的平均价格是有显著差异的.

如果我们得到的是原始数据, 则可采用 Excel 中"数据分析"工具直接得出所要的结果. 具体的步骤与例 8.2.4 的 Excel 处理方法二类似, 只是在选择检验方法时, 要选择"t－检验: 双样本等方差假设".

下面考虑更一般的情形, 即两总体的方差不相等时.

3. $\sigma_1^2 \neq \sigma_2^2$ 且未知

我们分别以两样本方差 S_1^2, S_2^2 作为 σ_1^2 和 σ_2^2 的无偏估计, 可取检验统计量为

$$T = \frac{\overline{X} - \overline{Y}}{\sqrt{\dfrac{S_1^2}{n_1} + \dfrac{S_2^2}{n_2}}}. \tag{8.3.3}$$

当两样本容量都充分大时 (一般要求大于 30), 由大数定律和中心极限定理可得, 原假设 H_0 成立时统计量 T 近似服从标准正态分布 $N(0,1)$, 则检验拒绝域为

$$W = \{|T| \geqslant z_{\alpha/2}\},$$

P－值为

$$P\text{－值} = P_{H_0}\{|T| \geqslant |t_0|\} = 2P\{Z \geqslant |t_0|\}, \tag{8.3.4}$$

其中 $Z \sim N(0,1), t_0$ 为给定样本值时检验统计量的取值.

对于小样本情形, 当 H_0 成立时, (8.3.3) 中的统计量 T 近似服从 t 分布, 自由度为

$$k = \min\{n_1 - 1, n_2 - 1\}, \tag{8.3.5}$$

或更精确的近似自由度为

$$k = \frac{(S_1^2/n_1 + S_2^2/n_2)^2}{\dfrac{(S_1^2/n_1)^2}{n_1 - 1} + \dfrac{(S_2^2/n_2)^2}{n_2 - 1}}. \tag{8.3.6}$$

则检验的拒绝域为

$$W = \{|T| \geqslant t_{\alpha/2}(k)\},$$

P－值为

$$P\text{－值} = P_{H_0}\{|T| \geqslant |t_0|\} = 2P\{t(k) \geqslant |t_0|\}.$$

我们称上述小样本情形下的检验为两样本近似 t 检验.

注　对于比较两正态总体均值的单侧假设问题, 可类似给出左侧检验和右侧检验, 这里不做详细阐述.

例 8.3.2　杀虫剂 DDT 的毒性会引起哺乳动物的肌肉痉挛. 研究人员为了了解痉挛产生的原因进行了一项随机对比试验, 其中 6 只中毒的小白鼠为试验组, 6 只没有中毒的小白鼠为对照组, 检验 DDT 毒性的方法是对小白鼠的神经进行电子刺激. 在一般情况下, 当神经受到刺激时, 电子仪器上会显示出一个明显的尖峰信号, 随后的第二个尖峰信号会变得很弱, 而中毒的小白鼠的第二个尖峰信号显示则要比正常小白鼠强烈得多. 所以, 研究人员主要观测并测量小白鼠神经受到刺激时, 第二个尖峰信号的强度与第一个尖峰信号强度的百分比. 测量结果如下 (以% 计):

试验组的数据: 16.869　25.050　22.429　8.456　20.589　12.207

对照组的数据: 11.074　9.686　12.064　9.351　8.182　6.642

假设两组数据都来自正态总体, 试检验杀虫剂 DDT 的毒性是否会引起哺乳动物的肌肉痉挛 ($\alpha = 0.05$).

解　记 μ_1 和 μ_2 分别为试验组 (即中毒组) 和对照组小白鼠的第二个尖峰信号强度相对第一个尖峰信号强度的平均百分比. 要检验杀虫剂 DDT 的毒性是否会引起哺乳动物的肌肉痉挛, 需考虑右侧假设问题

$$H_0: \mu_1 \leqslant \mu_0, \quad H_1: \mu_1 > \mu_2.$$

由数据资料可以看到试验组的数据比对照组的数据更为分散, 不能认为两总体方差相等, 且注意到两组样本的样本容量均小于 30, 故需采用两样本近似 t 检验. 取式 (8.3.3) 中的检验统计量, 并取公式 (8.3.6) 的自由度. 由样本资料计算得 $\overline{x} = 17.6$, $\overline{y} = 9.499\,8$, $s_1 = 6.340\,1$, $s_2 = 1.950\,1$, t 分布的近似自由度为

$$k = \frac{(s_1^2/n_1 + s_2^2/n_2)^2}{\dfrac{(s_1^2/n_1)^2}{n_1 - 1} + \dfrac{(s_2^2/n_2)^2}{n_2 - 1}} \approx 5.94$$

(注　Excel 中 t 分布的自由度可以不是整数, 但按照附表 3 (t 分布表), 自由度是正整数, 因此近似可查自由度为 6 的 t 分布), 检验统计量的观测值为

$$t_0 = \frac{\overline{x} - \overline{y}}{\sqrt{\dfrac{s_1^2}{n_1} + \dfrac{s_2^2}{n_2}}} = 2.991\,2,$$

在 Excel 中利用 T.DIST.RT(2.991 2,6) 计算得

$$P-\text{值} = P\{t(6) > t_0\} = 0.012\,1.$$

因为 $0.012\,1 < 0.05$, 故我们有 98.79% 的把握拒绝原假设, 即认为试验组 (中毒组) 白鼠的第二个尖峰信号强度要显著强于对照组 (没有中毒组), 从而可以推断杀虫剂 DDT 的毒性会引起哺乳动物的肌肉痉挛.

上面的计算也可采用 Excel 直接得出, 具体步骤如下:

(1) 在 "数据" 菜单中点击 "数据分析", 在 "数据分析" 中选择 "t-检验: 双样本异方差假设", 点击 "确定".

(2) 将试验组的数据输入 "变量 1 的区域", 将对照组的数据输入 "变量 2 的区域", "α" 为 0.05, 点击 "确定", 则在指定的区域输出表 8.3.1.

◀表 8.3.1 两样本近似 t 检验

t-检验: 双样本异方差假设		
	变量 1	变量 2
平均	17.600 0	9.499 8
方差	40.197 5	3.802 7
观测值	6	6
假设平均差	0	
df	6	
t Stat	2.991 2	
P(T<=t) 单尾	0.012 1	
t 单尾临界	1.943 2	
P(T<=t) 双尾	0.024 3	
t 双尾临界	2.446 9	

(二) 比较两个正态总体方差的假设检验

▶ 实验 两总体方差的假设检验

在前面有关两正态总体均值的比较问题中, 当两总体的方差未知时, 我们首先需对两总体方差是否相等进行检验, 即考虑下列假设问题

$$H_0 : \sigma_1^2 = \sigma_2^2, \quad H_1 : \sigma_1^2 \neq \sigma_2^2. \tag{8.3.7}$$

取检验统计量为

$$F = \frac{S_1^2}{S_2^2}.$$

当 H_0 成立时, $F \sim F(n_1 - 1, n_2 - 1)$, 且此时 F 的取值既不能偏大也不能偏小, 因此检验的拒绝域为

$$W = \{F \geqslant F_{\alpha/2}(n_1 - 1, n_2 - 1) \quad \text{或} \quad F \leqslant F_{1-\alpha/2}(n_1 - 1, n_2 - 1)\}.$$

为了计算 P – 值, 将样本值代入后得到的检验统计量的值记为 f_0, 即 $f_0 = \frac{s_1^2}{s_2^2}$. 设

$$p_0 = P_{\sigma_1^2=\sigma_2^2}\left\{\frac{S_1^2}{S_2^2} \leqslant \frac{s_1^2}{s_2^2}\right\} = P\{F(n_1 - 1, n_2 - 1) \leqslant f_0\},$$

P – 值为

$$P\text{–值} = 2\min\{p_0, 1 - p_0\}.$$

左侧检验:

$$H_0 : \sigma_1^2 \geqslant \sigma_2^2, \quad H_1 : \sigma_1^2 < \sigma_2^2,$$

P – 值为

$$P\text{–值} = p_0.$$

右侧检验:

$$H_0 : \sigma_1^2 \leqslant \sigma_2^2, \quad H_1 : \sigma_1^2 > \sigma_2^2,$$

P – 值为

$$P\text{–值} = 1 - p_0.$$

注　在实际处理两样本问题时, 首先要检验两总体的方差是否相等 (方差齐性检验), 再进行两总体均值的比较. 如果在一定的显著性水平下, 检验结果为两总体方差相等, 则采用两样本精确 t 检验来比较两总体的均值; 否则采用两样本近似 z 检验或近似 t 检验来比较两总体的均值.

例 8.3.3　研究表明钙的摄入量与血压之间存在某种联系, 在某类人身上这种联系尤为显著. 这样的观察性研究并不能明确它们之间的因果关系, 因此

研究人员设计了一项随机比较试验. 试验的研究对象是 21 名健康的男性, 随机地抽取其中的 10 人为试验组, 向他们提供为期 12 周的含钙食物, 其余的 11 人接受等量的安慰剂. 试验是各自独立进行的, 响应变量为 12 周后对各试验对象测量其收缩压的下降值 (单位: mmHg).

服钙组: 7 −2 15 17 0 −3 1 8 9 −2

服安慰剂组: −1 12 −1 −3 3 −5 5 2 −11 −1 −3

试利用假设检验作出统计推断 ($\alpha = 0.05$).

㊁ 设 X 和 Y 分别为服钙组和服安慰剂组的收缩压下降值, 并且分别服从正态分布 $N(\mu_1, \sigma_1^2)$ 和 $N(\mu_2, \sigma_2^2)$. 根据样本资料得到计算结果如下:

$$n_1 = 10, \quad n_2 = 11, \quad \overline{x} = 5.000, \quad \overline{y} = -0.273, \quad s_1 = 7.272, \quad s_2 = 5.901.$$

首先比较两总体的方差是否相等, 即考虑假设 (8.3.7). 检验统计量的观测值为 $f_0 = \dfrac{s_1^2}{s_2^2} = 1.519$. 利用 Excel 得 $F_{0.025}(9, 10) = 3.779$, $F_{0.975}(9, 10) = 0.252$, 即有 $F_{0.975}(9, 10) < f_0 < F_{0.025}(9, 10)$, 所以我们不拒绝方差相等的假设. 或者在 Excel 中利用 2∗F.DIST.RT(1.519, 9, 10) 计算得

$$P\text{-值} = 2P\{F(9, 10) > 1.519\} = 0.523.$$

因为 $0.523 > 0.05$, 这同样说明不拒绝方差相等的假设. 下面采用精确 t 检验对两组均值进行比较, 因 $\overline{x} > \overline{y}$, 考虑两总体均值的右侧检验

$$H_0: \mu_1 \leqslant \mu_2, \quad H_1: \mu_1 > \mu_2.$$

两组合样本方差为

$$s_w^2 = \frac{(n_1 - 1)s_1^2 + (n_2 - 1)s_2^2}{n_1 + n_2 - 2} = 43.377,$$

检验统计量的观测值为

$$t_0 = \frac{\overline{x} - \overline{y}}{s_w\sqrt{\dfrac{1}{n_1} + \dfrac{1}{n_2}}} = 1.832,$$

在 Excel 中利用 T.DIST.RT(1.832, 19) 计算得

$$P\text{-值} = P\{t(19) > 1.832\} = 0.041 < 0.05.$$

因此, 我们作出拒绝原假设的判断, 从而有充分的理由认为增加食物中钙的含量会降低血压.

在 Excel 中, 有两种可以实现的方法.

方法一: 先利用 F.TEST 函数进行两样本的方差齐性检验, 再利用 T.TEST 函数进行两样本的均值比较, 例 8.3.3 的具体计算步骤如下:

(1) 将两组数据输入 Excel 中, 设数据区域分别为 A1∶A10 和 B1∶B11.

(2) 在 Excel 中任选一空白单元格 (例如单元格 C1), 插入函数 ⇒ 选择 “F.TEST” ⇒ 在弹出的对话框的 “Arrayl” 中输入 “A1∶A10”, “Array2” 中输入 “B1∶B11” ⇒ 确定后在单元格 C1 即可显示 $P-$值为 “0.523 29” (双侧概率), 因此认为两总体方差相同.

(3) 在 Excel 中任选一空白单元格 (例如单元格 C2), 插入函数 ⇒ 选择 “T.TEST” ⇒ 在弹出的对话框的 “Arrayl” 中输入 “A1∶A10”, “Array2” 中输入 “B1∶B11”, “Tails” 中输入 “1”, “Type” 中输入 “2” ⇒ 确定后在单元格 C2 即可显示 $P-$值为 “0.041 317”, 因此作出拒绝原假设的判断.

方法二: 可采用 Excel 中 “数据分析” 工具, 具体步骤如下:

(1) 在 “数据” 菜单中点击 “数据分析”, 在 “数据分析” 中选择 “F－检验　双样本方差”, 点击 “确定”.

(2) 将服钙组的数据输入 “变量 1 的区域”, 将服安慰剂组的数据输入 “变量 2 的区域”, “α” 为 0.05, 点击 “确定”, 则在指定的区域输出表 8.3.2.

◀表 8.3.2 双样本方差分析

F－检验　双样本方差分析		
	变量 1	变量 2
平均	5	−0.272 73
方差	52.888 89	34.818 18
观测值	10	11
df	9	10
F	1.519 002	
P(F<=f) 单尾	0.261 645	
F 单尾临界	3.020 383	

(3) 再在 “数据分析” 框内选择 “t－检验: 双样本等方差假设”, 点击 “确定”.

(4) 同步骤 (2), 在指定的区域输出表 8.3.3.

◀表 8.3.3 双样本等方差假设检验

t－检验: 双样本等方差假设		
	变量 1	变量 2
平均	5	−0.272 73
方差	52.888 89	34.818 18
观测值	10	11
合并方差	43.377 99	
假设平均差	0	
df	19	
t Stat	1.832 261	
P(T<=t) 单尾	0.041 317	
t 单尾临界	1.729 133	
P(T<=t) 双尾	0.082 635	
t 双尾临界	2.093 024	

例 8.3.4 对 8.1 节中的例 8.1.3 作出统计推断 ($\alpha = 0.05$).

解 设 X 和 Y 分别为每分钟男、女的脉搏次数, 它们分别服从正态分布 $N(\mu_1, \sigma_1^2)$ 和 $N(\mu_2, \sigma_2^2)$. 由已知数据计算得

$$n_1 = 16, \quad n_2 = 13, \quad \overline{x} = 65.313, \quad \overline{y} = 75.692, \quad s_1^2 = 56.363, \quad s_2^2 = 211.397.$$

样本方差 s_2^2 明显大于 s_1^2, 我们先考虑比较两总体方差的假设检验:

$$H_0 : \sigma_1^2 = \sigma_2^2, \quad H_1 : \sigma_1^2 \neq \sigma_2^2.$$

检验统计量的观测值为

$$f_0 = \frac{s_1^2}{s_2^2} = 0.267 < 1.$$

在 Excel 中利用 $\mathrm{F.DIST}(0.267, 15, 12, 1)$ 计算得

$$p_0 = P\{F(15, 12) < 0.267\} = 0.009\,1.$$

故

$$P\text{-值} = 2\min\{p_0, 1-p_0\} = 0.018.$$

因此认为两总体方差显著不相等, 且注意到两组样本的样本容量均小于 30, 故需采用近似 t 检验对两组均值进行比较. 因 $\overline{x} < \overline{y}$, 考虑两总体均值的左侧检验

$$H_0: \mu_1 \geqslant \mu_2, \quad H_1: \mu_1 < \mu_2.$$

检验统计量的观测值为

$$t_0 = \frac{\overline{x} - \overline{y}}{\sqrt{\dfrac{s_1^2}{n_1} + \dfrac{s_2^2}{n_2}}} = -2.334,$$

t 分布的近似自由度为 $k = \min\{n_1 - 1, n_2 - 1\} = 12$, 在 Excel 中利用 $\text{T.DIST}(-2.334, 12, 1)$ 计算得

$$P\text{-值} = P\{t(12) < -2.334\} = 0.019.$$

因此作出拒绝原假设的判断, 即有充分的理由认为女性平均每分钟脉搏次数要多于男性.

Excel 中例 8.3.4 的具体计算步骤如下:

(1) 将两组数据输入 Excel 表格中, 设数据区域分别为 A1∶A16 和 B1∶B13.

(2) 在 Excel 中任选一空白单元格 (例如单元格 C1), 插入函数 ⇒ 选择 “F.TEST” ⇒ 在弹出的对话框的 “Arrayl” 中输入 “A1∶A16”, “Array2” 中输入 “B1∶B13” ⇒ 确定后在单元格 C1 中即可显示 P-值为 “0.018 026” (双侧概率), 因此认为两总体方差不相同.

(3) 在 Excel 中任选一空白单元格 (例如单元格 C2), 插入函数 ⇒ 选择 “T.TEST” ⇒ 在弹出的对话框的 “Arrayl” 中输入 “A1∶A16”, “Array2” 中输入 “B1∶B13”, “Tails” 中输入 “1”, “Type” 中输入 “3” ⇒ 确定后在单元格 C2 中即可显示 P-值为 “0.016 028” (采用较精确的自由度的 t 检验), 因此作出拒绝原假设的判断.

正态总体均值和方差的检验法列于表 8.3.4 中.

◀表 8.3.4 正态总体均值、方差的检验法(显著性水平为 α)

	原假设 H_0	检验统计量	备择假设 H_1	拒绝域	检验统计量的取值	P-值
1	$\mu \leqslant \mu_0$ $\mu \geqslant \mu_0$ $\mu = \mu_0$ (σ^2 已知)	$Z=\dfrac{\overline{X}-\mu_0}{\sigma/\sqrt{n}}$	$\mu > \mu_0$ $\mu < \mu_0$ $\mu \neq \mu_0$	$Z \geqslant z_\alpha$ $Z \leqslant -z_\alpha$ $\lvert Z\rvert \geqslant z_{\alpha/2}$	$z_0=\dfrac{\overline{x}-\mu_0}{\sigma/\sqrt{n}}$	$1-\Phi(z_0)$ $\Phi(z_0)$ $2(1-\Phi(\lvert z_0\rvert))$
2	$\mu \leqslant \mu_0$ $\mu \geqslant \mu_0$ $\mu = \mu_0$ (σ^2 未知)	$T=\dfrac{\overline{X}-\mu_0}{S/\sqrt{n}}$	$\mu > \mu_0$ $\mu < \mu_0$ $\mu \neq \mu_0$	$T \geqslant t_\alpha(n-1)$ $T \leqslant -t_\alpha(n-1)$ $\lvert T\rvert \geqslant t_{\alpha/2}(n-1)$	$t_0=\dfrac{\overline{x}-\mu_0}{s/\sqrt{n}}$	$P\{t(n-1) \geqslant t_0\}$ $P\{t(n-1) \leqslant t_0\}$ $2P\{t(n-1) \geqslant \lvert t_0\rvert\}$
3	$\mu_1-\mu_2 \leqslant \delta$ $\mu_1-\mu_2 \geqslant \delta$ $\mu_1-\mu_2 = \delta$ (σ_1^2,σ_2^2 已知)	$Z=\dfrac{\overline{X}-\overline{Y}-\delta}{\sqrt{\dfrac{\sigma_1^2}{n_1}+\dfrac{\sigma_2^2}{n_2}}}$	$\mu_1-\mu_2 > \delta$ $\mu_1-\mu_2 < \delta$ $\mu_1-\mu_2 \neq \delta$	$Z \geqslant z_\alpha$ $Z \leqslant -z_\alpha$ $\lvert Z\rvert \geqslant z_{\alpha/2}$	$z_0=\dfrac{\overline{x}-\overline{y}-\delta}{\sqrt{\dfrac{\sigma_1^2}{n_1}+\dfrac{\sigma_2^2}{n_2}}}$	$1-\Phi(z_0)$ $\Phi(z_0)$ $2(1-\Phi(\lvert z_0\rvert))$
4	$\mu_1-\mu_2 \leqslant \delta$ $\mu_1-\mu_2 \geqslant \delta$ $\mu_1-\mu_2 = \delta$ ($\sigma_1^2=\sigma_2^2=\sigma^2$ 未知)	$T=\dfrac{\overline{X}-\overline{Y}-\delta}{S_w\sqrt{\dfrac{1}{n_1}+\dfrac{1}{n_2}}}$ $S_w^2=\dfrac{(n_1-1)S_1^2+(n_2-1)S_2^2}{n_1+n_2-2}$	$\mu_1-\mu_2 > \delta$ $\mu_1-\mu_2 < \delta$ $\mu_1-\mu_2 \neq \delta$	$T \geqslant t_\alpha(n_1+n_2-2)$ $T \leqslant -t_\alpha(n_1+n_2-2)$ $\lvert T\rvert \geqslant t_{\alpha/2}(n_1+n_2-2)$	$t_0=\dfrac{\overline{x}-\overline{y}-\delta}{s_w\sqrt{\dfrac{1}{n_1}+\dfrac{1}{n_2}}}$	$P\{t(n_1+n_2-2) \geqslant t_0\}$ $P\{t(n_1+n_2-2) \leqslant t_0\}$ $2P\{t(n_1+n_2-2) \geqslant \lvert t_0\rvert\}$
5	$\mu_1-\mu_2 \leqslant \delta$ $\mu_1-\mu_2 > \delta$ $\mu_1-\mu_2 = \delta$ ($\sigma_1^2 \neq \sigma_2^2$ 未知, 大样本情形)	$T=\dfrac{\overline{X}-\overline{Y}-\delta}{\sqrt{\dfrac{S_1^2}{n_1}+\dfrac{S_2^2}{n_2}}}$	$\mu_1-\mu_2 > \delta$ $\mu_1-\mu_2 < \delta$ $\mu_1-\mu_2 \neq \delta$	$T \geqslant z_\alpha$ $T \leqslant -z_\alpha$ $\lvert T\rvert \geqslant z_{\alpha/2}$	$t_0=\dfrac{\overline{x}-\overline{y}-\delta}{\sqrt{\dfrac{s_1^2}{n_1}+\dfrac{s_2^2}{n_2}}}$	$1-\Phi(t_0)$ $\Phi(t_0)$ $2(1-\Phi(\lvert t_0\rvert))$

续表

	原假设 H_0	检验统计量	备择假设 H_1	拒绝域	检验统计量的取值	P–值
6	$\mu_1-\mu_2\leqslant\delta$ $\mu_1-\mu_2\geqslant\delta$ $\mu_1-\mu_2=\delta$ ($\sigma_1^2\neq\sigma_2^2$ 未知)	$T=\dfrac{\overline{X}-\overline{Y}-\delta}{\sqrt{\dfrac{S_1^2}{n_1}+\dfrac{S_2^2}{n_2}}}$	$\mu_1-\mu_2>\delta$ $\mu_1-\mu_2<\delta$ $\mu_1-\mu_2\neq\delta$	$T\geqslant t_\alpha(k)$ $T\leqslant -t_\alpha(k)$ $\|T\|\geqslant t_{\alpha/2}(k)$ $k=\min\{n_1-1,n_2-1\}$ 或采用公式 (8.3.6)	$t_0=\dfrac{\overline{x}-\overline{y}-\delta}{\sqrt{\dfrac{s_1^2}{n_1}+\dfrac{s_2^2}{n_2}}}$	$P\{t(k)\geqslant t_0\}$ $P\{t(k)\leqslant t_0\}$ $2P\{t(k)\geqslant \|t_0\|\}$
7	$\sigma^2\leqslant\sigma_0^2$ $\sigma^2\geqslant\sigma_0^2$ $\sigma^2=\sigma_0^2$ (μ 未知)	$\chi^2=\dfrac{(n-1)S^2}{\sigma_0^2}$	$\sigma^2>\sigma_0^2$ $\sigma^2<\sigma_0^2$ $\sigma^2\neq\sigma_0^2$	$\chi^2\geqslant\chi_\alpha^2(n-1)$ $\chi^2\leqslant\chi_{1-\alpha}^2(n-1)$ $\chi^2\geqslant\chi_{\alpha/2}^2(n-1)$ 或 $\chi^2\leqslant\chi_{1-\alpha/2}^2(n-1)$	$\chi_0^2=\dfrac{(n-1)s^2}{\sigma_0^2}$	$P\{\chi^2(n-1)\geqslant\chi_0^2\}$ $P\{\chi^2(n-1)\leqslant\chi_0^2\}$ $2\min\{p_0,1-p_0\}$(其中 $p_0=P\{\chi^2(n-1)\leqslant\chi_0^2\}$)
8	$\sigma_1^2\leqslant\sigma_2^2$ $\sigma_1^2\geqslant\sigma_2^2$ $\sigma_1^2=\sigma_2^2$ (μ_1,μ_2 未知)	$F=\dfrac{S_1^2}{S_2^2}$	$\sigma_1^2>\sigma_2^2$ $\sigma_1^2<\sigma_2^2$ $\sigma_1^2\neq\sigma_2^2$	$F\geqslant F_\alpha(n_1-1,n_2-1)$ $F\leqslant F_{1-\alpha}(n_1-1,n_2-1)$ $F\geqslant F_{\alpha/2}(n_1-1,n_2-1)$ 或 $F\leqslant F_{1-\alpha/2}(n_1-1,n_2-1)$	$f_0=\dfrac{s_1^2}{s_2^2}$	$P\{F(n_1-1,n_2-1)\geqslant f_0\}$ $P\{F(n_1-1,n_2-1)\leqslant f_0\}$ $2\min\{p_0,1-p_0\}$(其中 $p_0=P\{F(n_1-1,n_2-1)\leqslant f_0\}$)
9	$\mu_D\leqslant\delta$ $\mu_D\geqslant\delta$ $\mu_D=\delta$ (成对数据)	$T=\dfrac{\overline{D}-\delta}{S_D/\sqrt{n}}$	$\mu_D>\delta$ $\mu_D<\delta$ $\mu_D\neq\delta$	$T\geqslant t_\alpha(n-1)$ $T\leqslant -t_\alpha(n-1)$ $\|T\|\geqslant t_{\alpha/2}(n-1)$	$t_0=\dfrac{\overline{d}-\delta}{s_d/\sqrt{n}}$	$P\{t(n-1)\geqslant t_0\}$ $P\{t(n-1)\leqslant t_0\}$ $2P\{t(n-1)\geqslant \|t_0\|\}$

*8.4 假设检验与区间估计

回顾第 7 章介绍的有关参数的区间估计和本章前面介绍的假设检验内容，我们可以发现这两者之间有着非常密切的联系. 下面我们来看方差已知时单个正态总体均值的假设检验与区间估计的关系.

设 $X_1, X_2, \cdots, X_n$ 是来自正态总体 $N(\mu, \sigma^2)$ 的样本, 其中方差 σ^2 已知. 由第 7 章的知识可知, μ 的置信水平为 $1-\alpha$ 的置信区间为

$$\left(\overline{X}-\frac{\sigma}{\sqrt{n}}z_{\alpha/2}, \overline{X}+\frac{\sigma}{\sqrt{n}}z_{\alpha/2}\right).$$

而对于均值 μ 的双侧假设问题

$$H_0: \mu=\mu_0, \quad H_1: \mu \neq \mu_0,$$

在给定的显著性水平 α 下, 检验的拒绝域为

$$W=\left\{\left|\frac{\overline{X}-\mu_0}{\sigma/\sqrt{n}}\right| \geqslant z_{\alpha/2}\right\},$$

从而检验的接受域为

$$\overline{W}=\left\{\left|\frac{\overline{X}-\mu_0}{\sigma/\sqrt{n}}\right|<z_{\alpha/2}\right\}=\left\{\overline{X}-\frac{\sigma}{\sqrt{n}}z_{\alpha/2}<\mu_0<\overline{X}+\frac{\sigma}{\sqrt{n}}z_{\alpha/2}\right\}.$$

如果把接受域中的 μ_0 改写成 μ, 所得结果正好是 μ 的置信水平为 $1-\alpha$ 的置信区间. 反过来, 我们也可由 μ 的置信水平为 $1-\alpha$ 的置信区间的结果推得 μ 的显著性水平为 α 的检验的接受域.

一般来说, 设 $X_1, X_2, \cdots, X_n$ 为来自总体 $X \sim F(x;\theta)$ 的样本. 如果双侧假设问题

$$H_0: \theta=\theta_0, \quad H_1: \theta \neq \theta_0$$

的显著性水平为 α 的检验的接受域 $\overline{W}$ 能等价地写成 $\widehat{\theta}_L<\theta_0<\widehat{\theta}_U$ 的形式, 那么 $(\widehat{\theta}_L, \widehat{\theta}_U)$ 是 θ 的置信水平为 $1-\alpha$ 的置信区间. 反之, 若 $(\widehat{\theta}_L, \widehat{\theta}_U)$ 是 θ 的置信水平为 $1-\alpha$ 的置信区间, 则当 $\theta_0 \in (\widehat{\theta}_L, \widehat{\theta}_U)$ 时, 我们没有充分的把握认为 $\theta \neq \theta_0$, 因此接受原假设 $H_0: \theta=\theta_0$. 显然, 这个检验的拒绝域为

$$W=\{\theta_0 \leqslant \widehat{\theta}_L \text{ 或 } \theta_0 \geqslant \widehat{\theta}_U\}.$$

例 8.4.1 某种产品的重量 X (单位: kg) 服从正态分布 $N(\mu, \sigma^2)$, μ 和 σ^2 均未知. 现测得 16 个产品的重量如下:

280	101	212	224	379	179	264	222
362	168	250	149	260	485	170	159

试给出 μ 的置信水平为 95% 的置信区间, 并推断是否有充分的理由认为产品的平均重量不等于 225 kg.

㊭ 根据第 7 章的知识, 可得 μ 的置信水平为 95% 的置信区间为

$$(\overline{X}-t_{0.025}(n-1)S/\sqrt{n}, \overline{X}+t_{0.025}(n-1)S/\sqrt{n}).$$

查 t 分布表得 $t_{0.025}(15)=2.131\ 5$, 且由样本资料得 $n=16$, $\overline{x}=241.5$, $s=98.726$. 代入得 μ 的置信水平为 95% 的置信区间为

$$(188.891\ 4, 294.108\ 6).$$

由于 $\mu_0=225$ 在区间 $(188.891\ 4, 294.108\ 6)$ 内, 故没有充分的理由认为产品的平均重量不等于 225 kg.

*8.5 拟合优度检验

前面两节的讨论, 是在假设总体服从正态分布的前提下, 对分布的参数进行的假设检验. 但在实际问题中, 有时不能预知总体服从什么类型的分布, 这时就需要先根据样本检验关于总体分布的假设. 设 $F(x)$ 是总体的未知的分布函数, 又设 $F_0(x)$ 是具有某种已知类型的分布函数, 但可能含有若干个未知参数, 需检验假设

$$H_0: F(x)=F_0(x). \tag{8.5.1}$$

统计中有关这类分布的假设检验称为拟合优度检验. 拟合优度检验的研究始于 1900 年英国统计学家皮尔逊提出的 χ^2 检验, 后来发展了许多方法. 本节主要介绍皮尔逊拟合优度 χ^2 检验.

皮尔逊 χ^2 检验的基本思想: 对总体 X 的取值分成互不相容的 k 类, 记

为 $A_1, A_2, \cdots, A_k$. 设 $X_1, X_2, \cdots, X_n$ 是来自该总体的样本, 并记 n_i 为样本值落在 A_i 类的个数. 当 H_0 中的 $F_0(x)$ 完全已知时, 我们可以计算 $p_i = P_{H_0}(A_i), i = 1, 2, \cdots, k$. 而当假设 H_0 中的 $F_0(x)$ 含有 r 个未知参数时, 要先在 $F_0(x)$ 的形式下利用极大似然法估计 r 个未知的参数, 然后求得 p_i 的估计 $\widehat{p}_i$. 当 H_0 为真时, n 个个体中属于 A_i 类的 "期望个数" 应为 np_i (或 $n\widehat{p}_i$). 在统计中, n_i 与 np_i (或 $n\widehat{p}_i$) 分别被称为实际频数与理论频数. 皮尔逊提出用统计量

$$\chi^2 = \sum_{i=1}^{k} \frac{(n_i - np_i)^2}{np_i} \left(\text{或 } \chi^2 = \sum_{i=1}^{k} \frac{(n_i - n\widehat{p}_i)^2}{n\widehat{p}_i} \right)$$

作为衡量实际频数与理论频数偏差的综合指标. 当 H_0 为真时, χ^2 的值偏小. 故检验的拒绝域为

$$W = \{\chi^2 \geqslant C\},$$

其中临界值 C 为待定常数. 皮尔逊证明了以下极限定理.

定理 8.5.1　若 n 充分大, 则当 H_0 为真时, 统计量 χ^2 近似服从 $\chi^2(k-r-1)$ 分布, 其中 k 为分类数, r 为 $F_0(x)$ 中含有的未知参数个数, 当 $F_0(x)$ 完全已知时, $r = 0$.

由上述定理知, 有关分布假设问题 (8.5.1) 的显著性水平近似等于 α 的检验的拒绝域为

$$W = \{\chi^2 \geqslant \chi^2_\alpha(k - r - 1)\},$$

或者可以通过计算 $P-$值来对原假设作出判断:

$$P\text{-值} = P\{\chi^2(k - r - 1) \geqslant \chi^2_0\},$$

其中 χ^2_0 为检验统计量 χ^2 的观测值. 我们称 $P-$值为所得数据原假设的拟合优度. $P-$值越大, 则越没有充分的理由拒绝原假设. 给定显著性水平 α, 当 $P-$值 $\leqslant \alpha$ 时, 就拒绝原假设.

注　在实际应用皮尔逊拟合优度 χ^2 检验时, 一般要求样本容量 $n \geqslant 50$, 且每一类的理论频数 np_i (或 $n\widehat{p}_i$)$\geqslant 5$, 如果某类的理论频数小于 5, 则应与相邻类进行合并.

例 8.5.1　根据 8.1 节中例 8.1.4 的数据, 利用皮尔逊拟合优度 χ^2 检验,

说明孟德尔豌豆遗传理论的合理性 ($\alpha = 0.05$).

㊎ 这是有关分类数据的假设检验, 我们可以定义随机变量

$$X = \begin{cases} 1, & \text{圆而黄的豌豆}, \\ 2, & \text{皱而黄的豌豆}, \\ 3, & \text{圆而绿的豌豆}, \\ 4, & \text{皱而绿的豌豆}, \end{cases}$$

并记事件 $A_i = \{X = i\}$, 概率 $P(A_i) = p_i, i = 1, 2, 3, 4$. 为检验孟德尔遗传理论是否合理, 需考虑假设问题:

$$H_0: p_1 = \frac{9}{16}, \quad p_2 = \frac{3}{16}, \quad p_3 = \frac{3}{16}, \quad p_4 = \frac{1}{16}.$$

由已知资料可得每一类 A_i 的实际频数 n_i 和理论频数 np_i, 如表 8.5.1 所示.

◀表 8.5.1 χ^2 检验计算表

i	n_i	np_i	$\dfrac{n_i^2}{np_i}$	i	n_i	np_i	$\dfrac{n_i^2}{np_i}$
1	315	312.75	317.27	3	101	104.25	97.85
2	108	104.25	111.88	4	32	34.75	29.47

则检验统计量的取值为

$$\chi^2 = \sum_{i=1}^{4} \frac{(n_i - np_i)^2}{np_i} = \sum_{i=1}^{4} \frac{n_i^2}{np_i} - n = 556.47 - 556 = 0.47.$$

查 χ^2 分布表得 $\chi^2_{0.05}(3) = 7.815 > 0.47$, 因此没有充分的理由否定该理论.

也可在 Excel 中利用 CHISQ.DIST.RT$(0.47, 3)$ 计算得

$$P\text{–值} = P\{\chi^2(3) > 0.47\} = 0.925 > 0.05,$$

作出同样的判断. 注意到 P–值为 0.925, 是一个很大的概率值, 说明根据这组样本, 没有充分的理由否定孟德尔遗传理论, 从而认为该理论是合理的.

Excel 还提供了 CHISQ.TEST 函数来快速计算以上的 P–值, 具体如下:

(1) 在单元格 A1~A4 中分别输入实际频数, 在单元格 B1~B4 中分别输入理论频数.

(2) 在 C1 单元格中输入 "=CHISQ.TEST(A1:A4, B1:B4)", 在单元格 C1 中即可显示 P–值为 "0.925 426".

但是有子集合并或有参数需要估计的情况下, 就不能用此函数了.

例 8.5.2 一网店店主搜集了一年中每天的订单数 X, 除春节期间及双十

一前后外, 按 330 天计, 具体数据如下:

订单数 X	0	1	2	3	4	5	6	7	8	9	10	11	12	13	16
天数	3	6	21	46	48	61	52	42	27	11	6	4	1	1	1

通常认为每天的订单数服从泊松分布, 以上数据是否支持这个结论 ($\alpha = 0.05$)?

▶ 实验
拟合优度检验计算

㊫ 考虑假设问题

$$H_0 : X \sim P(\lambda).$$

因为在 H_0 中参数 λ 是未知的, 所以首先利用极大似然法① 求得参数 λ 的估计为

$$\widehat{\lambda} = \overline{x} = \frac{1\,749}{330} = 5.3,$$

则

$$\widehat{p}_i = \widehat{P}\{X = i\} = \frac{\widehat{\lambda}^i}{i!}\mathrm{e}^{-\widehat{\lambda}},\ i = 0, 1, \cdots, 10,$$

$$\widehat{p}_{11} = \widehat{P}\{X \geqslant 11\} = \sum_{j=11}^{+\infty} \frac{\widehat{\lambda}^j}{j!}\mathrm{e}^{-\widehat{\lambda}}.$$

为计算检验统计量的值, 列表 8.5.2.

◀表 8.5.2 χ^2 检验计算表

订单数 X	0	1	2	3	4	5	6	7	8	9	10	$\geqslant 11$
天数 n_i	3	6	21	46	48	61	52	42	27	11	6	7
(合并)	9											
概率估计 $\widehat{p}_i$	0.005	0.026	0.070	0.124	0.164	0.174	0.154	0.116	0.077	0.045	0.024	0.021
(合并)	0.031											
理论频数 $n\widehat{p}_i$	1.65	8.58	23.10	40.92	54.12	57.42	50.82	38.28	25.41	14.85	7.92	6.93
(合并)	10.23											

注意到 $\{X = 0\}$ 的理论频数小于 5, 将 $\{X = 0\}$ 与 $\{X = 1\}$ 合并起来, 最后分为 11 组, 则检验统计量的取值为

$$\chi^2 = \sum_{i=1}^{11} \frac{(n_i - n\widehat{p}_i)^2}{n\widehat{p}_i} = \sum_{i=1}^{11} \frac{n_i^2}{n\widehat{p}_i} - n = 333.97 - 330 = 3.97,$$

查 χ^2 分布表得 $\chi^2_{0.05}(11 - 1 - 1) = \chi^2_{0.05}(9) = 16.92 > 3.97$, 因此没有充分的

① 一般在做拟合优度检验时, 对未知参数的估计要求采用极大似然估计, 因为近似的 χ^2 分布是在极大似然估计下得出的.

理由拒绝原假设, 即可以认为每天的订单数服从泊松分布.

在 Excel 中利用 CHISQ.DIST.RT(3.97, 9) 计算得

$$P\text{-值} = P\{\chi^2(9) > 3.97\} = 0.913 > 0.05,$$

作出同样的判断.

例 8.5.3　从某医院收集到 168 名新生女婴儿的体重数据 (单位: g), 试问这些数据是否来自正态总体 (取 $\alpha = 0.1$)?

2 880	2 440	2 700	3 500	3 500	3 600	3 080	3 860	3 200	3 100	3 180	3 200
3 300	3 020	3 040	3 420	2 900	3 440	3 000	2 620	2 720	3 480	3 320	3 000
3 120	3 180	3 220	3 160	3 940	2 620	3 120	2 520	3 060	2 620	3 400	2 160
2 960	2 980	3 000	3 020	3 760	3 500	3 060	3 160	2 700	3 500	3 080	3 100
2 860	3 500	3 000	2 520	3 660	3 200	3 140	3 100	3 520	3 640	3 500	2 940
3 620	2 860	3 300	3 800	2 140	3 080	3 420	2 900	3 650	3 400	2 900	2 980
3 000	2 880	3 400	3 400	3 380	3 820	3 240	2 640	3 020	2 520	2 400	3 420
3 640	2 800	2 800	3 500	3 440	3 240	3 120	2 800	3 300	2 920	2 900	3 400
3 300	3 260	2 540	3 200	3 200	3 300	4 000	3 400	3 400	2 700	2 700	2 920
3 300	3 140	2 300	2 200	3 160	2 700	2 900	3 180	3 400	3 160	2 440	3 640
2 620	3 100	2 980	3 200	3 100	3 260	3 100	3 160	3 540	3 100	2 840	3 660
2 820	3 140	3 800	3 000	2 800	2 660	3 600	3 760	2 540	2 780	2 760	2 380
3 500	3 300	3 200	3 400	3 460	3 220	3 100	3 120	3 280	2 560	2 940	2 840
3 400	3 420	3 400	3 500	3 740	2 820	3 100	2 820	3 880	2 500	3 400	3 540

㊣解　为检验以上数据是否来自正态总体, 我们先通过绘制直方图来粗略地了解这些数据的分布情况. 步骤如下:

(1) 找出数据的最小值和最大值, 分别为 2 140 和 4 000, 取区间 [2 100.5, 4 100.5], 它能覆盖 [2 140, 4 000];

(2) 将区间 [2 100.5, 4 100.5] 等分为 10 个小区间, 小区间长度 $\Delta = \dfrac{4\,100.5 - 2\,100.5}{10} = 200$, Δ 称为组距, 小区间的端点称为组限, 建立下表:

组限	频数 n_i	频率 $\frac{n_i}{n}$	累积频率	组限	频数 n_i	频率 $\frac{n_i}{n}$	累积频率
2 100.5 − 2 300.5	4	0.023 8	0.023 8	3 100.5 − 3 300.5	36	0.214 3	0.684 5
2 300.5 − 2 500.5	5	0.029 8	0.053 6	3 300.5 − 3 500.5	31	0.184 5	0.869 0
2 500.5 − 2 700.5	17	0.101 2	0.154 8	3 500.5 − 3 700.5	12	0.071 4	0.940 5
2 700.5 − 2 900.5	21	0.125 0	0.279 8	3 700.5 − 3 900.5	8	0.047 6	0.988 1
2 900.5 − 3 100.5	32	0.190 5	0.470 2	3 900.5 − 4 100.5	2	0.011 9	1.000 0

(3) 自左向右在各小区间上作以 $\frac{n_i}{n}\cdot\frac{1}{\Delta}$ 为高的小矩形, 如图 8.5.1 所示.

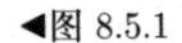
◀图 8.5.1

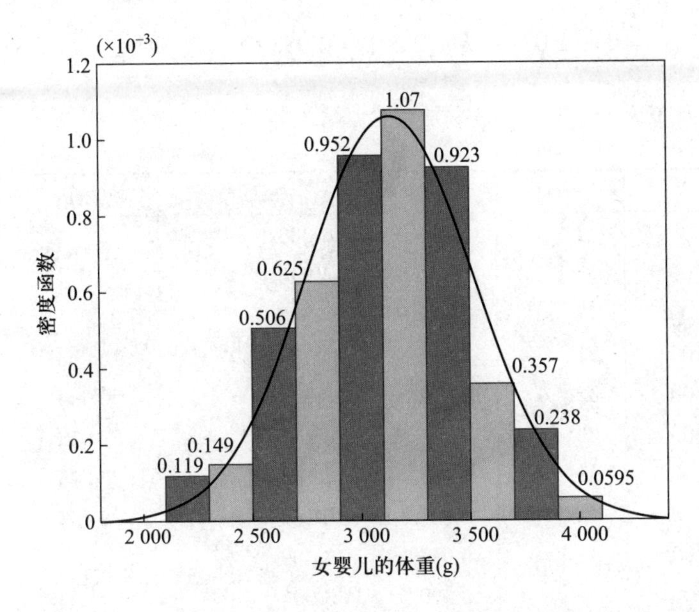

这样的图形叫直方图. 显然, 每个小矩形的面积等于数据落在该小区间上的频率 $\frac{n_i}{n}$, 由于当 n 充分大时, 频率接近于概率, 因而一般来说, 每个小区间上小矩形的面积接近于密度函数曲线之下该小区间之上的曲边梯形的面积, 从而直方图的轮廓曲线接近于总体的密度函数曲线. 从本例的直方图来看, 它有一个峰, 中间高、两头低, 比较对称, 和正态分布的样子很相似. 下面我们作皮尔逊拟合优度 χ^2 检验. 设随机变量 X 为新生女婴儿的体重, 需检验假设

$$H_0: X \sim N(\mu, \sigma^2).$$

因 H_0 中的参数 μ 和 σ^2 未知, 先利用极大似然法得到 μ, σ^2 的估计值分别为

$$\widehat{\mu} = \overline{x} = 3\,128.75, \quad \widehat{\sigma}^2 = \frac{1}{n}\sum_{i=1}^{n}(x_i - \overline{x})^2 = 142\,307.366\,1 = 377.236^2.$$

我们将 X 的可能取值分成 10 个小区间, 并取事件 A_i 如表 8.5.3 第一列所示. 当 H_0 成立时, $X \sim N(3\,128.75, 377.236^2)$, 利用正态分布表或 Excel 可计算得每一事件 A_i 的概率估计值为 $\widehat{p}_i = P(A_i)$, 例如

$$\begin{aligned}\widehat{p}_1 &= P(A_1) = P\{X \leqslant 2\,300.5\}\\ &= \varPhi\left(\frac{2\,300.5 - 3\,128.75}{377.236}\right) = \varPhi(-2.20) = 0.013\,9,\\ \widehat{p}_2 &= P(A_2) = P\{2\,300.5 < X \leqslant 2\,500.5\}\end{aligned}$$

$$
\begin{aligned}
&= \varPhi\left(\frac{2\,500.5-3\,128.75}{377.236}\right)-\varPhi\left(\frac{2\,300.5-3\,128.75}{377.236}\right)\\
&= \varPhi(-1.67)-\varPhi(-2.20)=0.033\,6.
\end{aligned}
$$

计算结果列于表 8.5.3.

表 8.5.3 χ^2 检验计算表

A_i	n_i	$\widehat{p}_i$	$n\widehat{p}_i$	$n_i^2/n\widehat{p}_i$
$A_1: -\infty < x \leqslant 2\,300.5$	4 } 9	0.013 9	2.335 } 7.980	10.150
$A_2: 2\,300.5 < x \leqslant 2\,500.5$	5	0.033 6	5.645	
$A_3: 2\,500.5 < x \leqslant 2\,700.5$	17	0.079 6	13.373	21.611
$A_4: 2\,700.5 < x \leqslant 2\,900.5$	21	0.143 8	24.158	18.255
$A_5: 2\,900.5 < x \leqslant 3\,100.5$	32	0.201 2	33.802	30.294
$A_6: 3\,100.5 < x \leqslant 3\,300.5$	36	0.205 1	34.457	37.612
$A_7: 3\,300.5 < x \leqslant 3\,500.5$	31	0.161 7	27.166	35.375
$A_8: 3\,500.5 < x \leqslant 3\,700.5$	12	0.096 8	16.262	8.855
$A_9: 3\,700.5 < x \leqslant 3\,900.5$	8 } 10	0.044 1	7.409 } 10.803	9.257
$A_{10}: 3\,900.5 < x < \infty$	2	0.020 2	3.394	
合计				171.409

表中第一组和第十组的理论频数分别为 2.335 和 3.394, 均小于 5, 故应与相邻类进行合并, 即最后分为 8 组, 亦即 $k=8$. 检验统计量的观测值为 $\chi_0^2=171.409-168=3.409$, 而查 χ^2 分布表得 $\chi_{0.1}^2(k-r-1)=\chi_{0.1}^2(8-2-1)=\chi_{0.1}^2(5)=9.236>3.409$, 因此在显著性水平 0.1 下接受 H_0, 即认为数据来自正态分布总体.

*8.6 列联表的独立性检验

在实际应用中, 有时会遇到按两个或更多个特性分类的数据, 即涉及两个或更多个分类变量问题. 如何判断这些分类变量是否存在相关性呢? 本节将通过列联表的独立性检验来讨论此类问题, 其本质是皮尔逊拟合优度 χ^2 检验的一种推广. 在给出它的具体推断过程前, 先来看个例子.

例 8.6.1　在某地随机抽取 1 000 人, 按性别 (男、女) 和色觉 (正常、色盲) 两个特性进行分类, 并统计各类数目, 得到如下数据:

	男	女	合计
正常	442	514	956
色盲	38	6	44
合计	480	520	1000

试根据上述数据, 在显著性水平 $\alpha = 0.01$ 下检验性别与色盲这两个特性是否相互独立, 即需检验假设

$$H_0: \text{性别与色盲相互独立.}$$

该例数据的呈现方式称为二维列联表, 或称为 2×2 列联表, 有时简称为 2×2 表或四格表.

一般地, 假定 n 个随机试验结果 (或 n 个个体) 根据两个特性 X_1 和 X_2 进行分类, 若 X_1 中有 r 类 $A_1, A_2, \cdots, A_r, X_2$ 中有 s 类 $B_1, B_2, \cdots, B_s, r, s \geqslant 2$. 属于 A_i 和 B_j 的个体的数目 (各类的频数) 为 n_{ij}, $i = 1, 2, \cdots, r$, $j = 1, 2, \cdots, s$, 就得到如下的二维列联表, 即 $r \times s$ 列联表:

	B_1	B_2	$\cdots$	B_s	合计
A_1	n_{11}	n_{12}	$\cdots$	n_{1s}	$n_{1\cdot}$
A_2	n_{21}	n_{22}	$\cdots$	n_{2s}	$n_{2\cdot}$
$\vdots$	$\vdots$	$\vdots$	$\ddots$	$\vdots$	$\vdots$
A_r	n_{r1}	n_{r2}	$\cdots$	n_{rs}	$n_{r\cdot}$
合计	$n_{\cdot 1}$	$n_{\cdot 2}$	$\cdots$	$n_{\cdot s}$	n

要检验的是两个特性 X_1 和 X_2 是否相互独立, 即需检验假设

$$H_0 : X_1 \text{ 与 } X_2 \text{ 相互独立}, \quad H_1 : X_1 \text{ 与 } X_2 \text{ 不独立}.$$

为了更加明确地表述检验问题, 记总体为 X, 它是二维随机变量 (X_1, X_2), 其中 X_1 被分成 r 类 $A_1, A_2, \cdots, A_r, X_2$ 被分成 s 类 $B_1, B_2, \cdots, B_s$. 并设

$$P(X \in A_i \cap B_j) = P(X_1 \in A_i \text{ 且 } X_2 \in B_j) = p_{ij}, \quad i = 1, 2, \cdots, r; j = 1, 2, \cdots, s.$$

又记

$$p_{i\cdot} = \sum_{j=1}^{s} p_{ij} = P(X_1 \in A_i), \quad p_{\cdot j} = \sum_{i=1}^{r} p_{ij} = P(X_2 \in B_j).$$

这里必有

$$\sum_{i=1}^{r} p_{i\cdot} = \sum_{j=1}^{s} p_{\cdot j} = 1.$$

那么当 X_1 与 X_2 两个特性相互独立时, 应对所有的 i, j, 有

$$p_{ij} = p_{i\cdot} p_{\cdot j}.$$

因此检验问题即为

$$H_0: p_{ij} = p_{i\cdot} p_{\cdot j}, \quad \forall i, j, \quad H_1: \text{ 至少有一对 } (i,j) \text{ 使 } p_{ij} \neq p_{i\cdot} p_{\cdot j}.$$

当 $p_{i\cdot}, p_{\cdot j}$ 已知时, 考虑 $\displaystyle\sum_{i=1}^{r}\sum_{j=1}^{s} \frac{(n_{ij} - np_{ij})^2}{np_{ij}}$, 取检验统计量为

$$\chi^2 = \sum_{i=1}^{r}\sum_{j=1}^{s} \frac{(n_{ij} - np_{i\cdot} p_{\cdot j})^2}{np_{i\cdot} p_{\cdot j}}. \tag{8.6.1}$$

在 H_0 为真, n 充分大时, 该统计量的近似分布为 χ^2 分布, 自由度为 $rs - 1$. 则拒绝域为 $\{\chi^2 > \chi^2_\alpha(rs-1)\}$.

如果 $p_{i\cdot}, p_{\cdot j}$ 未知, 那么需要对于 $r+s$ 个参数进行估计. 但由于 $\displaystyle\sum_{i=1}^{r} p_{i\cdot} = 1$, $\displaystyle\sum_{j=1}^{s} p_{\cdot j} = 1$, 也就是独立参数只有 $r+s-2$ 个. 注意到 $p_{i\cdot}, p_{\cdot j}$ 的极大似然估计为

$$\widehat{p}_{i\cdot} = \frac{n_{i\cdot}}{n}, \quad \widehat{p}_{\cdot j} = \frac{n_{\cdot j}}{n},$$

则取检验统计量为

$$\chi^2 = \sum_{i=1}^{r}\sum_{j=1}^{s} \frac{(n_{ij} - n\widehat{p}_{i\cdot}\widehat{p}_{\cdot j})^2}{n\widehat{p}_{i\cdot}\widehat{p}_{\cdot j}}.$$

可以证明在 H_0 为真, n 充分大时, 其近似分布仍然为 χ^2 分布, 但自由度为

$$rs - (r+s-2) - 1 = (r-1)(s-1),$$

故拒绝域为 $\{\chi^2 > \chi^2_\alpha((r-1)(s-1))\}$.

对于例 8.6.1 中的色盲与性别问题, 可取检验统计量为

$$\chi^2 = \sum_{i=1}^{r}\sum_{j=1}^{s} \frac{(n_{ij} - n\widehat{p}_{i\cdot}\widehat{p}_{\cdot j})^2}{n\widehat{p}_{i\cdot}\widehat{p}_{\cdot j}}.$$

则拒绝域为 $\{\chi^2 > \chi^2_\alpha((r-1)(s-1))\}$. 现 $r = s = 2, \alpha = 0.01$, 查表得 $\chi^2_\alpha((r-1)(s-1)) = \chi^2_{0.01}(1) = 6.6349$, 那么拒绝域为 $\{\chi^2 > 6.6349\}$. 下面计算统计量的值. 以 $\widehat{n}_{ij} = n\widehat{p}_{i\cdot}\widehat{p}_{\cdot j} = \dfrac{n_{i\cdot}n_{\cdot j}}{n}$ 构造另一个 2×2 列联表:

$n\widehat{p}_{i\cdot}\widehat{p}_{\cdot j}$	男	女	合计
正常	458.88	497.12	956
色盲	21.12	22.88	44
合计	480	520	1000

由此可得

$\dfrac{(n_{ij}-\widehat{n}_{ij})^2}{\widehat{n}_{ij}}$	男	女	合计
正常	0.6209	0.5732	1.1941
色盲	13.4912	12.4534	25.9446
合计	14.1121	13.0266	27.1387

注意到 $6.6349 < 27.1387$, 因此在显著性水平 0.01 下拒绝 H_0, 认为色盲与性别两特性不独立.

或通过计算 P–值来对假设进行判断:

$$P\text{–值} = P\{\chi^2(1) > 27.1387\} = 1.8937 \times 10^{-7} < 0.01,$$

也可得到相同的结论.

在实际操作中, 还有几点值得注意:

注 1 当 $r=s=2$ 时, 即 2×2 列联表下, 检验统计量 (8.6.1) 可以写为

$$\frac{n\left(n_{11}n_{22}-n_{12}n_{21}\right)}{n_{1\cdot}n_{2\cdot}n_{\cdot 1}n_{\cdot 2}}$$

注 2 列联表的独立性检验中所考虑的特性可以多于 2 个, 此时称为多重列联表, 其检验思想与二重列联表相类似, 但计算会更加复杂.

注 3 在实际应用列联表的独立性检验时. 一般要求检验结果个数 $n \geqslant 50$, 且每一类的理论频数 $np_{i\cdot}p_{\cdot j}$(或 $n\widehat{p}_{i\cdot}\widehat{p}_{\cdot j}$) $\geqslant 5$.

注 4 当特性的指标为连续变量时, 可采用类似 8.5 节的处理方式, 先按可能取值范围分成有限个类, 进行离散化处理, 并统计各类频数, 再结合列联表进行独立性检验.

思考题八

1. 如何理解假设检验问题中的两类错误? 两类错误的概率有什么关系? 如何理解奈曼–皮尔逊原则?
2. 如何理解小概率原理在假设检验中的应用?
3. 分别利用 P–值和显著性水平 α 说明检验的统计显著性.

4. 有关参数的假设检验和分布的假设检验中, 如何根据样本资料合理地设置原假设和备择假设?
5. 对于同一组样本资料, 在给定的显著性水平 α 下, 如果将右侧检验: $H_0:\theta\leqslant\theta_0$, $H_1:\theta>\theta_0$ 更换成左侧检验: $H_0:\theta\geqslant\theta_0$, $H_1:\theta<\theta_0$, 检验结果有什么区别?
6. 对于一个假设检验问题, 设 $\alpha_1>\alpha_2$, 如果出现 "在显著性水平 α_1 下拒绝原假设, 而在显著性水平 α_2 下接受原假设", 这矛盾吗? 如何理解此结果?
7. 假设检验和区间估计有什么关系?
8. 说明皮尔逊拟合优度 χ^2 检验的基本思想.

习题八

(A)

A1. 一家大型超市接到许多消费者投诉某品牌袋装土豆片 (标注 60 克/袋) 的重量不符合标准. 为了维护消费者和供应商的利益, 超市管理员决定对下一批袋装土豆片的平均重量 μ (单位: g) 进行抽样检验, 提出如下原假设和备择假设:

$$H_0:\mu\geqslant 60,\quad H_1:\mu<60.$$

(1) 分析这一假设检验问题的第 Ⅰ 类错误和第 Ⅱ 类错误;

(2) 从消费者和供应商的角度出发, 你认为他们分别希望控制犯哪类错误的概率?

A2. 电视机显像管的质量标准是平均使用寿命为 15 000 h. 某电视机厂宣称其生产的显像管平均寿命大大高于规定的标准. 为了对此说法进行验证, 随机抽取了 100 件该厂生产的显像管, 测得平均使用寿命为 15 525 h. 假设该厂生产的显像管的寿命 $X\sim N(\mu,1500^2)$, 利用假设检验推断是否有充分的理由认为该厂的显像管寿命显著地高于规定的标准 (显著性水平 $\alpha=0.05$).

(1) 给出检验的原假设、备择假设、检验统计量和拒绝域, 并根据样本资料作出判断;

(2) 计算 P–值作出推断, 和 (1) 的判断结果是否一致?

A3. 食品厂用自动装罐机装罐头食品, 每罐的标准重量为 500 g. 为了检测机器是否正常工作, 每隔一定的时间进行抽样检验. 现随机抽得 10 罐, 测得平均重量为 498 g, 标准差为 6.5 g. 假定罐头的重量服从正态分布, 利用假设检验推断机器的工作是否正常 ($\alpha=0.02$).

(1) 给出检验的原假设、备择假设、检验统计量和拒绝域, 并根据样本资料作出判断;

(2) 计算 P–值并作出推断, 和 (1) 的判断结果是否一致?

A4. 某高校管理部门为了解在校学生外卖消费情况, 随机抽查 100 名学生, 询问他们上个月的外卖消费额, 计算得平均消费额为 478 元, 消费标准差为 85 元. 设该校学生外卖消费额服

从正态分布 $N(\mu,\sigma^2)$, 在显著性水平 $\alpha=0.05$ 下, 检验如下假设:

$$H_0:\mu\leqslant 450,\quad H_1:\mu>450.$$

请给出检验统计量, 计算 P–值并作出推断.

A5. 一调查咨询公司对某论坛的日发帖量进行为期 2 周的调查, 记录每天的日发帖量, 计算得 14 天的日平均发帖量为 506 条, 标准差为 6.26 条. 假定该论坛的日发帖量服从正态分布, 问是否有充分的理由认为该论坛的日平均发帖量小于 510 条 ($\alpha=0.05$)?

A6. 某汽车厂商宣称他们生产的汽车平均每公升汽油可行驶 15 km 以上. 为验证该广告的真实性, 随机选取 10 辆汽车进行测试, 记录每辆车每公升汽油行驶的里程数, 得到如下数据:

14.8 15.1 16.9 14.8 13.7 12.9 13.5 14.9 15.4 13.5

假设数据服从正态分布, 利用假设检验分析该广告的可靠性 ($\alpha=0.05$).

A7. 根据《中国居民营养与慢性病状况报告 (2015)》, 全国 18 岁及以上成年男性的平均身高为 1.67 m. 现从我国某地区随机抽选 400 名成年男子, 测得身高的平均值为 1.69 m, 标准差为 0.042 m. 设该地区男子身高服从 $N(\mu,\sigma^2)$, 问该地区男子的身高是否显著高于全国平均水平 ($\alpha=0.05$)?

A8. 为了解某犬类疫苗注射后是否会使得犬的体温升高, 随机选择 9 只狗, 记录它们注射疫苗前后的体温 (单位: ℃):

编号	1	2	3	4	5	6	7	8	9
注射前体温/℃	37.5	37.7	38.1	37.9	38.3	38.5	38.1	37.6	38.4
注射后体温/℃	37.7	38.0	38.2	37.9	38.2	38.8	38.0	37.5	38.8

设注射疫苗前后体温差服从正态分布, 试用成对数据的假设检验推断是否有充足的理由认为狗注射该疫苗后体温显著升高 ($\alpha=0.05$).

A9. 一减肥药广告宣称: 减肥者服用 2 周后, 体重会明显下降. 消费者协会为了对该减肥药的减肥效果进行评估, 随机抽选 10 位服用该减肥药的顾客, 记录其服用减肥药前和服用减肥药 2 周后的体重 (单位: kg):

编号	1	2	3	4	5	6	7	8	9	10
服药前体重/kg	66	70	56	58	49	75	63	56	48	75
服药后体重/kg	68	65	54	59	45	70	60	50	47	68

设服药前后体重差服从正态分布, 试用成对数据的假设检验分析该广告是否可靠 ($\alpha=0.05$).

A10. 某经销代理商和乳业公司的合约里要求 225 mL 盒装牛奶的容量标准差不可超过 8 mL, 否则就予以退货. 现随机抽取 15 盒牛奶, 测得容量 (单位: mL) 如下:

230 223 228 229 220 215 217 231 220
223 230 224 226 228 227

假设样本来自正态总体 $N(\mu,\sigma^2)$, 其中 $-\infty<\mu<+\infty, \sigma>0$ 均未知. 在显著性水平 $\alpha=0.05$ 下, 通过计算 P-值来检验假设

$$H_0:\sigma\geqslant 8,\quad H_1:\sigma<8.$$

A11. 已知某厂生产的某种零件的长度 (单位: cm) 服从正态分布, 要求零件的标准长度为 15 cm, 标准差不超过 0.2 cm. 现从该厂中随机抽取 16 只零件, 测得长度如下:

15.1 14.9 14.8 14.6 15.2 14.8 14.9 14.6
14.8 15.1 15.3 14.7 15.0 15.2 15.1 14.7

利用假设检验推断这批零件是否符合标准要求 ($\alpha=0.05$).

A12. 下列数据为 A, B 两个煤矿开采的每吨煤产生的热量记录 (单位: 4.186×10^3 J):

A 矿	8 500	8 330	8 480	7 960	8 030
B 矿	7 710	7 890	7 920	8 270	7 860

假设样本来自两个方差相等且相互独立的正态总体, 是否可以认为 A 矿的煤产生的热量要显著地大于 B 矿的煤 ($\alpha=0.05$)?

A13. 为比较甲、乙两位电脑打字员的出错情况, 随机抽查甲输入的文件 8 页, 各页出错字数为

5 3 2 0 1 2 2 4

随机抽查乙输入的文件 9 页, 各页出错字数为

5 1 3 2 4 6 4 2 5

假设甲、乙两人页出错字数都服从正态分布.

(1) 检验甲、乙两人页出错数的方差是否相等 ($\alpha=0.05$);

(2) 根据 (1) 的检验结果选择合适的检验方法, 推断打字员甲的平均页出错字数是否显著少于打字员乙 ($\alpha=0.05$).

A14. 为了研究男性长跑运动员的心率是否低于一般健康男性, 现从省长跑队随机抽取 10 名男运动员, 从某高校随机抽取 25 名健康状况良好的男学生. 测得运动员心率的平均值为 60 次/分, 标准差为 6 次/分, 大学生心率的平均值为 73 次/分, 标准差为 13 次/分. 假设心率服从正态分布.

(1) 根据上面的资料检验两个群体心率的方差是否相等 ($\alpha=0.05$);

(2) 根据 (1) 的检验结果选择合适的检验方法推断是否有充分的理由认为男性长跑运动员的心率显著低于一般健康男性 ($\alpha=0.05$).

(B)

B1. 设总体 $X\sim N(\mu,\sigma^2)$, 从总体中抽取样本容量为 16 的简单随机样本, 样本均值为 $\overline{X}$, 样本方差为 S^2.

(1) 若 $\sigma^2=1$, 在显著性水平为 0.05 下对于假设: $H_0:\mu=1$, $H_1:\mu\neq 1$, 给出检验统计量和拒绝域, 并计算在 $\mu=2$ 时犯第 Ⅱ 类错误的概率;

(2) 若 μ 未知, 在显著性水平为 0.05 下对于假设: $H_0:\sigma^2=1$, $H_1:\sigma^2>1$, 给出检验统计量和拒绝域, 并计算在 $\sigma^2=4$ 时犯第 Ⅱ 类错误的概率;

(3) 若根据样本值计算得 $\overline{x}=1.54$, $s^2=1.44$, 求 (1) 和 (2) 中的 $P-$值.

B2. 对选择去英语国家继续深造的高校毕业生而言, 为了能申请到心仪的学校和更好地适应新环境的学习及生活, 需要尽可能地提高自己的英语水平. 某英语培训机构宣称, 参加该机构开办的为期 4 周的一对一培训课程后, TOEFL (托福) 平均成绩可提升 7 分. 一市场调查公司为了对该机构的培训效果进行评估, 随机选择了 12 位参加过该机构一对一培训课程的学生, 了解他们培训前后的 TOEFL 成绩, 具体如下:

编号	1	2	3	4	5	6	7	8	9	10	11	12
培训前 TOEFL 成绩	76	85	78	90	104	87	91	83	95	108	93	84
培训后 TOEFL 成绩	89	92	90	93	106	96	100	90	100	110	100	95

设培训前后成绩差服从正态分布, 试用成对数据的假设检验分析该培训机构的宣称是否可靠 ($\alpha=0.05$).

B3. 为了比较 A 高校和 B 高校教师的收入水平, 在两所高校具有副高职称的教师中各随机选择了 36 位和 49 位年龄在 $40\sim 50$ 岁的教师, 了解他们上一年的税前工资收入. 计算得 A 高校教师的平均年工资收入为 28.8 万元, 标准差为 11.6 万元; B 高校教师的平均年工资收入为 22.4 万元, 标准差为 8.4 万元. 请选择合适的假设检验方法对下列问题进行推断:

(1) 从收入的差距程度来看, B 高校教师的收入差距程度是否显著低于 A 高校 ($\alpha=0.05$)?

(2) 从收入的平均水平来看, 是否有充分的理由认为 A 高校教师的平均收入要比 B 高校至少多 5 万元 ($\alpha=0.1$)?

B4. 火药生产厂家设计出一种新的火药生产方案, 要求使子弹发射的枪口速度为 900 m/s. 假设枪口速度 X (单位: m/s) 服从正

态分布 $N(\mu,\sigma^2)$, 现做了 8 次试验, 其速度分别为

$$893 \quad 886 \quad 897 \quad 903 \quad 901 \quad 898 \quad 909 \quad 889$$

(1) 求平均速度 μ 的置信水平为 95% 的置信区间;

(2) 根据区间估计的结果, 推断子弹发射的枪口速度是否与设计要求有显著差异;

(3) 利用假设检验, 在显著性水平 $\alpha=0.05$ 下, 计算 P–值并推断子弹发射的枪口速度是否与设计要求有显著差异; 结果和 (2) 是否一致?

B5. 某个八面体各面分别标有数字 $1,2,3,4,5,6,7,8$. 为检验各面是否匀称, 即各面出现的概率是否相等, 作 600 次投掷试验, 各数字朝上的次数如下:

数字	1	2	3	4	5	6	7	8
频数	72	83	78	90	70	71	64	72

在显著性水平 0.05 下, 检验假设 H_0: 该八面体是匀称的.

B6. 对某公交车站观察从 12 点到 15 点这 3 个小时前来等车的乘客情况, 将 2 min 作为一个单位时间, 记录 90 个单位时间内的等车人数, 数据如下:

人数	0	1	2	3	4	5	6	7	>7
频数	5	12	18	21	16	13	3	2	0

试利用上述数据推断在该公交车站的候车人数是否服从泊松分布 ($\alpha=0.05$).

B7. 一盒中有 10 个球, 其中红球有 a 个 (未知), 其余是白球, 采用有放回抽样取 3 个球作为一次实验, 这样的试验总共进行 200 次, 发现有 40 次没有取到红球, 有 85 次取到 1 个红球, 有 63 次取到 2 个红球, 有 12 次取到 3 个红球, 在显著性水平 $\alpha=0.05$ 下检验假设 $H_0: a=3$.

B8. 设 X 为前后两位客户到某自动取款机办理业务的时间间隔 (单位: min), 现观察了 120 次, 获得如下数据:

等候时间	$0\leqslant x\leqslant 5$	$5<x\leqslant 10$	$10<x\leqslant 20$	$20<x\leqslant 30$	$x>30$
频数	45	27	25	12	11

在显著性水平 $\alpha=0.05$ 下, 检验假设 H_0: 前后两位客户的时间间隔服从均值为 10 的指数分布.

B9. 对某地区成年男子的身高 X (单位: cm) 进行观察, 随机抽取 200 名男子, 得到样本均值和样本标准差分别为 $\overline{x}=169.9$, $s=9.6$, 其他资料如下:

身高	$x\leqslant 163$	$163<x\leqslant 167$	$167<x\leqslant 171$	$171<x\leqslant 175$	$175<x\leqslant 179$	$179<x\leqslant 183$	$x>183$
频数	41	34	40	33	27	16	9

在显著性水平 $\alpha=0.05$ 下, 检验假设 H_0: 该地区成年男子的身高服从正态分布.

B10. 考察某特定人群, 其收入与文化消费支出有无关联. 把收入分为低、中、高三档, 文化消费支出分成低、高两档. 从中随机抽取 200 人, 得结果如下:

收入	文化消费支出		合计
	低	高	
低	64	16	80
中	36	16	52
高	60	8	68
合计	160	40	200

在显著性水平 $\alpha=0.05$ 下, 检验假设

$$H_0: \text{收入与文化消费支出相互独立}.$$

第9章 方差分析与回归分析

在前一章假设检验中，我们已经介绍了比较两个总体均值差异的 t 检验，但在实际问题中，往往会涉及两个以上总体均值大小的比较. 方差分析 (analysis of variance, 简称 ANOVA) 是由英国统计学家费希尔在 20 世纪 20 年代提出的，可用于推断两个以上总体均值是否有显著的差异.

在实际中，往往有很多变量之间具有相关性，但其关系没有密切到能用函数的形式来表达. 如儿子的身高与父亲的身高之间的关系，从平均意义上来说，个子高的父亲其儿子的个子也高，但对具体的个体来说，存在父亲个子矮但其儿子个子高的情况. 我们称这种关系为"相关关系". 回归分析研究的是具有相关关系的变量之间的统计规律性，目前被广泛应用于自然科学、社会科学、工农业生产等众多领域中，包括产品的统计质量管理、市场预测、自动控制中数学模型的建立、气象预报、地质勘探、医学诊断等.

9.1 单因素方差分析

(一) 单因素方差分析

我们从下面一个实例来看方差分析的基本思想.

例 9.1.1 为了比较三种不同类型灯管的寿命 (单位: h), 现从每种类型灯管中抽取 8 个进行老化试验 (总共 24 个灯管). 表 9.1.1 给出了经老化试验后测算得出的各个灯管的寿命:

◀表 9.1.1 灯管的寿命

类型	使用寿命/h							
类型 I	5 290	6 210	5 740	5 000	5 930	6 120	6 080	5 310
类型 II	5 840	5 500	5 980	6 250	6 470	5 990	5 470	5 840
类型 III	7 130	6 660	6 340	6 470	7 580	6 560	7 290	6 730

试判断三种不同类型灯管的寿命是否存在差异.

从表 9.1.1 中我们可以看到, 不仅不同类型灯管的寿命不同, 即使是同一类型的灯管, 寿命也不尽相同. 引起灯管寿命不同的原因有两个方面: 其一, 由于灯管类型不同, 从而寿命不同; 其二, 对于同一种类型灯管, 由于受其他随机因素的影响, 其寿命也不同. 从理论上来看, 如果没有其他因素的影响, 相同类型的灯管的寿命应该是相同的 (理论均值). 实际所得到的灯管的寿命与理论均值存在偏差, 称之为随机误差, 通常假设其服从正态分布. 方差分析的目的就是推断造成灯管寿命差异的原因究竟是来自随机误差还是确实来自灯管类型的不同.

在方差分析中, 通常把研究对象的特征, 即所考察的试验 (或调查) 结果 (如例 9.1.1 中的灯管的寿命) 称为试验指标 (experimental index). 对试验指标产生影响的原因称为因素 (factor). 因素中各个不同状态称为水平 (level), 如例 9.1.1 中, “灯管类型” 即为因素, 灯管三个不同的类型, 即为三个水平.

单因素方差分析仅考虑一个因素 A 对试验指标的影响. 假如因素 A 有 r 个水平, 分别为 $A_1, A_2, \cdots, A_r$, 在水平 A_i 下进行了 n_i 次独立观测, 所得到的试验指标的数据集如表 9.1.2 所示.

◀表 9.1.2 单因素方差分析数据

水平	试验数据			
A_1	X_{11}	X_{12}	$\cdots$	X_{1n_1}
A_2	X_{21}	X_{22}	$\cdots$	X_{2n_2}
$\vdots$	$\vdots$	$\vdots$		$\vdots$
A_r	X_{r1}	X_{r2}	$\cdots$	X_{rn_r}

由于我们通常假设随机误差服从正态分布, 水平 A_i 下的试验结果 $X_{i1}, X_{i2}, \cdots, X_{in_i}$, 可以看成是来自第 i 个正态总体 $X_i \sim N(\mu_i, \sigma^2)$ 的样本, 其中 μ_i, σ^2 均为未知参数, 且每个总体 X_i 相互独立. 因此, 可写成如下的数学模型:

$$\begin{cases} X_{ij} = \mu_i + \varepsilon_{ij}, \\ \varepsilon_{ij} \sim N(0, \sigma^2) \text{ 且相互独立}, \end{cases} \quad j = 1, 2, \cdots, n_i, i = 1, 2, \cdots, r, \tag{9.1.1}$$

其中 μ_i 是第 i 个总体的均值 (理论均值), ε_{ij} 是随机误差.

方差分析就是要比较因素 A 的 r 个水平下试验指标理论均值的差异, 问题可归结为比较这 r 个总体的均值差异. 即检验假设

$$H_0: \mu_1 = \mu_2 = \cdots = \mu_r, \quad H_1: \mu_1, \mu_2, \cdots, \mu_r \text{ 不全相等}. \tag{9.1.2}$$

为了便于讨论, 我们将模型 (9.1.1) 改写成如下的模型:

$$\begin{cases} X_{ij} = \mu + \alpha_i + \varepsilon_{ij}, \\ \varepsilon_{ij} \sim N(0, \sigma^2) \text{ 且相互独立}, \\ \sum\limits_{i=1}^{r} n_i \alpha_i = 0, \end{cases} \quad j = 1, 2, \cdots, n_i, i = 1, 2, \cdots, r, \tag{9.1.3}$$

其中 $\mu = \dfrac{1}{n}\sum\limits_{i=1}^{r} n_i \mu_i$ 称为总平均, $n = \sum\limits_{i=1}^{r} n_i$ 称为总样本容量; $\alpha_i = \mu_i - \mu$ 表示水平 A_i 下的试验指标的平均值与总平均的差异, 习惯上将其称为水平 A_i 的效应.

显然, 当 $\mu_1 = \mu_2 = \cdots = \mu_r = \mu$ 时, $\alpha_1 = \alpha_2 = \cdots = \alpha_r = 0$, 因此假设 (9.1.2) 可改写为

$$H_0: \alpha_1 = \alpha_2 = \cdots = \alpha_r = 0, \quad H_1: \alpha_1, \alpha_2, \cdots, \alpha_r \text{ 不全为零}. \tag{9.1.4}$$

若 (9.1.4) 中的 H_0 被拒绝, 则说明因素 A 的各水平的效应之间有显著的差异, 即认为因素 A 的水平的变化对试验指标有影响; 否则认为因素 A 的水平的变

化对试验指标并没有影响, 数据的差异来自随机误差.

检验假设 (9.1.4) 的检验统计量是在平方和分解的基础上导出的. 我们先给出如下记号:

$$SS_T = \sum_{i=1}^{r}\sum_{j=1}^{n_i}(X_{ij} - \overline{X})^2, \quad \overline{X} = \frac{1}{n}\sum_{i=1}^{r}\sum_{j=1}^{n_i} X_{ij}, \quad \overline{X}_{i\cdot} = \frac{1}{n_i}\sum_{j=1}^{n_i} X_{ij}. \quad (9.1.5)$$

平方和分解的主要思想是把数据总的差异 (用总离差平方和 (total sum of squares) SS_T 来表示) 分解为两个部分: 一部分是由于因素 A 引起的差异, 即效应平方和 SS_A:

$$SS_A = \sum_{i=1}^{r}\sum_{j=1}^{n_i}(\overline{X}_{i\cdot} - \overline{X})^2 = \sum_{i=1}^{r} n_i(\overline{X}_{i\cdot} - \overline{X})^2, \quad (9.1.6)$$

另一部分则是由随机误差所引起的差异, 即误差平方和 (error sum of squares) SS_E:

$$SS_E = \sum_{i=1}^{r}\sum_{j=1}^{n_i}(X_{ij} - \overline{X}_{i\cdot})^2, \quad (9.1.7)$$

经计算可以得平方和分解公式:

$$SS_T = SS_E + SS_A.$$

由于 $\overline{X}_i.$ 是来自第 i 个总体 (A_i 水平下) 的样本均值, 可以作为第 i 个总体 (A_i 水平下) 均值 μ_i 的点估计. 显然, 样本均值 $\overline{X}_{1\cdot}, \overline{X}_{2\cdot}, \cdots, \overline{X}_{r\cdot}$ 之间的差异越大, 我们越有理由相信 $\mu_1, \mu_2, \cdots, \mu_r$ 之间差异越大. 平方和 SS_A 恰好表示这种差异的大小, 因此 SS_A 也称为因素 A 的组间平方和 (sum of squares between classes).

对于固定的 i, 观测值是来自同一个正态总体 $N(\mu_i, \sigma^2)$ 的样本, 因此这些观测值之间的差异来自随机误差, $\sum_{j=1}^{n_i}(X_{ij} - \overline{X}_{i\cdot})^2$ 描述了第 i 个总体 (A_i 水平下) 由随机误差而导致的差异的大小, 将 r 组这样的差异相加就得到 SS_E, 因此也称 SS_E 为组内平方和 (sum of squares within classes).

由下面的定理可以给出假设 H_0 的检验统计量及其分布 (证明参见 9.7 节附录).

定理 9.1.1 SS_E, SS_A 如 (9.1.7) 和 (9.1.6) 定义, 在模型 (9.1.3) 的假设下, 有

(1) $\dfrac{SS_E}{\sigma^2} \sim \chi^2(n-r)$;

(2) SS_E 和 SS_A 相互独立;

(3) $E(SS_A) = (r-1)\sigma^2 + \sum_{i=1}^{r} n_i\alpha_i^2$, 进一步, 在假设 H_0 为真时, $\dfrac{SS_A}{\sigma^2} \sim \chi^2(r-1)$.

因此, 在假设 H_0 为真时,

$$F = \frac{MS_A}{MS_E} \sim F(r-1, n-r).$$

其中 $MS_A = \dfrac{SS_A}{r-1}$, $MS_E = \dfrac{SS_E}{n-r}$.

从定理 9.1.1 可以看出, 无论假设 H_0 是不是真, $E\left[\dfrac{SS_E}{\sigma^2(n-r)}\right] = 1$. 而对于 SS_A, 只有当假设 H_0 为真时 $E\left[\dfrac{SS_A}{\sigma^2(r-1)}\right] = 1$. 若假设 H_0 不真, 则 $E\left[\dfrac{SS_A}{\sigma^2(r-1)}\right] > 1$. 因此, 如果由样本计算得出的 F 值比较大, 即落在 $\{F \geqslant c\}$ 的区间内, 那么判定假设 H_0 不成立. 对于给定的显著性水平 α, 用 $F_\alpha(r-1, n-r)$ 表示 F 分布的上 α 分位数, 这个假设检验的拒绝域为 $W = \{F \geqslant F_\alpha(r-1, n-r)\}$. 即当由观测值得到的 F 值落在拒绝域内时, 就意味着应该拒绝原假设 H_0, 认为各个水平下的各总体均值有差异, 即因素 A 显著. 或计算 P–值 $= P\{F(r-1, n-r) \geqslant f_0\}$, 其中 f_0 为检验统计量 F 的观测值, 当 P–值 $\leqslant \alpha$ 时拒绝原假设 H_0. 通常将上述的计算归纳成表 9.1.3, 称为**方差分析表** (analysis of variance table).

◀表 9.1.3 单因素方差分析表

方差来源	自由度	平方和	均方	F 比
因素 A	$r-1$	SS_A	$MS_A = SS_A/(r-1)$	$F = MS_A/MS_E$
误差	$n-r$	SS_E	$MS_E = SS_E/(n-r)$	
总和	$n-1$	SS_T		

进一步地, 我们可从定理 9.1.1 中得出模型中参数 σ^2 的无偏估计为 MS_E:

$$MS_E = \frac{SS_E}{n-r} = \frac{1}{n-r}\sum_{i=1}^{r}\sum_{j=1}^{n_i}(X_{ij} - \overline{X}_{i\cdot})^2. \tag{9.1.8}$$

▶实验
单因素方差分析

(二) 单因素方差分析的 Excel 处理

以下面的例子来说明用 Excel 进行方差分析的步骤.

例 9.1.2 保险公司某一险种在四个不同地区一年的索赔情况记录如表 9.1.4 所示, 试判断在四个不同地区索赔额有无显著差异 (显著性水平 $\alpha = 0.05$).

◀表 9.1.4
保险索赔记录

地区	索赔额/万元							
A_1	1.60	1.61	1.65	1.68	1.70	1.70	1.78	
A_2	1.50	1.64	1.40	1.70	1.75			
A_3	1.64	1.55	1.60	1.62	1.64	1.60	1.74	1.80
A_4	1.51	1.52	1.53	1.57	1.64	1.60		

(1) 在 Excel 工作表中输入上面的数据 (根据因素的不同水平可分行或分列输入) ⇒ 在 "数据" 菜单中点击 "数据分析", 在 "数据分析" 中选择 "方差分析: 单因素方差分析" ⇒ 点击 "确定".

(2) 在 "输入区域" 中标定你已经输入的数据的位置 ⇒ 根据你输入数据分组情况 (按行分或按列分) 确定分组 ⇒ 选定方差分析中 F 检验的显著性水平 ⇒ 选定输出结果的位置 ⇒ 点击 "确定".

(3) 在指定的区域中出现如下方差分析表:

差异源	SS	df	MS	F	P-value	F crit
组间	0.049 2	3	0.016 4	2.165 9	0.120 8	3.049 1
组内	0.166 6	22	0.007 6			
总计	0.215 8	25				

根据 Excel 给出的方差分析表, 假设 H_0 是否显著的判别有两种方法.

(1) 根据前面所给出的 F 检验查出 $F_\alpha(r-1, n-r)$ 的值, 给出拒绝域 $W = \{F \geqslant F_\alpha(r-1, n-r)\}$, 然后根据观测值计算得出的 F 值, 判断 F 的值是不是落在拒绝域内, 给出拒绝或接受假设 H_0 的结论. 由 Excel 计算出的方差分析表中 "F crit" 这列给出了 $F_\alpha(r-1, n-r)$ 的值. 本例中, $F_{0.05}(3, 22) = 3.049\,1$, 因此拒绝域为 $W = \{F \geqslant 3.049\,1\}$. 由观测值计算得 $f_0 = 2.165\,9$, 所以没有落在拒绝域内, 因此接受假设 H_0, 即各地区索赔额无显著差异.

(2) 根据方差分析表中给出的 P-value ($P-$值) 来判断. 如果 $P-$值小于等于给定的显著性水平, 那么拒绝假设 H_0. 本例中, 在给定的显著性水平 $\alpha = 0.05$ 下, 由于 $P-$值 $= 0.120\,8 > 0.05$, 所以接受假设 H_0.

(三) 均值的多重比较

若 F 检验的结论是拒绝 H_0, 则说明因素 A 的 r 个水平的效应有显著差异, 也就是说 r 个均值之间有显著差异. 但是这并不意味着所有均值之间都存在差异, 这时我们还需要对每一对 μ_i 和 μ_j 作一对一的比较, 即多重比较. 对于 $i \neq j, i, j = 1, 2, \cdots, r$, 基本假设为

$$H_0: \mu_i = \mu_j, \quad H_1: \mu_i \neq \mu_j.$$

类似 8.3 节比较两个正态总体均值的两样本精确 t 检验, 但有一点需特别注意, 在估计方差时应采用全部数据, 用 σ^2 的无偏估计 MS_E 来估计. 此时取检验统计量为

$$T_{ij} = \frac{\overline{X}_{i\cdot} - \overline{X}_{j\cdot}}{\sqrt{MS_E\left(\dfrac{1}{n_i} + \dfrac{1}{n_j}\right)}}, \tag{9.1.9}$$

当 H_0 为真时, $T_{ij} \sim t(n-r)$, 故检验的拒绝域为

$$W = \{|T_{ij}| \geqslant t_{\alpha/2}(n-r)\}.$$

若代入观测值后得到的检验统计量 T_{ij} 的值 t_{ij} 落在拒绝域内, 则拒绝假设 H_0, 反之则接受假设 H_0.

例 9.1.3 (例 9.1.1 续) 判断三种不同类型灯管的寿命是否存在差异, 即检验假设

►实验 单因素方差分析中参数估计及均值多重比较

$$H_0: \mu_1 = \mu_2 = \mu_3, \quad H_1: \mu_1, \mu_2, \mu_3 \text{ 不全相等}.$$

如果拒绝上面的原假设, 给出各组均值的两两比较.

解 由例 9.1.1 给出的数据, 利用公式 (9.1.6) 和 (9.1.7), 计算得出如下方差分析表 (或直接利用 Excel 中的单因素方差分析):

$$r = 3,\ n_1 = n_2 = n_3 = 8,$$

$$\overline{x}_{1\cdot} = 5\,710,\ \overline{x}_{2\cdot} = 5\,917.5,\ \overline{x}_{3\cdot} = 6\,845,$$

$$SS_A = \sum_{i=1}^{r} n_i(\overline{x}_{i\cdot} - \overline{x})^2 = 5\,844\,100,$$

$$SS_E = \sum_{i=1}^{r}\sum_{j=1}^{n_i}(x_{ij} - \overline{x}_{i\cdot})^2 = 3\,600\,150,$$

$$SS_T = SS_A + SS_E = 9\,444\,250.$$

差异源	SS	df	MS	F	P-value	F crit
组间	5 844 100	2	2 922 050	17.045	4.00E-05	3.467
组内	3 600 150	21	171 435.7			
总计	9 444 250	23				

如果给定的显著性水平 $\alpha = 0.05$, 由于 $P-$值 $= 4.00 \times 10^{-5} \ll 0.05$, 所以拒绝假设 H_0, 认为三种不同类型灯管的寿命存在差异. 接下来要分析, 是 μ_1 与 μ_2 之间有差异? 还是 μ_1 与 μ_3 或者 μ_2 与 μ_3 之间有差异? 这就需要均值的多重比较.

(1) 检验假设

$$H_0: \mu_1 = \mu_2, \quad H_1: \mu_1 \neq \mu_2,$$

检验统计量的值

$$t_{12} = \frac{\overline{x}_{1\cdot} - \overline{x}_{2\cdot}}{\sqrt{MS_E\left(\dfrac{1}{n_1} + \dfrac{1}{n_2}\right)}} = \frac{5\,710 - 5\,917.5}{\sqrt{171\,435.7\left(\dfrac{1}{8} + \dfrac{1}{8}\right)}} = -1.002.$$

由于 $|t_{12}| = 1.002 < t_{0.025}(21) = 2.079\,6$, 所以接受 H_0, 认为 μ_1 和 μ_2 无差异.

(2) 检验假设

$$H_0: \mu_1 = \mu_3, \quad H_1: \mu_1 \neq \mu_3,$$

检验统计量的值

$$t_{13} = \frac{\overline{x}_{1\cdot} - \overline{x}_{3\cdot}}{\sqrt{MS_E\left(\dfrac{1}{n_1} + \dfrac{1}{n_3}\right)}} = \frac{5\,710 - 6\,845}{\sqrt{171\,435.7\left(\dfrac{1}{8} + \dfrac{1}{8}\right)}} = -5.482.$$

由于 $|t_{13}| = 5.482 > t_{0.025}(21) = 2.079\,6$, 所以拒绝 H_0, 认为 μ_1 和 μ_3 差异显著.

(3) 检验假设

$$H_0: \mu_2 = \mu_3, \quad H_1: \mu_2 \neq \mu_3,$$

检验统计量的值

$$t_{23} = \frac{\overline{x}_{2\cdot} - \overline{x}_{3\cdot}}{\sqrt{MS_E\left(\dfrac{1}{n_2} + \dfrac{1}{n_3}\right)}} = \frac{5\,917.5 - 6\,845}{\sqrt{171\,435.7\left(\dfrac{1}{8} + \dfrac{1}{8}\right)}} = -4.480.$$

由于 $|t_{23}|=4.480>t_{0.025}(21)=2.079\,6$, 所以拒绝 H_0, 认为 μ_2 和 μ_3 差异显著.

(四) 方差分析的前提

从前面给出的方差分析模型可以看出, 要进行方差分析必须具备三个基本条件:

(1) 独立性: 数据是来自 r 个独立总体的简单随机样本.

(2) 正态性: r 个独立总体均为正态总体.

(3) 方差齐性: r 个正态总体的方差是相同的, 即满足

$$\sigma_1^2=\sigma_2^2=\cdots=\sigma_r^2. \tag{9.1.10}$$

因此, 在进行方差分析之前, 必须判别模型的三个前提条件是否满足.

方差分析和其他统计推断一样, 样本的独立性对方差分析是非常重要的, 在实际应用中会经常遇到非独立样本的情况, 这时使用方差分析得出的结论不可靠. 因此, 在安排试验和采集数据的过程中, 一定要注意样本的独立性问题.

当数据较多时, 正态性检验可以通过第 8 章的直方图或采用 χ^2 拟合优度检验等方法进行判断.

方差齐性检验可采用如下的经验准则: 当最大样本标准差小于最小样本标准差的两倍时, 即 $\max\limits_{1\leqslant i\leqslant r} s_i<2\min\limits_{1\leqslant i\leqslant r} s_i$, 其中 s_i 为水平 A_i 的样本标准差, 可认为满足方差齐性.

例 9.1.4　根据经验准则判断例 9.1.1 的数据是否满足方差齐性.

解　在例 9.1.3 中可算得 $\max\limits_{1\leqslant i\leqslant 3} s_i=454.3$, $\min\limits_{1\leqslant i\leqslant 3} s_i=340.5$, 即 $\max\limits_{1\leqslant i\leqslant 3} s_i<2\min\limits_{1\leqslant i\leqslant 3} s_i$, 因此根据经验准则, 认为数据满足方差齐性.

*9.2　多因素方差分析

在实际中对某一事物的影响往往不止一个因素, 如在化工生产中, 影响产品质量的因素可能有原料的成分、反应温度、压力、催化剂、反应时间等, 每一因素的改变都有可能对产品的质量产生很大影响. 我们也可以用类似于单因素方差分析的方法对这些因素的显著性进行检验, 称为多因素方差分析. 本节

仅讨论两个因素的影响, 即双因素方差分析的情形.

双因素方差分析模型有两种类型:

(1) 无交互作用的双因素方差分析, 假定两个因素的效应之间是相互独立的;

(2) 有交互作用的双因素方差分析, 假设两种因素的结合会产生另一种新的效应.

(一) 无交互作用的双因素方差分析

1. 数学模型

假设有两个因素, 分别为因素 A 和因素 B, 因素 A 有 r 个水平, 因素 B 有 s 个水平. 在每个因素的各个不同水平下均进行了一次试验, 数据如表 9.2.1 所示.

	B_1	B_2	$\cdots$	B_s
A_1	X_{11}	X_{12}	$\cdots$	X_{1s}
A_2	X_{21}	X_{22}	$\cdots$	X_{2s}
$\vdots$	$\vdots$	$\vdots$		$\vdots$
A_r	X_{r1}	X_{r2}	$\cdots$	X_{rs}

◀表 9.2.1 双因素方差分析数据 (无重复数据)

假设 $X_{ij} \sim N(\mu_{ij}, \sigma^2), i=1,2,\cdots,r, j=1,2,\cdots,s$, 且各 X_{ij} 相互独立, 不考虑因素的交互作用, 可写成如下数学模型:

$$\begin{cases} X_{ij}=\mu+\alpha_i+\beta_j+\varepsilon_{ij},\ i=1,2,\cdots,r, j=1,2,\cdots,s, \\ \varepsilon_{ij} \sim N(0,\sigma^2) \text{ 且相互独立}, \\ \sum\limits_{i=1}^{r}\alpha_i=0,\ \sum\limits_{j=1}^{s}\beta_j=0, \end{cases} \tag{9.2.1}$$

其中 $\mu=\dfrac{1}{rs}\sum\limits_{i=1}^{r}\sum\limits_{j=1}^{s}\mu_{ij}$ 为总平均, α_i 为因素 A 的第 i 个水平的效应, β_j 为因素 B 的第 j 个水平的效应.

双因素方差分析的主要任务是系统分析因素 A 和因素 B 对试验指标的影响, 即在给定的显著性水平 α 下, 对下面的假设进行检验:

对于因素 A,

$$H_{01}:\alpha_1=\alpha_2=\cdots=\alpha_r=0, \quad H_{11}:\alpha_1,\alpha_2,\cdots,\alpha_r \text{ 不全为零}. \tag{9.2.2}$$

对于因素 B,

$$H_{02}:\beta_1=\beta_2=\cdots=\beta_s=0,\quad H_{12}:\beta_1,\beta_2,\cdots,\beta_s \text{ 不全为零}. \tag{9.2.3}$$

双因素方差分析与单因素方差分析的基本原理相同, 基于平方和的分解, 总的平方和 SS_T 可以分解为因素 A 的不同水平所引起的离差平方和 SS_A, 因素 B 的不同水平所引起的离差平方和 SS_B, 以及由随机误差引起的误差平方和 SS_E. 即

$$SS_T=SS_A+SS_B+SS_E,$$

其中

$$SS_T=\sum_{i=1}^{r}\sum_{j=1}^{s}(X_{ij}-\overline{X})^2,$$

$$SS_A=s\sum_{i=1}^{r}(\overline{X}_{i\cdot}-\overline{X})^2,$$

$$SS_B=r\sum_{j=1}^{s}(\overline{X}_{\cdot j}-\overline{X})^2,$$

$$SS_E=\sum_{i=1}^{r}\sum_{j=1}^{s}(X_{ij}-\overline{X}_{i\cdot}-\overline{X}_{\cdot j}+\overline{X})^2,$$

参数

$$\overline{X}=\frac{1}{rs}\sum_{i=1}^{r}\sum_{j=1}^{s}X_{ij},\quad \overline{X}_{i\cdot}=\frac{1}{s}\sum_{j=1}^{s}X_{ij},\quad \overline{X}_{\cdot j}=\frac{1}{r}\sum_{i=1}^{r}X_{ij}.$$

类似于单因素方差分析, 可以证明在模型的条件下,

$$\frac{SS_E}{\sigma^2}\sim\chi^2((r-1)(s-1)).$$

当 H_{01} 成立时,

$$\frac{SS_A}{\sigma^2}\sim\chi^2(r-1),$$

当 H_{02} 成立时,

$$\frac{SS_B}{\sigma^2}\sim\chi^2(s-1),$$

并且 SS_A, SS_B 和 SS_E 相互独立. 记 F_A, F_B 分别为 H_{01}, H_{02} 的检验统计量, 当 H_{01} 成立时,

$$F_A=\frac{SS_A/(r-1)}{SS_E/[(r-1)(s-1)]}\sim F(r-1,(r-1)(s-1));$$

当 H_{02} 成立时,

$$F_B = \frac{SS_B/(s-1)}{SS_E/[(r-1)(s-1)]} \sim F(s-1,(r-1)(s-1)).$$

检验的拒绝域分别为

$$W_A = \{F_A \geqslant F_\alpha(r-1,(r-1)(s-1))\},$$
$$W_B = \{F_B \geqslant F_\alpha(s-1,(r-1)(s-1))\}.$$

由样本观测值计算得到 F_A 和 F_B 的值, 根据这些值是否落在拒绝域内, 判断是拒绝还是接受 H_{01} 和 H_{02}. 计算结果可归纳成下面的方差分析表 9.2.2.

◀表 9.2.2 无重复双因素方差分析表

方差来源	自由度	平方和	均方	F 比
因素 A	$r-1$	SS_A	$MS_A = SS_A/(r-1)$	$F_A = MS_A/MS_E$
因素 B	$s-1$	SS_B	$MS_B = SS_B/(s-1)$	$F_B = MS_B/MS_E$
误差	$(r-1)(s-1)$	SS_E	$MS_E = SS_E/[(r-1)(s-1)]$	
总和	$rs-1$	SS_T		

2. 无重复双因素方差分析的 Excel 处理

我们用下面的例子来说明 Excel 的处理方法.

例 9.2.1　研究树种与地理位置对松树生长的影响, 对四个地区的三种同龄松树的直径进行测量, 得到的数据列于表 9.2.3 中, A_1, A_2, A_3 表示三个不同树种, B_1, B_2, B_3, B_4 表示四个不同地区 (对每一种水平组合进行测量):

◀表 9.2.3 三种同龄松树的直径测量数据

	B_1	B_2	B_3	B_4
A_1	23	20	16	20
A_2	28	26	19	26
A_3	18	21	19	22

据此来说明树种与地理位置对松树的生长影响是否显著 ($\alpha = 0.05$):

(1) 在 Excel 中按上表中的样式 (三行四列) 输入数据 ⇒ 在 “数据” 菜单中点击 “数据分析”, 在 “数据分析” 中选择 “方差分析: 无重复双因素分析” ⇒ 点击 “确定”.

(2) 在 “输入区域” 中标定已经输入的数据的位置 ⇒ 选定方差分析中 F 检验的显著性水平 (本例为 0.05) ⇒ 选定输出结果的位置 ⇒ 点击 “确定”.

(3) 在指定的区域中出现如下方差分析表:

差异源	SS	df	MS	F	P-value	F crit
行	63.5	2	31.75	5.98	0.04	5.14
列	49.67	3	16.56	3.12	0.11	4.76
误差	31.83	6	5.31			
总计	145	11				

根据 Excel 给出的结果, 对于因素 A, 检验统计量的值 $f_A = 5.98 > 5.14 = F_{0.05}(2,6)$, 所以因素 A 差异显著, 即树种对松树的生长影响显著; 对于因素 B, 检验统计量的值 $f_B = 3.12 < 4.76 = F_{0.05}(3,6)$, 所以因素 B 差异不显著, 即地理位置对松树的生长影响不显著.

(二) 有交互作用的双因素方差分析

1. 数学模型

假设有两个因素, 分别为因素 A 和因素 B, 因素 A 有 r 个水平, 因素 B 有 s 个水平. 在两因素的不同水平组合下均重复进行了 t 次试验, 数据如表 9.2.4 所示.

◀表 9.2.4 双因素方差分析数据 (有重复数据)

	B_1	B_2	$\cdots$	B_s
A_1	$X_{111}, X_{112}, \cdots, X_{11t}$	$X_{121}, X_{122}, \cdots, X_{12t}$	$\cdots$	$X_{1s1}, X_{1s2}, \cdots, X_{1st}$
A_2	$X_{211}, X_{212}, \cdots, X_{21t}$	$X_{221}, X_{222}, \cdots, X_{22t}$	$\cdots$	$X_{2s1}, X_{2s2} \cdots, X_{2st}$
$\vdots$	$\vdots$	$\vdots$		$\vdots$
A_r	$X_{r11}, X_{r12}, \cdots, X_{r1t}$	$X_{r21}, X_{r22}, \cdots, X_{r2t}$	$\cdots$	$X_{rs1}, X_{rs2}, \cdots, X_{rst}$

注　有重复数据时仍可考虑无交互作用的方差分析模型, 但没有重复数据时, 无法给出 “有交互作用的方差分析”.

假设 $X_{ijk} \sim N(\mu_{ij}, \sigma^2)$, $i = 1, 2, \cdots, r, j = 1, 2, \cdots, s, k = 1, 2, \cdots, t$ 且各 X_{ijk} 相互独立, 可以写成如下的数学模型:

$$\begin{cases} X_{ijk} = \mu + \alpha_i + \beta_j + \delta_{ij} + \varepsilon_{ijk}, \ i = 1, 2, \cdots, r, j = 1, 2, \cdots, s, k = 1, 2, \cdots, t, \\ \varepsilon_{ijk} \sim N(0, \sigma^2) \text{ 且相互独立}, \\ \sum_{i=1}^{r} \alpha_i = 0, \ \sum_{j=1}^{s} \beta_j = 0, \ \sum_{j=1}^{s} \delta_{ij} = \sum_{i=1}^{r} \delta_{ij} = 0, \end{cases} \tag{9.2.4}$$

其中 $\mu = \dfrac{1}{rs} \sum_{i=1}^{r} \sum_{j=1}^{s} \mu_{ij}$ 为总平均, α_i 为因素 A 的第 i 个水平的效应, β_j 为因

素 B 的第 j 个水平的效应, δ_{ij} 表示因素 A_i 和因素 B_j 的交互效应.

有交互作用的双因素方差分析的主要任务是系统分析因素 A、因素 B 以及因素 A 和因素 B 的交互效应对试验指标的影响, 即在给定的显著性水平 α 下, 对下面的假设进行检验:

对于因素 A,

$$H_{01}:\alpha_1=\alpha_2=\cdots=\alpha_r=0,\quad H_{11}:\alpha_1,\alpha_2,\cdots,\alpha_r \text{ 不全为零}. \tag{9.2.5}$$

对于因素 B,

$$H_{02}:\beta_1=\beta_2=\cdots=\beta_s=0,\quad H_{12}:\beta_1,\beta_2,\cdots,\beta_s \text{ 不全为零}. \tag{9.2.6}$$

对于交互效应,

$$H_{03}:\delta_{ij}=0,\ i=1,2,\cdots,r,j=1,2,\cdots,s,\quad H_{13}:\delta_{ij} \text{ 不全为零}. \tag{9.2.7}$$

有重复双因素方差分析与单因素方差分析和无重复双因素方差分析的基本原理相同, 检验统计量基于平方和分解. 总的平方和 SS_T 可以分解为因素 A 的不同水平所引起的离差平方和 SS_A, 因素 B 的不同水平所引起的离差平方和 SS_B, 因素 A 和因素 B 的交互效应所引起的离差平方和 SS_{AB} 以及由随机误差引起的误差平方和 SS_E, 即

$$SS_T=SS_A+SS_B+SS_{AB}+SS_E,$$

其中

$$SS_T=\sum_{i=1}^{r}\sum_{j=1}^{s}\sum_{k=1}^{t}(X_{ijk}-\overline{X})^2,$$

$$SS_A=st\sum_{i=1}^{r}(\overline{X}_{i\cdot\cdot}-\overline{X})^2,$$

$$SS_B=rt\sum_{j=1}^{s}(\overline{X}_{\cdot j\cdot}-\overline{X})^2,$$

$$SS_{AB}=t\sum_{i=1}^{r}\sum_{j=1}^{s}(\overline{X}_{ij\cdot}-\overline{X}_{i\cdot\cdot}-\overline{X}_{\cdot j\cdot}+\overline{X})^2,$$

$$SS_E=\sum_{i=1}^{r}\sum_{j=1}^{s}\sum_{k=1}^{t}(X_{ijk}-\overline{X}_{ij\cdot})^2,$$

参数

$$\overline{X}=\frac{1}{rst}\sum_{i=1}^{r}\sum_{j=1}^{s}\sum_{k=1}^{t}X_{ijk},$$

$$\overline{X}_{i\cdot\cdot}=\frac{1}{st}\sum_{j=1}^{s}\sum_{k=1}^{t}X_{ijk},\ i=1,2,\cdots,r,$$

$$\overline{X}_{\cdot j\cdot}=\frac{1}{rt}\sum_{i=1}^{r}\sum_{k=1}^{t}X_{ijk},\ j=1,2,\cdots,s,$$

$$\overline{X}_{ij\cdot}=\frac{1}{t}\sum_{k=1}^{t}X_{ijk},\ i=1,2,\cdots,r,j=1,2,\cdots,s.$$

可以证明在模型的条件下,

$$\frac{SS_E}{\sigma^2}\sim\chi^2(rs(t-1)).$$

当 H_{01} 成立时,

$$\frac{SS_A}{\sigma^2}\sim\chi^2(r-1),$$

当 H_{02} 成立时,

$$\frac{SS_B}{\sigma^2}\sim\chi^2(s-1),$$

当 H_{03} 成立时,

$$\frac{SS_{AB}}{\sigma^2}\sim\chi^2((r-1)(s-1)),$$

并且 SS_A,SS_B,SS_{AB} 均与 SS_E 相互独立. 记 F_A,F_B 和 F_{AB} 为 H_{01},H_{02} 和 H_{03} 的检验统计量, 当 H_{01} 成立时,

$$F_A=\frac{SS_A/(r-1)}{SS_E/[rs(t-1)]}\sim F(r-1,rs(t-1));$$

当 H_{02} 成立时,

$$F_B=\frac{SS_B/(s-1)}{SS_E/[rs(t-1)]}\sim F(s-1,rs(t-1));$$

当 H_{03} 成立时,

$$F_{AB}=\frac{SS_{AB}/[(r-1)(s-1)]}{SS_E/[rs(t-1)]}\sim F((r-1)(s-1),rs(t-1)).$$

拒绝域分别为

$$W_A=\{F_A\geqslant F_\alpha(r-1,rs(t-1))\};$$
$$W_B=\{F_B\geqslant F_\alpha(s-1,rs(t-1))\};$$
$$W_{AB}=\{F_{AB}\geqslant F_\alpha((r-1)(s-1),rs(t-1))\}.$$

由样本观测值计算得到 F_A, F_B 和 F_{AB} 的值, 根据这些值是不是落在拒绝域内, 判断是拒绝还是接受 H_{01}, H_{02} 和 H_{03}, 计算结果可归纳成下面的方差分析表 9.2.5.

◀表 9.2.5 有重复双因素方差分析表

方差来源	自由度	平方和	均方	F 比
因素 A	$r-1$	SS_A	$MS_A = SS_A/(r-1)$	$F_A = MS_A/MS_E$
因素 B	$s-1$	SS_B	$MS_B = SS_B/(s-1)$	$F_B = MS_B/MS_E$
交互效应 AB	$(r-1)(s-1)$	SS_{AB}	$MS_{AB} = SS_{AB}/[(r-1)(s-1)]$	$F_{AB} = MS_{AB}/MS_E$
误差	$rs(t-1)$	SS_E	$MS_E = SS_E/[rs(t-1)]$	
总和	$rst-1$	SS_T		

2. 有重复双因素方差分析的 Excel 处理

以下面的例子来说明 Excel 的处理方法.

例 9.2.2 (例 9.2.1 续) 研究树种与地理位置对松树生长的影响, 对四个地区的三种松树的直径进行测量, 得到的数据如表 9.2.6 所示, A_1, A_2, A_3 表示三个不同树种, B_1, B_2, B_3, B_4 表示四个不同地区 (对每一种水平组合, 选择了五棵同龄松树进行了测量):

◀表 9.2.6 三种同龄松树的直径测量数据

	B_1	B_2	B_3	B_4
A_1	23	20	16	20
A_1	25	17	19	21
A_1	21	11	13	18
A_1	14	26	16	27
A_1	15	21	24	24
A_2	28	26	19	26
A_2	30	24	18	26
A_2	19	21	19	28
A_2	17	25	20	29
A_2	22	26	25	23
A_3	18	21	19	22
A_3	15	25	23	13
A_3	23	12	22	12
A_3	18	12	14	22
A_3	10	22	13	19

据此来说明树种与地理位置对松树的生长影响是否显著 (取 $\alpha = 0.05$).

(1) 在 Excel 中输入上面的数据 (完全按表 9.2.6 输入数据, 包括 A_i 和 B_j (行和列)) ⇒ 在 "数据" 菜单中点击 "数据分析", 在 "数据分析" 中选择 "方差分析: 可重复双因素分析" ⇒ 点击 "确定".

(2) 在“输入区域”中标定已经输入的数据的位置, 包括 A_i 和 B_j (行和列) ⇒ 在“每一样本的行数”后面的空格中输入样本重复数, 本例为“5” ⇒ 选定方差分析中 F 检验的显著性水平 (本例为 0.05) ⇒ 选定输出结果的位置 ⇒ 点击“确定”.

(3) 在指定的区域中出现方差分析表 (这里“样本”指的是因素 A,“列”指的是因素 B,“交互”指的是 A 与 B 的交互作用,“内部”指的是误差).

差异源	SS	df	MS	F	P-value	F crit
样本	352.533 3	2	176.266 7	8.958 9	0.000 5	3.19
列	87.516 7	3	29.172 2	1.482 7	0.231 1	2.80
交互	71.733 3	6	11.955 6	0.607 6	0.722 9	2.29
内部	944.4	48	19.675			
总计	1 456.183 3	59				

根据 Excel 给出的结果,

对于因素 A, $f_A = 8.958\ 9 > 3.19 = F_{0.05}(2, 48)$, 所以因素 A 差异显著, 即树种对松树的生长影响显著;

对于因素 B, $f_B = 1.482\ 7 < 2.80 = F_{0.05}(3, 48)$, 所以因素 B 差异不显著, 即地理位置对松树的生长影响不显著.

对于交互效应, $f_{AB} = 0.607\ 6 < 2.29 = F_{0.05}(6, 48)$, 所以交互效应不显著, 即树种与地理位置两个因素的交互效应对松树的生长影响不显著.

从 $P-$值可以看出, 与因素 A, B 单独作用相比, 交互效应更不显著, 所以要删除交互效应重新建立因素 A 和因素 B 的无交互作用的方差分析模型, 再分析因素 A 和因素 B 的显著性. 请读者自行完成这一过程.

*9.3 相关系数

(一) 相关系数与皮尔逊检验

在第 4 章中, 我们定义了“相关系数”作为两个随机变量之间线性相关程度的描述:

$$\rho=\frac{\mathrm{Cov}(X,Y)}{\sqrt{\mathrm{Var}(X)\mathrm{Var}(Y)}}=\frac{E[(X-E(X))(Y-E(Y))]}{\sqrt{\mathrm{Var}(X)\mathrm{Var}(Y)}}.$$

现收集到总体 (X,Y) 的 n 组独立样本 $\{(x_i,y_i),i=1,2,\cdots,n\}$, 如何估计 ρ 的大小? 最常用的是皮尔逊相关系数估计①, 即用如下定义的 r 作为相关系数 ρ 的估计:

$$r=\frac{s_{xy}}{\sqrt{s_{xx}s_{yy}}},$$

其中

$$s_{xx}=\sum_{i=1}^{n}(x_i-\overline{x})^2,\quad \overline{x}=\frac{1}{n}\sum_{i=1}^{n}x_i, \tag{9.3.1}$$

$$s_{yy}=\sum_{i=1}^{n}(y_i-\overline{y})^2,\quad \overline{y}=\frac{1}{n}\sum_{i=1}^{n}y_i, \tag{9.3.2}$$

$$s_{xy}=\sum_{i=1}^{n}(x_i-\overline{x})(y_i-\overline{y}). \tag{9.3.3}$$

r 的大小描述了由样本数据体现的 X 与 Y 之间的线性相关程度. $r>0$ 为正相关, $r<0$ 为负相关. $|r|$ 的值越大, X 与 Y 之间的线性相关程度就越高; 如果 $|r|$ 的值很小, 就说明 X 与 Y 之间的相关程度很低. 但由于所得到的数据具有随机性, 由样本值计算得到的 r 几乎不可能为 0. 因此要判断相关系数 ρ 是否为 0, 可采用皮尔逊相关系数检验, 即检验假设

$$H_0:\rho=0,\quad H_1:\rho\neq 0,$$

检验统计量为

$$T=\frac{r\sqrt{n-2}}{\sqrt{1-r^2}}. \tag{9.3.4}$$

在假设 H_0 为真时, 统计量服从自由度为 $n-2$ 的 t 分布. 检验的拒绝域为

$$W=\{|T|\geqslant t_{\alpha/2}(n-2)\}.$$

统计量 (9.3.4) 也称为皮尔逊统计量.

(二) 相关系数计算的 Excel 实现

下面用一个例子来说明相关系数的计算在 Excel 中的实现方法.

例 9.3.1　在美国有许多关于离婚率不断上升的报道, 分析这种现象的一种方法是比较离婚对数和结婚对数. 下面是从 1890 年每隔 5 年直到 1980 年

① 皮尔逊相关系数估计仅适用于在 (X,Y) 服从正态分布的情形下, 分析 X 与 Y 的线性相关程度.

的结婚对数和离婚对数的数据, 现分析两者之间的相关性.

年份	结婚	离婚	年份	结婚	离婚	年份	结婚	离婚	年份	结婚	离婚
1890	570	33	1915	1 008	104	1940	1 596	264	1965	1 800	479
1895	620	40	1920	1 274	170	1945	1 613	485	1970	2 159	708
1900	709	56	1925	1 188	175	1950	1 667	385	1975	2 153	1 036
1905	842	68	1930	1 127	196	1955	1 531	377	1980	2 413	1 182
1910	948	83	1935	1 327	218	1960	1 523	393			

注　资料来自《统计学——基本概念和方法》(Iversen G R, Gergen M).

(1) 在 Excel 中输入上面的数据 ⇒ 在 "数据" 菜单中点击 "数据分析", 在 "数据分析" 中选择 "相关系数" ⇒ 点击 "确定".

(2) 在 "输入区域" 选中输入数据 ⇒ 确定数据输入是行或列 ⇒ 选定输出结果的位置 ⇒ 点击 "确定".

(3) 在指定位置输出相应的相关系数. 此例中可得结婚和离婚的相关系数为 0.925 1. 在 Excel 中也可通过函数 CORREL 直接得到相关系数, 但 Excel 中没有关于相关系数的皮尔逊检验, 感兴趣的读者可以利用 R, SAS, Splus 等统计软件来实现. 因此, 如果要检验两个变量的相关性, 就可采用这些软件进行, 也可以根据公式 (9.3.4) 直接计算. 如例 9.3.1, 已经计算得到 $r = 0.925\ 1$, $n = 19$, 得皮尔逊统计量的值

$$t = \frac{r\sqrt{n-2}}{\sqrt{1-r^2}} = \frac{0.925\ 1\sqrt{17}}{\sqrt{1-0.925\ 1^2}} = 10.044\ 9.$$

由于 $t = 10.044\ 9 > t_{0.025}(17) = 2.109\ 8$, 所以拒绝原假设, 即认为结婚和离婚是相关的.

9.4　一元线性回归

当自变量给定一个值时, 就有一个确定的因变量的值与之对应. 这时自变量与因变量之间的关系为确定性关系, 如在自由落体中, 物体下落的高度 h 与下落时间 t 之间有函数关系 $h = \dfrac{1}{2}gt^2$, 其中 g 为重力加速度. 变量之间的另一种关系为相关关系. 即变量之间关系不完全确定, 但表现为具有随机性的 "趋势". 对自变量 X 的同一值, 因变量 Y 可以取不同的值, 而且取值是随机的, 但

当 X 在一定范围内变化时, 因变量 Y 随 X 的变化而呈现一定趋势. 如对于儿童的年龄 X 与儿童的身高 Y, 从平均意义上来说, 随着儿童年龄的增加, 儿童的身高 Y 也增加. 但对于个体, 存在年龄小的儿童的身高高于年龄较大的儿童的可能性. 因此, 儿童的年龄 X 与儿童的身高 Y 不存在确定的函数关系, 但确实存在相关关系. 用前一节相关系数的概念来描述, 则具有相关关系的变量是指相关系数满足 $0<|\rho|<1$ 的变量.

回归分析研究的是具有 "相关关系" 的自变量与因变量之间的统计规律性. 为了研究方便, 本节及后面两节假设自变量为确定性变量, 本节中记为 x, 是一个可观测到的、可控的变量. 因变量为随机变量, 为统一记号, 将因变量及其观测值均用小写字母 y 和 y_i 表示.

(一) 数学模型

回归分析由许多步骤组成, 如模型确定、数据收集、模型修正等, 我们这里主要研究回归模型参数估计, 模型检验等. 先看一个例子.

▶ 实验
一元线性回归

例 9.4.1　根据 2013 年《中国统计年鉴》的数据, 2012 年中国各地区 (不含港澳台地区) 城镇居民人均年消费支出 (y) 和可支配收入 (x) 数据 (单位: 万元) 见表 9.4.1.

◀表 9.4.1
消费支出和可支配收入数据

编号	地区	可支配收入 x/万元	消费支出 y/万元	编号	地区	可支配收入 x/万元	消费支出 y/万元
1	北京	3.647	2.405	17	上海	4.019	2.625
2	天津	2.963	2.002	18	江苏	2.968	1.883
3	河北	2.054	1.253	19	浙江	3.455	2.155
4	山西	2.041	1.221	20	安徽	2.102	1.501
5	内蒙古	2.315	1.772	21	福建	2.806	1.859
6	辽宁	2.322	1.659	22	江西	1.986	1.278
7	吉林	2.021	1.461	23	山东	2.576	1.578
8	黑龙江	1.776	1.298	24	河南	2.044	1.373
9	湖北	2.084	1.450	25	云南	2.107	1.388
10	湖南	2.132	1.461	26	西藏	1.803	1.118
11	广东	3.023	2.240	27	陕西	2.073	1.533
12	广西	2.124	1.424	28	甘肃	1.716	1.285
13	海南	2.092	1.446	29	青海	1.757	1.235
14	重庆	2.297	1.657	30	宁夏	1.983	1.407
15	四川	2.031	1.505	31	新疆	1.792	1.389
16	贵州	1.870	1.259				

在回归分析时, 称"消费支出"为响应变量 (response variable), 记为 y, "可支配收入"为解释变量 (explanatory variable), 记为 x. 由数据计算样本相关系数得 $r = 0.961$, 表明可支配收入与消费支出之间有非常好的线性相关性. 如果以可支配收入作为横轴, 以消费支出作为纵轴, 得到散点图 (如图 9.4.1 所示) 的形状大致呈线形.

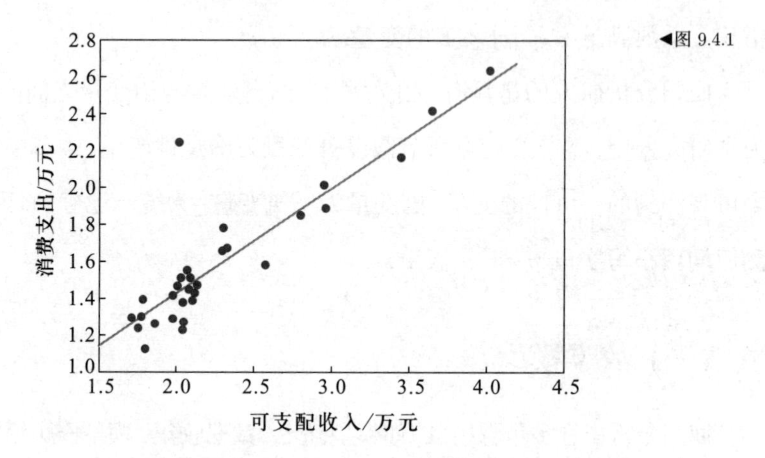

◀图 9.4.1

从散点图 9.4.1 看到, 若从这些点的"中间"画一条直线, 则这些点均匀地分布在直线两侧, 但不完全落在直线上. 于是这样考虑: 可支配收入 x 的变化是引起消费支出 y 变化的主要因素, 还有其他一些因素对消费支出 y 也有影响, 但这些因素是次要的. 从数学角度来考虑, 由可支配收入 x 的变化而引起消费支出 y 变化的主要部分记为 $\beta_0 + \beta_1 x$, 其中 β_0, β_1 是未知参数; 另一部分是由其他随机因素引起的, 记为 ε, 即

$$y = \beta_0 + \beta_1 x + \varepsilon, \tag{9.4.1}$$

其中变量 x 是确定性变量, 是可观测到的, 而 ε 是不可观测的随机误差. 如果已经收集到 (x, y) 的 n 组独立的样本 $(x_i, y_i), i = 1, 2, \cdots, n$, 可得到一元线性回归模型

$$\begin{cases} y_i = \beta_0 + \beta_1 x_i + \varepsilon_i, i = 1, 2, \cdots, n, \\ \varepsilon_i \sim N(0, \sigma^2) \text{ 且相互独立}, \end{cases} \tag{9.4.2}$$

其中 β_0, β_1 和 σ 为未知参数. 称

$$E(y|x) = \beta_0 + \beta_1 x$$

为 y 关于 x 的回归函数 (regression function), 它在平均意义下表明了 y 随 x

变化的统计规律性.

通常我们假定随机误差 ε_i 是相互独立的, 且服从正态分布 $N(0,\sigma^2)$. 显然, 在这样的假定下 $y_i(i=1,2,\cdots,n)$ 也相互独立, 服从正态分布 $N(\beta_0+\beta_1 x_i,\sigma^2)$. 根据样本资料, 可得到未知参数 β_0 和 β_1 的点估计, 分别记为 $\widehat{\beta}_0$ 和 $\widehat{\beta}_1$, 称

$$\widehat{y}=\widehat{\beta}_0+\widehat{\beta}_1 x$$

为 y 关于 x 的一元线性回归方程.

(二) 参数估计及参数的性质

有很多的方法可以对模型参数进行估计, 这里只介绍最小二乘法. 采用极大似然估计也可以给出模型的参数估计, 请读者自行完成.

最小二乘法的主要想法是找一条回归直线, 使每个样本点 (x_i,y_i) 到直线上的点 $(x_i,\beta_0+\beta_1 x_i)$ 的距离的平方和达到极小. 基于这种想法, 记

$$Q(\beta_0,\beta_1)=\sum_{i=1}^{n}(y_i-\beta_0-\beta_1 x_i)^2.$$

使 $Q(\beta_0,\beta_1)$ 达到极小的 β_0 和 β_1 的值 $\widehat{\beta}_0$ 和 $\widehat{\beta}_1$ 称为最小二乘估计 (least squares estimation). 利用微积分中求极值的方法, 对 $Q(\beta_0,\beta_1)$ 关于 β_0 和 β_1 求偏导数, 并令其为零, 得如下方程组:

$$\begin{cases}\displaystyle\sum_{i=1}^{n}(y_i-\widehat{\beta}_0-\widehat{\beta}_1 x_i)=0,\\ \displaystyle\sum_{i=1}^{n}(y_i-\widehat{\beta}_0-\widehat{\beta}_1 x_i)x_i=0.\end{cases}\tag{9.4.3}$$

计算可得

$$\begin{cases}\widehat{\beta}_0=\overline{y}-\widehat{\beta}_1\overline{x},\\ \widehat{\beta}_1=\dfrac{s_{xy}}{s_{xx}},\end{cases}\tag{9.4.4}$$

其中 s_{xx} 和 s_{xy} 如 (9.3.1) 和 (9.3.3) 所定义.

如果把 $\widehat{\beta}_0=\overline{y}-\widehat{\beta}_1\overline{x}$ 代入回归方程, 就可得

$$\widehat{y}=\overline{y}+\widehat{\beta}_1(x-\overline{x}).$$

因此, 只要在平面上确定 $(0,\widehat{\beta}_0)$ 和 $(\overline{x},\overline{y})$ 这两个点, 就可以画出由最小二乘法

得到的回归直线.

在模型 (9.4.2) 的假设下, 由最小二乘法得到的参数点估计 $\widehat{\beta}_0, \widehat{\beta}_1$ 具有如下性质 (证明参见 9.7 节附录).

定理 9.4.1　在模型 (9.4.2) 的假设下,

(1) $\widehat{\beta}_1 \sim N(\beta_1, \sigma^2/s_{xx})$;

(2) $\widehat{\beta}_0 \sim N\left(\beta_0, \left(\dfrac{1}{n} + \dfrac{\overline{x}^2}{s_{xx}}\right)\sigma^2\right)$.

由上面的性质可以知道, $\widehat{\beta}_1$ 和 $\widehat{\beta}_0$ 分别是 β_1 和 β_0 的无偏估计.

模型的另一个未知参数是标准差 σ, 它描述了响应变量 y 偏离真实回归直线的程度. 为了给出标准差 σ 的估计, 先来定义残差. 记 $e_i = y_i - \widehat{y}_i, e_i$ 称为残差. 显然, 残差可以看成是不可观测的误差 ε_i 的估计. 残差是一种诊断回归模型拟合好坏的直观工具, 我们将在 9.6 节回归诊断中做详细介绍. 通常我们用 s^2 作为 σ^2 的估计, s^2 定义为

$$s^2 = \frac{1}{n-2}\sum_{i=1}^{n} e_i^2 = \frac{1}{n-2}\sum_{i=1}^{n}(y_i - \widehat{y}_i)^2,$$

可以证明 s^2 为 σ^2 的无偏估计 (证明参见定理 9.4.2).

(三) 回归方程的显著性检验

从参数估计公式 (9.4.4) 可以知道, 只要有数据, 无论响应变量与解释变量之间有没有线性关系, 我们都能得出回归方程, 但有可能这种回归方程是没有意义的. 因此, 我们必须对回归方程进行检验. 从统计意义上讲, 回归参数 β_1 是 $E(y)$ 随变量 x 变化的变化率, 如果 $\beta_1 = 0$, 那么说明 $E(y)$ 不随变量 x 变化, 此时回归方程就没有意义. 因此要对回归方程进行显著性检验, 即要对假设

$$H_0: \beta_1 = 0, \quad H_1: \beta_1 \neq 0 \tag{9.4.5}$$

进行检验. 对于上述假设, 仍可采用平方和分解方法导出检验统计量. 记

$$SS_T = \sum_{i=1}^{n}(y_i - \overline{y})^2, \quad SS_E = \sum_{i=1}^{n}(y_i - \widehat{y}_i)^2, \quad SS_R = \sum_{i=1}^{n}(\widehat{y}_i - \overline{y})^2,$$

其中 SS_T 称为总平方和 (total sum of squares), SS_E 称为残差平方和 (residual sum of squares), SS_R 称为回归平方和 (regression sum of squares).

容易验证:

$$SS_T = s_{yy},\ SS_E = (n-2)s^2 = s_{yy} - \widehat{\beta}_1 s_{xy},\ SS_R = \widehat{\beta}_1 s_{xy} = \widehat{\beta}_1^2 s_{xx}.$$

由于 $\widehat{y}_i = \overline{y} + \widehat{\beta}_1(x_i - \overline{x})$, 由方程 (9.4.3), 有

$$\begin{aligned}\sum_{i=1}^{n}(y_i - \widehat{y}_i)(\widehat{y}_i - \overline{y}) &= \widehat{\beta}_1 \sum_{i=1}^{n}(y_i - \widehat{y}_i)(x_i - \overline{x}) \\ &= \widehat{\beta}_1 \sum_{i=1}^{n}(y_i - \widehat{\beta}_0 - \widehat{\beta}_1 x_i)x_i - \widehat{\beta}_1 \sum_{i=1}^{n}(y_i - \widehat{\beta}_0 - \widehat{\beta}_1 x_i)\overline{x} \\ &= 0.\end{aligned}$$

因此可得

$$SS_T = SS_E + SS_R.$$

定理 9.4.2　在模型 (9.4.2) 的假设下,

(1) $\dfrac{SS_E}{\sigma^2} \sim \chi^2(n-2)$, 从而 $s^2 = \dfrac{SS_E}{n-2}$ 是 σ^2 的无偏估计;

(2) $\widehat{\beta}_1$ 与 s^2 相互独立, 从而 SS_R 与 SS_E 相互独立;

(3) 当 H_0 为真时, $\dfrac{SS_R}{\sigma^2} \sim \chi^2(1)$, 从而 $\dfrac{\widehat{\beta}_1^2 s_{xx}}{s^2} \sim F(1, n-2)$ 或 $\dfrac{\widehat{\beta}_1\sqrt{s_{xx}}}{s} \sim t(n-2)$.

定理的证明见 9.7 节附录.

由定理 9.4.2(3) 知, 对于假设 (9.4.5), 常用的检验方法有两种:

(1) t 检验法: 统计量

$$T = \frac{\widehat{\beta}_1\sqrt{s_{xx}}}{s},$$

当 H_0 为真时, $T \sim t(n-2)$. 对于给定的显著性水平 α, 检验的拒绝域为

$$W = \{|T| \geqslant t_{\alpha/2}(n-2)\}.$$

(2) F 检验法: 统计量

$$F = \frac{\widehat{\beta}_1^2 s_{xx}}{s^2},$$

当 H_0 为真时, $F \sim F(1, n-2)$. 对于给定的显著性水平 α, 检验的拒绝域为

$$W = \{F \geqslant F_\alpha(1, n-2)\}.$$

采用 F 检验时, 类似于方差分析的方法, 给出如下的方差分析表 9.4.2.

方差来源	自由度	平方和	均方	F 比
回归	1	SS_R	$SS_R/1$	$F=\dfrac{SS_R}{SS_E/(n-2)}$
残差	$n-2$	SS_E	$SS_E/(n-2)$	
总和	$n-1$	SS_T		

◀表 9.4.2 方差分析表

(四) 回归系数的区间估计

如果经检验, 回归方程是显著的, 就说明回归方程有意义. 进一步可以给出参数 β_1 的区间估计. 结合定理 9.4.2 和定理 9.4.1 知

$$T=\frac{\widehat{\beta}_1-\beta_1}{s/\sqrt{s_{xx}}}\sim t(n-2),$$

对于给定的置信水平 $1-\alpha$, 有

$$P\left\{\left|\frac{\widehat{\beta}_1-\beta_1}{s/\sqrt{s_{xx}}}\right|<t_{\alpha/2}(n-2)\right\}=1-\alpha,$$

参数 β_1 的置信区间为

$$(\widehat{\beta}_1-t_{\alpha/2}(n-2)s/\sqrt{s_{xx}},\quad \widehat{\beta}_1+t_{a/2}(n-2)s/\sqrt{s_{xx}}).$$

(五) 回归系数的计算及显著性检验的 Excel 实现

下面我们用一个例子来说明回归系数计算及显著性检验在 Excel 中的实现.

例 9.4.2 (例 9.4.1 续) 前面我们已经分析了可支配收入与消费支出之间的关系, 认为两者具有较好的线性关系, 下面我们进一步建立消费支出 (响应变量) 与可支配收入 (解释变量) 之间的回归方程. 采用 Excel 中的 “数据分析” 模块.

(1) 在 Excel 工作表中输入上面的数据 ⇒ 在 “数据” 菜单中点击 “数据分析”, 在 “数据分析” 中选择 “回归” ⇒ 点击 “确定”.

(2) 在 “Y 值输入区域” 选中响应变量数据, 在 “X 值输入区域” 选中解释变量数据 (注意: 数据按 “列” 输入) ⇒ “置信度” 中输入置信水平的值 ⇒ 选定输出结果的位置 ⇒ 点击 “确定”.

(3) 在指定位置输出相应的方差分析表和回归系数结果, 例 9.4.1 的输出结果如表 9.4.3 所示.

◀表 9.4.3 方差分析表

	df	SS	MS	F	Significance F
回归	1	3.800 5	3.800 5	353.987	8.54$E-$18
残差	29	0.311 3	0.010 7		
总和	30	4.111 8			

	Coefficients	标准误差	t Stat	P-value	Lower 95%	Upper 95%
Intercept	0.170 7	0.077 4	2.204 6	0.035 6	0.012 3	0.329 0
X	0.608 9	0.032 4	18.814 5	8.54E-18	0.542 7	0.675 1

对 Excel 输出结果解释如下:

(1) 方差分析表中, 给出了假设 $H_0:\beta_1=0$ 的 F 检验. 表中各项与前一节方差分析表中的意义类似. 值得注意的是, 方差分析表 "MS" 列中, 对应于 "残差" 行的值即为模型参数 σ^2 的估计, 即 $s^2=0.010\ 7$.

(2) "Coefficients" 列中, 对应于 "Intercept" 行给出参数 β_0 的估计, 即 $\widehat{\beta_0}=0.170\ 7$, 对应于 "X" 行的值为 β_1 的估计, 即 $\widehat{\beta_1}=0.608\ 9$. "t Stat" 列中, 对应于 "X" 行的值为假设 $H_0:\beta_1=0$ 的检验统计量的值, 即 $\dfrac{\widehat{\beta_1}\sqrt{s_{xx}}}{s}=18.814\ 5$, 查表可得 $t_{0.025}(29)=2.045\ 2$, 因此拒绝假设 H_0, 认为可支配收入对消费支出有显著影响.

(3) "Lower 95%" 和 "Upper 95%" 列中, 对应于 "Intercept" 行的值 0.012 3 和 0.329 0 分别是由 t 分布所构造的参数 β_0 的区间估计的下限和上限, 对应于 "X" 行的值 0.542 7 和 0.675 1 分别是由 t 分布所构造的参数 β_1 的区间估计的下限和上限.

(六) 预测

一般求回归方程的目的是找出响应变量与解释变量之间的关系, 如果得出的回归方程经检验有意义, 最常见的应用就是在已知解释变量的情形下, 希望通过已得出的回归方程, 预测响应变量相应的值. 这种预测一般有两种意义:

(1) 当给定 $x=x_0$ 时, 求相应响应变量的平均值 (即 $E(y_0)$) 的点估计和区间估计, 在例 9.4.2 中的意义是: 当可支配收入取某值时, 估计消费支出的平均值.

(2) 当给定 $x=x_0$ 时, 求 y_0 的预测值和预测区间, 在例 9.4.2 中的意义是: 当可支配收入取某值时, 预测消费支出的取值范围.

当给定 $x=x_0$ 时, $E(y_0)$ 和 y_0 的点估计是一样的, 均为 $\widehat{y}_0$, 但两者的区间估计是有较大差别的. 为了给出 $E(y_0)$ 的置信区间和 y_0 的预测区间, 我们先给出 $\widehat{y}_0$ 的分布 (证明见 9.7 节附录).

定理 9.4.3　在模型 (9.4.2) 的假设下,

$$\widehat{y}_0=\widehat{\beta}_0+\widehat{\beta}_1x_0\sim N\left(\beta_0+\beta_1x_0,\left[\frac{1}{n}+\frac{(x_0-\overline{x})^2}{s_{xx}}\right]\sigma^2\right).$$

由定理 9.4.3, 我们可以给出 $E(y_0)$ 的区间估计和 y_0 的预测区间.

(1) $E(y_0)$ 的区间估计.

由定理 9.4.3 及 s^2 的性质知

$$T=\frac{\widehat{y}_0-E(y_0)}{s\sqrt{\dfrac{1}{n}+\dfrac{(x_0-\overline{x})^2}{s_{xx}}}}\sim t(n-2),$$

由此知 $E(y_0)$ 的置信区间为

$$\left(\widehat{y}_0\pm t_{\alpha/2}(n-2)s\sqrt{\frac{1}{n}+\frac{(x_0-\overline{x})^2}{s_{xx}}}\right).$$

(2) y_0 的预测区间.

显然, y_0 与 $\widehat{y}_0$ 相互独立, 由定理 9.4.3 及 s^2 的性质知

$$T=\frac{\widehat{y}_0-y_0}{s\sqrt{1+\dfrac{1}{n}+\dfrac{(x_0-\overline{x})^2}{s_{xx}}}}\sim t(n-2),$$

由此知 y_0 的预测区间为

$$\left(\widehat{y}_0\pm t_{\alpha/2}(n-2)s\sqrt{1+\frac{1}{n}+\frac{(x_0-\overline{x})^2}{s_{xx}}}\right).$$

例 9.4.3　(例 9.4.1 续) 由前面 Excel 的输出结果, 我们可以分别计算出 $E(y_0)$ 的区间估计和 y_0 的预测区间. 设 $x_0=2.5$, 则

$$\widehat{y}_0=0.170\,7+0.608\,9\times 2.5=1.693\,0,\quad \overline{x}=2.321\,9,$$

$$(x_0-\overline{x})^2=0.031\,7,\quad t_{\alpha/2}(29)=2.045\,2,$$

$$s_{xx}=10.25,\quad s^2=0.010\,7.$$

计算得出 $E(y_0)$ 的置信区间为 $(1.653\,2, 1.732\,8)$, y_0 的预测区间为 $(1.477\,7, 1.908\,3)$.

当 $|x_0-\overline{x}|$ 很小, 即要预测的 x_0 值比较靠近 x_i 的中心位置, 并且 n 充分

大时, $1+\frac{1}{n}+\frac{(x_0-\overline{x})^2}{s_{xx}}\approx 1$. 由于 n 很大, $t_{\alpha/2}(n-2)\approx z_{\alpha/2}$, 如果 $\alpha=0.05$, 则 $z_{\alpha/2}=1.96\approx 2$. 此时可得近似预测区间为 $(\widehat{y}_0-2s, \widehat{y}_0+2s)$.

*9.5 多元回归分析

在许多实际问题中, 响应变量 y 并不仅仅随着一个解释变量的变化而变化, 有时候往往会同时有两个或两个以上的变量对 y 有影响, 所以要研究响应变量 y 与多个解释变量 $x_1, x_2, \cdots, x_p$ 的相关关系, 这便是多元线性回归所研究的问题.

(一) 数学模型

和一元线性回归类似, 认为解释变量 $x_1, x_2, \cdots, x_p$ 是确定性变量, 是可观测到或可控制的; 并且还存在观测不到的随机误差对响应变量 y 产生的影响. 从数学角度来考虑, 由解释变量 $x_1, x_2, \cdots, x_p$ 变化而引起的响应变量 y 的变化部分记为 $\beta_0+\beta_1x_1+\cdots+\beta_px_p$, 其中 $\beta_j, j=0,1,\cdots,p$ 是未知参数; 另一部分是由其他随机因素引起的, 记为 ε, 即

$$y=\beta_0+\beta_1x_1+\cdots+\beta_px_p+\varepsilon. \tag{9.5.1}$$

为了研究响应变量与解释变量之间的关系, 我们收集 $(y, x_1, x_2, \cdots, x_p)$ 的 n 组独立样本 $(y_i, x_{i1}, x_{i2}, \cdots, x_{ip}), i=1,2,\cdots,n$, 可将上述模型写成如下形式:

$$\begin{cases} y_i=\beta_0+\beta_1x_{i1}+\cdots+\beta_px_{ip}+\varepsilon_i, \quad i=1,2,\cdots,n, \\ \varepsilon_i\sim N(0,\sigma^2)\ \text{且相互独立}, \end{cases} \tag{9.5.2}$$

其中 $\beta_j, j=0,1,\cdots,p$ 和 σ 为未知参数. 称

$$E(y|x_1, x_2, \cdots, x_p)=\beta_0+\beta_1x_1+\cdots+\beta_px_p$$

为 y 关于 $x_1, x_2, \cdots, x_p$ 的回归函数, 它在平均意义下表明了 y 随 $x_1, x_2, \cdots, x_p$ 变化而变化的统计规律性.

和一元线性回归模型一样, 通常假定随机误差 ε_i 是相互独立的, 且服从正态分布 $N(0,\sigma^2)$. 显然, 在这样的假定下 y_i 也相互独立, 且服从正态分布. 由样

本求出未知参数 $\beta_j, j=0,1,\cdots,p$ 的点估计, 分别记为 $\widehat{\beta}_j, j=0,1,\cdots,p$, 称

$$\widehat{y}=\widehat{\beta}_0+\widehat{\beta}_1 x_1+\cdots+\widehat{\beta}_p x_p$$

为 p 元线性回归方程.

为方便起见, 多元回归分析常采用矩阵形式来表示, 并通过矩阵的性质来研究参数及其性质. 记

$$\boldsymbol{Y}=\begin{pmatrix} y_1\\ y_2\\ \vdots\\ y_n \end{pmatrix},\quad \boldsymbol{\beta}=\begin{pmatrix} \beta_0\\ \beta_1\\ \vdots\\ \beta_p \end{pmatrix},\quad \boldsymbol{X}=\begin{pmatrix} 1 & x_{11} & \cdots & x_{1p}\\ 1 & x_{21} & \cdots & x_{2p}\\ \vdots & \vdots & & \vdots\\ 1 & x_{n1} & \cdots & x_{np} \end{pmatrix},\quad \boldsymbol{\varepsilon}=\begin{pmatrix} \varepsilon_1\\ \varepsilon_2\\ \vdots\\ \varepsilon_n \end{pmatrix},$$

则模型 (9.5.2) 可以改写为

$$\begin{cases} \boldsymbol{Y}=\boldsymbol{X}\boldsymbol{\beta}+\boldsymbol{\varepsilon},\\ \boldsymbol{\varepsilon}\sim N(\boldsymbol{0},\boldsymbol{\sigma}^2\boldsymbol{I}_n), \end{cases}\tag{9.5.3}$$

其中 $\boldsymbol{Y}$ 为观测值向量, $\boldsymbol{\beta}$ 为未知参数向量, $\boldsymbol{\varepsilon}$ 为随机误差向量, $\boldsymbol{X}$ 为结构矩阵, $\boldsymbol{I}_n$ 为单位矩阵. 显然, 由假设知

$$\boldsymbol{Y}\sim N(\boldsymbol{X}\boldsymbol{\beta},\boldsymbol{\sigma}^2\boldsymbol{I}_n).\tag{9.5.4}$$

(二) 参数估计及参数的性质

仍采用最小二乘法对模型参数进行估计. 记

$$Q(\beta_0,\beta_1,\cdots,\beta_p)=\sum_{i=1}^{n}\varepsilon_i^2=\sum_{i=1}^{n}(y_i-\beta_0-\beta_1 x_{i1}-\cdots-\beta_p x_{ip})^2,$$

使 $Q(\beta_0,\beta_1,\cdots,\beta_p)$ 达到极小的 $\widehat{\beta}_0,\widehat{\beta}_1,\cdots,\widehat{\beta}_p$ 为模型参数的最小二乘估计. 根据微积分中极值的求法, $\widehat{\beta}_0,\widehat{\beta}_1,\cdots,\widehat{\beta}_p$ 为满足下面方程的解:

$$\begin{cases} \left.\dfrac{\partial Q}{\partial\beta_0}\right|_{\beta_0=\widehat{\beta}_0,\beta_1=\widehat{\beta}_1,\cdots,\beta_p=\widehat{\beta}_p}=0,\\ \left.\dfrac{\partial Q}{\partial\beta_1}\right|_{\beta_0=\widehat{\beta}_0,\beta_1=\widehat{\beta}_1,\cdots,\beta_p=\widehat{\beta}_p}=0,\\ \qquad\cdots\cdots\cdots\cdots\\ \left.\dfrac{\partial Q}{\partial\beta_p}\right|_{\beta_0=\widehat{\beta}_0,\beta_1=\widehat{\beta}_1,\cdots,\beta_p=\widehat{\beta}_p}=0. \end{cases}$$

整理后, 得如下的正规方程组:

$$\begin{cases} n\widehat{\beta}_0+\sum\limits_{i=1}^{n}x_{i1}\widehat{\beta}_1+\cdots+\sum\limits_{i=1}^{n}x_{ip}\widehat{\beta}_p=\sum\limits_{i=1}^{n}y_i, \\ \sum\limits_{i=1}^{n}x_{i1}\widehat{\beta}_0+\sum\limits_{i=1}^{n}x_{i1}x_{i1}\widehat{\beta}_1+\cdots+\sum\limits_{i=1}^{n}x_{i1}x_{ip}\widehat{\beta}_p=\sum\limits_{i=1}^{n}x_{i1}y_i, \\ \qquad\cdots\cdots\cdots\cdots \\ \sum\limits_{i=1}^{n}x_{ip}\widehat{\beta}_0+\sum\limits_{i=1}^{n}x_{ip}x_{i1}\widehat{\beta}_1+\cdots+\sum\limits_{i=1}^{n}x_{ip}x_{ip}\widehat{\beta}_p=\sum\limits_{i=1}^{n}x_{ip}y_i. \end{cases} \tag{9.5.5}$$

用矩阵表示正规方程组 (9.5.5), 得

$$\boldsymbol{X}^{\mathrm{T}}\boldsymbol{X}\widehat{\boldsymbol{\beta}}=\boldsymbol{X}^{\mathrm{T}}\boldsymbol{Y}. \tag{9.5.6}$$

当 $(\boldsymbol{X}^{\mathrm{T}}\boldsymbol{X})^{-1}$ 存在时, $\boldsymbol{\beta}$ 的最小二乘估计为

$$\widehat{\boldsymbol{\beta}}=(\boldsymbol{X}^{\mathrm{T}}\boldsymbol{X})^{-1}\boldsymbol{X}^{\mathrm{T}}\boldsymbol{Y}. \tag{9.5.7}$$

记 $\widehat{\boldsymbol{Y}}=\boldsymbol{X}\widehat{\boldsymbol{\beta}}=\boldsymbol{X}(\boldsymbol{X}^{\mathrm{T}}\boldsymbol{X})^{-1}\boldsymbol{X}^{\mathrm{T}}\boldsymbol{Y}=\boldsymbol{H}\boldsymbol{Y}$, 称为拟合值向量, 其中 $\boldsymbol{H}=\boldsymbol{X}(\boldsymbol{X}^{\mathrm{T}}\boldsymbol{X})^{-1}\boldsymbol{X}^{\mathrm{T}}$ 是幂等对称矩阵.

记 $\boldsymbol{e}=\boldsymbol{Y}-\widehat{\boldsymbol{Y}}=(\boldsymbol{I_n}-\boldsymbol{H})\boldsymbol{Y}$ 为残差向量,

$$SS_E=(\boldsymbol{Y}-\widehat{\boldsymbol{Y}})^{\mathrm{T}}(\boldsymbol{Y}-\widehat{\boldsymbol{Y}})=\sum_{i=1}^{n}(y_i-\widehat{y}_i)^2 \tag{9.5.8}$$

为残差平方和.

定理 9.5.1　在模型 (9.5.3) 的假设下,

(1) $\widehat{\boldsymbol{\beta}}$ 是 $\boldsymbol{\beta}$ 的无偏估计, 并且 $\widehat{\boldsymbol{\beta}}\sim N(\boldsymbol{\beta},\sigma^2(\boldsymbol{X}^{\mathrm{T}}\boldsymbol{X})^{-1})$;

(2) SS_E 与 $\widehat{\boldsymbol{\beta}}$ 相互独立;

(3) $\dfrac{SS_E}{\sigma^2}\sim\chi^2(n-p-1)$.

证明见 9.7 节的附录. 这个定理也给出了参数 σ^2 的无偏估计 s^2, 即

$$s^2=\frac{SS_E}{n-p-1}=\frac{1}{n-p-1}\sum_{i=1}^{n}(y_i-\widehat{y}_i)^2.$$

(三) 回归方程的显著性检验

由观测值计算得出的回归方程是不是有意义? 即响应变量是不是随解释变量的变化而变化? 对于这个问题, 我们可以通过假设检验来回答:

$$H_0:\beta_1=\beta_2=\cdots=\beta_p=0,\quad H_1:\beta_1,\beta_2,\cdots,\beta_p\ \text{不全为零}.$$

如果拒绝假设 H_0, 就说明至少有一个 $\beta_j \neq 0$, 或者说, 至少有一个 x_j 与 y 存在线性相关关系. 对于上述问题的检验统计量, 仍采用平方和分解的方法给出. 记

$$SS_T = \sum_{i=1}^{n}(y_i - \overline{y})^2,$$

称为总平方和;

$$SS_R = \sum_{i=1}^{n}(\widehat{y}_i - \overline{y})^2,$$

称为回归平方和;

$$SS_E = \sum_{i=1}^{n}(y_i - \widehat{y}_i)^2,$$

称为残差平方和. 由最小二乘估计的正规方程组 (9.5.5) 知

$$SS_T = SS_R + SS_E.$$

定理 9.5.2　在模型 (9.5.3) 的假设下, 当假设 H_0 为真时,

$$F = \frac{SS_R/p}{SS_E/(n-p-1)} \sim F(p, n-p-1).$$

证明见 9.7 节附录.

对于给定的显著性水平 α, 假设检验 H_0 的拒绝域为

$$W = \{F \geqslant F_\alpha(p, n-p-1)\}.$$

检验可归纳为表 9.5.1 所示的方差分析表.

◀表 9.5.1 方差分析表

方差来源	自由度 (df)	平方和 (SS)	均方 (MS)	F 比
回归	p	SS_R	SS_R/p	$F = \frac{SS_R/p}{SS_E/(n-p-1)}$
残差	$n-p-1$	SS_E	$SS_E/(n-p-1)$	
总和	$n-1$	SS_T		

(四) 回归系数的显著性检验

经显著性检验得出回归方程有意义也只能说明其中至少有一个解释变量 x_j 与响应变量 y 有线性关系, 但究竟是哪些解释变量 x_j 与响应变量 y 有线性关系? 本节通过对回归系数的显著性检验来说明. 对于 $j = 1, 2, \cdots, p$, 检验

$$H_{0j}:\beta_j=0,\quad H_{1j}:\beta_j\neq 0.$$

根据定理 9.5.1, 记 c_{ij} 为矩阵 $(\boldsymbol{X}^{\mathrm{T}}\boldsymbol{X})^{-1}$ 的第 i 行第 j 列的元素, $i,j=1,2,\cdots,p,p+1$, 则 $\widehat{\beta}_j\sim N(\beta_j,c_{j+1,j+1}\sigma^2)$, $j=0,1,\cdots,p$.

对于上面的假设, 检验统计量为

$$T_j=\frac{\widehat{\beta}_j/\sigma\sqrt{c_{j+1,j+1}}}{\sqrt{\dfrac{SS_E}{\sigma^2}/(n-p-1)}}=\frac{\widehat{\beta}_j}{s\sqrt{c_{j+1,j+1}}},\quad j=1,2,\cdots,p,\tag{9.5.9}$$

其中 $s=\sqrt{\dfrac{SS_E}{n-p-1}}$.

当 H_{0j} 为真时, 统计量 (9.5.9) 服从 t 分布, $T_j\sim t(n-p-1)$. 对于给定的显著性水平 α, 假设检验的拒绝域为

$$W=\{|T_j|\geqslant t_{\alpha/2}(n-p-1)\}.$$

(五) 多元线性回归的 Excel 实现

例 9.5.1 硝基蒽醌中某物质的含量 y 与三个变量有关, x_1 为亚硫酸的量 (单位: g), x_2 为硫代硫酸钠的量 (单位: g), x_3 为反应时间 (单位: h). 为提高某物质的含量 y, 需建立 y 关于 x_1,x_2,x_3 的三元线性回归方程, 为此在八个条件下各进行了两次试验, 记录资料如表 9.5.2 所示.

◀表 9.5.2 硝基蒽醌试验数据

i	x_1	x_2	x_3	y_1	y_2	i	x_1	x_2	x_3	y_1	y_2
1	9	4.5	3	90.98	93.73	5	5	4.5	3	85.40	86.01
2	9	4.5	1	84.54	87.67	6	5	4.5	1	82.63	83.88
3	9	2.5	3	87.70	91.46	7	5	2.5	3	85.50	82.40
4	9	2.5	1	85.60	88.50	8	5	2.5	1	83.20	83.55

注 资料来自《回归分析》(周纪芗).

(1) 在 Excel 中输入上面的数据 ⇒ 在 “数据” 菜单中点击 “数据分析”, 在 “数据分析” 中选择 “回归” ⇒ 点击 “确定”.

(2) 在 “Y 值输入区域” 选中响应变量数据, 在 “X 值输入区域” 选中解释变量数据 (注意: 数据按 “列” 输入, 第一行为 x_1,x_2,x_3,y, 标定数据时, 连带第一行一起标定) ⇒ “置信度” 中输入置信水平的值 ⇒ 在 “标志” 框内打钩 ⇒ 选定输出结果的位置 ⇒ 点击 “确定”.

(3) 在指定位置输出相应的方差分析表和回归系数结果, 例 9.5.1 的输出

结果如表 9.5.3 所示.

◀表 9.5.3 方差分析表

	df	SS	MS	F	Significance F
回归分析	3	126.248	42.083	11.812	0.000 68
残差	12	42.754	3.563		
总计	15	169.002			

	Coefficients	标准误差	t Stat	P-value	Lower 95%	Upper 95%
Intercept	73.728	2.563	28.766	1.94E-12	68.143	79.312
X1	1.175	0.236	4.981	0.000 32	0.661	1.689
X2	0.433	0.472	0.918	0.376 77	−0.595	1.461
X3	1.476	0.472	3.127	0.008 74	0.447	2.504

Excel 输出结果的意义解释如下:

(1) 方差分析表中, 给出了假设 $H_0: \beta_1 = \beta_2 = \beta_3 = 0$ 的 F 检验. $P-$值 $= 0.000\ 68$, 即回归方程显著. 方差分析表"MS" 列中, 对应于 "残差" 的值即为模型参数 σ^2 的估计, 即 $s^2 = 3.563$.

(2) "Coefficients" 列中, 对应于 "X1" 行出现的值为 β_1 的估计, 即 $\widehat{\beta}_1 = 1.175$; 对应于 "X2" 行出现的值为 β_2 的估计, 即 $\widehat{\beta}_2 = 0.433$; 对应于 "X3" 行出现的值为 β_3 的估计, 即 $\widehat{\beta}_3 = 1.476$.

(3) "t Stat" 列中, 对应于 "X1" 行出现的值为假设检验 $H_{01}: \beta_1 = 0$ 的检验统计量的值, 即 $t_1 = 4.981$, 查表可得 $t_{0.025}(12) = 2.178\ 8$, 拒绝假设 H_{01}; 对应于 "X2" 行出现的值为假设检验 $H_{02}: \beta_2 = 0$ 的检验统计量的值, 即 $t_2 = 0.918 < t_{0.025}(12) = 2.178\ 8$, 不能拒绝假设 H_{02}; 对应于 "X3" 行出现的值为假设检验 $H_{03}: \beta_3 = 0$ 的检验统计量的值, 即 $t_3 = 3.127 > t_{0.025}(12) = 2.178\ 8$, 拒绝假设 H_{03}.

(4) "Lower 95%" 和 "Upper 95%" 列中, 对应于 "Intercept" 行所输出的 68.143 和 79.312 分别是由 t 分布所构造的参数 β_0 的区间估计的下限和上限; 对应于 "X1" 行所输出的 0.661 和 1.689 分别是由 t 分布所构造的参数 β_1 的区间估计的下限和上限; 对应于 "X2" 行所输出的 -0.595 和 1.461 分别是由 t 分布所构造的参数 β_2 的区间估计的下限和上限; 对应于 "X3" 行所输出的 0.447 和 2.504 分别是由 t 分布所构造的参数 β_3 的区间估计的下限和上限.

从对回归方程的显著性检验可以看出, 回归方程是显著的. 从回归系数的显著性检验来看, 接受假设 $H_{02}:\beta_2=0$, 即认为 x_2 对 y 没有影响. 因此, 要删除 x_2, 重新建立回归方程, 结果如表 9.5.4 所示.

◀表 9.5.4 方差分析表

	df	SS	MS	F	Significance F
回归分析	2	123.247	61.623	17.508	0.000 20
残差	13	45.755	3.520		
总计	15	169.002			

	Coefficients	标准误差	t Stat	P-value	Lower 95%	Upper 95%
Intercept	75.213	1.948	38.627	8.41E-15	71.035	79.452
X1	1.175	0.235	5.012	0.000 24	0.669	1.682
X3	1.476	0.469	3.146	0.007 73	0.162	2.489

请读者自己写出回归方程, 以及对回归模型的显著性检验的结论.

*9.6 回归诊断

在前面几节讨论一元线性和多元线性回归问题中, 我们作了如下一些假定:

(1) 响应变量的均值 $E(y)$ 是 $x_1,x_2,\cdots,x_p$ 的线性函数;

(2) 随机误差 $\varepsilon_1,\varepsilon_2,\cdots,\varepsilon_n$ 相互独立, 并且满足 $E(\varepsilon_i)=0,\mathrm{Var}(\varepsilon_i)=\sigma^2$;

(3) 随机误差 $\varepsilon_1,\varepsilon_2,\cdots,\varepsilon_n$ 服从正态分布.

在实际中这些假定是否合理? 如果实际数据与这些假设偏离比较大, 那么前面讨论参数的区间估计和假设检验就不再成立. 因此, 如果经过分析, 确认上面的假设不再成立, 那么就要修改模型使其满足这些基本的假设. 残差图是对回归模型诊断的直观工具. 它是以残差为纵坐标, 以其他的量为横坐标的散点图, 主要有三种形式:

(1) 以拟合值 $\widehat{y}_i$ 为横坐标;

(2) 以解释变量 x_i 为横坐标;

(3) 以观察时间或序号为横坐标.

一般来说, 如果模型的假设是合适的, 那么所得的任何一种残差图中点的分布是无任何规律的. 如果残差图出现某种规律, 就要怀疑所拟合的模型是否合适.

(一) 模型线性假设的诊断

我们不能观测到真实的回归直线, 而且在实际中变量之间也几乎不可能有完全的直线关系. 但从变量之间的散点图中, 我们可以大致看出变量之间是否呈线性关系. 以拟合值 $\widehat{y}_i$(或 x_i) 为横坐标的残差图, 能较好地考察变量之间线性关系的假设是否合适. 下面用一个例子来说明.

例 9.6.1　为了研究变量 y 与 x 之间的相关关系, 现收集了 8 组数据如下:

I	x	y	$\widehat{y}$	e	I	x	y	$\widehat{y}$	e
1	80	0.6	1.662 5	−1.062 5	5	180	6.55	6.010 7	0.539 3
2	220	6.7	7.75	−1.05	6	100	2.15	2.532 1	−0.382 1
3	140	5.3	4.271 4	1.028 6	7	200	6.6	6.880 4	−0.280 4
4	120	4	3.401 8	0.598 2	8	160	5.75	5.141 1	0.608 9

由上面 x 和 y 的数据, 可以计算得出一元线性回归方程

$$\widehat{y}=-1.82+0.043\,5x.$$

回归方程的显著性检验的检验统计量的值为 $42.038\,8>F_{0.05}(1,6)=5.987\,3$, 因此回归方程是显著的. 但这个回归方程是不是合适的回归方程呢? 由以上数据作如下的散点图和残差图 (如图 9.6.1 所示).

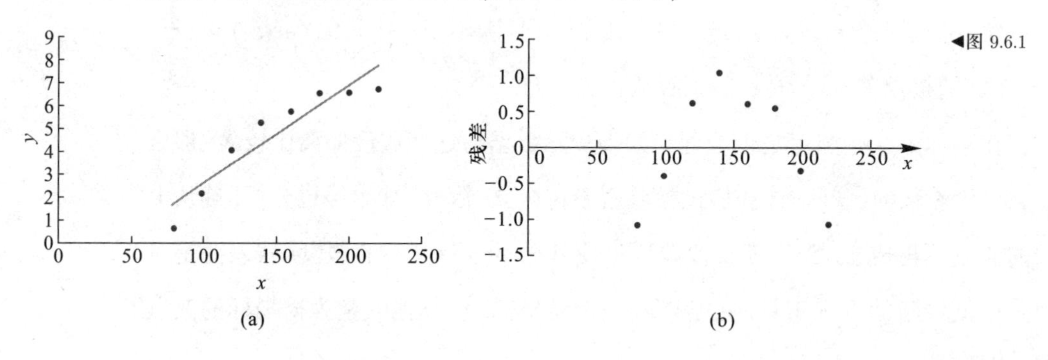

◀图 9.6.1

(1) 从散点图 (如图 9.6.1(a) 所示) 可以看出, x 与 y 之间的关系用线性关系去描述不太合适, 最好把 y 看成 x 的二次函数;

(2) 从残差图 (如图 9.6.1(b) 所示) 发现, 点的散布有规律, 即 x 小的和 x 大的样本所对应的残差为负, 而 x 介于中间的样本所对应的残差为正.

从上述分析, 我们有理由怀疑回归函数线性这一假定是不成立的.

修改模型, 建立 y 关于 x 和 x^2 的回归方程 (可以看成二元线性回归), 基

本的模型为

$$y_i = \beta_0 + \beta_1 x_i + \beta_2 x_i^2 + \varepsilon_i,\ i = 1, 2, \cdots, n,$$

由样本值计算可得如下的回归方程 (可采用 Excel 中的“数据分析”计算):

$$\widehat{y} = -10.028 + 0.164\,24x - 0.000\,4x^2.$$

回归方程显著性检验的检验统计量的值为 $506.976\,8 > F_{0.05}(2,5) = 5.786\,1$, 所以回归方程显著. 解释变量 x 和 x^2 的 t 值分别为 14.907 0 和 −11.057 4, 查表得 $t_{0.025}(5) = 2.570\,6$, 因此回归系数均为显著. 残差图如图 9.6.2 所示.

◀图 9.6.2

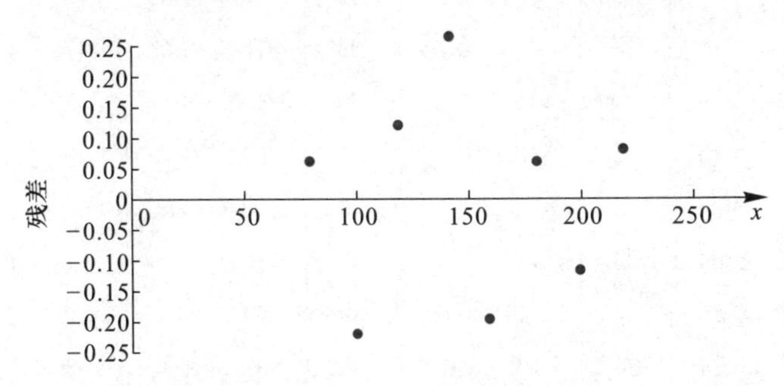

残差图中的点已经基本没有规律, 因此我们认为上面的回归方程是合适的.

对于回归模型线性假设是否为真的分析, 总结如下:

(1) 从散点图判断 x 与 y 之间的关系用线性关系去描述是否合适, 如果是多元线性回归模型, 那么可以逐个作出 $x_j (j = 1, 2, \cdots, p)$ 与 y 的散点图.

(2) 求出线性回归方程, 然后求出残差, 并画出以拟合值 $\widehat{y}_i$(或 x_i) 为横坐标的残差图, 如果发现点的散布无规律, 就说明线性假设是合适的; 但如果残差图中的点有规律, 如例 9.6.1 中出现“x_i 小的及 x_i 大的点的残差为负, 而 x_i 介于中间的点的残差为正”的情形, 就说明线性假设是不合适的.

(3) 如果发现线性假设是不合适的, 就需要修改模型.

注　关于线性假设检验和模型的修改的进一步知识, 有兴趣的读者可参见有关的回归分析教材.

(二) 随机误差方差齐性的诊断

在回归模型中, 一个重要的假设是随机误差的方差相等 (即随机误差方差齐性), 但在实际中究竟误差方差是不是相等是没有办法直接观察到的. 如果这个假设不成立, 那么前面对模型的一些统计推断都将失效. 对于随机误差方差是否相等, 我们也可采用残差图去判断, 如下面的例子.

例 9.6.2　为了研究用电高峰每小时的用电量 y 与每月总用电量 x 之间的关系, 现收集了 53 户用户的资料, 如下表所示. 试建立用电高峰每小时的用电量 y 关于总用电量 x 的一元线性回归方程.

I	x	y	I	x	y	I	x	y	I	x	y
1	679	0.79	15	1 643	3.16	29	1 381	3.48	43	1 242	3.24
2	292	0.44	16	414	0.5	30	1 428	7.58	44	658	2.14
3	1 012	0.56	17	354	0.17	31	1 255	2.63	45	1 746	5.71
4	493	0.79	18	1 276	1.88	32	1 777	4.99	46	468	0.64
5	582	2.7	19	745	0.77	33	370	0.59	47	1 114	1.9
6	1 156	3.64	20	435	1.39	34	2 316	8.19	48	413	0.51
7	997	4.73	21	540	0.56	35	1 130	4.79	49	1 787	8.33
8	2 189	9.5	22	874	1.56	36	463	0.51	50	3 560	14.94
9	1 097	5.34	23	1 543	5.28	37	770	1.74	51	1 495	5.11
10	2 078	6.85	24	1 029	0.64	38	724	4.1	52	2 221	3.85
11	1 818	5.84	25	710	4	39	808	3.94	53	1 526	3.93
12	1 700	5.21	26	1 434	0.31	40	790	0.96			
13	747	3.25	27	837	4.2	41	783	3.29			
14	2 030	4.43	28	1 748	4.88	42	406	0.44			

采用一元线性回归模型参数估计的计算公式, 或用 Excel 中的 “数据分析” 模块进行计算, 可得出回归方程

$$\widehat{y}=-0.831\,3+0.003\,683x,$$

计算各点的残差, 画出残差图 (如图 9.6.3 所示, 以 x 为横轴, 残差 e 为纵轴).

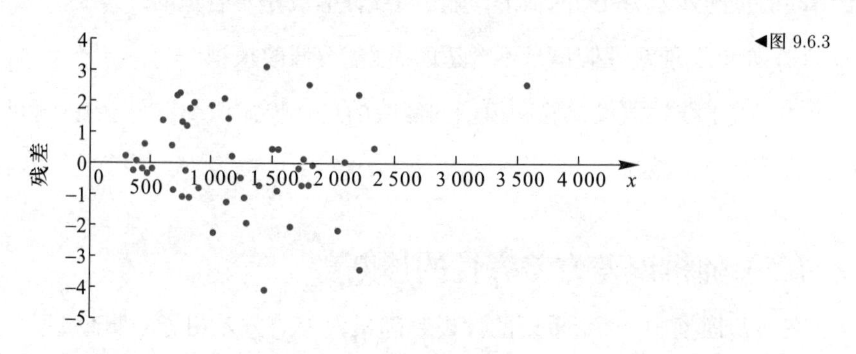

◀图 9.6.3

从残差图可以看出, 残差随着 x 的增加, 向两边扩展, 即残差图有明显的喇叭形, 这是典型的误差方差不相等的残差图. 在某些情形下, 我们对 y 作一些变

换就可以消除误差方差不相等的问题, 常用的变换有 $z=\sqrt{y}$, $z=\arcsin\sqrt{y}$, $z=\ln y$, $z=\dfrac{1}{\sqrt{y}}$, $z=y^{-1}$ 等. 此例中, 如果令 $z=\sqrt{y}$, 那么可以建立 z 关于 x 的回归方程

$$\widehat{z}=0.582\ 2+0.000\ 953x,$$

计算各点的残差, 并画出残差图 (如图 9.6.4 所示).

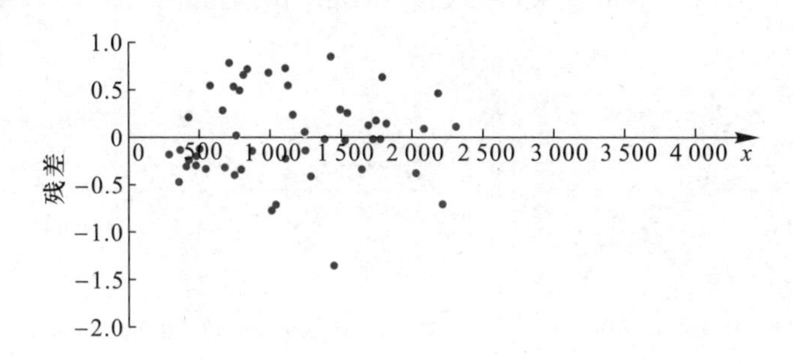

◀图 9.6.4

可以发现残差图已经有了明显的改善, 基本没有明显的规律, 因此这个变换是合适的. 最后得到的回归方程为

$$\widehat{y}=(0.582\ 2+0.000\ 953x)^2=0.333\ 90+0.001\ 1x+0.000\ 000\ 91x^2.$$

关于回归模型误差方差是否相等的诊断总结如下:

(1) 求出线性回归方程, 然后求出残差, 并画出以拟合值 $\widehat{y}_i$ 或 x_i 为横坐标的残差图, 如果残差图有明显的喇叭形 (即随着 $\widehat{y}_i$ 或 x_i 的增加, 残差很快向两边扩展) 或倒喇叭形, 就说明误差方差相等的假设是不合适的.

(2) 如果发现等方差假设是不合适的, 就需要修改模型. 限于篇幅, 本书没有系统给出修改误差方差不相等的方法, 但可以尝试响应变量的数据变换, 如 $z=\sqrt{y}$, $z=\arcsin\sqrt{y}$, $z=\ln y$, $z=\dfrac{1}{\sqrt{y}}$, $z=y^{-1}$ 等. 也可参见相关的回归分析教材. 例 9.6.2 中采用变换 $z=\sqrt{y}$ 后, 得出了较合适的模型.

(3) 用变换后的数据求出线性回归方程, 计算残差, 并画出以拟合值 $\widehat{z}_i$ 或 x_i 为横坐标的残差图. 如果这时残差图已经没有任何规律, 就说明这种变换是合适的, 最后利用逆变换得到 y 关于 x 的回归方程.

(三) 随机误差独立性的诊断

在不少有关时间序列的问题中, 观测值往往呈现相关的趋势. 如河流的水位总有一个变化过程, 当一场暴雨使河流水位上涨后往往需要几天水位才能降

低，因此当我们逐日测定河流最高水位时，相邻几天的观测值就不一定是相互独立的样本. 判断模型独立性时，常用的是以"时间"或"序号"为横坐标的残差图. 相关性有两类：一类是正相关，如果随机误差之间具有正相关关系，那么残差图中残差"符号"会出现"集团性"的趋势，即连续一段时间内残差均为"正号"，然后又一段时间内残差均为"负号"，如图 9.6.5(a) 所示；另一类是负相关，此时残差的符号改变非常频繁，大致有正负相间的趋势，如图 9.6.5(b) 所示.

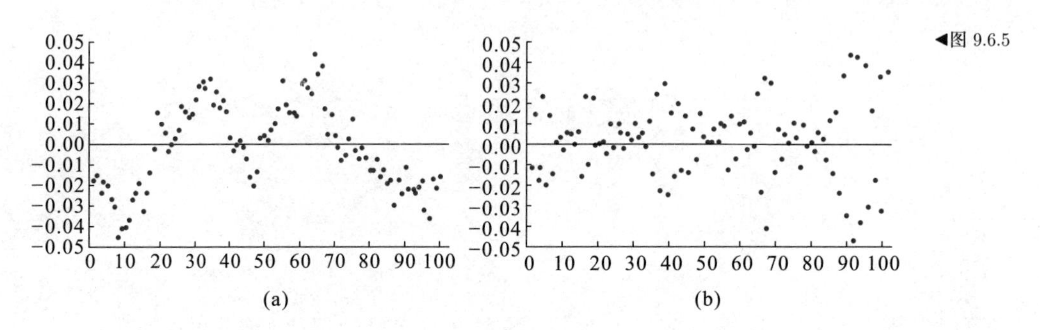

◀图 9.6.5

当发现模型误差相关时，改进模型的方法通常是差分法.

例 9.6.3　为了研究某地居民对农产品的消费量 y 与居民收入 x 之间的关系，现收集了 16 组数据：

i	x	y	i	x	y	i	x	y	i	x	y
1	255.7	116.5	5	296.7	131.7	9	330	146.8	13	381.3	163.2
2	263.3	120.8	6	309.3	136.2	10	340.2	149.6	14	406.5	170.5
3	275.4	124.4	7	315.8	138.7	11	350.7	153	15	430.8	178.2
4	278.3	125.5	8	318.8	140.2	12	367.3	158.2	16	451.5	185.9

根据上面的数据，建立消费量 y 与居民收入 x 之间的一元线性回归方程

$$\widehat{y} = 27.912 + 0.352\,4x,$$

计算各点的残差，得到残差图 9.6.6.

从图中可以看出，残差的符号具有明显"集团性"的趋势，因此可认为误差之间具有正相关关系. 为了修改模型，计算残差 $(e_2, e_3, \cdots, e_{16})$ 与 $(e_1, e_2, \cdots, e_{15})$ 的相关系数，得 $r = 0.628\,9$. 令

$$\begin{cases} x_i^* = x_{i+1} - 0.628\,9x_i, \\ y_i^* = y_{i+1} - 0.628\,9y_i, \end{cases} \quad i = 1, 2, \cdots, 15,$$

得到新的数据 $(x_i^*, y_i^*), i=1,2,\cdots,15$, 重新计算得到 x_i^* 与 y_i^* 之间的回归方程

$$y_i^* = 12.157 + 0.339\,4x_i^*,$$

计算各点的残差, 得残差图 9.6.7.

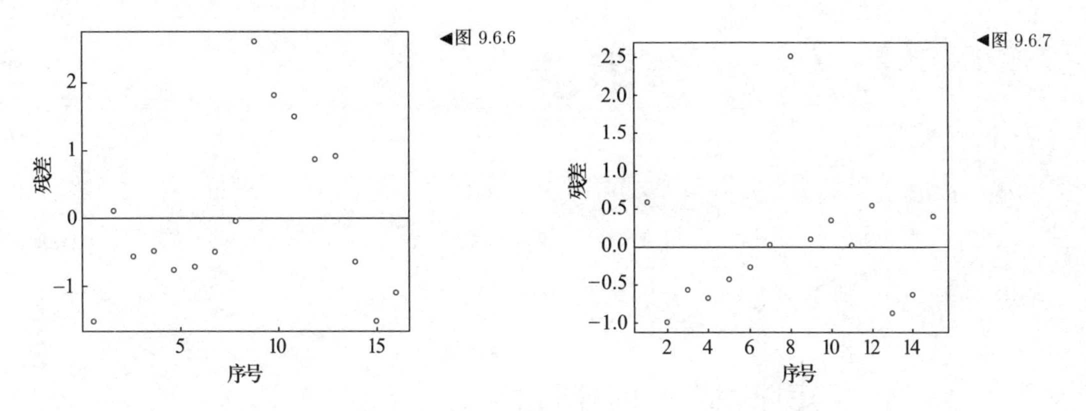

◀图 9.6.6

◀图 9.6.7

可以发现残差图有改善, 因此最后得到如下的回归方程:

$$\widehat{y}_{i+1} = 0.628\,9y_i + 12.157 + 0.339\,4(x_{i+1} - 0.628\,9x_i).$$

关于回归模型随机误差独立性的诊断, 总结如下:

(1) 求出线性回归方程, 然后求出残差, 并画出以 “时间” 或 “序号” 为横坐标的残差图, 如果残差图中残差 “符号” 出现 “集团性” 的趋势, 或残差的符号改变非常频繁, 大致有正负相间的趋势, 就说明误差独立性的假设是不合适的.

(2) 如果发现独立性假设不合适, 就需要修改模型, 常用的方法是差分法.

(3) 计算残差 $(e_2, e_3, \cdots, e_n)$ 与 $(e_1, e_2, \cdots, e_{n-1})$ 的相关系数 r, 作差分, 令

$$x_i^* = x_{i+1} - rx_i, \quad y_i^* = y_{i+1} - ry_i, \quad i = 1, 2, \cdots, n-1.$$

重新计算 x_i^* 与 y_i^* 之间的回归方程, 并再次画出残差图, 判断误差是不是相关, 如果不相关, 就得到回归方程

$$\widehat{y}_{i+1} = ry_i + \widehat{\beta}_0 + \widehat{\beta}_1(x_{i+1} - rx_i).$$

如果判断误差仍具有相关性, 那么对新的数据继续使用如上的差分法.

(四) 随机误差的正态性的诊断

我们可以采用 χ^2 拟合检验对残差进行正态性检验, 也可以通过观察残差的直方图来直观地判断残差是否具有正态性. 如果模型的误差不满足正态性,

一般可以作 Box-Cox (博克斯–考克斯) 变换, 这部分的内容不详细介绍, 有兴趣的读者可以参考有关回归分析的教材.

*9.7 附录

为了证明下面的定理, 先给出如下的引理.

引理 9.7.1 设 X 与 Y 相互独立, $X \sim \chi^2(m)$, $Z = X + Y$, $Z \sim \chi^2(n)$, $n > m$, 则 $Y \sim \chi^2(n-m)$.

(一) 定理 9.1.1 的证明

(1) 由 SS_E 的定义 (9.1.7),

$$SS_E = \sum_{j=1}^{n_1}(X_{1j} - \overline{X}_{1\cdot})^2 + \sum_{j=1}^{n_2}(x_{2j} - \overline{x}_{2\cdot})^2 + \cdots + \sum_{j=1}^{n_r}(X_{rj} - \overline{X}_{r\cdot})^2,$$

对于固定的 $i, X_{ij} \sim N(\mu_i, \sigma^2)$, 由定理 6.3.2,

$$\frac{\sum\limits_{j=1}^{n_i}(X_{ij} - \overline{X}_{i\cdot})^2}{\sigma^2} \sim \chi^2(n_i - 1),\ i = 1, 2, \cdots, r.$$

再由 χ^2 分布的可加性, 有

$$\frac{SS_E}{\sigma^2} \sim \chi^2\left(\sum_{i=1}^{r}(n_i - 1)\right),$$

这里 $\sum\limits_{j=1}^{r} n_i = n$. 所以

$$\frac{SS_E}{\sigma^2} \sim \chi^2(n-r),$$

由 χ^2 分布的性质可知, $E(SS_E) = (n-r)\sigma^2$.

(2) 由定理 6.3.2, 对水平 $A_i (i = 1, 2, \cdots, r)$ 来说, $\overline{X}_{i\cdot}$ 与 $\sum\limits_{j=1}^{n_i}(X_{ij} - \overline{X}_{i\cdot})^2$ 相互独立, 且不同水平的观察是相互独立的. 而 SS_A 只是 $\overline{X}_{k\cdot}, k = 1, 2, \cdots, r$ 的函数, 因此对任一 $i, \sum\limits_{j=1}^{n_i}(X_{ij} - \overline{X}_{i\cdot})^2$ 与 SS_A 相互独立, 从而 SS_E 与 SS_A 相互独立.

(3) 由 SS_A 的定义 (9.1.6) 以及 $\sum_{i=1}^{r} n_i\alpha_i = 0$, 有

$$E(SS_A) = E\left(\sum_{i=1}^{r} n_i(\overline{X}_{i\cdot} - \overline{X})^2\right) = \sum_{i=1}^{r} n_i E(\overline{X}_{i\cdot}^2) - nE(\overline{X}^2)$$

$$= \sum_{i=1}^{r} n_i\left[\frac{\sigma^2}{n_i} + (\mu + \alpha_i)^2\right] - n\left(\frac{\sigma^2}{n} + \mu^2\right) = (r-1)\sigma^2 + \sum_{i=1}^{r} n_i\alpha_i^2.$$

当假设 H_0 为真时, $X_{ij} \sim N(\mu, \sigma^2)$, 因此 X_{ij} 可以看成是来自同一个总体的独立同分布的随机变量, 由定理 6.3.2,

$$\frac{SS_T}{\sigma^2} = \frac{\sum_{i=1}^{r}\sum_{j=1}^{n_i}(X_{ij} - \overline{X})^2}{\sigma^2} \sim \chi^2(n-1).$$

由于 $SS_T = SS_A + SS_E$, 再由引理 9.7.1 知 $\frac{SS_A}{\sigma^2} \sim \chi^2(r-1)$.

(二) 定理 9.4.1 的证明

(1) 由 $\sum_{i=1}^{n}(x_i - \overline{x}) = 0$ 可知, $\sum_{i=1}^{n}(x_i - \overline{x})\overline{y} = 0$,

$$\widehat{\beta}_1 = \frac{s_{xy}}{s_{xx}} = \frac{\sum_{i=1}^{n}(x_i - \overline{x})y_i}{s_{xx}} = \sum_{i=1}^{n}\frac{(x_i - \overline{x})}{s_{xx}}y_i.$$

由于 $y_i \sim N(\beta_0 + \beta_1 x_i, \sigma^2)$ 并且相互独立, 所以 $\widehat{\beta}_1$ 是正态变量的线性组合, 仍服从正态分布, 并且

$$E(\widehat{\beta}_1) = E\left(\sum_{i=1}^{n}\frac{(x_i - \overline{x})}{s_{xx}}y_i\right) = \sum_{i=1}^{n}\frac{x_i - \overline{x}}{s_{xx}}(\beta_0 + \beta_1 x_i) = \beta_1,$$

$$\mathrm{Var}(\widehat{\beta}_1) = \mathrm{Var}\left(\sum_{i=1}^{n}\frac{x_i - \overline{x}}{s_{xx}}y_i\right) = \sum_{i=1}^{n}\frac{(x_i - \overline{x})^2}{s_{xx}^2}\sigma^2 = \frac{\sigma^2}{s_{xx}}.$$

(2) $\widehat{\beta}_0 = \overline{y} - \widehat{\beta}_1\overline{x} = \frac{1}{n}\sum_{i=1}^{n} y_i - \sum_{i=1}^{n}\frac{(x_i - \overline{x})\overline{x}}{s_{xx}}y_i = \sum_{i=1}^{n}\left[\frac{1}{n} - \frac{(x_i - \overline{x})\overline{x}}{s_{xx}}\right]y_i$,

由此可知 $\widehat{\beta}_0$ 也服从正态分布, 并且

$$E(\widehat{\beta}_0) = E\left\{\sum_{i=1}^{n}\left[\frac{1}{n} - \frac{(x_i - \overline{x})\overline{x}}{s_{xx}}\right]y_i\right\}$$

$$= \sum_{i=1}^{n}\left[\frac{1}{n} - \frac{(x_i - \overline{x})\overline{x}}{s_{xx}}\right](\beta_0 + \beta_1 x_i) = \beta_0,$$

$$\begin{aligned}\operatorname{Var}(\widehat{\beta}_0) &= \operatorname{Var}\left\{\sum_{i=1}^{n}\left[\frac{1}{n}-\frac{(x_i-\overline{x})\overline{x}}{s_{xx}}\right]y_i\right\} \\ &= \sum_{i=1}^{n}\left[\frac{1}{n}-\frac{(x_i-\overline{x})\overline{x}}{s_{xx}}\right]^2\sigma^2 = \left(\frac{1}{n}+\frac{\overline{x}^2}{s_{xx}}\right)\sigma^2,\end{aligned}$$

定理得证.

(三) 定理 9.4.2 的证明

(1) 设

$$\boldsymbol{A} = \begin{pmatrix} a_{11} & a_{12} & \cdots & a_{1n} \\ a_{21} & a_{22} & \cdots & a_{2n} \\ \vdots & \vdots & & \vdots \\ a_{n1} & a_{n2} & \cdots & a_{nn} \end{pmatrix}$$

为正交矩阵, 其中第一行为 $a_{1j} = \dfrac{1}{\sqrt{n}}$, $j = 1, 2, \cdots, n$, 第二行为 $a_{2j} = \dfrac{x_j - \overline{x}}{\sqrt{s_{xx}}}$, $j = 1, 2, \cdots, n$, 且满足

$$\sum_{j=1}^{n} a_{ij}a_{kj} = \begin{cases} 1, & i = k, \\ 0, & i \neq k, \end{cases}$$

故 $\sum\limits_{j=1}^{n} a_{ij} = 0$, $i = 2, 3, \cdots, n$, $\sum\limits_{j=1}^{n} a_{ij}x_j = 0$, $i = 3, 4, \cdots, n$. 令

$$\boldsymbol{Z} = \begin{pmatrix} z_1 \\ z_2 \\ \vdots \\ z_n \end{pmatrix} = \boldsymbol{AY} = \boldsymbol{A}\begin{pmatrix} y_1 \\ y_2 \\ \vdots \\ y_n \end{pmatrix},$$

由 $y_1, y_2, \cdots, y_n$ 的独立性和正态性知 $\boldsymbol{Z}$ 服从正态分布, 且

$$\begin{aligned}&z_1 = \sqrt{n}\overline{y} \sim N(\sqrt{n}(\beta_0 + \beta_1\overline{x}), \sigma^2), \\ &z_2 = \frac{s_{xy}}{\sqrt{s_{xx}}} \sim N(\beta_1\sqrt{s_{xx}}, \sigma^2), \\ &z_i \sim N(0, \sigma^2), \quad i = 3, 4, \cdots, n. \\ &\operatorname{Cov}(z_i, z_k) = \sigma^2\sum_{j=1}^{n} a_{ij}a_{kj} = \begin{cases} \sigma^2, & i = k, \\ 0, & i \neq k. \end{cases}\end{aligned}$$

即 $z_1, z_2, \cdots, z_n$ 是相互独立的正态变量, 且满足

$$\sum_{j=1}^{n} z_i^2 = \boldsymbol{Z}^{\mathrm{T}}\boldsymbol{Z} = \boldsymbol{Y}^{\mathrm{T}}\boldsymbol{A}^{\mathrm{T}}\boldsymbol{A}\boldsymbol{Y} = \boldsymbol{Y}^{\mathrm{T}}\boldsymbol{Y} = \sum_{i=1}^{n} y_i^2.$$

用 z_i 改写 SS_T, 得

$$SS_T = \sum_{i=1}^{n}(y_i - \overline{y})^2 = \sum_{i=1}^{n} y_i^2 - n\overline{y}^2 = \sum_{i=1}^{n} z_i^2 - z_1^2 = \sum_{i=2}^{n} z_i^2,$$

$$SS_R = \sum_{i=1}^{n}(\widehat{y}_i - \overline{y})^2 = \widehat{\beta}_1^2 s_{xx} = \frac{s_{xy}^2}{s_{xx}} = z_2^2,$$

$$SS_E = SS_T - SS_R = \sum_{i=3}^{n} z_i^2.$$

由于 $z_i \sim N(0,\sigma^2)$, $i = 3,4,\cdots,n$, 且相互独立, 所以 $\dfrac{SS_E}{\sigma^2} \sim \chi^2(n-2)$, 且 $s^2 = \dfrac{SS_E}{n-2}$ 是 σ^2 的无偏估计.

(2) 由上面的正交变换知, $\widehat{\beta}_1 = \dfrac{z_2}{\sqrt{s_{xx}}}$ 是 z_2 的函数, SS_E 是 $z_3, z_4, \cdots, z_n$ 的函数, 因此 SS_R 与 SS_E 相互独立.

(3) $E(SS_R) = E(z_2^2) = \sigma^2 + \beta_1^2 s_{xx}$, 当 H_0 为真, 即 $\beta_1 = 0$ 时, $\dfrac{SS_R}{\sigma^2} \sim \chi^2(1)$.

此时由定理 9.4.1(1), $\widehat{\beta}_1 \sim N(0, \sigma^2/s_{xx})$. 于是

$$\frac{\widehat{\beta}_1\sqrt{s_{xx}}}{s} = \frac{\sqrt{s_{xx}}}{\sigma}\widehat{\beta}_1 \Big/ \sqrt{\frac{SS_E}{\sigma^2(n-2)}} \sim t(n-2).$$

从而

$$\frac{\widehat{\beta}_1^2 s_{xx}}{s^2} \sim F(1, n-2).$$

(四) 定理 9.4.3 的证明

$$\begin{aligned}
\widehat{y}_0 = \widehat{\beta}_0 + \widehat{\beta}_1 x_0 &= \sum_{i=1}^{n}\left[\frac{1}{n} - \frac{(x_i - \overline{x})\overline{x}}{s_{xx}} + \frac{x_i - \overline{x}}{s_{xx}}x_0\right] y_i \\
&= \sum_{i=1}^{n}\left[\frac{1}{n} - \frac{(x_i - \overline{x})(\overline{x} - x_0)}{s_{xx}}\right] y_i,
\end{aligned}$$

由此可知 $\widehat{y}_0$ 服从正态分布. 由于 $\widehat{\beta}_0$ 和 $\widehat{\beta}_1$ 是 β_0 和 β_1 的无偏估计, 故

$$E(\widehat{y}_0) = \beta_0 + \beta_1 x_0.$$

由于 $y_1, y_2 \cdots, y_n$ 相互独立, 有相同的方差, $\mathrm{Var}(y_i) = \sigma^2$, 所以

$$
\begin{aligned}
\operatorname{Var}(\widehat{y}_0) &= \sum_{i=1}^{n}\left[\frac{1}{n}-\frac{(x_i-\overline{x})(\overline{x}-x_0)}{s_{xx}}\right]^2\sigma^2 \\
&= \left[\frac{1}{n}+\sum_{i=1}^{n}\frac{(x_i-\overline{x})^2}{s_{xx}^2}(\overline{x}-x_0)^2\right]\sigma^2 \\
&= \left[\frac{1}{n}+\frac{(\overline{x}-x_0)^2}{s_{xx}}\right]\sigma^2.
\end{aligned}
$$

(五) 定理 9.5.1 的证明

(1) 由 $\boldsymbol{Y}$ 的正态性可知 $\widehat{\boldsymbol{\beta}}$ 为正态分布, 并且

$$
\begin{aligned}
E(\widehat{\boldsymbol{\beta}}) &= E[(\boldsymbol{X}^{\mathrm{T}}\boldsymbol{X})^{-1}\boldsymbol{X}^{\mathrm{T}}\boldsymbol{Y}] \\
&= (\boldsymbol{X}^{\mathrm{T}}\boldsymbol{X})^{-1}\boldsymbol{X}^{\mathrm{T}}E(\boldsymbol{Y}) = (\boldsymbol{X}^{\mathrm{T}}\boldsymbol{X})^{-1}\boldsymbol{X}^{\mathrm{T}}\boldsymbol{X}\boldsymbol{\beta} = \boldsymbol{\beta}, \\
\operatorname{Var}(\widehat{\boldsymbol{\beta}}) &= \operatorname{Var}[(\boldsymbol{X}^{\mathrm{T}}\boldsymbol{X})^{-1}\boldsymbol{X}^{\mathrm{T}}\boldsymbol{Y}] \\
&= (\boldsymbol{X}^{\mathrm{T}}\boldsymbol{X})^{-1}\boldsymbol{X}^{\mathrm{T}}\operatorname{Var}(\boldsymbol{Y})\boldsymbol{X}(\boldsymbol{X}^{\mathrm{T}}\boldsymbol{X})^{-1} = (\boldsymbol{X}^{\mathrm{T}}\boldsymbol{X})^{-1}\boldsymbol{\sigma}^2.
\end{aligned}
$$

$$
\begin{aligned}
(2)\ \operatorname{Cov}(\boldsymbol{e},\widehat{\boldsymbol{\beta}}) &= \operatorname{Cov}((\boldsymbol{I}_n-\boldsymbol{H})\boldsymbol{Y},(\boldsymbol{X}^{\mathrm{T}}\boldsymbol{X})^{-1}\boldsymbol{X}^{\mathrm{T}}\boldsymbol{Y}) \\
&= (\boldsymbol{I}_n-\boldsymbol{H})\operatorname{Var}(\boldsymbol{Y})\boldsymbol{X}(\boldsymbol{X}^{\mathrm{T}}\boldsymbol{X})^{-1} \\
&= \sigma^2(\boldsymbol{I}_n-\boldsymbol{H})\boldsymbol{X}(\boldsymbol{X}^{\mathrm{T}}\boldsymbol{X})^{-1} = 0.
\end{aligned}
$$

即可推出 $\boldsymbol{e}$ 和 $\widehat{\boldsymbol{\beta}}$ 相互独立, 并由此可得 SS_E 与 $\widehat{\boldsymbol{\beta}}$ 相互独立.

(3) $\boldsymbol{H}$ 是对称幂等矩阵, 所以是非负定的. 如果结构矩阵 $\boldsymbol{X}$ 的秩为 $p+1$, 由线性代数知识可知, 存在正交矩阵 $\boldsymbol{C}$, 使得

$$
\boldsymbol{C}\boldsymbol{H}\boldsymbol{C}^{\mathrm{T}} = \begin{pmatrix} \boldsymbol{J}_{p+1} & \boldsymbol{0} \\ \boldsymbol{0} & \boldsymbol{0} \end{pmatrix},
$$

其中 $\boldsymbol{J}_{p+1} = \begin{pmatrix} \lambda_1 & & & \\ & \lambda_2 & & \\ & & \ddots & \\ & & & \lambda_{p+1} \end{pmatrix}$, $\lambda_i > 0,\ j=1,2,\cdots,p+1$. 由 $\boldsymbol{H}$ 是幂等矩阵知

$$
\boldsymbol{C}\boldsymbol{H}\boldsymbol{C}^{\mathrm{T}} = \boldsymbol{C}\boldsymbol{H}^2\boldsymbol{C}^{\mathrm{T}} = \boldsymbol{C}\boldsymbol{H}\boldsymbol{C}^{\mathrm{T}}\boldsymbol{C}\boldsymbol{H}\boldsymbol{C}^{\mathrm{T}}.
$$

所以 $\boldsymbol{J}_{p+1} = \boldsymbol{J}_{p+1}\boldsymbol{J}_{p+1}$, 由此可得 $\lambda_i = 1, i = 1,2,\cdots,p+1$. 令 $\boldsymbol{Z} = \boldsymbol{C}(\boldsymbol{Y} - \boldsymbol{X}\boldsymbol{\beta})$, 则

$$
E(\boldsymbol{Z}) = \boldsymbol{C}(E(\boldsymbol{Y}) - \boldsymbol{X}\boldsymbol{\beta}) = \boldsymbol{0},
$$

$$\mathrm{Var}(\boldsymbol{Z}) = \boldsymbol{C}\mathrm{Var}(\boldsymbol{Y} - \boldsymbol{X}\boldsymbol{\beta})\boldsymbol{C}^{\mathrm{T}} = \sigma^2 \boldsymbol{I}_n.$$

由 $\boldsymbol{Y} \sim N(\boldsymbol{X}\boldsymbol{\beta}, \sigma^2\boldsymbol{I}_n)$ 的假设知 $\boldsymbol{Z} \sim N(\boldsymbol{0}, \sigma^2\boldsymbol{I}_n)$. 从而

$$\begin{aligned} SS_E &= \boldsymbol{Z}^{\mathrm{T}}\boldsymbol{C}(\boldsymbol{I}_n - \boldsymbol{H})\boldsymbol{C}^{\mathrm{T}}\boldsymbol{Z} = \boldsymbol{Z}^{\mathrm{T}}\boldsymbol{Z} - \boldsymbol{Z}^{\mathrm{T}}\begin{pmatrix} \boldsymbol{J}_{p+1} & \boldsymbol{0} \\ \boldsymbol{0} & \boldsymbol{0} \end{pmatrix}\boldsymbol{Z} \\ &= \sum_{i=1}^{n} z_i^2 - \sum_{i=1}^{p+1} z_i^2 = \sum_{i=p+2}^{n} z_i^2, \end{aligned}$$

由于 z_i 服从正态分布 $N(0, \sigma^2)$, 可知 (3) 成立.

(六) 定理 9.5.2 的证明

当 H_0 为真时, $\beta_j = 0, j = 1, 2, \cdots, p, y_i \sim N(\beta_0, \sigma^2)$, 并且相互独立, 有

$$\frac{SS_T}{\sigma^2} = \frac{\sum\limits_{i=1}^{n}(y_i - \overline{y})^2}{\sigma^2} \sim \chi^2(n-1).$$

结合定理 9.5.1, 有

$$\frac{SS_R}{\sigma^2} \sim \chi^2(p).$$

由此可知

$$F = \frac{SS_R/p}{SS_E/(n-p-1)} \sim F(p, n-p-1).$$

思考题九

1. 什么样的数据适合使用方差分析方法? 方差分析有哪些基本假设?
2. 写出单因素方差分析模型和方差分析的一般步骤.
3. 在作均值的多重比较时, 可不可以采用第 8 章的两样本的 t 检验? 为什么?
4. 现已经收集到各地区一年内男、女交通事故发生率的资料, 目的是研究各地区不同性别交通事故发生率是否有差异.
   (1) 请问哪些是自变量, 哪些是因变量?
   (2) 分析变量的类型.
   (3) 应采用什么数据分析方法?
5. 写出一元线性回归的数学模型.
6. 对于任意的试验数据 $(x_i, y_i), i = 1, 2, \cdots, n$, 是不是均可采用一元线性回归模型进行建模? 为什么?
7. 回归方程的显著性检验有哪几种检验方法?

习题九 (A)

A1. 保险公司针对某个险种在四个不同地区分别抽取四年索赔额，共 16 个样本，下表是方差分析表中的一部分:

差异源	平方和 (SS)	自由度 (df)	均方 (MS)	F 比
组间 (因素 A)	(1)	(2)	400	(3)
组内 (误差)	(4)	(5)	(6)	
总和	1 500	(7)		

(1) 给出方差分析表缺少的项.

(2) 在显著性水平 $\alpha = 0.05$ 下，是否能拒绝假设 H_0: 四个地区的索赔额相等?

A2. 为了检验四台机器出现故障的时间间隔是否存在显著差异，收到如下样本:

(1) 各机器出现故障的时间间隔的方差是否相等?

(2) 在显著性水平 $\alpha = 0.05$ 下，是否能拒绝假设 H_0: 各机器出现故障的时间间隔相等?

	出现故障的时间间隔						$\overline{x}_i$	s_i^2
机器 1	6.4	7.8	5.3	7.4	8.4	7.3	7.1	1.21
机器 2	8.7	7.4	9.4	10.1	9.2	9.8	9.1	0.93
机器 3	11.1	10.3	9.7	10.3	9.2	8.8	9.9	0.70
机器 4	9.9	12.8	12.1	10.8	11.3	11.5	11.4	1.02

A3. 已知 A, B, C 三个工厂的职工年薪 (单位: 万元) 为随机变量 X_1, X_2, X_3，假设 X_1, X_2, X_3 相互独立，$X_i \sim N(\mu_i, \sigma^2)$，$i = 1, 2, 3$. 现从三个工厂中分别抽取样本容量为 $n_1 = 10, n_2 = 12, n_3 = 8$ 的样本，得到数据如下:

	年薪/万元											
A 厂	4.38	3.23	4.17	3.56	4.52	3.87	4.99	3.95	4.72	3.21		
B 厂	5.02	4.08	4.65	5.33	3.89	4.74	5.42	5.73	5.42	4.45	5.79	4.28
C 厂	5.25	3.81	4.78	3.59	3.33	5.21	3.41	5.02				

(1) 试在显著性水平 $\alpha = 0.05$ 下，检验

$$H_0 : \mu_1 = \mu_2 = \mu_3, \quad H_1 : \mu_1, \mu_2, \mu_3 \text{ 不全相等},$$

并给出方差分析表;

(2) 求方差 σ^2 的无偏估计值;

(3) 在显著性水平 $\alpha = 0.05$ 下，进行多重比较.

A4. 某乳制品公司有三个车间生产低脂奶, 设第 i 个车间生产的低脂奶的脂肪含量 X_i 近似服从 $N(\mu_i, \sigma^2)$, $i=1,2,3$. 为了考察三个车间生产的低脂奶的脂肪含量是否一致, 在每个车间生产的产品中各抽取 5 件进行测定, 结果如下:

	脂肪含量/%				
一车间	1.7	2.1	1.6	1.9	2.0
二车间	1.8	1.6	1.5	2.0	1.7
三车间	1.7	2.3	2.2	2.1	1.9

(1) 在显著性水平 $\alpha=0.05$ 下, 比较三个车间生产的低脂奶的脂肪含量是否有显著差异;

(2) 求方差 σ^2 的无偏估计值.

A5. 某手机公司对一款新手机设计了四种外观造型 (分别用 A_1, A_2, A_3, A_4 表示). 设每款手机在每一卖场的销售量近似服从正态分布 (方差均为 σ^2), 为了考察哪种造型最受欢迎, 选了编号为 $1,2,3$ 的三个卖场 (交通条件、便利条件、客流和规模相近) 试销, 销售量如下表所示:

	卖场 1 销售量	卖场 2 销售量	卖场 3 销售量
造型 A_1	49	56	45
造型 A_2	35	34	42
造型 A_3	35	41	47
造型 A_4	56	60	67

(1) 在显著性水平 0.05 下, 比较四种造型手机的销售量是否存在显著差异;

(2) 设手机造型与卖场之间没有交互作用, 在显著性水平 0.05 下, 判断不同造型和不同卖场对销售量是否存在显著差异.

A6. 根据如下的数据建立估计的回归方程 $\widehat{y}=30.33-1.88x$.

x_i	2	3	5	1	8
y_i	25	25	20	30	16

(1) 计算样本的相关系数, 并检验相关系数是否显著;

(2) 计算 SS_T, SS_R, SS_E 的值;

(3) 计算决定系数, 并判断拟合程度的好坏.

A7. 假设利用一组数据所建立的样本回归方程为 $\widehat{y}=4+mx$, 并且经过点 $(1,3)$. 如果 $\overline{x}$ 和 $\overline{y}$ 表示的是自变量和因变量的样本均值, 求解 m, 并写出 $\overline{x}$ 和 $\overline{y}$ 的关系.

A8. 假设对一组样本数据进行回归分析, 得到回归方程为 $\widehat{y}=b+7x$, 并且经过点 $(-2,4)$. 如果 $\overline{x}$ 和 $\overline{y}$ 表示的是自变量和因变量的样本均值, 求 b, 并写出 $\overline{x}$ 和 $\overline{y}$ 的关系.

A9. 假设两个变量的皮尔逊相关系数为 $R=0.19$.

(1) 若变量 x 的每个观测值都增加 0.23, 变量 y 的每个观测值都翻倍, 此时变量 x 与 y 的相关系数是多少?

(2) 将两个变量相互交换, 两个变量的相关系数为多少?

A10. 设样本观测值 $\{(x_i,y_i),i=1,2,\cdots,n\}$ 的相关系数是 -0.26. 现在有一组新的观测值 $\{(x_i',y_i'),i=1,2,\cdots,n\}$, 其中 $x_i'=-x_i$, $y_i'=y_i+12$, 求 x_i' 与 y_i' 的相关系数.

A11. 研究某企业生产某种产品的产量和单位成本之间的关系, 数据资料如下:

月份	1	2	3	4	5	6	7	8	9	10
产量 x/千件	5.5	4	4.6	5.2	6.3	6.9	6.2	7.1	7.8	8.2
单位成本 y/(元 · 件$^{-1}$)	72	78	79	73	71	69	68	68	65	61

设 $y_i\sim N(\beta_0+\beta_1x_i,\sigma^2)$, $i=1,2,\cdots,n$.

(1) 求 y 关于 x 的一元线性回归方程;

(2) 求 σ^2 的无偏估计值;

(3) 检验回归系数的显著性 (取 $\alpha=0.05$);

(4) 求 $x=6.5$ 时 y 的预测值.

A12. 下表列出 12 名 4 岁男童身高与体重的数据:

身高 x/cm	97	109	101	107	103	107	110	102	112	111	108	99
体重 y/kg	14	18	17	21	17	18	19	16	21	22	20	16

设 $y_i\sim N(\beta_0+\beta_1x_i,\sigma^2)$, $i=1,2,\cdots,12$.

(1) 求 y 关于 x 的一元线性回归方程;

(2) 检验回归系数的显著性 (取 $\alpha=0.05$);

(3) 求 $x=106$ 时 y 的预测区间 (取 $\alpha=0.05$).

(B)

B1. 在猪饲料中以不同的比例搭配加入添加剂 A 和 B, 每种添加剂取 4 个水平, 共 16 个组合. 现随机选 32 头猪, 每种比例搭配的添加剂饲料各喂养 2 头猪, 经过一段时间喂养后, 猪的增重 (单位: kg) 结果如下:

	B_1		B_2		B_3		B_4	
A_1	20	22	22	28	32	36	21	23
A_2	24	27	29	33	26	30	22	18
A_3	31	35	30	28	25	29	28	23
A_4	28	32	31	29	28	32	25	30

在显著性水平 0.05 下, 说明加入不同比例的添加剂 A 和 B 的饲料对猪的增重有无显著差异, 并说明是否存在交互作用.

B2. (1) 采用极大似然法估计一元线性回归模型 (9.4.2) 中的未知

参数 $\beta_0, \beta_1, \sigma^2$;

(2) 若 $y_i \sim N(\beta_1 x_i, \sigma^2)$, $i = 1, 2, \cdots, n$, 采用极大似然法估计未知参数 β_1, σ^2.

B3. 现有收入水平 x 与消费额 y 的数据, 经计算得 $\overline{x} = 32\ 000$, $s_{xx} = 115\ 000$, $\overline{y} = 1.7$, $s_{yy} = 0.4$, 相关系数 $R = 0.42$, 求消费额 y 关于收入水平 x 的回归方程.

B4. 为了研究人们对某种品牌食品的喜欢程度 y (分) 和该食品的水分含量 x_1(%)、甜度 x_2 (比甜度) 的关系, 进行一个完全随机化设计的小规模试验, 得到如下数据:

i	1	2	3	4	5	6	7	8	9	10	11	12	13	14	15	16
x_{i1}	4	4	4	4	6	6	6	6	8	8	8	8	9	9	9	9
x_{i2}	0.2	0.4	0.2	0.4	0.2	0.4	0.2	0.4	0.2	0.4	0.2	0.4	0.2	0.4	0.2	0.4
y_i	64	73	61	76	72	80	71	83	83	89	86	93	88	95	94	99

(1) 写出以 y 为响应变量, 以 x_1, x_2 为自变量的线性回归模型, 并写出回归方程;

(2) 在显著性水平 $\alpha = 0.05$ 下, 给出回归方程的显著性模型检验和回归系数的显著性检验.

B5. 以下数据是从一项关于被溶解硫对液态铜的表面张力的研究中取得的 (注: $1\ \text{dyn} = 10^{-5}\ \text{N}$):

硫含量 x/%	0.034	0.093	0.300	0.400	0.610	0.830
表面张力下降	301	430	593	630	656	740
$y/(\text{dyn}\cdot\text{cm}^{-1})$(重复两次)	316	422	586	618	642	714

(1) 画散点图, 观察 y 关于 x 是不是线性关系;

(2) 建立 y 关于 x 的一元线性回归方程;

(3) 建立 y 关于 $\ln x$ 的一元线性回归方程;

(4) 在 (2) 和 (3) 中选择一个较好的回归方程, 并说明理由.

B6. 根据以下数据回答下面的问题:

序号	x_1	x_2	x_3	y
1	239.00	0.70	167.60	26.30
2	180.80	1.10	132.10	18.80
3	202.10	2.10	146.00	22.70
4	190.70	2.20	137.70	20.40
5	175.50	3.10	126.90	19.10
6	171.50	3.50	123.20	19.00
7	161.20	4.10	114.80	16.40
8	149.30	4.20	108.10	15.90
9	226.10	5.00	162.30	28.10
10	231.90	5.10	164.30	27.60
11	212.40	5.60	154.10	26.50

(1) 分别计算 y 与 x_1, x_2, x_3 之间的相关系数, 分析 y 与 x_1, x_2, x_3 的线性相关关系是否显著;

(2) 建立 y 关于 x_1, x_2, x_3 的回归模型, 在显著性水平 0.05 下分析各回归系数是否显著;

(3) 根据 (2) 中对回归系数的检验结果, 建立适合的回归方程.

B7. 在铜线碳含量对于电阻的效应研究中, 得到以下数据:

碳含量 $x/\%$	0.10	0.20	0.25	0.35	0.40	0.50	0.60	0.70	0.80	0.95
电阻 $y/\mu\Omega$	18.1	17.6	17.3	18.2	18.8	19.8	21.2	22.6	23.8	25.8

(1) 建立 y 关于 x 的一元线性回归方程;

(2) 检验回归系数的显著性 (取 $\alpha = 0.05$);

(3) 画出以 x 为横坐标的残差图, 判断模型是否适合;

(4) 建立一个新的回归模型 $y_i = \beta_0 + \beta_1 x_i + \beta_2 x_i^2 + \varepsilon_i$, $i = 1, 2, \cdots, n$, 并检验回归方程和回归系数的显著性;

(5) 在 (1) 和 (4) 中选择一个较好的回归方程, 并说明理由.

附 表

附表 1　几种常用的概率分布表

分布	参数	概率分布律或密度函数	数学期望	方差
(0−1) 分布	$0<p<1$	$P\{X=k\}=p^k(1-p)^{1-k}, k=0,1$	p	$p(1-p)$
二项分布	$n\geqslant 1$ $0<p<1$	$P\{X=k\}=\mathrm{C}_n^k p^k(1-p)^{n-k}, k=0,1,\cdots,n$	np	$np(1-p)$
几何分布	$0<p<1$	$P\{X=k\}=(1-p)^{k-1}p, k=1,2,\cdots$	$\dfrac{1}{p}$	$\dfrac{1-p}{p^2}$
负二项分布 (帕斯卡分布)	$r\geqslant 1$ $0<p<1$	$P\{X=k\}=\mathrm{C}_{k-1}^{r-1}p^r(1-p)^{k-r}, k=r,r+1,\cdots$	$\dfrac{r}{p}$	$\dfrac{r(1-p)}{p^2}$
超几何分布	N,M,n $(M\leqslant N)$ $(n\leqslant N)$	$P\{X=k\}=\dfrac{\mathrm{C}_M^k\mathrm{C}_{N-M}^{n-k}}{\mathrm{C}_N^n}$, k 为整数, $\max\{0,n-N+M\}\leqslant k\leqslant\min\{n,M\}$	$\dfrac{nM}{N}$	$\dfrac{nM}{N}\left(1-\dfrac{M}{N}\right)\dfrac{N-n}{N-1}$
泊松分布	$\lambda>0$	$P\{X=k\}=\dfrac{\lambda^k\mathrm{e}^{-\lambda}}{k!}, k=0,1,2,\cdots$	λ	λ
均匀分布	$a<b$	$f(x)=\begin{cases}\dfrac{1}{b-a}, & a<x<b\\ 0, & \text{其他}\end{cases}$	$\dfrac{a+b}{2}$	$\dfrac{(b-a)^2}{12}$
正态分布	μ, $\sigma>0$	$f(x)=\dfrac{1}{\sqrt{2\pi}\sigma}\mathrm{e}^{-(x-\mu)^2/(2\sigma^2)}$	μ	σ^2
指数分布 (负指数分布)	$\lambda>0$	$f(x)=\begin{cases}\lambda\mathrm{e}^{-\lambda x}, & x>0\\ 0, & \text{其他}\end{cases}$	$\dfrac{1}{\lambda}$	$\dfrac{1}{\lambda^2}$
Γ 分布	$\alpha>0$, $\beta>0$	$f(x)=\begin{cases}\dfrac{\beta^\alpha}{\Gamma(\alpha)}x^{\alpha-1}\mathrm{e}^{-\beta x}, & x>0\\ 0, & \text{其他}\end{cases}$	$\dfrac{\alpha}{\beta}$	$\dfrac{\alpha}{\beta^2}$
χ^2 分布	$n\geqslant 1$	$f(x)=\begin{cases}\dfrac{1}{2^{n/2}\Gamma(n/2)}x^{n/2-1}\mathrm{e}^{-x/2}, & x>0\\ 0, & \text{其他}\end{cases}$	n	$2n$
威布尔分布	$\eta>0$, $\beta>0$	$f(x)=\begin{cases}\dfrac{\beta}{\eta}\left(\dfrac{x}{\eta}\right)^{\beta-1}\mathrm{e}^{-\left(\frac{x}{\eta}\right)^\beta}, & x>0\\ 0, & \text{其他}\end{cases}$	$\eta\Gamma\left(\dfrac{1}{\beta}+1\right)$	$\eta^2\left[\Gamma\left(\dfrac{2}{\beta}+1\right)-\left(\Gamma\left(\dfrac{1}{\beta}+1\right)\right)^2\right]$
瑞利分布	$\sigma>0$	$f(x)=\begin{cases}\dfrac{x}{\sigma^2}\mathrm{e}^{-x^2/(2\sigma^2)}, & x>0\\ 0, & \text{其他}\end{cases}$	$\sqrt{\dfrac{\pi}{2}}\sigma$	$\dfrac{4-\pi}{2}\sigma^2$
β 分布	$\alpha>0$, $\beta>0$	$f(x)=\begin{cases}\dfrac{\Gamma(\alpha+\beta)}{\Gamma(\alpha)\Gamma(\beta)}x^{\alpha-1}(1-x)^{\beta-1}, & 0<x<1\\ 0, & \text{其他}\end{cases}$	$\dfrac{\alpha}{\alpha+\beta}$	$\dfrac{\alpha\beta}{(\alpha+\beta)^2(\alpha+\beta+1)}$

续表

分布	参数	概率分布律或密度函数	数学期望	方差
对数正态分布	μ, $\sigma>0$	$f(x)=\begin{cases}\dfrac{1}{\sqrt{2\pi}\sigma x}\mathrm{e}^{-(\ln x-\mu)^2/(2\sigma^2)}, & x>0\\ 0, & \text{其他}\end{cases}$	$\mathrm{e}^{\mu+\frac{\sigma^2}{2}}$	$\mathrm{e}^{2\mu+\sigma^2}(\mathrm{e}^{\sigma^2}-1)$
柯西分布	a, $\lambda>0$	$f(x)=\dfrac{1}{\pi}\dfrac{\lambda}{\lambda^2+(x-a)^2}$	不存在	不存在
t 分布	$n\geqslant 1$	$f(x)=\dfrac{\Gamma\left(\dfrac{n+1}{2}\right)}{\sqrt{n\pi}\Gamma\left(\dfrac{n}{2}\right)}\left(1+\dfrac{x^2}{n}\right)^{-\frac{n+1}{2}}$	$0, n>1$	$\dfrac{n}{n-2}, n>2$
F 分布	n_1, n_2	$f(x)=\begin{cases}\dfrac{\Gamma[(n_1+n_2)/2]}{\Gamma(n_1/2)\Gamma(n_2/2)}\left(\dfrac{n_1}{n_2}\right)\cdot\\ \left(\dfrac{n_1}{n_2}x\right)^{\frac{n_1}{2}-1}\left(1+\dfrac{n_1}{n_2}x\right)^{-\frac{n_1+n_2}{2}}, & x>0\\ 0, & \text{其他}\end{cases}$	$\dfrac{n_2}{n_2-2}$, $n_2>2$	$\dfrac{2n_2^2(n_1+n_2-2)}{n_1(n_2-2)^2(n_2-4)}$, $n_2>4$

附表 2　标准正态分布表

$$\Phi(x)=\int_{-\infty}^{x}\frac{1}{\sqrt{2\pi}}\mathrm{e}^{-t^2/2}\mathrm{d}t$$

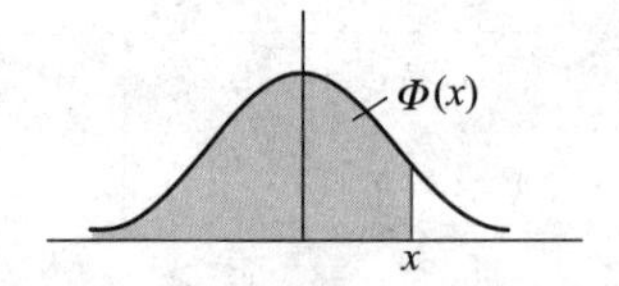

x	0.00	0.01	0.02	0.03	0.04	0.05	0.06	0.07	0.08	0.09
0.0	0.500 0	0.504 0	0.508 0	0.512 0	0.516 0	0.519 9	0.523 9	0.527 9	0.531 9	0.535 9
0.1	0.539 8	0.543 8	0.547 8	0.551 7	0.555 7	0.559 6	0.563 6	0.567 5	0.571 4	0.575 3
0.2	0.579 3	0.583 2	0.587 1	0.591 0	0.594 8	0.598 7	0.602 6	0.606 4	0.610 3	0.614 1
0.3	0.617 9	0.621 7	0.625 5	0.629 3	0.633 1	0.636 8	0.640 6	0.644 3	0.648 0	0.651 7
0.4	0.655 4	0.659 1	0.662 8	0.666 4	0.670 0	0.673 6	0.677 2	0.680 8	0.684 4	0.687 9
0.5	0.691 5	0.695 0	0.698 5	0.701 9	0.705 4	0.708 8	0.712 3	0.715 7	0.719 0	0.722 4
0.6	0.725 7	0.729 1	0.732 4	0.735 7	0.738 9	0.742 2	0.745 4	0.748 6	0.751 7	0.754 9
0.7	0.758 0	0.761 1	0.764 2	0.767 3	0.770 4	0.773 4	0.776 4	0.779 4	0.782 3	0.785 2
0.8	0.788 1	0.791 0	0.793 9	0.796 7	0.799 5	0.802 3	0.805 1	0.807 8	0.810 6	0.813 3
0.9	0.815 9	0.818 6	0.821 2	0.823 8	0.826 4	0.828 9	0.831 5	0.834 0	0.836 5	0.838 9
1.0	0.841 3	0.843 8	0.846 1	0.848 5	0.850 8	0.853 1	0.855 4	0.857 7	0.859 9	0.862 1
1.1	0.864 3	0.866 5	0.868 6	0.870 8	0.872 9	0.874 9	0.877 0	0.879 0	0.881 0	0.883 0
1.2	0.884 9	0.886 9	0.888 8	0.890 7	0.892 5	0.894 4	0.896 2	0.898 0	0.899 7	0.901 5
1.3	0.903 2	0.904 9	0.906 6	0.908 2	0.909 9	0.911 5	0.913 1	0.914 7	0.916 2	0.917 7
1.4	0.919 2	0.920 7	0.922 2	0.923 6	0.925 1	0.926 5	0.927 8	0.929 2	0.930 6	0.931 9
1.5	0.933 2	0.934 5	0.935 7	0.937 0	0.938 2	0.939 4	0.940 6	0.941 8	0.942 9	0.944 1
1.6	0.945 2	0.946 3	0.947 4	0.948 4	0.949 5	0.950 5	0.951 5	0.952 5	0.953 5	0.954 5
1.7	0.955 4	0.956 4	0.957 3	0.958 2	0.959 1	0.959 9	0.960 8	0.961 6	0.962 5	0.963 3
1.8	0.964 1	0.964 9	0.965 6	0.966 4	0.967 1	0.967 8	0.968 6	0.969 3	0.969 9	0.970 6
1.9	0.971 3	0.971 9	0.972 6	0.973 2	0.973 8	0.974 4	0.975 0	0.975 6	0.976 1	0.976 7
2.0	0.977 2	0.977 8	0.978 3	0.978 8	0.979 3	0.979 8	0.980 3	0.980 8	0.981 2	0.981 7
2.1	0.982 1	0.982 6	0.983 0	0.983 4	0.983 8	0.984 2	0.984 6	0.985 0	0.985 4	0.985 7
2.2	0.986 1	0.986 4	0.986 8	0.987 1	0.987 5	0.987 8	0.988 1	0.988 4	0.988 7	0.989 0
2.3	0.989 3	0.989 6	0.989 8	0.990 1	0.990 4	0.990 6	0.990 9	0.991 1	0.991 3	0.991 6
2.4	0.991 8	0.992 0	0.992 2	0.992 5	0.992 7	0.992 9	0.993 1	0.993 2	0.993 4	0.993 6
2.5	0.993 8	0.994 0	0.994 1	0.994 3	0.994 5	0.994 6	0.994 8	0.994 9	0.995 1	0.995 2
2.6	0.995 3	0.995 5	0.995 6	0.995 7	0.995 9	0.996 0	0.996 1	0.996 2	0.996 3	0.996 4
2.7	0.996 5	0.996 6	0.996 7	0.996 8	0.996 9	0.997 0	0.997 1	0.997 2	0.997 3	0.997 4
2.8	0.997 4	0.997 5	0.997 6	0.997 7	0.997 7	0.997 8	0.997 9	0.997 9	0.998 0	0.998 1
2.9	0.998 1	0.998 2	0.998 2	0.998 3	0.998 4	0.998 4	0.998 5	0.998 5	0.998 6	0.998 6
3.0	0.998 7	0.998 7	0.998 7	0.998 8	0.998 8	0.998 9	0.998 9	0.998 9	0.999 0	0.999 0
3.1	0.999 0	0.999 1	0.999 1	0.999 1	0.999 2	0.999 2	0.999 2	0.999 2	0.999 3	0.999 3
3.2	0.999 3	0.999 3	0.999 4	0.999 4	0.999 4	0.999 4	0.999 4	0.999 5	0.999 5	0.999 5
3.3	0.999 5	0.999 5	0.999 5	0.999 6	0.999 6	0.999 6	0.999 6	0.999 6	0.999 6	0.999 7
3.4	0.999 7	0.999 7	0.999 7	0.999 7	0.999 7	0.999 7	0.999 7	0.999 7	0.999 7	0.999 8

附表 3　t 分布表

$$P\{t(n) > t_\alpha(n)\} = \alpha$$

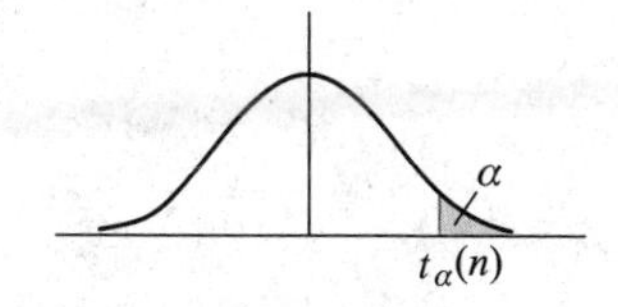

n	α						
	0.20	0.15	0.10	0.05	0.025	0.01	0.005
1	1.376	1.963	3.077 7	6.313 8	12.706 2	31.820 7	63.657 4
2	1.061	1.386	1.885 6	2.920 0	4.302 7	6.964 6	9.924 8
3	0.978	1.250	1.637 7	2.353 4	3.182 4	4.540 7	5.840 9
4	0.941	1.190	1.533 2	2.131 8	2.776 4	3.746 9	4.604 1
5	0.920	1.156	1.475 9	2.015 0	2.570 6	3.364 9	4.032 2
6	0.906	1.134	1.439 8	1.943 2	2.446 9	3.142 7	3.707 4
7	0.896	1.119	1.414 9	1.894 6	2.364 6	2.998 0	3.499 5
8	0.889	1.108	1.396 8	1.859 5	2.306 0	2.896 5	3.355 4
9	0.883	1.100	1.383 0	1.833 1	2.262 2	2.821 4	3.249 8
10	0.879	1.093	1.372 2	1.812 5	2.228 1	2.763 8	3.169 3
11	0.876	1.088	1.363 4	1.795 9	2.201 0	2.718 1	3.105 8
12	0.873	1.083	1.356 2	1.782 3	2.178 8	2.681 0	3.054 5
13	0.870	1.079	1.350 2	1.770 9	2.160 4	2.650 3	3.012 3
14	0.868	1.076	1.345 0	1.761 3	2.144 8	2.624 5	2.976 8
15	0.866	1.074	1.340 6	1.753 1	2.131 5	2.602 5	2.946 7
16	0.865	1.071	1.336 8	1.745 9	2.119 9	2.583 5	2.920 8
17	0.863	1.069	1.333 4	1.739 6	2.109 8	2.566 9	2.898 2
18	0.862	1.067	1.330 4	1.734 1	2.100 9	2.552 4	2.878 4
19	0.861	1.066	1.327 7	1.729 1	2.093 0	2.539 5	2.860 9
20	0.860	1.064	1.325 3	1.724 7	2.086 0	2.528 0	2.845 3
21	0.859	1.063	1.323 2	1.720 7	2.079 6	2.517 7	2.831 4
22	0.858	1.061	1.321 2	1.717 1	2.073 9	2.508 3	2.818 8
23	0.858	1.060	1.319 5	1.713 9	2.068 7	2.499 9	2.807 3
24	0.857	1.059	1.317 8	1.710 9	2.063 9	2.492 2	2.796 9
25	0.856	1.058	1.316 3	1.708 1	2.059 5	2.485 1	2.787 4
26	0.856	1.058	1.315 0	1.705 6	2.055 5	2.478 6	2.778 7
27	0.855	1.057	1.313 7	1.703 3	2.051 8	2.472 7	2.770 7
28	0.855	1.056	1.312 5	1.701 1	2.048 4	2.467 1	2.763 3
29	0.854	1.055	1.311 4	1.699 1	2.045 2	2.462 0	2.756 4
30	0.854	1.055	1.310 4	1.697 3	2.042 3	2.457 3	2.750 0
31	0.853 5	1.054 1	1.309 5	1.695 5	2.039 5	2.452 8	2.744 0
32	0.853 1	1.053 6	1.308 6	1.693 9	2.036 9	2.448 7	2.738 5
33	0.852 7	1.053 1	1.307 7	1.692 4	2.034 5	2.444 8	2.733 3
34	0.852 4	1.052 6	1.307 0	1.690 9	2.032 2	2.441 1	2.728 4
35	0.852 1	1.052 1	1.306 2	1.689 6	2.030 1	2.437 7	2.723 8
36	0.851 8	1.051 6	1.305 5	1.688 3	2.028 1	2.434 5	2.719 5
37	0.851 5	1.051 2	1.304 9	1.687 1	2.026 2	2.431 4	2.715 4
38	0.851 2	1.050 8	1.304 2	1.686 0	2.024 4	2.428 6	2.711 6
39	0.851 0	1.050 4	1.303 6	1.684 9	2.022 7	2.425 8	2.707 9
40	0.850 7	1.050 1	1.303 1	1.683 9	2.021 1	2.423 3	2.704 5
41	0.850 5	1.049 8	1.302 5	1.682 9	2.019 5	2.420 8	2.701 2
42	0.850 3	1.049 4	1.302 0	1.682 0	2.018 1	2.418 5	2.698 1
43	0.850 1	1.049 1	1.301 6	1.681 1	2.016 7	2.416 3	2.695 1
44	0.849 9	1.048 8	1.301 1	1.680 2	2.015 4	2.414 1	2.692 3
45	0.849 7	1.048 5	1.300 6	1.679 4	2.014 1	2.412 1	2.689 6

附表 4　χ^2 分布表

$$P\{\chi^2(n) > \chi^2_\alpha(n)\} = \alpha$$

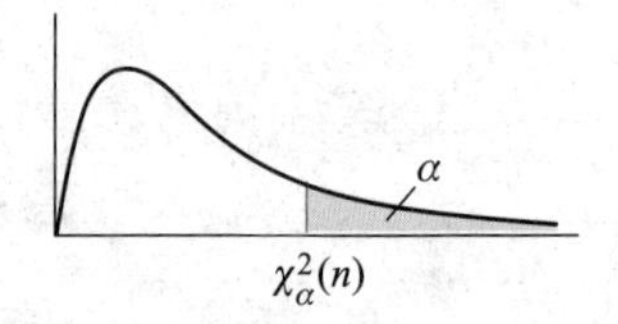

n	α									
	0.995	0.99	0.975	0.95	0.90	0.10	0.05	0.025	0.01	0.005
1	0.000	0.000	0.001	0.004	0.016	2.706	3.841	5.024	6.635	7.879
2	0.010	0.020	0.051	0.103	0.211	4.605	5.991	7.378	9.210	10.597
3	0.072	0.115	0.216	0.352	0.584	6.251	7.815	9.348	11.345	12.838
4	0.207	0.297	0.484	0.711	1.064	7.779	9.488	11.143	13.277	14.860
5	0.412	0.554	0.831	1.145	1.610	9.236	11.070	12.832	15.086	16.750
6	0.676	0.872	1.237	1.635	2.204	10.645	12.592	14.449	16.812	18.548
7	0.989	1.239	1.690	2.167	2.833	12.017	14.067	16.013	18.475	20.278
8	1.344	1.646	2.180	2.733	3.490	13.362	15.507	17.535	20.090	21.955
9	1.735	2.088	2.700	3.325	4.168	14.684	16.919	19.023	21.666	23.589
10	2.156	2.558	3.247	3.940	4.865	15.987	18.307	20.483	23.209	25.188
11	2.603	3.053	3.816	4.575	5.578	17.275	19.675	21.920	24.725	26.757
12	3.074	3.571	4.404	5.226	6.304	18.549	21.026	23.337	26.217	28.300
13	3.565	4.107	5.009	5.892	7.041	19.812	22.362	24.736	27.688	29.819
14	4.075	4.660	5.629	6.571	7.790	21.064	23.685	26.119	29.141	31.319
15	4.601	5.229	6.262	7.261	8.547	22.307	24.996	27.488	30.578	32.801
16	5.142	5.812	6.908	7.962	9.312	23.542	26.296	28.845	32.000	34.267
17	5.697	6.408	7.564	8.672	10.085	24.769	27.587	30.191	33.409	35.718
18	6.265	7.015	8.231	9.390	10.865	25.989	28.869	31.526	34.805	37.156
19	6.844	7.633	8.907	10.117	11.651	27.203	30.144	32.852	36.191	38.582
20	7.434	8.260	9.591	10.851	12.443	28.412	31.410	34.170	37.566	39.997
21	8.033	8.897	10.283	11.591	13.240	29.615	32.671	35.479	38.932	41.401
22	8.643	9.542	10.982	12.338	14.042	30.813	33.924	36.781	40.289	42.796
23	9.260	10.196	11.689	13.090	14.848	32.007	35.172	38.076	41.638	44.181
24	9.886	10.856	12.401	13.848	15.659	33.196	36.415	39.364	42.980	45.558
25	10.520	11.524	13.120	14.611	16.473	34.382	37.652	40.646	44.314	46.928
26	11.160	12.198	13.844	15.379	17.292	35.563	38.885	41.923	45.642	48.290
27	11.808	12.878	14.573	16.151	18.114	36.741	40.113	43.194	46.963	49.645
28	12.461	13.565	15.308	16.928	18.939	37.916	41.337	44.461	48.278	50.993
29	13.121	14.256	16.047	17.708	19.768	39.087	42.557	45.772	49.588	52.335
30	13.787	14.954	16.791	18.493	20.599	40.256	43.773	46.979	50.892	53.672
31	14.458	15.655	17.539	19.281	21.434	41.422	44.985	48.232	52.191	55.002
32	15.134	16.362	18.291	20.072	22.271	42.585	46.194	49.480	53.486	56.328
33	15.815	17.073	19.047	20.867	23.110	43.745	47.400	50.725	54.775	57.648
34	16.501	17.789	19.806	21.664	23.952	44.903	48.602	51.966	56.061	58.964
35	17.192	18.509	20.569	22.465	24.797	46.059	49.802	53.203	57.342	60.275
36	17.887	19.233	21.336	23.269	25.643	47.212	50.998	54.437	58.619	61.581
37	18.586	19.960	22.106	24.075	26.492	48.363	52.192	55.668	59.893	62.883
38	19.289	20.691	22.878	24.884	27.343	49.513	53.384	56.896	61.162	64.181
39	19.996	21.426	23.654	25.695	28.196	50.660	54.572	58.120	62.428	65.475
40	20.707	22.164	24.433	26.509	29.051	51.805	55.758	59.342	63.691	66.766

当 $n > 40$ 时, $\chi^2_\alpha(n) \approx \dfrac{1}{2}(z_\alpha + \sqrt{2n-1})^2$.

附表 5　F 分布表

$$P\{F(n_1,n_2) > F_\alpha(n_1,n_2)\} = \alpha$$

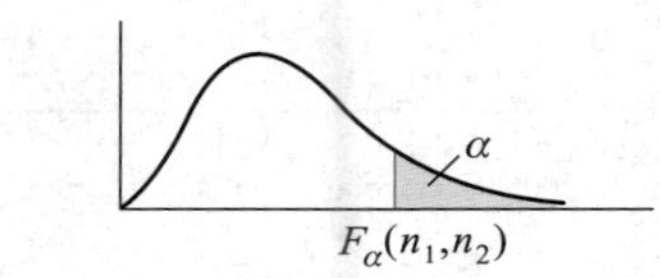

$(\alpha = 0.10)$

n_2	n_1																		
	1	2	3	4	5	6	7	8	9	10	12	15	20	24	30	40	60	120	∞
1	39.86	49.50	53.59	55.83	57.24	58.20	58.91	59.44	59.86	60.19	60.71	61.22	61.74	62.00	62.26	62.53	62.79	63.06	63.33
2	8.53	9.00	9.16	9.24	9.29	9.33	9.35	9.37	9.38	9.39	9.41	9.42	9.44	9.45	9.46	9.47	9.47	9.48	9.49
3	5.54	5.46	5.39	5.34	5.31	5.28	5.27	5.25	5.24	5.23	5.22	5.20	5.18	5.18	5.17	5.16	5.15	5.14	5.13
4	4.54	4.32	4.19	4.11	4.05	4.01	3.98	3.95	3.94	3.92	3.90	3.87	3.84	3.83	3.82	3.80	3.79	3.78	3.76
5	4.06	3.78	3.62	3.52	3.45	3.40	3.37	3.34	3.32	3.30	3.27	3.24	3.21	3.19	3.17	3.16	3.14	3.12	3.10
6	3.78	3.46	3.29	3.18	3.11	3.05	3.01	2.98	2.96	2.94	2.90	2.87	2.84	2.82	2.80	2.78	2.76	2.74	2.72
7	3.59	3.26	3.07	2.96	2.88	2.83	2.78	2.75	2.72	2.70	2.67	2.63	2.59	2.58	2.56	2.54	2.51	2.49	2.47
8	3.46	3.11	2.92	2.81	2.73	2.67	2.62	2.59	2.56	2.54	2.50	2.46	2.42	2.40	2.38	2.36	2.34	2.32	2.29
9	3.36	3.01	2.81	2.69	2.61	2.55	2.51	2.47	2.44	2.42	2.38	2.34	2.30	2.28	2.25	2.23	2.21	2.18	2.16
10	3.29	2.92	2.73	2.61	2.52	2.46	2.41	2.38	2.35	2.32	2.28	2.24	2.20	2.18	2.16	2.13	2.11	2.08	2.06
11	3.23	2.86	2.66	2.54	2.45	2.39	2.34	2.30	2.27	2.25	2.21	2.17	2.12	2.10	2.08	2.05	2.03	2.00	1.97
12	3.18	2.81	2.61	2.48	2.39	2.33	2.28	2.24	2.21	2.19	2.15	2.10	2.06	2.04	2.01	1.99	1.96	1.93	1.90
13	3.14	2.76	2.56	2.43	2.35	2.28	2.23	2.20	2.16	2.14	2.10	2.05	2.01	1.98	1.96	1.93	1.90	1.88	1.85
14	3.10	2.73	2.52	2.39	2.31	2.24	2.19	2.15	2.12	2.10	2.05	2.01	1.96	1.94	1.91	1.89	1.86	1.83	1.80
15	3.07	2.70	2.49	2.36	2.27	2.21	2.16	2.12	2.09	2.06	2.02	1.97	1.92	1.90	1.87	1.85	1.82	1.79	1.76
16	3.05	2.67	2.46	2.33	2.24	2.18	2.13	2.09	2.06	2.03	1.99	1.94	1.89	1.87	1.84	1.81	1.78	1.75	1.72
17	3.03	2.64	2.44	2.31	2.22	2.15	2.10	2.06	2.03	2.00	1.96	1.91	1.86	1.84	1.81	1.78	1.75	1.72	1.69
18	3.01	2.62	2.42	2.29	2.20	2.13	2.08	2.04	2.00	1.98	1.93	1.89	1.84	1.81	1.78	1.75	1.72	1.69	1.66
19	2.99	2.61	2.40	2.27	2.18	2.11	2.06	2.02	1.98	1.96	1.91	1.86	1.81	1.79	1.76	1.73	1.70	1.67	1.63
20	2.97	2.59	2.38	2.25	2.16	2.09	2.04	2.00	1.96	1.94	1.89	1.84	1.79	1.77	1.74	1.71	1.68	1.64	1.61
21	2.96	2.57	2.36	2.23	2.14	2.08	2.02	1.98	1.95	1.92	1.87	1.83	1.78	1.75	1.72	1.69	1.66	1.62	1.59
22	2.95	2.56	2.35	2.22	2.13	2.06	2.01	1.97	1.93	1.90	1.86	1.81	1.76	1.73	1.70	1.67	1.64	1.60	1.57
23	2.94	2.55	2.34	2.21	2.11	2.05	1.99	1.95	1.92	1.89	1.84	1.80	1.74	1.72	1.69	1.66	1.62	1.59	1.55
24	2.93	2.54	2.33	2.19	2.10	2.04	1.98	1.94	1.91	1.88	1.83	1.78	1.73	1.70	1.67	1.64	1.61	1.57	1.53
25	2.92	2.53	2.32	2.18	2.09	2.02	1.97	1.93	1.89	1.87	1.82	1.77	1.72	1.69	1.66	1.63	1.59	1.56	1.52
26	2.91	2.52	2.31	2.17	2.08	2.01	1.96	1.92	1.88	1.86	1.81	1.76	1.71	1.68	1.65	1.61	1.58	1.54	1.50
27	2.90	2.51	2.30	2.17	2.07	2.00	1.95	1.91	1.87	1.85	1.80	1.75	1.70	1.67	1.64	1.60	1.57	1.53	1.49
28	2.89	2.50	2.29	2.16	2.06	2.00	1.94	1.90	1.87	1.84	1.79	1.74	1.69	1.66	1.63	1.59	1.56	1.52	1.48
29	2.89	2.50	2.28	2.15	2.06	1.99	1.93	1.89	1.86	1.83	1.78	1.73	1.68	1.65	1.62	1.58	1.55	1.51	1.47
30	2.88	2.49	2.28	2.14	2.05	1.98	1.93	1.88	1.85	1.82	1.77	1.72	1.67	1.64	1.61	1.57	1.54	1.50	1.46
40	2.84	2.44	2.23	2.09	2.00	1.93	1.87	1.83	1.79	1.76	1.71	1.66	1.61	1.57	1.54	1.51	1.47	1.42	1.38
60	2.79	2.39	2.18	2.04	1.95	1.87	1.82	1.77	1.74	1.71	1.66	1.60	1.54	1.51	1.48	1.44	1.40	1.35	1.29
120	2.75	2.35	2.13	1.99	1.90	1.82	1.77	1.72	1.68	1.65	1.60	1.55	1.48	1.45	1.41	1.37	1.32	1.26	1.19
∞	2.71	2.30	2.08	1.94	1.85	1.77	1.72	1.67	1.63	1.60	1.55	1.49	1.42	1.38	1.34	1.30	1.24	1.17	1.00

续表

$(\alpha = 0.05)$

n_2	n_1																		
	1	2	3	4	5	6	7	8	9	10	12	15	20	24	30	40	60	120	∞
1	161	200	216	225	230	234	237	239	241	242	244	246	248	249	250	251	252	253	254
2	18.5	19.0	19.2	19.2	19.3	19.3	19.4	19.4	19.4	19.4	19.4	19.4	19.4	19.5	19.5	19.5	19.5	19.5	19.5
3	10.1	9.55	9.28	9.12	9.01	8.94	8.89	8.85	8.81	8.79	8.74	8.70	8.66	8.64	8.62	8.59	8.57	8.55	8.53
4	7.71	6.94	6.59	6.39	6.26	6.16	6.09	6.04	6.00	5.96	5.91	5.86	5.80	5.77	5.75	5.72	5.69	5.66	5.63
5	6.61	5.79	5.41	5.19	5.05	4.95	4.88	4.82	4.77	4.74	4.68	4.62	4.56	4.53	4.50	4.46	4.43	4.40	4.36
6	5.99	5.14	4.76	4.53	4.39	4.28	4.21	4.15	4.10	4.06	4.00	3.94	3.87	3.84	3.81	3.77	3.74	3.70	3.67
7	5.59	4.74	4.35	4.12	3.97	3.87	3.79	3.73	3.68	3.64	3.57	3.51	3.44	3.41	3.38	3.34	3.30	3.27	3.23
8	5.32	4.46	4.07	3.84	3.69	3.58	3.50	3.44	3.39	3.35	3.28	3.22	3.15	3.12	3.08	3.04	3.01	2.97	2.93
9	5.12	4.26	3.86	3.63	3.48	3.37	3.29	3.23	3.18	3.14	3.07	3.01	2.94	2.90	2.86	2.83	2.79	2.75	2.71
10	4.96	4.10	3.71	3.48	3.33	3.22	3.14	3.07	3.02	2.98	2.91	2.85	2.77	2.74	2.70	2.66	2.62	2.58	2.54
11	4.84	3.98	3.59	3.36	3.20	3.09	3.01	2.95	2.90	2.85	2.79	2.72	2.65	2.61	2.57	2.53	2.49	2.45	2.40
12	4.75	3.89	3.49	3.26	3.11	3.00	2.91	2.85	2.80	2.75	2.69	2.62	2.54	2.51	2.47	2.43	2.38	2.34	2.30
13	4.67	3.81	3.41	3.18	3.03	2.92	2.83	2.77	2.71	2.67	2.60	2.53	2.46	2.42	2.38	2.34	2.30	2.25	2.21
14	4.60	3.74	3.34	3.11	2.96	2.85	2.76	2.70	2.65	2.60	2.53	2.46	2.39	2.35	2.31	2.27	2.22	2.18	2.13
15	4.54	3.68	3.29	3.06	2.90	2.79	2.71	2.64	2.59	2.54	2.48	2.40	2.33	2.29	2.25	2.20	2.16	2.11	2.07
16	4.49	3.63	3.24	3.01	2.85	2.74	2.66	2.59	2.54	2.49	2.42	2.35	2.28	2.24	2.19	2.15	2.11	2.06	2.01
17	4.45	3.59	3.20	2.96	2.81	2.70	2.61	2.55	2.49	2.45	2.38	2.31	2.23	2.19	2.15	2.10	2.06	2.01	1.96
18	4.41	3.55	3.16	2.93	2.77	2.66	2.58	2.51	2.46	2.41	2.34	2.27	2.19	2.15	2.11	2.06	2.02	1.97	1.92
19	4.38	3.52	3.13	2.90	2.74	2.63	2.54	2.48	2.42	2.38	2.31	2.23	2.16	2.11	2.07	2.03	1.98	1.93	1.88
20	4.35	3.49	3.10	2.87	2.71	2.60	2.51	2.45	2.39	2.35	2.28	2.20	2.12	2.08	2.04	1.99	1.95	1.90	1.84
21	4.32	3.47	3.07	2.84	2.68	2.57	2.49	2.42	2.37	2.32	2.25	2.18	2.10	2.05	2.01	1.96	1.92	1.87	1.81
22	4.30	3.44	3.05	2.82	2.66	2.55	2.46	2.40	2.34	2.30	2.23	2.15	2.07	2.03	1.98	1.94	1.89	1.84	1.78
23	4.28	3.42	3.03	2.80	2.64	2.53	2.44	2.37	2.32	2.27	2.20	2.13	2.05	2.01	1.96	1.91	1.86	1.81	1.76
24	4.26	3.40	3.01	2.78	2.62	2.51	2.42	2.36	2.30	2.25	2.18	2.11	2.03	1.98	1.94	1.89	1.84	1.79	1.73
25	4.24	3.39	2.99	2.76	2.60	2.49	2.40	2.34	2.28	2.24	2.16	2.09	2.01	1.96	1.92	1.87	1.82	1.77	1.71
26	4.23	3.37	2.98	2.74	2.59	2.47	2.39	2.32	2.27	2.22	2.15	2.07	1.99	1.95	1.90	1.85	1.80	1.75	1.69
27	4.21	3.35	2.96	2.73	2.57	2.46	2.37	2.31	2.25	2.20	2.13	2.06	1.97	1.93	1.88	1.84	1.79	1.73	1.67
28	4.20	3.34	2.95	2.71	2.56	2.45	2.36	2.29	2.24	2.19	2.12	2.04	1.96	1.91	1.87	1.82	1.77	1.71	1.65
29	4.18	3.33	2.93	2.70	2.55	2.43	2.35	2.28	2.22	2.18	2.10	2.03	1.94	1.90	1.85	1.81	1.75	1.70	1.64
30	4.17	3.32	2.92	2.69	2.53	2.42	2.33	2.27	2.21	2.16	2.09	2.01	1.93	1.89	1.84	1.79	1.74	1.68	1.62
40	4.08	3.23	2.84	2.61	2.45	2.34	2.25	2.18	2.12	2.08	2.00	1.92	1.84	1.79	1.74	1.69	1.64	1.58	1.51
60	4.00	3.15	2.76	2.53	2.37	2.25	2.17	2.10	2.04	1.99	1.92	1.84	1.75	1.70	1.65	1.59	1.53	1.47	1.39
120	3.92	3.07	2.68	2.45	2.29	2.17	2.09	2.02	1.96	1.91	1.83	1.75	1.66	1.61	1.55	1.50	1.43	1.35	1.25
∞	3.84	3.00	2.60	2.37	2.21	2.10	2.01	1.94	1.88	1.83	1.75	1.67	1.57	1.52	1.46	1.39	1.32	1.22	1.00

续表

$(\alpha = 0.025)$

n_2	n_1																		
	1	2	3	4	5	6	7	8	9	10	12	15	20	24	30	40	60	120	∞
1	648	800	864	900	922	937	948	957	963	969	977	985	993	997	1 001	1 006	1 010	1 014	1 020
2	38.5	39.0	39.2	39.2	39.3	39.3	39.4	39.4	39.4	39.4	39.4	39.4	39.4	39.5	39.5	39.5	39.5	39.5	39.5
3	17.4	16.0	15.4	15.1	14.9	14.7	14.6	14.5	14.5	14.4	14.3	14.3	14.2	14.1	14.1	14.0	14.0	13.9	13.9
4	12.2	10.6	9.98	9.60	9.36	9.20	9.07	8.98	8.90	8.84	8.75	8.66	8.56	8.51	8.46	8.41	8.36	8.31	8.26
5	10.0	8.43	7.76	7.39	7.15	6.98	6.85	6.76	6.68	6.62	6.52	6.43	6.33	6.28	6.23	6.18	6.12	6.07	6.02
6	8.81	7.26	6.60	6.23	5.99	5.82	5.70	5.60	5.52	5.46	5.37	5.27	5.17	5.12	5.07	5.01	4.96	4.90	4.85
7	8.07	6.54	5.89	5.52	5.29	5.12	4.99	4.90	4.82	4.76	4.67	4.57	4.47	4.42	4.36	4.31	4.25	4.20	4.14
8	7.57	6.06	5.42	5.05	4.82	4.65	4.53	4.43	4.36	4.30	4.20	4.10	4.00	3.95	3.89	3.84	3.78	3.73	3.67
9	7.21	5.71	5.08	4.72	4.48	4.32	4.20	4.10	4.03	3.96	3.87	3.77	3.67	3.61	3.56	3.51	3.45	3.39	3.33
10	6.94	5.46	4.83	4.47	4.24	4.07	3.95	3.85	3.78	3.72	3.62	3.52	3.42	3.37	3.31	3.26	3.20	3.14	3.08
11	6.72	5.26	4.63	4.28	4.04	3.88	3.76	3.66	3.59	3.53	3.43	3.33	3.23	3.17	3.12	3.06	3.00	2.94	2.88
12	6.55	5.10	4.47	4.12	3.89	3.73	3.61	3.51	3.44	3.37	3.28	3.18	3.07	3.02	2.96	2.91	2.85	2.79	2.72
13	6.41	4.97	4.35	4.00	3.77	3.60	3.48	3.39	3.31	3.25	3.15	3.05	2.95	2.89	2.84	2.78	2.72	2.66	2.60
14	6.30	4.86	4.24	3.89	3.66	3.50	3.38	3.29	3.21	3.15	3.05	2.95	2.84	2.79	2.73	2.67	2.61	2.55	2.49
15	6.20	4.77	4.15	3.80	3.58	3.41	3.29	3.20	3.12	3.06	2.96	2.86	2.76	2.70	2.64	2.59	2.52	2.46	2.40
16	6.12	4.69	4.08	3.73	3.50	3.34	3.22	3.12	3.05	2.99	2.89	2.79	2.68	2.63	2.57	2.51	2.45	2.38	2.32
17	6.04	4.62	4.01	3.66	3.44	3.28	3.16	3.06	2.98	2.92	2.82	2.72	2.62	2.56	2.50	2.44	2.38	2.32	2.25
18	5.98	4.56	3.95	3.61	3.38	3.22	3.10	3.01	2.93	2.87	2.77	2.67	2.56	2.50	2.44	2.38	2.32	2.26	2.19
19	5.92	4.51	3.90	3.56	3.33	3.17	3.05	2.96	2.88	2.82	2.72	2.62	2.51	2.45	2.39	2.33	2.27	2.20	2.13
20	5.87	4.46	3.86	3.51	3.29	3.13	3.01	2.91	2.84	2.77	2.68	2.57	2.46	2.41	2.35	2.29	2.22	2.16	2.09
21	5.83	4.42	3.82	3.48	3.25	3.09	2.97	2.87	2.80	2.73	2.64	2.53	2.42	2.37	2.31	2.25	2.18	2.11	2.04
22	5.79	4.38	3.78	3.44	3.22	3.05	2.93	2.84	2.76	2.70	2.60	2.50	2.39	2.33	2.27	2.21	2.14	2.08	2.00
23	5.75	4.35	3.75	3.41	3.18	3.02	2.90	2.81	2.73	2.67	2.57	2.47	2.36	2.30	2.24	2.18	2.11	2.04	1.97
24	5.72	4.32	3.72	3.38	3.15	2.99	2.87	2.78	2.70	2.64	2.54	2.44	2.33	2.27	2.21	2.15	2.08	2.01	1.94
25	5.69	4.29	3.69	3.35	3.13	2.97	2.85	2.75	2.68	2.61	2.51	2.41	2.30	2.24	2.18	2.12	2.05	1.98	1.91
26	5.66	4.27	3.67	3.33	3.10	2.94	2.82	2.73	2.65	2.59	2.49	2.39	2.28	2.22	2.16	2.09	2.03	1.95	1.88
27	5.63	4.24	3.65	3.31	3.08	2.92	2.80	2.71	2.63	2.57	2.47	2.36	2.25	2.19	2.13	2.07	2.00	1.93	1.85
28	5.61	4.22	3.63	3.29	3.06	2.90	2.78	2.69	2.61	2.55	2.45	2.34	2.23	2.17	2.11	2.05	1.98	1.91	1.83
29	5.59	4.20	3.61	3.27	3.04	2.88	2.76	2.67	2.59	2.53	2.43	2.32	2.21	2.15	2.09	2.03	1.96	1.89	1.81
30	5.57	4.18	3.59	3.25	3.03	2.87	2.75	2.65	2.57	2.51	2.41	2.31	2.20	2.14	2.07	2.01	1.94	1.87	1.79
40	5.42	4.05	3.46	3.13	2.90	2.74	2.62	2.53	2.45	2.39	2.29	2.18	2.07	2.01	1.94	1.88	1.80	1.72	1.64
60	5.29	3.93	3.34	3.01	2.79	2.63	2.51	2.41	2.33	2.27	2.17	2.06	1.94	1.88	1.82	1.74	1.67	1.58	1.48
120	5.15	3.80	3.23	2.89	2.67	2.52	2.39	2.30	2.22	2.16	2.05	1.94	1.82	1.76	1.69	1.61	1.53	1.43	1.31
∞	5.02	3.69	3.12	2.79	2.57	2.41	2.29	2.19	2.11	2.05	1.94	1.83	1.71	1.64	1.57	1.48	1.39	1.27	1.00

续表

$(\alpha = 0.01)$

n_2	n_1																		
	1	2	3	4	5	6	7	8	9	10	12	15	20	24	30	40	60	120	∞
1	4 052	5 000	5 404	5 624	5 764	5 859	5 928	5 981	6 022	6 056	6 106	6 157	6 209	6 234	6 260	6 286	6 313	6 340	6 370
2	98.5	99.0	99.2	99.2	99.3	99.3	99.4	99.4	99.4	99.4	99.4	99.4	99.4	99.5	99.5	99.5	99.5	99.5	99.5
3	34.1	30.8	29.5	28.7	28.2	27.9	27.7	27.5	27.3	27.2	27.1	26.9	26.7	26.6	26.5	26.4	26.3	26.2	26.1
4	21.2	18.0	16.7	16.0	15.5	15.2	15.0	14.8	14.7	14.5	14.4	14.2	14.0	13.9	13.8	13.7	13.7	13.6	13.5
5	16.3	13.3	12.1	11.4	11.0	10.7	10.5	10.3	10.2	10.1	9.89	9.72	9.55	9.47	9.38	9.29	9.20	9.11	9.02
6	13.7	10.9	9.78	9.15	8.75	8.47	8.26	8.10	7.98	7.87	7.72	7.56	7.40	7.31	7.23	7.14	7.06	6.97	6.88
7	12.2	9.55	8.45	7.85	7.46	7.19	6.99	6.84	6.72	6.62	6.47	6.31	6.16	6.07	5.99	5.91	5.82	5.74	5.65
8	11.3	8.65	7.59	7.01	6.63	6.37	6.18	6.03	5.91	5.81	5.67	5.52	5.36	5.28	5.20	5.12	5.03	4.95	4.86
9	10.6	8.02	6.99	6.42	6.06	5.80	5.61	5.47	5.35	5.26	5.11	4.96	4.81	4.73	4.65	4.57	4.48	4.40	4.31
10	10.0	7.56	6.55	5.99	5.64	5.39	5.20	5.06	4.94	4.85	4.71	4.56	4.41	4.33	4.25	4.17	4.08	4.00	3.91
11	9.65	7.21	6.22	5.67	5.32	5.07	4.89	4.74	4.63	4.54	4.40	4.25	4.10	4.02	3.94	3.86	3.78	3.69	3.60
12	9.33	6.93	5.95	5.41	5.06	4.82	4.64	4.50	4.39	4.30	4.16	4.01	3.86	3.78	3.70	3.62	3.54	3.45	3.36
13	9.07	6.70	5.74	5.21	4.86	4.62	4.44	4.30	4.19	4.10	3.96	3.82	3.66	3.59	3.51	3.43	3.34	3.25	3.17
14	8.86	6.51	5.56	5.04	4.69	4.46	4.28	4.14	4.03	3.94	3.80	3.66	3.51	3.43	3.35	3.27	3.18	3.09	3.00
15	8.68	6.36	5.42	4.89	4.56	4.32	4.14	4.00	3.89	3.80	3.67	3.52	3.37	3.29	3.21	3.13	3.05	2.96	2.87
16	8.53	6.23	5.29	4.77	4.44	4.20	4.03	3.89	3.78	3.69	3.55	3.41	3.26	3.18	3.10	3.02	2.93	2.84	2.75
17	8.40	6.11	5.18	4.67	4.34	4.10	3.93	3.79	3.68	3.59	3.46	3.31	3.16	3.08	3.00	2.92	2.83	2.75	2.65
18	8.29	6.01	5.09	4.58	4.25	4.01	3.84	3.71	3.60	3.51	3.37	3.23	3.08	3.00	2.92	2.84	2.75	2.66	2.57
19	8.18	5.93	5.01	4.50	4.17	3.94	3.77	3.63	3.52	3.43	3.30	3.15	3.00	2.92	2.84	2.76	2.67	2.58	2.49
20	8.10	5.85	4.94	4.43	4.10	3.87	3.70	3.56	3.46	3.37	3.23	3.09	2.94	2.86	2.78	2.69	2.61	2.52	2.42
21	8.02	5.78	4.87	4.37	4.04	3.81	3.64	3.51	3.40	3.31	3.17	3.03	2.88	2.80	2.72	2.64	2.55	2.46	2.36
22	7.95	5.72	4.82	4.31	3.99	3.76	3.59	3.45	3.35	3.26	3.12	2.98	2.83	2.75	2.67	2.58	2.50	2.40	2.31
23	7.88	5.66	4.76	4.26	3.94	3.71	3.54	3.41	3.30	3.21	3.07	2.93	2.78	2.70	2.62	2.54	2.45	2.35	2.26
24	7.82	5.61	4.72	4.22	3.90	3.67	3.50	3.36	3.26	3.17	3.03	2.89	2.74	2.66	2.58	2.49	2.40	2.31	2.21
25	7.77	5.57	4.68	4.18	3.85	3.63	3.46	3.32	3.22	3.13	2.99	2.85	2.70	2.62	2.54	2.45	2.36	2.27	2.17
26	7.72	5.53	4.64	4.14	3.82	3.59	3.42	3.29	3.18	3.09	2.96	2.81	2.66	2.58	2.50	2.42	2.33	2.23	2.13
27	7.68	5.49	4.60	4.11	3.78	3.56	3.39	3.26	3.15	3.06	2.93	2.78	2.63	2.55	2.47	2.38	2.29	2.20	2.10
28	7.64	5.45	4.57	4.07	3.75	3.53	3.36	3.23	3.12	3.03	2.90	2.75	2.60	2.52	2.44	2.35	2.26	2.17	2.06
29	7.60	5.42	4.54	4.04	3.73	3.50	3.33	3.20	3.09	3.00	2.87	2.73	2.57	2.49	2.41	2.33	2.23	2.14	2.03
30	7.56	5.39	4.51	4.02	3.70	3.47	3.30	3.17	3.07	2.98	2.84	2.70	2.55	2.47	2.39	2.30	2.21	2.11	2.01
40	7.31	5.18	4.31	3.83	3.51	3.29	3.12	2.99	2.89	2.80	2.66	2.52	2.37	2.29	2.20	2.11	2.02	1.92	1.80
60	7.08	4.98	4.13	3.65	3.34	3.12	2.95	2.82	2.72	2.63	2.50	2.35	2.20	2.12	2.03	1.94	1.84	1.73	1.60
120	6.85	4.79	3.95	3.48	3.17	2.96	2.79	2.66	2.56	2.47	2.34	2.19	2.03	1.95	1.86	1.76	1.66	1.53	1.38
∞	6.63	4.61	3.78	3.32	3.02	2.80	2.64	2.51	2.41	2.32	2.18	2.04	1.88	1.79	1.70	1.59	1.47	1.32	1.00

$(\alpha = 0.005)$

n_2 \ n_1	1	2	3	4	5	6	7	8	9	10	12	15	20	24	30	40	60	120	∞
1	16 212	19 997	21 614	22 501	23 056	23 440	23 715	23 924	24 091	24 221	24 427	24 632	24 837	24 937	25 041	25 146	25 254	25 358	25 500
2	199	199	199	199	199	199	199	199	199	199	199	199	199	199	199	199	199	199	200
3	55.6	49.8	47.5	46.2	45.4	44.8	44.4	44.1	43.9	43.7	43.4	43.1	42.8	42.6	42.5	42.3	42.1	42.0	41.8
4	31.3	26.3	24.3	23.2	22.5	22.0	21.6	21.4	21.1	21.0	20.7	20.4	20.2	20.0	19.9	19.8	19.6	19.5	19.3
5	22.8	18.3	16.5	15.6	14.9	14.5	14.2	14.0	13.8	13.6	13.4	13.1	12.9	12.8	12.7	12.5	12.4	12.3	12.1
6	18.6	14.5	12.9	12.0	11.5	11.1	10.8	10.6	10.4	10.3	10.0	9.81	9.59	9.47	9.36	9.24	9.12	9.00	8.88
7	16.2	12.4	10.9	10.1	9.52	9.16	8.89	8.68	8.51	8.38	8.18	7.97	7.75	7.65	7.53	7.42	7.31	7.19	7.08
8	14.7	11.0	9.60	8.81	8.30	7.95	7.69	7.50	7.34	7.21	7.01	6.81	6.61	6.50	6.40	6.29	6.18	6.06	5.95
9	13.6	10.1	8.72	7.96	7.47	7.13	6.88	6.69	6.54	6.42	6.23	6.03	5.83	5.73	5.62	5.52	5.41	5.30	5.19
10	12.8	9.43	8.08	7.34	6.87	6.54	6.30	6.12	5.97	5.85	5.66	5.47	5.27	5.17	5.07	4.97	4.86	4.75	4.64
11	12.2	8.91	7.60	6.88	6.42	6.10	5.86	5.68	5.54	5.42	5.24	5.05	4.86	4.76	4.65	4.55	4.44	4.34	4.23
12	11.8	8.51	7.23	6.52	6.07	5.76	5.52	5.35	5.20	5.09	4.91	4.72	4.53	4.43	4.33	4.23	4.12	4.01	3.90
13	11.4	8.19	6.93	6.23	5.79	5.48	5.25	5.08	4.94	4.82	4.64	4.46	4.27	4.17	4.07	3.97	3.87	3.76	3.65
14	11.1	7.92	6.68	6.00	5.56	5.26	5.03	4.86	4.72	4.60	4.43	4.25	4.06	3.96	3.86	3.76	3.66	3.55	3.44
15	10.8	7.70	6.48	5.80	5.37	5.07	4.85	4.67	4.54	4.42	4.25	4.07	3.88	3.79	3.69	3.58	3.48	3.37	3.26
16	10.6	7.51	6.30	5.64	5.21	4.91	4.69	4.52	4.38	4.27	4.10	3.92	3.73	3.64	3.54	3.44	3.33	3.22	3.11
17	10.4	7.35	6.16	5.50	5.07	4.78	4.56	4.39	4.25	4.14	3.97	3.79	3.61	3.51	3.41	3.31	3.21	3.10	2.98
18	10.2	7.21	6.03	5.37	4.96	4.66	4.44	4.28	4.14	4.03	3.86	3.68	3.50	3.40	3.30	3.20	3.10	2.99	2.87
19	10.1	7.09	5.92	5.27	4.85	4.56	4.34	4.18	4.04	3.93	3.76	3.59	3.40	3.31	3.21	3.11	3.00	2.89	2.78
20	9.94	6.99	5.82	5.17	4.76	4.47	4.26	4.09	3.96	3.85	3.68	3.50	3.32	3.22	3.12	3.02	2.92	2.81	2.69
21	9.83	6.89	5.73	5.09	4.68	4.39	4.18	4.01	3.88	3.77	3.60	3.43	3.24	3.15	3.05	2.95	2.84	2.73	2.61
22	9.73	6.81	5.65	5.02	4.61	4.32	4.11	3.94	3.81	3.70	3.54	3.36	3.18	3.08	2.98	2.88	2.77	2.66	2.55
23	9.63	6.73	5.58	4.95	4.54	4.26	4.05	3.88	3.75	3.64	3.47	3.30	3.12	3.02	2.92	2.82	2.71	2.60	2.48
24	9.55	6.66	5.52	4.89	4.49	4.20	3.99	3.83	3.69	3.59	3.42	3.25	3.06	2.97	2.87	2.77	2.66	2.55	2.43
25	9.48	6.60	5.46	4.84	4.43	4.15	3.94	3.78	3.64	3.54	3.37	3.20	3.01	2.92	2.82	2.72	2.61	2.50	2.38
26	9.41	6.54	5.41	4.79	4.38	4.10	3.89	3.73	3.60	3.49	3.33	3.15	2.97	2.87	2.77	2.67	2.56	2.45	2.33
27	9.34	6.49	5.36	4.74	4.34	4.06	3.85	3.69	3.56	3.45	3.28	3.11	2.93	2.83	2.73	2.63	2.52	2.41	2.29
28	9.28	6.44	5.32	4.70	4.30	4.02	3.81	3.65	3.52	3.41	3.25	3.07	2.89	2.79	2.69	2.59	2.48	2.37	2.25
29	9.23	6.40	5.28	4.66	4.26	3.98	3.77	3.61	3.48	3.38	3.21	3.04	2.86	2.76	2.66	2.56	2.45	2.33	2.21
30	9.18	6.35	5.24	4.62	4.23	3.95	3.74	3.58	3.45	3.34	3.18	3.01	2.82	2.73	2.63	2.52	2.42	2.30	2.18
40	8.83	6.07	4.98	4.37	3.99	3.71	3.51	3.35	3.22	3.12	2.95	2.78	2.60	2.50	2.40	2.30	2.18	2.06	1.93
60	8.49	5.79	4.73	4.14	3.76	3.49	3.29	3.13	3.01	2.90	2.74	2.57	2.39	2.29	2.19	2.08	1.96	1.83	1.69
120	8.18	5.54	4.50	3.92	3.55	3.28	3.09	2.93	2.81	2.71	2.54	2.37	2.19	2.09	1.98	1.87	1.75	1.61	1.43
∞	7.88	5.30	4.28	3.72	3.35	3.09	2.90	2.74	2.62	2.52	2.36	2.19	2.00	1.90	1.79	1.67	1.53	1.36	1.00

部分思考题、习题参考答案与提示

第 1 章

思考题一

1. 都一定成立.
2. $f_n(A)$ 是一个变化的量 (可知为第 2 章中讲的随机变量), $P(A)$ 为一定数; 当 n 充分大时, 频率趋于概率; 不一定成立.
3. $P(AB)$ 表示事件 A 和事件 B 同时发生的概率; $P(B|A)$ 表示在事件 A 发生的条件下事件 B 发生的概率, 即表示在缩小的样本空间 A 中, A 和 B 同时发生的概率.
4. 一般不等于 1.
5. 不能同时成立.

习题一

(A)

A1. (1) 9; (2) $A=\{(0,a),(1,a),(2,a)\}$; (3) $B=\{(0,a),(0,b),(0,c)\}$.

A2. (1) $A=\{1,2\}$, $B=\{4,5,6\}$;

(2) $A=\{(1,3),(3,1),(2,4),(4,2),(3,5),(5,3),(4,6),(6,4)\}$, $B=\{(3,1),(6,2)\}$;

(3) $A=\{(x,y): 0<x<0.5, x\leqslant y<1-x\}$, $B=\{(x,y): 0<x<0.5, 0.5<y<1-x\}$.

A3. (1) $S=\{(1,2),(1,3),(2,1),(2,3),(3,1),(3,2)\}$;

(2) $S=\{(1,1),(1,2),(1,3),(2,1),(2,2),(2,3),(3,1),(3,2),(3,3)\}$;

(3) $S=\mathbf{N}=\{0,1,2,\cdots\}$;

(4) $S=\{(x,y): x\geqslant 0, y\geqslant 0, x+y\leqslant 1\}$.

A4. (答案不唯一)

(1) $AB\cup AC\cup BC$; (2) $\overline{AB\cup AC\cup BC}$; (3) $\overline{A}BC\cup A\overline{B}C\cup AB\overline{C}$; (4) $\overline{ABC}$.

A5. (1) 0.5; (2) 0.3.

A6. (1) $P(A\cup B)=0.9$, $P(A\overline{B})=0.5$; (2) $P(A\cup B)=0.5$, $P(A\overline{B})=0.1$.

A7. (1) 0.8; (2) 0.2; (3) 0.5.

A8. (1) 0.2; (2) 0.4; (3) 0.7.

A9. (1) $\frac{3}{5}$; (2) $\frac{14}{15}$.

A10. (1) $\frac{5}{6}$; (2) $\frac{1}{9}$; (3) $\frac{2}{15}$.

A11. $\frac{1\ 343}{1\ 728}\approx 0.777\ 2$.

A12. 无放回抽样: (1) $\frac{28}{45}$; (2) $\frac{16}{45}$; (3) $\frac{4}{5}$.

有放回抽样: (1) $\frac{16}{25}$; (2) $\frac{8}{25}$; (3) $\frac{4}{5}$.

A13. (1) $\frac{28}{435}$; (2) $\frac{1}{435}$.

A14. (1) $\frac{12}{35}$; (2) $\frac{1}{35}$; (3) $\frac{2}{35}$.

A15. (1) $\frac{1}{9}$; (2) $\frac{7}{72}$.

A16. $\frac{80}{243}$.

A17. (1) $\frac{3}{4}$; (2) $\frac{3}{5}$; (3) $\frac{2}{3}$; (4) $\frac{4}{5}$.

A18. (1) $\frac{6}{25}$; (2) $\frac{12}{25}$; (3) $\frac{21}{25}$.

A19. (1) $\frac{7}{9}$; (2) $\frac{2}{5}$; (3) $\frac{2}{9}$.

A20. (1) $\frac{17}{30}$; (2) $\frac{13}{35}$; (3) $\frac{56}{105}$.

A21. $\frac{30}{31}$.

A22. $p_{甲}=\frac{51}{128}, p_{乙}=\frac{45}{128}, p_{丙}=\frac{32}{128}$, 甲工厂.

A23. (1) $\frac{37}{80}$; (2) $\frac{1}{37}$.

A24. (1) $\frac{11}{50}$; (2) $\frac{7}{13}$.

A25. (1) $\frac{727}{50\,000}\approx 0.014\,5$; (2) $\frac{441}{727}\approx 0.606\,6$.

A26. 0.24.

A27. 提示: 用条件概率公式展开.

A28. (1) $\frac{2}{25}$; (2) $\frac{41}{50}$; (3) $\frac{2}{5}$.

A29. $p+p^2-p^3$.

A30. (1) $\frac{16}{25}$; (2) $\frac{124}{125}$.

A31. (1) 对; (2) 错; (3) 错; (4) 对.

A32. (1) $P(A_i)=p(1-p)^{i-1}, i=1,2,\cdots, P(B_4)=p^2(1-p)$; (2) $p^2(1-p)$; (3) p.

A33. (1) 0.052 6; (2) 0.998 4.

A34. 14.

(B)

B1. (1) 0.1; (2) 0.6; (3) 0.3.

B2. $\frac{1}{1\,225}$.

B3. $\frac{43}{50}$.

B4. (1) $\frac{1}{9}$; (2) $\frac{1}{2}$.

B5. $\frac{176}{211}$.

B6. (1) $\frac{13}{24}$; (2) $\frac{2\,825}{7\,163}$.

B7. (1) $\alpha=p_1p_2p_3(1-p_4)+p_1p_2(1-p_3)p_4+p_1(1-p_2)p_3p_4+(1-p_1)p_2p_3p_4+p_1p_2p_3p_4$;

(2) $\beta=\frac{p_1p_2p_3p_4}{\alpha}$; (3) $\gamma=3\alpha^2(1-\alpha)$.

B8. (1) $\frac{43}{500}$; (2) $\frac{1\,065\,103}{5\,000\,000}$.

B9. $\sum_{k=1}^{n}\frac{(-1)^{k-1}}{k!}$.

B10. $\frac{10}{71}$.

B11. $\frac{5}{14}, \frac{5}{14}, \frac{2}{7}$.

第 2 章

思考题二

1. 不一定. 如果一个随机变量在开区间内分布函数连续, 而在该区间端点处分布函数跳跃, 那么它是既非连续型又非离散型的随机变量.
2. 不对. 分布函数在正无穷大处的极限是 1, 而且分布函数是 $\{X \leqslant x\}$ 的概率, 因此 X 的分布函数在 $x \geqslant 1$ 时的值应当为 1, 即 $F(x)=\begin{cases}0, & x<0,\\ 0.2, & 0 \leqslant x<1,\\ 1, & x \geqslant 1.\end{cases}$
3. D. 选项 A 不满足密度函数的性质 (1), 选项 B 和 C 不满足密度函数的性质 (2).
4. B. 选项 A 不满足分布函数单调不减, 选项 C 不满足分布函数右连续, 选项 D 不满足分布函数取值在区间 $[0,1]$ 上.
5. 仅与 σ 有关. 因为 $X \sim N(\mu, \sigma^2)$, 所以 $\dfrac{X-\mu}{\sigma} \sim N(0,1)$. 于是

$$P\{|X-\mu|<\delta\}=P\left\{\left|\frac{X-\mu}{\sigma}\right|<\frac{\delta}{\sigma}\right\}=2 \Phi\left(\frac{\delta}{\sigma}\right)-1.$$

6. 不可以. 指数分布的无记忆性是指只要元件没有损坏, 它能再使用一段时间 Δt 的概率与一个新元件使用时间 Δt 的概率一样, 是有条件限制的.

习题二

(A)

A1. (1) $P\{X=1\}=\dfrac{1}{2}, P\{X=2\}=\dfrac{1}{3}, P\{X=3\}=\dfrac{1}{6}$;

(2)

X	0	1	2	3
p	$\dfrac{8}{27}$	$\dfrac{4}{9}$	$\dfrac{2}{9}$	$\dfrac{1}{27}$

(3) $P\{X=0\}=\dfrac{3}{10}, P\{X=1\}=\dfrac{3}{5}, P\{X=2\}=\dfrac{1}{10}$;

(4) $P\{X=1\}=\dfrac{2}{5}, P\{X=2\}=\dfrac{6}{25}, P\{X=3\}=\dfrac{9}{25}$.

A2. $c=0.1, P\{1.5<X \leqslant 3\}=0.5$.

A3. (1) $\dfrac{44}{125}=0.352$; (2) $\dfrac{117}{125}=0.936$.

A4. 0.5.

A5. 7 次.

A6. $P\{X \leqslant 2\}=5\mathrm{e}^{-2}, P\{X \geqslant 2\}=1-3\mathrm{e}^{-2}, P\{X \leqslant 1 | X \leqslant 2\}=0.6$.

A7. (1) $1-13\mathrm{e}^{-3}$; (2) $\dfrac{99}{8}\mathrm{e}^{-3}$.

A8. $F(x)=\begin{cases}0, & x<0,\\ 0.4, & 0 \leqslant x<2,\\ 0.9, & 2 \leqslant x<3,\\ 1, & x \geqslant 3,\end{cases}$ $P\{1 \leqslant X<3\}=0.5$.

A9. $P\{X=-1\}=0.3, P\{X=1\}=0.4, P\{X=3\}=0.3$.

A10. (1) $c=0.5$; (2) $F(x)=\begin{cases}0, & x<0,\\ x-\dfrac{x^2}{4}, & 0\leqslant x<2,\\ 1, & x\geqslant 2;\end{cases}$ (3) $P\{0.5<X\leqslant 1\}=\dfrac{5}{16}$.

A11. (1) $c=2$; (2) $f(x)=\begin{cases}\dfrac{2}{x^2}, & x>2,\\ 0, & 其他;\end{cases}$ (3) $P\{X\leqslant 4\}=0.5$.

A12. $\dfrac{3}{4}$.

A13. $f_X(x)=\begin{cases}\dfrac{1}{4}, & -1<x<3,\\ 0, & 其他,\end{cases}$ $P\{Y=k\}=\mathrm{C}_n^k\left(\dfrac{3}{4}\right)^k\left(\dfrac{1}{4}\right)^{n-k}, k=0,1,\cdots,n$.

A14. (1) $F(x)=\begin{cases}1-\mathrm{e}^{-0.2x}, & x\geqslant 0,\\ 0, & x<0;\end{cases}$ (2) $P\{X>5\}=\mathrm{e}^{-1}$; (3) $P\{X\leqslant 10|X>5\}=1-\mathrm{e}^{-1}$.

A15. (1) $P\{X\leqslant 0\}=1-\varPhi(0.5)\approx 0.308\,5$, $P\{|X-1|\leqslant 2\}=2\varPhi(1)-1\approx 0.682\,6$;

(2) $a=1$;

(3) $P\{|X|\leqslant 2\}=\varPhi(0.5)-\varPhi(-1.5)\approx 0.624\,7$.

A16. 1.02.

A17. (1)

Y	-3	-1	1	3
p	0.3	0.1	0.2	0.4

Z	0	1	4
p	0.1	0.5	0.4.

(2) $F_Z(z)=\begin{cases}0, & z<0,\\ 0.1, & 0\leqslant z<1,\\ 0.6, & 1\leqslant z<4,\\ 1, & z\geqslant 4.\end{cases}$

A18. (1) $f_Y(y)=\begin{cases}\dfrac{y}{16}, & 2<y<6,\\ 0, & 其他;\end{cases}$ (2) $f_Y(y)=\begin{cases}\dfrac{2-y}{4}, & -1<y<1,\\ 0, & 其他;\end{cases}$

(3) $f_Y(y)=\begin{cases}\dfrac{1}{8}, & 1<y<9,\\ 0, & 其他.\end{cases}$

A19. $Y\sim N(0,1)$, $Z\sim N(1,4)$.

(B)

B1. $P\{X=i\}=\dfrac{\mathrm{C}_{i-1}^1\mathrm{C}_{7-i}^1}{\mathrm{C}_7^3}=\dfrac{(i-1)(7-i)}{35}$, $i=2,3,4,5,6$.

B2. (1)

X	0	1	2	4
p	$\dfrac{4}{5}$	$\dfrac{4}{25}$	$\dfrac{4}{125}$	$\dfrac{1}{125}$

(2) $\dfrac{1}{125}$; (3) $\dfrac{1}{5}$.

B3. $P\{X=0\}=\dfrac{1}{5}$, $P\{X=1\}=\dfrac{3}{5}$, $P\{X=2\}=\dfrac{1}{5}$.

B4. (1) $(1-10^{-7})^n$; (2) $(1-10^{-6})^n$.

B5. (1) 0.882 4; (2) 0.367 4; (3) 0.127 4; (4) 0.260 1.

B6. (1) $\dfrac{128}{625}=0.204\,8$; (2) $\dfrac{2\,304}{3\,125}\approx 0.737\,3$; (3) $\dfrac{181}{3\,125}\approx 0.057\,9$.

B7. $P\{X=0\}=(1-p_1)(1-p_2)(1-p_3)$,

$P\{X=1\}=p_1(1-p_2)(1-p_3)+(1-p_1)p_2(1-p_3)+(1-p_1)(1-p_2)p_3$,

$P\{X=2\}=(1-p_1)p_2p_3+p_1(1-p_2)p_3+p_1p_2(1-p_3)$, $P\{X=3\}=p_1p_2p_3$;

$P\{Y=0\}=p_1$, $P\{Y=1\}=(1-p_1)p_2$,

$P\{Y=2\}=(1-p_1)(1-p_2)p_3$, $P\{Y=3\}=(1-p_1)(1-p_2)(1-p_3)$.

B8. (1) $P\{X=i\}=(1-p)^{i-1}p$, $i=1,2,3,4$, $P\{X=5\}=(1-p)^4$;

(2) $P\{X\leqslant 2.5\}=p(2-p)$.

B9. (1) $1-2\mathrm{e}^{-1}$; (2) $\dfrac{2}{3\mathrm{e}-6}$.

B10. (1) $1-11\mathrm{e}^{-10}$; (2) $\mathrm{e}^{-0.5}$.

B11. (1) $1-5.5\mathrm{e}^{-4.5}$; (2) $\dfrac{3.2}{\mathrm{e}^{3.2}-1}$.

B12. (1) $\dfrac{324}{5}\mathrm{e}^{-6}$; (2) $\dfrac{324}{5\mathrm{e}^6-575}$.

B13. $1-4\mathrm{e}^{-3}$.

B14. (1) $P\{X=k\}=\dfrac{\mathrm{C}_3^k\mathrm{C}_7^{3-k}}{\mathrm{C}_{10}^3},\quad k=0,1,2,3$;

(2) $P\{Y=k\}=\mathrm{C}_3^k\left(\dfrac{1}{2}\right)^k\left(\dfrac{1}{2}\right)^{3-k}=\dfrac{\mathrm{C}_3^k}{8},\quad k=0,1,2,3$;

(3) $P\{Z=k\}=\left(\dfrac{9}{10}\right)^{k-1}\dfrac{1}{10}=\dfrac{9^{k-1}}{10^k},\quad k=1,2,\cdots$;

(4) $\dfrac{3}{16}$.

B15. (1) $P\{X=k\}=\left(\dfrac{4}{5}\right)^{k-1}\left(\dfrac{1}{5}\right)=\dfrac{4^{k-1}}{5^k},\quad k=1,2,\cdots$;

(2) $P\{X=k\}=\dfrac{1}{5},\quad k=1,2,3,4,5$.

B16. (1) $F(x)=\begin{cases}0, & x<0,\\ \dfrac{x}{2}, & 0\leqslant x<1,\\ \dfrac{1}{2}, & 1\leqslant x<2,\\ \dfrac{x-1}{2}, & 2\leqslant x<3,\\ 1, & x\geqslant 3;\end{cases}$ (2) $P\{X\leqslant 2.5\}=\dfrac{3}{4}$.

B17. (1) $\dfrac{3}{16}$; (2) $F(x)=\begin{cases}0, & x<0,\\ -\dfrac{1}{16}x^3+\dfrac{3}{4}x, & 0\leqslant x<2,\\ 1, & x\geqslant 2;\end{cases}$ (3) $\dfrac{11}{16}$; (4) $\dfrac{75\,625}{524\,288}\approx 0.144\,2$.

B18. (1) $a=\dfrac{1}{2},b=\dfrac{1}{2}$; (2) $f(x)=\begin{cases}x, & 0<x<1,\\ \dfrac{1}{2}, & 1<x<2,\\ 0, & \text{其他};\end{cases}$ (3) $\dfrac{5}{8}$.

B19. (1) $\dfrac{3}{5}$;　(2) $\dfrac{3}{5}$;　(3) $\dfrac{1}{4}$.

B20. (1) $\Phi(2.5)\approx 0.993\,8$;　(2) $1-\Phi(1.48)\approx 0.069\,4$;　(3) $2\Phi(1)-1\approx 0.682\,6$;
(4) $2-2\Phi(2)\approx 0.045\,5$.

B21. $1-\Phi(0.5)\approx 0.308\,5$.

B22. (1) $1-\Phi(0)=0.5$;　(2) $2\Phi(1)-1\approx 0.682\,6$;　(3) $\Phi(0.4)\approx 0.655\,4$.

B23. (1) 0.111 4;　(2) 0.244 5;　(3) 0.298 2.

B24. (1) 0.064 1;　(2) 0.660 7;　(3) 0.972 0.

B25. $\mu=14\,109,\ \sigma=2\,498$.

B26. $x_1=15,\ x_2=17$.

B27. (1) $a=\dfrac{1}{\sqrt{\pi}}$;　(2) $P\left\{X>\dfrac{1}{2}\right\}=1-\Phi\left(\dfrac{\sqrt{2}}{2}\right)\approx 0.239\,8$.

B28. (1) $f(x)=\begin{cases}\dfrac{1}{8}\mathrm{e}^{-\frac{x}{8}}, & x>0,\\ 0, & \text{其他};\end{cases}$　(2) $\mathrm{e}^{-1.25}$;　(3) $\mathrm{e}^{-1}-\mathrm{e}^{-2}$.

B29. (1) $0.4\mathrm{e}^{-2}+0.6\mathrm{e}^{-1}$;　(2) $\mathrm{e}^{-\frac{2}{9}}$;　(3) $\dfrac{0.4\mathrm{e}^{-\frac{1}{3}}+0.6\mathrm{e}^{-\frac{1}{6}}}{0.4\mathrm{e}^{-\frac{1}{9}}+0.6\mathrm{e}^{-\frac{1}{18}}}$.

B30. (1) $f(x)=\begin{cases}0.2\mathrm{e}^{-0.2x}, & x>0,\\ 0, & \text{其他};\end{cases}$　(2) $\mathrm{e}^{-1}-\mathrm{e}^{-2}$;　(3) $(1-\mathrm{e}^{-1})^6(1+6\mathrm{e}^{-1})$.

B31. (1) $3\mathrm{e}^{-3}(1-\mathrm{e}^{-1.5})$;　(2) $3\mathrm{e}^{-3}-2\mathrm{e}^{-4.5}$.

B32. $P\{Y=2\}=\dfrac{27}{125},\ P\{Y=8\}=\dfrac{147}{500},\ P\{Y=10\}=\dfrac{49}{100}$.

B33. (1) $c=\dfrac{1}{9}$;　(2) $f_Y(y)=\begin{cases}\dfrac{1}{27}\left(4-\dfrac{y^2}{9}\right), & -3<y<6,\\ 0, & \text{其他};\end{cases}$

(3) $F_Z(z)=\begin{cases}0, & z<0,\\ -\dfrac{2}{27}z^3+\dfrac{8}{9}z, & 0\leqslant z<1,\\ -\dfrac{1}{27}z^3+\dfrac{4}{9}z+\dfrac{11}{27}, & 1\leqslant z<2,\\ 1, & z\geqslant 2,\end{cases}$　$f_Z(z)=\begin{cases}-\dfrac{2}{9}z^2+\dfrac{8}{9}, & 0<z<1,\\ -\dfrac{1}{9}z^2+\dfrac{4}{9}, & 1<z<2,\\ 0, & \text{其他}.\end{cases}$

B34. (1) $F_T(t)=\begin{cases}1-\mathrm{e}^{-\lambda t}, & t\geqslant 0,\\ 0, & t<0;\end{cases}$　(2) $\mathrm{e}^{-\lambda t}$.

B35. $f_Y(y)=\begin{cases}\dfrac{1}{n}y^{\frac{1}{n}-1}, & 0<y<1,\\ 0, & \text{其他}.\end{cases}$

B36. $F_Y(y)=\begin{cases}0, & y<-1,\\ \dfrac{4}{3}-\dfrac{4\arccos y}{3\pi}, & -1\leqslant y<0,\\ 1-\dfrac{2\arccos y}{3\pi}, & 0\leqslant y<1,\\ 1, & y\geqslant 1.\end{cases}$

B37. $f_Y(y)=\begin{cases}\dfrac{1}{2\sqrt{2\pi y\sigma^2}}\left[\mathrm{e}^{-\frac{(\sqrt{y}-\mu)^2}{2\sigma^2}}+\mathrm{e}^{-\frac{(\sqrt{y}+\mu)^2}{2\sigma^2}}\right], & y>0,\\ 0, & \text{其他}.\end{cases}$

B38. (1) $a=\frac{1}{3}, b=\frac{1}{6}$; (2) $f_Y(y)=\begin{cases}\frac{2y^3}{3}+\frac{y}{3}, & 0<y<\sqrt{2},\\ 0, & \text{其他}.\end{cases}$

B39. (1) $f_Y(y)=\begin{cases}\frac{1}{\sqrt{2\pi}y}\mathrm{e}^{-\frac{(\ln y)^2}{2}}, & y>0,\\ 0, & \text{其他};\end{cases}$ (2) $f_Z(z)=\sqrt{\frac{2}{\pi}}\mathrm{e}^{z-\frac{\mathrm{e}^{2z}}{2}}, \quad -\infty<z<+\infty.$

第 3 章

思考题三

1. 联合分布可以决定边际分布, 而边际分布不能决定联合分布.
2. (3) 正确.
3. 不正确.
4. (2) 正确.
5. 第一个说法正确, 第二个说法不一定正确.

习题三

(A)

A1. (1) 0.1; (2) 0.6;

(3) $P\{X=0\}=0.5, P\{X=1\}=0.2, P\{X=2\}=0.3$;

$P\{Y=0\}=0.2, P\{Y=1\}=0.2, P\{Y=2\}=0.3, P\{Y=3\}=0.3$.

A2. (1) $a=0.1, b=0.2$; (2) $a=\frac{2}{15}, b=0.1$; (3) $a=0.05, b=0.35$.

A3. $P\{X=2,Y=4\}=P\{X=4,Y=2\}=\frac{6}{25}, P\{X=3,Y=3\}=\frac{13}{25}$;

$P\{X=2\}=P\{X=4\}=\frac{6}{25}, P\{X=3\}=\frac{13}{25}$.

A4. 无放回抽样:

X	Y		$P\{X=i\}$
	0	1	
0	0.1	0.3	0.4
1	0.3	0.3	0.6
$P\{Y=j\}$	0.4	0.6	

有放回抽样:

X	Y		$P\{X=i\}$
	0	1	
0	0.16	0.24	0.4
1	0.24	0.36	0.6
$P\{Y=j\}$	0.4	0.6	

A5. $a=0.3, b=0.2$.

A6. $a=0.2, b=0.3, c=0.2$.

X	1	2
p	0.6	0.4

Y	-1	0	1
p	0.3	0.2	0.5

A7. (1) $P\{Y=1|X=1\}=P\{Y=2|X=1\}=0.5$;

(2) $P\{X=0|Y=1\}=\dfrac{1}{3}$, $P\{X=1|Y=1\}=\dfrac{2}{3}$.

A8. (1)

X	Y		
	0	1	2
0	0.2	0.1	0.1
1	0	0.4	0.2

(2) $P\{Y=0|X=0\}=0.5$, $P\{Y=1|X=0\}=P\{Y=2|X=0\}=0.25$.

A9. (1)

X	Y						$P\{X=i\}$
	1	2	3	4	5	6	
1	$\frac{1}{36}$	$\frac{1}{36}$	$\frac{1}{36}$	$\frac{1}{36}$	$\frac{1}{36}$	$\frac{1}{36}$	$\frac{1}{6}$
2	0	$\frac{2}{36}$	$\frac{1}{36}$	$\frac{1}{36}$	$\frac{1}{36}$	$\frac{1}{36}$	$\frac{1}{6}$
3	0	0	$\frac{3}{36}$	$\frac{1}{36}$	$\frac{1}{36}$	$\frac{1}{36}$	$\frac{1}{6}$
4	0	0	0	$\frac{4}{36}$	$\frac{1}{36}$	$\frac{1}{36}$	$\frac{1}{6}$
5	0	0	0	0	$\frac{5}{36}$	$\frac{1}{36}$	$\frac{1}{6}$
6	0	0	0	0	0	$\frac{6}{36}$	$\frac{1}{6}$
$P\{Y=j\}$	$\frac{1}{36}$	$\frac{3}{36}$	$\frac{5}{36}$	$\frac{7}{36}$	$\frac{9}{36}$	$\frac{11}{36}$	

(2)

X	1	2	3	4	5	6
$P\{X=k\|Y=6\}$	$\frac{1}{11}$	$\frac{1}{11}$	$\frac{1}{11}$	$\frac{1}{11}$	$\frac{1}{11}$	$\frac{6}{11}$

A10. (1)

X	Y		
	0	a	$2a$
0	0.6	0	0
1	$0.3(1-p)$	$0.3p$	0
2	$0.1(1-p)^2$	$0.2p(1-p)$	$0.1p^2$

(2) $P\{Y=0|X=1\}=1-p$, $P\{Y=a|X=1\}=p$.

A11. (1) $F(0,1)=0.2,\ F(1,1.5)=0.4,\ F(2.1,1.1)=0.6$; (2) $F_X(x)=\begin{cases}0, & x<0,\\ 0.2, & 0\leqslant x<1,\\ 0.6, & 1\leqslant x<2,\\ 1, & x\geqslant 2.\end{cases}$

A12. (1)

X	Y	
	0	1
1	0.1	0.2
2	0.3	0.4

(2) $F_{X|Y}(x|0)=\begin{cases}0, & x<1,\\ 0.25, & 1\leqslant x<2,\\ 1, & x\geqslant 2.\end{cases}$

A13. (1)

X	Y	
	0	1
0	0.35	0.35
1	0.25	0.05

(2) $F_X(x)=\begin{cases}0, & x<0,\\ 0.7, & 0\leqslant x<1,\\ 1, & x\geqslant 1;\end{cases}$ (3) $F_{Y|X}(y|1)=\begin{cases}0, & y<0,\\ \dfrac{5}{6}, & 0\leqslant y<1,\\ 1, & y\geqslant 1.\end{cases}$

A14. (1) $\dfrac{3}{4}$; (2) $\dfrac{13}{64}$; (3) $\dfrac{5}{12}$; (4) $\dfrac{9}{16}$.

A15. (1) $f_X(x)=\begin{cases}2x, & 0<x<1,\\ 0, & 其他,\end{cases}$ $f_Y(y)=\begin{cases}0.5, & 0<y<2,\\ 0, & 其他;\end{cases}$ (2) $P\{Y\leqslant 2X\}=\dfrac{2}{3}$.

A16. (1) $c=3$;

(2) $f_X(x)=\begin{cases}6(x-1)(2-x), & 1<x<2,\\ 0, & 其他,\end{cases}$ $f_Y(y)=\begin{cases}\dfrac{3(y-1)^2}{2}, & 1<y\leqslant 2,\\ \dfrac{3(3-y)^2}{2}, & 2<y<3,\\ 0, & 其他.\end{cases}$

A17. (1) $f_X(x)=\begin{cases}x\mathrm{e}^{-x}, & x>0,\\ 0, & x\leqslant 0,\end{cases}$ $f_Y(y)=\begin{cases}\mathrm{e}^{-y}, & y>0,\\ 0, & y\leqslant 0;\end{cases}$

(2) 当 $x>0$ 时, $f_{Y|X}(y|x)=\begin{cases}\dfrac{1}{x}, & 0<y<x,\\ 0, & 其他;\end{cases}$

(3) 是均匀分布.

A18. (1) $f_X(x)=\begin{cases}\dfrac{2x+1}{2}, & 0<x<1,\\ 0, & 其他,\end{cases}$ $f_Y(y)=\begin{cases}\dfrac{1+y}{4}, & 0<y<2,\\ 0, & 其他;\end{cases}$

(2) 当 $0<y<2$ 时, $f_{X|Y}(x|y)=\begin{cases}\dfrac{2x+y}{1+y}, & 0<x<1,\\ 0, & 其他;\end{cases}$

当 $0<x<1$ 时, $f_{Y|X}(y|x)=\begin{cases}\dfrac{2x+y}{4x+2}, & 0<y<2,\\ 0, & \text{其他};\end{cases}$

(3) $\dfrac{1}{3}$, $\dfrac{5}{32}$.

A19. (1) $f(x,y)=\begin{cases}\lambda^2\mathrm{e}^{-\lambda x}\mathrm{e}^{-y/x}, & x>0, y>0,\\ 0, & \text{其他};\end{cases}$

(2) $F_{Y|X}(y|x)=\begin{cases}1-\mathrm{e}^{-y/x}, & y>0,\\ 0, & y\leqslant 0;\end{cases}$

(3) e^{-1}.

A20. (1) $f_Y(y)=\begin{cases}\dfrac{5(1-y^4)}{8}, & -1<y<1,\\ 0, & \text{其他};\end{cases}$

(2) 当 $-1<y<1$ 时, $f_{X|Y}(x|y)=\begin{cases}\dfrac{2x}{1-y^4}, & y^2<x<1,\\ 0, & \text{其他};\end{cases}$

(3) 0.8.

A21. (1) $f(x,y)=\begin{cases}0.5, & 0<y<x<2,\\ 0, & \text{其他};\end{cases}$ (2) 0.5; (3) 0.25.

A22. (1) $f(x,y)=\begin{cases}\dfrac{1}{1-x}, & 0<x<y<1,\\ 0, & \text{其他};\end{cases}$

(2) 当 $0<y<1$ 时, $f_{X|Y}(x|y)=\begin{cases}\dfrac{-1}{(1-x)\ln(1-y)}, & 0<x<y,\\ 0, & \text{其他}.\end{cases}$

A23. (1) $f_X(x)=\dfrac{1}{\sqrt{2\pi}}\mathrm{e}^{-\frac{x^2}{2}}, -\infty<x<+\infty$, $f_Y(y)=\dfrac{1}{2\sqrt{\pi}}\mathrm{e}^{-\frac{(y-1)^2}{4}}, -\infty<y<+\infty$;

(2) $f_{Y|X}(y|0)=\dfrac{1}{\sqrt{3\pi}}\mathrm{e}^{-\frac{(y-1)^2}{3}}, -\infty<y<+\infty$;

(3) 0.5.

A24. X 与 Y 不独立. 因为 $P\{X=0,Y=0\}\neq P\{X=0\}P\{Y=0\}$.

A25. $a=0.1$, $b=0.2$, $c=0.1$.

A26. (1) 不独立; (2) 相互独立; (3) 不独立.

A27. (1) $f_X(x)=\begin{cases}\dfrac{4\sqrt{1-x^2}}{\pi}, & 0<x<1,\\ 0, & \text{其他};\end{cases}$ (2) $\dfrac{1}{3}+\dfrac{\sqrt{3}}{2\pi}$; (3) 不独立.

A28. $f_X(x)=\dfrac{1}{2\sqrt{\pi}}\mathrm{e}^{-\frac{x^2}{4}}, -\infty<x<+\infty$, $f_Y(y)=\dfrac{1}{2\sqrt{2\pi}}\mathrm{e}^{-\frac{(y-1)^2}{8}}, -\infty<y<+\infty$;

X 与 Y 相互独立.

A29. (1) $f_X(x)=\dfrac{1}{\sqrt{2\pi}}\mathrm{e}^{-\frac{x^2}{2}}, -\infty<x<+\infty$, $f_Y(y)=\dfrac{1}{\sqrt{2\pi}}\mathrm{e}^{-\frac{y^2}{2}}, -\infty<y<+\infty$;

(2) X 与 Y 相互独立.

A30. $Z\sim B\left(3,\dfrac{2}{5}\right)$, 即 $P\{Z=0\}=\dfrac{27}{125}$, $P\{Z=1\}=\dfrac{54}{125}$, $P\{Z=2\}=\dfrac{36}{125}$, $P\{Z=3\}=\dfrac{8}{125}$.

A31. $f_Z(t)=0.5f(t)+0.3f(t-1\ 000)+0.2f(t-5\ 000)$.

A32.

Z	1	2	3	4	5
p	0.04	0.14	0.3	0.32	0.2

M	1	2	3
p	0.1	0.5	0.4

N	0	1	2
p	0.2	0.4	0.4

A33.

Z	0	1	2	4
p	0.4	0.1	0.3	0.2

M	1	2
p	0.3	0.7

N	0	1	2
p	0.4	0.4	0.2

A34. $f_Z(t)=\begin{cases}t\mathrm{e}^{-t}, & t>0,\\ 0, & t\leqslant 0,\end{cases}$ $f_M(t)=\begin{cases}2\mathrm{e}^{-t}(1-\mathrm{e}^{-t}), & t>0,\\ 0, & t\leqslant 0,\end{cases}$ $f_N(t)=\begin{cases}2\mathrm{e}^{-2t}, & t>0,\\ 0, & t\leqslant 0.\end{cases}$

A35. (1) $f_Z(t)=\dfrac{1}{2\sqrt{\pi}}\mathrm{e}^{-\frac{t^2}{4}}$; (2) $1-(1-\Phi(1))^2=0.974\ 8$; (3) $(\Phi(1))^2=0.707\ 8$.

A36. $f_Z(t)=\begin{cases}\dfrac{1}{2}-\dfrac{1}{8}t, & 0<t\leqslant 4,\\ 0, & \text{其他}.\end{cases}$

A37.

X	Z	
	0	1
0	$(1-p)^2$	$p(1-p)$
1	p^2	$p(1-p)$

A38. $f_M(t)=\begin{cases}3t^2, & 0<t<1,\\ 0, & \text{其他},\end{cases}$ $f_N(t)=\begin{cases}1+2t-3t^2, & 0<t<1,\\ 0, & \text{其他}.\end{cases}$

(B)

B1. (1)

X	Y		
	1	2	3
0	$\frac{1}{15}$	$\frac{11}{30}$	$\frac{1}{15}$
1	$\frac{7}{18}$	$\frac{1}{18}$	$\frac{1}{18}$

(2) $P\{Y=1\}=\dfrac{41}{90}$, $P\{Y=2\}=\dfrac{19}{45}$, $P\{Y=3\}=\dfrac{11}{90}$;

(3) $P\{X=0|Y=1\}=\dfrac{6}{41}$, $P\{X=1|Y=1\}=\dfrac{35}{41}$.

B2. (1) $P\{X=i,Y=j\}=\dfrac{\mathrm{e}^{-\lambda}\lambda^i}{i!}\mathrm{C}_i^j 0.1^j 0.9^{i-j}$, $i=0,1,\cdots,j=0,1,\cdots,i$;

(2) $P\{Y=i\}=\dfrac{\mathrm{e}^{-0.1\lambda}(0.1\lambda)^i}{i!}$, $i=0,1,2,\cdots$.

B3. $F(x,y)=\begin{cases}0, & x<0 \text{ 或 } y<0,\\ 0.1+0.8xy, & 0\leqslant x<1, 0\leqslant y<1,\\ 0.1+0.8x, & 0\leqslant x<1, y\geqslant 1,\\ 0.1+0.8y, & x\geqslant 1, 0\leqslant y<1,\\ 1, & x\geqslant 1, y\geqslant 1.\end{cases}$

B4. (1) 6;　(2) $\frac{1}{2}$;　(3) $\frac{7}{8}$.

B5. (1) $f(x,y)=\begin{cases}\dfrac{2(4-y)}{(3-x)^2}, & 1<x<2, x+1<y<4,\\ 0, & \text{其他},\end{cases}$　$P\{Y<3\}=\frac{1}{2}$;

(2) $f_Y(y)=\begin{cases}y-2, & 2<y<3,\\ 4-y, & 3<y<4,\\ 0, & \text{其他};\end{cases}$

(3) $\frac{1}{3}$.

B6. $f_Z(t)=\begin{cases}\dfrac{2(m-t)}{m^2}, & 0<t<m,\\ 0, & \text{其他}.\end{cases}$

B7. $F_T(t)=\begin{cases}1-2\mathrm{e}^{-2\lambda t}+\mathrm{e}^{-3\lambda t}, & t>0,\\ 0, & t\leqslant 0,\end{cases}$ $f_T(t)=\begin{cases}4\lambda\mathrm{e}^{-2\lambda t}-3\lambda\mathrm{e}^{-3\lambda t}, & t>0,\\ 0, & t\leqslant 0.\end{cases}$

B8. (1) $P\{Z=k\}=\mathrm{C}_n^k p^k(1-p)^{n-k}$, $k=0,1,\cdots,n$;
(2) $P\{W=k\}=\mathrm{C}_{m+n}^k p^k(1-p)^{m+n-k}$, $k=0,1,\cdots,m+n$.

B9. $f_Z(t)=\dfrac{1}{2a}\left[\Phi\left(\dfrac{t+a-\mu}{\sigma}\right)-\Phi\left(\dfrac{t-a-\mu}{\sigma}\right)\right]$, $-\infty<t<+\infty$.

B10. $f_Z(t)=\begin{cases}\dfrac{t(3-t)}{3}, & 0<t\leqslant 1,\\ \dfrac{3-t}{3}, & 1<t\leqslant 2,\\ \dfrac{(3-t)^2}{3}, & 2<t\leqslant 3,\\ 0, & \text{其他}.\end{cases}$

B11. (1) $\frac{3}{8}$;　(2) $F_Z(z)=\begin{cases}0, & z<48,\\ \dfrac{z}{32}-\dfrac{3}{2}, & 48\leqslant z<60,\\ \dfrac{9z}{160}-3, & 60\leqslant z<64,\\ \dfrac{z}{40}-1, & 64\leqslant z<80,\\ 1, & z\geqslant 80.\end{cases}$

B12. (1) $1-\mathrm{e}^{-10\lambda}-10\lambda\mathrm{e}^{-10\lambda}$;　(2) $1-\mathrm{e}^{-10\lambda}(1+\lambda)^{10}$;　(3) $1-\dfrac{\mathrm{e}^{-10\lambda}[(1+\lambda)^{10}-\lambda^{10}]}{1-(1-\mathrm{e}^{-\lambda})^{10}}$.

B13. (1) $f_T(t)=\begin{cases}(\lambda_1+\lambda_2)\mathrm{e}^{-\lambda_1 t-\lambda_2 t}, & t>0,\\ 0, & t\leqslant 0;\end{cases}$

(2) $f_T(t)=\begin{cases}\lambda_1\mathrm{e}^{-\lambda_1 t}+\lambda_2\mathrm{e}^{-\lambda_2 t}-(\lambda_1+\lambda_2)\mathrm{e}^{-(\lambda_1+\lambda_2)t}, & t>0,\\ 0, & t\leqslant 0;\end{cases}$

(3) 当 $\lambda_1=\lambda_2=\lambda$ 时, $f_T(t)=\begin{cases}\lambda^2 t\mathrm{e}^{-\lambda t}, & t>0,\\ 0, & t\leqslant 0;\end{cases}$

当 $\lambda_1\neq\lambda_2$ 时, $f_T(t)=\begin{cases}\dfrac{\lambda_1\lambda_2}{\lambda_2-\lambda_1}(\mathrm{e}^{-\lambda_1 t}-\mathrm{e}^{-\lambda_2 t}), & t>0,\\ 0, & t\leqslant 0.\end{cases}$

第 4 章

思考题四

1. 不正确. 随机变量 X 的数学期望按定义应该是

$$\begin{aligned}E(X)&=\int_{-\infty}^{+\infty}x\cdot f(x)\mathrm{d}x\\&=\int_{-\infty}^{-1}x\cdot 0\mathrm{d}x+\int_{-1}^{0}x\cdot(1+x)\mathrm{d}x+\int_{0}^{1}x\cdot(1-x)\mathrm{d}x+\int_{1}^{+\infty}x\cdot 0\mathrm{d}x.\end{aligned}$$

2. 随机变量 X 与 Y 同分布, 那么它们的任意阶矩 (如果存在) 全部相等. 反之, 若有 $E(X)=E(Y)$ 且 $\mathrm{Var}(X)=\mathrm{Var}(Y)$, 不能推出随机变量 X 与 Y 的分布一定相同. 反例: 当 $X\sim P(1), Y\sim N(1,1)$ 时, $E(X)=E(Y)=1$ 且 $\mathrm{Var}(X)=\mathrm{Var}(Y)=1$, 但显然两者的分布不一样.
3. 方差是 2×2.5^2.
4. 两个随机变量如果相互独立, 那么它们一定不相关; 反之则不然. 当它们的联合分布为二元正态分布时, 相互独立和不相关等价.
5. (1) 对于 $n\geqslant 1$, 有 $E\left(\sum\limits_{i=1}^{n}X_i\right)=\sum\limits_{i=1}^{n}E(X_i)$ 成立, 但 $\mathrm{Var}\left(\sum\limits_{i=1}^{n}X_i\right)=\sum\limits_{i=1}^{n}\mathrm{Var}(X_i)$ 不一定成立, 因为 $\mathrm{Var}\left(\sum\limits_{i=1}^{n}X_i\right)=\sum\limits_{i=1}^{n}\mathrm{Var}(X_i)+\sum\limits_{i\neq j}\mathrm{Cov}(X_i,X_j)$, 且只有当 $\{X_i,i\geqslant 1\}$ 两两不相关时, $\mathrm{Var}\left(\sum\limits_{i=1}^{n}X_i\right)=\sum\limits_{i=1}^{n}\mathrm{Var}(X_i)$ 才成立;

   (2) 若 $\{X_i,i\geqslant 1\}$ 相互独立, 则对于 $n\geqslant 1$, 有 $E\left(\prod\limits_{i=1}^{n}X_i\right)=\prod\limits_{i=1}^{n}E(X_i)$ 成立, 但 $\mathrm{Var}\left(\prod\limits_{i=1}^{n}X_i\right)=\prod\limits_{i=1}^{n}\mathrm{Var}(X_i)$ 不一定成立, 仅有

$$\begin{aligned}\mathrm{Var}\left(\prod_{i=1}^{n}X_i\right)&=E\left(\prod_{i=1}^{n}X_i^2\right)-\left(E\left(\prod_{i=1}^{n}X_i\right)\right)^2\\&=\prod_{i=1}^{n}E(X_i^2)-\prod_{i=1}^{n}(E(X_i))^2.\end{aligned}$$

6. 不正确. 应为 $\mathrm{Var}(X-2Y)=\mathrm{Var}(X)+(-2)^2\mathrm{Var}(Y)+2\mathrm{Cov}(X,-2Y)=5-4\mathrm{Cov}(X,Y)$.
7. 不正确. 根据定理 4.1.1, $E\left(\dfrac{1}{X}\right)=\displaystyle\int_1^3\frac{1}{x}\cdot\frac{1}{2}\mathrm{d}x=\frac{\ln 3-\ln 1}{2}=\ln\sqrt{3}$.

习题四

(A)

A1. (1) 无放回抽样: $E(X)=\frac{9}{5}$; (2) 有放回抽样: $E(X)=\frac{9}{5}$.

A2. $E(X)=\frac{13}{6}, P\{X>E(X)\}=\frac{155}{288}$.

A3. $a=\frac{1}{3}, b=\frac{1}{6}$.

A4. (1) $\frac{3}{2}$; (2) $\frac{4}{5}$; (3) $\frac{17}{10}$.

A5. $E(X)=\frac{7}{12}, E(Y)=\frac{7}{6}, E(XY)=\frac{2}{3}$.

A6. $\frac{4}{5}$.

A7. (1) 无放回抽样: $\operatorname{Var}(X)=\frac{9}{25}$; (2) 有放回抽样: $\operatorname{Var}(X)=\frac{18}{25}$.

A8. $\frac{3}{5}$.

A9. $\frac{13}{5}$.

A10. (1) $E(X)=\frac{6}{5}, \operatorname{Var}(X)=\frac{19}{25}$; (2) $E(X)=\frac{13}{12}, \operatorname{Var}(X)=\frac{35}{144}$.

A11. $\frac{7}{144}$.

A12. $E(2X-Y)=\frac{16}{5}, \operatorname{Var}(2X-Y)=\frac{212}{25}, E[(2X-Y)^2]=\frac{468}{25}$.

A13. 6.

A14. $a=-1, b=5$.

A15. $\operatorname{Cov}(X,Y)=-\frac{1}{25}, \rho_{XY}=-\frac{\sqrt{534}}{267}\approx -0.086\,5$.

A16. $\operatorname{Cov}(X,Y)=\frac{1}{10}, \rho_{XY}=\frac{\sqrt{3}}{3}$.

A17. 1.4.

A18. X 与 Y 不相关, X 与 Y 不独立.

A19. $a=1$.

(B)

B1. $\frac{nN}{M}$.

B2. 应选择方案二, 因为方案二的平均年薪比较高.

B3. 6.

B4. $E(\eta_n)=np, E(S_n)=n(2p-1)$.

B5. 3.

B6. (1) 0.5; (2) 0.5; (3) 0.25.

B7. (1) $\frac{1}{2}+q(1-q)$;

(2) 当 Q 为棍子的中点时, 包含 Q 点的棍子平均长度达到最大.

B8. 20 min.

B9. 当 $k\leqslant 10$ 时, $0.8^k-\frac{1}{k}>0$, 第二种方法检验的平均次数少一些; 当 $k>10$ 时, $0.8^k-\frac{1}{k}<0$, 第一种方法检验的平均次数少一些.

B10. $\dfrac{1-\mathrm{e}^{-8\lambda}}{\lambda}$.

B11. (1) $E(X)=E(Y)=0$; (2) $\dfrac{2r}{3}$.

B12. (1) 10; (2) 6.

B13. 505.

B14. $E(X)=\dfrac{n^n-(n-1)^n}{n^{n-1}}$, $\lim\limits_{n\to+\infty}E\left(\dfrac{X}{n}\right)=1-\mathrm{e}^{-1}\approx 0.63$.

B15. $\dfrac{n-1}{n+1}$.

B16. Y 服从参数为 λp 的泊松分布, 数学期望为 λp.

B17. (1) $\dfrac{x+2}{2}$; (2) $\dfrac{3}{2}$.

B18. $\dfrac{26}{63}$.

B19. $E(X^k)=\dfrac{\Gamma(k+\alpha)}{\lambda^k\Gamma(\alpha)}$ $(k\geqslant 1)$, $\mathrm{Var}(X)=\dfrac{\alpha}{\lambda^2}$.

B20. $\mathrm{Var}(X)=2$, $\mathrm{Var}(|X|)=1$.

B21. (1) 6, $\dfrac{141}{25}$; (2) 98, $\dfrac{49}{25}$.

B22. (1) $\dfrac{3}{4}$; (2) $E(X\cdot(-1)^Y)=0$, $\mathrm{Var}(X\cdot(-1)^Y)=\dfrac{1}{2}$.

B23. (1) $E(Z)=\dfrac{1}{6}$, $Cv(Z)=1$;

(2) $E(Z)=\dfrac{7}{12}$, $Cv(Z)=\dfrac{\sqrt{33}}{7}$;

(3) $E(Z)=\dfrac{3}{4}$, $Cv(Z)=\dfrac{\sqrt{5}}{3}$.

B24. (1) $\mathrm{Cov}(X,|X|)=0$, X 与 $|X|$ 不相关;

(2) X 与 $|X|$ 不独立.

B25. (1) $\rho_{XY}=\dfrac{1}{3}$, X 与 Y 不独立且正相关;

(2) X^2 与 Y^2 相关系数为零, X^2 与 Y^2 相互独立且不相关.

B26. $-\dfrac{1}{5}$, 两者为负相关关系.

B27. (1)

A	B		
	$\dfrac{\pi}{3}$	$\dfrac{\pi}{4}$	$\dfrac{\pi}{6}$
$\dfrac{\pi}{3}$	$\dfrac{1}{16}$	$\dfrac{1}{8}$	$\dfrac{1}{16}$
$\dfrac{\pi}{4}$	$\dfrac{1}{8}$	$\dfrac{1}{4}$	$\dfrac{1}{8}$
$\dfrac{\pi}{6}$	$\dfrac{1}{16}$	$\dfrac{1}{8}$	$\dfrac{1}{16}$

(2) $\dfrac{6+\sqrt{3}+2\sqrt{6}+2\sqrt{2}}{16}\approx 0.966$;

(3) $-\dfrac{\sqrt{2}}{2}$, 负相关.

B28. $\dfrac{k-n_0}{k}$.

B29. (1) 提示: 利用全概率公式计算 ξ 的分布函数;

(2) $\rho_{X\xi}=2p-1$, 故当 $p=\dfrac{1}{2}$ 时, X 与 ξ 不相关; 当 $p>\dfrac{1}{2}$ 时, X 与 ξ 正相关; 当 $p<\dfrac{1}{2}$ 时, X 与 ξ 负相关; 当 $0<p<1$ 时, X 与 ξ 不独立.

B30. $\sqrt{\dfrac{k}{n}}$.

B31. (1)

X	Y	
	0	1
0	$\dfrac{2}{5}$	$\dfrac{1}{5}$
1	$\dfrac{1}{5}$	$\dfrac{1}{5}$

X 与 Y 不独立;

(2) $\dfrac{1}{25}$, 正相关.

B32. (1) $\xi\sim N(-b,a^2+4b^2)$, $\eta\sim N(a,4a^2+b^2)$; ξ 的标准化变量为 $\xi^*=\dfrac{\xi+b}{\sqrt{a^2+4b^2}}$, η 的标准化变量为 $\eta^*=\dfrac{\eta-a}{\sqrt{4a^2+b^2}}$; ξ 与 η 的相关系数为 $\dfrac{-5ab}{\sqrt{(a^2+4b^2)(4a^2+b^2)}}$;

(2) $-\dfrac{1}{b}\sqrt{(a-b)^2+3b^2}$;

(3) a;

(4) 当 $b=-2a$ 或 $a=-2b$ 时, ξ 与 η 不相关且相互独立; 当 $-2<\dfrac{a}{b}<-\dfrac{1}{2}$ 时, ξ 与 η 正相关且不独立; 否则 ξ 与 η 负相关且不独立.

B33. (1) $X_1\sim N(0,1)$, $X_2\sim N(0,16)$, $X_3\sim N(1,4)$;

(2) X_1 与 X_2 相关且不独立; X_1 与 X_3 相关且不独立; X_2 与 X_3 不相关且相互独立; X_1,X_2 与 X_3 不独立;

(3) $\boldsymbol{Y}=(Y_1,Y_2)^{\mathrm{T}}\sim N(\boldsymbol{\mu},\boldsymbol{\Sigma})$, 其中 $\boldsymbol{\mu}=\begin{pmatrix}0\\1\end{pmatrix}$, $\boldsymbol{\Sigma}=\begin{pmatrix}13&0\\0&7\end{pmatrix}$.

B34. $1-\Phi\left(\sqrt{\dfrac{10}{3}}\right)\approx 0.033\,9$.

B35. $1-\Phi(1)\approx 0.158\,7$.

第 5 章

思考题五

1. 在"高等数学"中研究的对象都是确定的, 不具有随机性, 如对于数列 $\{a_n\}$, 若 $\lim\limits_{n\to+\infty}a_n=a$, 则意味着对于任意的实数 $\varepsilon>0$, 存在正整数 N, 使得当 $n>N$ 时, 均有 $|a_n-a|<\varepsilon$ 成立, 也就是对于满足 $n>N$ 的 n, $|a_n-a|\geqslant\varepsilon$ 是不会出现的; 在"概率论"中, 依概率收敛讨论的是随机变量序列的收敛性, 如对随机变量序列 $\{\xi_n\}$ 而言, 有 $\xi_n\xrightarrow{P}\xi$, 其中 ξ 可以是随机变量也可以是实数. 那就意味着对于任意的实数 $\varepsilon>0$, 当 n 充分

大时, 事件 "$\{|\xi_n - \xi| < \varepsilon\}$" 发生的概率很大, 接近 1, 但不能说事件 "$\{|\xi_n - \xi| \geqslant \varepsilon\}$" 不会发生, 只是该事件发生的可能性非常小, 几乎为 0 而已.

2. 马尔可夫不等式适用于 k 阶矩存在的随机变量, 切比雪夫不等式则要求随机变量的数学期望和方差都存在才可以使用.

3. 大数定律与中心极限定理都是研究随机变量序列的部分和 (或者说随机变量的算术平均) 的极限行为. 对于独立同分布的随机变量序列, 当它们的方差有限时, 大数定律与中心极限定理都是成立的. 它们的区别是: 大数定律 (此书中介绍的其实是弱大数定律的一种) 研究的是随机变量序列的算术平均在一定条件下的依概率收敛性质, 而中心极限定理讨论了随机变量序列的算术平均在一定条件下可以用正态分布来近似. 所以在两个都适用的条件下, 中心极限定理不仅可以给出随机变量序列的算术平均落入某区域的概率的极限值, 还可以给出此概率的一个近似值 (当 n 充分大时).

4. 例 5.2.5 中的 $\{X_i\}$ 独立同分布, 且方差有限, 所以切比雪夫不等式与中心极限定理都适用. 由于切比雪夫不等式仅仅可以得到随机变量落入某区域的一个界, 而中心极限定理则可以给出当 n 充分大时, 随机变量序列的部分和 (或算术平均) 落入某区域的近似概率. 从一定角度来看, 中心极限定理讨论的概率更加 "精确". 事实上, 比较两者的条件, 也可知切比雪夫不等式的适用面更广, 而其结论就相对 "粗糙" 些.

习题五

(A)

A1. $\dfrac{1}{2}$.

A2. (1) 9; (2) 3.

A3. $\dfrac{1}{2}$.

A4. $P\{Y < 140\} \approx \Phi(1) = 0.841\,3$.

A5. $P\{|Y| > 24\} \approx 2(1 - \Phi(1)) = 0.317\,4$.

(B)

B1. (1) 72%; (2) 75%.

B2. 92.8%.

B3. 7.

B4. 提示: 可求出 $X_{(n)}$ 的分布函数, 并利用依概率收敛的定义来得到; 或者利用切比雪夫不等式证明.

B5. 提示: 利用切比雪夫不等式.

B6. (1) 收敛, 极限值为 $\sigma^2 + \mu^2$;

(2) 收敛, 极限值为 σ^2;

(3) 收敛, 极限值为 $\dfrac{\mu}{\sigma^2 + \mu^2}$;

(4) 收敛, 极限值为 $\dfrac{\mu}{\sigma}$.

B7. (1) $\dfrac{2}{\lambda^2}$; (2) $N\left(\dfrac{2}{\lambda}, \dfrac{1}{25\lambda^2}\right)$; (3) 0.5.

B8. 可以, 因为 $1 - \Phi(6.5) = 0$.

B9. (1) 99.76%, 99.66%, 99.55%; (2) 117 次.

B10. $\Phi\left(\dfrac{10\sqrt{122}}{61}\right) \approx 96.49\%$.

B11. (1) 86.21%; (2) 94.29%.

第 6 章

思考题六

1. 统计量是样本 $X_1, X_2, \cdots, X_n$ 的一个函数 $T(X_1, X_2, \cdots, X_n)$，它不包含任何未知参数；统计量的值是在样本得到观测值 $x_1, x_2, \cdots, x_n$ 后，将其代入函数后所得的值 $T(x_1, x_2, \cdots, x_n)$；抽样分布是统计量 $T(X_1, X_2, \cdots, X_n)$ 的分布.
2. 简单随机样本 $X_1, X_2, \cdots, X_n$ 满足：(1) 独立性：$X_1, X_2, \cdots, X_n$ 相互独立；(2) 代表性：X_i 与总体 X 具有相同的分布. 简单随机抽样的实施：对于有限总体，采用有放回抽样；对于无限总体，采用无放回抽样. 另外，当总体容量 N 比样本容量 n 大得多时，实际中也可将无放回抽样近似地当作有放回抽样来处理.
3. 对于给定的实数 α, $0 < \alpha < 1$，如果 x_α 满足 $P\{X > x_\alpha\} = \alpha$，就称 x_α 是 X (或相应的分布) 的上 α 分位数；如果 x_α 满足 $P\{X < x_\alpha\} = \alpha$，就称 x_α 是 X (或相应的分布) 的下 α 分位数.

   利用 Excel 中的函数 NORM.INV, T.INV, CHISQ.INV, F.INV 可以分别得到正态分布、t 分布、χ^2 分布和 F 分布的分位数的值.
4. (3), (4), (6) 不正确.
5. 不一定. 当总体 X 是正态总体时，$\overline{X}$ 与 S^2 相互独立.
6. 不一定. 当 X 和 Y 相互独立时成立.

习题六

(A)

A1. (1) $p(x_1, x_2, \cdots, x_n) = \prod\limits_{i=1}^{n} \mathrm{C}_{10}^{x_i} 0.2^{x_i} 0.8^{10-x_i}$, $x_i = 0, 1, \cdots, 10, i = 1, 2, \cdots, n$;

(2) $p(x_1, x_2, \cdots, x_n) = \prod\limits_{i=1}^{n} \dfrac{\mathrm{e}^{-1}}{x_i!}$, $x_i = 0, 1, \cdots, i = 1, 2, \cdots, n$;

(3) $f(x_1, x_2, \cdots, x_n) = \prod\limits_{i=1}^{n} \dfrac{1}{\sqrt{2\pi}} \mathrm{e}^{-\frac{x_i^2}{2}}$, $-\infty < x_i < +\infty, i = 1, 2, \cdots, n$;

(4) $f(x_1, x_2, \cdots, x_n) = \prod\limits_{i=1}^{n} \mathrm{e}^{-x_i}$, $x_i > 0, i = 1, 2, \cdots, n$.

A2. (1) 和 (4) 是统计量, (2) 和 (3) 不是.

A3. $\overline{x} = 3.28$, $s^2 = 0.347$, $b_2 = 0.277\,6$.

A4. $\overline{x} = 0.50$, $s^2 = 0.723\,8$.

A5. (1) 0.3, 0.03; (2) 0.21; (3) 0.7^7.

A6. (1) $\chi^2_{0.05}(5) = 11.070\,5$, $\chi^2_{0.06}(5) = 10.596\,2$, $\chi^2_{0.95}(5) = 1.145\,5$, $\chi^2_{0.94}(5) = 1.249\,9$;
(2) $t_{0.05}(8) = 1.859\,5$, $t_{0.06}(8) = 1.740\,2$, $t_{0.95}(8) = -1.859\,5$, $t_{0.94}(8) = -1.740\,2$;
(3) $F_{0.05}(3,5) = 5.409\,5$, $F_{0.05}(5,3) = 9.013\,5$, $F_{0.04}(3,5) = 6.097\,9$, $F_{0.04}(5,3) = 10.617\,3$.

A7. (1) 0.05; (2) $\chi^2(10)$, 15.987 2.

A8. 3.

A9. (1) 0.10; (2) 1.383 0.

A10. 230.161 9, 57.240 1.

A11. (1) $N\left(0, \dfrac{1}{16}\right)$; (2) $\chi^2(16)$; (3) $t(9)$; (4) $t(2)$; (5) $N\left(0, \dfrac{15}{16}\right)$.

A12. 0.94.

A13. 0.05.

(B)

B1. (1) 0.682 6; (2) 0.329.

B2. (1) $N(0,1)$; (2) $t(8)$; (3) $\chi^2(8)$; (4) $\chi^2(9)$; (5) $\chi^2(1)$; (6) $F(1,8)$; (7) $F(1,2)$; (8) $F(2,2)$.

B3. $a=\dfrac{1}{2(1+\rho)}, n=10.$

B4. (1) 68 次; (2) 97 次.

B5. (1) 0, 0.2; (2) 2.

B6. $E(\overline{X})=\dfrac{\theta}{2}, E(\overline{X}^2)=\dfrac{4\theta^2}{15}, E(S^2)=\dfrac{\theta^2}{12}.$

B7. (1) $\dfrac{1}{\lambda},\dfrac{1}{10\lambda^2}$; (2) $\dfrac{1}{10\lambda},\dfrac{1}{100\lambda^2}$.

B8. $\chi^2(10)$.

B9. $t(7)$.

B10. (1) $\pm\sqrt{\dfrac{45}{14}}$; (2) $\pm\sqrt{\dfrac{135}{14}}$.

B11. $c=F_{0.025}(6,6)\approx 5.82.$

B12. (1) 0.5; (2) 0.

第 7 章

思考题七

1. 未知参数的估计量是一个统计量, 是样本的函数, 是随机变量; 而估计值则是将样本的一次观测值代入估计量计算后得到的值, 是一个数值.

2. 因为 $\overline{X}$ 是参数 μ 的估计量, 是一随机变量, 而 μ 是参数真值, 为常数, 所以一般情形下, $\overline{X}$ 的值不等于 μ. 另外, 当总体是连续型总体时, $P\{\overline{X}=\mu\}$ 和 $P\{S^2=\sigma^2\}$ 都为零.

3. 不是.

4. 参见 7.1 节的介绍.

5. 求估计量的步骤参见 7.1 节的介绍. 各分布参数的矩估计和极大似然估计如下:

分布	$B(1,p)$	$B(n,p)$	$P(\lambda)$	$U(a,b)$	$E(\lambda)$	$N(\mu,\sigma^2)$
矩估计	$\widehat{p}=\overline{X}$	$\widehat{p}=\dfrac{\overline{X}}{n}$	$\widehat{\lambda}=\overline{X}$	$\widehat{a}=\overline{X}-\sqrt{\dfrac{3}{n}\sum_{i=1}^{n}(X_i-\overline{X})^2}$ $\widehat{b}=\overline{X}+\sqrt{\dfrac{3}{n}\sum_{i=1}^{n}(X_i-\overline{X})^2}$	$\widehat{\lambda}=\dfrac{1}{\overline{X}}$	$\widehat{\mu}=\overline{X}$ $\widehat{\sigma^2}=\dfrac{1}{n}\sum_{i=1}^{n}(X_i-\overline{X})^2$
极大似然估计	$\widehat{p}=\overline{X}$	$\widehat{p}=\dfrac{\overline{X}}{n}$	$\widehat{\lambda}=\overline{X}$	$\widehat{a}=\min\{X_1,X_2,\cdots,X_n\}$ $\widehat{b}=\max\{X_1,X_2,\cdots,X_n\}$	$\widehat{\lambda}=\dfrac{1}{\overline{X}}$	$\widehat{\mu}=\overline{X}$ $\widehat{\sigma^2}=\dfrac{1}{n}\sum_{i=1}^{n}(X_i-\overline{X})^2$

6. 参见 7.2 节的介绍.

7. 参见 7.3 节的介绍.

8. 枢轴量是样本和待估参数的函数, 其分布不依赖于未知参数; 而统计量只是样本的函数, 形式上不能与未知参数有关.

9. 参见 7.3 节和 7.4 节的介绍.

10. 分三种情形:

(1) 当样本容量 $n>50$ 时, 枢轴量 $\dfrac{\overline{X}-\mu}{S/\sqrt{n}}$ 近似服从 $N(0,1)$, 则总体均值 μ 的置信水平为 $1-\alpha$ 的置信区间为 $(\overline{X}\pm z_{\alpha/2}S/\sqrt{n})$;

(2) 当样本容量 $n\leqslant 50$ 且样本数据具有较好的对称分布时, 枢轴量 $\dfrac{\overline{X}-\mu}{S/\sqrt{n}}$ 近似服从 $t(n-1)$ 分布, 则总体均值 μ 的置信水平为 $1-\alpha$ 的置信区间为 $(\overline{X}\pm t_{\alpha/2}(n-1)S/\sqrt{n})$;

(3) 当样本容量 $n\leqslant 50$ 且样本数据明显不具有对称分布时, 可以考虑采用其他方法来构造均值 μ 的区间估计, 本书不予讨论.

习题七

(A)

A1. (1) $\widehat{p}=\overline{X}$; (2) $\widehat{\lambda}=\overline{X}$; (3) $\widehat{a}=2\overline{X}-2$.

A2. (1) $\widehat{p}=\overline{X}$; (2) $\widehat{\lambda}=\dfrac{1}{\overline{X}}$; (3) $\widehat{b}=\max\{X_1,X_2,\cdots,X_n\}$.

A3. (1) 矩估计量为 $\widehat{\theta}_1=\dfrac{\overline{X}}{2-\overline{X}}$, 矩估计值为 0.336;

极大似然估计量为 $\widehat{\theta}_2=\dfrac{1}{\ln 2-\dfrac{1}{n}\sum\limits_{i=1}^{n}\ln X_i}$, 极大似然估计值为 0.577;

(2) 矩估计量为 $\widehat{\theta}_1=\sqrt{\dfrac{1}{2}A_2}$, 矩估计值为 0.484 5;

极大似然估计量为 $\widehat{\theta}_2=\dfrac{1}{n}\sum\limits_{i=1}^{n}|X_i|$, 极大似然估计值为 0.468;

(3) 矩估计量为 $\widehat{\theta}_1=2\overline{X}-2$, 矩估计值为 0.186;

极大似然估计量为 $\widehat{\theta}_2=\min\{X_1,X_2,\cdots,X_n\}$, 极大似然估计值为 0.35.

A4. $\widehat{p}=\dfrac{1}{\overline{x}}=\dfrac{n}{x_1+x_2+\cdots+x_n}$.

A5. 矩估计值 $\widehat{\theta}_1=0.5$, 极大似然估计值 $\widehat{\theta}_2=0.5$.

A6. θ 的矩估计值 $\widehat{\theta}_1=\dfrac{1}{3}$, 极大似然估计值 $\widehat{\theta}_2=\dfrac{1}{3}$; λ 的矩估计值 $\widehat{\lambda}_1=\dfrac{1}{3}$, 极大似然估计值 $\widehat{\lambda}_2=\dfrac{1}{3}$.

A7. $\widehat{\theta}=\dfrac{1}{2}A_2=\dfrac{1}{2n}\sum\limits_{i=1}^{n}X_i^2$,

$\widehat{\mu}_2=A_2=\dfrac{1}{n}\sum\limits_{i=1}^{n}X_i^2$,

$\widehat{p}=\exp\left(-\dfrac{1}{A_2}\right)=\exp\left(-\dfrac{n}{\sum\limits_{i=1}^{n}X_i^2}\right)$.

A8. $\dfrac{1}{18}$.

A9. 都是 μ 的无偏估计量, $\widehat{\mu}_3$ 最有效.

A10. $\dfrac{\sigma_2^2}{\sigma_1^2+\sigma_2^2}$.

A11. (1) $(21.557, 22.083)$; (2) 35.

A12. (1) $(3\,172.333\,6, 3\,629.533\,0)$; (2) $3\,213.208\,3$.

A13. $(6.550\,5, 50.338\,4)$.

A14. $(-12.909\,5, -0.490\,5)$.

A15. (1) $\widehat{\mu}=8.081$, $\widehat{\sigma^2}=6.444$. (2) $(6.684, 9.478)$; (3) $(3.751, 16.464)$.

A16. (1) $(221.613, 464.312)$; (2) 431.190.

A17. $(-159.814\,7, -110.185\,3)$, $-155.826\,6$.

A18. (1) $(-4.01, 14.61)$; (2) $(-4.267, 14.867)$; (3) $(0.385\,3, 3.859\,0)$.

A19. $(-0.574\,5, -0.345\,5)$.

(B)

B1. $\widehat{\theta}=2\overline{X}$, $E(\widehat{\theta})=\theta$, $\mathrm{Var}(\widehat{\theta})=\dfrac{1}{5n}\theta^2$.

B2. $\left[\dfrac{rS}{t}\right]$.

B3. 矩估计量为 $\dfrac{2\overline{X}-(a_2+a_3)}{2a_1-a_2-a_3}$, 极大似然估计量为 $\dfrac{n_1}{n}$.

B4. (1) $a+b+c=1$; (2) $a=\dfrac{1}{6}, b=\dfrac{1}{3}, c=\dfrac{1}{2}$.

B5. (1) 矩估计量为 $\widehat{\theta}_1=\dfrac{3}{2}\overline{X}$, 极大似然估计量为 $\widehat{\theta}_2=\max\{X_1, X_2, \cdots, X_n\}$;

(2) $\widehat{\theta}_2$ 优于 $\widehat{\theta}_1$;

(3) $\widehat{\theta}_1$, $\widehat{\theta}_2$ 均是 θ 的相合估计量.

B6. (1) 略; (2) $c=\dfrac{1}{n+1}$; (3) 是.

B7. (1) θ 的矩估计量为 $\widehat{\theta}=\dfrac{4}{3}\overline{X}$, 它是 θ 的无偏估计, 因为 $E(\widehat{\theta})=\dfrac{4}{3}E(\overline{X})=\dfrac{4}{3}E(X)=\theta$;

(2) λ 的极大似然估计量为 $\widehat{\lambda}=\left(\ln 3-\dfrac{1}{n}\sum\limits_{i=1}^{n}\ln X_i\right)^{-1}$, 它是 λ 的相合估计, 因为

$\dfrac{1}{n}\sum\limits_{i=1}^{n}\ln X_i \xrightarrow{P} E(\ln X)=\ln 3-\dfrac{1}{\lambda}$.

B8. (1) $\widehat{\theta}=\min\{X_1, X_2, \cdots, X_n\}$;

(2) 密度函数为 $g(x)=\begin{cases} n\mathrm{e}^{-nx}, & x\geqslant 0,\\ 0, & x<0;\end{cases}$

(3) 可以;

(4) $\min\{X_1, X_2, \cdots, X_n\}+\dfrac{\ln\alpha}{n}$.

B9. 225.

B10. $(0.579\,3, 0.778\,5)$.

第 8 章

思考题八

1. 参见 8.1 节的介绍.
2. 当原假设成立时, “样本落入拒绝域” 是小概率事件. 根据小概率原理, 小概率事件在一

次观察中几乎不会发生. 因此, 当样本值落在拒绝域时, 就有充分的理由认为原假设不成立, 即作出拒绝原假设的判断.

3. 参见 8.1 节的介绍.
4. 对于有关参数的假设检验, 将根据样本资料希望得到支持的假设作为备择假设; 对于有关分布的假设检验, 则将不希望被拒绝掉的假设作为原假设.
5. 在给定的显著性水平 α 下, 对于右侧检验, 若根据样本资料作出拒绝原假设 $H_0:\theta \leqslant \theta_0$ 的判断, 则在左侧检验中, 将作出接受原假设 $H_0:\theta \geqslant \theta_0$ 的判断; 对于右侧检验, 若根据样本资料作出接受原假设 $H_0:\theta \leqslant \theta_0$ 的判断, 则在左侧检验中, 将有可能作出接受原假设 $H_0:\theta \geqslant \theta_0$ 的判断, 也有可能作出拒绝原假设 $H_0:\theta \geqslant \theta_0$ 的判断.
6. 不矛盾. 这意味着, 根据目前的样本资料, 有 $100\times(1-\alpha_1)\%$ 的把握拒绝原假设, 但没有 $100\times(1-\alpha_2)\%$ 的把握拒绝原假设.
7. 参见 8.4 节的介绍.
8. 参见 8.5 节的介绍.

习题八

(A)

A1. (1) 第 I 类错误: 实际袋装土豆片符合标准 (平均重量大于或等于 60 g), 由于抽样的随机性, 检验结果判断不符合标准;

第 II 类错误: 实际袋装土豆片不符合标准 (平均重量小于 60 g), 由于抽样的随机性, 检验结果判断符合标准;

(2) 消费者希望控制犯第 II 类错误的概率, 商家希望控制犯第 I 类错误的概率.

A2. (1) $H_0:\mu \leqslant 15\ 000$, $H_1:\mu > 15\ 000$; 检验统计量为 $Z=\dfrac{\overline{X}-15\ 000}{1\ 500/\sqrt{n}}$. 拒绝域为 $W=\{Z>z_{0.05}=1.645\}$. 拒绝原假设, 即有充分的把握认为该厂生产的显像管寿命显著地高于规定的标准;

(2) P-值 $=0.000\ 233<0.05$, 拒绝原假设, 和 (1) 的判断结果一致.

A3. (1) $H_0:\mu=500$, $H_1:\mu\neq 500$; 检验统计量为 $T=\dfrac{\overline{X}-500}{S/\sqrt{n}}$. 拒绝域为 $W=\{|T|>t_{0.01}(9)=2.821\}$. 不能拒绝原假设, 即认为机器的工作正常;

(2) P-值 $=0.355>0.02$, 不能拒绝原假设, 和 (1) 的判断结果一致.

A4. 检验统计量为 $T=\dfrac{\overline{X}-450}{S/\sqrt{n}}$. P-值 $=0.000\ 685<0.05$, 有充分的把握认为该校学生外卖月平均消费额高于 450 元.

A5. P-值 $=0.016\ 3<0.05$, 有充分的把握认为该论坛的日平均发帖量小于 510 条.

A6. $H_0:\mu\geqslant 15$, $H_1:\mu<15$, 不能拒绝原假设, 即认为广告是可靠的.

A7. $H_0:\mu\leqslant 1.67$, $H_1:\mu>1.67$, 拒绝原假设, 即有充分的把握认为该地区男子的身高显著高于全国平均水平.

A8. $H_0:\mu_1=\mu_2$, $H_1:\mu_1<\mu_2$, 不能拒绝原假设, 即认为狗注射该疫苗后体温没有显著升高.

A9. $H_0:\mu_1=\mu_2$, $H_1:\mu_1>\mu_2$, 拒绝原假设, 即有充分的把握认为该广告的宣称可靠.

A10. P-值 $=0.021<0.05$, 拒绝原假设, 有充分的把握认为牛奶的容量标准差符合要求.

A11. $H_0:\mu=15$, $H_1:\mu\neq 15$, 不能拒绝原假设, 即认为零件的平均长度为 15 cm; $H_0:\sigma\leqslant 0.2$, $H_1:\sigma>0.2$, 不能拒绝原假设, 即认为零件长度的标准差小于 0.2 cm. 综上, 认为这批零件符合标准要求.

A12. 有充分的把握认为 A 矿的煤产生的热量要显著地大于 B 矿的煤.

A13. (1) 认为两个方差没有显著差异;

(2) 没有充分的把握认为打字员甲的平均页出错字数显著少于打字员乙.

A14. (1) 有充分的把握认为两个群体心率的方差有显著差异;

(2) 有充分的把握认为男性长跑运动员的心率显著低于一般健康男性.

(B)

B1. (1) 检验统计量为 $Z=4(\overline{X}-1)$, 拒绝域为 $W=\{4|\overline{X}-1|\geqslant z_{0.025}=1.96\}$, 犯第 II 类错误的概率为 0.021;

(2) 检验统计量为 $Z=15S^2$, 拒绝域为 $W=\{15S^2\geqslant \chi^2_{0.05}(15)=24.996\}$, 犯第 II 类错误的概率为 0.024 7;

(3) 0.030 8, 0.118 7.

B2. $H_0:\mu_2-\mu_1\leqslant 7$, $H_1:\mu_2-\mu_1>7$, P-值 $=0.411$, 不能拒绝原假设, 即认为该培训机构的宣称不可靠.

B3. (1) $H_0:\sigma_1\leqslant\sigma_2$, $H_1:\sigma_1>\sigma_2$, P-值 $=0.019<0.05$, 拒绝原假设, 即有充分的把握认为 B 高校教师的收入差距程度显著低于 A 高校;

(2) $H_0:\mu_1-\mu_2\leqslant 5$, $H_1:\mu_1-\mu_2>5$, P-值$=0.270>0.1$, 不能拒绝原假设, 即根据目前的样本资料, 没有充分的理由认为 A 高校教师的平均收入要比 B 高校至少多 5 万元.

B4. (1) $(890.7, 903.3)$;

(2) 因为 $900\in(890.7,903.3)$, 认为子弹发射的枪口速度与设计要求没有显著差异;

(3) P-值 $=0.297\ 7>0.05$, 认为子弹发射的枪口速度与设计要求没有显著差异, 结果与 (2) 一致.

B5. 不能拒绝原假设, 认为该八面体是匀称的.

B6. 不能拒绝原假设, 认为在该公交车站的候车人数服从泊松分布.

B7. 拒绝原假设, 即有充分的把握认为 $a\neq 3$.

B8. 不能拒绝原假设, 即认为前后两位客户的时间间隔服从均值为 10 的指数分布.

B9. 不能拒绝原假设, 即认为该地区成年男子的身高服从正态分布.

B10. 拒绝原假设, 即有充分的把握认为收入与文化消费支出不独立.

第 9 章

思考题九

1. 方差分析的主要任务是比较分类数据均值的差异, 因此一般方差分析的数据为来自几个方差相同的正态总体的分类数据; 且要求数据具有独立性. 方差分析的基本假设为: 各样本来自相互独立的正态总体, 各总体方差相等, 即满足方差齐性.

2. 假设 $X_{i1},X_{i2},\cdots,X_{in_i}$ 是来自第 i 个正态总体 $X_i\sim N(\mu_i,\sigma^2)$ 的样本, 其中 μ_i,σ^2 均为未知参数, 总体 X_i 相互独立. 方差分析的数学模型:

$$\begin{cases}X_{ij}=\mu_i+\varepsilon_{ij},\\ \varepsilon_{ij}\sim N(0,\sigma^2)\text{ 且相互独立,}\end{cases}\qquad i=1,2,\cdots,r, j=1,2,\cdots,n_i,$$

其中 μ_i 为第 i 个总体的均值 (理论均值), ε_{ij} 为相应的随机误差.

方差分析是要检验假设

$$H_0:\mu_1=\mu_2=\cdots=\mu_r.$$

基本步骤如下:

(1) 建立检验假设 $H_0:\mu_1=\mu_2=\cdots=\mu_r$;

(2) 给出方差分析表, 得到检验统计量 F 的值和 $P-$值;

(3) 给定显著性水平, 并作出推断.

3. 可以, 但一般不采用, 因为两样本的 t 检验没有用到全部数据.

4. (1) 自变量是各省份和性别, 因变量是交通事故发生率;

(2) 自变量 "各省份和性别" 是分类变量, 因变量 "交通事故发生率" 是定量变量;

(3) 可采用无交互作用的双因素方差分析去分析各省份和不同性别交通事故发生率的差异.

5. 一元线性回归模型:

$$y_i = \beta_0 + \beta_1 x_i + \varepsilon_i, \quad i = 1, 2, \cdots, n.$$

经典线性回归模型需要满足 $\varepsilon_i (i = 1, 2, \cdots, n)$ 相互独立, 并且服从正态分布 $N(0, \sigma^2)$.

6. 试验数据可采用一元线性回归模型进行建模的数据要求:

(1) 自变量和因变量需要均为定量变量, 并且相互之间有线性相关关系;

(2) 从总体中抽取的样本相互独立;

(3) 因变量服从正态分布.

7. 一元线性回归方程的显著性检验可以采用 F 检验和 t 检验, 但多元线性回归方程的显著性检验只能用 F 检验. t 检验是 F 检验在一元情况下的合理转化.

习题九

(A)

A1. (1) 1 200, 3, 16, 300, 12, 25, 15;

(2) $F_{0.05}(3, 12) = 3.49 < 16$, 认为四个地区的索赔额有显著差异.

A2. (1) 由于 $\max s_i^2 = 1.21 < 2 \min s_i^2 = 1.4$, 所以不能否认方差相等.

(2) $P-$值 $\ll 0.001$, 即有充分的理由说明四台机器出现故障之间的时间有显著差异.

A3. (1) 方差分析表如下:

差异源	SS	df	MS	F	P-Value	F crit
组间	4.128	2	2.064	4.326 238	0.023 453	3.354 131
组内	12.881 4	27	0.477 089			
总计	17.009 4	29				

$F = 4.326 > 3.354 = F_{0.05}(2, 27)$, 或考虑 $P-$值 $= 0.023 < 0.05$, 拒绝原假设, 认为三个工厂职工年薪有显著差异;

(2) $\widehat{\sigma}^2 = s^2 = 0.477\,089$;

(3) $H_0: \mu_1 = \mu_2, H_1: \mu_1 \neq \mu_2$, 拒绝原假设, 认为 A 厂和 B 厂职工的年薪有显著差异; $H_0: \mu_1 = \mu_3, H_1: \mu_1 \neq \mu_3$, 不拒绝原假设, 认为 A 厂和 C 厂职工的年薪没有显著差异; $H_0: \mu_2 = \mu_3, H_1: \mu_2 \neq \mu_3$, 不拒绝原假设, 认为 B 厂和 C 厂职工的年薪没有显著差异.

A4. (1) 方差分析表如下:

差异源	SS	df	MS	F	P-Value	F crit
组间	0.257 333	2	0.128 667	2.797 101	0.100 663	3.885 294
组内	0.552	12	0.046			
总计	0.809 333	14				

$F = 2.797 < 3.885 = F_{0.05}(2,12)$, 或考虑 $P-$值 $= 0.101 > 0.05$, 不拒绝原假设, 认为三个车间生产的低脂奶的脂肪含量无显著差异;

(2) $\widehat{\sigma}^2 = s^2 = 0.046$.

A5. (1) 方差分析表如下:

差异源	SS	df	MS	F	P-Value	F crit
组间	1 022.25	3	340.75	11.649 57	0.002 732	4.066 181
组内	234	8	29.25			
总计	1 256.25	11				

$F = 11.65 > 4.066 = F_{0.05}(3,8)$, 或考虑 $P-$值 $= 0.002\,7 < 0.05$, 拒绝原假设, 认为四种造型手机的销售量存在显著差异, A_4 的销售量最多.

(2) 无重复双因素分析表如下:

差异源	SS	df	MS	F	P-Value	F crit
行	1 022.25	3	340.75	13.814 19	0.004 209	4.757 063
列	86	2	43	1.743 243	0.253 01	5.143 253
误差	148	6	24.666 67			
总计	1 256.25	11				

对于四种造型, $F = 13.814 > F_{0.05}(3,6) = 4.757$, 或考虑 $P-$值 $= 0.004\,2 < 0.05$, 拒绝原假设, 认为四种造型手机的销售量存在显著差异, A_4 销售量最多; 对于三个卖场, $F = 1.743 < F_{0.05}(2,6) = 5.143$, 或考虑 $P-$值 $= 0.253 > 0.05$, 不拒绝原假设, 三个卖场的手机销售量不存在显著差异.

A6. (1) 相关系数 $r = -0.972$, $P-$值 $= 0.006 \ll 0.05$, 认为相关系数显著;

(2) $SS_T = 114.8$, $SS_R = 108.469$, $SS_E = 6.331$;

(3) $R^2 = 0.945$, 拟合程度很高.

A7. $m = -1$, $\overline{x} + \overline{y} = 4$.

A8. $b = 18$, $\overline{y} = 7\overline{x} + 18$.

A9. (1) 0.19; (2) 0.19.

A10. 0.26.

A11. (1) $\widehat{y} = 94.27 - 3.86x$; (2) 2.802 4; (3) $H_0: \beta_1 = 0$, $H_1: \beta_1 \neq 0$, 拒绝原假设; (4) 69.18.

A12. (1) $\widehat{y} = -27.44 + 0.433x$; (2) $H_0: \beta_1 = 0$, $H_1: \beta_1 \neq 0$, 拒绝原假设; (3) $(15.74, 21.19)$.

(B)

B1. 方差分析表如下:

差异源	SS	df	MS	F	P-Value	F crit
样本	85.093 75	3	28.364 58	3.797 768	0.031 304	3.238 872
列	165.343 8	3	55.114 58	7.379 358	0.002 536	3.238 872
交互	247.781 3	9	27.531 25	3.686 192	0.011 198	2.537 667
内部	119.5	16	7.468 75			
总计	617.718 8	31				

通过方差分析表看出, 加入不同比例的添加剂 A 和 B 的饲料对猪的增重有显著差异, 且存在交互作用.

B2. (1) $\widehat{\beta}_0=\overline{y}-\widehat{\beta}_1\overline{x}$, $\widehat{\beta}_1=\dfrac{\sum\limits_{i=1}^{n}(x_i-\overline{x})(y_i-\overline{y})}{\sum\limits_{i=1}^{n}(x_i-\overline{x})^2}$, $\widehat{\sigma}^2=\dfrac{1}{n}\sum\limits_{i=1}^{n}(y_i-\widehat{\beta}_0-\widehat{\beta}_1x_i)^2$;

(2) $\widehat{\beta}_1=\dfrac{\sum\limits_{i=1}^{n}x_iy_i}{\sum\limits_{i=1}^{n}x_i^2}$, $\widehat{\sigma}^2=\dfrac{1}{n}\sum\limits_{i=1}^{n}(y_i-\widehat{\beta}_1x_i)^2$.

B3. $\widehat{y}=-23.26+0.000\,78x$.

B4. (1) $\widehat{y}=34.228+5.114x_1+43.125x_2$;

(2) 回归方程检验的 $P-$值 <0.05, 显著; 两个回归系数检验的 $P-$值均小于 0.05, 显著.

B5. (1) 散点图略,y 与 x 不是线性关系;

(2) $\widehat{y}=375+473.7x$;

(3) $\widehat{y}=735.8+127.5\ln x$;

(4) 经过比较, 应该选择 y 关于 $\ln x$ 的一元线性回归, 因为 y 与 $\ln x$ 相关性更高, 方差分析的 $P-$值更小.

B6. (1) y 与 x_1,x_2,x_3 之间的相关系数分别为 0.965, 0.235, 0.972. 根据皮尔逊相关系数检验, y 与 x_1,x_3 之间的相关系数显著, 与 x_2 之间的相关系数不显著;

(2) 回归方程为 $\widehat{y}=-10.333-0.055x_1+0.596x_2+0.293x_3$, 其中 x_1,x_2,x_3 的回归系数的检验 $P-$值分别为 0.413 6, 0.000 2, 0.015 2. 所以 x_1 不显著;

(3) 适合的回归方程为 $\widehat{y}=-9.923+0.605x_2+0.213x_3$, 其中 x_2,x_3 的回归系数的检验 $P-$值均远远小于 0.001.

B7. (1) $\widehat{y}=15.378+10.19x$;

(2) Excel 的输出结果如下:

	df	SS	MS	F	Significance F
回归分析	1	71.159 85	71.159 85	103.956 1	7.34×10^{-6}
残差	8	5.746 147	0.684 518		
总计	9	76.636			

	Coefficients	标准误差	t Stat	P-value	Lower 95%	Upper 95%
Intercept	15.377 64	0.550 841	27.916 66	2.93×10^{-9}	14.107 39	16.647 88
X1	10.190 44	0.999 466	10.195 89	7.34×10^{-6}	7.885 669	12.495 21

可知回归系数 t 检验的 $P-$值为 $7.34\times10^{-6}\ll0.05$, 因此回归系数显著;

(3) 残差图略. 残差图是有规律的, x_i 取值较小或较大时为正, 中等时残差为负, 因此可以考虑回归解释变量增加 x 的平方项, 用来改善回归方程的效果;

(4) 建立新的回归方程, $\widehat{y}=17.35-0.055x+9.865x^2$, 但从下面的输出结果发现, 一次项回归系数不显著, $P-$值为 $0.982\,651>0.05$, 因此需要去掉一次项后再作回归. 下

面是包括一次项, 二次项的输出结果:

	df	SS	MS	F	Significance F
回归分析	2	75.124 08	37.562 04	173.907 8	1.08×10^{-6}
残差	7	1.511 918	0.215 988		
总计	9	76.636			

	Coefficients	标准误差	t Stat	P-value	Lower 95%	Upper 95%
Intercept	17.350 3	0.554 761	31.275 23	8.83×10^{-9}	16.038 49	18.662 1
X1	−0.055 36	2.456 574	−0.022 53	0.982 651	−5.864 23	5.753 52
X2	9.865 19	2.302 72	4.284 147	0.003 637	4.420 123	15.310 26

去掉一次项后, 重新进行计算, 得回归方程为 $\widehat{y} = 17.34 + 9.815x^2$, 从下面的输出结果可以看出, 只包含二次项的回归模型的回归系数显著. 下面是只包含二次项的输出结果:

	df	SS	MS	F	Significance F
回归分析	1	75.123 97	75.123 97	397.474 2	4.18×10^{-8}
残差	8	1.512 027	0.189 003		
总计	9	76.636			

	Coefficients	标准误差	t Stat	P-value	Lower 95%	Upper 95%
Intercept	17.338 79	0.203 127	85.359 42	3.96×10^{-13}	16.870 38	17.807 2
X2	9.814 675	0.492 29	19.936 75	4.18×10^{-8}	8.679 451	10.949 9

(5) 可以通过残差图来比较回归方程 $\widehat{y} = 15.378 + 10.19x$ 和 $\widehat{y} = 17.34 + 9.815x^2$: 线性模型的残差图是有规律的, 即 x_i 取值较大的为正残差, x_i 取值中间大小的为负残差, 说明线性回归拟合并不是很好, 但是二次模型的残差图无明显规律, 因此说明后一个回归方程 $\widehat{y} = 17.34 + 9.815x^2$ 更加适合.

综合测试题及其参考答案

A 类综合测试题一

一、填空题:

1. 设 A, B 为两个随机事件, 已知 $P(A)=0.6$, $P(B-A)=0.2$.

   (1) 若 A 与 B 相互独立, 则 $P(B)=$ __________;

   (2) 若 A 与 B 不相容, 则 $P(B)=$ __________.

2. 设随机变量 X 取 $0,1,3$ 的概率分别为 $0.5, 0.3, 0.2$, $F(x)$ 是 X 的分布函数, 则 $F(2)=$ __________, $E(X^2)=$ __________.

3. 设随机变量 X 服从参数为 2 的泊松分布, 则 $P\{X>2\}=$ __________, $\mathrm{Var}(X-2)=$ __________.

4. 设随机变量 X 服从指数分布, 已知 $E(X)=2$, 则 $P\{X>2\}=$ __________, $P\{X<4|X>2\}=$ __________.

5. 设总体 $X\sim N(\mu,4)$, $X_1, X_2, \cdots, X_{16}$ 是 X 的简单随机样本, $\overline{X}=\dfrac{1}{16}\sum\limits_{i=1}^{16}X_i$.

   (1) 若 $\mu=0$, 则 $P\{|X|<2\}=$ __________, $P\{\min\{X_1,X_2,X_3\}<2\}=$ __________, $P\{0<\overline{X}<1\}=$ __________;

   (2) 若 μ 未知, 比较 μ 的两个无偏估计 X_1 与 $\overline{X}$ 哪个更有效? 答: __________. 若测得 $\overline{x}=6.36$, 则可得 μ 的置信水平为 0.95 的 (双侧) 置信区间为 __________.

二、一个单选题有四个选项, 假设若考生会解该题, 则认为其一定能选出正确答案; 若不会解该题, 则认为其随机等概率地任选一个答案. 设考生会解此题的概率为 0.5.

(1) 求考生选出正确答案的概率;

(2) 已知考生所选答案正确, 求他的确会解这题的概率.

三、有甲、乙两个盒子, 甲盒中有 3 个红球 2 个白球, 乙盒中有 2 个红球 1 个白球. 先从甲盒中随机取出 2 个球, 把它们放入乙盒, 然后再从乙盒中随机取出一个球. 以 X 表示从甲盒中取到的红球数, Y 表示从乙盒中取到的红球数, 分别求 (X,Y) 的联合分布律和 X 与 Y 的边际分布律.

四、设 X 的密度函数为 $f(x)=\begin{cases}cx, & 1<x<5,\\ 0, & \text{其他},\end{cases}$ 事件 $A=\{X>3\}$.

(1) 求常数 c;

(2) 求 X 的分布函数 $F(x)$;

(3) 对 X 独立重复观察 3 次, Y 表示事件 A 发生的次数, 求 Y 的概率分布律;

(4) 若对 X 独立重复观察 1 863 次, 结果记为 $X_1, X_2, \cdots, X_{1\,863}$, 令 $Z=\sum\limits_{i=1}^{1\,863}X_i$, 利用中心极限定理求 $P\{Z>6\,371\}$ 的近似值.

五、设随机变量 X 与 Y 相互独立, X 的密度函数为 $f(x)=\begin{cases}\dfrac{x}{2}, & 0<x<2,\\ 0, & \text{其他},\end{cases}$ $Y\sim U(0,2)$.

(1) 分别求 X 与 Y 的方差;

(2) 求 $P\{X<Y\}$;

(3) 若 $X-Y$ 与 $X+aY$ 不相关, 求 a 的值.

六、总体 X 在区间 $[2,\theta]$ 上服从均匀分布, 未知参数 $\theta>2$, 从总体 X 中取得样本容量为 10 的简单随机样本, 观测值为 2.59, 3.18, 3.31, 2.24, 2.18, 3.89, 2.64, 3.63, 2.05, 3.94, 求 θ 的矩估计值 $\widehat{\theta}_1$ 与极大似然估计值 $\widehat{\theta}_2$.

七、酒精生产过程中, 关注精馏塔中部的温度 (精中温度) X (单位: ℃), 设 $X\sim N(\mu,\sigma^2)$, μ,σ^2 未知, 随机观察样本容量为 25 的样本, 得样本均值 $\overline{x}=86.26$, 样本方差 $s^2=0.51^2$.

(1) 在显著性水平 $\alpha=0.05$ 下, 检验假设 $H_0:\mu=86.5$, $H_1:\mu\neq 86.5$;

(2) 求 σ^2 的置信水平为 95% 的 (双侧) 置信区间 (保留 3 位小数).

A 类综合测试题二

一、填空题:

1. 有 6 张卡片, 其中有 2 张有奖, 6 个人依次排队随机抽取, 则第二个人获奖的概率为____________; 前四个人中有人获奖的概率为____________.

2. 设随机变量 X,Y 相互独立, 且都服从区间 $[0,2]$ 上均匀分布, 则 $P\{X+Y>1\}=$____________, $P\{X<1|X+Y>1\}=$____________.

3. 设 X 服从 $\lambda=3$ 的泊松分布, $F(x)$ 是 X 的分布函数, 则 $F(1)=$____________, $E(X^2)=$____________.

4. 设 X 的密度函数为 $f(x)=\begin{cases}2\mathrm{e}^{-2x}, & x\geqslant 0,\\ 0, & x<0,\end{cases}$ 分布函数为 $F(x)$, 则 $F(1.5)=$______, $P\{X>3|X>2\}=$____________.

5. 设总体 $X\sim N(\mu,\sigma^2)$, μ,σ^2 均未知, $X_1,X_2,\cdots,X_9$ 是 X 的简单随机样本. $\overline{X}$ 是样本均值, 则 $\dfrac{3(\overline{X}-\mu)}{\sigma}\sim$____________ 分布, $\dfrac{6\sqrt{2}(\overline{X}-\mu)}{\sqrt{\sum\limits_{i=1}^{9}(X_i-\overline{X})^2}}\sim$____________ 分布 (要写出参数); 为检验假设 $H_0:\mu=9$, $H_1:\mu\neq 9$, 在显著性水平为 0.05 下的拒绝域为____________, 若样本均值为 8.36, 样本标准差为 0.8, 则应该____________ (拒绝还是接受) 原假设.

二、设随机变量 X 的密度函数为 $f(x)=\begin{cases}0.25, & 0<x<2,\\ 0.5, & 3<x<4,\\ 0, & \text{其他},\end{cases}$ 求:

(1) $P\{1<X<3\}$;

(2) X 的分布函数 $F(x)$;

(3) X 的数学期望 $E(X)$ 和方差 $\mathrm{Var}(X)$.

三、一盒中有 4 个红球 2 个白球, 采用有放回抽样, 每次取一个球, 观察其颜色后放回; 第 2 次依然从 6 个球中取一个; 依次类推, 重复进行 n 次, X_n 表示前 n 次抽取中取得红球的个数.

(1) 求 X_2 的概率分布律;

(2) 求 $E(X_3)$ 和 $\mathrm{Var}(X_3)$;

(3) 求 X_2 与 X_3 的相关系数 ρ;

(4) 利用中心极限定理求 $P\{X_{162} < 120\}$ 的近似值.

四、设随机变量 $X \sim N(100, 100)$, 且已知当 $X < 90$ 时, 事件 A 发生的概率为 0.2; 当 $90 \leqslant X < 110$ 时, 事件 A 发生的概率为 0.6; 当 $X \geqslant 110$ 时, 事件 A 发生的概率为 0.3.

(1) 求事件 A 发生的概率;

(2) 若另有一个与 X 相互独立的随机变量 $Y \sim N(225, 225)$, 求 $P\{2X > Y\}$.

五、设随机变量 (X, Y) 的联合密度函数为 $f(x,y) = \begin{cases} 8xy, & 0 < x < y < 1, \\ 0, & \text{其他}. \end{cases}$

(1) 求 $P\{X \leqslant 0.5\}$;

(2) 分别求 X 与 Y 的边际密度函数 $f_X(x), f_Y(y)$, 并判断 X 与 Y 是否相互独立;

(3) 求 $\mathrm{Cov}(X, XY)$.

六、总体 X 的概率分布律为 $P\{X=0\} = 1-p$, $P\{X=1\} = p(1-p)$, $P\{X=2\} = p^2$, 未知参数 $p \in (0,1)$, 从总体中抽取样本容量为 25 的样本, 其中 "0" "1" "2" 分别观察到 14 次、8 次、3 次, 求:

(1) p 的矩估计值 $\widehat{p}_1$;

(2) p 的极大似然估计值 $\widehat{p}_2$.

七、某商品的月销售额 (单位: 万元) $X \sim N(\mu, \sigma^2)$, 对该商品的销售情况进行 6 个月的观察, 结果记为 $X_1, X_2, \cdots, X_6$, 设各月的销售额相互独立且服从相同分布.

(1) 若 $\mu = 2.2$, $\sigma^2 = 0.24$, 求 6 个月的销售总额超过 12 万元的概率;

(2) 若 μ 未知, $\sigma^2 = 0.24$, 样本均值 $\overline{x} = 2.4$, 求 μ 的置信水平为 95% 的 (双侧) 置信区间;

(3) 若 μ, σ^2 均未知, 样本方差 $s^2 = 0.25$, 求 σ^2 的置信水平为 95% 的 (双侧) 置信区间 (保留 3 位小数).

B 类综合测试题一

一、填空题:

1. 设 X 的密度函数为 $f(x) = \begin{cases} 2c(x+1), & -1 < x < 0, \\ c, & 2 < x < 4, \\ 0, & \text{其他}, \end{cases}$ 则 $c =$ __________, $P\{|X| \leqslant 3\} =$ __________; 设 $Y = X^2$, 则当 $0 \leqslant y \leqslant 1$ 时, 分布函数 $F_Y(y) =$ __________.

2. 设 X 服从参数为 $\lambda(\lambda > 0)$ 的指数分布, 则 $P\left\{X > \dfrac{2}{\lambda} + \lambda \middle| X > \lambda\right\} =$ __________.

3. 设 (X, Y) 在以 $(-1, 0)$, $(0, 2)$, $(1, 0)$ 为顶点的三角形区域内均匀分布, 则当 $-1 < x < 0$ 时, X 的边际密度函数 $f_X(x) =$ __________.

4. 设 X 服从参数为 1.5 的泊松分布, 则 X 的分布函数值 $F(2)=$ ______, $\operatorname{Var}(1-2X)=$ ______. 对 X 独立重复观察 n 次, 结果记为 $X_1,X_2,\cdots,X_n$, 以 Y_n 表示 $\{X_i\leqslant 2\}$, $i=1,2,\cdots,n$ 出现的次数, 则当 $n\to+\infty$ 时, $\dfrac{Y_n}{n}\xrightarrow{P}$ ______; 若 $n=600$, 则 $P\left\{\sum\limits_{i=1}^{600}X_i>870\right\}\approx$ ______.

5. 设总体 $X\sim N(\mu,\sigma^2)$, μ,σ^2 均未知, $X_1,X_2,\cdots,X_{16}$ 是总体 X 的简单随机样本, $\overline{X}$ 是样本均值. 若 $\dfrac{a(\overline{X}-\mu)^2}{\sum\limits_{i=1}^{16}(X_i-\overline{X})^2}\sim F(1,15)$, 则 $a=$ ______; 若计算得 $\overline{x}=1.8,\ \sum\limits_{i=1}^{16}(x_i-\overline{x})^2=30.6$, 则 μ 的置信水平为 95% 的置信区间为 ______; 为检验假设 $H_0:\sigma^2\leqslant 1$, $H_1:\sigma^2>1$, $P-$值 $=$ ______; 若显著性水平 $\alpha=0.05$, 应该拒绝还是接受原假设? 答: ______.

二、超市一商品在销售时可能会打折促销, 设该商品打折的概率是 0.4, 在商品打折期间, 小王购买该商品 0 件、1 件、2 件的概率分别为 $0.1,0.4,0.5$; 在商品未打折期间, 小王购买该商品 0 件、1 件、2 件的概率分别为 $0.7,0.2,0.1$. 某天小王去超市, 设他购买该商品的件数为 X, 求 X 的概率分布律; 若他已经购买了该商品, 求那天该商品打折的概率.

三、已知随机变量 X 取 1 和 2 的概率均为 0.5, 随机变量 Y 取 $0,1,2$ 的概率分别为 $0.4,0.4,0.2$; 且 $P\{X=1,Y=1\}=P\{X=2,Y=1\}$, $E(XY)=1.3$.

(1) 求 (X,Y) 的联合分布律;

(2) 判断 X 与 Y 是正相关、负相关, 还是不相关, 说明理由;

(3) 判断 X 与 Y 是否相互独立, 说明理由.

四、超市中有两种商品, 它们的销售量之间存在相关性, 设商品甲的月销售量 (单位: 千件) $X\sim N(3,0.8^2)$, 商品乙的月销售量 (单位: 千件) $Y\sim N(2,0.6^2)$, 且 (X,Y) 服从正态分布, 相关系数 $\rho=\dfrac{11}{24}$.

(1) 求商品甲的月销售量在 $2.2\sim3.8$ 千件之间的概率;

(2) 求商品甲和乙的月销售总量超过 6.2 千件的概率;

(3) 求商品甲的月销售量超过商品乙的月销售量的 2 倍的概率.

五、设总体 X 的密度函数为 $f(x;\lambda)=\begin{cases}\lambda^2x\mathrm{e}^{-\lambda x}, & x>0,\\ 0, & x\leqslant 0,\end{cases}$ 未知参数 $\lambda>0$, $X_1,X_2,\cdots,X_n$ 为 X 的简单随机样本, 求 λ 的矩估计量 $\widehat{\lambda}$, 并判断 $\widehat{\lambda}$ 是否为 λ 的相合估计量, 说明理由.

六、设总体 X 的取值为 $0,1,2,3,4,5$, 对总体进行 100 次观察, 其中 $0,1,2,3,4,5$ 分别观察到 11 次、18 次、19 次、21 次、16 次、15 次.

(1) 总体的概率分布律如下表所示:

X	0	1	2	3	4	5
概率	$0.25p$	$0.5p(1-p)$	$0.5p(1-p)$	$(1-p)^2$	$0.5p$	$0.25p$

未知参数 $p\in(0,1)$, 求参数 p 的极大似然估计值 $\widehat{p}$;

(2) 在显著性水平 0.05 下, 用 χ^2 拟合优度检验法检验假设 H_0: X 的分布律如上表所示.

七、为比较三种不同型号橡胶制品 A, B 和 C 的耐磨系数 X, Y 和 Z, 从三种产品中各随机抽取 6 件, 测得数据如下:

数据	1	2	3	4	5	6	样本均值	样本方差
X	305.8	295.1	336.7	313.8	298.4	324.6	$\overline{x}=312.4$	$s_x^2=256.028$
Y	262.1	249.9	278.8	274.8	241.3	259.7	$\overline{y}=261.1$	$s_y^2=204.284$
Z	300.3	268.5	279.2	294.1	273.6	302.1	$\overline{z}=286.3$	$s_z^2=207.004$

设三种型号橡胶制品的耐磨系数来自独立正态总体 $X\sim N(\mu_1,\sigma^2)$, $Y\sim N(\mu_2,\sigma^2)$, $Z\sim N(\mu_3,\sigma^2)$.

(1) 完成下面的方差分析表:

	平方和	自由度	均方	F 比
型号				
误差				/
总和	11 232.46		/	/

且在显著性水平 0.05 下检验假设 $H_0:\mu_1=\mu_2=\mu_3$, $H_1:\mu_1,\mu_2,\mu_3$ 不全相等;

(2) 求 $\mu_1-\mu_2$ 的置信水平为 95% 的 (双侧) 置信区间.

B 类综合测试题二

一、填空题:

1. 假设某市 4% 的人口患有某种疾病. 一项实验室血液检测表明: 一个患有该病的人的检验呈阳性的概率为 95%, 没有患该病的人的检验呈阳性的概率为 3%. 如果一个人的检验结果为阳性, 则此人患有该病的概率为 __________ (保留 3 位小数).
2. 设随机变量 X 与 Y 相互独立, $X\sim B(1,0.5)$, $Y\sim B(2,0.5)$, 则 $\mathrm{Var}(2X-Y)=$ __________, $E(\min\{X,Y\})=$ __________.
3. (1) 设 X 服从参数 $\lambda=3$ 的泊松分布, 则 $P\{|X-3|\geqslant 2\}=$ __________;
   (2) 设 Y 的数学期望和方差均为 3, 用切比雪夫不等式估计 $P\{|Y-3|\geqslant 2\}$ 的上界为 __________.
4. 设随机变量 $X\sim B(1,0.6)$ (0−1 分布), 对 X 独立重复观察 150 次, 结果记为 $X_1,X_2,\cdots,X_{150}$, 记 $Y_n=\sum\limits_{i=1}^{n}X_i$, $n=1,2,\cdots,150$. $F_n(x)$ 表示 Y_n 在 x 点的分布函数值, 则 $F_3(2)=$ __________, $F_{150}(84)\approx$ __________.
5. 设二维总体 $(X,Y)\sim N(\mu_1,\mu_2,\sigma_1^2,\sigma_2^2,\rho)$, (X_i,Y_i), $i=1,2,\cdots,n$ 为从总体中抽取的一个样本, 则当 $n\to+\infty$ 时, $\dfrac{1}{n}\sum\limits_{i=1}^{n}(X_i-Y_i)^2$ 依概率收敛于 __________. 若 $\mu_1=2\mu_2=2\theta>0$, $\sigma_1^2=\sigma_2^2=\theta^2$, $\rho=0.6$, θ 是未知参数, 则 $\dfrac{a}{n}\sum\limits_{i=1}^{n}(X_i-Y_i)^2$ 是 θ^2

的无偏估计的充要条件是 $a=$ ____________.

6. 设总体 $X\sim N(\mu,1)$, $X_1,X_2,\cdots,X_{16}$ 是 X 的简单随机样本, $\overline{Y}_1=(X_1+X_2+\cdots+X_4)/4$, $\overline{Y}_2=(X_5+X_6+\cdots+X_{16})/12$, 则 $P\{|\overline{Y}_1-\mu|<1\}=$ ____________; $3(\overline{Y}_1-\overline{Y}_2)^2\sim$ ____________ 分布 (写出参数), $\operatorname{Var}\left[\sum_{i=1}^{4}(X_i-\overline{Y}_1)^2+\sum_{i=5}^{16}(X_i-\overline{Y}_2)^2\right]=$ ____________.

7. 为检验总体 X 的概率分布律 $H_0: P\{X=i\}=\dfrac{i+1}{20}$, $i=1,2,\cdots,5$ 是否成立, 从总体中抽取样本容量为 100 的简单随机样本, 观测结果为 "1" "2" "3" "4" "5", 各观测到 5 次、17 次、19 次、28 次、31 次. 采用拟合优度检验, 则检验统计量的值为 ____________, 在 $\alpha=0.05$ 下是否拒绝原假设? 说明理由: ____________.

8. 在篮球球员中随机选取 10 名, 得到他们的身高 Y (单位: m) 与体重 X (单位: kg) 数据如下表:

y	1.96	2.08	1.81	2.07	1.96	1.87	1.8	2.12	2.08	2.09	$\overline{y}=1.984$	$s_{xy}=11.352$
x	90	105	72	90	110	82	78	95	115	100	$\overline{x}=93.7$	$s_{xx}=1\,770.1$

设 $Y\sim N(a+bx,\sigma^2)$, a,b,σ^2 均未知, 采用最小二乘估计, 则回归方程 $\widehat{y}=$ ____________ (保留 6 位小数).

二、设 X 与 Y 服从相同的 0–1 分布, $P\{X=1\}=p$.

(1) 若 X 与 Y 相互独立, 求 (X,Y) 的联合分布律;

(2) 若 X 与 Y 的相关系数为 0.5, 求 (X,Y) 的联合分布律.

三、设随机变量 X 和 Y 相互独立, X 取 -1 和 1 的概率各为 $\dfrac{1}{2}$, Y 服从均值为 1 的指数分布. 记 $W=XY$, 求:

(1) W 的数学期望和方差;

(2) W 的分布函数和密度函数.

四、设 (X,Y) 的联合密度函数 $f(x,y)=\begin{cases}0.75, & y^2<x<1,\\ 0, & \text{其他}.\end{cases}$

(1) 分别求 X,Y 的边际密度函数 $f_X(x), f_Y(y)$;

(2) 求 $P\{Y>0.1|X=0.25\}$;

(3) 判断 X 与 Y 是否相关, 说明理由;

(4) 令 $Z=\begin{cases}0, & 0\leqslant Y<\sqrt{X}<1,\\ 1, & \text{其他},\end{cases}$ 判断 X 与 Z 是否相互独立, 说明理由.

五、设随机变量 X 的密度函数 $f(x)=\begin{cases}\dfrac{x^2}{9}, & 0<x<3,\\ 0, & \text{其他}.\end{cases}$ 对 X 独立重复观察 n 次, 结果记为 $X_1,X_2,\cdots,X_n$.

(1) 求 X 的分布函数 $F(x)$;

(2) 若 $Y=X^2$, 求 Y 的密度函数 $f_Y(y)$;

(3) 当 $n\to+\infty$ 时, $\dfrac{1}{n}\sum_{i=1}^{n}X_i^{-2}\mathrm{e}^{-X_i}$ 依概率收敛于何值?

(4) 求 $\dfrac{1}{81}\sum_{i=1}^{81}X_i^3$ 的近似分布, 并写出该分布的密度函数 $g(z)$.

六、设总体 X 的密度函数 $f(x)=\begin{cases}\dfrac{\lambda(\theta-x)^{\lambda-1}}{\theta^{\lambda}}, & 0<x\leqslant\theta,\\ 0, & \text{其他},\end{cases}$ 其中参数 $\theta>0,\lambda>0$ 未知, $X_1,X_2,\cdots,X_n$ 是总体 X 的简单随机样本.

(1) $\lambda=2$, θ 为未知参数, 求 θ 的矩估计量 $\widehat{\theta}$, 并判断其是否为 θ 的无偏估计, 说明理由;

(2) $\theta=2$, λ 为未知参数, 求 λ 的极大似然估计量 $\widehat{\lambda}$, 并判断其是否为 λ 的相合估计, 说明理由.

七、有一批绳子其标签标注断裂强度为 3.5 kg. 某位五金店老板认为其实际断裂强度小于 3.5 kg. 他随机抽取了 16 根绳子进行测试, 确定标准为: 如果 16 根绳子平均断裂强度不大于 3.25 kg, 就认为标签上所示 3.5 kg 有误. 现假设这些绳子的断裂强度服从正态分布, 标准差是 1 kg.

(1) 根据五金店老板的确定标准, 请写出该检验的原假设、备择假设及检验拒绝域; 如果标签上断裂强度为 3.5 kg 是正确的, 计算被该老板确认为 "标签上所示 3.5 kg 有误" 的概率.

(2) 如果五金店老板想减少犯此类错误的概率, 可以增加抽取绳子的数量. 问至少要抽取多少根绳子, 才能使五金店老板犯错误的概率小于等于 0.05?

A 类综合测试题一参考答案

一、填空题:

1. (1) 0.5; (2) 0.2.
2. 0.8, 2.1.
3. $1-5\mathrm{e}^{-2}=0.323\ 3$, 2.
4. $\mathrm{e}^{-1}=0.367\ 9$, $1-\mathrm{e}^{-1}=0.632\ 1$.
5. (1) 0.682 6, 0.996 0, 0.477 2; (2) $\overline{X}$ 比 X_1 有效, (5.38, 7.34).

二、设 $A=\{$考生会解该题$\}$, $B=\{$考生所选答案正确$\}$, 则 $P(A)=0.5$, $P(B|\overline{A})=\dfrac{1}{4}$, $P(B|A)=1$.

(1) $P(B)=P(A)P(B|A)+P(\overline{A})P(B|\overline{A})=\dfrac{1}{2}+\dfrac{1}{2}\dfrac{1}{4}=0.625$;

(2) $P(A|B)=\dfrac{P(A)P(B|A)}{P(A)P(B|A)+P(\overline{A})P(B|\overline{A})}=0.8$.

三、

X	Y		$P\{X=i\}$
	0	1	
0	$\dfrac{3}{50}$	$\dfrac{1}{25}$	$\dfrac{1}{10}$
1	$\dfrac{6}{25}$	$\dfrac{9}{25}$	$\dfrac{3}{5}$
2	$\dfrac{3}{50}$	$\dfrac{6}{25}$	$\dfrac{3}{10}$
$P\{Y=j\}$	$\dfrac{9}{25}$	$\dfrac{16}{25}$	

四、(1) $c=\dfrac{1}{12}$;

(2) $F(x)=\displaystyle\int_{-\infty}^{x}f(x)\mathrm{d}x=\begin{cases}0, & x<1,\\ \dfrac{x^2-1}{24}, & 1\leqslant x<5,\\ 1, & x\geqslant 5;\end{cases}$

(3) $P(A)=\displaystyle\int_3^5\frac{x}{12}\mathrm{d}x=\frac{2}{3}$, $Y\sim B\left(3,\dfrac{2}{3}\right)$, $P\{Y=k\}=\mathrm{C}_3^k\dfrac{2^k}{3^3}$, $k=0,1,2,3$;

(4) $E(X)=\displaystyle\int_1^5\frac{x^2}{12}\mathrm{d}x=\frac{31}{9}$, $E(X^2)=\displaystyle\int_1^5\frac{x^3}{12}\mathrm{d}x=13$, $\mathrm{Var}(X)=\dfrac{92}{81}$;

$$Z=\sum_{i=1}^{1\,863}X_i,\quad E(Z)=1\,863\times\frac{31}{9}=6\,417,\quad \mathrm{Var}(Z)=1\,863\times\frac{92}{81}=46^2.$$

根据中心极限定理, $Z\overset{\text{近似}}{\sim}N(6\,417,46^2)$, $P\{Z>6\,371\}\approx 1-\Phi(-1)=\Phi(1)=0.841\,3$.

五、(1) $E(X)=\displaystyle\int_0^2\frac{x^2}{2}\mathrm{d}x=\frac{4}{3}$, $E(X^2)=\displaystyle\int_0^2\frac{x^3}{2}\mathrm{d}x=2$, $\mathrm{Var}(X)=\dfrac{2}{9}$, $\mathrm{Var}(Y)=\dfrac{1}{3}$;

(2) $f(x,y)=\begin{cases}\dfrac{x}{4}, & 0<x<2,\ 0<y<2,\\ 0, & \text{其他},\end{cases}$ $P\{X<Y\}=\displaystyle\int_0^2\mathrm{d}x\int_x^2\frac{x}{4}\mathrm{d}y=\frac{1}{3}$;

(3) $\mathrm{Cov}(X-Y,X+aY)=\mathrm{Var}(X)-a\mathrm{Var}(Y)=0$, $a=\dfrac{2}{3}$.

六、矩估计: $E(X)=\dfrac{2+\theta}{2}$, $E(X)=\overline{X}$, $\widehat{\theta}_1=2\overline{X}-2$. 由于 $\overline{x}=2.965$, 得 $\widehat{\theta}_1=3.93$.

极大似然估计: 似然函数 $L(\theta)=\dfrac{1}{(\theta-2)^n}$, $2\leqslant\min\limits_{1\leqslant i\leqslant 10}X_i$, $\max\limits_{1\leqslant i\leqslant 10}X_i\leqslant\theta$, $L(\theta)$ 是 θ 的单调减函数, 而 $\max\limits_{1\leqslant i\leqslant 10}X_i\leqslant\theta$, 所以 $\widehat{\theta}_2=\max\limits_{1\leqslant i\leqslant 10}X_i=3.94$.

七、(1) $H_0:\mu=86.5$, $H_1:\mu\neq 86.5$, 记 $t=\dfrac{\overline{x}-86.5}{s/\sqrt{n}}$, 拒绝域为 $|t|\geqslant t_{0.025}(24)$, 计算得 $|t|=2.353$, 查表得 $t_{0.025}(24)=2.064$, 样本落在拒绝域内, 故拒绝原假设 H_0;

(2) σ^2 的置信水平为 95% 的 (双侧) 置信区间为 $\left(\dfrac{24s^2}{\chi^2_{0.025}(24)},\dfrac{24s^2}{\chi^2_{0.975}(24)}\right)=(0.159,0.503)$.

A 类综合测试题二参考答案

一、填空题:

1. $\dfrac{1}{3},\dfrac{14}{15}$.
2. $\dfrac{7}{8},\dfrac{3}{7}$.
3. $4\mathrm{e}^{-3},12$.
4. $1-\mathrm{e}^{-3},\mathrm{e}^{-2}$.

5. $N(0,1)$, $t(8)$, $\left\{\dfrac{3|\overline{X}-9|}{S}\geqslant 2.306\right\}$, 拒绝.

二、(1) $P\{1<X<3\}=\int_1^2 0.25\mathrm{d}x=0.25$;

(2) $F(x)=\begin{cases}0, & x<0,\\ 0.25x, & 0\leqslant x<2,\\ 0.5, & 2\leqslant x<3,\\ 0.5(x-2), & 3\leqslant x<4,\\ 1, & x\geqslant 4;\end{cases}$

(3) $E(X)=\int_{-\infty}^{\infty}xf(x)\mathrm{d}x=\int_0^2 0.25x\mathrm{d}x+\int_3^4 0.5x\mathrm{d}x=\dfrac{9}{4}$,

$E(X^2)=\int_{-\infty}^{\infty}x^2f(x)\mathrm{d}x=\dfrac{41}{6}$, $\mathrm{Var}(X)=E(X^2)-(E(X))^2=\dfrac{85}{48}$.

三、(1) $X_2\sim B\left(2,\dfrac{2}{3}\right)$, $P\{X_2=k\}=\mathrm{C}_2^k\dfrac{2^k}{9}$, $k=0,1,2$;

(2) $X_3\sim B\left(3,\dfrac{2}{3}\right)$, $E(X_3)=2$, $\mathrm{Var}(X_3)=\dfrac{2}{3}$;

(3) $\mathrm{Cov}(X_2,X_3)=\mathrm{Var}(X_2)=\dfrac{4}{9}$, 故 $\rho=\dfrac{\mathrm{Cov}(X_2,X_3)}{\sqrt{\mathrm{Var}(X_2)\mathrm{Var}(X_3)}}=\sqrt{\dfrac{\mathrm{Var}(X_2)}{\mathrm{Var}(X_3)}}=\dfrac{\sqrt{6}}{3}$;

(4) $X_{162}\sim B\left(162,\dfrac{2}{3}\right)$, $X_{162}\overset{\text{近似}}{\sim}N(108,36)$, 故

$$P\{X_{162}<120\}\approx\Phi\left(\frac{120-108}{6}\right)=\Phi(2)=0.977\,2.$$

四、(1) $P\{X<90\}=\Phi(-1)=0.158\,7$, $P\{90\leqslant X<110\}=2\Phi(1)-1=0.682\,6$, $P\{X\geqslant 110\}=\Phi(-1)=0.158\,7$, $P\{A|X<90\}=0.2$, $P\{A|90\leqslant X<110\}=0.6$, $P\{A|X\geqslant 110\}=0.3$, 根据全概率公式,

$$\begin{aligned}P(A)=&P\{X<90\}P\{A|X<90\}+P\{90\leqslant X<110\}P\{A|90\leqslant X<110\}+\\&P\{X\geqslant 110\}P\{A|X\geqslant 110\}\\=&0.489;\end{aligned}$$

(2) $2X-Y\sim N(-25,625)$, 故 $P\{2X>Y\}=P\{2X-Y>0\}=1-\Phi(1)=0.158\,7$.

五、(1) $P\{X\leqslant 0.5\}=\int_0^{0.5}\mathrm{d}x\int_x^1 8xy\mathrm{d}y=\dfrac{7}{16}$;

(2) $f_X(x)=\begin{cases}4x(1-x^2), & 0<x<1,\\ 0, & \text{其他},\end{cases}$ $f_Y(y)=\begin{cases}4y^3, & 0<y<1,\\ 0, & \text{其他},\end{cases}$

当 $0<x<y<1$ 时, $f(x,y)\neq f_X(x)f_Y(y)$, 所以 X 与 Y 不独立;

(3) $\mathrm{Cov}(X,XY)=E(X^2Y)-E(X)E(XY)$, 而

$$E(X^2Y)=\int_0^1\mathrm{d}y\int_0^y x^2y\cdot 8xy\mathrm{d}x=\frac{2}{7},$$

$$E(X)=\int_0^1\mathrm{d}y\int_0^y x\cdot 8xy\mathrm{d}x=\frac{8}{15},$$

$$E(XY)=\int_0^1 \mathrm{d}y\int_0^y xy\cdot 8xy\mathrm{d}x=\frac{4}{9},$$

所以
$$\mathrm{Cov}(X,XY)=E(X^2Y)-E(X)E(XY)=\frac{46}{945}.$$

六、(1) $E(X)=p(1-p)+2p^2=p+p^2$, $\overline{x}=\frac{14}{25}$. 令 $\widehat{p}^2+\widehat{p}=\frac{14}{25}$, 即

$$25\widehat{p}^2+25\widehat{p}-14=(5\widehat{p}+7)(5\widehat{p}-2)=0,$$

得矩估计 $\widehat{p}_1=\frac{2}{5}=0.4$;

(2) 似然函数 $L(p)=(1-p)^{14}[p(1-p)]^8(p^2)^3=(1-p)^{22}p^{14}$, 取对数得

$$\ln L(p)=22\ln(1-p)+14\ln p,$$

令 $\frac{\mathrm{d}}{\mathrm{d}p}\ln L(p)=0$, 解得 $\widehat{p}_2=\frac{7}{18}$.

七、(1) 因为 $X\sim N(2.2,0.24)$, 所以 $X_1+X_2+\cdots+X_6\sim N(13.2,1.2^2)$,

$$P\{X_1+X_2+\cdots+X_6>12\}=1-\varPhi\left(\frac{12-13.2}{1.2}\right)=\varPhi(1)=0.841\,3;$$

(2) $\left(\overline{x}-\frac{\sigma}{\sqrt{6}}z_{0.025},\overline{x}+\frac{\sigma}{\sqrt{6}}z_{0.025}\right)=(2.008,2.792)$;

(3) $\left(\frac{5s^2}{\chi^2_{0.025}(5)},\frac{5s^2}{\chi^2_{0.975}(5)}\right)=(0.097,1.504)$.

B 类综合测试题一参考答案

一、填空题:

1. $\frac{1}{3}$, $\frac{2}{3}$, $\frac{2\sqrt{y}-y}{3}$.

2. e^{-2}.

3. $1+x$.

4. $\frac{29}{8}\mathrm{e}^{-1.5}$, 6, $\frac{29}{8}\mathrm{e}^{-1.5}$, $\varPhi(1)=0.841\,3$.

5. 240, $\left(\overline{x}\pm t_{0.025}(15)\sqrt{\sum\limits_{i=1}^{16}(x_i-\overline{x})^2\Big/15\times 16}\right)=\left(1.8\pm\frac{2.13}{4}\sqrt{\frac{30.6}{15}}\right)=(1.04,2.56)$,

0.01, 拒绝原假设.

二、设 A 表示该商品处于打折期间, 则 $P(A)=0.4$,

$P\{X=0|A\}=0.1,\ P\{X=1|A\}=0.4,\ P\{X=2|A\}=0.5,$

$P\{X=0|\overline{A}\}=0.7,\ P\{X=1|\overline{A}\}=0.2,\ P\{X=2|\overline{A}\}=0.1.$

故

$$P\{X=0\}=P(A)P\{X=0|A\}+P(\overline{A})P\{X=0|\overline{A}\}=0.4\times0.1+0.6\times0.7=0.46,$$

$$P\{X=1\}=P(A)P\{X=1|A\}+P(\overline{A})P\{X=1|\overline{A}\}=0.4\times0.4+0.6\times0.2=0.28,$$

$$P\{X=2\}=P(A)P\{X=2|A\}+P(\overline{A})P\{X=2|\overline{A}\}=0.4\times0.5+0.6\times0.1=0.26;$$

$$P\{A|X\geqslant1\}=\frac{P(A)P\{X\geqslant1|A\}}{P\{X\geqslant1\}}=\frac{0.4\times0.9}{1-0.46}=\frac{2}{3}.$$

三、(1) 根据题意可得 $P\{X=1,Y=1\}=P\{X=2,Y=1\}=\dfrac{P\{Y=1\}}{2}=0.2.$

设 $P\{X=1,Y=2\}=a$, $P\{X=2,Y=2\}=b$, 则 $a+b=0.2$, $E(XY)=0.6+2a+4b=1.3$, 解得 $a=0.05$, $b=0.15$. 所以 (X,Y) 的概率分布律为

X	Y			$P\{X=i\}$
	0	1	2	
1	0.25	0.2	0.05	0.5
2	0.15	0.2	0.15	0.5
$P(Y=j)$	0.4	0.4	0.2	

(2) $E(X)=1.5$, $E(Y)=0.8$, 从而

$$\operatorname{Cov}(X,Y)=E(XY)-E(X)E(Y)=1.3-1.5\times0.8=0.1>0,$$

所以 X 与 Y 正相关;

(3) 因为 X 与 Y 是相关的, 所以 X 与 Y 不独立.

四、(1) $P\{2.2<X<3.8\}=2\varPhi(1)-1=0.682\,6;$

(2) $E(X+Y)=5,$

$$\begin{aligned}\operatorname{Var}(X+Y)&=\operatorname{Var}(X)+\operatorname{Var}(Y)+2\rho\sqrt{\operatorname{Var}(X)\operatorname{Var}(Y)}\\&=0.64+0.36+2\times\frac{11}{24}\times0.8\times0.6=1.44,\end{aligned}$$

$$P\{X+Y>6.2\}=1-\varPhi\left(\frac{6.2-5}{\sqrt{1.44}}\right)=1-\varPhi(1)=0.158\,7;$$

(3) $E(X-2Y)=-1,$

$$\begin{aligned}\operatorname{Var}(X-2Y)&=\operatorname{Var}(X)+4\operatorname{Var}(Y)-4\rho\sqrt{\operatorname{Var}(X)\operatorname{Var}(Y)}\\&=0.64+4\times0.36-4\times\frac{11}{24}\times0.8\times0.6=1.2,\end{aligned}$$

$$P\{X>2Y\}=1-\varPhi\left(\frac{1}{\sqrt{1.2}}\right)=1-\varPhi(0.91)=0.181\,4.$$

五、$E(X)=\displaystyle\int_0^{+\infty}\lambda^2x^2\mathrm{e}^{-\lambda x}\mathrm{d}x=\frac{2}{\lambda}$, $\lambda=\dfrac{2}{E(X)}$, 所以 λ 的矩估计量 $\widehat{\lambda}=\dfrac{2}{\overline{X}}$. 根据辛钦大数定律,

$$\overline{X}\xrightarrow{P}E(X)=\frac{2}{\lambda},\quad n\to+\infty.$$

再根据依概率收敛的性质,

$$\widehat{\lambda}=\frac{2}{\overline{X}}\xrightarrow{P}\frac{2}{E(X)}=\lambda,\quad n\to+\infty.$$

按照相合估计量的定义, $\widehat{\lambda}$ 是 λ 的相合估计量.

六、(1) 似然函数

$$L(p)=(0.25p)^{11}[0.5p(1-p)]^{18+19}(1-p)^{42}(0.5p)^{16}(0.25p)^{15}=cp^{79}(1-p)^{79},$$

对数似然函数

$$l(p)=\ln c+79\ln p+79\ln(1-p),$$

令 $\left.\frac{\mathrm{d}}{\mathrm{d}p}l(p)\right|_{p=\widehat{p}}=0$, 解得 $\widehat{p}=0.5$;

(2)

X	0	1	2	3	4	5
频数	11	18	19	21	16	15
$\widehat{p}_i$	$\frac{1}{8}$	$\frac{1}{8}$	$\frac{1}{8}$	$\frac{1}{4}$	$\frac{1}{4}$	$\frac{1}{8}$
$n\widehat{p}_i$	12.5	12.5	12.5	25	25	12.5

$$\chi^2=\frac{11^2}{12.5}+\frac{18^2}{12.5}+\frac{19^2}{12.5}+\frac{21^2}{25}+\frac{16^2}{25}+\frac{15^2}{12.5}-100\approx 10.36,$$

查附表 4 得 $\chi^2_{0.05}(4)\approx 9.49$, 由于 $\chi^2\approx 10.36>\chi^2_{0.05}(4)\approx 9.49$, 故拒绝原假设.

七、(1) $H_0:\mu_1=\mu_2=\mu_3$, $H_1:\mu_1,\mu_2,\mu_3$ 不全相等, 方差分析表如下:

	平方和	自由度	均方	F 比
型号	7 895.88	2	3 947.94	17.75
误差	3 336.58	15	222.44	/
总和	11 232.46	17	/	/

由于 $17.75>F_{0.05}(2,15)=3.68$, 故拒绝原假设;

(2) $\left(\overline{X}-\overline{Y}\pm t_{0.025}(15)\sqrt{MS_E}\sqrt{\frac{1}{n_1}+\frac{1}{n_2}}\right)=(51.3\pm 18.35)=(32.95,69.65)$.

B 类综合测试题二参考答案

一、填空题:

1. 0.569.
2. $\frac{3}{2},\frac{3}{8}$.

3. (1) $1-\dfrac{99}{8}\mathrm{e}^{-3}=0.384$; (2) 0.75.

4. $\dfrac{98}{125}=0.784, 0.159$.

5. $\sigma_1^2+\sigma_2^2-2\rho\sigma_1\sigma_2+(\mu_1-\mu_2)^2, \dfrac{5}{9}$.

6. $0.954\,4, \chi^2(1), 28$.

7. $\chi^2=3.21$; 接受原假设, 因为 $\chi^2=3.21<\chi^2_{0.05}(4)=9.49$.

8. $1.383\,083+0.006\,413x$.

二、(1) 若 X 与 Y 相互独立, 则 $P\{X=1,Y=1\}=p^2$, 故 (X,Y) 的联合分布律为

X	Y		$P\{X=i\}$
	0	1	
0	$(1-p)^2$	$p(1-p)$	$1-p$
1	$p(1-p)$	p^2	p
$P\{Y=j\}$	$1-p$	p	

(2) 若 X 与 Y 的相关系数为 0.5, 则

$$E(XY)-E(X)E(Y)=0.5p(1-p),\quad P\{X=1,Y=1\}=E(XY)=0.5p(1+p),$$

故 (X,Y) 的联合分布律为

X	Y		$P\{X=i\}$
	0	1	
0	$(1-p)(1-0.5p)$	$0.5p(1-p)$	$1-p$
1	$0.5p(1-p)$	$0.5p(1+p)$	p
$P\{Y=j\}$	$1-p$	p	

三、(1) $E(W)=E(XY)=E(X)E(Y)=0$,

$\mathrm{Var}(W)=E(W^2)=E(X^2)E(Y^2)=2$;

(2)
$$\begin{aligned}F_W(w)&=P\{W\leqslant w\}=P\{XY\leqslant w\}\\&=P\{X=-1\}P\{XY\leqslant w|X=-1\}+P\{X=1\}P\{XY\leqslant w|X=1\}\\&=0.5P\{Y\geqslant -w\}+0.5P\{Y\leqslant w\}\\&=\begin{cases}1-0.5\mathrm{e}^{-w}, & w>0,\\ 0.5\mathrm{e}^{w}, & w\leqslant 0,\end{cases}\end{aligned}$$

$f_W(w)=0.5\mathrm{e}^{-|w|},\ -\infty<w<+\infty$.

四、(1)
$$f_X(x)=\int_{-\infty}^{+\infty}f(x,y)\mathrm{d}y=\begin{cases}\displaystyle\int_{-\sqrt{x}}^{\sqrt{x}}0.75\mathrm{d}y=1.5\sqrt{x}, & 0<x<1,\\ 0, & \text{其他},\end{cases}$$

$$f_Y(y)=\int_{-\infty}^{+\infty}f(x,y)\mathrm{d}x=\begin{cases}\displaystyle\int_{y^2}^{1}0.75\mathrm{d}x=\frac{3}{4}(1-y^2), & -1<y<1,\\ 0, & \text{其他};\end{cases}$$

(2) $f_{Y|X}(y|0.25)=\dfrac{f(0.25,y)}{f_X(0.25)}=\begin{cases}1, & -0.5<y<0.5,\\ 0, & 其他,\end{cases}$ 均匀分布, 故

$$P\{Y>0.1|X=0.25\}=0.4;$$

(3) 因为 $E(Y)=0, E(XY)=0, \mathrm{Cov}(X,Y)=0$, 所以 X 与 Y 不相关;

(4) X 与 Z 相互独立, 因为对一切 $x,z, P\{X\leqslant x, Z\leqslant z\}=P\{X\leqslant x\}P\{Z\leqslant z\}$.

五、(1) $F(x)=\displaystyle\int_{-\infty}^{x}f(t)\mathrm{d}t=\begin{cases}0, & x<0,\\ \dfrac{x^3}{27}, & 0\leqslant x<3,\\ 1, & x\geqslant 3;\end{cases}$

(2) $f_Y(y)=\dfrac{1}{2\sqrt{y}}f_X(\sqrt{y})=\begin{cases}\dfrac{\sqrt{y}}{18}, & 0<y<9,\\ 0, & 其他;\end{cases}$

(3) $E(X^{-2}\mathrm{e}^{-X})=\displaystyle\int_0^3 x^{-2}\mathrm{e}^{-x}\frac{x^2}{9}\mathrm{d}x=\frac{1}{9}(1-\mathrm{e}^{-3})$, 当 $n\to+\infty$ 时,

$$\frac{1}{n}\sum_{i=1}^{n}X_i^{-2}\mathrm{e}^{-X_i}\xrightarrow{P}\frac{1}{9}(1-\mathrm{e}^{-3});$$

(4) $E(X^3)=\displaystyle\int_0^3 x^3\frac{x^2}{9}\mathrm{d}x=\frac{27}{2}, E(X^6)=\int_0^3 x^6\frac{x^2}{9}\mathrm{d}x=243,$

$$\mathrm{Var}(X^3)=243-\frac{27\times 27}{4}=\frac{243}{4},$$

从而 $\dfrac{1}{81}\displaystyle\sum_{i=1}^{81}X_i^3 \overset{近似}{\sim} N\left(\frac{27}{2},\frac{3}{4}\right)$. 故密度函数

$$g(z)=\sqrt{\frac{2}{3\pi}}\exp\left\{\frac{-2}{3}\left(z-\frac{27}{2}\right)^2\right\},\quad -\infty<z<+\infty.$$

六、(1) $f(x;\theta)=\begin{cases}\dfrac{2(\theta-x)}{\theta^2}, & 0<x\leqslant\theta,\\ 0, & 其他,\end{cases}$ $\mu_1=E(X)=\displaystyle\int_0^{\theta}x\frac{2(\theta-x)}{\theta^2}\mathrm{d}x=\frac{\theta}{3}$, 从而 θ 的矩估计 $\widehat{\theta}=3\overline{X}$, 故 $E(\widehat{\theta})=3E(\overline{X})=\theta$, 即 $\widehat{\theta}$ 为 θ 的无偏估计;

(2) 似然函数 $L(\lambda)=\displaystyle\prod_{i=1}^{n}f(x_i;\lambda)=\frac{\lambda^n\left[\displaystyle\prod_{i=1}^{n}(2-x_i)\right]^{\lambda-1}}{2^{n\lambda}}$, 取对数得

$$l(\lambda)=n\ln\lambda+(\lambda-1)\sum_{i=1}^{n}\ln(2-x_i)-n\lambda\ln 2, \frac{\mathrm{d}}{\mathrm{d}\lambda}l(\lambda)$$
$$=\frac{n}{\lambda}+\sum_{i=1}^{n}\ln(2-x_i)-n\ln 2=0,$$

解得

$$\widehat{\lambda}=\frac{n}{n\ln 2-\displaystyle\sum_{i=1}^{n}\ln(2-X_i)}=\left[\ln 2-\frac{1}{n}\sum_{i=1}^{n}\ln(2-X_i)\right]^{-1}.$$

$$\frac{1}{n}\sum_{i=1}^{n}\ln(2-X_i)\xrightarrow{P}E[\ln(2-X)]=\ln 2-\frac{1}{\lambda}$$，所以 $\widehat{\lambda}\xrightarrow{P}\lambda$，即 $\widehat{\lambda}$ 为 λ 的相合估计.

七、(1) $H_0:\mu=3.5$, $H_1:\mu<3.5$,

拒绝域: $W=\{\overline{X}\leqslant 3.25\}$, 在 H_0 成立时, $Z=\sqrt{16}(\overline{X}-3.5)\sim N(0,1)$, 从而

$$P\{\overline{X}\leqslant 3.25|\mu=3.5\}=\varPhi(-1)=0.159;$$

(2) 在 H_0 成立时, $Z=\sqrt{n}(\overline{X}-3.5)\sim N(0,1)$, 从而

$$P\{\overline{X}\leqslant 3.25|\mu=3.5\}=\varPhi(-0.25\sqrt{n})\leqslant 0.05,$$

解得 $0.25\sqrt{n}\geqslant 1.645$, 即 $n\geqslant 43.3$. 所以至少要抽取 44 根绳子, 才能使五金店老板犯错误的概率小于等于 0.05.

参考文献

[1] 邓永录. 应用概率及其理论基础. 北京: 清华大学出版社, 2005.

[2] 林正炎, 苏中根. 概率论. 2 版. 杭州: 浙江大学出版社, 2008.

[3] 盛骤, 谢式千, 潘承毅. 概率论与数理统计. 5 版. 北京: 高等教育出版社, 2019.

[4] 张帼奋, 黄柏琴, 张彩伢. 概率论、数理统计与随机过程. 杭州: 浙江大学出版社, 2011.

[5] 周纪芗. 回归分析. 上海: 华东师范大学出版社, 1993.

[6] KOLMOGOROV A N. Foundations of the theory of probability. New York: Chelsea Publishing Company, 1956.

[7] IVERSEN G R, Gergen M. 统计学: 基本概念和方法. 吴喜之, 等, 译. 北京: 高等教育出版社, 2000.

[8] WASSERMAN L. All of statistics: a concise course in statistical inference. New York: Springer-Verlag, 2004.

[9] SHELDON M R. A first course in probability. 7th ed. London: Prentice Hall, 2005.

[10] WEISBERG S. 应用线性回归. 王静龙, 等, 译. 北京: 中国统计出版社, 1998.